深层低渗储层改造及人工举升技术文集

薄启炜　杨能宇　徐文江　主编

中国石化出版社
·北京·

图书在版编目(CIP)数据

深层低渗储层改造及人工举升技术文集 / 薄启炜，杨能宇，徐文江主编．—北京：中国石化出版社，2024．3
ISBN 978-7-5114-7461-2

Ⅰ．①深… Ⅱ．①薄… ②杨… ③徐… Ⅲ．①低渗透储集层-文集 Ⅳ．①P618．130．2-53

中国国家版本馆 CIP 数据核字(2024)第 056869 号

中国石化出版社出版发行
地址：北京市东城区安定门外大街 58 号
邮编：100011 电话：(010)57512500
发行部电话：(010)57512575
http：//www. sinopec-press. com
E-mail：press@ sinopec. com
北京科信印刷有限公司印刷
全国各地新华书店经销
*
787 毫米×1092 毫米 16 开本 25 印张 627 千字
2024 年 5 月第 1 版　2024 年 5 月第 1 次印刷
定价：168．00 元

《深层低渗储层改造及人工举升技术文集》
编　委　会

前 言

“十二五”以来，国内油气开发阵地逐渐转向低渗、致密、深层、非常规等难动用资源类型，此类资源的勘探开发高度依赖于储层改造、高效举升等工程技术。水平井分段压裂技术在“十二五”期间取得突破、在“十三五”期间完成迭代升级并形成系列化技术，有力支撑了低渗、致密以及3500米以浅非常规油气的勘探突破和高效开发。“十四五”以来，油气开发进一步向深层常规油气、深层致密油气、深层非常规油气进军，在工艺技术升级、工具装备配套、高性能材料研发等方面取得积极的进展，但尚未完全满足勘探开发需求。

为加快提升深层低渗油气开发技术水平，研讨解决当前开发中存在的瓶颈问题，中国石油学会石油工程委员会召开本次“深层低渗储层改造及人工举升技术交流会”，共有中国石油、中国石化、中国海油、延长油矿等石油公司近100人参会、64篇论文参加交流，主要围绕深层体积压裂、深层复杂储层酸压改造、高效举升、压驱注水等工艺技术进展、技术瓶颈及未来发展方向，就近年来取得的成果与经验进行交流借鉴、互通有无、共同进步。

为加强技术成果推广，将本次会议的64篇论文出版印发，这些论文大多由油田和科研院所生产一线上的骨干所写，都有各自新的研究与拓展，经过层层筛选得以面世，以供国内同行参考借鉴。

由于时间很紧，水平有限，疏漏和错误之处在所难免，敬请各位专家和读者给予批评指正。

目　录

第一部分　压裂工艺技术

第二部分　注采工艺技术

第一部分　压裂工艺技术

渤海中低模量常规低渗储层整体压裂技术研究及实践

张丽平　敬季昀　牟　媚　张云鹏　王子权

［中海石油(中国)有限公司天津分公司］

摘　要　渤海某油田区块整体上动用程度差、纵向剖面动用不均、常规措施效果差。本文借鉴开发井整体压裂理念，依托地质—油藏—工程一体化技术思路，从老井油藏整体布局选井选层，对整体压裂裂缝参数进行优化设计。针对储层常规低渗(20~50mD)、中低模量(平均 8GPa)、脆性中等的地质特征，优化压裂工艺参数，形成了低滤失低伤害压裂、高效充填压裂技术，以形成缝长偏短、缝高可控、导流能力更高的人工裂缝。结合目前压裂工艺及海上作业条件，形成了连续混配+速溶海水基压裂液+一趟管柱压裂一体化的施工工艺，连续施工层段上升至 3 段，单段压裂工期降至 1d。针对老井区块 65%高含水特点，研发并应用了高强度控水支撑剂，形成高含水储层控水压裂技术，压后单井平均含水率降低 12%。整体压裂技术在渤海某油田北中块低渗油藏开展现场施工 10 口井，累计增油 13 万余吨，压裂增产量占区块总产量 80%，有效提升了区块采油速度与采出程度。

关键词　整体压裂　地质—油藏—工程一体化　中低模量　连续施工

渤海低渗油田的高效开采是海洋油气增储上产的重要战场[1]。渤海某油田为渤海典型低渗油田，由于储层物性差、注入海水结垢、注水受效不明显[2]等因素影响，导致该油田目前采油速度低，调整井产能大幅低于油田投产初期老井。为恢复产能，近年来多次采用酸化、螯合解堵、爆燃压裂等措施[3,4]，但措施效果并不明显，亟须寻求更高效的海上低渗油藏增产技术。整体压裂作为一项有效的低渗储层开发手段[5~7]，已经规模化应用于陆地油田，并取得了显著增油效果[8~10]。本文以渤海某油田北中块低渗油藏为目标区块，依托地质工程一体化的技术思路，根据油藏储层及生产特征，从整体上对裂缝参数、施工工艺参数、支撑剂及压裂液开展优化，形成了与目标区块相匹配的整体压裂工艺。目前该技术已在渤海某油田北中块低渗油藏完成 10 口井的应用，压后增产效果十分显著，为渤海低渗透油藏储量的有效动用提供了技术支撑。

1　渤海某油田常规低渗油藏开发现状及存在问题

渤海某油田为典型低孔低渗油藏，其主力生产区块渤海某油田北中块储层平均孔隙度 12%，平均渗透率 $42.3\times10^{-3}\mu m^2$($1mD=1\times10^{-3}\mu m^2$)。该区块于 1990 年投产，1992 年采用注海水开发模式，初期井网为 3 注 5 采。开发初期油井产能较高，至 1996 年平均年采油速度接近 3%。1997 年后该区块开始局部调整，井网调整为 3 注 7 采，但由于注入海水突破、注入海水结垢等原因，油田采油速度逐步降至 0.5%左右，至 2015 年，区块采出程度达到 23.7%，含水上升至 70%。

2015~2020 年，渤海某油田北中块油田增加 6 口综合调整井，形成 3 注 11 采的注采井网。但这 6 口综合调整井中仅有 B5 井投产效果达到预期。至 2020 年，整个区块仅有 5 口生产井开井，油井利用率仅 45%，采油速度仅 0.4%，平均单井日产油 30m^3/d，日产液 87m^3/d，产液水平远低于区块投产初期水平。为了恢复油井产能，针对油田沙河街组储层多次采用酸化、螯合解堵、爆燃压裂等解堵增产措施。其中酸化效果整体较差；螯合解堵第一轮效果相对较好，但第二轮效果大幅下降；爆燃压裂有一定的增产效果，但有效期短，难以根治油田的低产低效问题。因此有必要采用整体压裂工艺，形成高导流能力的人工裂缝，从而增大油藏的整体泄油面积，降低储层渗流阻力，实现油田整体高效增产。

2 渤海某油田北中块低渗油藏整体压裂工艺

2.1 裂缝参数优化

2.1.1 数值模型建立

基于渤海某油田北中块低渗油藏的地质参数与储层特征，建立区块压裂井裂缝模型，考虑油水井的注采平衡，考虑原地应力场、压裂裂缝方位、压裂井与断层距离等因素，从而提高了油井生产动态模拟的准确性，如图 1 所示。

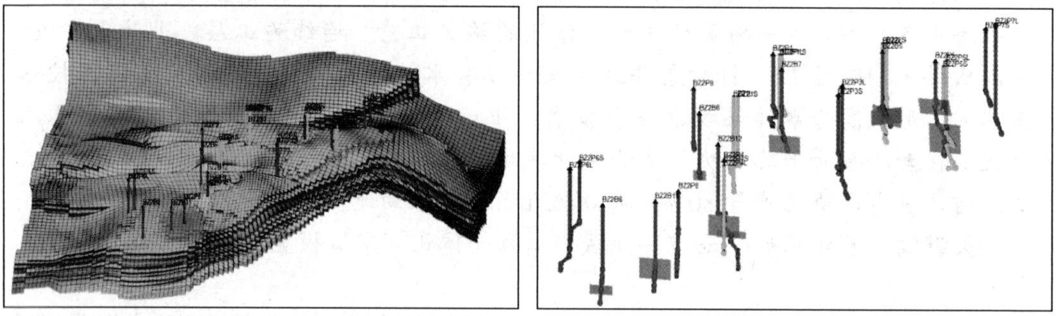

图 1 区块压裂井裂缝模型设计

2.1.2 裂缝缝长优化

在油藏整体数值建模的基础上，模拟计算了油井裂缝长度对生产动态的影响，如图 2 所示。从模拟计算结果可以看出，当裂缝半缝长达到 100m 后增油幅度明显减缓，达到 120m 后增油量提高效果不明显，因此优选区块整体压裂的裂缝半长为 90~110m。

2.1.3 裂缝导流能力优化

在油藏整体数值建模的基础上，模拟计算了油井裂缝导流能力对生产动态的影响，如图 3 所示。从模拟计算结果可以看出，当裂缝导流能力达到 500mD · m 后增油幅度明显减缓，达到 650mD · m 后增油量提高效果不明显，因此优选区块整体压裂的裂缝导流能力为 500~600mD · m。

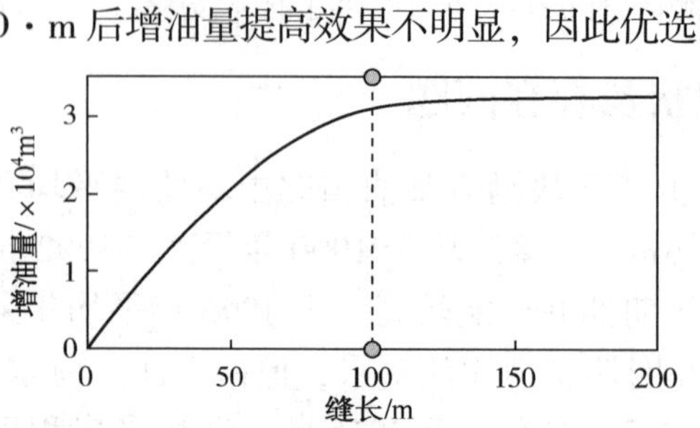

图 2 不同油井裂缝长度下增油量对比

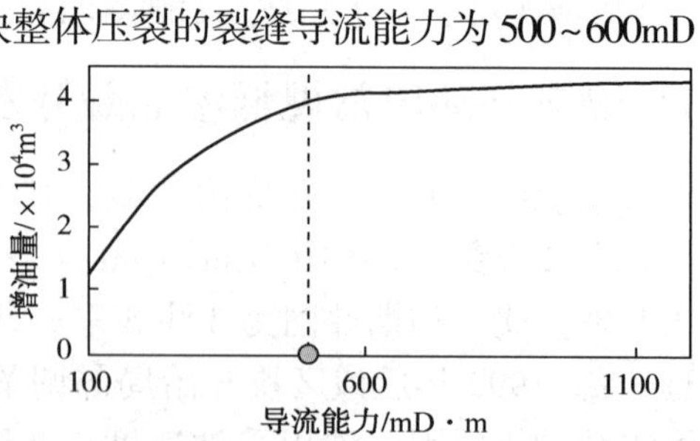

图 3 不同油井导流能力下增油量对比

2.2 工艺参数优化

2.2.1 施工排量优化

根据优化后的裂缝模型进行模拟计算得出：当排量逐渐增加时，缝宽、缝高随之变化的幅度较小，而裂缝长度及导流能力变化明显，如图 4 所示。随着排量的增加，缝长呈线性上升趋势，而导流能力呈下降趋势。结合北中块裂缝参数优化结果，优选最优排量 3～4m^3/min。

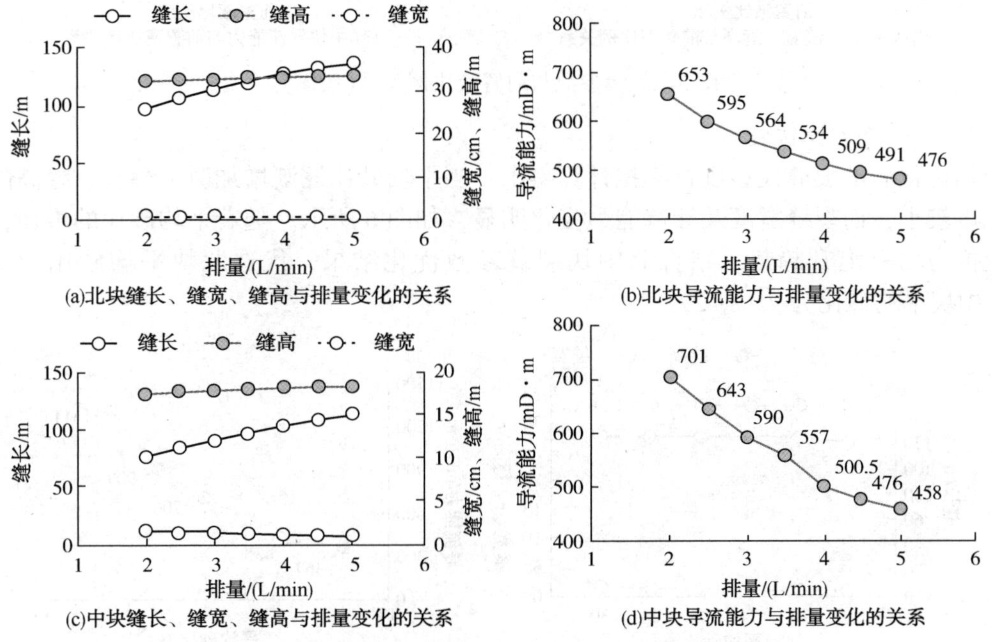

(a)北块缝长、缝宽、缝高与排量变化的关系　(b)北块导流能力与排量变化的关系
(c)中块缝长、缝宽、缝高与排量变化的关系　(d)中块导流能力与排量变化的关系

图 4　裂缝参数与排量变化关系

2.2.2 前置液比例优化

根据优化后的裂缝模型进行模拟计算得出：当前置液比例逐渐增加时，缝宽、缝高随之变化的幅度较小，而裂缝长度及导流能力变化明显，如图 5 所示。随着前置液比例的增加，缝长呈线性上升趋势，而导流能力呈下降趋势。结合北中块裂缝参数优化结果，优选北块前置液比例为 40%～45%，中块前置液比例为 37%～45%。

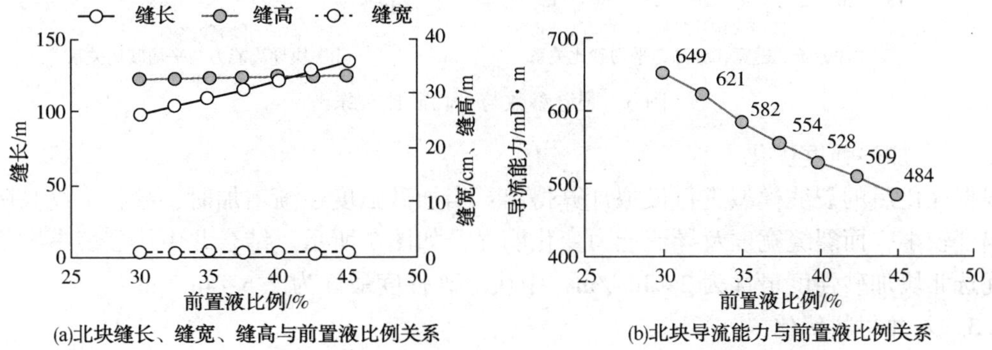

(a)北块缝长、缝宽、缝高与前置液比例关系　(b)北块导流能力与前置液比例关系

图 5　裂缝参数与前置液比例关系

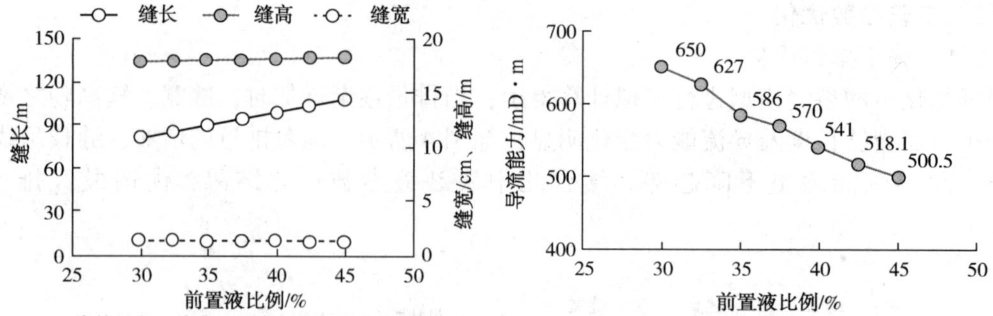

(c)中块缝长、缝宽、缝高与前置液比例关系　　(d)中块导流能力与前置液比例关系

图 5　裂缝参数与前置液比例关系（续图）

2.2.3　平均砂比优化

根据优化后的裂缝模型进行模拟计算得出：当平均砂比逐渐增加时，缝长、缝高随之变化的幅度较小，而裂缝宽度及导流能力变化明显，如图 6 所示。随着平均砂比的增加，缝宽与导流能力均呈上升趋势。结合北中块裂缝参数优化结果，优选北块平均砂比为 22%～24%，中块平均砂比为 25%～27%。

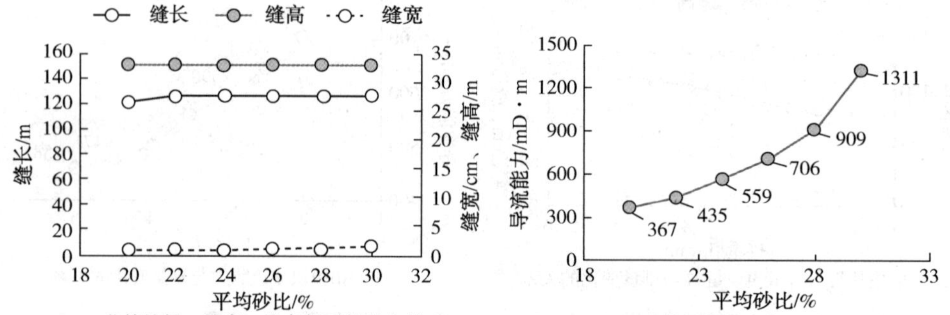

(a)北块缝长、缝宽、缝高与平均砂比关系　　(b)北块导流能力与平均砂比关系

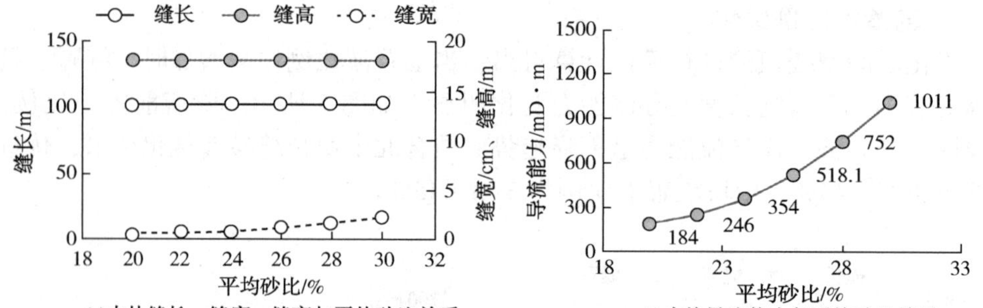

(c)中块缝长、缝宽、缝高与平均砂比关系　　(d)中块导流能力与平均砂比关系

图 6　裂缝参数与平均砂比关系

2.2.4　加砂强度优化

根据优化后的裂缝模型进行模拟计算得出：当加砂强度逐渐增加时，缝长、缝高随之变化的幅度较小，而裂缝宽度及导流能力变化明显，如图 7 所示。结合北中块裂缝参数优化结果，优选北块加砂强度最优为 2～3m^3/m，中块加砂强度最优为 2.5～4m^3/m。

2.3　入井材料优化

渤海某油田北中块油藏沙河街储层温度 135℃左右，岩石敏感性为强水敏，淡水基压裂液易引起储层黏土膨胀。同时考虑到海上淡水资源缺乏，制约压裂规模及压裂施工效率，为

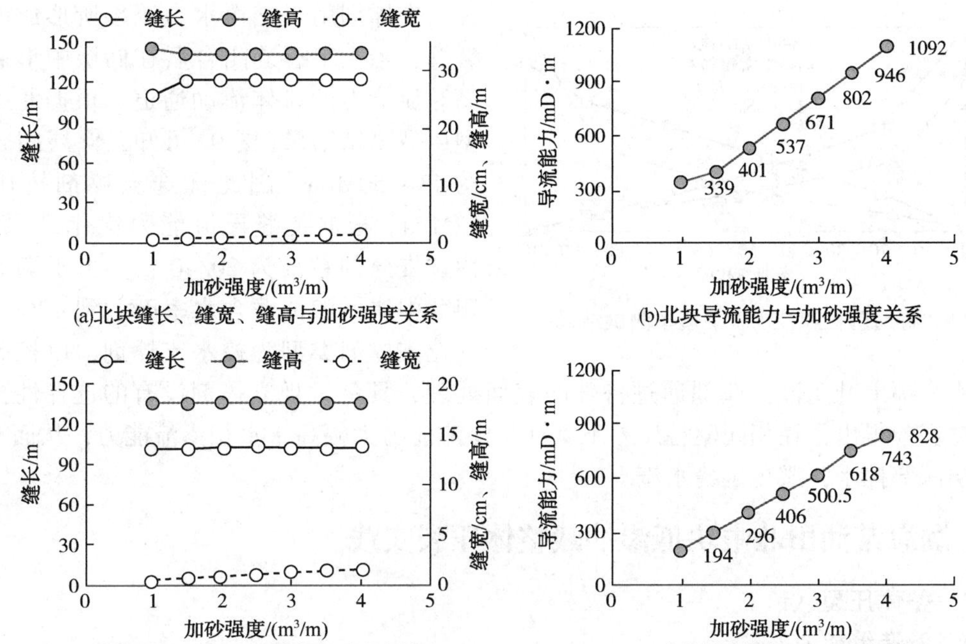

(a)北块缝长、缝宽、缝高与加砂强度关系

(b)北块导流能力与加砂强度关系

(c)中块缝长、缝宽、缝高与加砂强度关系

(d)中块导流能力与加砂强度关系

图 7　裂缝参数与加砂强度关系

实现压裂液低滤失低伤害控制，在原有海水基压裂液体系的基础上，引入耐盐羧甲基羟丙基瓜胶、有机钛交联剂对压裂液进行改进，开展了弱碱性海水基压裂液体系研发(图 8)。

图 8　稠化剂类型优化

通过引入抗盐基团增加胍胶的溶胀性能，改性胍胶代替 HPG，减少稠化剂残渣。通过有机金属交联剂进一步降低体系的 pH 值，减少高温下钙镁沉淀引入的残渣，降低体系的 pH 值，减少含 $CaCl_2$ 型地层水生成碳酸钙的风险。

根据表 1 弱碱性海水基压裂液体系性能评价显示，通过海水基弱碱性海水基压裂液体系成功将残渣含量降至 400mg/L 以下，能够提高造缝效率的同时降低液体伤害。

表 1　弱碱性海水基压裂液体系性能

项目		碱性体系	弱碱性体系
基液表观黏度/mPa·s		50~70	70~100
交联 pH 值		12	8-9
130℃、170S-1 剪切 2h 后黏度/mPa·s		50~80	80~110
破胶性能	破胶时间/min	60~240	60~240
	破胶液黏度/mPa·s	1.9	1.1
	破胶液表面张力/(mN/m)	27	25
破乳率/%		100	100
残渣含量/(mg/L)		500~600	300~400

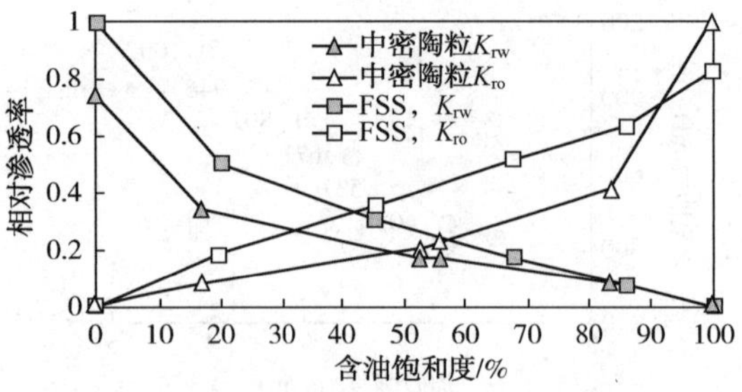

图 9　普通陶粒和控水砂渗透率测试结果

支撑剂用于支撑水力压裂所形成的人工裂缝，当人工裂缝闭合后在储层中形成具有高导流能力的流体流动通道。根据北中块小型压裂测试结果(图 9)可知，储层闭合压力约 43～50MPa，因此优选支撑剂抗压级别 52MPa。根据裂缝导流能力优化结果需求，优选支撑剂粒径为 20/40 目。由于渤海某油田北中块低渗油藏含水率已达到 70%，因此优选支撑剂类型为控水支撑剂，以控制油井压后含水大幅上升。该支撑剂通过特殊的表面处理，具备常规支撑剂没有的选择性控水能力，通过实验得出，在相同驱替压差下其油相渗流能力大幅高于水相渗流能力，从而有利于实现地层深部控水，避免裂缝水淹。

3　渤海某油田北中块低渗油藏整体压裂实践

3.1　整体压裂认识

3.1.1　造缝能力

渤海某油田北中块属于中低模量储层，该类储层平均静态杨氏模量约 8GPa，岩石力学脆性指数 0.35~0.4，脆性虽然明显强于疏松砂岩，但弱于陆地压裂典型的脆性储层。小型压裂分析得出，储层平均裂缝延伸净压力 6.2MPa，明显大于陆地脆性砂岩储层(<4MPa)，虽然可形成较大规模张性裂缝，但相对脆性储层缝长延伸能力偏弱，缝宽扩展能力较强，整体易形成具有一定缝长兼具较大缝宽的“宽裂缝”(表 2)。

表 2　中低模量储层造缝能力

项目	疏松砂岩储层	中低模量储层	脆性储层
杨氏模量	<1GPa	平均约 8GPa	≥20GPa
泊松比	>0.28	平均约 0.26	<0.25
脆性指数	<0.2	0.35~0.4	≥0.5
缝长延伸能力	弱	偏弱-中等	强
缝宽扩展能力	强	中等-较强	弱

3.1.2　造缝形态

渤海某油田北中块压裂总体趋于形成单一裂缝。说明在相对较弱的脆性条件下该类储层难以产生复杂人工裂缝形态。结合岩石力学与压后分析发现，不同于疏松砂岩油藏，中低模量油藏储、隔层存在较明显的脆性及断裂韧性差异，3m 以下隔层易于沟通，但泥质含量>85%的 5m 隔、夹层即可实现缝高的有效遮挡(图 10)。

3.1.3　造缝效率

由于中低模量储层缝长延伸能力偏弱，横向变化快，造成压裂施工净压力较高、普遍压力系数偏低，导致了施工中较大的滤失压差(根据渤海某油田前期 5 口井压后分析得出，主

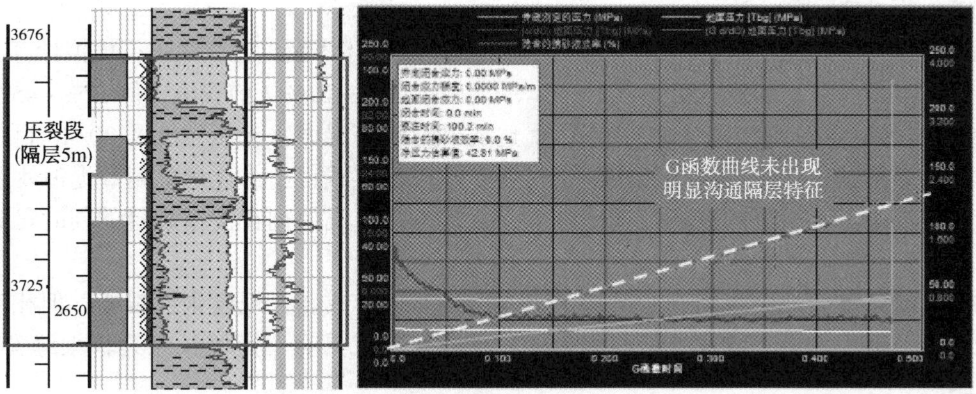

图 10　渤海某油田北中块压裂 G 函数曲线

压裂平均施工净压力达到 12MPa，平均缝内滤失压差近 30MPa，造缝效率 5%~19%，平均 11.3%)。高滤失压差大幅提高了压裂液的动态滤失系数，从而导致造缝效率相对于常规低渗储层偏低(图 11)。

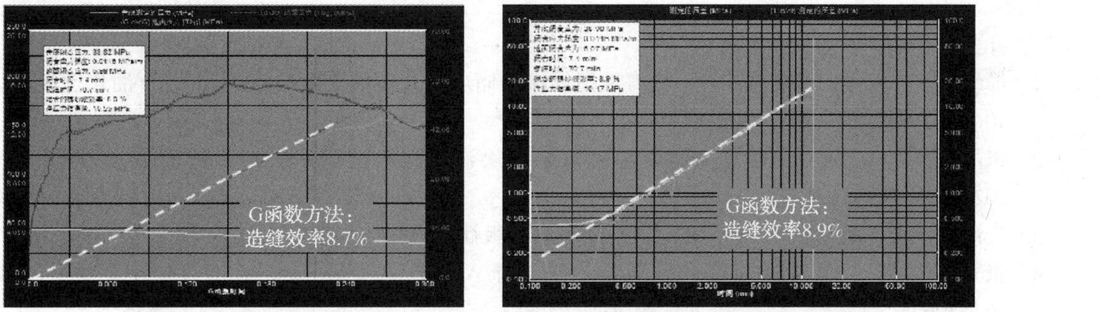

G函数法求解液体效率-B6　　　渗流流态法求解液体效率-B6

图 11　渤海某油田北中块压裂液体效率

3.2　应用效果

2020~2022 年，通过渤海整体低渗压裂攻关与实践，累计在渤海某油田区块完成现场实施 10 口井，累计增油 13 万余吨，压裂增产量占区块总产量 80%，有效提升了区块采油速度与采出程度。实践表明，基于渤海某油田常规低渗区块研究形成的整体压裂技术可有效实现海上低渗储层的增产挖潜改造，显著提升海上低渗储层的开发效果及单井产量。随着勘探开发的进行，渤海油田在生产油田压裂增产措施比重将越来越大。基于渤海某油田常规低渗区块进行研发的整体压裂技术增油效果明显(图 12)，已经成为低渗储层生产老井的增产“新利器”，具有大规模推广应用的价值。

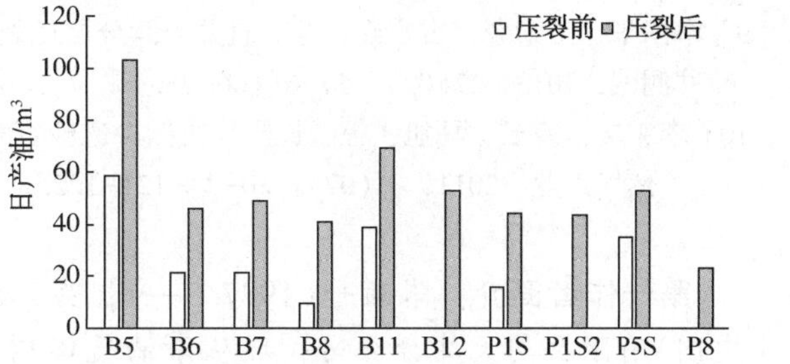

图 12　整体压裂效果对比

4　结论及建议

(1) 根据渤海某油田北中块低渗油藏的地质参数与储层特征，并考虑注入水结垢影响，建立了油藏整体数值模拟模型。基于该模型优选区块整体压裂的裂缝半长为 90~110m，裂缝导流能力为500~600mD·m。

（2）在裂缝参数优化的基础上对渤海某油田北中块整体压裂工艺参数进行模拟计算，优选施工排量3~4m^3/min、加砂强度2~4m^3/m、平均砂比22%~27%、前置液比例37%~45%。

（3）根据储层特征及海上施工特点，优选弱碱性耐高温海水基压裂液及20/40目控水支撑剂作为渤海某油田北中块整体压裂施工材料；由现场实践得出，优选的耐高温海水基压裂液在储层高温下具有较好的造缝及携砂性能，优选的控水支撑剂在支撑裂缝的同时可有效控制压后产水。

（4）渤海某油田北中块属于中低模量储层，虽然可形成较大规模张性裂缝，但相对脆性储层缝长延伸能力偏弱，缝宽扩展能力较强，整体易形成具有一定缝长兼具较大缝宽的“宽裂缝”。

（5）通过渤海整体低渗压裂攻关与实践，累计在渤海某油田区块完成现场实施10口井，累计增油13万余吨，压裂增产量占区块总产量80%，有效提升了区块采油速度与采出程度。基于渤海某油田常规低渗区块进行研发的整体压裂技术增油效果明显，已经成为低渗储层生产老井的增产“新利器”，具有大规模推广应用的价值。

参 考 文 献

[1] 谭绍栩，林家昱，张艺耀，等．渤海油田低渗透储层笼统压裂实践与认识[J]．石油化工应用，2021，40(01)：99-103.

[2] 张旭东，陈科，何伟，等．渤海西部海域某区块油田注水过程储层伤害机理[J]．中国石油勘探，2021，21(04)：121-126.

[3] 王鸿勋．水力压裂原理[M]．北京：石油工业出版社，1987.

[4] 张龙，郑云磊．低渗透油藏分段压裂水平井流入动态曲线研究[J]．当代化工研究，2021(13)：104-106.

[5] 贾磊．低渗透油田开发技术新进展[J]．石化技术，2019，26(08)：98.

[6] 胡文瑞，魏漪，鲍敬伟．中国低渗透油气藏开发理论与技术进展[J]．石油勘探与开发，2018，45(04)：646-656.

[7] 蒋廷学，卞晓冰，左罗，等．非常规油气藏体积压裂全生命周期地质工程一体化技术[J]．油气藏评价与开发，2021，11(03)：297-304+339.

[8] 贾自力，石彬，罗麟，等．延长油田超低渗油藏水平井开发参数优化及实践——以吴仓堡油田长9油藏为例[J]．非常规油气，2017，4(01)：67-74.

[9] 李国华，王素荣，古永红，等．直井连续分层压裂工艺在长庆油田上古低渗砂岩气藏的应用[J]．油气井测试，2013，22(02)：59-61+66+78.

[10] 李宪文，凌云，马旭，等．长庆气区低渗透砂岩气藏压裂工艺技术新进展——以苏里格气田为例[J]．天然气工业，2011，31(02)：20-24+121-122.

第一作者简介：张丽平(1987.3—)，男，江西广昌人，高级工程师，就职于中海石油(中国)有限公司天津分公司，现从事油气田增产增注工作。联系地址：天津市滨海新区海川路2121号海洋石油大厦B座，电话：022-66501174，E-mail：zhanglp17@cnooc.com.cn。

济阳页岩油水平井压裂关键工艺技术进展与实践

鲁明晶[1,2] 郑 勇[3] 钟安海[1] 钱钦[1] 师忠卿[4] 杨 峰[1]

（1. 中国石化胜利油田分公司石油工程技术研究院；
2. 中国石化胜利油田分公司博士后科研工作站；3. 中国石化油田事业部；
4. 中国石化胜利油田分公司工程技术管理中心）

摘 要 济阳页岩油压裂具有改造施工难度大、缝高扩展难、改造体积小等特点，国外现有的页岩储层压裂改造工艺技术难以实现济阳页岩油的高效开发。从地质和油藏认识出发，通过升级和完善压裂工艺技术体系、强化页岩油开发技术理论攻关，并研发关键材料体系，逐步形成了济阳页岩油水平井压裂工艺技术体系1.0、压裂工艺技术体系2.0和立体压裂工艺技术1.0等关键工艺技术体系，并在济阳坳陷博兴、渤南、牛庄、民丰等几个洼陷共实施页岩油水平井31口。现场压裂实践表明：针对济阳坳陷不同洼陷特征形成的主导工艺技术，压裂改造效果与国内外同类型储层相比明显改善，开发效果逐步提高。相关技术体系实现了页岩油勘探开发产能突破。

关键词 济阳坳陷 陆相页岩 压裂工艺 立体压裂 开发效果

我国经济发展对能源的需求日益增长，近三年来中国原油、石油对外依存度双破70%，远超过50%的安全警戒线，能源安全供应风险亟须高度关注[1]。陆相页岩油是一种非常规源岩油，2019年底以来胜利油田在济阳坳陷博兴、牛庄、渤南等多个洼陷、多种类型、多套层系相继取得重大战略突破，樊页平1井等多口页岩油井峰值油当量超百吨、单井累油过万吨，展现了页岩油良好的勘探开发前景[2]。相比于国内其他页岩，济阳页岩具有油埋藏深、温度高、厚度大、压力系数大等特征，造成济阳页岩压裂改造施工难度大、缝高扩展难、改造体积小[3]。2011年引进美国页岩气体积压裂技术进行济阳页岩油压裂开发，现场实施未实现突破，两口典型井累产油仅达100余吨。针对国外技术不适应等困境，胜利油田开展技术攻关，从地质和油藏认识出发、升级和完善压裂工艺技术体系、强化页岩油开发技术理论攻关，以一体化研究理念指导提升页岩油开发效果，形成了压裂技术体系1.0、压裂技术体系2.0和立体压裂技术1.0等压裂工艺技术体系，实现了济阳页岩油压裂技术突破。

1 济阳页岩油水平井压裂关键工艺技术进展

1.1 济阳页岩油压裂工艺技术体系1.0

济阳页岩油基质及夹层型页岩渗流所需压力梯度大于50MPa/m，流体可流动性差，抗压强度高、塑性强，不利于裂缝起裂扩展，加砂困难。针对其特点进行工艺措施改进，以

"井控"储量为目标，形成了低浓度酸降破增渗、CO_2增能扩缝、组合缝网强支撑为核心的水平井多级分段压裂完井技术，建立了济阳页岩油压裂工程技术 1.0，实现了页岩油勘探开发产能突破。

1.1.1　低浓度前置酸降破增渗压裂技术

前置酸压裂是将酸液在高于破裂压力下泵入地层，使一部分酸液处于裂缝最前缘，一部分酸液滤失到裂缝壁面两侧，用隔离液将酸液和压裂液隔离，随后开展压裂。压裂前置液注入低浓度酸进行酸蚀蚓孔、增渗降破，可以有效地提高压裂改造效果[4]。济阳页岩油实践证明，低浓度酸促进泥质灰岩形成蚓孔，孔隙度由 0.1251 提高到 0.1344，提高了 18%，渗透率由 5.59mD 提高到 8.46mD，提高了 127%。同时，前置酸压裂可以有效降低施工压力，在高灰质含量的地层，破裂压力可降低 18~23MPa，多级酸交替能够增大缝宽增强支撑剂进入裂缝能力(图 1)。

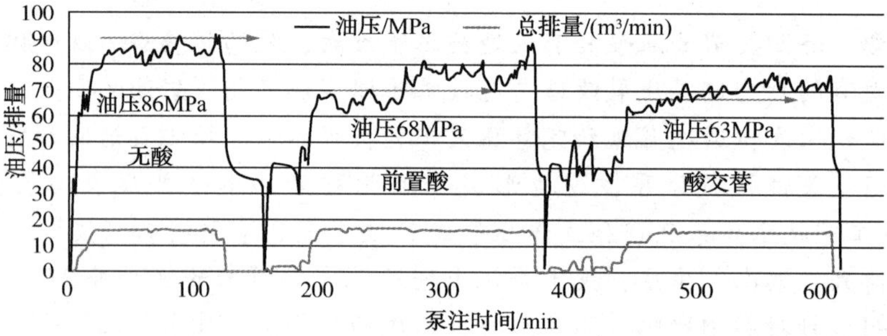

图 1　灰质含量大于 80%地层低浓度前置酸降破增渗现场试验

1.1.2　前置 CO_2压裂工艺技术

以液态 CO_2作为压裂前置液，与其他水基压裂液组合进行压裂改造，可以实现储层塑-脆性转换，增加微裂缝，降低主应力差值，大幅复杂化缝网[5]。针对济阳页岩油开展了 CO_2准干法、伴注、前置 CO_2压裂试验对比，结果表明前置 CO_2压裂有利于提高改造体积，相同改造规模下，与水力压裂相比，前置 CO_2压裂改造体积提高了 21%(图 2)。以 BYP5 井为例，采用其第 2 段和第 15 段进行水力压裂与前置 CO_2压裂对比，结果发现当 CO_2加量为 5~6t/m(单段>200t)时，第 15 段压裂改造体积(加 CO_2)为第 2 段压裂改造体积(不加 CO_2)的 1.7 倍，有效提高了改造效果。

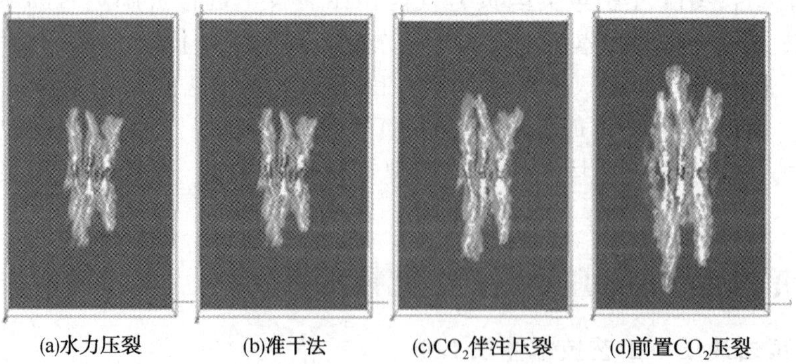

图 2　济阳页岩油不同压裂方式改造体积对比

1.1.3　水平井组合缝网压裂技术

针对济阳页岩压裂裂缝规律和现场实践认识，以提高缝控储量为出发点，创新提出了“自支撑裂缝-分支裂缝-主裂缝”的组合缝网压裂技术[6]，优化施工程序和支撑剂泵注程序。通过脉冲式交替泵注能形成簇式支撑高导流裂缝，通过交替泵注“纯液”和“砂浆”，纤维聚砂成簇，压裂液边造缝、边充填，能形成簇式支撑高导流裂缝，主缝导流能力可提高 5~7 倍。在此基础上开展组合缝网多级裂缝优化设计：基于主缝和分支缝造缝效果，建立了多级支撑裂缝导流适应性图版，优化工艺技术参数，矿场试验表明与常规压裂相比，压后供油能力提高 1.54 倍(图 3)。

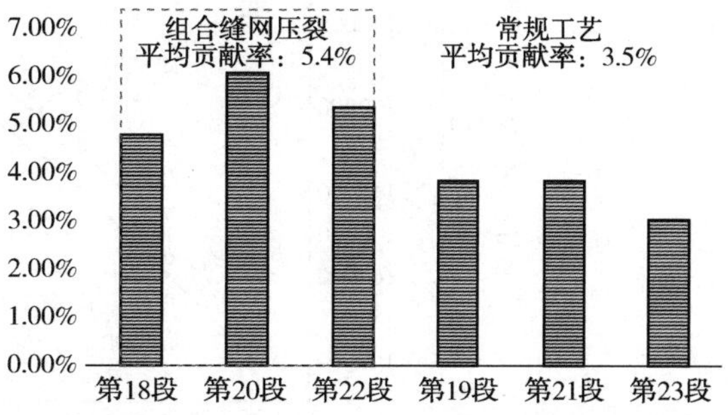

图 3　组合缝网压裂与常规压裂供油能力对比

1.2　济阳页岩油压裂工艺技术体系 2.0

针对压裂技术体系 1.0 暴露出来的簇间距过小、干扰严重，缝长扩展不足，带宽过度延伸制约了改造体积等问题，逐渐形成“多造缝、饱填砂”的攻关思路，实现了由“井控”到“缝控”的理念升级，形成以强化“裂缝起裂、裂缝扩展、裂缝支撑、增能渗吸”为核心的压裂工艺技术体系 2.0。

1.2.1　纵向穿层扩缝高技术

利用济阳页岩高角度缝、超压缝发育的地质条件，形成了大排量、变黏交替注入的穿层扩缝高压裂理念，优化变黏压裂液交替注入扩缝技术，促使纹层灰质页岩压裂形成多期次穿层缝。通过压裂优化控制孔数、短时大排量憋压、胶液扩展缝高，实现富集层理型页岩有效穿层扩缝高，在 FY1-1HF 井得到印证(图 4)。实践表明：等效施工排量由 $8m^3/min$ 提高至 $16m^3/min$，剪破坏增加 1 倍，改造体积增加 64%；单簇排量>$3m^3/min$，净压力>8MPa 能有效穿层扩缝高。

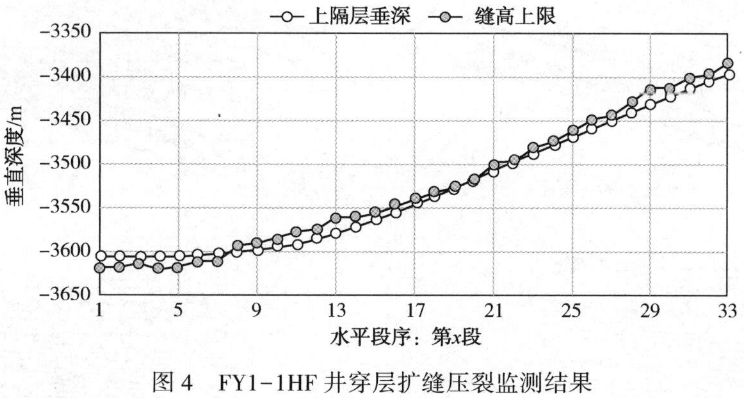

图 4　FY1-1HF 井穿层扩缝压裂监测结果

1.2.2　密切割压裂工艺技术

济阳页岩油密切割压裂实践证明簇间距较小时，裂缝间的干扰严重。随着簇间距的增大，裂缝间的干扰减小，破裂压力减小。密切割应力干扰导致应力转向，有利的一方面是可能带来裂缝转向或天然微裂缝的开启滑移，增加形成体积缝网的可能性，不利的一方面是主裂缝延伸必然受到影响[7]。因此，密切割压裂需要综合考虑改造体积 SRV、裂缝带宽、裂缝复杂性指数等因素。根据模拟得到的诱导应力差、净压力、裂缝缝宽、SRV、裂缝带宽，随着簇间距缩小，改造体积和带宽都逐渐趋于稳态，无需加密簇数，结合产能及作业成本，可认为济阳页岩油簇间距 7~13m 为宜(图 5)。

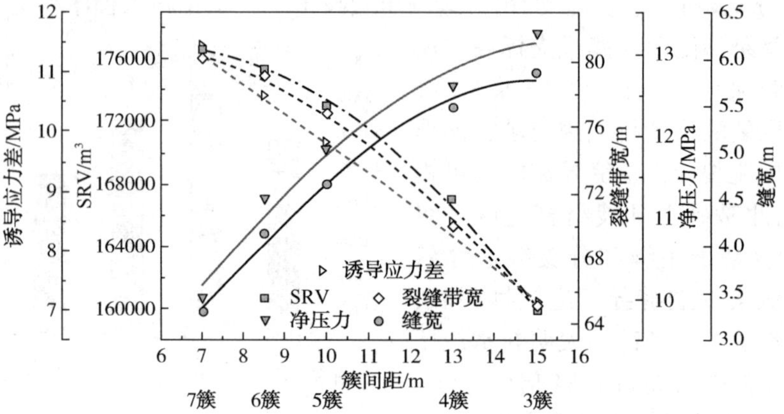

图 5　不同簇间距时压裂参数对比

1.2.3　多级暂堵工艺技术

济阳页岩油矿场压裂实践表明：针对亮晶纹层地层，不暂堵时中间簇裂缝扩展受到限制，改造不充分；实施暂堵后，裂缝扩展相对均衡，裂缝带的泄流面积有不同程度的增加。因此，针对亮晶纹层地层开展多簇暂堵工艺，簇数越多裂缝均衡扩展难度越高。基于段簇优化确定了 1 次和 2 次层间暂堵的射孔数界限；结合鹰眼射孔孔径识别，优选绳结+柔性暂堵剂材料，封堵压力可达 11MPa 以上(图 6、图 7)。同时，进行裂缝实时效果评价，精细还原裂缝在地下形成过程。在压裂初期裂缝破裂事件较少时及时增加缝内暂堵剂，促进裂缝转向；调整暂堵球加入时机，增加每簇的开启程度。

图 6　未暂堵三维视图与俯视图

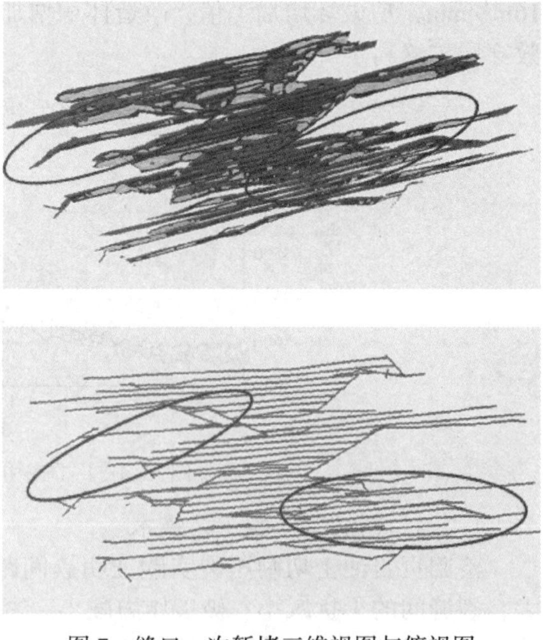

图 7　缝口一次暂堵三维视图与俯视图

1.3 济阳页岩油立体压裂工艺技术 1.0

立体压裂是页岩油一次动用、整体开发、降本增效的关键工艺，物探-地质-工艺-开发一体化建模、评价、设计和实施，是立体压裂优化设计的基础[8]。经过系统攻关，集成地质工程一体化建模、立体井网缝网耦合、同步/异步协同施工和错峰投产优化等技术，形成“促裂缝干扰、避渗流干扰”的立体压裂技术体系 1.0。

针对立体压裂技术体系，通过开展多井压裂井间裂缝干扰物模实验，考察不同簇数/簇间距，压裂液黏度和排量等因素对多井协同压裂裂缝扩展因素的影响，实现缝长缝高有效控制，形成了压裂裂缝控制技术；开展了应力和裂缝干扰模拟，对压裂前后两向应力变化规律进行分析，最终形成了立体压裂应力和裂缝干扰模拟技术；考虑应力和裂缝干扰，开展交错、正对布缝优化，三井夹持式拉链式施工、双井同步拉链式施工等方案优化设计，构建了立体压裂缝网耦合优化设计方法。以均衡改造为原则，优化立体井网压裂施工顺序，平面自两翼向中心造夹持井、纵向自上而下压裂，充分利用压裂干扰、避免渗流干扰，建立多井协同压裂施工模式，并成功应用于页岩油国家示范区先导试验井组，初步形成立体井组多井协同压裂施工顺序及错峰投产优化设计方法。

2 济阳页岩油不同洼陷主导工艺技术及实践认识

2.1 复杂断块油藏主要工艺及实践认识

博兴洼陷 FY1 井组是济阳页岩油示范区首个立体开发试验井组，在沙三下、沙四纯上 1 层组、2 层组 3 个不同层系设计部署油藏评价井、开发井、小角度试验井(近平行断层)共 8 口。针对 FY1 井组部署 8 口井进行立体压裂实践，兼顾沙三下、沙四纯上 1 层组、2 层组 3 个不同层系。地面、地下统筹考虑分 3 轮次实施，历时 93d 施工 252 段，平均单段液量 2763m^3、砂量 164.6m^3，平均综合砂比 6.0%。经过两轮次压裂工艺迭代提升，井组压后峰值日产油 504t/d，4 口井峰值日油过百吨，目前井组日产液 382.7t，日产油 228.5t，累产液 212119t，累产油 87758t，井组开发取得显著效果(图 8)。

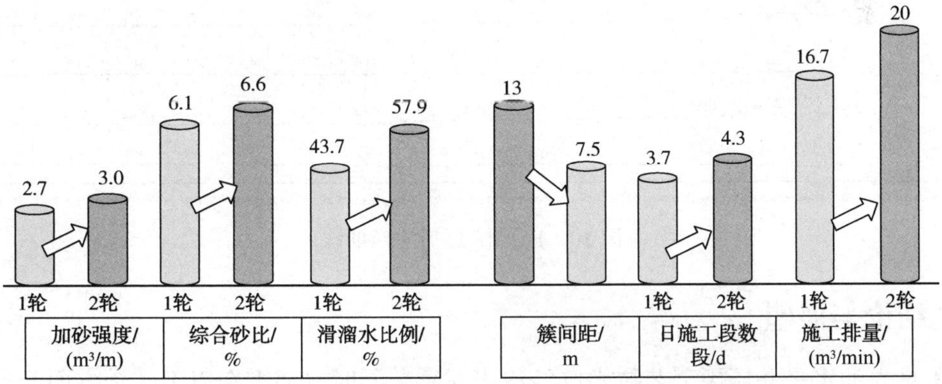

图 8 FY1 井组两轮次压裂工艺迭代提升

2.2 基质型油藏主导工艺及实践认识

牛庄洼陷水平应力差大、成熟度低、泥质含量高、原油黏度高，压裂面临缝高扩展难、缝网复杂化难问题，以“全支撑促渗吸”为理念，完成水平井压裂 4 口。在总结 NY1-2HF 井“实现裂缝有效穿层，最大化沟通上下层有利岩相”等认识的基础上，NY1-3HF 井采用了大液量、大砂量、暂堵转向、压后闷井等工艺，对二类页岩油实现了充分改造。NY1-2HF 于

2021 年 10 月投产，截至目前累产油 1.85×10^4t，含水 28.3%，压力 7.7MPa，NY1-3HF 于 2022 年 7 月投产，截至目前累产油 2.3×10^4t，含水 13.3%，压力 23.1MPa(图 9)。

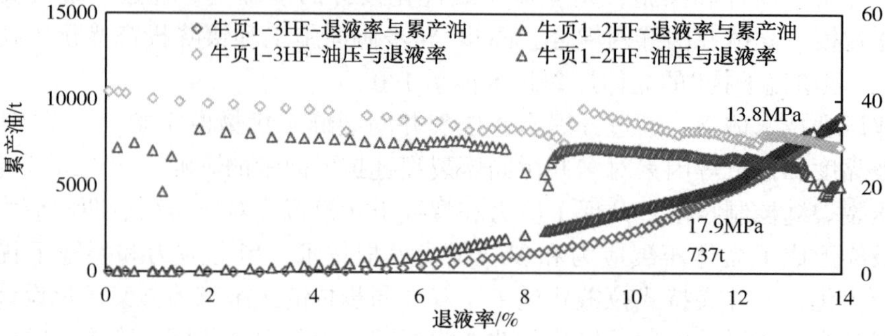

图 9　NY1-2HF 和 1-3HF 井压裂改造生产动态

2.3　复杂构造油藏主导工艺及实践认识

民丰洼陷地处陡坡深陷带，整体南高北低，沙四上地层埋深 2250-4350m，构造起伏大。目前在该洼陷已完成 3 口页岩油水平井压裂。民丰页岩油水平井压裂主要以密切割压裂为原则，不断探索段簇间距下限，缩短段长，强化体积压裂，目前完成 3 口水平井压裂，段长优化至 50~60m，簇间距 6~7m。FY1-1HF 水平段长 2042m，2022.1 分 33 段压裂，总簇数 153 簇，平均 4.6 簇/段，排量提高到 $20m^3$/min，施工效率 3.5~4.2 段/天；开展滑溜水、低黏液加砂试验及全程连续加砂试验。目前 3mm 油嘴油压 22.4MPa，日产液 47.7t，日产油 38.3t，累产液 33707t，累产油 27560t(图 10)。

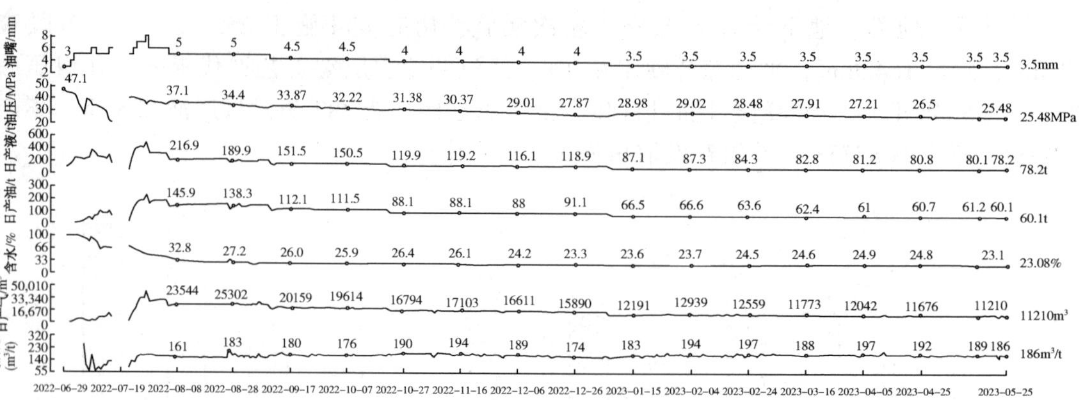

图 10　FY1HF 压后生产曲线

3　结论与展望

济阳页岩油水平井压裂工艺技术已经逐步完善，同时，还需在以下几个方面开展进一步攻关：

（1）亟待确定不同洼陷页岩油压裂工艺参数技术政策界限。目前，北美某区块 43%井过度改造，24%井欠改造，济阳页岩压裂工艺正不断探索以确定工艺参数技术政策界限，做到够用且经济。

（2）亟待完善立体压裂关键工艺技术体系。立体井组压裂裂缝扩展机制复杂，压裂干扰、套变套损风险增大，济阳页岩油独特性暂无成熟经验可借鉴，研究必须超前于实践。

（3）亟待进一步降低工程成本：通过压裂工艺优化、材料体系优化，压裂成本较前期已有大幅度降低，但目前整体工程成本仍偏高，需要进一步优化工艺技术降本增效，实现页岩油效益开发。

参 考 文 献

［1］杨阳，郑兴范，肖毓祥，等．中国石油中高成熟度页岩油勘探开发进展［J］．中国石油勘探，2023，28（03）：23-33.

［2］林腊梅，程付启，刘骏锐，等．济阳坳陷渤南洼陷沙一段页岩油资源潜力评价［J］．中国海上油气，2022，34（04）：85-96.

［3］刘惠民，张顺，包友书，等．东营凹陷页岩油储集地质特征与有效性［J］．石油与天然气地质，2019，40（03）：512-523.

［4］何火华，黄伟，王鹏．水平井前置酸加砂压裂技术优化研究［J］．非常规油气，2020，7（02）：109-113.

［5］邹雨时，李彦超，李四海．CO_2 前置注入对页岩压裂裂缝形态和岩石物性的影响［J］．天然气工业，2021，41（10）：83-94.

［6］蒋廷学，苏瑗，卞晓冰，等．常压页岩气水平井低成本高密度缝网压裂技术研究［J］．油气藏评价与开发，2019，9（05）：78-83.

［7］侯景龙，王传庆，李玉东，等．连续管密切割压裂工艺技术及其应用［J］．钻探工程，2021，48（11）：42-48.

［8］雷群，胥云，才博，等．页岩油气水平井压裂技术进展与展望［J］．石油勘探与开发，2022，49（01）：166-172+182.

第一作者简介：鲁明晶（1986—），男，山东烟台，胜利油田工程技术研究院，副研究员，主要从事页岩油压裂工艺技术研究。联系地址：山东省东营市东营区西三路306号，邮箱：t-lumingjing.slyt@sinopec.com，电话：15550507116。

地质工程一体化技术在低渗致密油压裂中的应用研究

蔡久杰　王海波　李凤霞　沈云琦　陈瞰瞰

（中国石油化工股份有限公司石油勘探开发研究院）

摘　要　地质工程一体化压裂技术成为解决复杂低品位油气藏经济有效开发的必由之路。针对致密油气等不同类型储层非均质性强等特征，研究了地质工程一体化在深层致密油藏中的应用，包括创建致密砂岩地质工程甜点评价方法、创新提出“井筒—射孔—裂缝”全耦合三维裂缝扩展数值方法，建立基于施工压力分析的压后裂缝参数反演技术及基于人工智能大数据的压后效果评价技术，攻关形成致密油气地质工程一体化压裂技术，实现地质工程综合甜点评价、压裂选井选段、非均匀应力下裂缝扩展模拟、产能预测、压后评价一体化模拟，并在东濮区块致密油水平井压裂取得良好的应用效果。

关键词　致密油　压裂　一体化　裂缝扩展

0　引言

致密油藏动用储量规模和产量贡献比例逐年增加，已成为我国当前和未来原油储量动用的主要支柱[1]，也是减小对外依存度，实现能源安全的最重要领域。低渗/致密油藏储层渗透率低、孔喉细小、结构复杂、天然能量低，常规开发方法难以开采，需要进行体积压裂改造。致密油藏的强非均质性致使工程参数差异大，压裂改造工艺可复制性差，施工过程中亟须与地质相结合的差异化“一段一策”调整。地质工程一体化压裂技术本质是将储层品质的认识拓展到三维空间，形成地质-工程全闭环设计模式，提高压裂改造针对性，最大化地提高储层改造程度。

在国内外致密油藏勘探开发中，水平井钻井和水力压裂是效益开采的两个核心技术[2]。其中，体积压裂作为水力压裂的核心技术之一，更是在各个气田展开了广泛应用。体积压裂是指在水力压裂过程中，使天然裂缝不断扩张和脆性岩石产生剪切滑移，从而在改造区域内形成人工裂缝与天然裂缝相互交错的复杂裂缝网格，进而增加有效改造体积[3]，提高初始产量和最终采收率。要实现良好的体积压裂效果，需要提高改造区域的缝网复杂程度，缩短渗流距离，一方面需要致密地层中天然裂缝发育，且井筒穿行岩石脆性高的区域，压裂裂缝容易沟通附近天然裂缝并形成在压裂过程中产生剪切破坏，形成复杂缝网；另一方面，体积压裂方案中的段簇划分、用液规模、加砂强度、暂堵措施等关键工程参数，也与压裂产生的复杂缝网质量息息相关。因此，需要从地质工程一体化角度开展致密油藏压裂方案设计，提高现场一段一策的调整能力，精细化改造目标。

1 目标井概况

文72南区块位于东濮凹陷前梨园洼陷西翼缓坡带南部，自下而上沉积古近系沙河街组、新近系馆陶组、明化镇组和第四系平原组，主要地层为沙河街组沙三中1砂组，岩性为滨浅湖灰色泥岩夹油页岩与砂岩不等厚互层。沙三中亚段有效烃源岩厚度大，范围广，洼陷缓坡带是岩性油藏发育有利区。文72南为徐楼断层控制的单斜构造，区块构造简单，地层西高东低、倾角15°左右。整体区块构造简单，地震测试显示剖面目的层同相轴清晰且较连续。该区块地质上发育三角洲前缘、辫状河三角洲前缘和滩坝三种沉积体系。综合区域沉积特征、古地貌恢复、储层预测等结果，确定物源方向与沉积相分布范围。物源为西南、东南及东北等多物源方向。

目标井M1井是部署于文72南徐楼单斜构造的一口水平井，目标层位为沙三中1砂组1号小层，层厚3~4m。M1井A、B靶点斜深分别为3568m、4330m，垂深分别为3435m、3568m，水平段长762m。井周天然裂缝整体欠发育。

通过邻井取心进行矿物组成分析，结果显示目标层主体岩性为长石石英粉砂岩，灰质与泥质胶结，黏土类型主要为伊利石。孔隙类型主要为粒间孔，次为粒间溶孔。目标井M1井油层段矿物含量为石英占比68%~71%，泥质6%~10.5%，灰质9.4%~16.4%；干层段矿物含量为石英占比61.7%~64.1%，泥质15.5%~16.7%，灰质14.5%~17.1%。

图1为M1井地质工程参数测井解释结果，并通过岩石力学实验结果进行校正。整体水平段中部钻遇砂泥互层，其余段钻遇厚层砂岩。整体目标层沙三中1砂组1号小层水平段渗透率均值6.3mD，孔隙度均值10%。水平段杨氏模量22.3~48.1GPa，均值30.3GPa，泊松比0.11~0.29，均值0.25；中部干层杨氏模量偏高，均值36.2GPa，增大加砂难度，整体油层泊松比大于0.25。水平段最大水平主应力84.2~90.2MPa，均值87.5MPa，最小主应力76.4~79.8MPa，均值78.6MPa。

通过邻区老井压裂裂缝表明最大主应力方向北东向35°~60°，结合文72-平1井实际水平段方位角约111°，则井眼轨迹与最大主应力方向夹角为50°~75°。裂缝与井筒成一定夹角导致改造难度增加：①缝间干扰严重；②改造体积变小；③近井迂曲摩阻增大。

2 地质工程一体化主要技术

2.1 三维地质建模

基于测录井解释结果、沉积相及室内岩心实验结果，建立目标井区域三维地质模型，如图2所示，并在此模型基础上进行三维裂缝扩展模拟。

三维地质模型显示，整区块目标层沙三中1砂组1小层孔隙度均值3%~15%，整体泊松比0.24~0.29，且油层砂体泊松比低于泥岩。最大水平主应力为85~96MPa，最小水平主应力为75~85MPa。纵向上油层砂体与泥岩最小水平主应力差为6~8MPa。

2.2 全三维复杂裂缝扩展模拟技术

基于边界元的真三维复杂裂缝扩展模型，对水平井在目标层内不同穿行位置进行多簇裂缝扩展形态进行模拟。

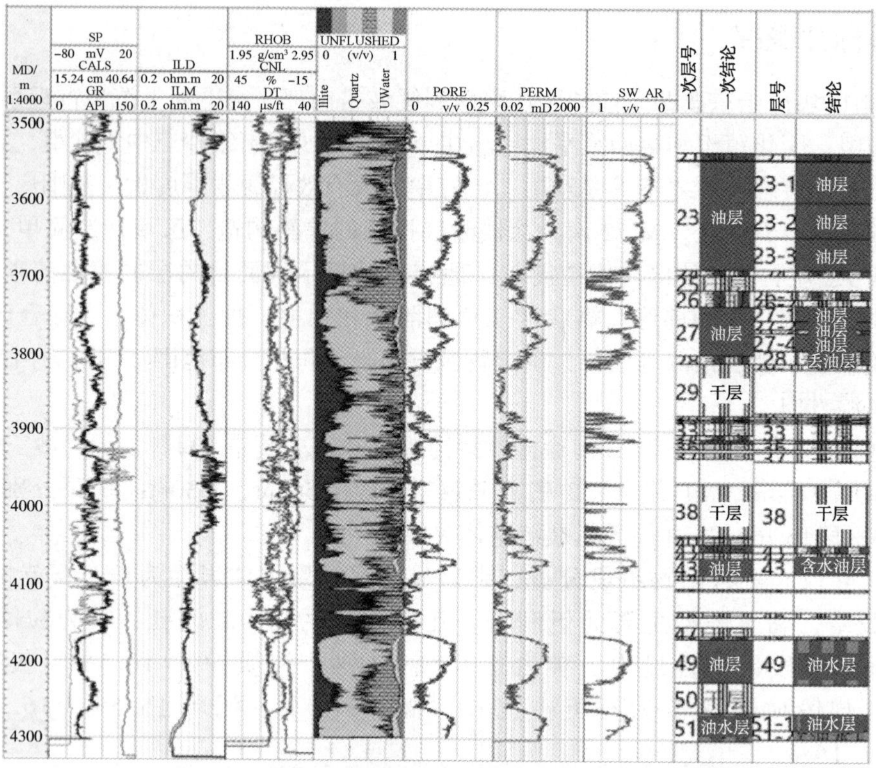

图 1　M1 井地质工程参数测井解释结果

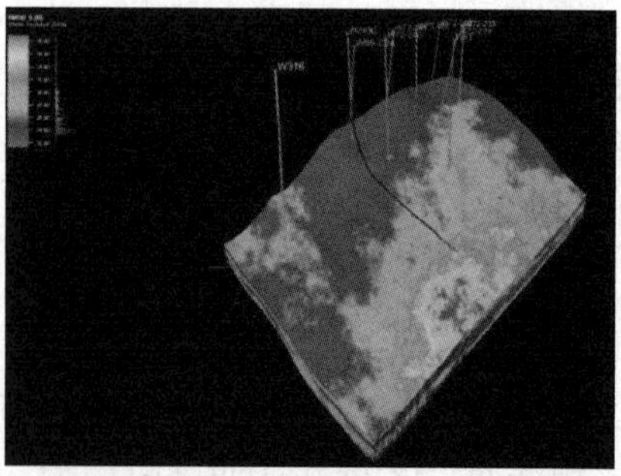

(a)杨氏模量模型

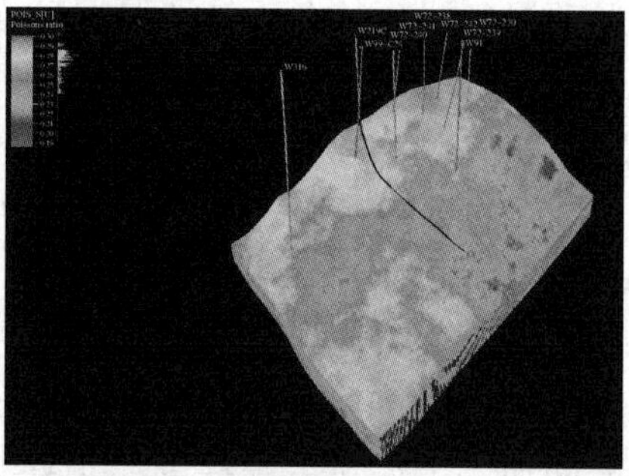

(b)泊松比模型

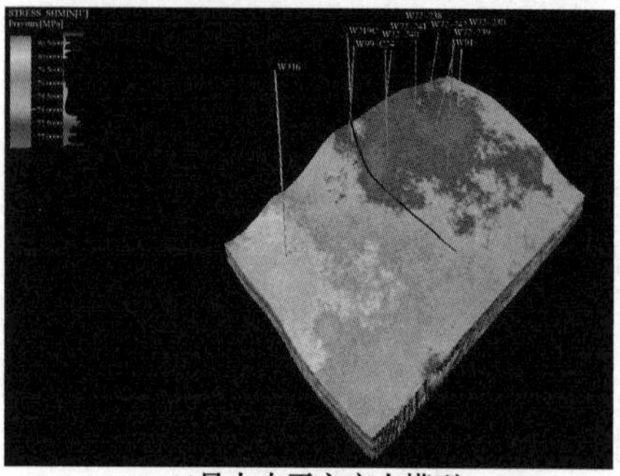

(c)最大水平主应力模型

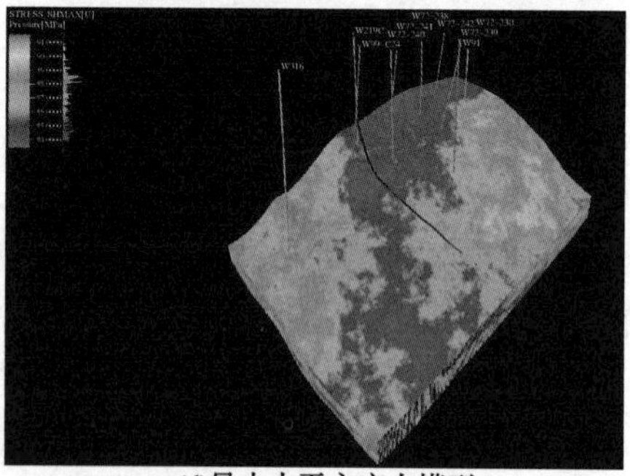

(d)最小水平主应力模型

图 2　目标井三维地质模型

2.2.1　穿行上部高应力层

模拟穿行上部高应力层，整体 3～8 簇，均能充分改造 1-1 储层。当单段射孔 3～6 簇时，裂缝向下扩展 4~6m；单段射孔 8 簇时，裂缝停止向下穿层，显示整体单段多簇可以有效控制缝高向下扩展。考虑到单段 4~8 簇时缝长增加趋势变缓，建议单段 4 簇，适当采取定向射孔(图 3、图 4)。

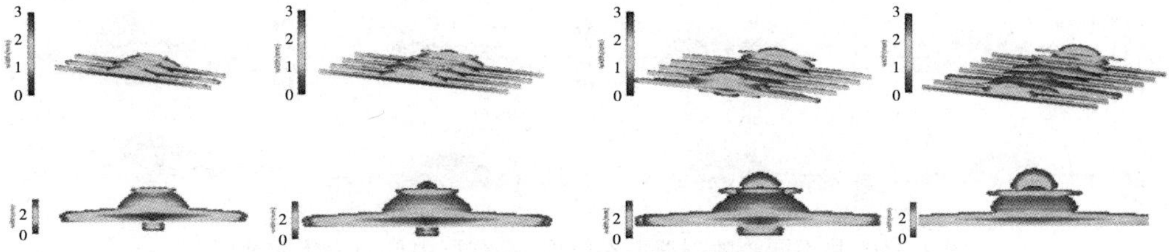

图 3　M1 井不同簇数裂缝形态模拟-穿行上部高应力层

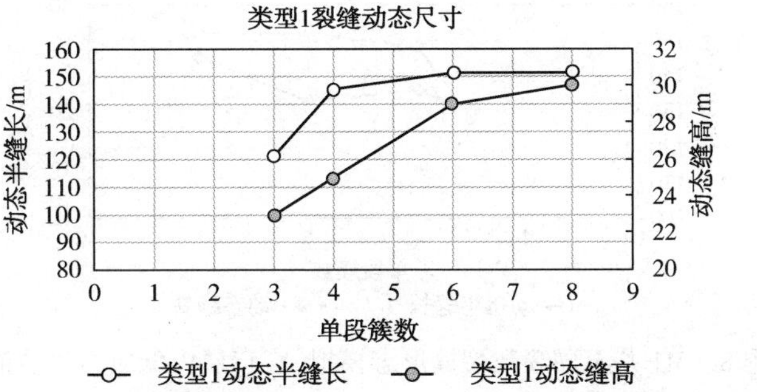

图 4　M1 井不同簇数裂缝形态模拟结果-穿行上部高应力层

2.2.2　穿行目标层内高应力夹层

穿行层内高应力夹层，单段射孔 3~8 簇时，水力压裂均能充分改造 1-1 储层。随着簇数增加，裂缝向下扩展明显减少，单段 8 簇裂缝向上过度扩展，建议单段 4~6 簇，保证改造缝长，有效改造油层(图 5、图 6)。

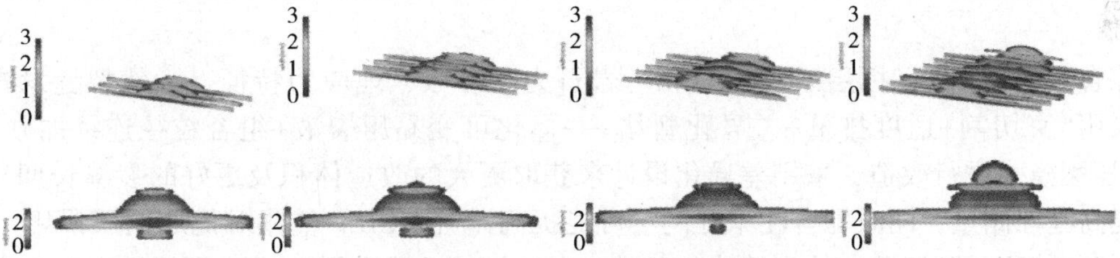

图 5　M1 井不同簇数裂缝形态模拟-穿行层内高应力层

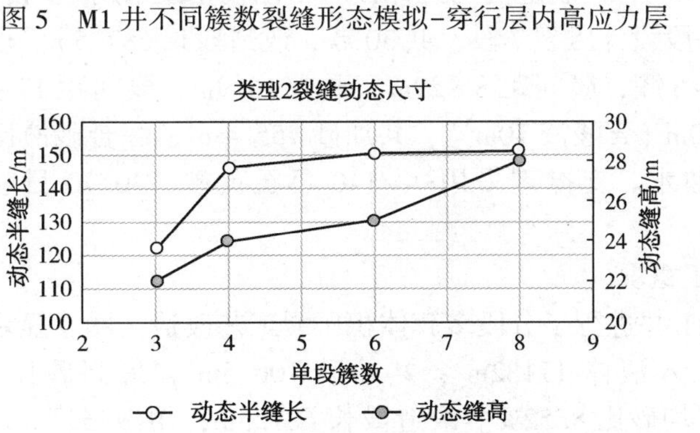

图 6　M1 井不同簇数裂缝形态模拟-穿行层内高应力层

2.2.3 穿行层内低应力优质油层

穿行层内低应力优质油层，单段射孔 3~8 簇，均能充分改造 1-1 储层。随着簇数增加，裂缝向下扩展无明显变化，为保证优质储层充分改造，建议单段 3~4 簇(图 7、图 8)。

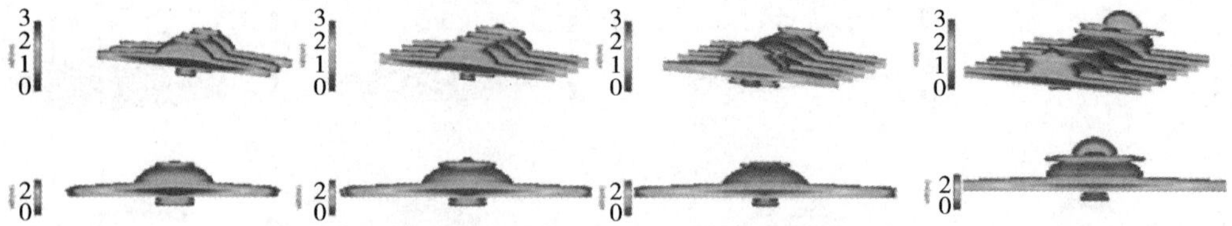

图 7 M1 井不同簇数裂缝形态模拟-穿行层内低应力优质油层

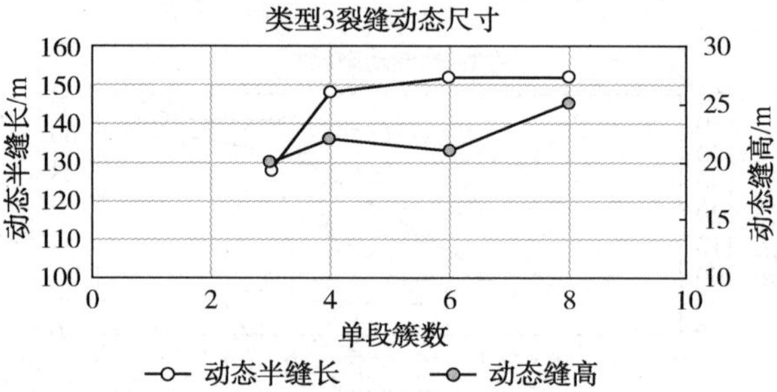

图 8 M1 井不同簇数裂缝形态模拟-穿行层内低应力优质油层

2.3 一体化压裂方案及应用

2.3.1 压裂方案设计

针对储层致密、厚度薄、水平应力差较大、水平井轨迹穿行复杂等问题，采取以下技术对策：(1)优化施工排量、液体黏度、前置液量等参数，控制缝高过度延伸；(2)降低射孔簇簇间距，增加压裂裂缝的改造密度，采用低中高黏一体化变黏滑溜水交替注入，尽可能增加裂缝复杂程度；(3)部分钻遇泥岩段采用定向射孔，优化支撑剂粒径组合，强化近井渗流。

综合考虑 M1 井目标层系有利岩相、岩石力学参数、地应力特征、天然裂缝发育等情况，采用“密切割+适度排量+差异化暂堵+一体化可变黏压裂液+组合粒径连续加砂+强加砂”的压裂模式进行改造，采用差异化设计来获取更大的改造体积及更好的裂缝长期导流能力，提高缝控储量，同时配合注采井网尽可能提高单井 EUR。整体对优质储层采用“少簇+密切割”的体积压裂工艺，使裂缝均匀延伸；对物性较差段采用“多簇+暂堵转向”压裂工艺，增大改造体积。全井段设计压裂 7 段，共 30 簇，改造段长 687.5m。段长 56.4~132m，平均 98.2m；单段射孔 3~6 簇，簇间距 8~29m，平均 16.9m；段间距 17~85.9m，平均 43.1m。设计压裂液总量 9570m^3(含酸液 70m^3)，共加砂 755.4m^3，综合砂液比 9.05%。压裂液体系采用一体化变黏滑溜水。支撑剂采用 70/140 目石英砂、40/70 目陶粒、30/50 目陶粒及 20/40目陶粒组合。

2.3.2 现场施工概况

根据设计，对 M1 井进行了分段多簇体积压裂工艺改造。图 9 显示全井段施工压力、排量、砂比曲线。共注入液体 11182m^3；共加砂 706.5m^3，最高砂比 20%，主体施工排量 12m^3/min，携砂液平均砂比 8.52%。改造段长 687.5m，用液强度 15.89m^3/m，优质段第 6 段加砂强度 2.14t/m，开展暂堵 2 段(第 3、5 段)。

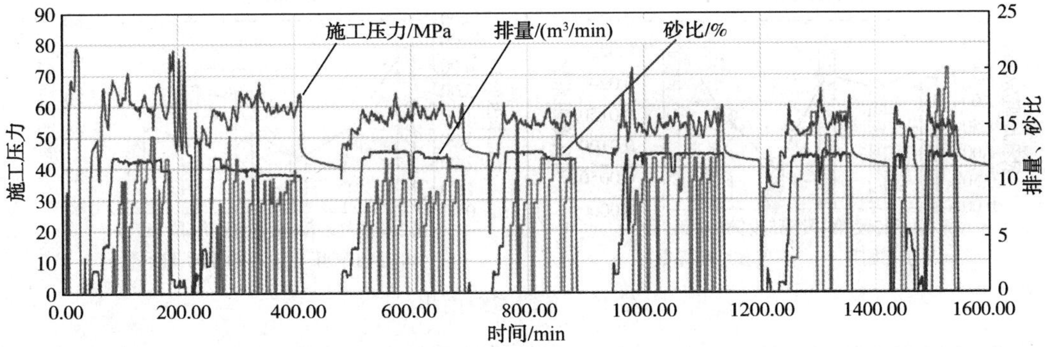

图 9　M1 井全井段压裂施工曲线

2.3　压后复杂裂缝定量评价技术

基于周彤[4]提出的主压裂压降曲线分析模型，对 M1 井各段施工停泵后压降数据进行分析计，图 10 为第 2 段压裂压降分析曲线。

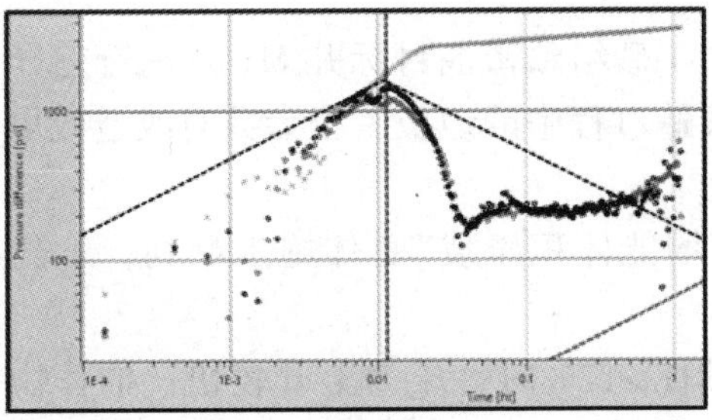

(a)双对数曲线

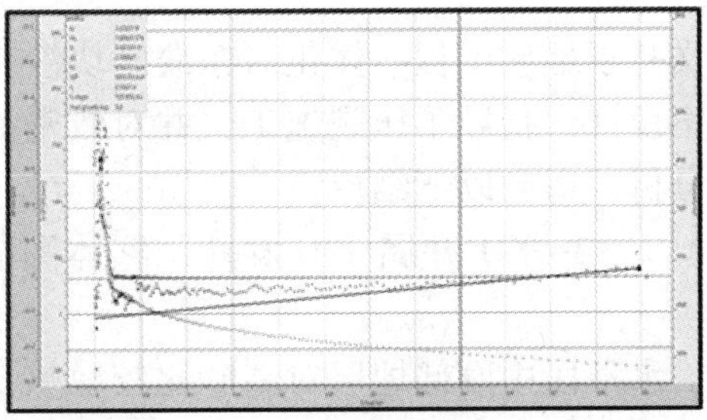

(b)压降分析曲线

图 10　第 2 段压裂压降曲线分析

通过分析计算得出各段裂缝几何尺寸、面积及复杂度(图 11)等相关数据。如图 12 所示，该井各压裂段射孔摩阻为 0.46~3.95MPa，单段 5~6 簇的射孔摩阻均小于 2.5MPa，平均 1.94MPa。各段近井迂曲摩阻为 2.36~6.92MPa，平均 4.42MPa，多簇段迂曲摩阻较高，判断形成分支缝延伸，施工对裂缝段采取前置段塞进行打磨。

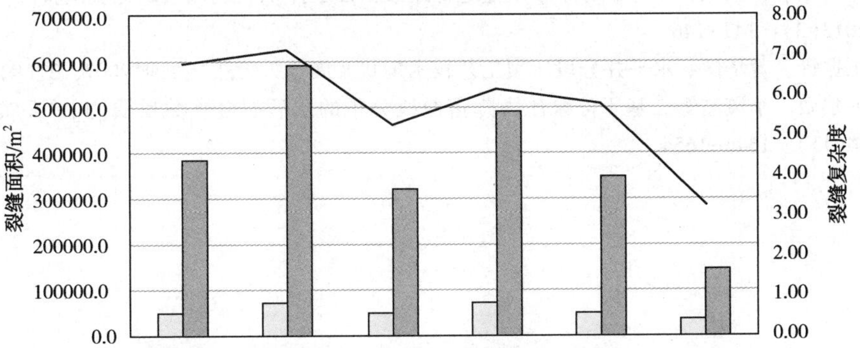

图 11　各段摩阻分析

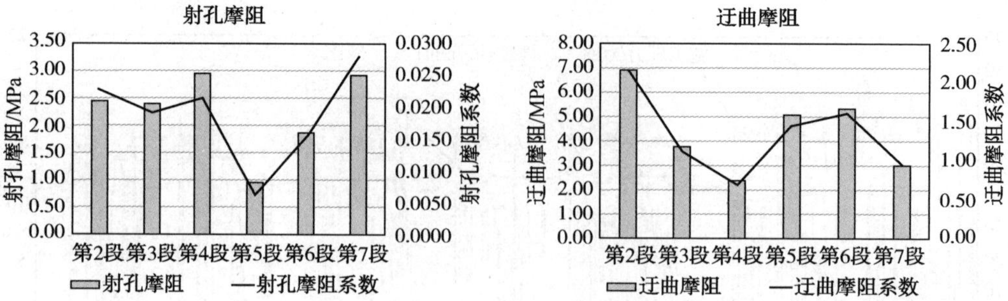

图 12　各段裂缝面积

第 2~7 段平均液量 1813. 6m^3，分析反演各段裂缝半长 98. 42~163. 69m，其中优质油层半缝长 99. 55~114. 52m。反演各段主裂缝面积(3. 5~7. 3)×10^{4}m^2，沟通天然裂缝面积(11. 3~42. 3)×10^{4}m^2，裂缝复杂度 3. 26~6. 82。整体多簇段裂缝复杂度更高，显示第 3、5 段暂堵效果良好，形成复杂裂缝。

3　结论

本文基于地质工程一体化对东濮区块沙三中 1 砂组致密油目标井 M1 井进行差异化压裂改造方案设计，指导了压裂施工，并对致密油改造过程中的地质工程参数对改造效果的影响进行了分析，得到以下结论：

(1) 文 72-平 1 井属于开发井，整体围绕"增能体积压裂"总体施工顺利，工艺适应性良好；

(2) 水平段中厚部地层对高砂比较敏感，砂比>12%时，压力上升较快；推荐物性较差储层采取低砂比段塞式加砂，优质储层适当提高砂比，连续加砂；

(3) 多簇段近井迂曲摩阻较高，判断形成分支缝延伸，施工对多簇及裂缝段可以采取前置段塞进行打磨；实时暂堵效果良好，形成复杂裂缝，推荐采取暂堵工艺。

参 考 文 献

[1] 郭永奇，铁成军. 巴肯致密油特征研究及对我国致密油勘探开发的启示[J]. 辽宁化工，2013(03)：309-312.

[2] 李宪文，张矿生，樊凤玲，等. 鄂尔多斯盆地低压致密油层体积压裂探索研究及试验[J]. 石油天然气学报，2013(3)：142-146.

[3] 陈作，王振铎，曾华国. 水平井分段压裂工艺技术现状及展望. 天然气工业 2007，27(9)：78-80.

[4] 周彤，苏建政，李凤霞等. 基于停泵压力降落曲线分析的压后裂缝参数反演[J]. 天然气地球科学，2019，30(11)：1646-1654.

复兴侏罗系陆相页岩典型特征及工艺对策

李保林[1]　肖佳林[1]　张　凡[1]　刘红磊[2,3]

（1. 中国石化江汉油田分公司石油工程技术研究院；
2. 页岩油气富集机理与有效开发国家重点实验室；
3. 中石化石油工程技术研究院有限公司）

摘　要　复兴侏罗系陆相页岩纵向有利层系多，横向分布面积广，资源规模大、潜力大，是中国石化“十四五”页岩油勘探主战场之一。侏罗系陆相页岩具有黏土含量高、非均质性强、纹/夹层发育、油气同出等特征。工程上通过难点分析、数模研究及基础攻关，制定了“密切割+强加砂”的基本思路，配套了“球剂双暂堵”“一体化变黏”“分区循环支撑”提效技术对策。

关键词　介壳夹层　密切割　双暂堵　分区支撑

复兴地区位于中石化矿权綦江–涪陵区块北部，地处重庆境内，行政区划隶属梁平、垫江、丰都、忠县，构造上位于川东高陡褶皱带万县复向斜，面积2747平方千米，评价资源量气1.61万亿立方米，油10.68亿吨，资源潜力巨大。纵向发育3个层段4套非常规油气，储层纵向岩性变化大，凉高山组凉二下亚段、东岳庙段东一亚段为复兴区块主力勘探开发层系，具有黏土矿物含量偏高、纹层夹层发育、压力系数差异大、油气相态复杂的特征。其中，侏罗系凉二下亚段泥页岩60~80m，以⑥~⑧小层富碳、高碳纹层黏土页岩相为最优，厚25~30m，实测Ro1.1%~1.36%，是生油的最佳窗口。工程技术针对陆相页岩高黏土、夹层发育、油气相态复杂等关键特征，采取了“密集切割、高频次暂堵、储层保护、分区支撑”为主的工艺思路，先后在FY10HF井、TY1HF、XYL1HF井、XYL100HF井获得试气突破，落实了复兴地区的勘探潜力，展现了良好的开发前景。

1　地质及工程特征

1.1　岩性组分复杂

侏罗系陆相页岩是独特的富含介壳灰岩夹层页岩，具有岩相变化快、岩石塑性强的特征。根据图1可知，东一亚段页岩黏土含量50%~60%，长英质含量30%左右；凉二段页岩黏土矿物含量40%~50%，长英质含量40%~50%。与海相页岩相比，陆相页岩岩性发生反转，岩石矿物组分以黏土为主，敏感性矿物以伊蒙混层、伊利石为主，储层岩石塑性及保护需求强。

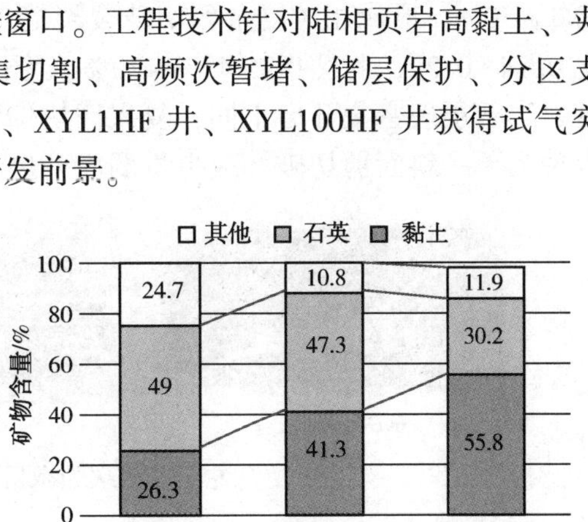

图1　岩性特征对比

1.2　纵向纹/夹层发育

复兴陆相页岩两套主要勘探开发层系，均具有夹层发育、纵向非均质性强的特点，对裂缝纵向扩展有较强的约束作用，其中：东岳庙页岩纵向发育厘米–分米级介壳灰岩，应力比页岩高 3~5MPa，不利于穿层改造及整体动用；凉二段页岩层内发育砂泥岩互层+薄介壳纹层，纹层密度 220 条/m，穿行⑥、⑦小层界面及③、⑤小层区域发育厚层砂岩条带。受到高应力灰岩条带、高硬度砂岩条带影响，水力裂缝在缝高方向上的扩展难度增大，压裂裂缝一次性穿透多个岩性条带难度较大，裂缝体积增加受限，影响水力压裂改造效果。

1.3 储集条件相对较好

侏罗系陆相页岩储层孔隙结构具有明显“3 峰”特征，微孔占比 8.3%、介孔占比 42.6%、宏孔占比 53.1%，介孔和大孔均较发育，见图 2。东一亚段页岩孔隙度介于 4.5%~5.3%，凉二段页岩储层孔隙度介于 3.0%~4.0%。

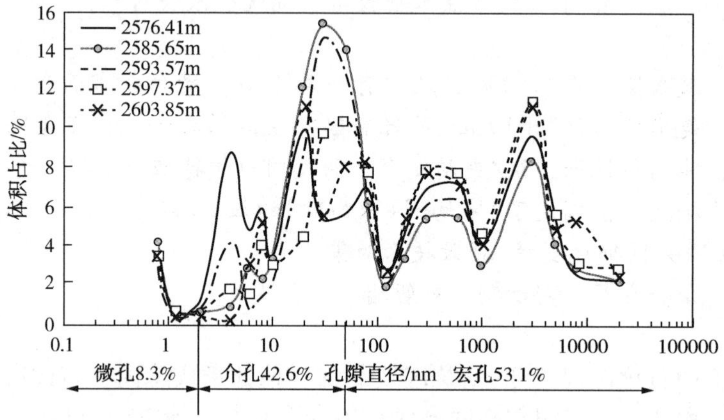

图 2 复兴凉高山组陆相页岩孔隙结构图

1.4 力学可压性较差

东岳庙页岩杨氏模量 16~23GPa，泊松比 0.22~0.25，脆性指数 38.3%，抗压强度小，以单一剪切破裂缝为主。凉高山页岩杨氏模量 25~32GPa，泊松比 0.24~0.25，脆性指数 40%~50%，形成相对复杂剪切破裂裂缝。涪陵龙马溪海相页岩杨氏模量 30~40GPa，泊松比 0.14~0.22，脆性指数 45%~70%，脆性较强，破裂后裂缝复杂度高。与涪陵海相龙马溪页岩岩石层理密集开启不同，复兴区块侏罗系陆相页岩力学脆性降低、破裂呈简单缝特征，表现为单一斜面剪切破坏或少量弱面开启，促复杂难度增大，见图 3。

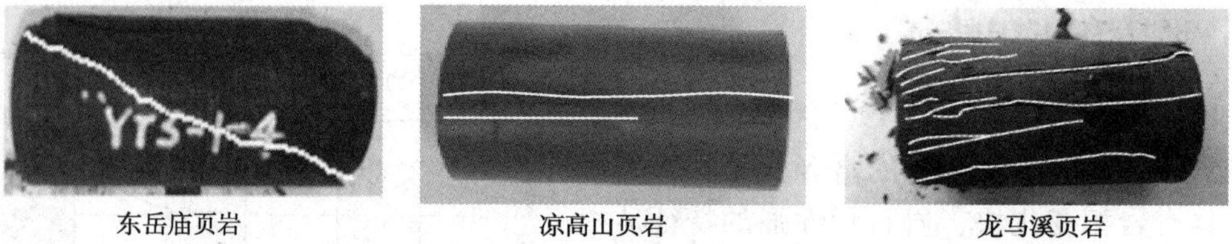

图 3 从左至右依次为东岳庙、凉高山、龙马溪组页岩破裂特征

1.5 流体性质较好，原油组分复杂

凉二段、东一亚段主力页岩热演化程度较高，*R*o 介于 1.0%~1.7%，处于挥发性油藏—凝析油—湿气生成阶段。原油具有密度低、易流动、含蜡量高、生产气油比高的特点，其中，原油密度 0.77~0.81g/cm^3，东岳庙段原油含蜡 3.68%，凉高山页岩含蜡量 16.12%，气油比 300~2124m^3/m^3，相对于国内陆相页岩，复兴区块生产汽油比较高，相关数据见表 1。

表 1 国内外页岩油气藏特征参数对比表

特点	北美海相	大庆古龙	吉木萨尔	长庆长 7 段	复兴侏罗系
埋藏深度/m	1000~3400	1600~2700	2500~4500	600~2900	2000~3000
成熟度 *Ro*/%	0.8~1.3	1.0~1.6	0.8~1.0	0.5~1.3	1.0~1.7
原油密度/(g/cm^3)	0.82~0.84	0.78~0.87	0.87~0.93	0.84	0.75~0.81
气油比/(m^3/m^3)	200~3500	70~800	—	60~120	300~2124
地层压力系数	常压、超压	1.2~1.58	1.31	0.77~0.84	1.0~1.9

2 工艺对策及压裂思路建立

基于复兴区块侏罗系陆相页岩油气藏中高黏土、敏感性强、纵向夹层及纹层发育、油气同出等复杂特征。压裂工艺需要结合促复杂改造、穿层改造、储层保护、不同尺度裂缝差异化支撑及渗吸提效提产的技术需求，针对性优化布缝工艺、暂堵转向模式、减阻水体系及支撑剂组合，形成了“多簇密切、双重暂堵、分区支撑”主导工艺思路。

2.1 密集布缝技术

在确保每簇均衡开启的前提下，增加单井簇数能够显著增加裂缝泄流面积，缩短簇间距能够充分利用缝间诱导应力增加裂缝复杂度，有利于形成缝网。该技术涉及簇间距和簇数两个关键参数优化。

2.1.1 簇间距优化

充分考虑复兴陆相页岩强塑性、多孔介质渗流特征，创建了融合塑性形变裂缝损伤模型、多孔介质应力场模型、水力压裂多簇流动模型的全耦合多裂缝竞争扩展模型，指导复兴高黏土页岩段簇间距优化设计。基于东岳庙、凉高山页岩岩性及力学可压性差异，模拟东岳庙强应力干扰区域 7~8MPa，簇间距小于 6m 时，7MPa 以上强干扰区域在 40~45m。凉高山强应力干扰区域可达 7~10MPa，簇间距小于 8m 时，7MPa 以上强干扰半径在 45~50m。以保障裂缝缝长优选延伸、扩大近井应力干扰范围为目标，差异化设计簇间距：东岳庙页岩簇间距 5~6m；凉高山页岩簇间距 7~8m，见图 4。

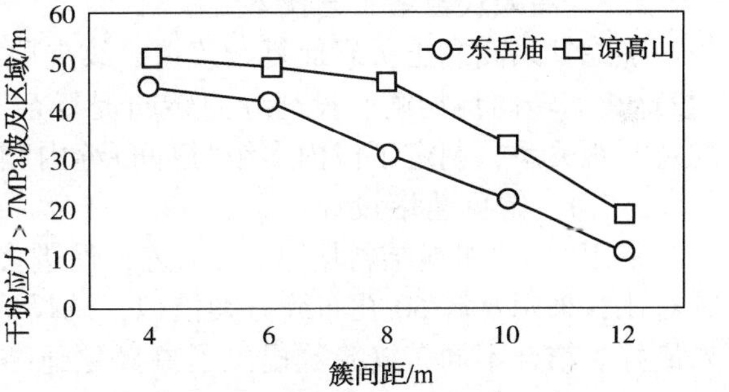

图 4 不同簇间距下强应力区干扰波及半径对比

2.1.2 簇数优化

以泄气面积、3 个月产能为预期指标，以全耦合多裂缝竞争扩展裂缝模型为基础，结合平面构造、纵向应力、岩性力学特征等条件，开展不同工程参数、裂缝条数下多参数正交模拟，确定合理的分段、布簇参数界限采用 Gohfer3D 软件，开展了不同簇间距、不同簇数条件下多方案对比，以泄气面积、3 个月产能为预期指标优化段簇数。

单段长度固定，在相同规模下，随着裂缝条数的增加，裂缝缝长在减少，单段簇数 8~9 簇时，获得的人工裂缝泄气面积最大，见图 5。

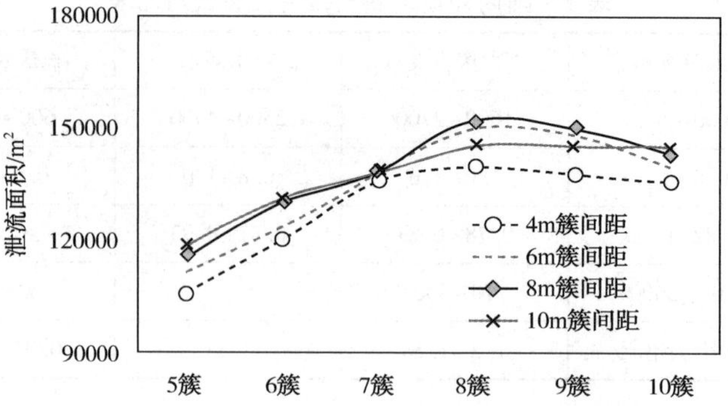

图 5　不同簇数下裂缝泄气面积

基于不同簇数条件下的改造体积及泄气面积，预测全井试采前三个月产量，8 簇时获得预期产量最多，其次为 9 簇和 7 簇，见图 6。

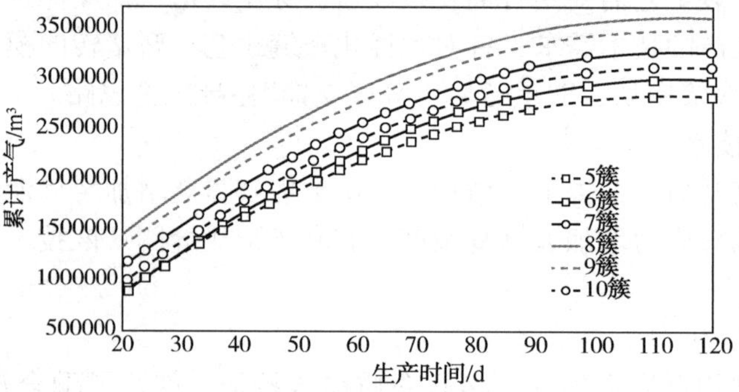

图 6　不同簇数下预期产能

2.2　高频次暂堵工艺技术

考虑复兴高黏土页岩促复杂改造、纹夹层纵向突破、多簇均衡扩展等技术需求，创建了“投球簇间转向促均衡、投剂缝内转向促复杂”的双暂堵工艺，结合天然裂缝、夹层发育情况及井距关系，制定了段内多级“簇间+缝内”转向推荐做法。

2.2.1　缝间暂堵设计

采用“1~2 级绳结暂堵”转向工艺，促进多簇均衡开启。基于无因次裂缝体积标准差计算对比，采用 9 簇 60 孔布缝方案模拟，总投球数量达到 35 颗(60%左右)，各簇均匀扩展效果最好。结合不同布缝簇数提出了差异化绳结暂堵方案，单段 6~7 簇投 1 次，投球时机为总液量 60%；单段 8~9 簇投 2 次，投球时机为总液量 40%~45%、70%~75%加入。

2.2.2　缝内暂堵设计

考虑到近井缝口宽度较大(>3mm)、远场缝端宽度较小(1~2mm)，所以近井缝口暂堵应该使用较大颗粒的暂堵剂，而远场缝端暂堵应该使用较小颗粒的暂堵剂，结合现场施工经验，推荐采用“小粒径石英砂(70/140 目)+暂堵剂(20~80 目)”混合粒径暂堵方式；以 2 级投剂为例，总砂量的 20%~25%、55%~60%加入暂堵剂，缝内暂堵促复杂。

暂堵剂模拟显示当暂堵剂浓度小于 3%时，颗粒可压通过射孔孔眼运移至地层实现缝内暂堵，当暂堵剂浓度为 7%时，基本实现孔眼附近封堵，少量颗粒通过，当暂堵剂浓度达到 10%时，暂堵剂到达孔眼位置时形成密封，起到簇间转向的效果。考虑暂堵剂单次用量 150~200kg，为控制暂堵剂浓度，保持较高的分散性实现缝内暂堵，优化投剂浓度 1%左右，投加排量 10~20m^3/min，见图 7。

2.3 分区支撑泵注设计

采用每段8簇、簇间距8m的基础布缝模型，采用前置胶液(30mPa·s)+减阻水(8mPa·s)组合液体体系，利用GOHFER软件开展相关参数优化研究。

2.3.1 施工排量优化

以纵向沟通⑥-⑧小层为目标，结合不同排量下数模优化结果，结合波及缝高和单段改造体积为变化趋势，推荐施工排量≥18m³/min，模拟结果见图8。

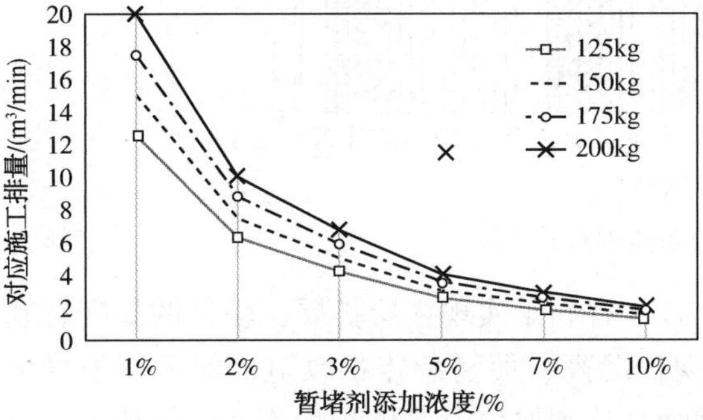

图7 不同排量下暂堵剂加入浓度

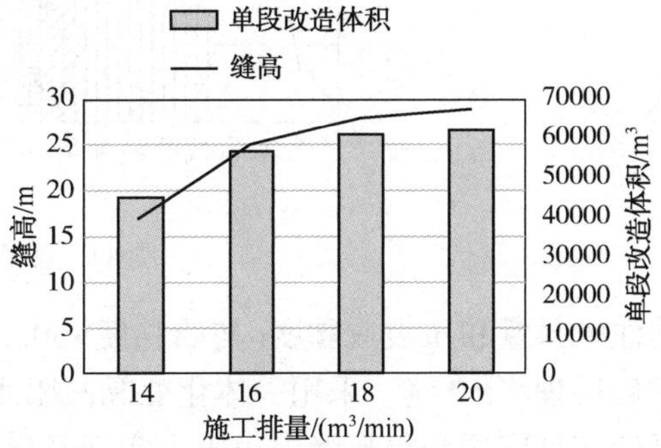

图8 不同排量下裂缝形态展布及缝高变化

2.3.2 施工规模优化

根据图9、图10模拟结果可知，8簇布缝模式下，结合改造体积、裂缝导流能力变化趋势，推荐单段液量≥2000m³、单段砂量≥160m³。

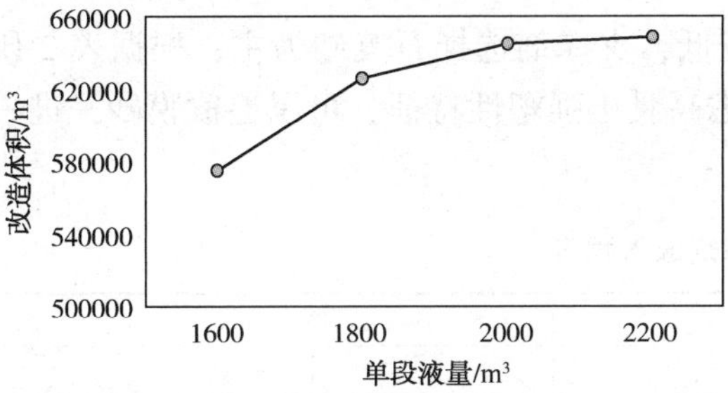

图9 不同液量改造体积

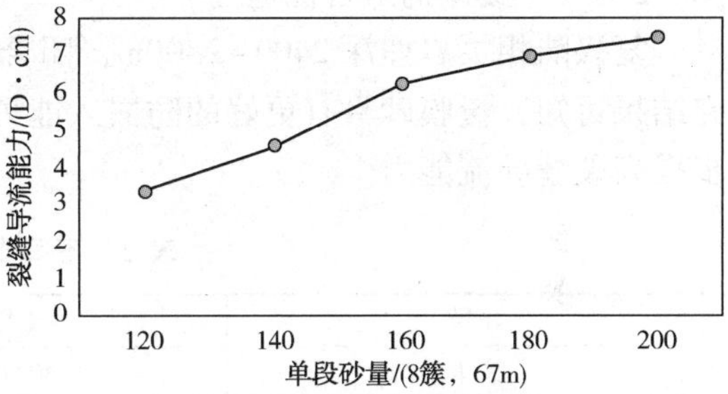

图10 不同砂量下裂缝导流能力

2.3.3 分区支撑泵注工艺

基于裂缝方向缝宽分布特征及铺砂需求，结合不同粒径支撑剂沉降速率及可填充裂缝尺度，形成了一体化变黏扩缝输砂、小—中—大三种粒径支撑剂循环填充的“分区支撑”泵注工艺。

变排量：前期及中后期变化排量(前期快速提排量，中后期18~20~22m³/min)，维持注入与滤失的平衡、持续补充净压力、促进复杂裂缝形成。

变黏度：中黏—高黏减阻水转换，扩逢高、促半缝长，提高液体效率、提高净压力、打破裂缝延伸动态平衡促进复杂化。

循环填充：采用70/140、40/70、30/50目粒径组合及循环加砂模式，提高多级裂缝的填砂能力及近井导流能力，见图11。

2.4 配套入井材料体系

2.4.1 一体化变黏压裂液体系

室内采用大尺寸物模研究了不同排量、压裂液黏度下的裂缝特征和穿层效果，表明较高

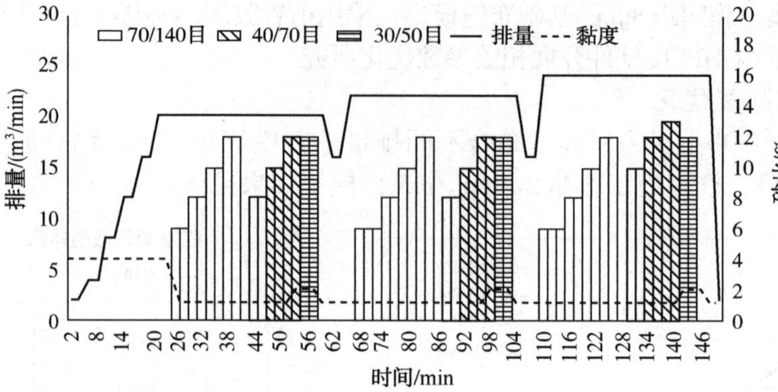

图 11　多级转向泵注模式示意图

的注入排量和压裂液黏度(初始黏度>50mPa·s)，有利于实现穿层扩展；较低的黏度有利于开启层理/分支缝。采用一体化变黏减阻水实现扩缝高、促复杂体积改造，保证压裂缝纵向延伸实现穿层和提高缝内净压力实现开启层理缝，达到储层改造体积最优，在保证近井筒裂缝完整性的同时提高裂缝远端复杂性，达到“近简远复”裂缝形态。

基于储层黏土含量高、敏感性强特征，优化形成了适合高黏土页岩储层的长效防膨、防乳化、促渗吸减阻水体系，防膨率 88.3%，减阻率 78%，防乳化率 100%，满足连续混配、抑敏防膨、防乳伤害、一体化变黏等工艺需求。

2.4.2　支撑剂组合优选

复兴陆相页岩埋深 2400~2800m，闭合应力较低，支撑剂选择石英砂为主；根据表 2 研究结果可知，覆膜砂具有更好的防嵌入能力，考虑高黏土强塑性特征，可尾追覆膜砂，进一步提高裂缝导流能力。

表 2　不同类型支撑剂嵌入程度

井号	支撑剂类型	嵌入程度
Xy1	40/70 覆膜砂	13.90%
JY7	40/70 覆膜砂	14.10%
Fy10	40/70 覆膜砂	17.30%
Z-1	30/50 石英砂	25.70%
HY1	40/70 石英砂	26.18%
W99	20/40 目陶粒	33.8%~67.1%

基于远端储层至近井井筒裂缝由微小→分支→主裂缝的尺度变化，结合流体相态由气→油气混合的流态转换，微小裂缝配套 70/140 目支撑剂、中远距离配套粉砂+40/70 目、主裂缝选择 30/50 目(表 3)，满足复杂相态渗流要求。

表 3　不同粒径支撑剂可匹配的缝宽

支撑剂目数	20/40	30/50	40/70	70/140
颗粒直径/mm	0.42~0.84	0.3~0.59	0.21~0.42	0.1~0.21
可充填缝宽/mm	2.49	1.65	1.14	0.63

3 典型井实施效果

针对复兴陆相高黏土、简单缝、夹层多地质特征，通过数模、物模研究，研究配套了具备“纵向穿层、横向扩展、促复杂、高导流”的“密切割+球剂双暂堵”工艺，应用了“多级暂堵转向、高低黏液体转换、三种粒径支撑剂循环填充”泵注模式。截至2023年4月，该工艺现场应用6井次(表4)，多口井获得较好的试气效果。其中，XYL-1井为凉高山首口试验井，全井分29段共229簇，以6~9簇为主，裂缝条数12条/100m，压裂液60783.9m^3，支撑剂4628m^3，加砂符合率97%，采用2次投球+2次投剂转向模式，单段变黏9~13次，实现了70/140目、40/70目、30/50目支撑剂循环填充，用液32.2m^3/m，加砂强度3.76t/m。压后采用4mm油嘴放喷测试，气1.44×10^4m^3/d，油43.9m^3/d，水24m^3/d，取得新类型页岩油气藏勘探突破；XYL1001HF井为测试油气当量最好的一口井，6mm油嘴测试日产油量55.7t，气2.49×10^4m^3，坚定了凉高山页岩平面大规模展开勘探、开发的信心。

表4 现场应用井次及试气效果

井号	水平段长/m	油嘴/mm	井口压力/MPa	产油量/(t/d)	产气量/(×10^4m^3/d)	试气返排率/%
XYL1HF	1771	4	13.96	34.7	1.44	2.92
XYL1001HF	1831.39	6	12.73	55.7	2.49	2.54
TY1-2HF	2000	6	5.22	14.4	0.83	2.18
TY1-3HF	2002	6	3.88	15.1	0.64	2.48
TY1-4HF	2505	6	5.32	10.9	0.8	2.45
TY1-5HF	2001	6	9.28	31.6	1.96	4.6

(1) 实现了主力小层的纵向沟通：“高低黏交替+大排量(16~20m^3/min)投球暂堵(2球2剂)”泵注模式适应性较好，实现了⑥小层的高效改造，通过反演部分井段未能有效沟通⑦、⑧小层，各簇裂缝扩展均匀(155~179m，除去第2段)，平均单段改造体积(60~70)×10^4m^3，全井改造体积1903.8×10^4m^3。

(2) 实现了各段的促复杂改造：采用多级投球暂堵工艺函数曲线波动明显，G函数表明压降特征以Ⅰ、Ⅱ型为主，裂缝复杂程度较高，见图12。

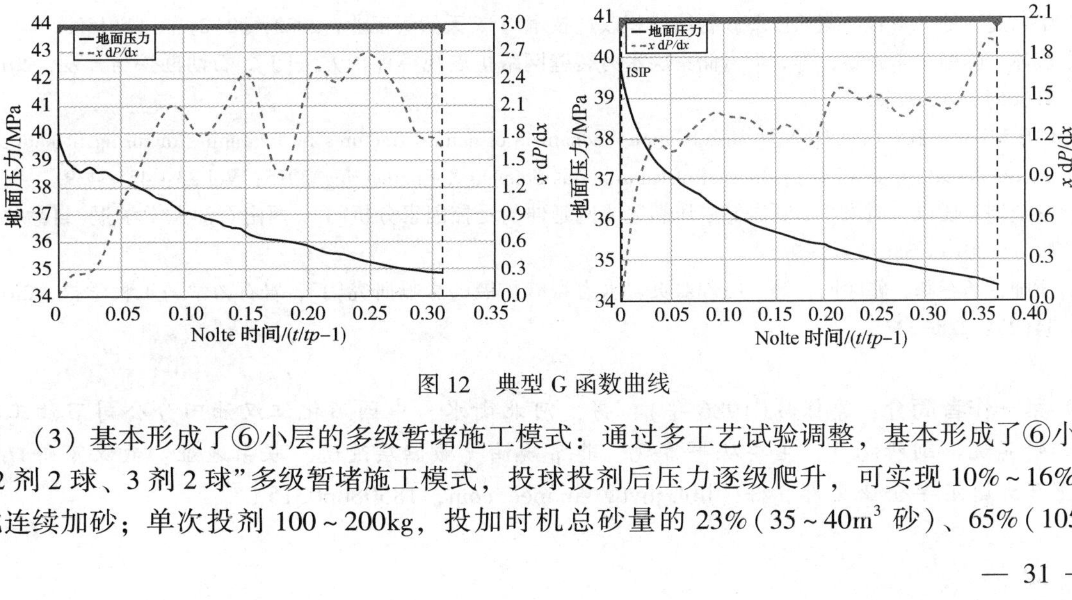

图12 典型G函数曲线

(3) 基本形成了⑥小层的多级暂堵施工模式：通过多工艺试验调整，基本形成了⑥小层“2剂2球、3剂2球”多级暂堵施工模式，投球投剂后压力逐级爬升，可实现10%~16%砂比连续加砂；单次投剂100~200kg，投加时机总砂量的23%(35~40m^3砂)、65%(105~

$110m^3$ 砂）；单头投球 18～22 颗，投加时机为总砂量的 45%（75～$80m^3$ 砂）、80%（135～$140m^3$ 砂）。

4 结论与建议

4.1 结论认识

（1）复兴陆相页岩具有高黏土、多夹层、简单缝等特征，以兼顾增加裂缝泄流面积及复杂度为核心，结合预期产量大小，明确了陆相页岩多簇控缝设计参数：单段簇数 7～9 簇，东岳庙页岩簇间距 5～6m，凉高山页岩簇间距 7～8m。

（2）基于储层裂缝形态简单、近凝析油～湿气特征，形成的以密切割控储量分区支撑强导流为核心，以"一体化变黏""1～2 级投球转向+1～3 级缝内暂堵剂促复杂"为配套手段的压裂主体思路。

（3）研究应用了一体化变黏减阻水体系，可实现 3～50mPa·s 之间实时变黏，满足了高黏造缝穿层、低黏激发层理的改造需求，能够实现 70/140 目、40/70 目、30/50 目三种支撑剂变黏携砂充填。

4.2 下步工作建议

一是持续开展多隔夹层条件下压裂成缝及油气渗流特征研究、含介壳灰岩层的页岩裂缝扩展机理及规律认识、陆相页岩复杂裂缝支撑剂输送机理及规律认识、高敏感强敏感性陆相页岩储层保护技术研究等，深化基础认识。

二是针对复兴陆相页岩纵向不同层系岩性组分、成缝特征、压力系统及油气藏性质差异大的特点，持续细化不同层系、不同区域工艺参数，明确主体工艺模式及经济技术界限。

三是针对复兴页岩纵向层系多、压裂试气成本较高的现状，持续开展低成本入井材料、电驱车组压裂、大平台工厂化作业等提效降本技术攻关及推广应用，做好集成技术降本配套及大平台工厂作业前瞻性技术探索。

参 考 文 献

[1] 吴国涛，等．复合暂堵剂暂堵技术[J]．油气井测试，2018，27(6)：51-56.

[2] 李彦超，等．页岩气藏长段多簇暂堵体积改造技术[J]．天然气工业，2022，42(2)：143-150.

[3] 侯冰，陈勉，李志猛，等．页岩储集层水力裂缝网络扩展规模评价方法[J]．石油勘探与开发，2014，41(06)：763-768.

[4] CHENG W，JIN Y，CHEN M. Reactivation mechanism of natural fractures by hydraulic fracturing in naturally fractured shale reservoirs[J]. Journal of Natural Gas Science & Engineering. 2015，Vol 23：431-439.

[5] 赵金洲，任岚，胡永全．页岩储层压裂缝成网延伸的受控因素分析[J]．西南石油大学学报(自然科学版)，2013，35(1)：1-9.

[6] 衡帅，杨春和，郭印同，等．层理对页岩水力裂缝扩展的影响研究[J]．岩石力学与工程学报，2015，34(2)：228-237.

第一作者简介：李保林(1986 年)，男，河北衡水，中国石化江汉油田分公司石油工程技术研究院，副研究员，主要从事常规、非常规油气藏储层改造，联系地址：武汉市硚口区南泥湾大道汇丰企业总部 5 栋，libl. jhyt@ sinopec. com，18508660315。

海上油田裸眼井爆燃压裂技术适应性研究

李旭光　孙　林　陈维余　周际永　熊培祺

（中海油能源发展股份有限公司工程技术分公司）

摘　要　针对海上裸眼完井生产井常规酸化解堵效果不理想及水力压裂受近水条件限制等问题，提出了裸眼井射孔—爆燃压裂联作工艺思路，并开展了技术适应性研究，共计开展5组地面模拟裸眼打靶试验、3组井下裸眼爆燃试验。通过系列试验，验证了裸眼井进行与射孔联作的爆燃压裂技术的可行性，并优选出不破坏井壁条件下关键设计参数。试验结果表明，在满足峰值压力条件下可适当提高至2kg/m，峰值压力上限可参考地面靶试验不破坏井壁的最高峰值压力设置。通过地面模拟试验，揭示了射孔—爆燃压裂联作裂缝的起裂机理，爆燃压裂可沿射孔孔眼方向形成多条径向裂缝。考虑作业安全性，设计了下挂式射孔—爆燃压裂作业工艺管柱，并通过井下试验验证了管柱可行性。井下试验结果显示，试验井增产倍比为1.68，技术增产效果明显，裸眼井爆燃压裂技术可为海上油田裸眼生产井增产措施提供新的技术方向。

关键词　爆燃压裂　裸眼井　试验　峰值压力　射孔

目前海上低渗油田陆续投入开发，部分低渗油田裸眼完井比例较高，产量递减快、含水高，急需有针对性的增产措施，以动用剩余油，同时避免含水进一步上升。但常规酸化措施增产效果不理想，酸化后高含水，且井眼易垮塌，而水力压裂受储层进水、作业成本等条件限制，目前缺乏有效的低成本增产措施手段。爆燃压裂技术是利用火药在井筒中燃烧产生高能气体，对储层进行致裂的技术[1,2]，此前南海东部油田套管射孔井应用实践表明，爆燃压裂技术能够有效适用于近水低渗储层改造增产[3]。因此，针对海上油田裸眼完井生产井，开展了爆燃压裂技术适应性研究，验证了裸眼井爆燃压裂技术的可行性，对海上油田裸眼井爆燃压裂技术推广应用具有一定借鉴意义。

1　海上油田裸眼井爆燃压裂技术难点

1986年，西安石油学院与西安近代化研所204所合作进行了裸眼井爆燃压裂技术试验，获得成功[4]。比较系统地进行研究工作的是机电部204研究所与延长油矿在1985~1987年期间进行的裸眼井爆燃压裂试验，经60多口井的试验，该项技术正式作为延长油矿和玉门油矿的增产措施[5,6]。但是，以目前海上油田爆燃压裂技术应用规模最大的南海东部油田作业井，与早期陆地油田施工井进行对比，主要存在以下技术难点。

（1）井深问题。南海东部油田裸眼井垂深普遍大于2500m，而陆地裸眼井多在1000m以下。井深越深，即地层破裂压力越大，而爆燃压裂需要产生1.1~2.0倍地层破裂压力的峰值压力以压开储层，导致裸眼井井壁破坏的风险增大，这也是爆燃压裂技术在陆地后续多在套管射孔井中应用，而少在裸眼井中应用的主要原因之一。

（2）火药类型。早期火药为双芳-3 与 TNT 的组合模式，双芳-3 是军工双基药中的代表，性能稳定，但缺点是不耐温，一般适合 120℃以下的施工井况，而目前的施工井况决定了需要更耐温、耐压的火药，此外还需要火药的燃速更慢、火药力更低，才能达到产生低峰值压力、长而多的裂缝的作用效果。

（3）井斜问题。海上裸眼井井斜角较大，对于低渗储层而言，水平井比例更高，井斜角加大，意味着井筒坍塌风险加大，高压措施后还存在卡枪的巨大风险，因此在进行爆燃压裂作业过程中需要考虑这方面风险的应急措施。

（4）裸眼井地层进气问题。早期裸眼井采用三段式爆燃方式，通过中段定向聚能 TNT 的快速燃烧炸裂，为两端火药燃烧产生的高能气体起到定位引流作用，试验井 1038 井增产效果显著，但对裸眼井径仍有一定影响[4]，该思路也演变为后来的聚能射孔思路。

从以上几方面可以看出，早期裸眼井与目前海上裸眼井井况差别较大，需要进行改进研究。通过分析，计划采用“射孔+爆燃压裂”联作，即复合射孔[7~9]的作业方式对裸眼井进行爆燃压裂，并在火药类型、火药用量设计、射孔方式上进行优化，有别于传统的复合射孔方法。前期中海油通过合作研制了耐高温、耐高压、低燃速、低火药力的“HY-1 推进剂火药”[10]，本文采用新研制的推进剂火药，重点通过地面及井下裸眼爆燃压裂系列模拟验证试验，对海上油田裸眼井爆燃压裂技术进行适应性研究。

2 裸眼井爆燃压裂地面模拟试验

试验目的：采用新研制的推进剂火药进行裸眼地面打靶试验，检测不同火药量条件下水泥靶中的峰值压力，评价不同峰值压力下裸眼壁面完整性，优选出适合裸眼井况下不破坏裸眼段的火药设计参数，并观察对水泥靶的造缝效果。

试验方法：制作水泥靶 5 个（靶高 1m、1-2 号水泥靶直径 3m、3-4 号水泥靶直径 4m、5 号水泥靶直径 5m），考虑靶高限制，参考袖套式复合增效射孔方式[11]进行地面试验，即在射孔枪外通过工艺加装研制的低燃速推进剂火药，首先射孔弹在裸眼段形成一定深度的孔眼，后续的推进剂火药反应生成大量的高温高压气体通过孔眼加载，迫使靶体发生破裂形变。复合射孔枪采用 89mm 射孔枪，射孔弹 8 发，5 个靶模拟用新型推进剂火药量分别为 0.2kg/m（1 号靶）、0.5kg/m（2 号靶）、1kg/m（3 号靶）、1.5kg/m（4 号靶）、2kg/m（5 号靶）。试验后 5 组模拟裸眼水泥靶的致裂情况如图 1、图 2 所示。

根据图 1、图 2 可知，5 组裸眼水泥靶试验后均形成有效裂缝，其中 0.2kg/m、0.5kg/m 火药条件下形成顶底贯穿、基本对称的 2 条裂缝（3m 靶径）；1kg/m、1.5kg/m 火药条件下形成顶底贯穿、基本对称的 4 条裂缝（4m 靶径）；2kg/m 火药条件下形成顶底贯穿、基本对称的 4 条裂缝（5m 靶径）。

图 1　不同火药量下水泥靶致裂效果（从左至右分别为 1-3 号靶）

图 2　不同火药量下水泥靶致裂效果(从左至右分别为 4-5 号靶)

裂缝参数及峰值压力测试结果见表 1(其中 1-2 号靶采用高精度压力计测试，3-5 号靶由于压力计在前 2 次试验中损毁，改用铜柱测压)。可知裂缝条数与火药用量有关，当火药用量达到 1kg/m 时，水泥靶可以形成 4 条裂缝；对比 0.2kg/m 与 0.5kg/m 火药、1kg/m 与 1.5kg/m 火药试验后裂缝形态，试验后靶面均完好，爆燃过程产生气体均用于撑开裂缝，可以看出火药用量越大，形成的裂缝宽度越大，峰值压力越高(图 3)。

表 1　模拟裸眼水泥靶不同火药量试验条件下裂缝参数及峰值压力测量结果

试验靶号	靶体参数	试验火药用量/(kg/m)	试验后裂缝参数	爆燃峰值压力测试结果/MPa
1	靶高 1m，直径 3m	0.2	裂缝 2 条，裂缝半长 1.5m，裂缝高度 1m，裂缝宽度 16.5mm	63.5
2	靶高 1m，直径 3m	0.5	裂缝 2 条，裂缝半长 1.5m，裂缝高度 1m，裂缝宽度 20mm	67.5
3	靶高 1m，直径 4m	1	裂缝 4 条，裂缝半长 2m，裂缝高度 1m，裂缝宽度 12.8mm	72.0
4	靶高 1m，直径 4m	1.5	裂缝 4 条，裂缝半长 2m，裂缝高度 1m，裂缝宽度 21.5mm	73.9
5	靶高 1m，直径 5m	2	裂缝 4 条，裂缝半长 2.5m，裂缝高度 1m，裂缝宽度 2mm	74.6

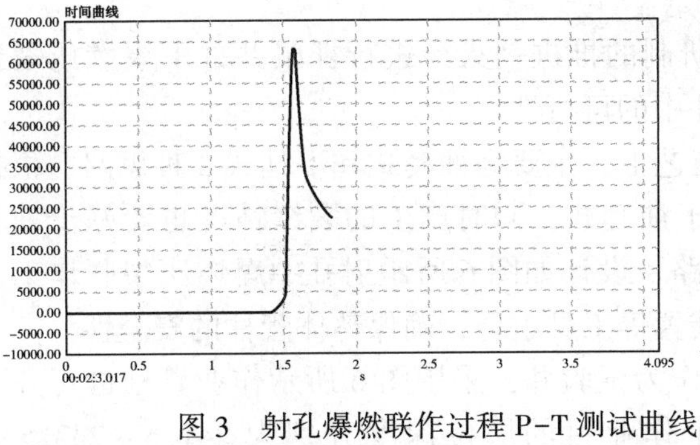

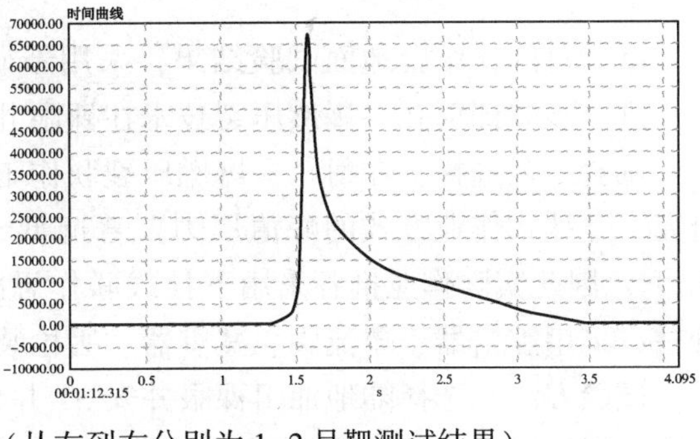

图 3　射孔爆燃联作过程 P-T 测试曲线(从左到右分别为 1-2 号靶测试结果)

试验后对 5 组模拟裸眼水泥靶进行破靶，观察模拟井壁是否完整，如图 4 所示。其中 0.2kg/m、0.5kg/m、1kg/m 火药试验后井壁完整，未受到射孔爆燃联作破坏；1.5kg/m、2kg/m 火药试验后井壁损坏，产生裂纹及碎块。

图 4　射孔—爆燃压裂联作后模拟井壁情况(从左到右分别为 1-5 号靶破靶后壁面)

破靶后同时观察到完整的射孔孔道剖面，孔深约 400mm，与设计射孔穿深基本一致，如图 5 所示，裂缝与射孔方向一致，进一步说明射孔爆燃联作能够为高能气体提供进气通道，进而实现致裂储层。

上述试验结果表明，只要火药量设计合理，裸眼井内进行射孔—爆燃联作是完全可行的，不会对裸眼井壁造成垮塌，初步判断裸眼井井下射孔—爆燃联作装药量需控制在 1.0kg/m 以下，峰值压力小于 72.0MPa。

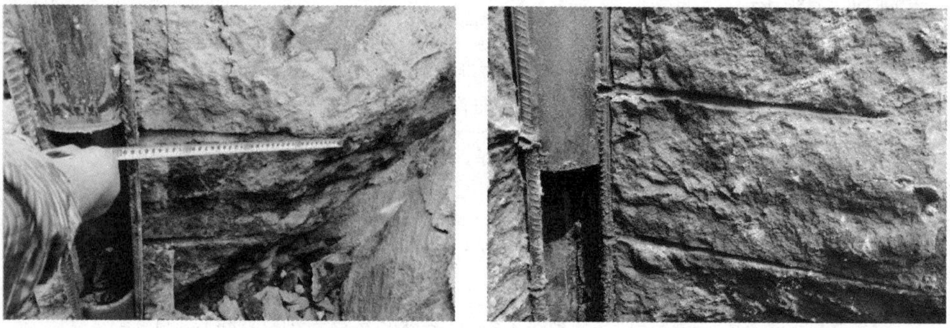

图 5　射孔—爆燃压裂联作后射孔孔道剖面

3　裸眼井爆燃压裂井下试验

试验目的：结合地面试验结果，采用新研制的推进剂火药进行裸眼井井下爆燃压裂试验，进一步验证射孔—爆燃压裂技术在裸眼井中的可行性。

试验工艺选择：在射孔—爆燃压裂联作工艺上，主要为袖套式和下挂式 2 种思路，根据研究，下挂式作业方式的峰值压力要普遍低于袖套式，同时产生的裂缝情况也要好于袖套式[12]，因此实际作业推荐采用下挂式联作思路，设计如图 6 所示射孔—爆燃压裂联作工艺管柱，采用震击器、单流阀、减震器、丢枪装置等工具组合，确保整体管柱的安全性。

试验方法：选择陆地油田裸眼井安 S1 井作为试验井，采用图 6 所示作业管柱进行井下射孔—爆燃联作试验。试验井深 279m，3 个作业目的层位深度分别为 241.5～243.5m、244～245m、251～252m，地层渗透率 57.01～62.07mD，结合地面试验结果，开展 1kg/m、2kg/m 火药用量试验，试验后取出作业管柱并进行通井及井径测试。井下射孔—爆燃联作试验峰值压力、通井及井径测试等结果见表 2。

3 组井下试验射孔弹的发射率均为 100%、射孔枪变形在 API 标准范围内。通过射孔试验前后通井及井径测试对比，通井规无明显剐蹭遇阻痕迹，井筒无垮塌现象发生，井径基本无变化，进一步验证了裸眼井进行与射孔联作的爆燃压裂技术是可行的。

通过试验验证，井下峰值压力远低于地面值，井筒处于安全状态，这是因为地面水泥靶为密闭空间，井下爆燃瞬间压挡液柱上移、空间更大，井下峰值压力更小。因此实际施工过程中，在满足峰值压力条件下可适当提高至 2kg/m，前期中海油针对裸眼井泄压方式自主研发形成高精度爆燃压裂模拟软件[13]，实际施工火药量设计可进一步结合模拟软件优化；峰值压力上限参考地面靶试验不破坏井壁的最高峰值压力设置(如前述地面靶试验依据南海东部油田储层岩石力学参数制作，该类储层峰值压力上限为 72MPa)。

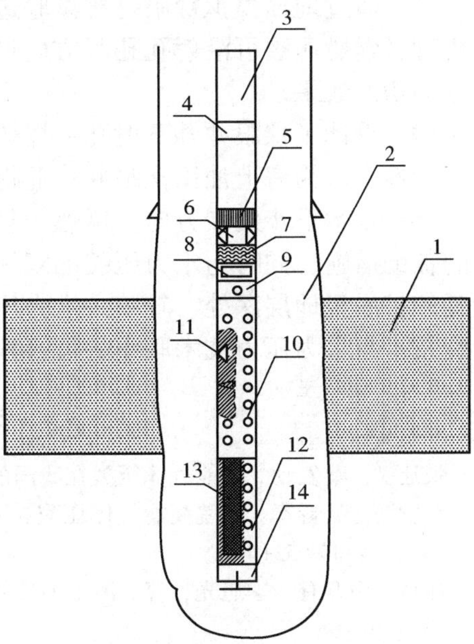

图 6　下挂式爆燃压裂作业管柱示意图

1—作业段储层；2—裸眼井井眼；3—油管；4—变扣；5-震击器；6—单流阀；7—减震器；8—丢枪装置；9—压力开孔起爆器；10—射孔枪；11—射孔弹；12—下挂火药压裂枪；13—火药；14—P-T 测试装置

需要注意的是，对比 3 组试验峰值压力，241.5~243.5m 试验峰值压力(火药实际用量 2kg，射孔段 2m)高于 244.0~245.0m、251.0~252.0m 试验峰值压力，说明井下试验射孔弹的数量对爆燃峰值压力影响比较大，射孔段越长，射孔弹用量越多，形成的峰值压力越大，在实际裸眼井施工设计过程中应考虑射孔规模与火药使用规模的匹配问题，推荐采用低孔密射孔方案，在满足峰值压力的条件下可适当增加火药用量。

表 2　裸眼井井下爆燃压裂试验结果

试验次序	试验层位	试验火药用量/(kg/m)	射孔弹数/个	爆燃峰值压力测试结果/MPa	试验前井径/mm	试验后井径/mm	通井结果
1	241.5~243.5	1	24	23.05	141	142	无遇阻
2	244~245	2	12	11.30	139	139	无遇阻
3	251~252	2	12	11.18	140	141	无遇阻

安 S1 井目前为“扶贫水源井”，主要解决当地农田用水问题，措施前产水 25m^3/h，措施后产水 42m^3/h，增产倍比为 1.68，该裸眼井采用射孔—爆燃联作工艺后，增产效果明显。

4　结论

(1) 通过地面及井下系列试验，验证了在海上油田裸眼生产井进行与射孔联作的爆燃压裂技术是可行的。

(2) 通过开展地面模拟裸眼打靶及井下裸眼爆燃压裂试验，定量优选出适合裸眼井况下不破坏裸眼段的关键设计参数，在满足峰值压力条件下可适当提高至 2kg/m，峰值压力上限可参考地面靶试验不破坏井壁的最高峰值压力设置，同时推荐采用低孔密射孔方案。

（3）通过地面模拟裸眼打靶试验进一步阐明了射孔—爆燃联作技术的裂缝起裂形态及起裂机理，爆燃压裂可沿射孔孔眼方向形成多条径向裂缝，井下试验结果表明，技术能够起到很好的增产效果。

（4）设计了裸眼井井下射孔—爆燃压裂联作工艺管柱，通过井下作业验证了该工艺管柱的可行性，可为海上油田裸眼井作业提供参考借鉴。

（5）技术下步发展方向：爆燃压裂技术可用作水力压裂之前采取的降低井筒周围压力损失的辅助措施，同时与水力压裂的双翼裂缝不同，水力压裂可沿爆燃压裂形成的多条径向裂缝延伸扩展至地层深处，较单一水力压裂措施提升改造效果。下步可进一步开展裸眼井爆燃压裂技术与水力压力技术联作的可行性研究。

参 考 文 献

[1] 张廷汉，秦发动．高能气体压裂在我国的研究和进展[J]．石油钻采工艺，1987(5)：63-69.

[2] 秦发动，吴晋军．我院高能气体压裂技术十年发展综述[J]．西安石油学院学报(自然科学版)，1997(3)：14-17+52+4.

[3] 孙林，杨万有，李旭光，等．海上油田爆燃压裂技术研究与现场试验[J]．石油钻探技术，2019，47(5)：91-96.

[4] 张廷汉，秦发动．高能气体压裂的初步研究[J]．西安石油大学学报(自然科学版)，1986(2)：1-12.

[5] 钱家(马皇)．中深套管井高能气体压裂[J]．油气井测试，1991(2)：85-101.

[6] 刘发喜，秦发动．高能气体压裂施工工艺及其发展趋势[J]．石油钻采工艺，1993(2)：63-69+75.

[7] 赵杰，陈秋月，杨洪涛，等．外置式复合射孔技术在渤海油田的应用[J]．西部探矿工程，2019，31(1)：24-26.

[8] 赵旭．深层水平井多级复合深穿透定向射孔技术应用研究[J]．爆破器材，2019，48(6)：43-47.

[9] 李三喜，田继宏，闫波，等．低孔低渗油气藏多分支水平井裸眼射孔工艺技术研究与应用——以东海平湖油气田 BB5 井为例[J]．中国海上油气，2013，25(2)：74-78.

[10] 孙林，黄波，张杰，等．过筛管爆燃压裂技术[J]．特种油气藏，2021，28(3)：162-167.

[11] 程红伟．袖套式射孔技术的原理及应用[J]．断块油气田，2003(3)：88.

[12] 孙林，郭士生，熊培祺，等．东海深层致密气藏爆燃压裂技术优化[J]．油气地质与采收率，2019，26(4)：119-124.

[13] 黄波，熊培祺，孙林．海上砂岩油藏爆燃压裂数值模拟技术研究[J]．中国科技论文，2018，13(11)：1319-1324.

第一作者简介：李旭光(1989—)，男，河北衡水，中海油能源发展股份有限公司工程技术分公司，高级工程师，主要从事储层改造技术研究与应用工作，天津市滨海新区滨海高新区惠新路工程技术公司，lixg41@ cnooc. com. cn，022-66907730。

碳酸盐岩储层纤维暂堵转向酸压模拟

梁文杰[1]　茅新宇[2]　李　艳[1]　李　军[1]　袁凯涛[1]　张　锴[1]　刘瑞璇[3]

（1. 延长油田股份有限公司定边采油厂；2. 国家管网集团西气东输公司江苏储气库分公司；
3. 长庆油田第三采油厂工艺研究所）

摘　要　现阶段深层低渗透碳酸盐岩储层主要通过压裂酸化等储层改造方式进行开发，而碳酸盐岩储层岩性非均质性强，酸液滤失问题凸显。纤维暂堵转向酸压技术是一种注入纤维暂堵剂形成纤维滤饼以达到降低滤失目的方法。通过向地层中注入一定量的纤维暂堵剂，暂堵液在裂缝末端聚集，纤维架桥形成三维滤网暂堵，迫使酸液转向。随着注入压差增大，滤饼不断脱水压实，当注入压差大于地层破裂压力时产生二次破裂，形成新裂缝。该论文主要围绕着酸液滤失开展研究，采用数学模型来优化施工方案，在控制滤失的着眼点上，确定纤维滤饼的数学模型，并对碳酸盐岩储层的物性条件、纤维暂堵剂的性质以及纤维滤失的实验数据进行分析，模拟实现不同纤维质量浓度、不同地层参数、不同暂堵液注入速度等变量确定出最佳的施工参数。对提高深层低渗透碳酸盐岩油气藏开发、指导碳酸盐岩储层改造具有重要的意义。

关键词　碳酸盐岩　纤维暂堵　数学模型　滤失　纤维滤饼

1　引言

碳酸盐岩油气藏在全球油气资源勘探开发中占据着重要地位。目前全国70%油气资源是储藏在碳酸盐岩中，而全球探明可采储量的50%是储集在碳酸盐岩油气藏中[1]。碳酸盐岩油气藏具备巨大的勘探开发潜力。压裂酸化是碳酸盐岩储层勘探开发的重要技术。对碳酸盐岩储层进行酸压就是通过酸液对地层的不均匀刻蚀从而形成一条高渗流、长作用距离的酸蚀蚓孔。而碳酸盐岩储层岩性非均质性强，物性变化不规律，酸化作业时，酸液会优先与高渗井段反应，而更需要改造的受损近井带与低渗带很难得到充分反应，无法有效控制酸液滤失并做到储层均匀布酸[2]。故可采用暂堵转向酸压的方法开发储层，提高采收率。

2　纤维暂堵转向剂作用机理

2.1　纤维暂堵剂性能要求

2.1.1　物理性能

分散悬浮性：纤维暂堵剂应均匀分布在暂堵液中，具备良好的悬浮性能，不会因长时间的静置而凝聚成团，成块，形成沉淀，最终堵塞施工设备，影响施工效果。流动性：纤维暂堵剂在抵达目的层段后聚集架桥形成纤维滤饼，完成暂堵高渗层的目的的同时应保证暂堵液的流动性，不会因为暂堵液的高黏而影响暂堵酸压过程[3]。滤饼性能：滤饼渗透率应尽可能接近受损层段或致密层段，在防止高渗层过量进酸的同时，在注入压差下迫使酸液进入低渗层段与受损层段，达到暂堵转向目的。承压能力：纤维滤饼应具备一定的承压能力，不会再形成滤饼，建立起注入压差迫使酸液转向的压力下冲散。纤维长度：纤维长度应具有良好的配伍性，能够适应地层物性条件。若采用过细或过粗的纤维长度，都会影响施工效果。前者易随暂堵液流动，暂堵高渗层需要更多的纤维，后者则会影响暂堵液的流动性，更甚会堵塞施工设备。

2.1.2　化学性能

配伍性：纤维暂堵液应具备良好配伍性，不与地层岩石、流体反应，能在地层条件中保持稳定。降解性：纤维暂堵剂应具备良好的降解性能，在酸压作业结束后，能够及时降解返排，避免对地层、管线堵塞，形成污染，影响生产[4]。

2.2　转向机理

内滤饼形成阶段：暂堵液注入地层后，暂堵纤维会率先进入裂缝内部，并在裂缝内端口进行架桥、沉积、同时由于裂缝内部粗糙程度不一，暂堵纤维会在阻力作用下在裂缝较浅层段进行架桥、沉积、堵塞裂缝，降低裂缝内渗透率。而对于宽度较小的裂缝，由于暂堵纤维长度大于裂缝宽度，暂堵纤维会在裂缝端口进行架桥、沉积、形成封堵层[5]。外滤饼形成阶段：在裂缝内部、裂缝较浅层段已经形成了一层滤网结构的前提下，继续注入的暂堵液在缝端被拦截，暂堵纤维在缝口堆积，逐渐形成一层纤维滤饼，进一步降低了裂缝渗透率。滤饼压实阶段：暂堵液的注入使得缝口处纤维滤饼不断压实，进一步降低裂缝渗透率。最终在裂缝端口形成一层密、韧、薄的纤维滤饼阻力层，暂堵裂缝等高渗层，注入压差作用下迫使酸液转向低渗层，达到均匀布酸，增产改造的目的。

3　模型

3.1　纤维滤饼模型

3.1.1　模型建立

暂堵液注入地层后，暂堵纤维会在井段中的天然裂缝等高渗层进行架桥沉积，形成一层纤维滤饼。在注入压差作用下，纤维滤饼被不断压实，同时由于暂堵液的流动会对已经形成的纤维滤饼造成剪切剥蚀作用，使得其中的纤维重新流入暂堵液中，跟随暂堵液继续对裂缝进行封堵。纤维滤饼的厚度处于动态平衡中，沉积速度与剪切剥蚀速度之差即为滤饼厚度[6]。

纤维滤饼的净沉积速度=纤维沉积速度-纤维剪切剥蚀速度。纤维暂堵剂的沉积速率可表示为：

$$d_{\text{fiber}} = k_d u C_{\text{fiber}} \tag{1}$$

式中，d_{fiber}为纤维滤饼沉积速率，g/cm^2·s；k_d为纤维滤饼沉积系数，无量纲；u为暂堵液滤失速度，cm/s；C_{fiber}为暂堵液中纤维暂堵剂质量浓度，g/cm^3。

$$u = \frac{q}{A} = \frac{q}{2\pi r_w h} \tag{2}$$

式中，q为暂堵液滤失流量，m^3/s；r_w为井筒半径，m；h为水平段小段长度，m。

暂堵液在经过纤维滤饼堵塞裂缝区域时，会对已形成的纤维滤饼进行剪切剥蚀，使得部分纤维重新进入暂堵液中，跟随暂堵液继续堵塞裂缝。但要对滤饼表面进行剪切剥蚀需要暂堵液作用于纤维滤饼表面的剪切应力τ_s大于纤维从滤饼上自动脱落所需的最小应力τ_{fiber}方可。

纤维滤饼的剪切剥蚀速率可表示为：

$$e_{\text{fiber}}=k_{\text{e}}(1-\phi_{\text{fiber}})(\tau_{\text{s}}-\tau_{\text{fiber}})\cdot U(\tau_{\text{s}}-\tau_{\text{fiber}}) \tag{3}$$

$$\tau_{\text{s}}=k'(8v_{\text{fiber}})^{n'} \tag{4}$$

式中，e_{fiber}为纤维滤饼的剪切剥蚀速率，g/cm^2；k_{e} 为纤维滤饼剥落系数，g/(N·s)；ϕ_{fiber}为纤维滤饼孔隙度，无量纲；τ_{s} 为暂堵液对纤维滤饼表面的剪切应力，Pa；τ_{fiber}为纤维自动脱落所需的最小应力，Pa；k'为暂堵液的稠度系数，Pa·s^n；v_{fiber}为注入速率，m^3/min；n'为暂堵液的流动指数，无量纲；$U(\tau_{\text{s}}-\tau_{\text{fiber}})$为亥维赛(Heaviside)阶梯函数：

$$U(\tau_{\text{s}}-\tau_{\text{fiber}})=\begin{cases}0,\ (\tau_{\text{s}}\leqslant\tau_{\text{fiber}})\\1,\ (\tau_{\text{s}}\geqslant\tau_{\text{fiber}})\end{cases} \tag{5}$$

则纤维形成滤饼时沉积的净质量速率为：

$$R_{\text{fiber}}=d_{\text{fiber}}-e_{\text{fiber}}=k_{\text{d}}uC_{\text{fiber}}-k_{\text{e}}(1-\phi_{\text{fiber}})(\tau_{\text{s}}-\tau_{\text{fiber}})\cdot U(\tau_{\text{s}}-\tau_{\text{fiber}}) \tag{6}$$

纤维滤饼的质量平衡方程为：

$$(1-\phi_{\text{fiber}})\rho_{\text{fiber}}\frac{\mathrm{d}x_{\text{fiber}}}{\mathrm{d}t}=R_{\text{fiber}} \tag{7}$$

$$x_{\text{fiber}}=r_{\text{w}}-r_{\text{fiber}} \tag{8}$$

式中，x_{fiber}为纤维滤饼厚度，m；ρ_{fiber}为纤维密度，kg/m^3；t 为时间，s；r_{w} 为井筒半径，m；r_{fiber}为形成纤维滤饼后的井筒半径，m。

则：

$$(1-\phi_{\text{fiber}})\rho_{\text{fiber}}\frac{\mathrm{d}x_{\text{fiber}}}{\mathrm{d}t}=R_{\text{fiber}}=k_{\text{d}}uC_{\text{fiber}}-k_{\text{e}}(1-\phi_{\text{fiber}})(\tau_{\text{s}}-\tau_{\text{fiber}})\cdot U(\tau_{\text{s}}-\tau_{\text{fiber}}) \tag{9}$$

$$\frac{\mathrm{d}x_{\text{fiber}}}{\mathrm{d}t}=\frac{k_{\text{d}}uC_{\text{fiber}}-k_{\text{e}}(1-\phi_{\text{fiber}})(\tau_{\text{s}}-\tau_{\text{fiber}})\cdot U(\tau_{\text{s}}-\tau_{\text{fiber}})}{(1-\phi_{\text{fiber}})\rho_{\text{fiber}}} \tag{10}$$

初始条件为：
$$\begin{cases}t=0,\ x_{\text{fiber}}=0\\t=0,\ u=0\end{cases} \tag{11}$$

纤维滤饼初始形成速率与暂堵液进入裂缝的流速 u 有关，先求滤失量，再求解纤维滤饼的厚度。

暂堵液流动为平面径向流，满足达西公式，其压力梯度公式为：

$$\frac{\partial p}{\partial r}=-\frac{u_{\text{r}}u}{k_{\text{f}}} \tag{12}$$

在 $t=0$，$x_{\text{fiber}}=0$ 时，达西公式积分可得：
$$p_{\text{w}}-p_{\text{e}}=\frac{q_0\mu\ln\left(\dfrac{r_{\text{e}}}{r_{\text{w}}}\right)}{2\pi hk_{\text{f}}} \tag{13}$$

在 $t=t$，$x_{\text{fiber}}=x_{\text{fiber}}(t)$时，达西公式积分，得：

$$p_{\text{w}}(x_{\text{fiber}}>0)-p_{\text{e}}=\frac{\mu}{2\pi hk_{\text{f}}}\left[\ln\left(\frac{r_{\text{e}}}{r_{\text{w}}}\right)+\frac{k_{\text{f}}\ln\left(\dfrac{r_{\text{w}}}{r_{\text{w}}-x_{\text{fiber}}(t)}\right)}{k_{\text{fiber}}}\right]q(t) \tag{14}$$

式中，p_{w} 为井眼中滤饼表面压力，MPa；μ 为携带液黏度，mPa·s；u_{r} 为径向滤失速度，m/s；q_0 为初始滤失流量，m^3/s；r_{e} 为供给半径，m；p_{e} 为边界压力，MPa；k_{fiber}为纤维滤饼渗透率，mD；k_{f} 为裂缝渗透率，mD。

假设在暂堵纤维架桥作用后，沉积失水形成滤饼的过程中，地层与井筒中的压力保持不变，式(13)与式(14)等价，最终可得暂堵液滤失流量：

$$q_t = \frac{q_0 \ln\left(\frac{r_e}{r_w}\right) k_{fiber}}{\ln\left(\frac{r_e}{r_w}\right) k_{fiber} + k_f \ln\left(\frac{r_w}{r_w - x_{fiber}(t)}\right)} \tag{15}$$

将式(15)代入式(2)，得：

$$u_f = \frac{q_0 \ln\left(\frac{r_e}{r_w}\right) k_{fiber}}{2\pi r_w h \left[\ln\left(\frac{r_e}{r_w}\right) k_{fiber} + k_f \ln\left(\frac{r_e}{r_w - x_{fiber}(t)}\right)\right]} \tag{16}$$

3.1.2　模型求解

纤维滤饼模型编程计算步骤：

(1) 根据具体实例地层条件、暂堵液性质，记录相关数据；

(2) 设置初始值纤维滤饼厚度 $x_{fiber}=0$，再代入迭代计算流程中，求解式(15)中的 q_t 值、式(16)中的 μ_f 值，再通过差分法将 x_{fiber} 的导数形式转化为微元段内的面积求解，即：

$$x_{fiber}(1) = x_{fiber}(0) + \mathrm{d}t \cdot \frac{k_d u C_{fiber} - k_e(1-\phi_{fiber})(\tau_s - \tau_{fiber}) \cdot U(\tau_s - \tau_{fiber})}{(1-\phi_{fiber})\rho_{fiber}}$$

(3) 在迭代循环流程中，不断计算纤维滤饼的厚度值，并设置判定条件(精度条件)，当达到某一精度值后，停止运算，得到该时刻的滤饼厚度及滤失速率，并将该时刻得到的纤维滤饼厚度值以初值形式再次代入下一时刻的迭代循环运算中；

(4) 最终得到所需时间范围内的纤维滤饼厚度及滤失速率，并可以通过改变相关数据，如暂堵液注入速率、暂堵液中纤维质量浓度得到一系列数据组；

(5) 将计算得到的数据组通过软件的绘图函数绘制曲线图，得到滤失趋势图样。

3.2　模型计算与结果分析

地层与纤维暂堵液参数：纤维滤饼孔隙度 $\phi=0.15$，井眼半径 $r_w=75\text{mm}$，初始滤失速率为 $0.22\text{m}^3/\text{min}$，供给边界 $r_e=1200\text{m}$，假设裂缝尺寸为定值 $h=0.6\text{m}$，纤维密度 $\rho_{fiber}=1.5\text{g/cm}^3$，暂堵液黏度 $\mu=55\text{mPa}\cdot\text{s}$，暂堵液的稠度系数 $k'=1.3\text{Pa}\cdot\text{s}^n$，暂堵液的流动指数 $n=0.7$，固相颗粒在滤饼表面的沉积系数 $k_d=2.2$，滤饼剥蚀系数 $k_e=1.1\text{g/(N}\cdot\text{s)}$，滤饼的临界剪切应力 $\tau_{fiber}=35\text{Pa}$。

将以上初始参数代入 MATLEB 软件中进行迭代求解。

3.2.1　滤失趋势分析

在初始参数设置为裂缝渗透率 $k_f=2.2\text{D}$，$k_{fiber}=13\text{mD}$，$C_{fiber}=25\text{kg/m}^3$，$v_{fiber}=1.2\text{m}^3/\text{min}$ 条件下，一定时间范围内，暂堵液滤失速率与纤维滤饼厚度的变化趋势可通过程序计算得出，模拟结果如图 1、图 2 所示。

3.2.2　暂堵液中纤维质量浓度对滤失的影响

在初始参数设置为裂缝渗透率 $k_f=2.2\text{D}$，$k_{fiber}=13\text{mD}$，$v_{fiber}=1.2\text{m}^3/\text{min}$ 条件下，暂堵液中纤维质量浓度分别取 $C_{fiber1}=25\text{kg/m}^3$，$C_{fiber2}=35\text{kg/m}^3$，$C_{fiber3}=45\text{kg/m}^3$，$C_{fiber4}=55\text{kg/m}^3$，一定时间范围内，暂堵液滤失速率与纤维滤饼厚度的变化趋势可通过程序计算得出，模拟结果如图 3、图 4 所示。

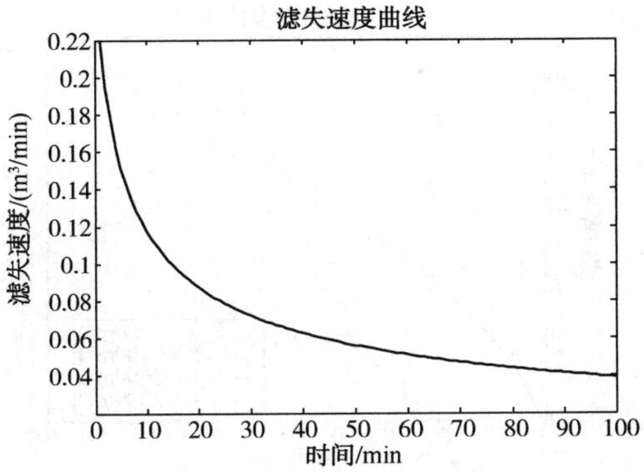

图 1　暂堵液滤失速率图

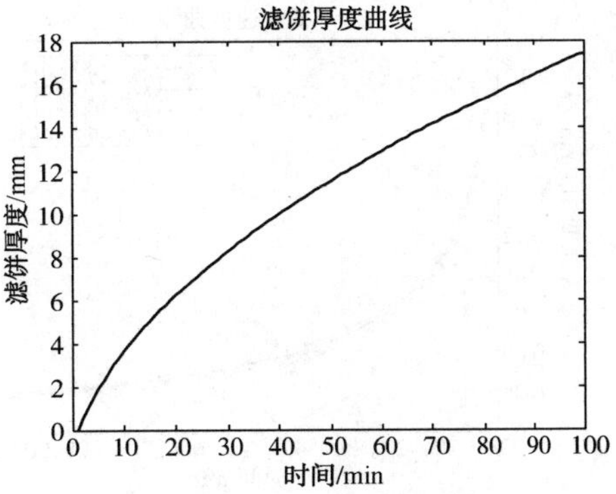

图 2　纤维滤饼厚度变化趋势

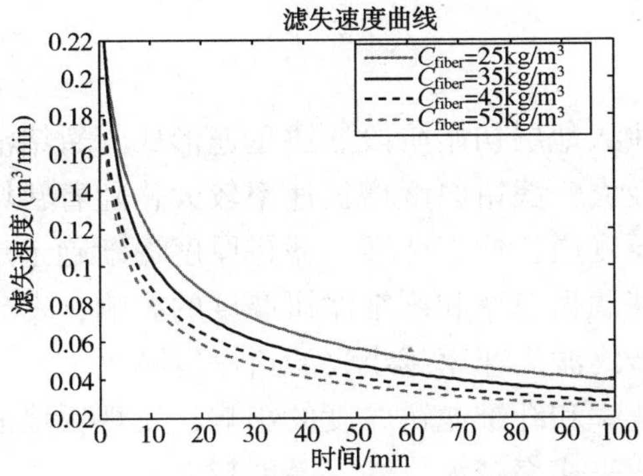

图 3　不同纤维质量浓度时暂堵液滤失速率

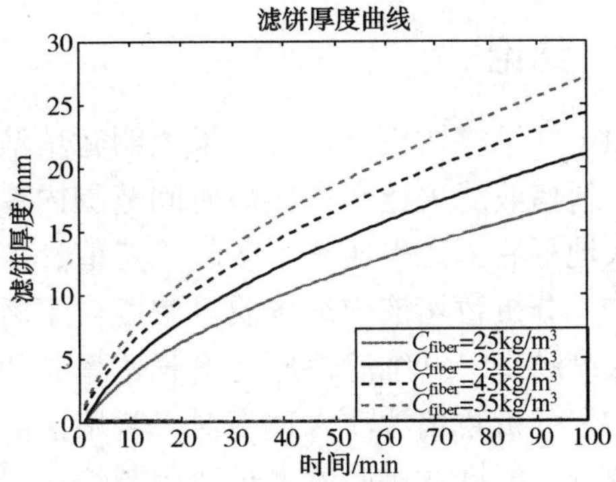

图 4　不同纤维质量浓度时纤维滤饼厚度变化趋势

3.2.3　暂堵液注入速率对滤失的影响

在初始参数设置为裂缝渗透率 $k_f = 2.2$D，$k_{fiber} = 13$mD，$C_{fiber} = 25$kg/m^3 条件下，暂堵液注入速率分别取，$v_1 = 1.5$m^3/min，$v_2 = 3.5$m^3/min，$v_3 = 5.5$m^3/min，一定时间范围内，暂堵液滤失速率与纤维滤饼厚度的变化趋势可通过程序计算得出，模拟结果如图 5、图 6 所示。

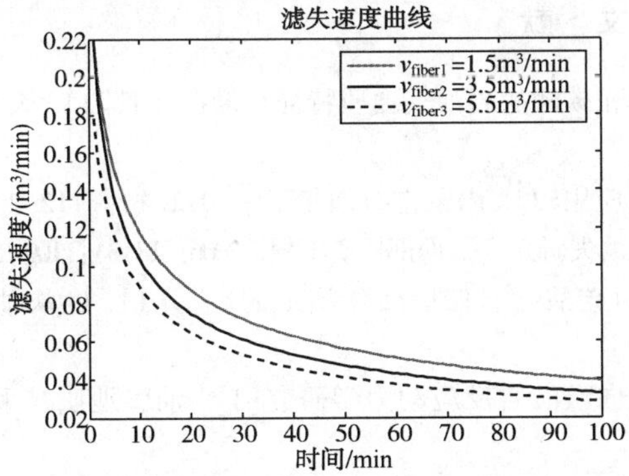

图 5　不同暂堵液注入速率时暂堵液滤失速率

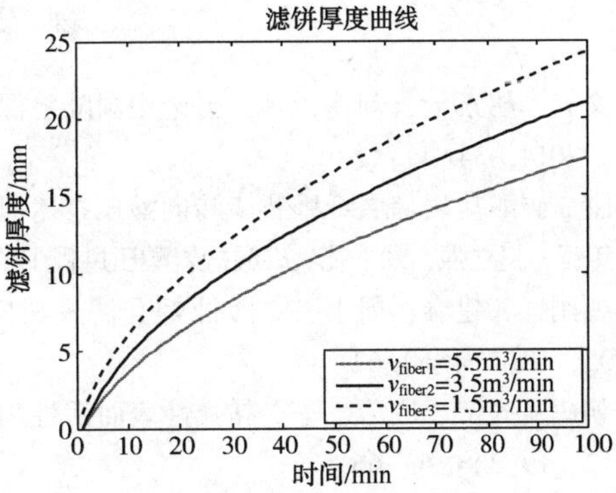

图 6　不同暂堵液注入速率时纤维滤饼厚度变化趋势

3.2.4　裂缝渗透率对滤失的影响

在初始参数设置为 $k_{fiber} = 13$mD，$C_{fiber} = 25$kg/m^3，$v_{fiber} = 1.2$m^3/min 条件下，假设裂缝渗透率分别为：$k_{f1} = 2.2$D，$k_{f2} = 2.4$D，$k_{f3} = 2.6$D，$k_{f4} = 2.8$D，一定时间范围内，暂堵液滤失速率与纤维滤饼厚度的变化趋势可通过程序计算得出，模拟结果如图 7、图 8 所示。

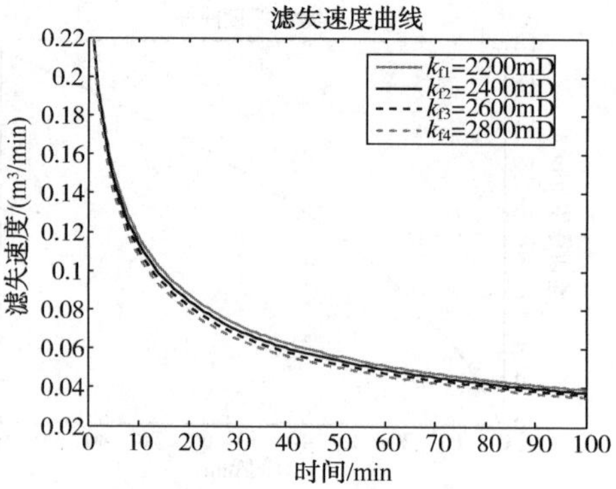

图 7　不同裂缝渗透率时暂堵液滤失速率

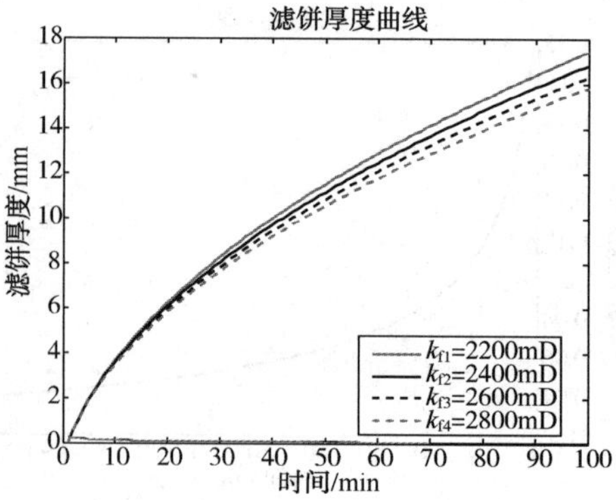

图 8　不同裂缝渗透率时纤维滤饼厚度变化趋势

4　结论

（1）纤维滤饼模型运行结果表明暂堵液在注入地层初始阶段滤饼迅速形成，暂堵液大量滤失，暂堵液滤失速率在较短时间范围内变化极大，滤饼厚度增长速率较大，随着暂堵液不断注入地层后，滤失速率平缓趋于定值，滤饼厚度增长速率变缓，滤饼厚度逐渐趋于定值。

（2）分析暂堵液中纤维质量浓度对于暂堵液滤失速率和纤维滤饼厚度的影响，发现纤维质量浓度越高，纤维滤饼厚度增长速率越快，最终滤失速率越小，滤饼厚度越大。

（3）分析暂堵液注入速率对于暂堵液滤失速率和纤维滤饼厚度的影响，发现暂堵液注入速率越低，纤维滤饼厚度增长速率越快，最终滤失速率越大，滤饼厚度越大。

（4）分析裂缝渗透率对于暂堵液滤失速率和纤维滤饼厚度的影响，发现裂缝渗透率越大，纤维滤饼厚度增长速率越慢，最终滤失速率越小，滤饼厚度越小。

暂堵液的纤维质量浓度越高，注入速率越低，裂缝渗透率越小，纤维滤饼形成越迅速。实际生产实践中，应在暂堵阶段采用适宜纤维浓度，小排量注入暂堵液，保证滤失控制。而在注入暂堵液后应迅速提高施工排量以降低酸液的滤失。

参　考　文　献

[1] 赵文智，胡素云，刘伟，等．再论中国陆上深层海相碳酸盐岩油气地质特征与勘探前景[J]．天然气工业，2014，34(4)：1-9.

[2] 孙刚．碳酸盐岩储层纤维暂堵转向酸压技术研究与应用[J]．内蒙古石油化工，2012(1)：112-113.

[3] 李年银，赵立强，刘平礼．碳酸盐岩酸压过程中的酸液滤失研究[J]．西部探矿工程，2006，18(3)：109-111.

[4] 陈朝刚，郭建春，周小平．酸蚀蚓孔滤失机理及对碳酸盐岩储层酸化施工的启示[J]．断块油气田，2005，12(5)：60-62.

[5] 尚朝辉，齐宁，殷洁，等．黏弹性表面活性剂自转向酸酸岩反应动力学研究[J]．油气地质与采收率，2012，19(3)：63-66.

[6] 杨建委，郑波．纤维暂堵转向酸压技术研究及其现场试验[J]．石油化工应用，2013，32(12)：34-38.

第一作者简介：梁文杰(1994 年—)，男，宁夏中宁人，现就职于延长油田股份有限公司定边采油厂，矿业权评估师(油气矿产资源勘查与实物量估算)、助理工程师、助理会计师，主要研究方向：油田开发数值建模，联系地址：陕西省定边县定边采油厂，E-mail：1160920061@qq.com，电话：18328068826。

冀东油田深层致密油压裂改造与人工举升技术研究与应用

王　磊　田晶蒙　王远征　王亚辉　刘　斌

（中国石油冀东油田公司）

摘　要　冀东油田高5区块致密油藏具有低孔低渗、埋藏深的特点，储层平均孔隙度14.3%，平均渗透率$1.0\times10^{-3}\mu m^2$，纵向埋深3600~4400m，有效厚度0.4~23.2m，平均2.5m，属于近源准连续致密油藏。为实现该类油藏的有效动用，开发方式上采用交错排状井网+长水平段水平井+大规模体积压裂+驱油一体化改造模式。压裂后初期产液量较高，但压力衰竭较快，为有效释放油井产能，停喷后需下入人工举升设备。为避免压井作业对已改造储层的污染，在连续油管清理完井筒后，采取了暂闭桥塞封层作业工艺，完井管柱采取常规杆式泵+有缆式压力监测实现生产过程的流压动态监测。矿场应用表明，与带压下入完井管柱、环空打压开启油管连通工艺相比，桥塞暂闭+常规杆式泵+有缆压力监测工艺能有效避免作业环节对改造储层的伤害，大幅提高作业效率，同时，能够实现对储层压力的连续监测，有效满足致密储层的精细开发要求。

关键词　致密砂岩　体积压裂　桥塞暂闭　压力监测

近年来，非常规油气资源已成为石油勘探开发的热点领域，作为非常规油气资源的重要组成部分，致密油藏的开发越来越受到重视。致密储层具有孔隙度低、渗透率低等特点，常规开发方式无法有效动用，需通过压裂改造提高储层渗透率和流体流动性。冀东油田致密油藏储量丰富，在借鉴行业压裂开发经验的基础上，实现了该类储层的规模开发。按照安全、环保、高效的精细开发需求，在压裂规模、举升方式、测试工艺等方面进行了优化设计与矿场应用，取得了较好的开发效果。

1　致密油藏概况

冀东油田高5断块Es_3^3V油组致密砂岩油藏埋深3600~4400m，储层为扇三角洲前缘砂体，黏土矿物含量高，敏感性强，孔隙度平均14.3%，空气渗透率平均$1.0\times10^{-3}\mu m^2$。具多期薄砂、泥互层型砂体结构，单层厚度平均2.5m，连续性差，发育亚微米-纳米级喉道。天然裂缝不发育。油层分布受储层物性、异常压力、烃源岩共同控制，油藏类型为近源准连续致密砂岩油藏，原油性质为常规轻质原油，地温梯度2.97℃/100m，地层温度125℃，压力系数平均1.39，为异常高压油藏（图1）。

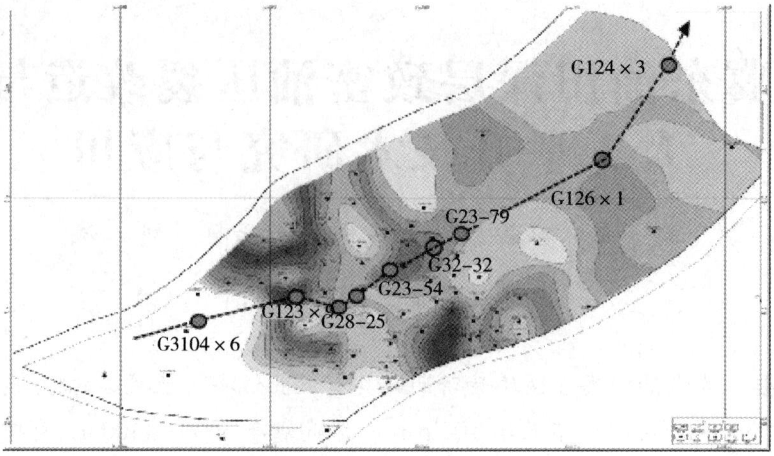

图 1　高 5 断块Ⅴ油组 9~18 小层油层厚度图

2　压裂工艺技术

近 5 年，国内年均改造水平井 1600 口，2020 年达历史新高(1901 口)。页岩油气储层以西南油气田长宁-威远等区块为代表，实施水平井以体积改造 2.0 工艺，缩小簇间距，强化施工参数。致密油气储层水平井前期实施密切割多簇布缝基础上，逐步开展体积压裂 2.0 工艺，施工参数逐步强化，主要应用于长庆、新疆、吉林、大庆等油气田。

2.1　压裂方案优化原则

按照“Ⅰ类储层加强改造+Ⅱ类储层充分改造+Ⅲ类储层适度改造”的原则，调研国内致密油压裂，在压裂规模不变情况下，优质储量压裂强度越大，压裂效果越好，加强优质储层改造。基于储层分类地质模型，开展不同类型储层压裂参数优化，建立储层差异化压裂改造图版(表 1)。

表 1　储层差异化压裂改造图版

储层分类	改造目标	实现策略	改造参数	典型图示
Ⅰ类	位于河道主体位置，厚度大、物性好	加强改造：大排量+大液量+大砂量	单段 5~6 簇，暂堵 1~2 次 排量 $14\sim16m^3/min$ 加砂强度：$3.2\sim3.5m^3/m$ 进液强度：$33\sim36m^3/m$ 裂缝半长 150~160m 裂缝导流能力 $23\sim25\mu m^2\cdot cm$	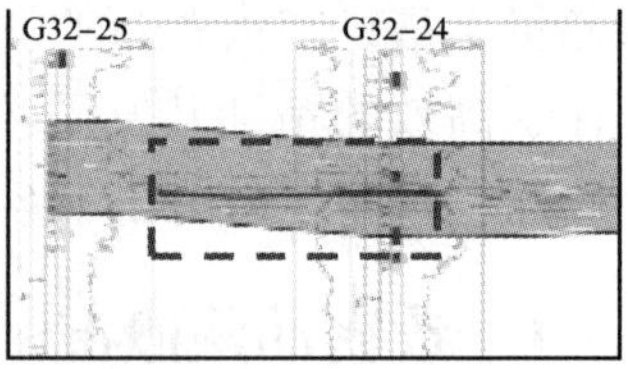 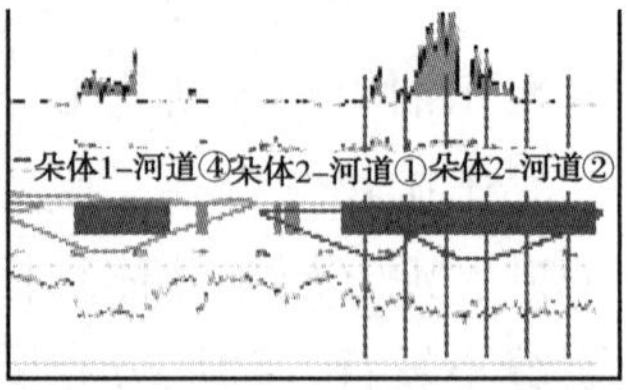

续表

储层分类	改造目标	实现策略	改造参数	典型图示
Ⅱ类	介于河道中心与边缘位置，厚度适中，物性中等	充分改造：高低黏液体组合段塞造长缝+多粒径组合支撑剂提高充填效果	单段4~5簇，暂堵1次 排量14~16m^3/min 加砂强度：2.8~3.2m^3/m 进液强度：30~33m^3/m 裂缝半长140~150m 裂缝导流能力21~23μm^2·cm	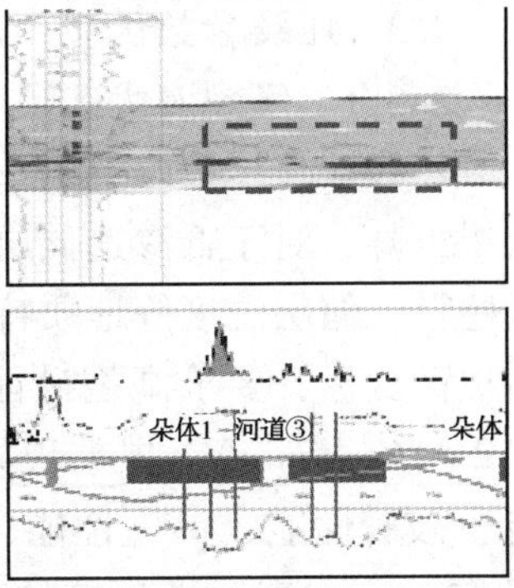
Ⅲ类	位于河道边部位置，砂泥互层、物性差	适度改造：适度排量+低黏液体+小粒径支撑剂	单段3簇 排量12~14m^3/min 加砂强度：2.6~2.8m^3/m 进液强度：27~30m^3/m 裂缝半长130~140m 裂缝导流能力20~21μm^2·cm	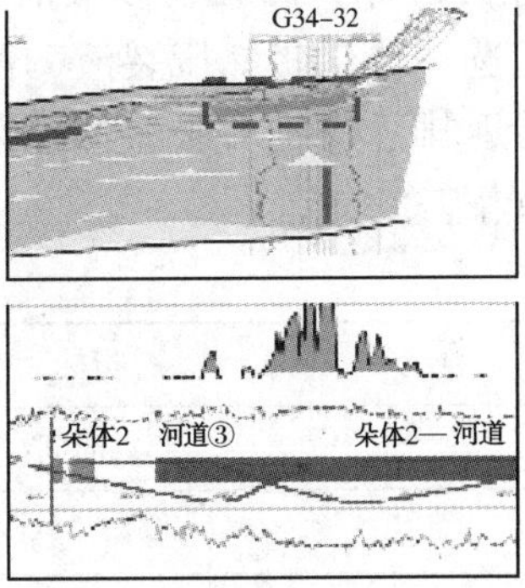

2.2 压裂工艺优选

在前期水平井体积改造试验基础上，借鉴国内致密油水平井体积改造2.0工艺，结合高5区块增产增效技术需求，立足水平井细分切割充分改造，直井纵向精细分层、提高纵向动用率，采用“水平井分段分簇体积压裂”“定向井大规模压裂”的思路制定压裂工程方案，优选水平井可溶桥塞分段多簇压裂、定向井精细机械分层改造(表2)为主体技术，大幅提高压裂单井缝控储量，实现增产增效目的。

表2 不同井型压裂方案设计

井型	工艺	分段	压裂液	支撑剂	用液强度/(m^3/m)	加砂强度/(m^3/m)	施工排量/(m^3/min)
定向井	精细机械分层压裂	3~4段	低浓度胍胶压裂液	30%石英砂+70%陶粒	50~60	5~7	4.0~5.0
水平井	可溶桥塞分段分簇压裂	段间距50~60m，簇间距10~15m，分簇数4~6	变黏压裂液		30~40	3~4	12.0~16.0

高5Ⅴ油组纵向多油层叠合，单油层厚度普遍小于3m，且横向连续性差，储层非均质性强，含油性好，实施分层改造工艺，提高储层纵向动用率；层间差异大，结合地质分析及工程甜点层段认识，针对主力层位重点改造。根据关键参数优化结果及技术适应性、成熟度、经济性考虑，定向井优选精细机械分层压裂工艺。

致密油气藏水平井压裂工艺目前以套管完井桥塞分段多簇压裂工艺为主，固井滑套分段压裂工艺试验推广应用范围小，裸眼完井分段压裂工艺逐步淘汰。固井完井桥塞分段压裂工艺满足了高5区块水平井体积改造增产需求，成熟安全可靠。

2.3 压裂参数优化

2.3.1 压裂液优选

压裂液是压裂改造的重要组成部分和关键环节，其性能优劣决定压裂施工的顺利与否和效果好坏，对于低渗透储层，这种影响更为突出。根据G5断块V油组的物性、黏土含量、敏感性、储层温度等地质特征和两种井型优化压裂液体系。工厂化体积改造2.0对压裂液提出更高指标，要求高携砂能力(90%以上)、提高加砂强度(4.8t/m以上)、提高液体排量($12\sim16m^3/min$)，根据现场技术需求，通过室内评价，进行了耐温耐剪切性能、流变性能、破胶性能、滤失性能、支撑剂沉降等试验(试验条件120℃，剪切率$170s^{-1}$，试验时间120min，高黏携砂液的稳定表观黏度54mPa·s)(图2~图5)，目前冀东油田致密油藏优选一体化变黏压裂液，性能指标见表3，并实现在线混配。该体系具有低表界面张力，易返排、快速溶胀、低摩阻、成本低等特点，从而实现大排量泵注，提高液体重复利用效率。

表3 压驱一体化工作液性能指标

指标	变黏压裂液
起黏时间/s	≤60
降阻率/%	76.5
耐温耐剪切能力/表观黏度/mPa·s	54
防膨率/%	80
破胶液表面张力/(mN/m)	25.42
破胶液界面张力/(mN/m)	≤2.0
破胶液黏度	3.58
配伍性	无絮凝，无沉淀

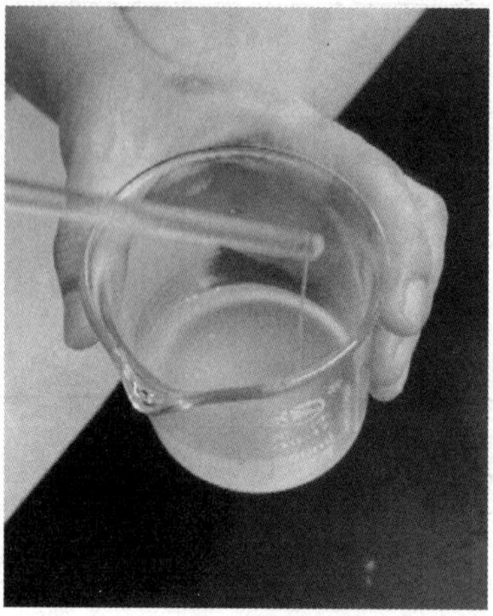

图2 低黏滑溜水

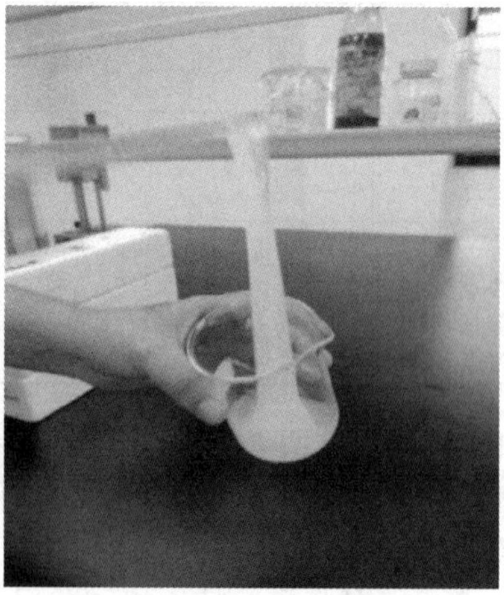

图3 高黏携砂液

图 4　压裂液破胶液

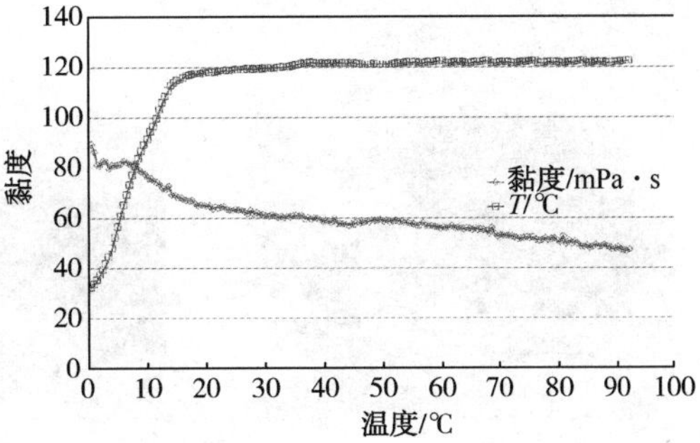

图 5　压驱一体化压裂液黏温曲线

2.3.2　支撑剂优选

压裂用支撑剂的作用是充填支撑压开的水力裂缝，使之不再闭合并在储层中形成一个具有高导流能力的流动通道，支撑剂类型及性能直接影响裂缝的导流能力。针对常规低渗透油藏，石英砂虽能获得一定的初始导流能力，但随着闭合压力增加，其导流能力快速降低，表现出较强的压力敏感性。根据储层埋深 3700~3800m，考虑闭合应力、孔隙压力、生产压差，要求在 40MPa 条件下，满足油藏工程方案中导流参数的要求。将陶粒与石英砂进行组合使用，陶粒与石英砂的不同组合比例下水测的导流能力测试结果如图 6 所示，并综合考虑石英砂与陶粒的价格，选择抗破碎 69MPa 陶粒支撑剂与 30/50 石英砂的比例为 7∶3 最为适宜，满足油藏工程方案中裂缝导流能力 20~25μm^2·cm，并有效降低工程材料费用。

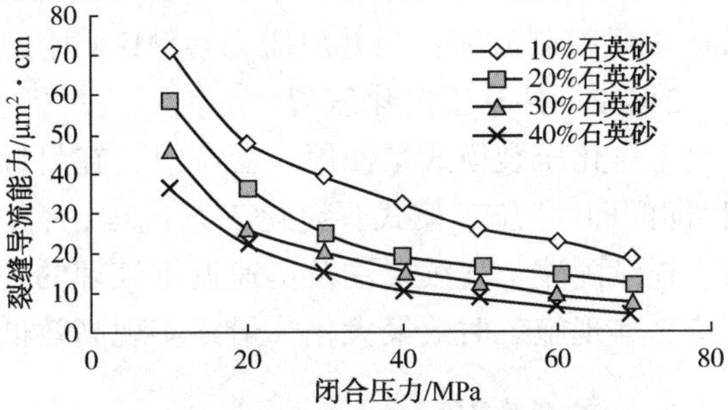

图 6　不同闭合压力条件下组合支撑剂导流能力

2.3.3　驱油剂优选

驱油剂的注入过程中，需要通过优化注入参数，提高可渗吸采油量。压裂用驱油剂能进入数百微小空间，降低界面张力、提高原油乳化能力、提高渗吸能力，达到渗吸洗油大幅度提高采收率的目的。结合高 5V 油组致密油特征、已有压裂液的性能评价结果及现场应用，针对含蜡、沥青较高、致密的特点，以高 5 原油、回注水模拟实验(图 7、图 8)，优选了一种双烷基芳基磺酸盐表面活性剂作为压裂用驱油剂，性能指标见表 4，可达到超低界面，满足高 5V 油组压裂需求。

表 4　驱油剂性能指标

实验项目	实验结果
外观	棕黑色黏性液体
密度/(g/cm^3)	0.9
pH 值	7.5
表面张力/(mN/m)	25.2
界面张力/(mN/m)	2.8×10^{-2}
黏度保留率/%	90

图 7　高 5V 原油

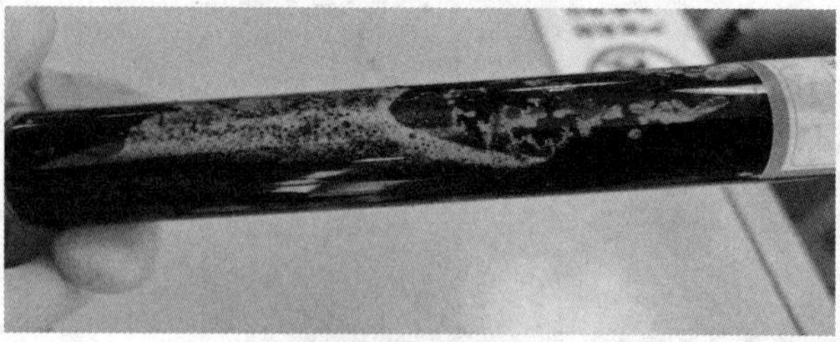

图 8　驱油剂增溶高 5V 原油的过程

2.4　其他配套技术

2.4.1　返排技术

焖井后开井的放喷制度根据焖井过程中的压降情况，测压降结束后当井口压力 $P>$ 20MPa，用 2mm 油嘴控制放喷；当井口压力 15MPa$<P\leqslant$20MPa，用 3mm 油嘴控制放喷；当井口压力 10MPa$<P\leqslant$15MPa，用 4mm 油嘴控制放喷；当井口压力 5MPa$<P\leqslant$10MPa，用 5mm 油嘴控制放喷；当井口压力≤5MPa 时，用 6mm 油嘴控制放喷。

2.4.2　井丛工厂化压裂

工厂化压裂模式是使用一套车组，在目标井距允许范围内，一次为多口井交互施工，采用“即配即注”施工模式，简化工艺流程，合理施工设计，及时材料供应，实现施工连续供水、连续配液、连续泵注及迅速返排处理的一体化施工作业模式，减少现场人员、设备无效等待，实现施工时效最大化，最终实现高效低成本运行。

3　施工方案

为加强对致密油藏的深入认识，转抽前需进行产液剖面测试，转抽施工过程中，存在油井压力高，安全风险大等特点，且施工中可能对已改造储层造成二次污染，这就要求优选安全、环保、可靠的施工方案。

对于施工中压力较高的油井，为避免压井作业对已改造储层的污染，常规采用带压作业或者连续油管两种方式进行施工，其缺点见表 5。带压作业无法进行转抽前的测试，在下入完井管柱时需在管柱底部安装负压测试阀，如图 9 所示，管柱到位后环空打压打开负压测试阀，实现油管连通生产。连续油管施工可以采用连续油管里带光纤进行产液剖面测试，下入暂闭桥塞暂闭井筒后下入完井管柱（图 10、图 11），环空打压打开暂闭桥塞即可实现生产。经过技术论证，冀东油田致密油藏转抽施工采用连续油管进行施工作业，较带压作业相比，具有可测试、完井管柱简单的特点。

表 5　两种作业方式缺点对比

带压作业	连续油管作业
1. 不能实现转抽前测试要求； 2. 工序复杂，施工周期较长； 3. 设备复杂，作业费用高	1. 光纤材质较脆，起下过程要求必须平稳； 2. 井底压力和井眼轨迹可能引起连续油管自锁； 3. 井内出砂可使连续油管遇卡

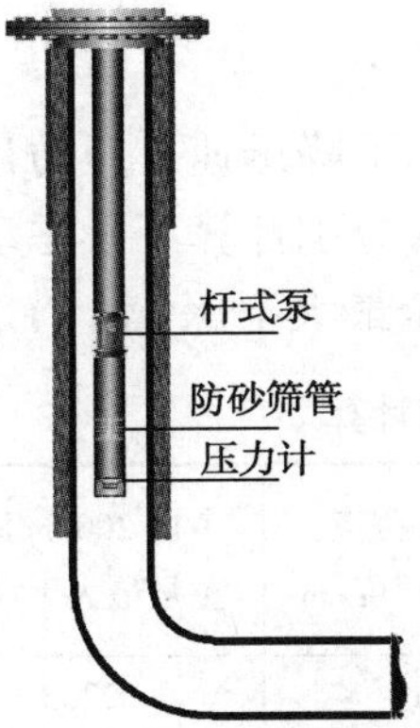

图 9　带压作业后完井管柱

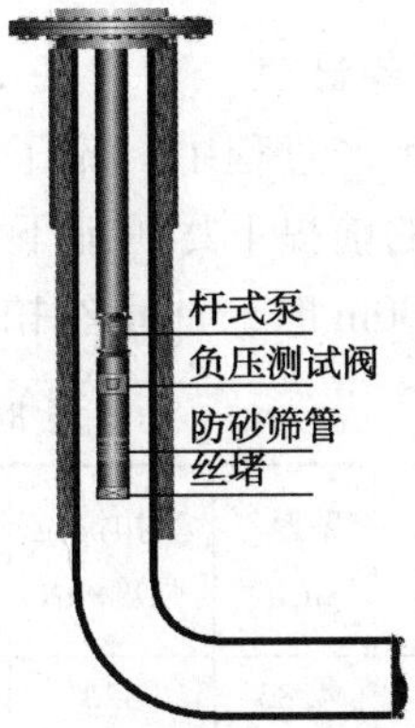

图 10　连续油管作业后完井管柱

图 11　可溶性井底暂闭桥塞示意图

4　举升与测试技术

致密油藏油井压裂后初期先自喷生产，停喷后及时转抽生产，这就要求举升设备具有满足弹性生产、实时测试、可气体补能等要求。

4.1　抽油机选型

致密油藏初期产量较高，应用了具有冲程长、冲次低、泵效高、能耗低、平衡效果好、杆管磨损小等特点的长冲程塔架抽油机，其参数见表 6。

表 6　塔架式抽油机主要参数表

抽油机型号	WCYJK12-6-40-Z	WCYJK14-7-40-Z	WCYJK16-7-60-Z	WCYJK18-7-73-Z
悬点载荷/kN	120	140	160	180
冲程/m	≤6	≤7	≤7	≤7
冲次/min^{-1}	≤4	≤4	≤4	≤4

4.2　油管选型

为满足压力、温度等监测需求和精度，压力计需更加接近油层深度，满足压力计的电缆保护要求，通过不同油管尺寸的接箍处电缆保护器外径，优选完井油管采用钢级 N80 的 2⅞in 加厚或者平式油管(表 7)。

表 7　油管最大外径对比

尺寸	扣型	钢级	壁厚/mm	内径/mm	外径/mm	接箍外径/mm	油管接箍处电缆保护器外径/mm	套管内径/mm
2⅜in	平式	N80	4.83	50.6	60.3	73	无	118.62
2⅜in	加厚	N80	4.83	50.6	60.3	77.8		
2⅞in	平式	N80/P110	5.51	62	73	89	97	
2⅞in	加厚	N80/P110	5.51	62	73	93	100	

4.3 压力计下深计算

致密油藏油井生产过程中，流压下降较快，动液面下降迅速，压力计下入深度需在满足油管丝扣抗拉强度的前提下尽可能下深，利用简易算法分别计算不考虑动液面深度、动液面2000m及动液面2200m时，油管丝扣强度可满足的安全最大下深(表8)。

表8 油管最大下入深度计算

尺寸	扣型	钢级	壁厚/mm	丝扣抗拉强度/kN	本体抗拉强度/kN	考虑丝扣强度最大下入深度/m	考虑2000m液面重量最大下深/m	考虑2200m液面重量最大下深/m
$2\frac{3}{8}$in	平式	N80	4.83	320	464	2981	2205	2125
$2\frac{3}{8}$in	加厚	N80	4.83	638	638	5787	5032	4954
$2\frac{7}{8}$in	平式	N80	5.51	470	645	3122	2569	2512
$2\frac{7}{8}$in	加厚	N80	5.51	645	645	3740	3665	3609
$2\frac{7}{8}$in	平式	P110	5.51	616	846	4091	3539	3481
$2\frac{7}{8}$in	加厚	P110	5.51	846	846	5519	4976	4194

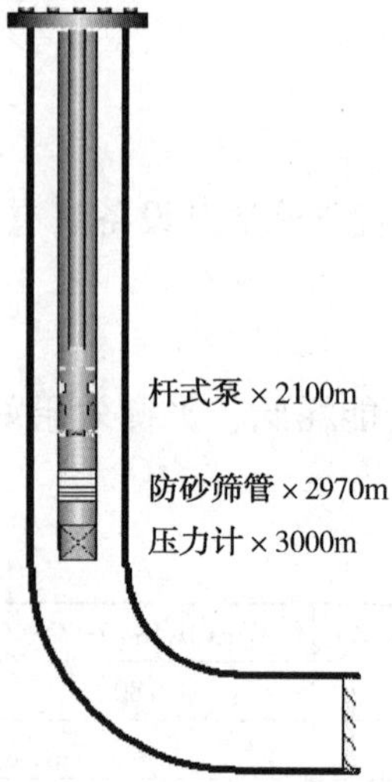

图12 完井管柱示意图

通过计算，钢级为N80的$2\frac{7}{8}$in加厚油管，在1.6的安全系数下，考虑杆管之间液柱重量，在2000m和2200m动液面情况下，压力计最大下深分别为3665m和3609m。

4.4 举升完井管柱

泵型选择可后期进行气体补能的杆式泵，配套防砂筛管，完井管柱组合为：永久式压力计拖筒+加厚油管+防砂筛管+加厚油管+杆式泵支撑头+加厚油管至井口，完井管柱示意图如图12所示。

5 应用效果

以高31-平8井为例，第七段压裂施工过程中，最高突破压力60MPa，最高砂比24，排量14m³/min，采用一体化变黏压裂液，支撑剂采用陶粒与石英砂进行组合形式，施工顺利，满足该井压裂预期。压裂施工曲线如图13所示。

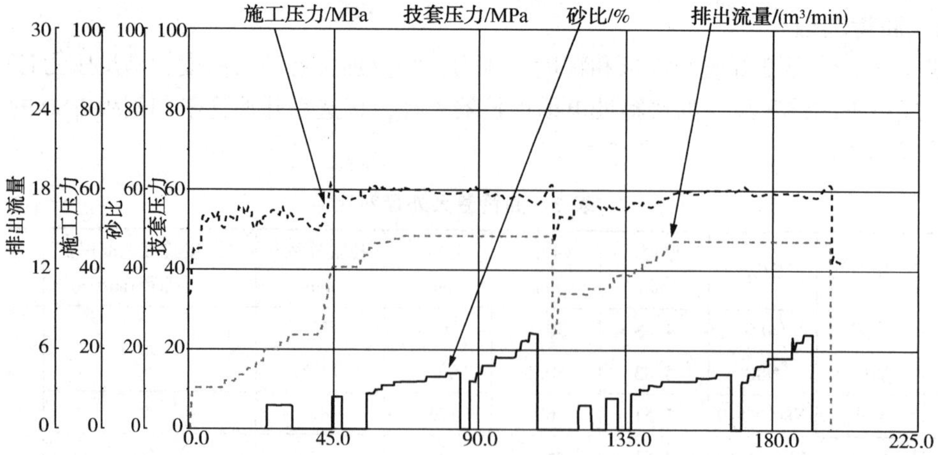

图13 G31-平8井第七段压裂施工曲线

高 31-平 8 井 2022 年 12 月 15 日压裂后开井生产，初期 2mm 油嘴自喷，2023 年 1 月 5 日扫塞完成后，日产液 38.5m^3，日产油 14.09t，日产气 301m^3，含水 63.4%；2023 年 5 月转抽后初期 4mm 油嘴放喷，井口油压 0.5MPa；目前日产液 24.7m^3，日产油 14.23t，日产气 98m^3，含水 42.4%。根据生产及压力情况(图 14~图 16)可以看出，该井符合致密油藏生产特征，且目前生产制度满足生产要求。

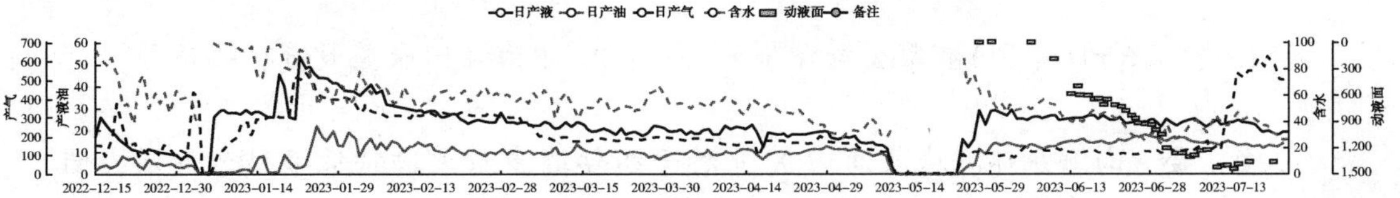

图 14　G31-平 8 井采油曲线

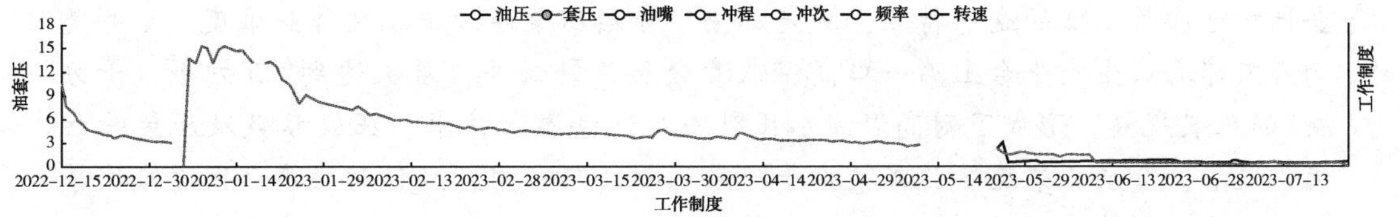

图 15　G31-平 8 井油套压力曲线

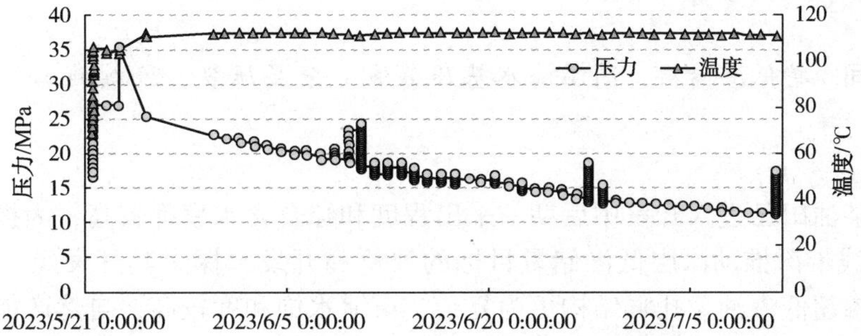

图 16　G31-平 8 井泵下压力计实时测量曲线

6　结论

经过不断的探索与创新，冀东油田初步形成了定向井机械分层、水平井可溶桥塞分段分簇压裂技术；连续油管清理井筒、暂闭桥塞封层的施工技术和常规杆式泵+有缆式压力监测的举升测试一体化技术，以安全、环保、高效为前提，助力致密油藏全生命周期开发。

参考文献

[1] 马蔚东，等．大庆油田致密油采油工程解决方案及技术应用研究．采油工程，2022(3)：82-88.

[2] 冯立，等．大庆油田致密油储层开发采油工程方案设计主体技术优选与应用．采油工程，2020(4)：66-70.

[3] 李博文，等，致密油藏开发技术研究进展．云南化工，2018，45(11)：55-55.

[4] 张琪．采油工程原理与设计．东营：石油大学出版社，2006.

[5] 胡泽根，等，致密油提高采收率技术研究进展．石油化工应用，2023，42(3)：5-11.

作者简介：王磊，高级工程师，冀东油田钻采工艺研究院，河北省唐山市路北区光明西里冀东油田第一科研楼，15932563041。

南海东部特低渗储层分层压裂技术实践应用

刘　佳[1]　高晓飞[1]　陈三君[1]　呙　义[1]　武宇泽[1]　袁文奎[2]

［1. 中海石油(中国)有限公司深圳分公司；2. 中海油田服务股份有限公司］

摘　要　南海东部海域某油田 X 井恩平组钻遇多层大段特低渗砂岩储层，储层温度 157℃，浅层射孔层的存在对压裂管柱设计优化提出挑战；同时受海上平台作业空间、甲板载荷、储液能力制约，水力压裂高压及设备多、大、重所带来的安全性和可操作性低的这一特点，更是加重了分层压裂连续施工的作业难度。X 井是南海东部海域生产平台上第一口高温低渗分层压裂油井，首次达到“百方砂、千方液”的压裂规模，形成了耐高温海水压裂液及连续混配技术、压裂参数及压裂管柱优化技术、分层压裂连续施工技术等一系列创新与应用，且针对投产后因递减快暴露出电泵气锁等问题进行了人工举升管柱及地面流程优化。该井为海上在生产平台水力压裂改造提供了实践经验，对突破海上低孔低渗油气藏的勘探开发具有重要意义。

关键词　特低渗储层　高温海水基压裂液　分层压裂　连续施工　人工举升优化

南海东部某油田已进入开发中后期，采出程度和综合含水率都较高，为提高未来经济效益，用 X 井以浅带深推动深层低渗储量目标的评价和开发，探索其开发经济门槛。与常规油藏相比，低渗超低渗油藏孔喉结构更为复杂，束缚水饱和度较高，自然产能较低或基本没有。压裂作为油气井增产、注水井增注的一项重要措施，被广泛地应用于世界各地的低渗超低渗油气藏开发中[1~4]。而南海东部油田水深多在 100m 以上，利用船舶进行压裂作业对于海况的要求很高，作业时间窗口难选择，目前主要以平台为载体进行压裂施工，而在海上平台实施的多级压裂作业，不同于陆地，受到了作业空间、甲板载荷、储液能力等诸多因素的限制。

1　储层特征

区域储层岩性比较单一，以细-中粒长石石英砂岩为主，其次是粗-中粒长石岩屑石英砂岩及细-中粒石英砂岩。X 井钻遇古近系恩平组 9 个低渗油层，目的层斜深 4352~4653m，垂深 3961~4161m，地层温度约为 148~157℃；压力系数约 1.0，地层压力约为 39~42MPa，属于异常高温正常压力系统。测井解释整体物性较差，油层孔隙度 10.9%~12.5%，均值 11.8%，渗透率 1.4~14.4mD，均值 3.83mD，泥质含量 5.1%~18.7%，均值 9.2%，含水饱和度 49.3%~61.2%，均值 57%。

优选其中 3 层进行水力压裂改造，在方案设计及现场作业中存在以下难点：①本井在目的层温度高，达 148~157℃；②目的层段井斜为 48°~49°，井斜角大，易导致裂缝转向或多裂缝现象，造成液体效率低、施工压力高，加砂困难等影响；③目的层测深达到 4697m，且射孔 5 层压裂 3 层，在保证精细分层的同时，对压裂管柱的下入、坐封等方面提出高的要求；④压裂作业载体为生产平台，受限于平台甲板面积及甲板承重，三层压裂连续作业面临挑战。

针对面临的以上难题，并从耐高温海水基压裂液研究、压裂工艺参数设计、压裂管柱优选、分层压裂连续施工技术优化等多方面保证了现场作业的顺利实施。

2 耐高温海水压裂液及连续混配技术

海上压裂施工若采用陆地配液后运至海上平台，具有成本高、周期长、易受自然条件等外部因素制约、施工规模受限等特点。因此，大规模压裂连续配液新工艺在水资源利用方面具有得天独厚的条件，从而降低成本、提高施工效率，对实现海上低渗透油气田的高效开发具有非常重要的意义。该工艺关键技术包括两个部分：海水压裂液体系研究和连续配液设备研究。

目前耐高温海水基压裂液主要以胍胶及其改性物等天然聚合物类交联冻胶类研究较多，国内刘刚芝、张胜传等人对海水基压裂液的室内研究达到了 160℃，但油田应用以 150℃及以下为主，150℃以上现场应用相对较少，在南海东部没有应用先例[5,6]。

根据本井四个方面储层特征，海水基压裂液进行进一步配方优化：①低孔、特低渗储层：孔隙度 10.6%~11%，渗透率低 1.6~2.3mD，要求压裂液破胶彻底，降低压裂液黏度，减小储层伤害；②泥质含量为 6.4%~9.8%，要求选用防膨效果好的压裂液或相应的黏度稳定剂，降低水敏伤害；③地层水矿化度高，原油黏度相对低，要求压裂液体系耐盐有良好防乳破乳性能；④储层温度 148~157℃，要求压裂液体系具备 160℃下稳定携砂性能，且破胶时间可控，避免高温提前破胶造成砂堵。

针对常规瓜胶在海水中溶胀困难、耐温低等难题，以引入阴离子基团改性的瓜胶为稠化剂，开发具有螯合和 pH 值调节功能的螯合调节剂，配套研制高温交联剂、高温稳定剂等关键添加剂，开发了一套耐温 160℃的速溶型海水基植物胶压裂液体系。与国内外同类技术相比，本井压裂液有两大特点：①可以用高矿化度海水直接配制，抗盐速溶植物胶 5min 内黏度可达到最终黏度的 80%，满足连续混配作业，为海上大规模压裂提供了技术保障；②实现了 160℃储层温度下的稳定应用，具有速溶、耐高温耐剪切、低残渣、低伤害等特点，填补国内海上海水基压裂液高温应用的空白，具体性能评估结果见表 1。

表 1 压裂液性能评估

项目		指标要求	160℃海水基压裂液	160℃淡水基压裂液
基液黏度/mPa·s	120℃≤t≤180℃	40~100	108	99
交联时间/s	120℃≤t≤180℃	60~300	80	120
耐温耐剪切能力	黏度/mPa·s	≥50	86.1	61.3
破胶性能	破胶时间/min	≤720	120	120
	破胶液黏度/mPa·s	≤5	2.92	2.02
	表面张力/(mN/m)	≤28	26.822	26.328
	破胶液与煤油的界面张力/(mN/m)	≤2	0.12	0.15
残渣含量/(mg/L)		≤600	495	430
防膨率		—	97.1	91.2

续表

项目	指标要求	160℃海水基压裂液	160℃淡水基压裂液
与地层水配伍性	无絮凝、无沉淀	无絮凝、无沉淀	无絮凝、无沉淀
破乳率	≥95	98	98
人造岩心基质渗透率损害率	≤30	14.1	15.4

3 压裂参数及压裂管柱优化技术

3.1 压裂工艺参数设计

优化压力工艺参数，保证顺利施工：①增加前置液量，保证造缝效率；②前置液阶段增加多个低砂比段塞，打磨降低缝面粗糙程度、封堵近井筒多裂缝；③提高施工排量，以增加裂缝动态宽度；④进行小压测试，根据小压分析及时调整主压裂泵注参数。

目的层压裂裂缝参数优化采用数值模拟法。以第一层为例，运用数模软件建立了单井单层油水两相机理模型。在机理模型中固定裂缝导流能力模拟不同裂缝半长的产油量，最终得到最优裂缝半长；固定裂缝半长，模拟不同导流能力下的产油量，最终得到最优导流能力。用数值模拟法优化出的裂缝半长为180m，导流能力为20D · cm。

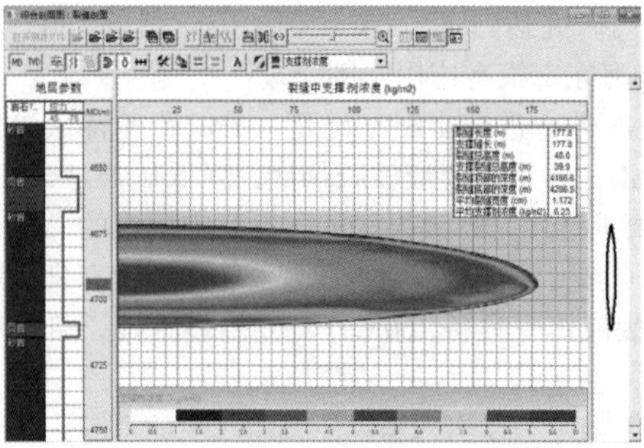

图 1 第一层压裂裂缝模拟图

利用压裂模拟软件 Fracpro 模拟不同加砂规模下压裂裂缝形态，根据得到的最优裂缝参数，确定各层加砂工艺参数。根据裂缝参数优选，设计第一层加砂 45m^3。其裂缝模拟示意如图 1 所示。

3.2 压裂管柱优选

目前常用的分层压裂管柱一般有桥塞式、可回收封隔器式、永久封隔器式等几种。考虑作业时效问题，桥塞式未做考虑。因本井上部 $9\frac{5}{8}$in 套管已经射开浅层生产，7in 套管射孔计划射开 5 层，对其中 3 层进行压裂作业，需要下入 4 个封隔器实现有效封隔。

本井采用 $4\frac{1}{2}$in12.6ppf P110 油管、$5\frac{1}{2}$in/4in 钻杆作为压裂管柱使用。压裂管柱分 2 趟下入。第一趟为下部分层压裂管柱，第二趟为回接插入压裂管柱。分段压裂管柱为：剪切球座+分层封隔器+投球滑套+分层封隔器+投球滑套+分层封隔器+投球滑套+悬挂封隔器+坐封工具+钻杆。第二趟为回接插入压裂管柱：插入锚定密封+变扣+4in 钻杆+$5\frac{1}{2}$in DSHT50 钻杆，如图 2 所示。

相比于可回收封隔器，本井选用永久封隔器压裂管柱能有效避免多封隔器可能带来的砂卡、砂埋管柱等风险，同时减少了起下管柱次数，提高作业时效：既实现了多层分压，也有效降低了作业过程中封隔器意外解封、压后管柱砂卡等风险。不利的是因预置压裂管柱的存在，导致井筒有缩径，不便于后期再开展其他措施。

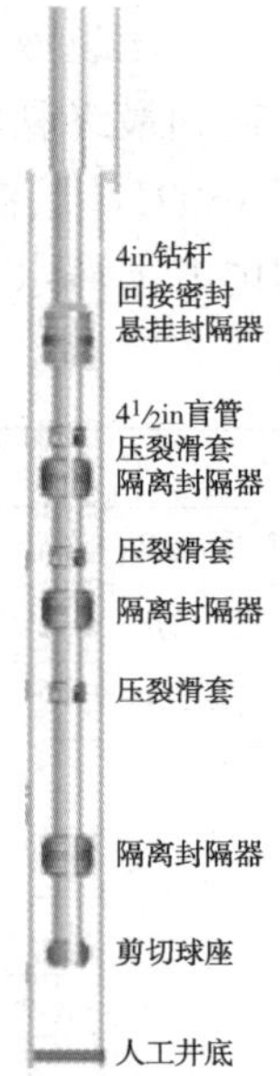

图 2 分压管柱示意图

4 分层压裂连续施工技术

X 井所在平台泥浆池空间不足 400m³，一次性配置的压裂液不足以满足一层的压裂施工，更无实现分层压裂，采用连续配液工艺可以即配即用，节省配液时间和储存空间。连续配液工艺流程首先用泵将海水抽提至平台，经过过滤等工序，海水直接连接连续配液设备的进口，用于配制压裂液；压裂液干粉直接供给连接连续配液设备与水混合，在设备出口处已经是指标合格的压裂液基液，经过缓冲罐就可以开展压裂施工[7~9]。

在连续混配压裂液情况下，加砂量成为制约压裂规模提高的最大因素，受限于平台甲板面积及平台承重，此次压裂设备包含 4 台压裂泵、1 台混砂撬、1 套连续混配、1 台数采撬、2 个砂罐、4 个缓冲罐。本井两个砂罐可装砂量 40m³。作业过程中，通过平台吊车的持续补加砂作业，单层加砂规模可提高到 55~60m³。

分层压裂施工步骤主要包括：施工准备工作，管线试压及小压测试，第一层压裂施工，第二层压裂施工准备工作，第二层压裂施工，第三层压裂施工准备工作，第三层压裂施工，压后返排作业六个步骤。本次从设备摆放策略、压裂井口优化、多通道流程一次性试压、在线混配海水基压裂液、高效在线投球等五方面进行优化，预计提高段间时效，将分层压裂施工时间压缩近一半，整体压裂流程示意图如图 3 所示。

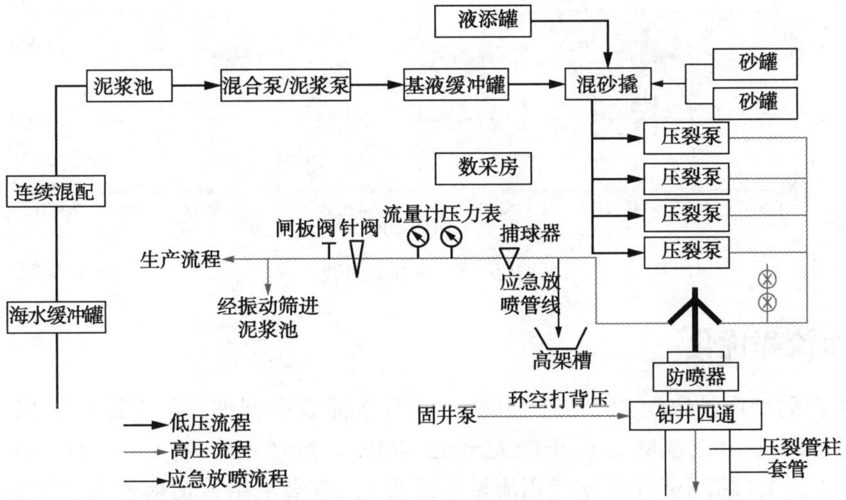

图 3 压裂流程示意图

5 分层压裂现场作业

小型压裂测试最大施工排量 4.01m³/min，最大施工压力 63.45MPa，累计泵入液量 38.89m³。地面地层破裂压力为 38.53MPa@0.49m³/min，折合地层破裂压力梯度为 0.0192MPa/m，停泵测压降，瞬时停泵压力 35.50MPa，120min 压力降至 23.13MPa，压力降低比较缓慢，采用 G 函数、双对数及平方根函数分析得到地面裂缝闭合压力为 26.49MPa，闭合应力梯度为 0.0161MPa/m（图 4）。

本井三层压裂作业在 22h 内顺利完成。三层主要施工参数为：第一层施工排量 3.0~3.5~3.8~4.2m³/min，施工最高压力 68.5MPa，最高砂比 35%，总加砂量 45.2m³，砂液量

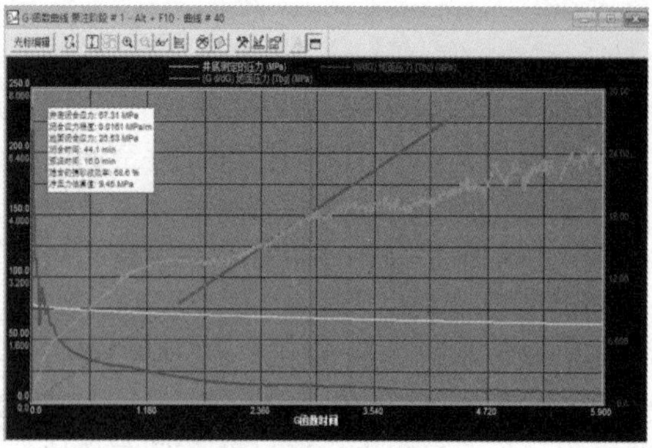

图 4　小压测试-G 函数

518.7m³。第二层施工排量 3.0～3.5～4.3m³/min，施工最高压力 49.9MPa，最高砂比 35%，总加砂量 50.2m³，砂液量 510.3m³。第三层施工排量 3.0～3.5～4.1m³/min，施工最高压力 52.5MPa，最高砂比 35%，总加砂量 38.2m³，砂液量 392.4m³。三层压裂施工曲线如图 5 所示。

本井压裂后关井 2h 进行返排，自喷返排 153.5h，返排 593.8m³ 液，返排率 42.8%。返排 76.5h、排出 243.7m³ 液时见油，含油率 3%；至自喷返排结束，含油率升至 10%。后续下入电泵进行生产返排。

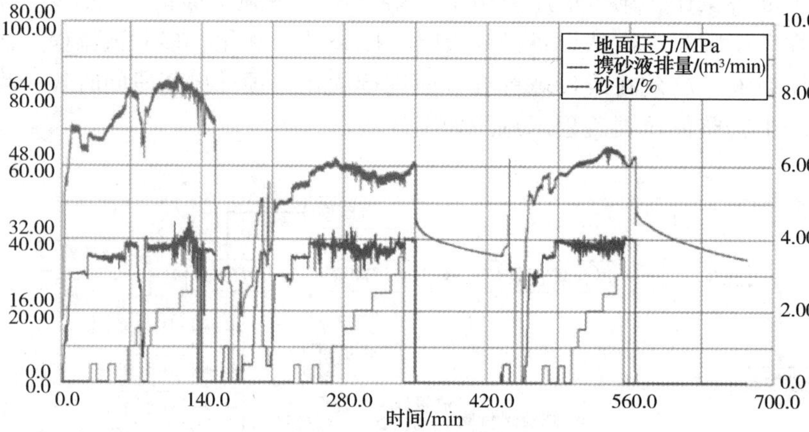

图 5　压裂施工曲线

6　地面流程优化

B14 井压裂后增产油倍比为 2.63，为初产预测指标基本合理。然而随着泵入口压力下降，逐步提频，生产压差由 2.84MPa 逐步增大至 12.4MPa，投产一个月后，气油比高(60m³/m³)，气量 1400m³/d 以上(超测试分离器气相流量计量程)，电潜泵举升适应性差，间歇性出现气量大导致生产过程中出现段塞流，偶尔出现的大段气体会降低油压导致无液体流出、井下热量带不出、马达温度急剧上升的情况，造成电泵关停。为进一步落实产能，增加井下气体分离器及定压放气阀(图 6)，该部件可用于电潜泵井套管压力调节，将套管气通过定压放气阀排入输油(气)管汇，以控制合理的电泵吸入口沉没度，防止潜油电泵发生因气锁现象导致的欠载停泵，以提高泵效及产量；控制套管气的排放量，维持流程压力与流量的安全稳定性，确保外输的顺利实施。通过新增的环空补液功能后生产趋于稳定，生产 6 个月后最新四次测试产液 44m³/d，产油 22m³/d，含水 50%，平均生产压差 18.9MPa，采液指数 *PI* 为 2.4m³/d·MPa。

7　结论

(1) 多级压裂连续作业，利用“海水基压裂液+连续混配”技术，同时通过平台吊车的紧密配合，三层共加砂 133.6m³，入井砂液量 1461.6m³，实现了海上定向井“百方砂、千方液”的加砂规

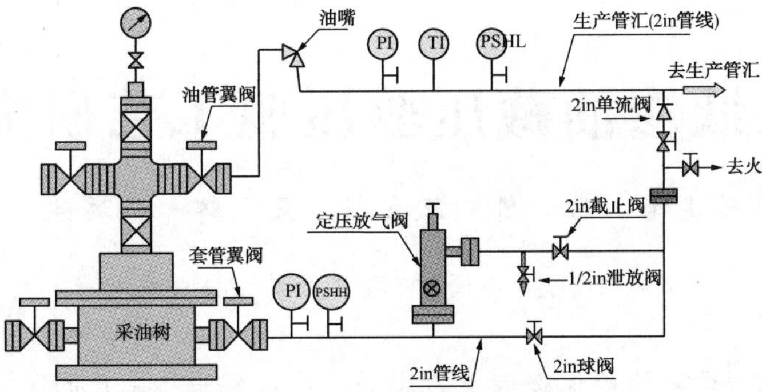

图6　地面流程优化示意图

模，为早日实现海上水平井“千方砂、万方液”加砂规模打下了良好的实践基础。

（2）针对存在已射孔生产层，利用不动分层压裂管柱，既实现了多层分压，也有效降低了作业过程中封隔器意外解封、压后管柱砂卡等风险，为后续类似作业提供很好的借鉴意义。

（3）对于超低渗储层压裂生产后，间歇性出现气量大导致电潜泵举升适应性差问题，通过地面改造增加定压放气阀配合井下气体分离器，可有效减少因气锁现象导致的欠载停泵，保证潜油电泵正常运行。

参　考　文　献

[1] 李道品．低渗透砂岩油田开发[M]．北京：石油工业出版社，1997：8-9.

[2] 胡亚斐，李军诗，胡水清，等．动态渗吸对超低渗透油藏开发的影响及应用．特种油气藏．

[3] CHENZhiming, LIAO Xinwei et al. A semi-analytical approach for obtaining type curves of multiple-fractured horizontal wells with secondaryfracturenetworks[J]. SPE Journal, 2016, 21(2): 538-549. doi: 10.2118/178913-PA.

[4] 张自印，韦红术，张俊斌，等．半潜式平台压裂测试技术创新与实践[J]．长江大学学报(自科版)，2015，12(32)：70-74+7.

[5] 郭布民，李小凡，王杏尊，等．高温海水基压裂液研究与开发进展[J]．中国石油和化工标准与质量，2018，38(24)：114-116+118.

[6] 于毅．渤海 SZ36-1 油田低伤害海水基压裂液体系研究[D]．西南石油大学，2016.

[7] 宋爱莉，安琦，胡军，等．海上油田大规模压裂连续配液新工艺研究与应用[J]．石化技术，2018，25(01)：57-58.

[8] 陈紫薇，张胜传，隋向云，等．海上平台井大型压裂工艺技术探索实践[A]．中国石油和石化工程研究会．油气藏改造压裂酸化技术研讨会会刊[C]，2014：4.

[9] 姜玉峰．海上多级压裂提高段间时效技术的研究与应用[J]．中国石油和化工标准与质量，2020，40(09)：251-252.

第一作者简介：刘佳(1991—)，女，四川省，中海石油(中国)有限公司深圳分公司，工程师，主要从事采油工艺相关工作，E-mail：liujia37@cnooc.com.cn，15986672116，深圳南山区中海油大厦。

复杂断块低渗油藏压驱压驱工艺研究与试验

彭建峰　吕　赟　王立新　袁　辉　范远洪

[中海石油(中国)有限公司湛江分公司]

摘　要　南海西部油田低渗储量占比高，是未来油气上产的“主战场”。由于物性差、部分区块注采连通性差、能量补充慢，导致开发效果差。通过广泛调研和多次论证，创新提出“压裂+驱油”的解决思路，在涠洲W油田X1井先导试验成功，施工规模创造海上作业纪录。压驱后产液128m^3/d，产油122m^3/d，日增油近百立方米，海油首次采用“压裂+驱油”的方式解决低渗、无注水补充区块衰竭开发问题，创造海上低渗开发新模式，应用前景好，具有较高的推广价值。

关键词　低渗　压驱　能量补充　先导试验

随着油田进入开发中后期阶段，产量递减越来越快，稳产面临巨大挑战。南海西部低渗油藏储量占比高，目前采出程度低，具有较大增产潜力，是未来油气上产的“主战场”。W油田是中国海油首个陆相整装低渗油田，属于复杂断块、薄互层、低渗储层。由于注采井距大、储层物性差，部分注水受效性差，断层边部井属于近衰竭式开采，无能量补充等原因，油田平均单井产能低，采油速度逐年递减，多口井无法连续稳定生产，稳产上产举步维艰。如何保持地层能量、把锁在储层深部的油释放出来，成为该油田高效开发的关键。通过广泛调研和多次论证，创新提出“压裂+驱油”的解决思路，以期为此类油田高效开发提供新的技术思路[1~3]。

1　油田特征与开发问题

1.1　储层物性差

W油田位于南海北部湾盆地涠西南凹陷东南斜坡上，受长期继承性断裂活动形成复杂断块油田，平面上分为南块、北块、中块、西一块、西二块和西三块。南块各油组油层测井解释平均孔隙度14.3%~24.0%，平均渗透率1.4~476.1mD，主要中孔、中~低储层。北块各油组油层测井解释平均孔隙度9.7%~17.8%，平均渗透率0.2~16.4mD，主要为低孔、低渗~特低渗储层。中块各油组油层测井解释平均孔隙度14.0%~21.9%，平均渗透率1.1~95.4mD，主要为中孔、低渗储层，局部为中孔、中渗储层。西一块各油组油层测井解释平均孔隙度14.3%~22.2%，平均渗透率1.3~165.5mD，主要为中孔、低渗储层，局部为中孔、中渗储层。西二块各油组油层测井解释平均孔隙度15.8%~19.7%，平均渗透率2.8~36.3mD，主要为中孔、低渗储层。西三块各油组油层测井解释平均孔隙度16.6%~20.5%，平均渗透率6.2~52.5mD，主要为中孔、低渗储层。

1.2　薄互层、非均质性强

纵向上由于稳定泥岩的分隔形成多套相互独立储层，平面上由于断层的分隔作用，形成彼此互相独立的断块。小层厚度薄(1~5m)，渗透率极差大(15~80)，储层非均质性强。

1.3 注采井距大、井间连通性差，注水不受效

由于断层、构造沉积、砂体展布等导致注采井间连通关系复杂，小层砂体静态连通率为0.2~0.9。注采井距达500~700m，导致注水基本不受效，地层整体压力保持水平低，能量补充不足，近似衰竭开发。

2 技术思路提出

压裂技术是低渗油藏提高产能的有效手段，但地层增产改造的同时需要有足够的能量补充。W油田目前井网下压裂后无法有效注水补充能量，加密井网改善注采关系无经济效益，因此创新提出了自注自采的增产改造思路。压裂驱油工艺是以“驱油+压裂”相结合的手段，以驱油液补充地层能量、提高孔隙压力、沟通微裂缝、渗析驱替剩余油，以加砂压裂造高导流支撑裂缝，起到强化压裂效果、提高低渗产能。一次施工将大量驱油液快速注入地层，压后焖井、洗油、弹性返排，形成自注自采的驱替模式[4]。渗吸置换过程即压驱时较高的施工压力将使孔喉喉道水膜变薄，在驱动压力和毛管力双重作用下，驱油液进入基质排油，即动态渗吸，实现基质内油水置换[5]。

3 方案研究与设计

3.1 先导试验选井原则

(1) 具备一定储量基础，开采程度不高；

(2) 储层连通性相对较差，注采受效性差；

(3) 地层压力系数低，相比初期产量递减大，亟须能量补充；

(4) 固井质量好，具备工程施工条件；

(5) 泥岩隔层发育且较稳定，适合分段改造。

3.2 驱油压裂液优选评价

3.2.1 驱油剂优选(表1)

依据储层岩性、物性特征及五敏试验分析结果，结合海上压裂施工工艺特点，优选与储层配伍性良好、驱油效率高的压驱液体系[6]。

优选自渗吸驱油剂，具有超低界面张力特性，界面张力<0.01mN/m，采用平台纳滤海水实验界面张力为0.0021mN/m，在水驱基础上驱油效率提高14.33%。

表1 优选驱油剂的界面张力测试结果

油样	驱油剂	界面张力/(mN/m)
原油	SLD 自渗吸(0.3%)	0.0025947
	小分子渗吸剂(0.3%)	0.0556367
	SN 驱油剂(0.3%)	0.0509778

3.2.2 海水基压裂液评价(表2)

表2 海水基压裂液性能评价结果

性能指标	技术要求	纳滤海水瓜胶压裂液(140℃)
基液黏度/mPa·s	30~100	53.1
交联时间/s	60~300	180s(初步起黏时间35s)

续表

性能指标	技术要求	纳滤海水瓜胶压裂液(140℃)
抗剪切性能/mPa·s	≥50	142(130℃), 87.1(150℃)
滤失系数/($m/min^{1/2}$)	≤10×10-4	8.65
破胶性能/mPa·s	≤5	2.7
表面张力/(mN/m)	≤28	25.92
残渣含量/(mg/L)	≤600	283
防膨率/%	≥85	91.8
天然岩心伤害率/%	≤30	26.3
配伍性	良好	良好

X1 井 L_2 Ⅱa、L_2 Ⅱb、L_2 Ⅱc 层属于中低孔、低渗透储层。平均孔隙度 14.2%，平均渗透率 23.7mD。储层泥质含量 3.3%~11.2%，储层温度 110~120℃。压裂液优选时重点考虑液体固相含量对储层的伤害、耐温耐剪切能力等问题[7]。

优选纳滤海水基瓜胶压裂液体系：0.45%抗盐 HPG+0.1%杀菌剂+0.5%黏土稳定剂+0.3%助排剂+0.3%破乳剂+0.1%离子稳定剂+0.3%耐温增强剂+0.4%交联剂。

3.3 压驱规模设计

3.3.1 压驱液量设计

根据本区块地质数据、驱油液相渗曲线等室内实验数据建立 X1 井压裂渗吸裂缝—基质数值模拟模型，模拟不同注入规模下的储层压力恢复程度和压驱液波及范围。

根据模拟，注入压驱液量越大，波及体积越大，达到稳定波及体积所需时间越长，地层压力恢复值越高(图 1)。当注入压驱液 12000m^3时，压驱液形成的动态裂缝接近且不超过压裂所造的人工支撑裂缝长度。综合考虑海上作业平台施工能力，确定压驱注入总液量 12000m^3。

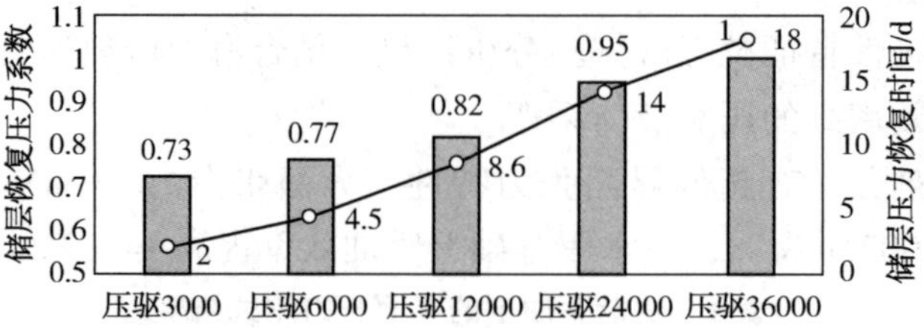

图 1　不同压驱方案的储层压力恢复系数和恢复时间

3.3.2 压裂裂缝参数设计

采用全三维压裂模拟软件 Meyer 模拟不同缝长和不同导流能力对产量的影响，确定最佳裂缝半长、最佳裂缝导流能力[8]。以实现最大累产油为目标，模拟不同裂缝半长、不同导流能力的产量变化规律，优化设计半缝长±90m、导流能力 250~270mD·m。

3.4 管柱设计

压裂压驱注入管柱设计采用 4½in 油管+封隔器笼统注入压驱液增能+暂堵转向压裂实现均匀造缝。针对储层纵向油层的物性、地应力差异和射孔条件，通过两次投加复合暂堵剂(13mm 暂堵球+1~3mm 颗粒暂堵剂)，实现不同射孔段裂缝的开启和延伸，可达到纵向小层均匀改造的目的[9]。

4 现场施工

4.1 压前测试分析

采用压驱液进行压前测试，累计测试液量 88m³，排量 0~7m³/min，地面施工压力最高 24.24MPa。停泵后 1h 压降曲线显示，井口压力从 13.41MPa 降至 0.13MPa，表明地层亏空较严重。

4.2 压驱施工

12000m³ 压驱液分 7 次段塞注入，压降曲线降幅明显减缓。从停泵 1h 后的压降曲线分析得出，注入大量压驱液使地层孔隙压力逐渐提高，停泵压力从第一段的 6.03MPa 升到第七段的 12.85MPa，增加 6.82MPa。折算地层压力系数较压驱前增加 0.12，补能效果显著。

4.3 压裂施工

分 3 级共计加砂 171.4m³，压裂液 1266m³，有效建立油井高速通道。第一级压裂累计注入液 469.4m³，62.1m³ 陶粒；第二级累计注入液 466.4m³，58.4m³ 陶粒；第三级累计注入液 330.8m³，50.9m³ 陶粒。

5 措施效果与经济效益

X1 井措施前产液 27m³/d，产油 24m³/d，含水 11%，产能仅 4.4m³/(d·MPa)。

X1 井措施后最高产液 128m³/d，产油 122m³/d，含水 5%，产能 29.92m³/(d·MPa)。

压驱后与压驱前相比，日产液增加 121m³/d，日产油增加 98m³/d，产液指数由 4.4m³/(d·MPa)提升至 29.92m³/(d·MPa)，增油效果显著；地层压力系数由 0.78 升至 0.89，补能效果显著(图 2)。截至目前，已连续稳定生产 11 个月，累积增油量 3.3 万立方米，各项指标均超过了油藏预期指标。

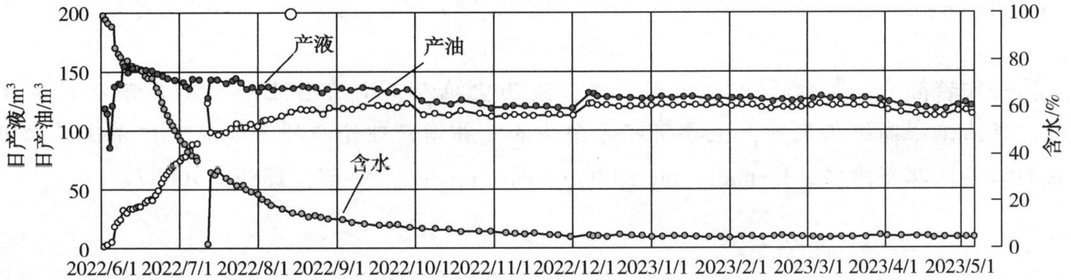

图 2 X1 井压驱后生产曲线

按照目前国际油价计算，稳定生产一个月即可收回本井压裂压驱作业成本，经济效益良好。南海西部低渗油藏、断块油田或能量补充不足区块储量丰富，增产潜力大，开展此项工艺推广应用前景良好。

6 结论

（1）压裂驱油就是以“驱油+压裂”相结合的手段，以驱油液补充地层能量、提高孔隙压力、沟通微裂缝、渗析驱替剩余油，以加砂压裂造高导流支撑裂缝，起到强化压裂效果、提高低渗产能。

（2）压驱技术适用于具备一定储量基础、采出程度不高、单井产能低且储层连通性相对较差、需要能量补充的中低渗储层。

(3) 压驱技术补能增油效果显著，海油首次大规模压驱试验成功，为低渗透油藏产能释放开辟了新的途径，应用前景好，具有较高的推广价值。

(4) 海上压驱规模设计方面经验欠缺，有待进一步提升。需充分结合储层物性、井网条件、采出程度、砂体展布、注采关系等因素优化压驱规模。

参 考 文 献

[1] 胡若菡，赵金州，蒲谢洋，等．致密油藏缝网压裂模式的渗透率界限[J]．大庆石油地质与开发，2015，34(5)：166-169.

[2] 蔡文斌，李兆敏，张霞林，等．低渗透油藏水平井压裂理论及现场工艺探讨[J]．石油勘探与开发，2009，36(1)：80-85.

[3] 陶建文，宋考平，何金钢，等．低渗透油藏超前注水效果影响因素实验[J]．大庆石油地质与开发，2015，26(3)：156-160.

[4] 张文，王禄春，郭玮琪，等．特高含水期水驱油井压裂潜力研究[J]．岩性油气藏，2012，24(4)：118-123.

[5] 何金钢，王洪卫．三类油层压裂驱油技术设计与效果研究[J]．西南石油大学学报(自然科学版)，2018，40(5)：95-104.

[6] 杨勇，胡罡，田选华．水驱油藏剩余油再富集成藏机理[J]．油气地质与采收率，2015，22(4)：79-86.

[7] 军涛，王锰，吴金桥．一种新型纳米渗吸剂合成与压驱工艺研究[J]．应用化工，2021，50(05)：1239-1244.

[8] 李扬成，汪玉梅，杨光．论压裂驱油技术在大庆油田的应用[J]．中国石油和化工标准与质量，2017，37(23)：163-164.

[9] 王静，蒋明，向洪，等．鄯善油田三类油层压驱新工艺的研究与应用[J]．石油工业技术监督，2020，36(12)：6-9.

第一作者简介：彭建峰，1985 年，男，陕西宝鸡人，中海石油(中国)有限公司湛江分公司，采油工程高级工程师，主要研究方向为油气井增产理论与技术研究，广东省湛江市坡头区南油二区北部湾楼，E-mail：pengjf2@ cnooc. com. cn，电话：13828296087。

溱潼凹陷页岩油高效压裂关键技术与实践

张　建　熊　炜　雷　林

（中石化华东油气分公司石油工程技术研究院）

摘　要　苏北盆地溱潼凹陷页岩油具有“厚度大、埋深大、天然裂缝发育、矿物均”的地质特点，区块前期改造经验，页岩层理发育，施工压力波动大造成缝网不稳定、裂缝形态复杂，抑制人工裂缝缝高、缝长扩展，成为溱潼页岩油高效改造的主要制约因素。对比了页岩油地质特征的差异，从地质-开发-工程一体化研究与实施的角度出发，开展针对性压裂工艺技术研究，形成“规模注液蓄能量、多簇限流保均衡、变排控滤促长缝、组合粒径强加砂”为主的压裂关键技术，促进裂缝均衡进液缝长有序延伸，提升远井裂缝支撑以及长效导流能力。生产效果表明，高效压裂关键技术体系对溱潼凹陷页岩油藏适应性明显提升，低返排率下的快速见油，生产初期含油率升高，为页岩油后期的规模建产提供技术支撑。

关键词　溱潼　页岩油　高效压裂　缝网

页岩油作为一种重要的非常规油气资源，我国陆相盆地发育多套富有机质页岩，具有丰富的资源基础。伴随水平井钻完井及分段压裂工艺技术的进步，北美海相页岩油逐步发展形成了采用“密切割+簇间复杂缝网+强加砂+可钻/可溶桥塞分段”压裂工艺技术，加强地质工程一体化的精细化改造，产能大幅提高，实现了页岩油规模效益开发[1,2]。与北美海相页岩油相比，国内页岩油多为陆相页岩油，具有纵向非均质性强、平面分布连续性差、有机质含量低、泥质含量高、脆性低、压力系数低等特点[3~7]。借鉴国外页岩油工艺参数，国内在柴达木、济阳坳陷、鄂尔多斯等多个盆地根据储层特征进行具体参数设计，规模应用可溶桥塞分段压裂技术，实施水平井密切割强加砂的方式，从而形成不同盆地的技术开发体系，相继取得了页岩油突破[6~10]。

溱潼凹陷构造上位于苏北盆地东台坳陷，阜二段页岩油有利区面积162km^2，资源量2.25亿吨，其中复杂构造区位于东西两翼，面积82km^2，资源量9060万吨，占比40.2%；储层埋藏较深（4060~4263m），施工压力高（80~110MPa），岩性复杂（以富有机质纹层状/层状灰云质泥岩为主，局部发育含有机质层状灰云质泥岩），层理缝发育（岩心观察纹层为500~1300条/m），液体效率低，泊松比高，裂缝延伸困难，加砂难度大。针对层理缝发育以及纵向应力非均质性影响造成加砂困难，开展高效压裂技术研究形成了提升改造效果的针对性措施，为华东油气田页岩油示范区建设提供了技术支撑。

1　储层地质特征及压裂难点

1.1　储层地质特征

苏北盆地为断坳型陆相湖盆，阜二段为广盆湖相沉积，既是常规油藏的主力烃源层系，也是页岩油勘探开发主要层系。溱潼凹陷为沉积中心，纵向上非均质性较强，下部泥页岩纹层较发育。根据沉积旋回、岩性组合、电性特征，自下而上划分为五个亚段。

1.1.1 储层物性

溱潼凹陷阜二段岩相类型以层状、纹层状云灰质泥岩、含灰泥岩为主，厚度为250~450m。自下而上Ⅰ-Ⅲ亚段储层物性较好，层理发育，Ⅳ-Ⅴ亚段发育块状泥岩。成熟度为0.9%~1.2%，有机碳含量为0.5%~2.53%，平均为1.10%，游离烃含量为0.73~1.59mg/g，平均为1.16mg/g。实测孔隙度为2.15%~7.13%，平均为4.2%，渗透率为0.005~2.89mD，平均0.082mD。

1.1.2 原油品质及压力系数

溱潼凹陷阜二段页岩原油密度为0.83~0.89g/cm^3，地面原油黏度为16.2~56.5mPa·s，气油比41~72m^3/t。原油比重较轻、黏度较小，原油品质较好。根据静压测试及地震资料预测压力系数，溱潼凹陷压力系数为1.2~1.4，属于异常高压。

1.1.3 储集空间

阜二段储集空间主要为层理缝和微裂缝、其次为基质孔隙，储层类型为孔隙-裂缝型。水平层理缝发育，主要为水平及高角度构造缝，裂缝沟通页岩中的微孔隙和层理缝。纹层发育段水平渗透率是垂直渗透率的3.9~990倍，造成裂缝形态复杂，抑制人工裂缝缝高、缝长扩展，成为溱潼页岩油高效改造的主要制约因素。

1.1.4 矿物组分

溱页1井系统取心全岩矿物分析表明，纵向脆性矿物含量存在差异，自下而上呈规律变化，Ⅰ~Ⅲ亚段脆性矿物含量高，平均67.6%，主要为石英、长石、方解石、白云石。Ⅳ亚段钙质矿物以方解石为主，Ⅴ亚段黏土矿物含量最大，钙质矿物最低；整体硅质矿物纵向上变化不大，具备较好的可压性。

1.2 岩石力学及地应力特征

1.2.1 岩石力学参数

岩石力学测试表明，阜二段岩心泊松比为0.26~0.28，平均0.271；杨氏模量为31.91~42.78GPa，平均37.88GPa，具有较高杨氏模量、较小泊松比。根据Rickman公式计算力学脆性指数为52.72%~63.60%，平均脆性指数为58.2%，相对较高易形成复杂缝网。

1.2.2 地应力

在张性构造应力的背景下，地应力适中，最小水平主应力为54~77MPa，平均67.1MPa，最大水平主应力58~82MPa，平均72.4MPa；两向应力差异系数0.08利于压裂改造。

2 高效压裂关键技术研究

溱潼凹陷页岩油储层埋藏3500~4600m，与国内胜利、长庆等页岩油对比，具有埋深大、丰度低，中低脆性指数、应力差异系数小的特点，压裂易形成复杂缝网，造成加砂困难[11,12]。开展压裂工艺研究，优化压裂规模、射孔参数、加砂工艺等，初步形成一套适用的高效压裂关键技术。

2.1 分段压裂工艺选择

采用Φ139.7mm套管完井，采用成熟可靠的电缆泵送可溶桥塞射孔分段压裂工艺，满足页岩油大液量大排量施工、压后无须钻磨、井筒全通径等优势。水平井首段采用连油射孔，其余段电缆泵送桥塞联作射孔；定向井均采用电缆泵送桥塞联作射孔。

2.2 体积缝网压裂工艺

基于溱潼凹陷张性构造应力背景、伊蒙混层含量高、层理缝发育的特点，采用大液量扩大改造体积、大排量沟通天然裂缝、低黏滑溜水增加裂缝复杂程度，配套限流射孔保障均衡起裂、前置酸降低破裂压力等对策，形成了以“规模注液蓄能量+多簇限流保均衡+变排控滤促长缝+组合粒径强加砂”为主的压裂工艺技术体系，配套全电泵压裂装备连续作业，实现造长缝。

2.2.1 规模注液蓄能量

大规模注入压裂驱油一体化压裂液，降低油水界面张力，改善渗透性，利于润湿相快速渗吸，促进页岩缝网大量吸水增能，替出孔缝原油，实现渗吸置换+增能保压，提高压后弹性产率，提高原油采收率。利用压裂 Meyer 软件模拟不同规模的施工用量，输入相关地层参数，进行人工裂缝模拟(图 1)，优化施工规模[13,14]。

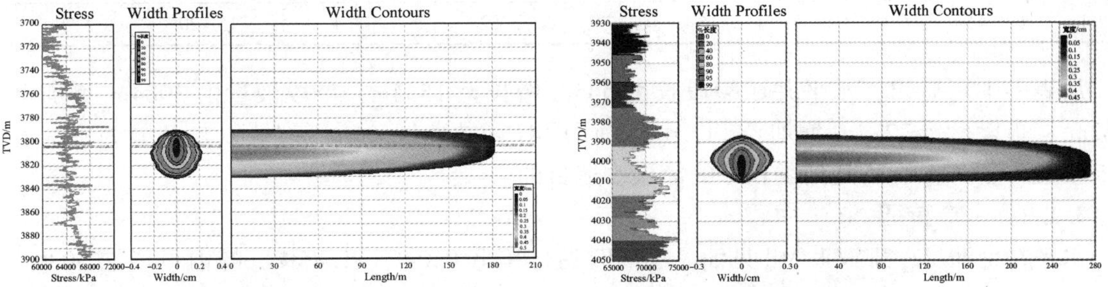

(a)水平井规模5000m³+150m³ (b)定向井规模1200m³+500m³

图 1 不同井型的压裂裂缝模拟

2.2.2 多簇限流保均衡

压裂技术向精细改造发展，采用限流阶梯式射孔技术，利用排量建立高节流压差。当射孔摩阻大于段内应力差时，各簇可均衡起裂和进液，实现多缝开启与扩展，提高缝控面积。水平井同一层系储层相对均质，裂缝间的竞争效应不明显，单段以 5~6 簇为主；定型井纵向储层非均质性较强，簇数多会使裂缝扩展均衡性较差，单段以 3~4 簇为主，实现层系间充分动用。

2.2.3 变排控滤促长缝

溱潼凹陷页岩油层理发育，裂缝纵向上穿层难度大。增加施工排量，缝内净压力增大，获得更高的穿透缝。对比不同排量下的静压力与应力差，优化施工排量 16~18m³/min。溱潼凹陷应力差异系数小为 0.08，采用稳压控缝技术，减小施工压力波动幅度，避免裂缝过度复杂，促使缝长有效延伸。

2.2.4 组合粒径强加砂

随着埋深加深，地应力及最小水平主应力增大，同时层理缝发育，滤失量大，裂缝缝宽较小。因此，采用 100/200+70/140+40/70 目支撑剂组合加砂与液体携砂性相匹配，采用低砂比连续加砂的方式，实现支撑剂远输送及裂缝多尺度支撑，保证裂缝立体支撑效果。适度提高改造强度，增强裂缝导流能力，水平井加砂强度为 2.7~4.0t/m，定向井加砂强度为 10.8~12t/m。

3 矿场实践

溱潼凹陷阜二段页岩油根据平面分区、纵向分层，采用不同井型探索不同构造位置、不同小层含油性，在深凹带中部构造稳定区实施水平井，构造复杂区实施定向井，应用页岩油高效压裂技术体系，均取得良好效果。

3.1 水平井压裂

3.1.1 压裂情况

水平井采用不同段长评价不同层系页岩油勘探潜力，采用“中短分段+多簇限流射孔+变黏液体+规模注液+三级粒径支撑”工艺技术思路。

表1 水平井压裂施工参数表

井名	压裂层系	压裂段长/m	段数	单段簇数	单段长/m	单段液量/m^3	单段砂量/m^3	施工排量/(m^3/min)	复杂缝占比/%
SD1X	Ⅰ(5~7)	535	7	4~5	56~88	3984	72.4	7~14	57
QY1HF	Ⅰ(4~5)	1084	16	5~6	62~76	4042	101.3	10~18	69
QY2HF	Ⅱ(2~4)	1534	22	5~6	63~79	5062	147.4	15~20	73

从表1中可看出，水平井压裂段长由535m增长至1534m，单段液量由3984m^3增加至5062m^3，单段砂量72.4m^3增加至147.4m^3。压后G函数曲线分析压裂缝以复杂缝为主，占比57%提升至73%，均达到了较好的储层改造目的。

3.1.2 生产特征

水平井见油早，排液1~4d见油。见油时返排率低0.04%~1.86%，峰值日产油50.9~113.1t。初期含水下降速度(1.1~7.3)%/d，24~64d降至稳定，稳定含水值19%~49%。自喷初期指数递减，后期双曲递减，第一年递减率56%~60%，第二年递减率22%~24%，产液量与压力呈线性关系，具有封闭弹性油藏特征。

3.2 定向井压裂

3.2.1 压裂情况

定向井采用分压单采或合采评价各亚段产能及层间干扰情况。采用“大规模注液+少簇限流射孔+高强度加砂”拟水平井造长缝压裂工艺，实现造长缝、远支撑，达到拟水平井开发效果，提升了缝控面积。

表2 定向井压裂施工参数表

井名	层位	压裂段长/m	段数	单段簇数	压裂单段长	单段液量/m^3	单段砂量/m^3	施工排量/(m^3/min)	压裂半缝长/m
L1C	Ⅰ~Ⅴ	421	7	4~5	60~88	34081.4	1016.6	10	512.9
H201X	Ⅰ~Ⅱ	256	4	3~4	57~72	11967.5	482.5	16~18	282

由表2可看出，定向井单层射孔3~4簇，相比水平井单段减少2簇，单段液量增大至11967.5~34081.4m^3，单段砂量增加至482.45~1016.6m^3。H201X井每米注液强度是水平井的2.53倍，加砂强度是水平井的3.68倍，单段改造体积较水平井单段提升43%，压后反演压人造水力裂缝长较水平井提高55%。

3.2.2 生产特征

定向井初期生产特征和水平井相似。排液2~10d见油，见油时返排率0.21%~4.39%，峰值日产油33~79t。含水下降速度(0.4~6.8)%/d，8~71d含水稳定，稳定含水值45%~73%。自喷初期指数递减，折算第一年递减率42%，年递减率小于水平井。

4 结论与建议

（1）溱潼页岩油天然裂缝发育，平面上储层较均质，易形成复杂缝网，规模注液提升改造体积；但液量达到一定规模后，裂缝长度拓展变缓，缝网内部进一步复杂化，裂缝支撑缝长受限。

（2）对比水平井的参数，长水平段井压后初产高，弹性产率高，压力保持水平高；定向井效益较好，单井平衡油价优于水平井，已压裂层段间未见干扰，层段划分存有优化空间。单井产量高低的工程因素排序为水平段长>液量>砂量>簇数。

（3）加强施工规模、排量以及裂缝导流能力优化研究，优化规模参数与平台纵向立体、平面交错部署井网井距相匹配，实现平面与立体上储量充分控制、干扰最小化。

（4）进一步提高压裂工艺针对性，依据井型采用差异化分段射孔工艺，重点提高优质层段的改造效果，形成经济高效压裂关键技术，满足页岩油勘探开发需要，实现50美元平衡油价效益动用。

参考文献

[1] 孙焕泉，蔡勋育，周德华，等．中国石化页岩油勘探实践与展望[J]．中国石油勘探，2019，24(5)：569-575.

[2] 李阳．中国石化致密油藏开发面临的机遇与挑战[J]．石油钻探技术，2015，43(5)：1-6.

[3] 盛湘，张烨．国外页岩油开发技术进展及其启示[J]．石油地质与工程，2015，29(6)：80-83.

[4] 邹才能，潘松圻，荆振华，等．页岩油气革命及影响[J]．石油学报，2020，41(1)：1-12.

[5] 周庆凡，金之钧，杨国丰，等．美国页岩油勘探开发现状与前景展望[J]．石油与天然气地质，2019，40(3)：469-477.

[6] 李庆辉，陈勉，金衍，等．页岩气储层岩石力学特性及脆性评价[J]．石油钻探技术，2012，40(4)：17-22.

[7] 闫林，陈福利，王志平，等．我国页岩油有效开发面临的挑战及关键技术研究[J]．石油钻探技术，2020，48(3)：63-69.

[8] 陈勉，金衍．基于岩心分析的页岩气压裂工艺参数优选[J]．石油钻探技术，2012，40(4)7-12.

[9] 王敏生，光新军，耿黎东．页岩油高效开发钻井完井关键技术及发展方向[J]．石油钻探技术，2019，47(5)：1-10.

[10] 陈作，刘红磊，李英杰，等．国内外页岩油储层改造技术现状及发展建议[J]．石油钻探技术，2021，49(4)：1-7.

[11] 章敬．非常规油藏地质工程一体化效益开发实践—以准噶尔盆地吉木萨尔凹陷芦草沟组页岩油为例[J]．断块油气田，2021，28(2)：151-155.

[12] 王敏生，光新军，耿黎东．页岩油高效开发钻井完井关键技术及发展方向[J]．石油钻探技术，2019，47(5)：1-10.

[13] 程垒明．吉木萨尔凹陷页岩油水平井地质工程一体化三维压裂设计探索[J]．石油地质与工程，2021，35(2)：88-92.

[14] 章敬．非常规油藏地质工程一体化效益开发实践[J]．断块油气田，2021，28(2)：151-155.

第一作者简介：张建(1987—)，男，江苏如皋，中石化华东油气分公司石油工程技术研究院，副研究员，现从事储层改造技术研究工作，江苏省南京市建邺区江东中路375号金融城9号楼，E-mail：zhangjian. hdsj@ sinopec. com，18661209597。

压-驱一体化技术在小断块致密砂岩油藏的研究应用

方立勤　袁玉峰　金智荣　王进涛　殷玉平

（中国石化江苏油田分公司石油工程技术研究院）

摘　要　针对江苏油田小断块致密砂岩油藏常规压裂采出程度低、稳产时间短，无法实现经济有效开发的问题，以区块整体开发效果为目标，开展了变黏滑溜水、暂堵转向、多粒径组合支撑、补能液量优化等研究，对压裂施工参数进行优化，形成了增大压裂井储层改造体积，同时对邻井产生驱油效果的“压-驱一体化”技术。在A断块应用该技术，压裂新井投产均实现自喷，最长自喷时间达98d，A3井持续150d日产油稳定在10t以上，相邻老井A4井日增油持续半年稳定在1t以上，展现出较好的整体开发效果。随后，将该技术在B、C断块推广，也都取得较好成效。现场实践表明，“压-驱一体化技术”可同时实现本井压裂增油和邻井压驱增油，提高区块整体开发效果，为致密油效益开发提供了新思路。

关键词　致密砂岩　压-驱一体化　补能　邻井增油　组合支撑

1　引言

随着低渗、致密油藏逐渐成为勘探开发的主阵地，压裂、注水等措施也成为这类油藏开发必不可少的手段。但是，对于渗透率极低的致密油藏，通过常规压裂对储层进行改造，初期有一定增产效果，随着地层压力的下降，裂缝逐渐闭合，产能下降很快，无法实现长时间增产稳产。同样，由于渗透性极差，注水在此类油藏也存在注不进的情况。

为解决这类致密油藏有效开发的问题，已陆续有油田开展蓄能压裂、体积压裂、压驱注水等技术研究，并取得不错应用效果。长庆油田在安83区页岩油水平井应用大规模蓄能体积压裂技术，压后平均单井产油量由1.2t/d提高至10.2t/d[1]。胜利油田在低渗透区块应用压驱注水技术，通过高压、高速注水，实现短时间内快速补充油藏能量、提高油藏压力，进而提高油井生产压差及产液量、产油量，油井见效率为58%[2]。

江苏油田致密油资源储量丰富，探明未动用储量约有3200×10^4t。前期尝试过小规模瓜胶压裂，但压后增产效果差，稳产时间短。为实现致密油资源的有效开发，技术人员改变思路，以提升区块整体开发效果为目标，针对储层物性差，追求大规模改造形成复杂缝；针对储层压力低，追求本井大液量增能，邻井受效驱油补能，开展了“压-驱一体化”技术研究，实现本井压裂增油、邻井压驱增油，达到区块整体开发效果最大化。

2　体积压裂配套工艺

体积压裂技术目前是致密油的主要开发方式，其目的是通过大规模压裂施工将储层打碎，在地层形成复杂缝网，改善渗流能力，增大原油流动面积，扩大泄油半径。其关键配套技术主要有变黏滑溜水、暂堵转向、多粒径组合支撑等。

2.1 变黏滑溜水

为满足大规模压裂施工需求，达到造复杂缝网的目标，通过开展室内研究，形成了一种可在线混配、随时变黏的滑溜水压裂液体系，如图 1 所示。该体系配方为：0.07%～0.2%减阻剂+0.1%防膨剂+0.1%助排剂。初期造缝阶段，采用低黏滑溜水，减阻剂浓度在 0.07%～0.1%，液体黏度为 6～9mPa·s，通过低黏压裂液与岩石之间的剪切滑移作用产生剪切型裂缝，增加改造带长，扩大改造体积。在中后期携砂阶段，采用中高黏滑溜水，减阻剂浓度在 0.15%～0.2%，液体黏度为 12～18mPa·s，提升压裂液的携砂性，延伸支撑剂充填距离，扩大有效缝控体积。

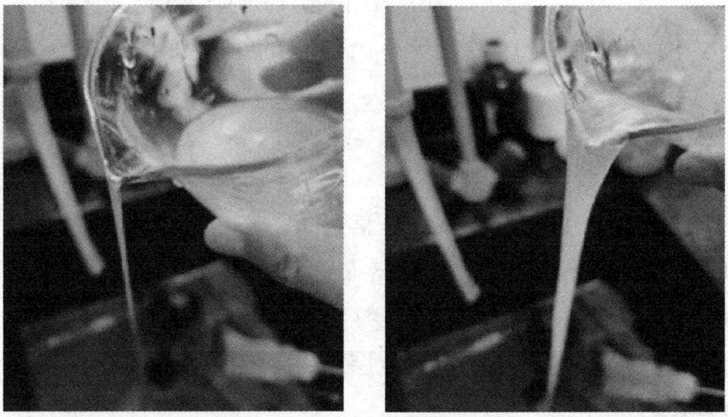

图 1　低黏滑溜水(左)和中黏滑溜水(右)

2.2 暂堵转向

暂堵转向工艺的技术原理是通过投放暂堵剂，在已产生的裂缝中形成高强度滤饼桥堵，堵住优势进液通道，增加主裂缝内净压力，迫使裂缝转向，在高应力区开启新的裂缝[3]。其关键点在于暂堵剂封堵强度和暂堵时机的选择，为此开展室内实验和模拟研究。对不同复配比例的暂堵剂进行封堵率实验，结果如图 2 所示。优选出(0.2～0.9)mm：(2～3)nm 直径复配比例为 2：1 的暂堵剂，封堵率达 91.3%，可承压 8.65MPa。根据数值模拟，当分支缝长度比主缝长度超过 4/5 后，累产油量增长逐渐变缓，如图 3 所示。综合经济考虑，选择分支缝长度比主缝长度为 4/5，即在主加砂 55%左右时开始实施暂堵。

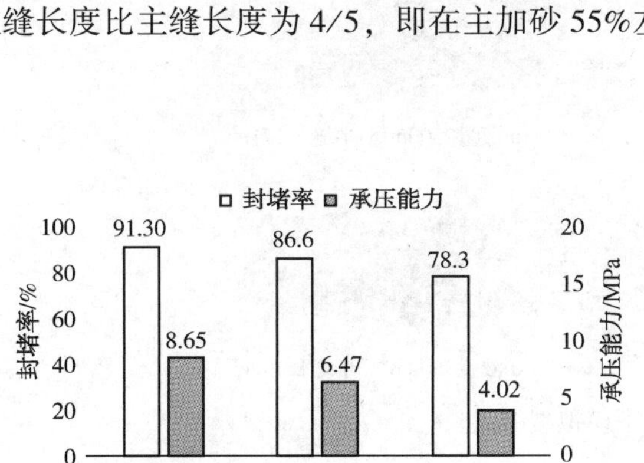

图 2　不同复配比例暂堵剂实验结果

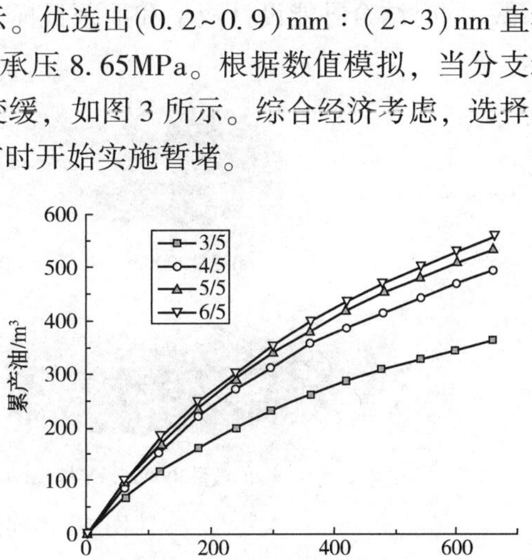

图 3　不同分支缝主缝比累产油模拟结果

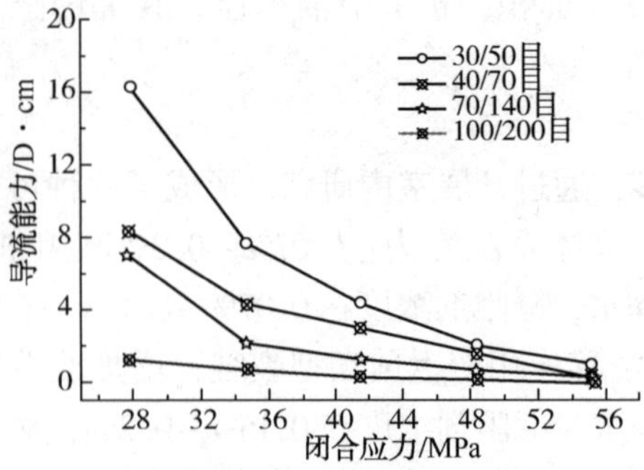

图 4　不同粒径支撑剂导流能力

2.3　多粒径组合支撑

对于致密油藏压裂，支撑剂粒径与压裂缝宽的匹配非常重要。支撑剂粒径既会影响施工压力，也直接影响着最终支撑裂缝的导流能力。为此开展不同粒径支撑剂导流能力实验，实验结果图 4 所示。根据实验结果，综合地质特征考虑，优选 40/70 目作为主体支撑剂，同时考虑在压裂初始阶段带入 70/140 目小粒径支撑剂用于近井筒打磨降滤、支撑微裂缝和分支缝，在最后施工结束阶段适当尾追 30/50 目支撑剂，强化支撑，提高长期导流能力。最终形成 70/140 目∶40/70 目∶30/50 目=1∶5∶4 的组合加砂模式，实现对裂缝的全尺度支撑，扩大有效缝控体积。

3　压–驱一体液量优化

压–驱一体液量设计主要考虑两个方面，一是对于整个区块的补能，二是对于压裂造缝携砂。

根据物质平衡原理，压裂液通过高压设备泵入地层后，会转化为岩石、流体的弹性能储存起来。以将地层压力提升到一定的压力系数为目标，根据式(1)可以对注入液量进行设计[4,5]。对于一个已经生产过的区块，由于地层能量存在一定的亏空，计算出设计液量后还需要再加上采出液体积。

$$V_{设计}=V_{\emptyset}\cdot C_{t}\cdot(P_{设计}-P_{i}) \tag{1}$$

式中，$V_{设计}$为设计液量，m^3；$V_{\emptyset}$为储层孔隙体积，m^3；C_t为综合压缩系数，MPa^{-1}；$P_{设计}$为设计达到的地层压力，MPa；P_i为原始地层压力，MPa。

一般以将地层压力系数提升到 1.1~1.3 为目标，根据式(1)便可计算出区块补能液量。通过 GOHER 软件对裂缝形态进行模拟，不同液量下的裂缝形态如图 5 所示。根据软件模拟结果，同时结合补能设计液量和油藏目标，优化设计单段液量为 3000~3500m^3。

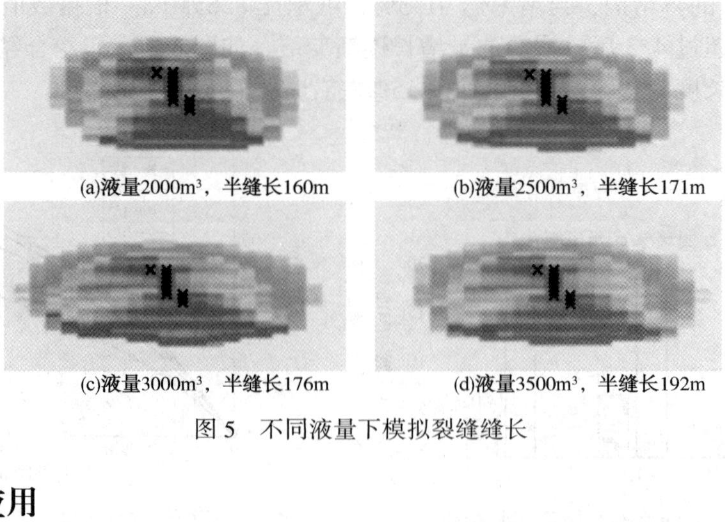

(a)液量2000m³，半缝长160m　(b)液量2500m³，半缝长171m

(c)液量3000m³，半缝长176m　(d)液量3500m³，半缝长192m

图 5　不同液量下模拟裂缝缝长

4　矿场应用

江苏油田 A 断块估算致密油资源储量约 65 万吨，储层埋深 2780~2945m，孔隙度在

3.2%~12.5%，平均10.1%，空气渗透率0.04~2.19mD，平均0.71mD。该断块有2口老井、3口新井，前期对2口老井进行过小规模压裂，但增油效果不佳。此次以井组整体效果为目标，在该断块应用压-驱一体化技术，对3口新井分段进行大规模压裂，单段液量3000~3500m^3，单段砂量100~150m^3，施工排量10~12m^3/min，施工过程中进行1~2次缝内暂堵。

压后先焖井再投产，3口新井均实现自喷，其中A2井自喷时间最长，达98d，A3井持续150d日产油稳定在10t以上，3口新井一年累产油5217t。同时，相邻老井A4井也表现出明显增油效果，产液量由压前的3t/d上升到4.1t/d，产油量由压前的2.4t/d上升到3.3t/d，且效果持续超半年。压-驱一体化技术在A断块取得成功后，陆续在B、C断块推广，也都取得了较好整体开发效果。

5 结论

（1）对于深层致密油藏压裂，增加裂缝复杂度、扩大有效缝控体积、补充地层能量是提升压裂效果的关键。

（2）优选单段液量3000~3500m^3的用液规模，能够满足江苏油田小断块油藏新井压裂补能和邻井驱替受效。

（3）通过压-驱一体化工艺，在A、B、C区块都取得了较好的整体开发效果，为深层致密油效益开发探索了新思路。

参 考 文 献

[1] 李凯凯，安然，岳潘东，等．安83区页岩油水平井大规模蓄能体积压裂技术[J]．石油钻探技术，2021，49(04)：125-129.

[2] 杨勇，王建，卜亚辉，等．胜利油田压驱开发技术实践与认识[J/OL]．油气地质与采收率：1-7[2023-09-22]. http：//kns. cnki. net/kcms/detail/37. 1359. TE. 20230424. 1050. 002. html.

[3] 蔡卓林，赵续荣，南荣丽，等．暂堵转向结合高排量体积重复压裂技术[J]．断块油气田，2020，27(05)：661-665.

[4] 韩超．苏北低渗油藏压驱工艺技术研究[C]//中国石油新疆油田分公司(新疆砾岩油藏实验室)，西安石油大学，陕西省石油学会．2022油气田勘探与开发国际会议论文集．北京：Springer Nature出版社，2022：8.

[5] 郭建春，马莅，卢聪．中国致密油藏压裂驱油技术进展及发展方向[J]．石油学报，2022，43(12)：1788-1797.

第一作者简介：方立勤(1996—)，男，助理工程师，现在江苏油田石油工程技术研究院，主要从事储层改造方面的研究工作，邮箱：fanglq. jsyt@ sinopec. com。

页岩油水平井 CO_2 区域增能体积压裂技术研究与实践

陶　亮[1]　齐　银[1]　薛小佳[1]　武安安[1]　曹宗熊[1]
邓咸安[1]　余兴国[1]　陈　强[1]　张　俊[2]

（1. 中国石油长庆油田分公司油气工艺技术研究院；2. 中国石油长庆油田分公司第十一采油厂）

摘　要　针对鄂尔多斯盆地页岩油低压储层流体流动阻力大和增能效率低等难题，提出了 CO_2 区域增能体积压裂新理念。本文以庆城油田页岩油长 7 为研究对象，建立了考虑 CO_2 相态变化增能驱油油藏数值模型，以能量波及范围和缝控区域波及距离为目标，优化了 CO_2 注入关键参数，形成 CO_2 区域增能体积压裂技术模式。研究表明：前置 CO_2 压裂可提高长 7 页岩油裂缝复杂程度，裂缝沿层理弱面扩展并纵向穿层形成缝网；增能理念由单井段间交替增能向平台化整体注入实现井间、段间协同一体化增能转变，优化增能模式为全井段注入，可实现缝控区域全覆盖，优化单段注入排量 4~5m³/min，液态 CO_2 注入量为 300m³，闷井时间为 5d。在庆城油田开辟页岩油 CO_2 区域增能体积压裂示范平台，试验井井均压力保持程度提高 2.1 倍，单井初期产油量由 15.6t/d 提高至 20.7t/d，展现出较好的提产潜力，研究成果可为其他同类型页岩油藏高效开发提供新思路。

关键词　庆城油田　页岩油　CO_2 区域增能　增能模式　增能效率

0　引言

中国页岩油资源丰富，技术可采资源量为 145×10^8t，是最具有战略性的石油接替资源，成为中国“十四五”原油增储上产的主力军[1,2]，其中鄂尔多斯盆地庆城油田为我国发现的首个 10 亿吨级页岩油大油田[3,4]，经过多年技术攻关，形成了水平井细分切割体积压裂主体技术[5~10]，单井产量大幅度提升。然而随着产建区域扩大，储层地质特征认识逐渐加深，盆地页岩油部分区域存在砂泥薄互层交互、低压、黏度相对较高特征[11~13]，现有体积压裂技术与储层匹配性面临巨大挑战，矿场微地震监测显示裂缝庆城油田页岩油体积改造裂缝总体呈现主裂缝为主、分支缝为辅的条带状缝网形态，形似“仙人掌”[14,15]，同时现有滑溜水增能方式相对较单一，压裂液向多尺度微纳米孔隙扩散难度大，能量波及范围有限[16~19]，导致单井产量下降快、稳产期短，亟须探索提产新方向，进一步提高单井产量。

在国家“十四五”“双碳”目标大背景下，近年 CO_2 因具有黏度低易注入、扩散系数高、溶解性能强、增能效果明显、节约水资源等独特优势，在各大油田广泛应用[20~22]。CO_2 增产机理研究与应用在非常规页岩油气开发领域一直被广泛关注，国内外学者主要采用实验与数值模拟手段聚焦 CO_2 压裂裂缝扩展规律、CO_2 增产影响因素分析、矿场应用 3 个方面的研

基金项目：中石油股份公司重大专项“鄂尔多斯盆地页岩油勘探开发理论与关键技术研究”（2021DJ1806）。

究[23~26]。目前我国陆相页岩油前置 CO_2体积压裂还处于矿场探索试验阶段[27]，CO_2注入工艺、关键施工参数、压后返排制度等方面大多依靠矿场施工能力与经验实施，缺乏相关技术支撑。因此，本文以庆城油田页岩油为研究对象，采用油藏数值模拟方法，评价 CO_2在长 7 页岩油提高地层能量和驱油效率可行性，优化形成适合目标区块前置 CO_2体积压裂高效施工模式，助力 10 亿吨级页岩油庆城油田高效开发。

1　长 7 页岩油地质力学特征

鄂尔多斯盆地晚三叠世发育典型的大型内陆坳陷湖盆，庆城油田位于盆地南部，主要含油层系为延长组，自上而下划分为长 1-长 10 共 10 个含油层组[4,5]，长 7 为最大湖泛期，沉积了一套广覆式富有机质泥页岩与细粒砂质沉积，自生自储、源内成藏，为典型的陆相页岩油[图 1(a)]。长 7 自上而下划分为长 7_1、长 7_2、长 7_3共 3 个亚段，主要以半深湖—深湖亚相沉积为主[图 1(b)]。

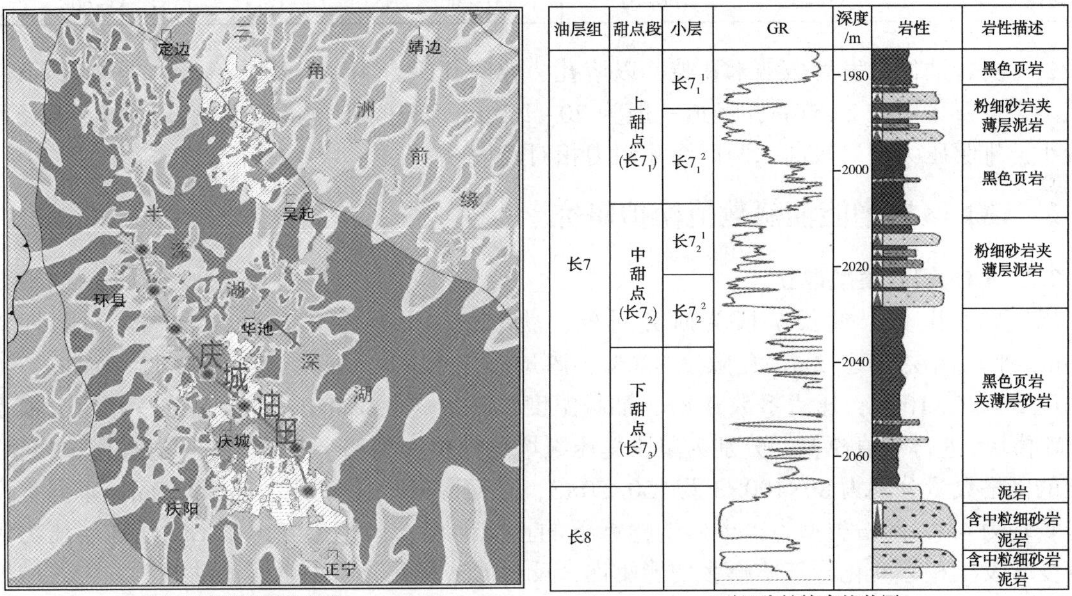

(a)长7沉积相平面分布图　　(b)长7岩性综合柱状图

图 1　鄂尔多斯盆地延长组长 7 沉积相平面分布与岩性综合柱状图

盆地页岩储层埋深 1600~2200m，基质渗透率 0.11~0.14mD，孔隙度 6%~12%，含油饱和度 67.7%~72.4%，压力系数 0.77~0.84。通过对盆地 360 块井下岩心 232 组岩石力学参数测试实验和 80 组地应力测试实验得出，研究区块页岩油样品脆性指数主要介于 35%~45%，平均值为 43.3%，水平应力差主要介于 4~6MPa，平均值为 5.1MPa。对比北美二叠盆地和国内页岩油[27,28]，盆地页岩油具有岩石脆性指数低、水平应力差相对较高、地层压力系数低等特点(表 1)。

表 1　鄂尔多斯盆地页岩油与国内外页岩油特征参数对比表

特征参数	鄂尔多斯盆地	国内			国外
		准噶尔芦草沟组	三塘湖条湖组	松辽白垩系	北美二叠盆地
沉积环境	湖相	湖相	湖相	湖相	浅海相
埋深/m	1600~2200	2700~3900	2000~2800	1700~2200	2134~2895

续表

特征参数	鄂尔多斯盆地	国内			国外
		准噶尔芦草沟组	三塘湖条湖组	松辽白垩系	北美二叠盆地
油层厚度/m	5~15	10~13	5~20	10~30	400~600
孔隙度/%	6~11	8~14.6	8~18	5~18	8~12
渗透率/mD	0.11~0.14	0.01~0.012	0.1~0.5	0.02~0.5	0.01~1.0
含油饱和度/%	67.7~72.4	78~80	55~76.5	48~55	75~88
油气比/(m^3/t)	75~122	18~22	—	—	50~140
原油黏度/mPa·s	1.2~2.4	11.7~21.5	58~83	4.0~8.0	0.15~0.53
压力系数	0.77~0.84	1.2~1.6	0.9	1.1~1.32	1.05~1.5
水平应力差/MPa	4~6	5~9	1~5	3~6	1~3
脆性指数/%	35~45	50~51	31~54	—	45~60

长 7 页岩油储层发育微纳米孔隙，以溶孔、粒间孔组合为主，面孔率低，平均 1.74%，孔隙半径主要集中在 2~8μm，喉道一般为 20~100μm。粒间孔含量相对较低，中值半径相对较小，排驱压力相对较高，两区渗流阻力相对较大。

2 CO_2区域增能油藏数值模拟研究

2.1 CO_2组分模型建立

以庆城油田页岩油长 7 段为研究对象，获取该区块储层地质力学参数，油藏埋深 2000m，平均油层厚度 12m，孔隙度 8.6%，渗透率 0.12mD，原始地层压力 15.80MPa，地温梯度 2.76℃/100m，压力系数 0.81，油藏温度 60℃。采用 CMG 软件的三维三相组分模型（GEM 模块）进行数值模拟，分别为单段缝压裂增能模拟模型和全井段全生产过程模拟模型，模型的网格数量分别为 80×100×3 及 150×50×3，平面网格步长分别为 5m 和 10m，垂向上网格步长均为 4m，网格类型为笛卡尔坐标系下的正交网格，该模型考虑了 CO_2随地层压力和温度变化发生相态变化，气体膨胀增能驱油，反映 CO_2在孔介质中真实流动规律，为区域增能关键参数优化提供基础依据。

2.2 CO_2区域增能参数优化

在 CO_2组分模型建立的基础之上，结合研究区块储层流体、相渗曲线、压裂改造参数、生产动态参数，开展 CO_2增能理念、增能模式、注入排量、注入量等优化，为页岩油储层水平井 CO_2压裂方案设计优化和矿场实践提供依据。

2.2.1 CO_2增能理念优化

基于 CO_2组分基础模型，分别建立页岩油水平井全井段单井和平台多井油藏数值模型，水平段长为 1500m，井距 300m，设计压裂 20 段，单段 3 簇，裂缝簇间距 10m，裂缝段间距 20m，单段 CO_2注入量 300m^3，注入排量 4m^3/min，单井总注入 6000m^3，分别得到地层压力场分布图（图 2、图 3）。数值模拟结果显示，单井平均地层压力由 15.80MPa 提高到 23.4MPa，提升 1.4 倍，平台多井区域平均地层压力由 15.8MPa 提高到 31.5MPa，提升 2.0 倍，由此可见 CO_2可以大幅提高地层能量，解决长 7 页岩油低压能量不足问题，同时 CO_2区域增能可提高平台整体能量，波及范围可实现缝控区域全覆盖，优化增能理念由单井增能向平台化整体注入实现井间、段间协同一体化增能转变。

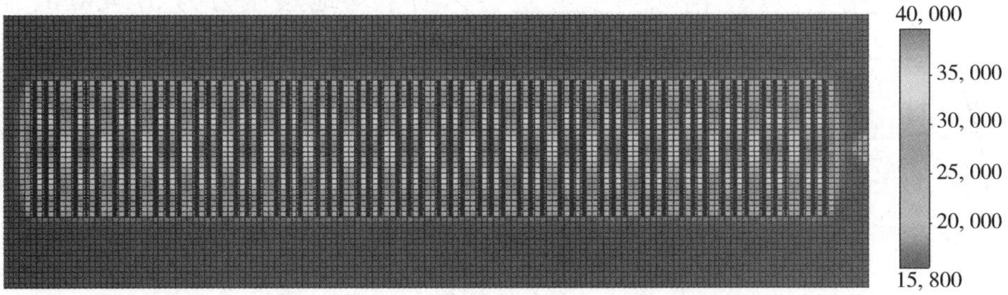

图 2　单井 CO_2注入地层压力分布场图

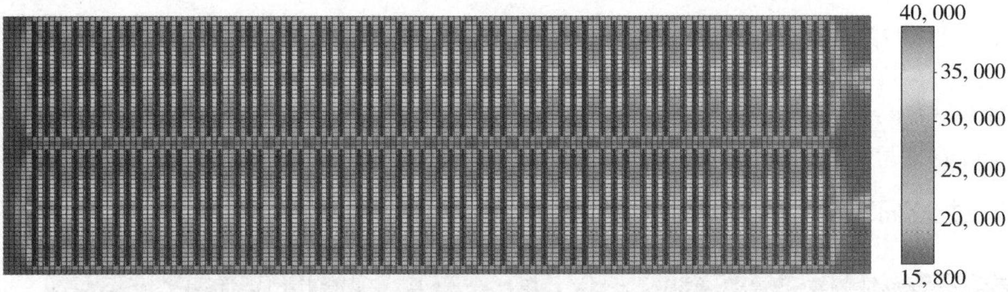

图 3　平台多井区域 CO_2注入地层压力分布场图

2.2.2　CO_2增能模式优化

不同增能模式基础参数设置水平段长为 1500m，井距 300m，设计压裂 20 段，单段 3 簇，裂缝簇间距 10m，裂缝段间距 20m，其中全井段注入模式单段 CO_2注入量 300m^3，注入排量 4m^3/min，单井总注入 6000m^3，段间交替注入模式单段 CO_2注入量 300m^3，注入排量 4m^3/min，单井总注入 3000m^3，得到地层压力场分布图(图 4)。模拟结果显示段间交替注入波及范围 5~10m，对相邻段有一定增能与驱替作用，由于储层致密，多尺度微纳孔隙扩散流动能力相对较弱，段间相邻段未得到有效波及，因此，优化目标区域 CO_2增能模式为全井段注入。

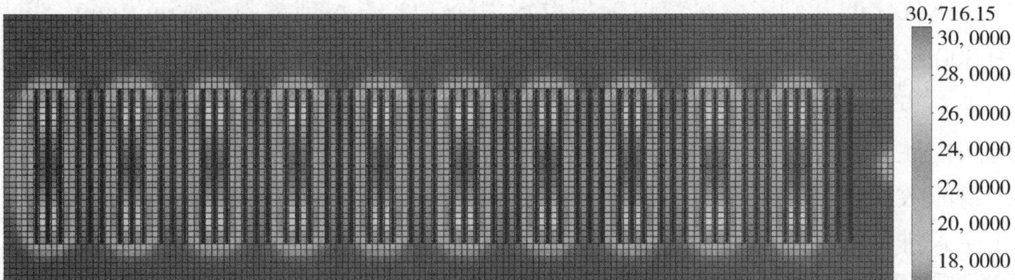

图 4　段间交替注入模式地层压力分布场图

2.2.3　CO_2增能效率对比

利用单段 CO_2组分模型，分别注入 CO_2与滑溜水，以动态泄流面积内地层平均压力为指标，研究不同注入流体的增能效果。单段 3 簇，裂缝簇间距 10m，单段液态 CO_2注入量 300m^3，单段滑溜水注入 300m^3，注入排量 4m^3/min，闷井 30d，得到注入与闷井阶段地层压力随时间变化曲线(图 5)，其中注入结束阶段，CO_2注入后平均地层压力为 36.2MPa，滑溜水注入后平均地层压力为 30.8MPa，相比滑溜水增能效果提高 35.0%。闷井结束阶段 CO_2注

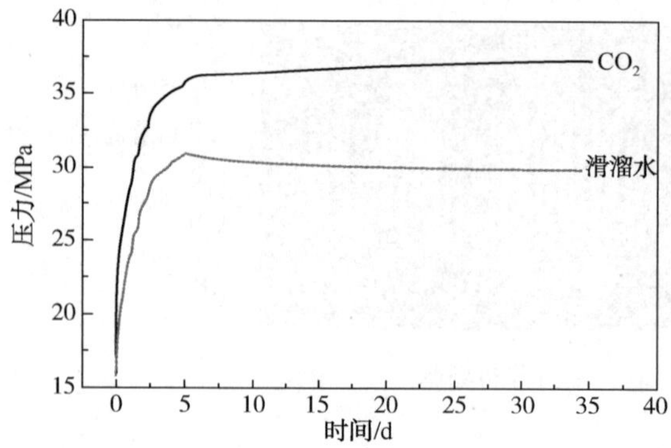

图5　注入与闷井过程中地层压力变化图

入后平均地层压力为37.4MPa，滑溜水注入后平均地层压力为29.8MPa，相比滑溜水增能效果提高54.3%，闷井过程中注入流体向地层扩散，CO_2相态变化气体膨胀能够使地层平均压力进一步提升，而滑溜水难以维持增能效果，地层平均压力呈现下降趋势。

2.2.4　CO_2注入量与排量优化

数值模型设置液态CO_2注入量分别为100~400m^3，单段3簇，注入排量为4m^3/min，得到不同注入量下地层压力变化场图(图6)，能量波及范围与注入量成正相关，进一步通过模型获取不同注入量下能量动态波及面积和横向波及距离，随CO_2注入增加，能量波及面积和地层压力逐渐增加，在200~300m^3时，提升幅度显著增加，当超过300m^3后，继续提高注入量能量波及面积提升幅度减小，因此优化注入量为300m^3。

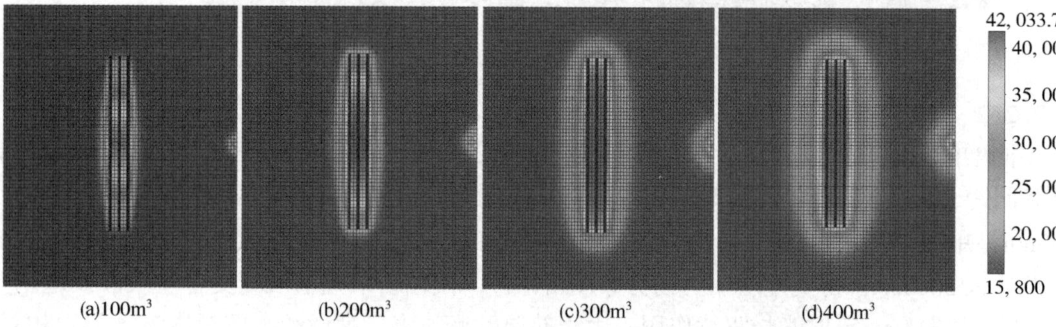

图6　不同CO_2注入量下地层压力变化图

在注入量优化的基础之上，数值模型设置液态CO_2注入排量为2~5m^3/min，单段3簇，注入量为300m^3，得到不同注入排量下地层压力变化场图(图7)，能量波及范围与注入排量正相关，进一步通过模型获取不同注入排量下地层压力随时间变化图，CO_2注入排量越高，在相同时间内注入量越多，压力上升幅度越快，有利于CO_2快速向储层小孔隙扩散，提高波及范围，增能效果主要体现在注入前期，在注入后期，压力逐渐趋于平稳，压力上升幅度减小，优化注入排量为4~5m^3/min。

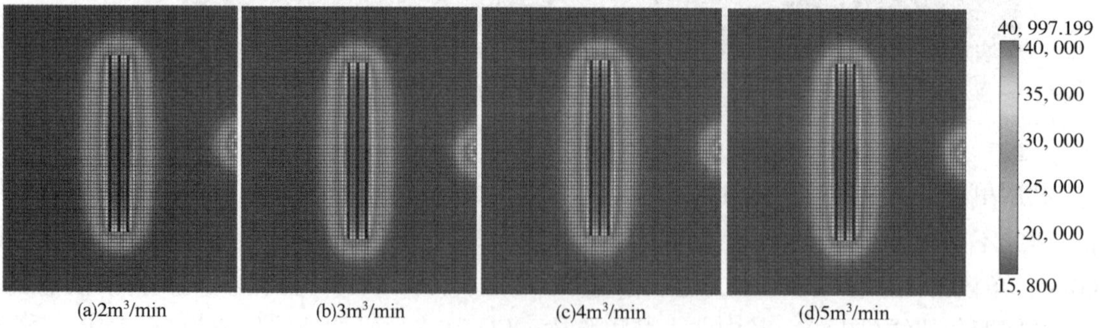

图7　不同CO_2注入排量下地层压力变化图

2.2.5 CO_2注入闷井时间优化

返排是衔接压裂与生产的重要环节，闷井时间直接影响能量波及范围与有效利用率，闷井过程是流体与基质孔隙压力平衡从而提高地层能量过程，数值模型设置闷井时间分别为0d、1d、5d、15d、30d，单段3簇，注入量为300m³。得到不同闷井时间下近裂缝区域地层压力变化曲线图(图8)，随着闷井时间的增加，簇间压力呈现快速递减的趋势，压力储层深部扩散，最终达到平衡。闷井时间为5d时，缝控区域内压力较高，且相邻基质区域内增压效果好，结合段间波及范围和协同作用，该闷井5d时为合理闷井时间，其动态泄流面积内地层压力37.4MPa，是初始地层压力的2.38倍。

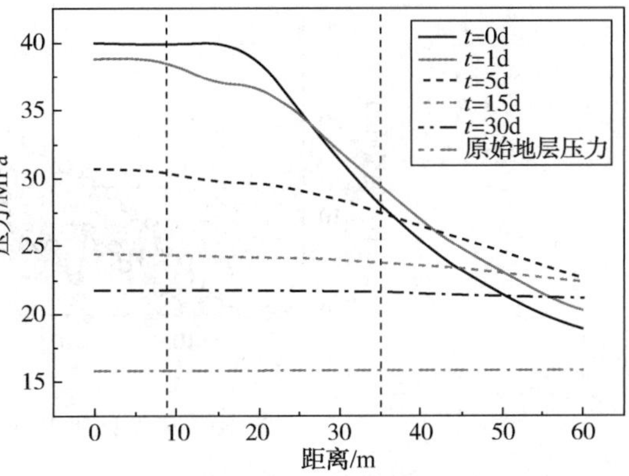

图8 不同闷井时间下近裂缝区域地层压力变化曲线图

3 典型示范平台应用

庆城油田合水-庆城南能量整体偏低，地层原油黏度较高，2022年在前期单井试验基础上，开展CO_2区域增能体积压裂试验，探索提产新方向，增能思路由单井段间交替注入向平台化整体注入转变，实现井间、段间协同一体化增能。平台试验3口井，施工排量4m³/min，累计注碳1.06×10^4t。放喷阶段，相同排液制度和时间下，试验井井均井口压力高于对比井2.6MPa(图9)，试验井生产压力保持程度55.1%，对比井38.0%，压力保持程度提高1.5倍，其中压力保持程度为目前井口压力与初始井口压力比值，说明CO_2可以快速有效补充地层能量。

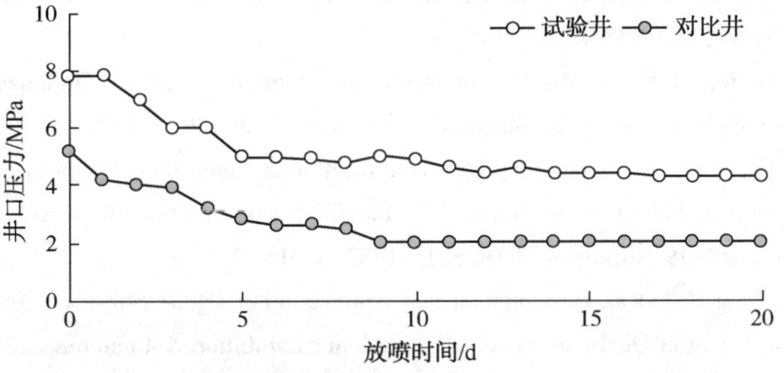

图9 试验井与相邻平台井放喷井段井口压力对比图

试验平台3口井正常投产，截至目前生产60d，井均日产量20.7t/d，相邻平台井15.6t/d，提高5.1t。进一步对比典型井在储层特征相近，压裂改造规模一致情况下日产油变化规律(图10)，目前试验井日产油量25.1t/d，对比井日产油量15.1t/d，矿场实践证实CO_2区域增能体积压裂试验显示较好的单井提产潜力。

4 结论

(1) 长7页岩油水平井前置CO_2增能理念优化为由单井段间交替增能向平台化整体注入实现井间、段间协同一体化增能转变。

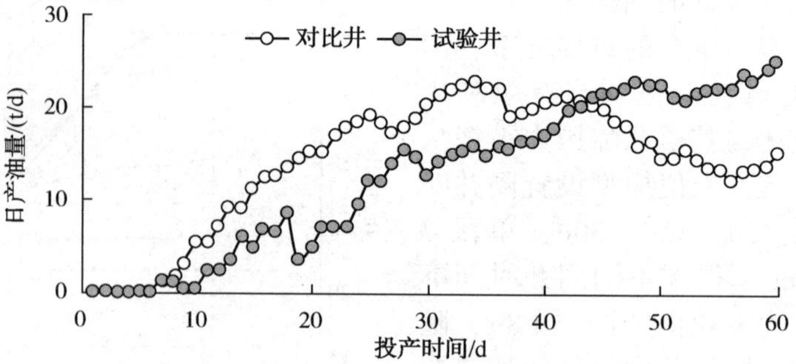

图 10　典型试验井与相邻平台井日产油对比图

（2）油藏数值模拟结果表明：采用 CO_2全井段注入增能模式可实现缝控区域全覆盖，优化单段注入排量为 4～5m^3/min，液态 CO_2注入量为 300m^3，闷井时间为 5d。

（3）研究成果应用于庆城油田页岩油示范区，矿场证实 CO_2区域增能体积压裂试验井井均压力保持程度提高 2.1 倍，单井产油量由 15.6t/d 提高到 20.7t/d，展现出较好的提产潜力，为加快庆城油田高效开发和探索提产新方向提供科学依据。

参 考 文 献

[1] 焦方正，邹才能，杨智．陆相源内石油聚集地质理论认识及勘探开发实践[J]．石油勘探与开发，2020，47(6)：1-12.

[2] 雷群，胥云，才博，等．页岩油气水平井压裂技术进展与展望[J]．石油勘探与开发，2022，49(1)：1-8.

[3] 付锁堂，姚泾利，李士祥，等．鄂尔多斯盆地中生界延长组陆相页岩油富集特征与资源潜力[J]．石油实验地质，2020，42(5)：699-710.

[4] 付金华，李士祥，牛小兵，等．鄂尔多斯盆地三叠系长 7 段页岩油地质特征与勘探实践[J]．石油勘探与开发，2020，47(5)：870-883.

[5] Fu S，Yu J，Zhang K，et al. Investigation of Multistage Hydraulic Fracture Optimization Design Methods in Horizontal Shale Oil Wells in the Ordos Basin[J]. Geofluids，2020，65，1-7.

[6] Zhang K，Zhuang X，Tang M，et al. Integrated Optimisation of Fracturing Design to Fully Unlock the Chang 7 Tight Oil Production Potential in Ordos Basin. Asia Pacific Unconventional Resources Technology Conference，Brisbane，Australia，18-19 November 2019. SPE-198315-MS.

[7] Bai X，Zhang K，Tang M，et al. Development and Application of Cyclic Stress Fracturing for Tight Oil Reservoir in Ordos Basin[C]. Abu Dhabi International Petroleum Exhibition & Conference. 2019.

[8] 慕立俊，赵振峰，李宪文，等．鄂尔多斯盆地页岩油水平井细切割体积压裂技术[J]．石油与天然气地质，2019，40(3)：626-635.

[9] 吴顺林，刘汉斌，李宪文，等．鄂尔多斯盆地致密油水平井细分切割缝控压裂试验与应用[J]．钻采工艺，2020，43(3)：53-55.

[10] 胥云，雷群，陈铭，等．体积改造技术理论研究进展与发展方向[J]．石油勘探与开发，2018，45(05)：874-887.

[11] 李士祥，牛小兵，柳广弟，等．鄂尔多斯盆地延长组长 7 段页岩油形成富集机理[J]．石油与天然气地质，2020，41(4)：719-729.

渤海首个规模化低渗压裂项目实践与认识

李文忠　李　超　刘文政　王　雨　黄建廷

[中海石油(中国)有限公司天津分公司]

摘　要　渤海B油田是一个已有30多年开发历史的轻质油油田，其主力低渗区块开发层系为古近系沙河街组，渗透率为30mD。区块投产多年来逐渐暴露出注海水导致储层结垢、油井产能低等问题。常规的解堵措施效果较差，只能通过水力压裂技术恢复油井产能。通过概念模型评估了压裂对不同井网模式采收率的影响；基于精细地质油藏研究和小层剩余可采储量评价对区块的油井进行了筛选，并确定了压裂井和压裂层位；通过数值试井对压裂后的产能进行了评价分析。研究结果表明：当井距超过400m后，裂缝对井组采收率影响较小；渤海B油田虽然经过多年开发，但依然有剩余油富集，可以开展水力压裂；数值试井模型预测压裂后油井增产倍数在2左右。矿场试验实施后，油井含水率稳定，增油量达到设计，取得了较好的效果。对海上油田压裂技术的推广起到了重要的指导作用。

关键词　水力压裂　压裂敏感性　剩余油　选井选层　数值试井　增产倍数

渤海B油田位于渤海南部海域，于1990年6月投产，属于中低渗轻质油油田。其开发主要分为三个阶段。第一阶段，初期稳产阶段：投产初期利用弹性能量开采，两年后转入注海水开发，形成3注6采的开发井网，注水井和采油井管柱均采用长短管的形式。这一阶段平均单井日产油近200m^3/d，采油速度2.6%，含水仅为2.0%~3.0%。第二阶段，产能递减阶段：1995年以后随着生产的进行，含水逐渐上升，油田产量出现递减。随着含水的上升，井筒积液严重，油井停喷。由于没有接替产量，且油井井况复杂，从而造成产量大幅度下降。这一阶段平均单井日产油70m^3/d，采油速度逐渐下降到0.5%，含水上升至40.0%。第三阶段，综合调整阶段：2014年9月，渤海B油田综合调整方案实施6口采油井，其中5口采油井由于低渗、污染等原因，投产初期产能较低。

经过30余年的生产，油田面临的主要问题是产能低，故障井多等问题。分析认为主要原因是储层渗透率较低，注海水造成的储层伤害和近井地带结垢。为了恢复油井产能，多次进行了酸化、螯合解堵、水力压裂等措施，其中酸化效果较差，第一轮螯合解堵效果好，第二轮螯合解堵效果较差，水力压裂效果最好。为了充分释放油田产能潜力，制定了水力压裂增产，先试验后推广的总体策略。2020~2023年在渤海B油田进行了海上油田水力压裂的研究与实践[1~4]。

1　地质油藏特征

渤海B油田平面上主力井区为北中块，主要含油层系为沙河街组。沙河街组平均孔隙度12.0%，平均渗透率40×10^{-3}μm^2。地层原油具有黏度低、溶解气油比高、地饱压差大等特点，原油黏度为0.348~0.757mPa·s，地饱压差为5.0~10.0MPa，溶解气油比为127~

152m³/m³，主要油藏类型为构造层状油藏。

2　压裂必要性分析

渤海 B 油田北中块沙河街组目前采出程度 27.9%，含水 74.2%，采油速度 0.4%，根据童氏图版的预测，油田剩余可采储量较大。多口油井停产前含水率处于中低含水阶段，数值模拟显示在北中块沙河街组Ⅱ油组剩余可采储量丰度较高，沙河街组Ⅲ、Ⅳ油组剩余可采储量丰度较低。沙河街组Ⅱ油组压裂潜力较大，油井区域依然有大量剩余油富集，如图 1 所示。

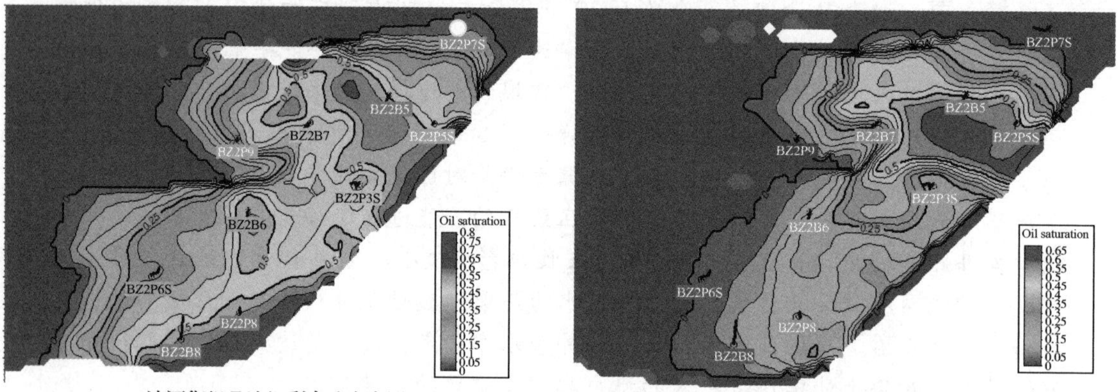

(a)沙河街组Ⅱ油组剩余油丰度图　　(b)沙河街组Ⅲ油组剩余油丰度图

图 1　渤海 B 油田沙河街组剩余油丰度图

2020~2021 年，海海 B 油田先后实施了 4 口压裂试验井，取得了较好的效果，平均单井日增油 25m³/d，因此对油井进行压裂，解除近井地带污染恢复区块的正常生产具有重要意义。

3　基于精细地质油藏研究的选井选层技术

根据《海上油气田压裂选井选层技术指导意见书》《油、气、水井压裂设计与施工及效果评估方法》(SY/T 5289—2008)等标准的要求，结合本区块实际情况，制定的选井选层原则为：(1)选定的压裂井应具备一定的剩余可采储量；(2)储层污染或低渗的原因产能不及预期；(3)储层连续性好，有注采井网；(4)油气层压力系数大于 0.7；(5)压裂井应满足基本的施工安全、质量及压裂效果要求；(6)压裂层含水率不超过 85%；(7)压裂层与水层或强水淹层垂向距离大于 10m[5~7]。

精细地质油藏研究是选井选层的基础，以地质油藏静态数据为基础，结合动态资料和油藏数据模拟研究，对渤海 B 油田北中块的 11 口油井进行了精细研究。综合考虑区块的井网、储层分布、油井水淹情况等因素筛选了 5 口井 11 个适合压裂的层段，筛选出的压裂井和压裂层位如图 2 所示。

4　基于井组与裂缝表征的压裂敏感性分析

水力压裂技术能够扩大地层裂缝，增加地层向油井的供液能力，从而提高油井产能。裂缝的导流能力、长度、与注水井的井距、裂缝方位以及地层渗透率大小都会对采收率产生影响[8,9]。根据 B 油田注采井与裂缝的匹配关系，研究了裂缝半缝长 100m，导流能力 50D · cm

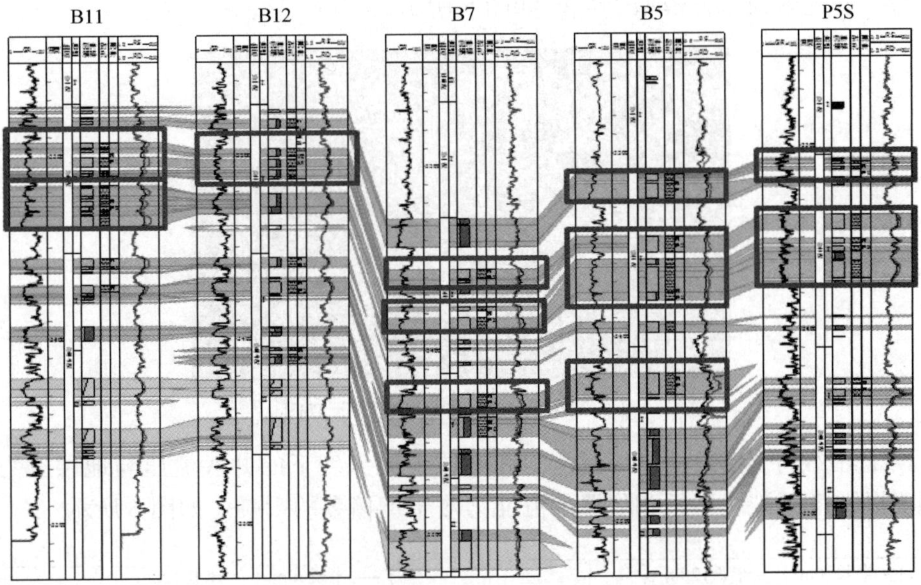

图 2　渤海 B 油田沙河街组选井选层结果图

下，不同井距、裂缝方向和地层渗透率对采收率的影响。如图 3、图 4 所示。

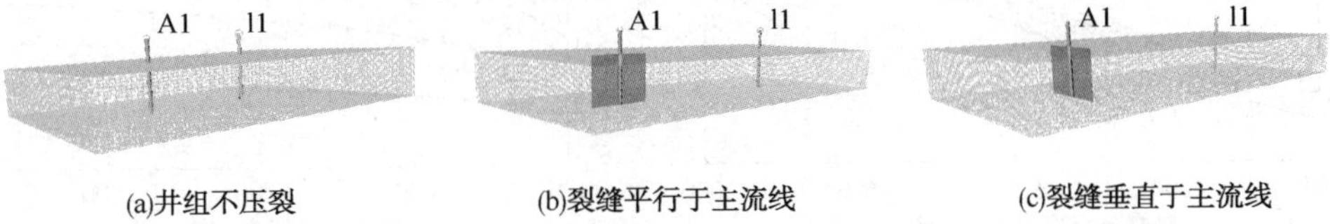

图 3　不同压裂裂缝与井组的位置模式图

研究表明，平行主流线方向裂缝采收率最低，垂直主流线方向采收率最高，随着井距的增加，压裂对采收率的影响越来越小，当井距大于 400m 时，裂缝对采收率影响较小。地层渗透率越低，裂缝对采收率的影响越大。

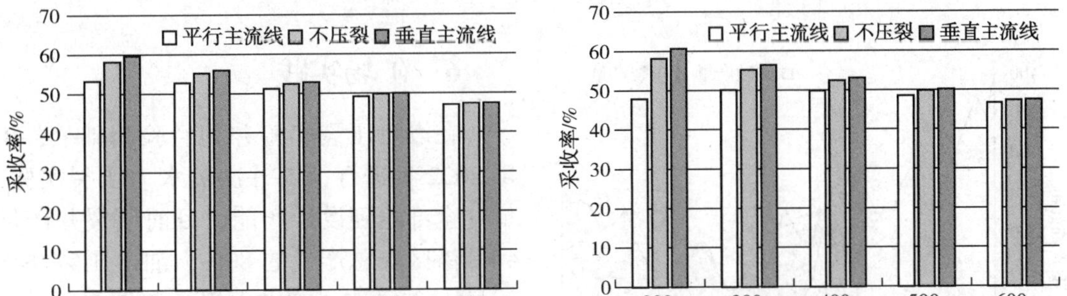

图 4　不同地层渗透率下压裂裂缝对采收率的影响

5　基于数值试井的产能评价技术

数值试井是一种利用计算机数值模拟技术进行地下水流、渗流等方面数值计算和预测的方法，通过数值试井，根据渤海 B 油田的地质条件、储层特征、井筒尺寸、地层压力、水力压裂参数，建立数值试井模型[10,11]。如图 5 所示。

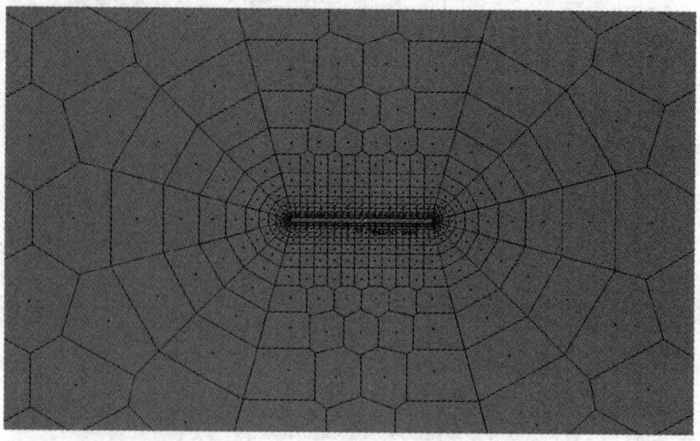

图 5　压裂井数值试井模型示意图

通过模拟在不同裂缝尺寸、导流能力和储层不同流度下的井底流压与地层压力的关系，可以得到不同流度下裂缝半长和裂缝导流能力对增产倍数的影响。如图 6 所示。

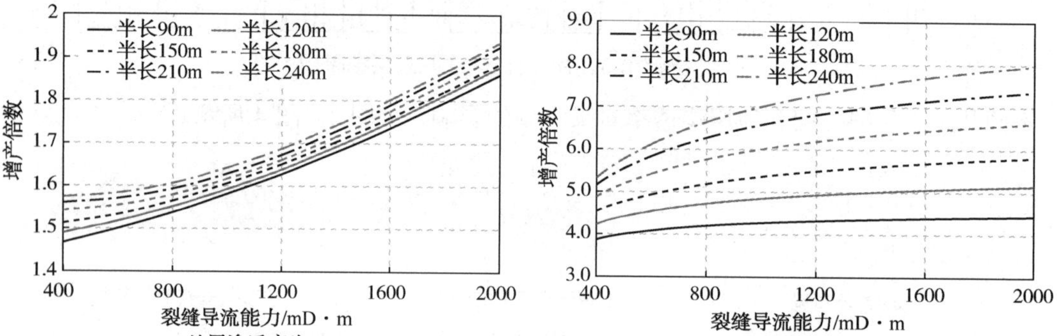

(a)地层渗透率为50mD　(b)地层渗透率为5mD

图 6　不同地层渗透率下压裂裂缝对采收率的影响

随渗透率降低，增产倍数随导流能力的变化幅度逐渐减小，随裂缝半长的变化幅度逐渐增大，故中渗储层改造应以提高导流能力为主，低渗-特低渗储层改造应以增加缝长为主。

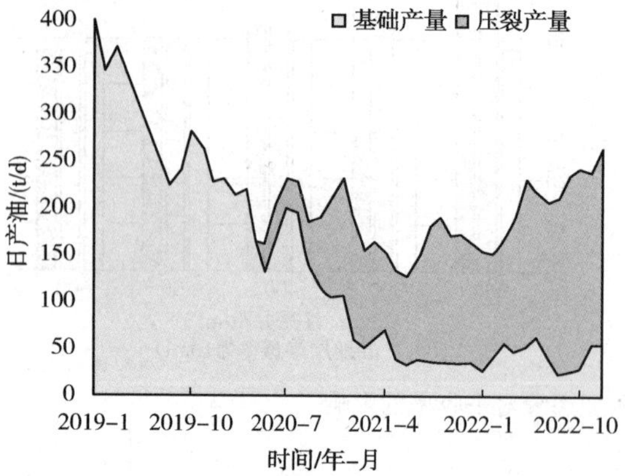

图 7　渤海 B 油田产量构成图

6　矿场实践

在渤海压裂实验井的经验基础上，B 油田 2022 年进行了 5 井次的水力压裂实验，5 口井全部达到设计产能。目前压裂井产量达到低渗区块总产量的 80%，油田压裂井累增油量 11.5 万吨，效果显著。如图 7 所示。

7　结论

（1）渤海 B 油田水力压裂实践表明，地质油藏精细研究是综合调整的基础。针对区块不同油井的特点进行合理的选井选层，可以控制油井含水率并实现较高的增油量。

（2）裂缝对井网和采收率有一定影响，平行主流线方向裂缝采收率最低，垂直主流线方向采收率最高，随着井距的增加，压裂对采收率的影响越来越小，当井距大于400m时，裂缝对采收率影响较小。地层渗透率越低，裂缝对采收率的影响越大。

（3）数值试井研究表明，随渗透率降低，增产倍数随导流能力的变化幅度逐渐减小，随裂缝半长的变化幅度逐渐增大，故中渗储层改造应以提高导流能力为主，低渗-特低渗储层改造应以增加缝长为主。

参考文献

[1] 郭太现，王世民，王为民．埕北油田综合调整实践[J]．中国海上油气，2005，17(5)：311-315.

[2] 周海燕，王为民，王世民，等．渤中34-2/4油田开发实践与认识[J]．中国海上油气，2005，17(5)：322-324.

[3] 王传军，赵春明，赵秀娟．渤海BZ34低渗断块油田调整实践及其效果分析[J]．断块油气田，2011，18(2)：244-247.

[4] 王飞琼．埕北油田开发特点与认识[J]．中国海上油气(地质)，2001，15(6)：399-404.

[5] 蒋廷学．重复压裂选井选层的模糊识别方法[J]．石油钻采工艺，1997，19(2)：60-62.

[6] 张国彦，刘庆荣，许传迅．模糊灰元理论在注水井压裂选井选层中的应用[J]．大庆石油地质与开发，2003，22(3)：58-60，93.

[7] 刘长印，孔令飞，张国英，等．人工智能系统在压裂选井选层方面的应用[J]．钻采工艺，2003，26(1)：37-38.

[8] 马旭，郝瑞芬，来轩昂，等．苏里格气田致密砂岩气藏水平井体积压裂矿场试验[J]．石油勘探与开发，2014，41(6)：742-747.

[9] 李道品，罗迪强．低渗透油田的合理井网和注采原则—低渗透油田开发系列论文之二[J]．断块油气田，1994，1(5)：12-20.

[10] 陈晓明，廖新维，赵晓亮，等．直井体积压裂不稳定试井研究—单孔双区模型[J]．科学技术与工程，2014，14(26)：45-49.

[11] 陈晓明，廖新维，李东晖，等．直井体积压裂不稳定试井研究—双孔双区模型[J]．油气井测试，2014，23(4)：4-8.

第一作者简介：李文忠(1987—)，男，山东东营人，现工作于中海石油(中国)有限公司天津分公司，油藏工程师，现从事油气田开发相关工作。通信地址：天津市滨海新区海川路2121号。E-mail：liwzh5@cnooc.com.cn，联系电话：022-266500947。

火成岩影响下储层定量表征及压裂增产实践

马　栋　李　超　吴春新　原建伟　崔名喆

［中海石油（中国）有限公司天津分公司渤海石油研究院］

摘　要　渤中 34-9 油田是渤海首个在火成岩发育区发现并投入开发的砂岩油藏，油田主要含油层系古近系受火成岩影响，储层非均质性强，火成岩边部生产井开发形势差。基于热固耦合效应开展了火成岩对砂岩储层定量改造的研究，根据火成岩分布模式与储层之间的相互位置关系，建立了考虑热传导、储层骨架变形、应力敏感性的火成岩影响下砂岩油藏储层渗透率定量表征模型，实现了火山活动对砂岩储层改造程度定量表征。研究结果表明，渤中 34-9 油田火成岩的热烘烤作用降低了火成岩周边 50m 左右储层的渗透率，根据该研究结果提出了火成岩边部 A32 井的压裂增产措施，A32 井压裂后日增油明显，取得了良好的开发效果，为类似油田的储层改造提供了借鉴。

关键词　火成岩发育区　砂岩油藏　热固耦合　定量表征　压裂增产

火山活动是地球深部岩浆上涌至地表的一种地质现象，是地球内部热能爆发性释放的一种形式，岩浆活动在世界范围内各大含油气盆地中广泛可见[1]。目前国内外许多盆地都钻遇有岩浆岩，尤其在板块边缘构造变形特别强烈区域，岩浆侵入到沉积盆地上部层位后，岩浆中逸出的挥发成分及液态溶液在热动力作用下进入围岩发生水岩反应，从而使得围岩变质，同时高温烘烤也使得对温度敏感的围岩发生变质，此外岩浆侵入的挤压作用使得围岩发生变形，因此沉积围岩必然受到岩浆侵入体的影响或改造。在含油气盆地中，传统观念认为岩浆热液作用加速围岩成岩作用进程，使储集条件变差或破坏储层，油气勘探应避开这些地区[2]。1953 年委内瑞拉拉帕斯油田获得工业油流后，与岩浆岩相关油气藏引起了业界的相关重视，截至目前全球已发现岩浆岩相关类型油气藏 300 多个，其中绝大部分属于早期大型侵入体油气藏，主要是由于该类油气藏储层分布范围广、喷发期次少、厚度较大、易识别刻画[3]。新生代晚期喷发的油气藏由于岩浆岩喷发期次多、储层厚度薄，碎屑岩刻画难度大等原因，相关研究和高效开发的案例相对较少。近年油气勘探表明，岩浆侵入活动能够形成多种不同类型的油气储层。中国东部含油气盆地中发育大量的火山岩或浅层侵入岩，越来越多的岩浆岩及其变质围岩油藏被发现，如松辽盆地兴隆台古潜山古生代变质岩储层和侏罗系火山岩储层[4]，渤海湾盆地济阳凹陷罗 151 井区侵入岩储层[5]等，随着油田勘探开发的不断深入，复杂类型油气田储量逐渐增加，在油气资源开发中起到的作用日益增加，尤其在我国渤海湾盆地，受岩浆侵入活动影响的碎屑岩围岩储层已经成为油气勘探开发中不容忽视的储量增长点[6]。而火成岩影响下砂岩油藏开发过程中，火成岩对储层影响的定量表征难、流度与比采相关性差产能评价难，如何实现火成岩影响下砂岩油藏的高效开发成为目前国内外学者的研究难题。

岩浆是一种高温流体，其存在会对岩体附近的地温场造成较大的影响，从而对周边储层会造成一定的影响，深入探讨岩浆岩对储层的热效应，对火成岩发育区油气藏的高效开发具有重要的指导意义。研究表明，在含油气盆地内，岩浆活动不仅可以造成围岩较为强烈的变质和变形，而且将带来大量的高温热液，并伴随异常高的地温梯度，它们对油气的生成、运移、聚集以及油气藏的形成与保存都有明显影响[7,8]。前人研究主要侧重于岩浆活动对烃源岩的影响机理研究，并普遍认为岩浆侵入加速有机质向油气转化，对生油有积极影响[9]，但对于侵入体影响围岩油气储层的机理研究则相对较少[10]，这主要是因为：①各沉积盆地中受岩浆侵入影响的碎屑岩围岩储层相对较少，且分布范围较为局限，加之围岩受到岩浆活动带来的高温高压热液影响而发生强烈变形和变质作用，其研究手段与沉积岩差别极大，整体上国内外研究较少；②围岩储层发育特征受岩浆侵入体特征(产状、性质及规模)、侵入时围岩成岩阶段、侵入前围岩特征、距侵入体远近等多种因素综合控制[11]，使得其储层特征研究更加复杂。因此，岩浆侵入对围岩的影响机理还没有形成较为系统的研究理论与方法。

本文的创新点如下：第一、提出了火成岩对储层物性的影响机制。建立了上覆岩石压力不变情况下，火成岩侵入后储层物性改变机制。第二、成功地指导了 A32 井的压裂，取得较好的效果。

1 油田概况

渤中 34-9 油田位于渤海南部海域，构造上位于渤海湾盆地莱北低凸起北部、黄河口凹陷中洼南部斜坡带，紧邻郯庐断裂渤南段中支。构造主体区为受一组大断层控制的复杂断块构造，具有多个断块、多个高点的特征，走向以近东西向、北东向为主，倾向以北东、北西、南西向为主。主要含油层系发育于新近系明化镇组和古近系东营组及沙河街组。其中古近系发育火山岩，岩石类型主要包括玄武岩、安山岩、玄武质安山岩、辉绿岩、凝灰岩、沉凝灰岩、凝灰质砂岩和凝灰质泥岩。火山岩主要以占据碎屑岩储层有效空间的方式影响着该区储层的展布，主要含油目的层段东三段和沙一、二段储层主要受火山通道相、溢流相和次火山岩相的影响，古近系东三段、沙一、二段和沙三中段油藏类型为受火成岩、断层遮挡的岩性-构造油藏。与常规砂岩储层相比，该油田受岩浆活动影响，储集层非均质性严重，微观孔隙结构复杂，导致传统方法计算的渗透率准确性下降，流度与比采油指数相关性较差，开发井初期产能预测难度大，开展该类油藏的储层定量表征，对于井位部署以及增产措施的制定具有重要而现实的意义。

2 火山活动定量表征

2.1 物理模型

火山总体表现为多期喷发、区域式喷发特点，形成火山通道相、侵入相和爆发相同时存在的火山岩发育区，如图 1 所示。①火山通道相。火山通道为深部岩浆上涌至地表的主要通道，岩性以玄武岩为主，顶部为火山碎屑岩，在火山口、火山机构下部常见。②侵入相。岩性以玄武岩为主，层状或片状覆盖大面积地区，在火山机构底部常见。③爆发相。岩性以火山碎屑岩为主，粒度较粗。火山碎屑岩的来源有 2 种，一种是岩浆

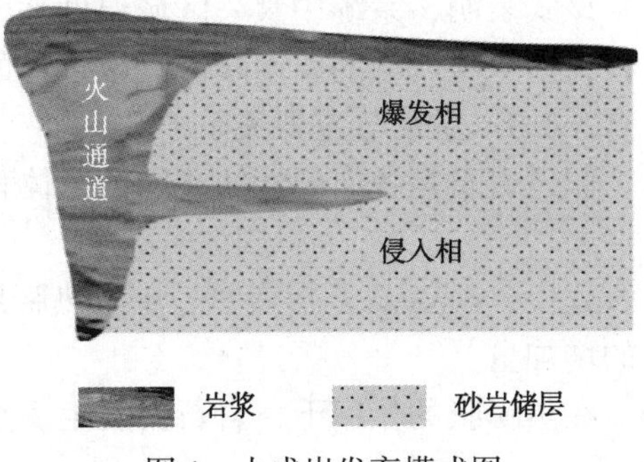

图 1 火成岩发育模式图

在地表之下处于高压，上涌至地表压力释放，气体溢出，爆炸导致早期岩浆岩的破碎而形成火山碎屑岩；另一种是岩浆喷发至空中冷凝后落回地表形成火山弹等火山碎屑岩。

根据火成岩分布模式与储层之间的相互位置关系，简化形成三种物理模型，分别为底部烘烤、边部烘烤和边部+底部烘烤，如图 2 所示。

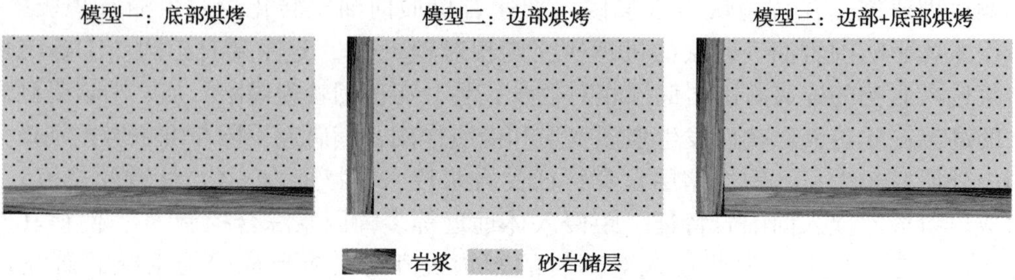

图 2　火成岩与围岩相对位置简化图

2.2　数学模型的建立

2.2.1　模型的基本假设

本文应用多孔介质弹性理论与热-固耦合作用机理，描述火成岩、热传导、储层骨架、孔隙之间相互耦合作用。模型基本假设如下：①岩浆的侵入是瞬时的，岩浆和围岩的热力学参数是各向同性，模型在边界处与外界无热量的交换并且围岩吸收的热量只用于升高温度。火成岩与储层之间热交换通过热传递完成；②上覆岩石压力保持不变，火成岩对围岩的储层改造是一个不可逆的过程；③多孔介质视为完全饱和且各向同性的线弹性体，储集层为弹性变形，满足小变形假设，骨架膨胀后，孔隙体积减小；④孔隙度与渗透率呈指数关系。

2.2.2　岩石骨架传热

在火成岩向储层热传导过程中符合热量守恒定律，热传导微分方程可以表述为：

$$(1-\phi)\rho_s c\frac{\partial T}{\partial t}+(1-\phi)\ \nabla\cdot(-K\nabla T)=0 \tag{1}$$

式中，T 为温度；t 为时间；$\frac{\partial T}{\partial t}$为系统中某一区域的温度随着时间的变化率；$\nabla$ 为拉普拉斯算子，表示温度在传导方向的导数，表示该区域温度与周边区域温度差大小，如果邻近值大，则为正数，反之为负数；K 为热导率，W/m · K；ρ_s 为岩石密度，kg/m^3；c 为比热容，J/(kg · K)。

该式表明，系统中某一区域温度高于邻近区域时，下一时刻就会出现向周围区域散热的过程，而自身区域的温度降低，该过程的快慢与储层本身参数相关。

2.2.3　温度与应力关系

假设岩石是各向同性的，因此，体积热膨胀引起的应变几乎和温度成线性关系。

$$\varepsilon_T=\beta\cdot\nabla T \tag{2}$$

式中，ε_T 为岩石形变量；β 为热膨胀系数，1/K；∇T 为温度变化量，指相对于原始温度的增加量。

在热膨胀的作用下，岩石会发生变形，变形产生的应力表达式为：

$$\sigma-\sigma_0=\frac{1(1-2\nu)}{3(1-\nu)}[\beta K(T-T_0)] \tag{3}$$

式中，ν 为泊松比，无量纲。

2.2.4　应力与孔隙度关系

基质孔隙度定义为孔隙体积与总体积之比。

$$\phi=\frac{V_p}{V_b} \tag{4}$$

式中，V_p 为孔隙体积，小数；V_b 为总体积，小数。

$$\frac{\mathrm{d}\phi}{\phi}=\left(\frac{1}{K_b}-\frac{1}{K_p}\right)\mathrm{d}\sigma \tag{5}$$

式中，K_p 为孔隙弹性模量，MPa；K_b 为体积模量，MPa。

2.2.5　孔隙度与渗透关系

$$\frac{\phi}{\phi_0}=\exp\left\{\left(\frac{1}{K}-\frac{1}{K_p}\right)\left[\frac{2(1-2\nu)}{3(1-\nu)}\beta K(T-T_0)\right]\right\} \tag{6}$$

$$\lg(k)=\frac{-3.8518}{1+0.0011\mathrm{e}^{0.4263\phi}}+2.8639 \tag{7}$$

2.3　模型的求解

火成岩所散发的热量会对周边围岩的地温场产生较大的影响，改变岩石的孔隙结构，进而不同程度地改变储层渗透率，传统计算地温场的过程复杂、成本高，实际应用过程中存在诸多制约因素。随着计算机技术的不断发展，有限元数值模拟技术广泛应用，取得了较好的计算效果，火成岩与围岩之间热传导是一个复杂的过程，围岩的地温场属于瞬态温度场，随着热量的交换不断发生变化，有限元将模拟区域划分为若干个连续的小区域，区域的大小和形状可以不同，通过对各区域单元进行编号，将连续的瞬态温度场离散化，通过对每个单元内的温度插值函数进行变分计算和求解，得到模拟区域内温度场随着时间的变化特征，本文采用 ANSYS 软件模拟火成岩对围岩地温场的影响，具有以下优势：第一，对岩浆散热的过程进行简单化处理的同时，能够合理地描述围岩瞬态地温场的变化，第二，可以计算出不同时间温度场的分布，在此基础上结合孔隙度和渗透率关系曲线，定量表征火成岩对围岩渗透率改造的定量表征。在建模过程中，首先对边界条件进行输入，包括火成岩的厚度，展布范围，储层的厚度，围岩和岩浆的初始问题，然后输入相应的热传递参数，包括热导率、比热容、密度，然后对区域进行划分，将研究区域划分为多个连续的有限元，网格的大小与计算精度相关，网格越小，精度越高，但同时计算的工作增加，最后通过数值计算模拟空间内每个网格节点随着温度的变化，进一步结合岩石热膨胀模型计算岩石形变，根据岩石形变求取孔隙度，利用渗透率计算公式求取渗透率。

2.4　火成岩对储层的影响

图 3 为边部烘烤情况下不同火成岩厚度对渗透率的影响，从图中可以看出，随着火成岩厚度的增加，火成岩对围岩的影响逐渐加大，不同厚度之间渗透率改造差异随着与火成岩距离的增加先增加后减小，在与火成岩接触处，厚度为 10m、20m、30m 和 100m 火成岩影响下渗透率分别 68.7mD、69.8mD、70.9mD

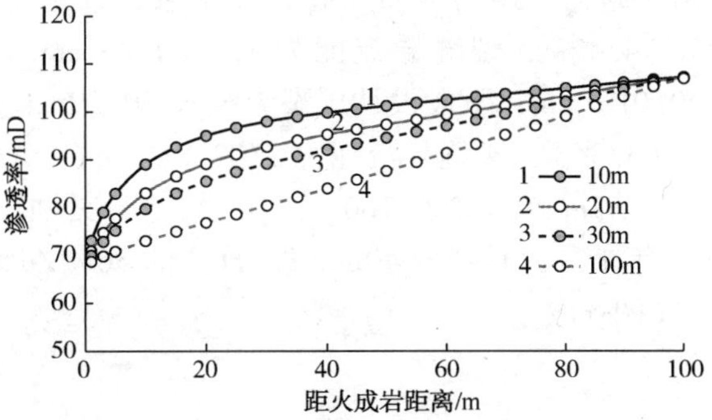

图 3　不同火成岩厚度对渗透率影响

和 73.1mD，厚度为 10m 与 100m 火成岩影响下渗透率差异为 4.4mD，在距离火成岩 20m 处，厚度为 10m、20m、30m 和 100m 火成岩影响下渗透率分别 76.8mD、85.5mD、89.1mD 和 95.0mD，厚度为 10m 与 100m 火成岩影响下渗透率差异为 8.2mD，在距离火成岩 100m 处，厚度为 10m、20m、30m 和 100m 火成岩影响下渗透率分别 107.2mD、107.1mD、107.0mD 和 106.9mD，厚度为 10m 与 100m 火成岩影响下渗透率差异为 0.3mD。表明不同火成岩厚度对渗透率的影响范围基本相同，但是随着厚度的增加，火成岩对围岩的影响程度更大，从图中可以看出，火成岩对储层影响的范围为 50m 左右。

3 A32 井压裂研究

3.1 A32 井概况

A32 井位于油田南侧 A32 井区，共钻遇油层 104.9m，其中东营组 79.4m，沙河街组 25.5m。A32 井区火成岩较为发育，A32 井周边三个方向受火成岩影响(图 4)，该井射孔厚度 104.0m，分东营组、沙河街组两段防砂，于 2019 年 3 月 22 日投产，初期日产油 260m³/d，生产压差 7.0MPa，未达到钻后设计产能，2019 年 3 月 31 日通过开关滑套，分别测试东营组及沙河街组产能，测试结果表明该井主要是东营组产出，沙河街组几乎无产出。2019 年 4 月 30 日，打开滑套，两层合采，由于堵塞严重，只能环空补液生产，2019 年 5、6 月间开展解堵作业，产能恢复至 260m³/d，但措施有效期短，产量递减快，2019 年 11 月关井，2020 年 4 月更换小泵生产，日产油 18m³/d。

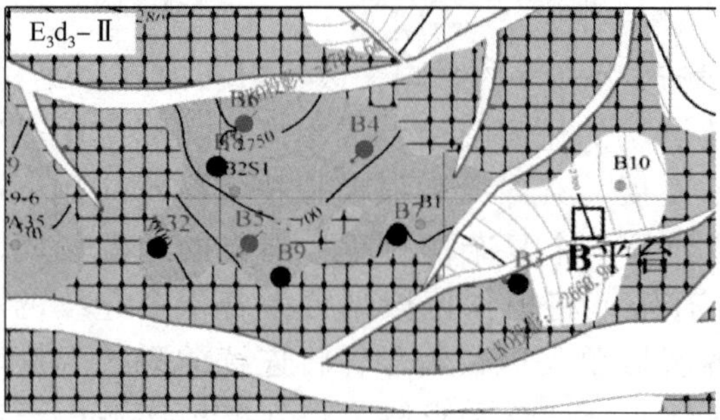

图 4 渤中 34-9 油田 A32 井区井位图

渤中 34-9 油田 A32 井区火成岩发育，储层横向变化快，规律复杂，油田含蜡量高，胶质沥青质含量高，凝固点高，易堵塞，开发井投产后，递减快，常规措施效果差，有效期短，距离火成岩范围在 50m 以内。为了改善储层渗流条件，扩大波及范围，解除生产井堵塞，提高开发效果，建议 A32 井进行压裂。

3.2 A32 井压裂实践

A32 井压裂目的层段为第一防砂段，下入封隔器，分两段压裂，上段东三段Ⅰ油组，下段为东三段Ⅱ油组。上段设计半缝长 74.47m，裂缝导流能力 1345.1D·cm，下段设计半缝长 60.39m，裂缝导流能力 1090.9D·cm。A32 井于 2021 年 5 月 17 日开始压裂作业，分两段施工，10 月 4 日压裂作业结束，开始返排。A32 井分两段压裂，上段设计压裂半缝长 74.47m，裂缝导流能力 1345.1D·cm，实际压裂半缝长 44.46m，裂缝导流能力 2100.0D·cm，下段设计压裂半缝长 60.39m，裂缝导流能力 1090.9D·cm，实际压裂半缝长 63.34m，裂缝导流能力 2502.8D·cm。A32 井压裂后于 2021 年 10 月 4 日开始返排，日产液 52m³/d，含水 100%，10 月 15 日见油，之后含水逐渐下降，液量基本稳定。截至 2022 年 1 月，日产液 40m³/d，日产油 36m³/d，压裂增产倍数为 2 倍，取得了较好的开发效果(图 5)。

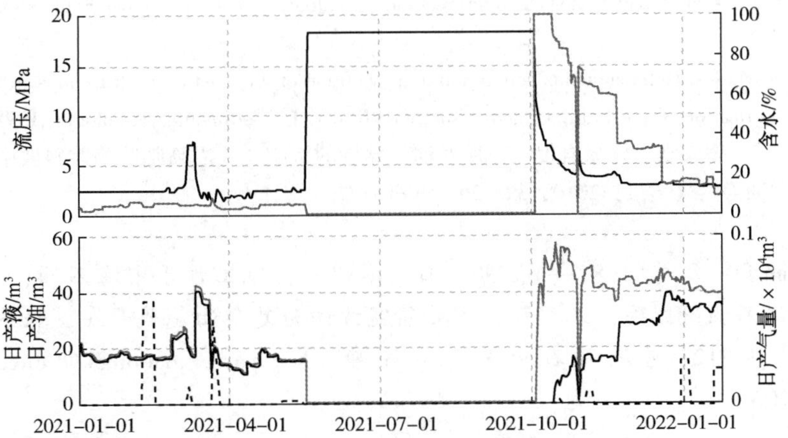

图 5　渤中 34-9 油田 A32 井开采曲线

4　研究结论

本文在文献调研的基础上，根据火成岩分布模式与储层之间的相互位置关系，建立了火成岩对砂岩储层改造定量表征模型，模型构建过程中考虑了热传导、储层骨架变形、应力敏感性的等因素，利用 ANSYS 软件模拟火成岩对围岩地温场的影响，根据热固耦合和孔隙度与渗透率的关系定量表征了火成岩热效应对砂岩储层定量改造效应。研究结论总结如下：

（1）火成岩对储层物性的影响范围整体在 50m 左右，但是随着厚度的增加，火成岩对围岩的影响程度更大。

（2）A32 井的压裂实践表明，通过对火成岩周边开发井进行压裂能够取得较好的开发效果，为类似开发井的增产措施制定指明了方向。

参　考　文　献

[1] WuChangzhi, Gu Lianxing, Zhang Zunzhong, et al. Formation mechanisms of hydrocarbon reservoirs associated with volcanic and subvolcanic intrusive rocks: Examples in Mesozoic – Cenozoic basins of eastern China [J]. AAPG Bulletin, 2006, 90(1) : 137-147.

[2] 陶洪兴，徐元秀．热液作用与油气储层[J]．石油勘探与开发，1995，21(6)：92-98.

[3] 江怀友，鞠斌山，江良冀，等．世界火成岩油气勘探开发现状与展望[J]．特种油气藏，2011，18(02)：1-6+135.

[4] LuoJinglan, Sadoon Morad, Liang Zhigang, et al. Controls on the quality of Archean metamorphic and Jurassic volcanic reservoir rocks from the Xinglongtai buried hill, western depression of Liaohe Basin, China[J]. AAPG Bulletin, 2005, 89(10) : 1 319-1 346.

[5] 刘魁元，康仁华，武恒志，等．罗 151 井区侵入岩油藏储集层分布及成藏特征[J]．石油勘探与开发，2000，27(6) ：16-18.

[6] 张映红，顾家裕．热液环流——侵入岩-外变质带储层发育的重要影响因素[J]．特种油气藏，2003，10(1) ：86-89.

[7] 李亚辉．高邮凹陷北斜坡辉绿岩与油气成藏[J]．地质力学学报，2000，6(2) ：18-21.

[8] 毛凤鸣．高邮凹陷北斜坡辉绿岩形成时期的确定及其与油气关系[J]．石油勘探与开发，2000，27 (6) ：19-20.

[9] Dow W G. Kerogen studies and geological interpretations[J]. Journal of Geochemical Exploration, 1977, 7(2): 79-99.

[10] Luiz Fernando DeRos. Heterogeneous generation and evolution of diagenetic quartzarenites in the Silurian-Devonian Furnas Formation of the Parana Basin, southern Brazil[J]. Sedimentary Geology, 1998, 116: 99-128.

[11] 王颖，谢东霖，薛成刚. 辉绿岩侵入作用对油气储层的影响——以高邮凹陷北斜坡中东部地区阜三段为例[J]. 石油天然气学报，2010，32(2)：174-177.

第一作者简介：马栋(1987—)，男，山东滨州人，现工作于中海石油(中国)油田公司天津分公司渤海石油研究院，工程师，主要研究方向为复杂油气藏开发，联系地址：天津市滨海新区海川路 2121 号渤海石油管理局 B 座，E-mail：madong4@cnooc.com.cn，电话：02266500906。

海上砂岩、碳酸盐岩裂缝性复杂油藏缝网暂堵酸压工艺研究

王子权　高　尚　张丽平　潘定成　赵东山　张　璐

[中海石油(中国)有限公司天津分公司]

摘　要　垦利A油田是海上首个大型砂岩、碳酸盐岩混积裂缝性低渗油藏，平面上连通性复杂，纵向上薄互层发育，目前常规解堵效果不理想，又受限于防砂完井方式无法实施加砂压裂，该类油藏的规模有效开发仍处于探索阶段。为解决该问题，借助宏观实验和微观模拟相结合，对垦利A-1井开展缝网酸压改造探索，研究不同酸液组合、施工参数对酸压改造效果的影响，形成新型酸压增产改造组合技术。实验结果表明：工艺选择以滑溜酸+胶凝酸+转向酸+闭合酸组合效果最优，酸蚀后可明显形成错综交叉的高导流缝网；体系选择充分利用碳酸盐岩优势，主体酸采用不含氟酸压体系，溶蚀率可达60%，转向酸采用ves自转向体系，可形成复杂缝网。模拟结果表明：5~6m^3/min排量，200~240m^{3}酸液用量下可明显沟通更多天然裂缝，获得最优改造体积；增大前置液比例、酸液黏度，可显著优化裂缝摩阻，获得最优酸蚀裂缝形态。研究成果可为海上混积岩油藏酸压改造填补技术空白，为垦利A油田规模有效开发提供技术保障。

关键词　混积岩　天然微裂缝　薄互层　缝网酸压　体系组合优选　工艺参数优化

0　引言

垦利A油田是海上首个大型砂岩、碳酸盐岩混积裂缝型油藏，成藏条件优越，地质储量丰富，拥有巨大开采潜力。但由于其沙三下段岩性以砂岩和碳酸盐岩混积为主，薄互层发育，平面上连通性复杂，纵向上岩性差异较大，虽然天然微裂缝发育，但整体呈中孔、中渗特征，自然产能低，总体处于低效开发状态，目前该类油藏的规模有效开发仍处于探索阶段。尝试采用常规解堵措施，但有效期偏短，开发效果不理想，考虑采取水力压裂的方式对储层进行改造，但受限于海上作业环境、地质力学条件、筛管完井方式等条件，无法实现加砂压裂支撑缝网，因此酸压改造成为该油田潜能挖掘最经济有效的手段。

目前国内外针对碳酸盐岩储层酸压改造、酸液段塞组合进行过研究[1~7]，Al-Enezi等针对科威特北部Mauddud油藏复杂非常规碳酸盐岩储层，采用前置酸+分流酸压+多组分闭合酸压技术，改造施工后平均产量提高3~4倍。安页1井石牛栏组灰泥岩薄互层、低孔低渗但天然裂缝较发育的储层，采用“前置酸液+大规模体积加砂压裂(小粒径支撑剂)”工艺，取得非常好的效果。玉门青西油田针对以碎屑岩、碳酸盐岩、黏土矿物各占三分之一为特征的复杂岩性储层，形成了适合不同类型裂缝性复杂岩性储层的三套新型增产技术模式和液体体系。虽

然有一定研究成果，但针对砂岩、碳酸盐岩混积储层的酸压改造鲜有研究，其酸液组合对储层溶蚀能力、适应性分析还有待明确，同时对于其施工参数的设计优选缺乏理论依据。

针对垦利 A 油田砂岩、碳酸盐岩混积裂缝型油藏，借助室内实验和数值模拟相结合的手段，开展缝网酸压改造技术研究，探索缝网酸压改造可行性以及不同酸液组合、施工参数对酸压改造效果的影响，形成新型酸压增产改造组合技术，为垦利 A 油田更有效、高效地开发提供技术保障。

1 砂岩、碳酸盐岩混积裂缝型油藏缝网酸压难点及挑战

与常规碳酸盐岩储层相比，海上砂岩、碳酸盐岩混积裂缝型油藏更具有特殊性。

1.1 砂岩、碳酸盐岩混积，海上缝网酸压无成熟经验借鉴

渤海油田酸压仍处于探索阶段，曾在 JZ25-1、BZ19-6 等油田开展过酸压试验，但实际增产效果一般，相比于其他以砂岩或片麻岩为主的储层，砂岩与碳酸盐岩混积储层更适合采用酸压技术进行改造，但该油田岩石脆性一般，岩性上更加复杂，需要根据实际优选酸液组合，控制酸岩反应速度、酸液漏失特性，从而增大酸液作用距离，实现储层深部改造。

1.2 施工井段长，薄互层发育，均匀改造难度较大

沙三下段储层以薄互层为主，厚度小于 2m 的储层占比 70%，平面上连通性非常复杂，纵向上岩性差异大，孔隙度 17.3%~33.1%，渗透率 23.1~311.8mD，具有中孔、中渗储层特征，纵向上均匀改造难度较大，考虑采用大排量分段酸压工艺，对井下工作液体系降阻性能提出了较大考验。

1.3 天然微裂缝发育，增产改造效果有限

储层发育天然裂缝，主要以构造缝和溶蚀缝为主，其裂缝多为未充填缝和半充填缝，酸液更容易进入裂缝进行沟通，具备激活天然裂缝条件，但裂缝宽度为 0.01~0.84mm，长度为 0.01~1m，属于微裂缝范畴，可能无法形成大规模压裂缝网，改造规模受限。

2 混积岩缝网酸压改造思路

（1）综合考虑上述风险与挑战，改造思路以平面上打碎储层、酸蚀激活天然裂缝，纵向上暂堵沟通更多小层形成立体缝网为目的，溶蚀裂缝充填物（碳酸盐、硅质为主），刻蚀裂缝壁面，同时解除可能存在伤害。

（2）储层发育天然微裂缝，首先需要开启并沟通：先以低黏酸液体系小排量注入，进入微裂缝内部，再逐步加大排量，形成张性粗糙缝、剪切滑移缝。

（3）多级注入酸蚀裂缝，增大酸蚀体积：将酸液与滑溜水有机组合，多级大液量注入，尽可能多地波及储层，扩大酸蚀体积；利用酸液溶蚀裂缝充填物（碳酸盐、硅质为主），刻蚀裂缝壁面，使裂缝不能完全闭合，改善和提高裂缝导流能力。

（4）加入液体暂堵剂，纵向上沟通多个小层，平面上形成复杂裂缝：利用液体转向酸对水力主缝及开启的天然微裂缝实现暂堵，迫使液流实现层间、缝内转向，尽可能压开并有效溶蚀纵向多个小层，实现纵向均匀改造，形成复杂缝网。

3 砂岩、碳酸盐岩混积缝网酸压体系研究

A-1 井目的层温度接近 55~60℃，原始地层压力 12.25MPa 左右，由于薄层多、总厚度大，为实现大排量酸压，对井下工作液体系降阻性能提出了较大考验。同时，该区域的岩性

复杂，部分层段属于低孔低渗储层，承受外来流体的二次伤害能力较弱，因此需要设计合理的工作液体系。

3.1 低伤害、低摩阻、不含氟缝网酸液体系

缝网酸压要求酸液体系具有激发天然裂缝，沟通深部裂缝网络，形成缝网，为确保缝网酸压效果，还要求酸液体系具有溶解钻完井液漏失固相、具备有效刻蚀缝网壁面，形成一定酸蚀导流能裂缝网功能。

采用垦利 A 油田 A-1 井岩心，通过模拟实际地层温度，对不同酸液体系进行溶蚀实验，对比反应 2h 后的岩样溶蚀率，进行酸液体系优选。

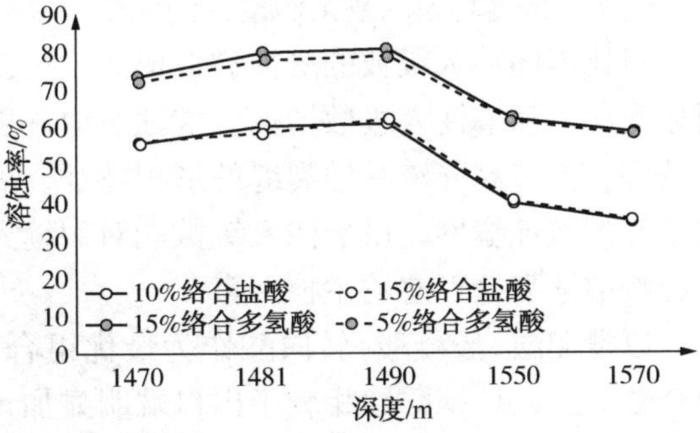

图 1 岩屑溶蚀实验

溶蚀实验结果表明(图 1)，多氢酸溶蚀率为 58%～80%，盐酸溶蚀率为 34%～62%，多氢酸溶蚀效果较多氢酸更优，但考虑到储层为砂岩、碳酸盐岩混积，长时间滞留多氢酸可能会产生二次沉淀风险。1500m 井段之间，盐酸溶蚀率在 50%以上，盐酸能有较好的溶蚀效果，因此综合考虑二次伤害的影响，建议选择以 10%～15%盐酸为主的体系。

3.2 不同酸液体系组合优选

对于碳酸盐岩(云岩、灰岩)或高含碳酸盐岩的混积岩储层增产改造液体，主要在于造缝并有效溶蚀碳酸盐岩，形成酸蚀裂缝；同时要求满足低摩阻、低伤害、低腐蚀等要求。能够达到此类目的的酸液体系主要有交联酸、胶凝酸、滑溜酸、乳化酸、转向酸和闭合酸等。

采用多功能岩板刻蚀实验系统，模拟不同的缓速酸体系段塞注入，对裂缝壁面进行刻蚀，并采用 CT 扫描仪分析裂缝刻蚀形态，采用裂缝导流测试仪测试酸蚀裂缝的导流能力[8~10]。

通过室内实验，探索在胶凝酸、交联酸、乳化酸、滑溜酸、转向酸和闭合酸 6 种缓速酸体系，滑溜酸+胶凝酸+转向酸、乳化酸+胶凝酸+转向酸、滑溜酸+交联酸+转向酸、乳化酸+交联酸+转向酸以及效果最优组合尾追闭合酸的 5 种段塞组合方式，以一级、二级 2 种注入级数，共 9 种酸压条件下裂缝壁面的刻蚀形态及其对酸蚀后裂缝导流能力的影响(表 1)。

表 1 酸液段塞组合

编号	段塞组合	注入级数
1	滑溜酸+胶凝酸+转向酸	一级
2		二级
3	滑溜酸+交联酸+转向酸	一级
4		二级
5	乳化酸+胶凝酸+转向酸	一级
6		二级
7	乳化酸+交联酸+转向酸	一级
8		二级
9	最优组合尾追闭合酸	—

对比不同酸液段塞组合的裂缝形态，可以得出，滑溜酸+胶凝酸+转向酸+闭合酸效果最优，酸蚀后可明显形成错综交叉的高导流缝网，滑溜酸由于黏度较低，注入阶段能渗滤到天然裂缝中开启，乳化酸由于黏度较高，部分天然微裂缝无法进入，因此第一段酸液选择滑溜酸效果较好。交联酸相较胶凝酸黏度更高，H^+从内部传递到酸岩反应界面较慢，主要靠流动剪切实现H^+传质，因此入口端不会过度溶蚀，由于交联酸过于黏稠，在交联酸体系中，酸蚀裂缝以延伸主缝为主，难以沟通更多天然微裂缝，而胶凝酸在刻蚀过程中，能产生不均匀刻蚀和分支沟槽，整体表现为错综交叉、深度均匀的复杂沟槽，因此第二段酸液选择胶凝酸效果较好。

对比不同注入级数的酸蚀裂缝形态，可以得出，增大注入级数后形成的酸蚀裂缝形态有明显变化，随着注入级数增加，酸蚀裂缝深度加深，胶凝酸体系下分支沟槽和不均匀沟槽维持较好，具有高导流酸蚀裂缝的形貌特征，而交联酸体系下主缝刻蚀深度明显加深，无法形成较好的酸蚀缝网。虽然注入级数能对裂缝刻蚀形态有一定改善效果，但酸液段塞组合依旧是影响酸蚀裂缝形态的主控因素。

以滑溜酸+胶凝酸+转向酸作为最优组合，最后尾追闭合酸进行试验。结果表明，加入闭合酸后，入口端酸蚀相较于出口端明显加重，可以起到提高裂缝入口端酸蚀裂缝导流能力的效果。

4　砂岩、碳酸盐岩混积缝网酸压工艺参数优化

目标区块部分层段天然微裂缝较发育，水力压裂过程中与天然裂缝相遇时会构成形态复杂的缝网，不同工艺参数对缝网酸压效果有直接影响，因此建立三维 DFN 模型，明确不同施工排量、施工液量以及弯曲摩阻对酸压缝网的影响规律和影响程度，能够更精准地指导裂缝网络的形成。

4.1　施工排量优化

研究施工排量为 $4m^3/min$、$5m^3/min$、$6m^3/min$ 下对酸压缝网的影响程度，模拟结果如图 2 所示。

由图 2 可知，随着排量增大，裂缝总长、沟通天然裂缝数量明显增加，对于薄互层储层，解堵作业过程中应尽量提高施工压力，增大排量，建议排量选择 $6m^3/min$。

4.2　施工液量优化

研究施工液量为 $150m^3$、$240m^3$、$300m^3$ 下对酸压缝网的影响程度，模拟结果如图 3 所示。

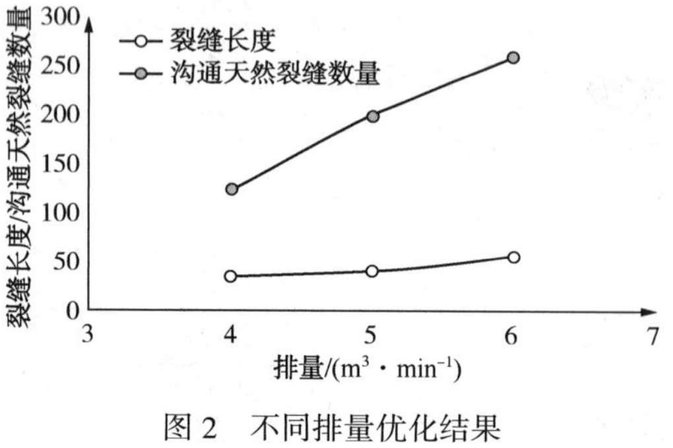

图 2　不同排量优化结果

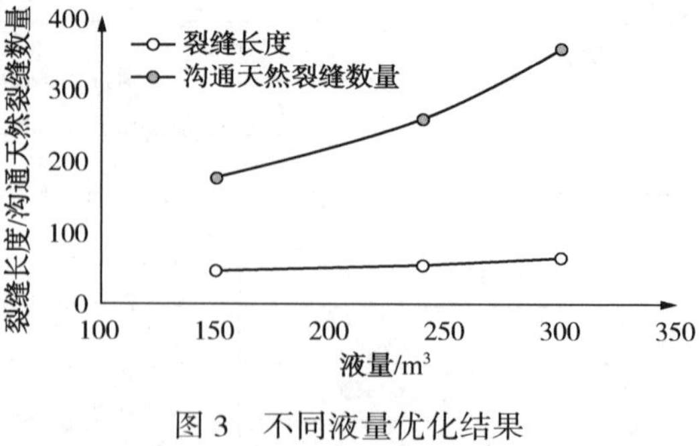

图 3　不同液量优化结果

由图 3 可知，随着液量增大，裂缝总长、沟通天然裂缝数量明显增加，由于该井距离断

层较近，为了控制裂缝规模，建议液量选择 240m³。

5 结论

（1）对海上首个大型砂岩、碳酸盐岩混积裂缝型油藏缝网酸压改造技术进行了初步探索，借助低黏流体水力作用错开、张开天然裂缝，依靠酸液溶解天然裂缝中的填充物，并在一定程度上刻蚀裂缝，达到激活天然裂缝、提高缝网导流能力的目的；通过自转向酸体系提高缝口或缝内压力，强迫后续流体转向，开启并沟通更多的天然裂缝，最后通过闭合酸体系提高裂缝入口端酸蚀裂缝导流能力。

（2）工艺选择以滑溜酸+胶凝酸+转向酸+闭合酸组合效果最优，酸蚀后可明显形成错综交叉的高导流缝网。体系选择充分利用碳酸盐岩优势，主体酸采用不含氟酸压体系，溶蚀率可达 60%，避免二次沉淀风险，转向酸采用 ves 自转向酸体系，均匀改造的同时形成复杂缝网。

（3）A-1 井增大排量至 $6m^3/min$，酸液用量控制在 $240m^3$，可明显沟通更多天然裂缝，获得最优改造体积；通过增大前置液比例、酸液黏度，可显著优化裂缝摩阻，获得最优酸蚀裂缝形态。

参 考 文 献

[1] 刘平礼，黄晶，幸雪松，等．超高温裂缝性变质片麻岩凝析油气藏缝网酸压改造技术——以海上 A 气田太古界潜山储层为例[J]．天然气工业，2021，41(12)：73-80.

[2] 陈祥，赵立强，李小凡，等．海上致密砂岩气藏体积酸压技术研究[J]．油气藏评价与开发，2020，10(05)：120-126.

[3] 范白涛，陈峥嵘，姜浒，等．中国海油非常规和海上低渗储层压裂技术现状与展望[J]．中国海上油气，2021，33(04)：112-119.

[4] 王元庆，林长志，王连生，等．低渗碳酸盐岩储层深度酸化酸液体系优选与评价[J]．地质科技情报，2014，33(1)：100-105.

[5] 李宪文，侯雨庭，古永红，等．白云岩储层酸蚀裂缝导流能力实验研究[J]．油气地质与采收率，2021，28(1)：1-7.

[6] 王玉芳，杜建军，牛新年．碳酸盐岩酸压裂缝导流能力随缝长变化规律研究[J]．地质力学学报，2015，21(4)：546-554.

[7] 王明星，吴亚红，孙海洋，等．酸液对酸蚀裂缝导流能力影响的研究[J]．特种油气藏，2019，26(5)：153-158.

[8] 冯炜，杨晨，陶善浔，等．碳酸盐岩酸蚀裂缝表面形态特征的实验研究[J]．岩性油气藏，2020，32(3)：166-172.

[9] 张磊，赵凤兰，舒俊峰，等．碳酸盐岩油藏用新型乳化酸酸岩反应研究[J]．钻井液与完井液，2013，30(1)：63-65，68.

[10] 赵立强，陈祥，山金城，等．注水井螯合酸复合解堵体系研究与应用[J]．西南石油大学学报(自然科学版)，2020，42(3)：123-131.

第一作者简介：王子权(1996—)，男，增产措施助理工程师，2018 年毕业于中国石油大学(华东)石油工程专业，2021 年毕业于中国石油大学(华东)油气田开发专业，获工学硕士学位，现从事酸化压裂相关工作。工作单位：中海石油(中国)有限公司天津分公司。地址：天津市滨海新区海川路 2121 号渤海石油管理局 B 座。E-mail：wangzq28@cnooc.com.cn，电话：13114960623。

致密砂岩渗吸增能多尺度体积压裂技术研究——以B280井为例

崔连可　卢丹阳　魏媛茜　刘洪涛　王树森

（中国石化河南油田分公司石油工程技术研究院）

摘　要　泌阳凹陷毕店鼻状构造核桃园Ⅶ-Ⅷ油组单纯依靠基质的渗流，难以达到增产效果，需按非常规思路造复杂缝，实现储量升级。通过优选B280井开展针对性的攻关研究，针对该井地层压力系数低、天然裂缝发育、滤失量大、存在砂堵风险的特点，采取“补液增能、控缝扩远、暂堵促缝、增大泄油气面积”的压裂思路。一是在前置液阶段通过注入大量补能液进入基质孔隙，提高孔隙压力，改善地层孔隙度和渗透率，促进压后效果；二是采用滑溜水扩缝，冻胶携砂造主缝的体积压裂思路，实现了裂缝系统的全支撑；三是配套适时暂堵工艺，进一步提高裂缝复杂程度，扩大储层改造体积。该技术在B280井得到成功应用，压后效果显著，实现了低渗透致密裂缝性储层的高效改造。

关键词　泌阳凹陷　致密砂岩　补液增能　体积压裂

1　前言

南襄盆地泌阳凹陷中南部古城鼻状构造倾没端位于河南省唐河县毕店乡，深层系发育一套致密油气储层，第三系核桃园组H3Ⅶ-Ⅷ油组为主要含油层系，但产能一直未得到有效突破，急需落实该区储量规模，拓展深层致密砂岩油气向西北部的勘探空间。

核桃园Ⅶ-Ⅷ油组层系具有储层物性差，地层压力系数低，储层岩石致密，压裂改造裂缝延伸难、造缝效率低，砂堵风险大等特点。为改造储层条件，拓展深层致密砂岩油气向北部的勘探空间，采取地质工程一体化研究，确定优势区域优势层段。

2　压裂难点及思路

B280井压裂需考虑两个难点问题：(1)物性差(孔隙度0.1%~2.2%，渗透率1mD)，地层压力系数低(0.77)、依靠基质渗流，难以达到后期增产效果，需通过非常规思路造复杂缝，提高缝控面积，才能实现储量的升级。(2)B280井以往压裂过程中发生了砂堵，认为储层天然裂缝发育，滤失量大、存在砂堵风险。

针对油井特性取得的几点认识：①储层为裂缝性储层，压裂液滤失大，导致形成的缝宽比较窄，表现为应力对砂比敏感，加砂困难。②以往对裂缝性储层认识不清，针对性措施不成熟。一方面粉陶加量偏少，降滤效果差；另一方面主压裂采用了20/40目陶粒，与形成的缝宽不匹配，也是造成砂堵的原因之一。③随着目前压裂工艺技术水平提升，同时借鉴裂缝性储层成功实施经验，针对B280井砂堵采取以下措施：采用逆混合压裂液体系造缝设计

(冻胶+滑溜水)，增加前置液比例，确保携砂及造缝性能。采用三级粉陶段塞，增大粉陶用量，降低液体滤失，同时有效封堵微缝。选取 3 种粒径支撑剂组合工艺实现裂缝系统全支撑，70/140 目+40/70 目+30/50 组合。段塞式加砂工艺，适时泵注中顶液，提高施工成功率。

为此，采取非常规改造思路，确定了“增能补液、控缝扩远、暂堵促缝、增大泄油气面积”为核心的压裂工艺。

3 压裂配套工艺

前置渗吸增能工艺：压裂前注入大量补能液进入基质孔隙，提高孔隙压力，实现岩石微观损伤。连通的孔隙和喉道数增加，孔隙和喉道尺寸变大，地层孔隙度和渗透率会有较大提高(图 1)，宏观尺度上通过随着孔隙压力的提高，主应力差值随之降低，进而降低了复杂裂缝形成难度，诱发形成大量的微裂缝，同时添加的渗吸剂，可自由进入细小孔喉，改变岩石润湿性，提高洗油效率，可以有效置换微孔隙内的油流，提高压后效果。通过开展岩心渗吸置换实验，HNR-3 表面活性剂的渗吸置换效率最高(4. 11%)(图 2)。

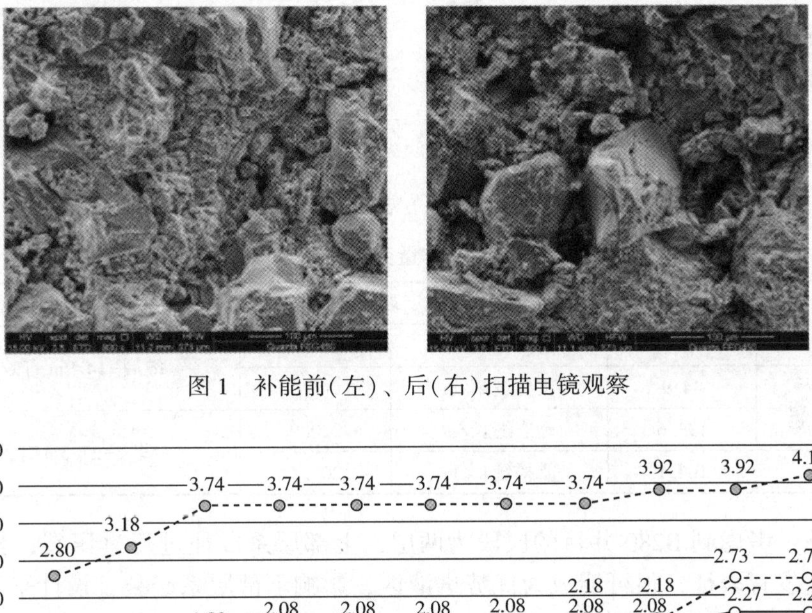

图 1　补能前(左)、后(右)扫描电镜观察

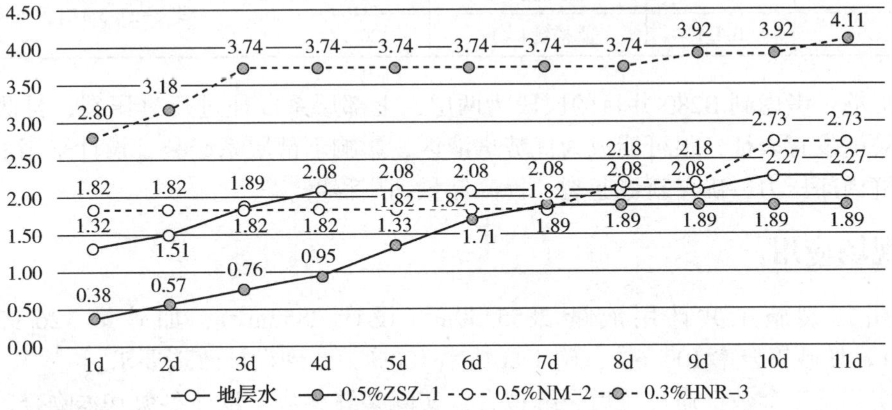

图 2　不同渗吸剂下岩心渗吸置换率

多尺度体积压裂：低黏滑溜水沟通微缝，高黏液形成主缝，大排量提升净压力，促使裂缝转向，形成复杂缝；小粒径支撑剂充填微缝，中粒径充填支缝，大粒径充填主缝，形成裂缝系统全支撑。采用低黏度压裂液造缝，能有效控制裂缝高度的延伸，兼顾加砂要求，采用变黏度压裂液；采用低排量造缝，可有效控制逢高，兼顾加砂要求，采用变排量压裂技术

(图3、表1)；高黏度压裂液+大排量+大粒径支撑剂(30/50 目)+高砂比(20%~40%)，形成高导流主缝(图4)。

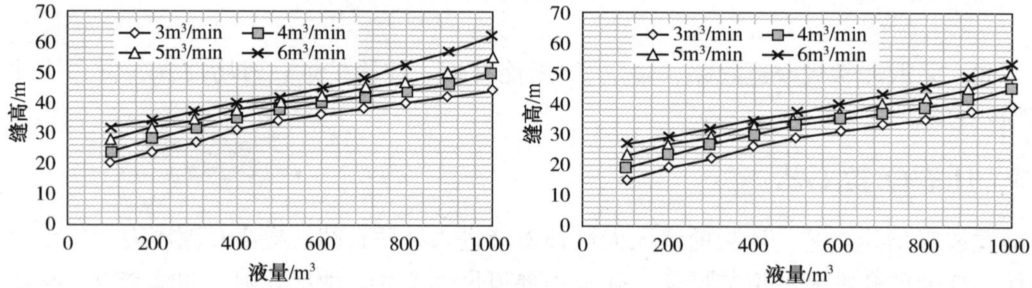

图3 高黏度(左)、低黏度(右)压裂液不同排量缝高图

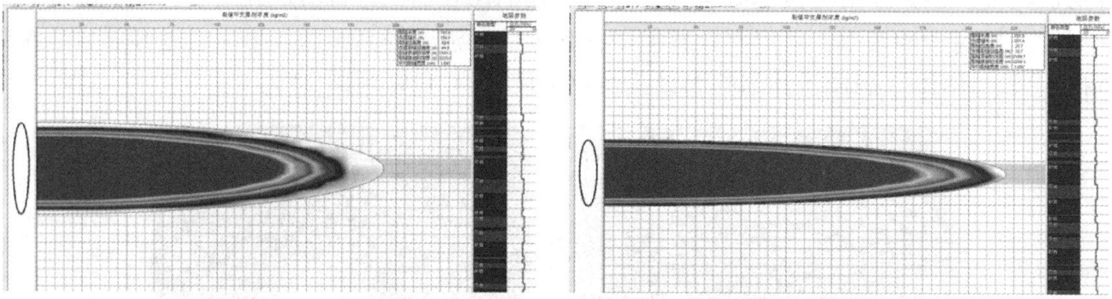

图4 常规压裂裂缝铺置剖面(左)与变排量变黏度裂缝铺置剖面(右)

表1 常规压裂与变排量变黏度裂缝参数对比表

常规压裂裂缝参数		变排量变黏度裂缝参数		变化情况
动态缝高/m	52.6	动态缝高/m	37.7	缝高-14.9m 有效支撑 10%
支撑缝高/m	44.9	支撑缝高/m	35.7	
动态缝长/m	193.6	动态缝长/m	220.9	缝长+27.3m 有效支撑 9%
支撑缝长/m	164.1	支撑缝长/m	207.4	

暂堵促缝：考虑到B280井目的层段为两层，上部层系以往进行过压裂，且测井曲线有较明显的裂缝发育表征，很可能成为优势进液区，影响下部层系起裂，设计采用前置投球工艺，提高缝内净压力，确保新缝起裂，提高储量动用程度。

4 现场应用

B280井压裂施工共计用液量2855.59m³(设计2852m³)，加砂量126.92m³(设计126.12m³)。加砂符合率100.6%，施工成功率100%，达到设计改造要求。

利用实际施工参数，通过压后裂缝拟合，实际裂缝参数与设计参数基本吻合，缝长获得较好的延伸，支撑剂基本都增加在储层有效范围内。同时通过净压力拟合，B280井净压力提升16~24MPa，有多缝开启显示，表明改造充分。该井压后成功试获高产油气流，累计出液4453.0m³，累计产油694.5m³，实现了毕店前缘致密砂岩突破，拓展了深层致密砂岩油气向西北部的勘探空间。

5 结论与建议

（1）压前注入大量补能液，提高了孔隙压力，诱发形成了大量的微裂缝；

（2）通过黏度、排量及粒径变化，形成多尺度裂缝和裂缝全支撑。采用逆混合压裂和多粒径充填，保证造缝效率和裂缝有效匹配；

（3）B280井的成功应用，表明"补液增能、控缝扩远、增大泄油气面积"为核心的压裂工艺思路是具有针对性的，可在该区块进一步推广应用。

参 考 文 献

[1] 陈祥，陈代林，等．泌阳凹陷低孔低渗油气藏压裂技术研究与应用[J]．河南石油，2002(06)：43-45.

[2] 邢德钢，崔连可，等．泌阳凹陷陆相页岩复杂裂缝起裂及扩展研究[J]．石油地质与工程，2021，35(02)：93-97.

[3] 章新文，朱景修，等．泌阳凹陷安棚深层系致密砂岩油气综合评价[J]．石油地质与工程，2013，27(06)：1-4.

[4] 王振铎，王晓泉，等．在压裂改造中加深对砂岩储层天然裂缝发育状况的认识[J]．钻采工艺，2002(03)：6.

[5] 周彪，郭布民，等．深层砂岩储层可压裂性分析模型建立及应用[J]．非常规油气，2021(06)：91-97.

[6] 刘之的，李高仁，等．致密储层可压裂性测井评价方法研究[J]．测井技术，2017(02)：205-210.

[7] 黎明，梁丽梅，等．安棚深层系致密砂岩有效储层识别与评价[J]．石油地质与工程，2014，28(03)：16-19.

[8] 龚银忠，胡书奎，等．安棚深层系储层裂缝对开发的影响及对策[J]．石油地质与工程．2010(05)：76-79.

[9] 崔健，张军，等．储层裂缝预测方法研究[J]．重庆科技学院学报(自然科学版)．2008(01)：5-8.

[10] 王国鹏，郑浚茂，等．泌阳凹陷安棚鼻状构造的沉积成因及裂缝分布[J]．石油学报．2005(02)：38-41.

[11] 王振奇，张昌民，等．安棚深层系扇三角洲低渗致密砂岩储层综合评价[J]．江汉石油学院学报．2002(03)：1-6.

第一作者简介：崔连可(1991.04—)，男，河南濮阳，河南油田石油工程技术研究院压裂酸化研究所，助理研究员，主要从事压裂工艺研究，河南省南阳市宛城区鼎盛大道与老界岭路交叉口河南油田南阳基地，E-mail：122708860@qq.com，联系电话：17839558825。

红星高模量储层压裂影响因素及工艺优化研究

易招波

（江汉油田石油工程技术研究院）

摘　要　针对红星二叠系吴家坪组储层纵向灰岩隔夹层发育，非均质性强、平面裂缝变化大，导致施工过程中动态滤失大，缝宽窄，进而引发曲线压力高、波动大、频次多的“三敏感”（排量敏感、粒径敏感、砂比敏感）特征，工艺以“降压—控滤—扩体积促复杂”为改造思路，通过一系列针对性工艺优化，初步形成“适度切割+控滤促缝+小粒径强支撑”的主体工艺，实现了纵向及横向的充分改造，裂缝复杂度有所提高，工艺适应性较好，为下步红星区块井组开发压裂工艺提供重要参考依据。

关键词　红星高模量　动态滤失大　一体化在线变黏　小粒径支撑

红星地区主体位于湖北省利川市、重庆市石柱县境内，构造上处于川东高陡褶皱带石柱复向斜，面积 $3000km^2$，主要勘探潜力层系为二叠系茅四段—吴二段，储层页岩具有碳酸盐岩含量更高、硅质含量低的特征。石英含量 47%～50%，碳酸盐含量 30%～35%，黏土含量 10%～15%，碳酸盐岩纵向呈层状分布，形成一定的应力隔层，增加压裂难度。吴二段储层总厚度为 19.1m，综合储层岩性、物性及含气性，评价认为吴二段③～⑤小层品质最优厚度 15.8m，为压裂改造的重点层位，优质厚度偏薄。其中 4500m 以浅有利区面积 $1440km^2$，资源量 $4330\times10^8m^3$。前期该区已压裂 5 口井，完成试气 4 口，测试产量 $(4.5\sim15.12)\times10^4m^3/d$，各井测试产量差异较大。通过开展该区已施工井改造效果影响因素分析及针对性工艺优化，提高整体改造效果，为红星地区的产能建设奠定了坚实的物质基础。

1　前期压裂改造难点

1.1　高模量、高抗压强度，反映硬而不脆的岩石特征，改造裂缝复杂度不足

红星区块杨氏模量 37～66GPa，泊松比 0.22～0.28，抗压强度 201～342MPa（表 1），岩石硬度大、抵抗变形能力强。岩心三轴加载条件下，应力应变曲线显示需经历一段能量聚集释放过程后发生断裂破坏（图 1），塑性特征较为明显。现场施工曲线特征与三轴应变曲线呈现一致现象，人工缝压降不明显或经历较长时间出现小幅度压降（图 2），地层需蓄能一段时间才能发生破坏。

表 1　岩心岩石力学参数统计

层位	红页 B			红页 A		
	泊松比	弹性模量/GPa	抗压强度/MPa	泊松比	弹性模量/GPa	抗压强度/MPa
⑤	0.237	58.5	146.97	0.262	66.1641	342.788
④				0.282	44.864	323.547
③	0.235	58.8	313.6	0.237	37.256	201.854
③	0.267	59.1	292.3	0.229	38.2881	174.497

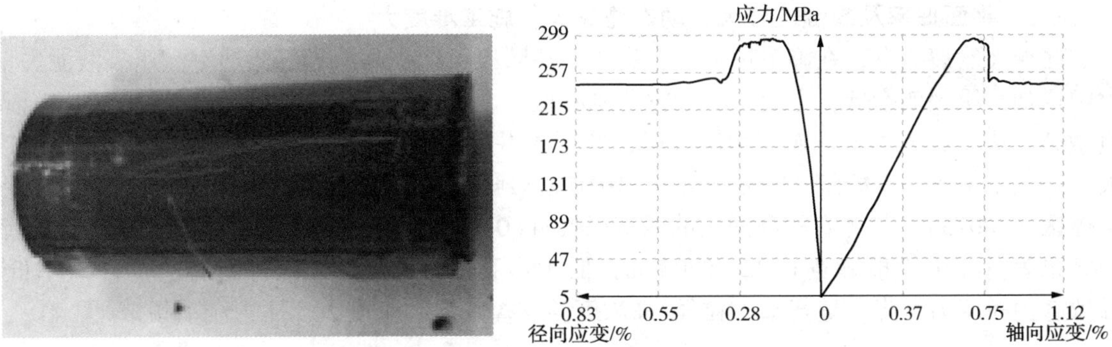

图 1　红页 A 井三轴破裂特征及应力应变曲线

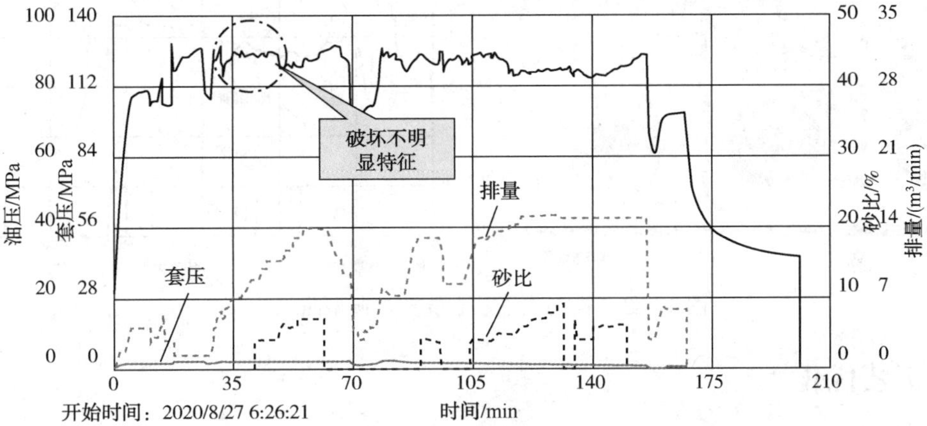

图 2　红页 A 压裂第 5 段施工曲线图

与焦石坝海相页岩相比，红星吴二段目的层段岩心破裂模式及形态特征存在明显差别，红星吴家坪组：沿层理面的劈裂破坏几率大幅降低，且未贯穿试样，反映层理胶结强度高、开启难度增大。试样呈剪切破坏，层理呈部分张开状态，但整体破裂模式趋于单一化。

1.2　纵向岩性复杂，凝灰岩薄层发育，穿层困难，改造体积不足

红星区块二叠系碳酸盐含量高，吴家坪组碳酸盐岩纵向上局部成层形成应力隔层，隔夹层岩性表现为“碳酸盐岩+凝灰岩”组合，尺度为“米级+分米级+厘毫米级”为主，③小层毫米级和厘米级凝灰岩夹层发育，页理最发育，④、⑤小层夹层多为分米级泥质灰岩，页理较为发育。导致纵向上岩性、应力非均质性强，不同小层破裂形态及缝宽存在差异，裂缝纵向扩展难度大。通过物模+数模对高硅质、均质储层裂缝扩展及支撑剂铺置效果好(图 3)。

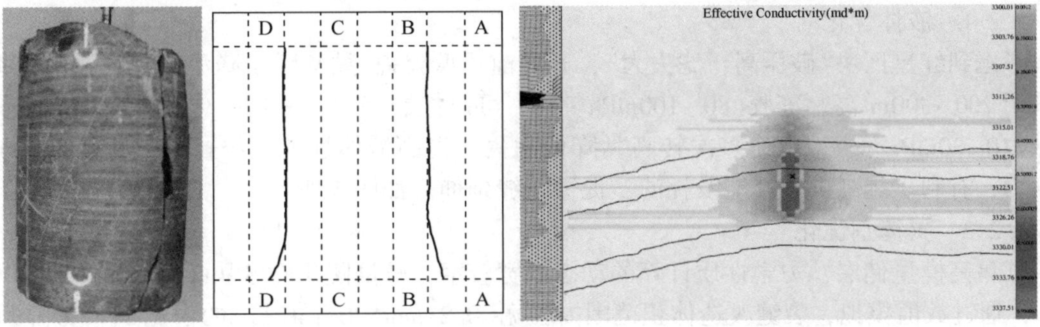

图 3　高硅质、均质储层裂缝扩展的物模及数模图

1.3 平面曲率及裂缝差异大，动态滤失大，施工难度大

区域天然裂缝发，在施工过程中，高压泵注阶段可能提高层理缝渗透率，压裂液滤失量大幅增加，压裂效率低，主缝长、缝宽急剧降低，表现出持续高压，且对砂粒径、砂比、砂量敏感。从红页A井现场施工情况分析，红页A井30min压力降20~23.5MPa，泵压降迅速大，远大于主体区五峰组30min压降7~10MPa。压降分析滤失系数(0.0029)远大于焦石坝主体区(0.0015)，与焦石坝高滤失的西南区接近(0.00195~0.00233)。在高滤失特征下，数模结果表明红星模拟缝宽0.02~0.03dm，低于焦石的0.034dm，液体造缝、携砂效率低，导致缝内净压力下降，缝宽窄，粒径/高浓度的支撑剂运移难度大，压力波动频繁(图4)。

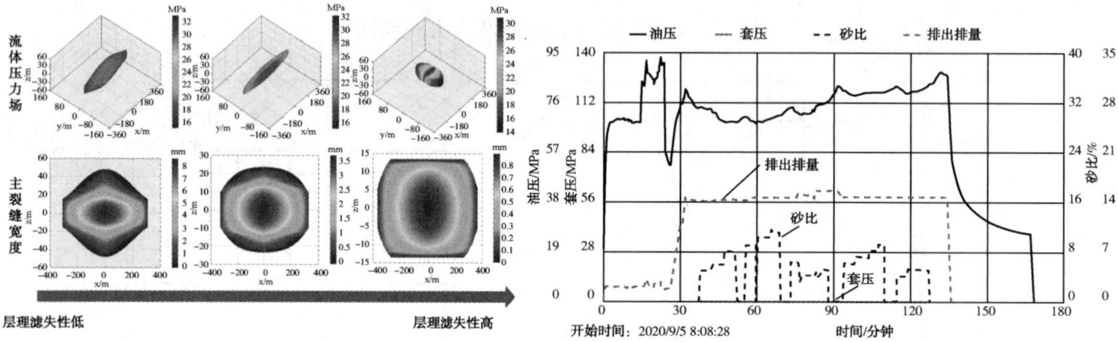

图4 红星高滤失下动态缝宽及典型曲线特征

2 工艺优化

2.1 基础机理提升

吴二段属于一套深水陆棚相页岩，整体处于川东高陡褶皱带石柱复向斜，纵向非均质性强，造成区域滤失大、缝宽受限、施工难度高。纵向上受隔夹层数量/厚度、灰岩含量的变化，施工曲线特征存在差异，而纵向③上~④中为高硅、隔层少，相对均质的储层，曲线表现平稳、加砂顺畅，压后评估显示改造效果相对好，明确了硅质含量相对最高，高声波，低密度，且灰岩、凝灰岩夹层、层理缝弱发育井段为地质工程双甜点。

2.2 工艺参数优化

针对储层厚度薄、硬度大、破裂形态单一、滤失大、纵向非均质性强的特点，结合红页A井的前期施工认识，根据裂缝破裂-延伸主控因素(穿行层位、裂缝、埋深、非均质性)，围绕保证能施工、保证能复杂、保证能稳产三大要素，初步形成高效压裂工艺。开展前置降滤、促缝扩体、高效铺置的工艺优化。

2.2.1 液体优化

考虑到红星区块“破压高，滤失大”，开展前置瓜胶+高黏减阻水降滤促缝，数值模拟显示采用200~300m^{3}高黏冻胶(80~100mPa·s)，可以控制滤失；采用一体化减阻水实现实时变黏(10~30mPa·s)，中途多次转高黏降低滤失，提高液体性能，维持全过程较好的缝内净压力，有利于提高携砂性能及控滤，促进裂缝延伸。如图5所示。

2.2.2 支撑剂优化

红星高模量储层，力学性质计算的动态缝宽较窄，较涪陵焦石区块裂缝缝宽降低50%~60%，通过数值模拟，裂缝改造体积范围内缝宽>0.21mm(70/140目)的占比17.2%(图6)，室内实验开展不同支撑剂导流能力显示，在红星高闭合压力下70/140目导流能力与40/70

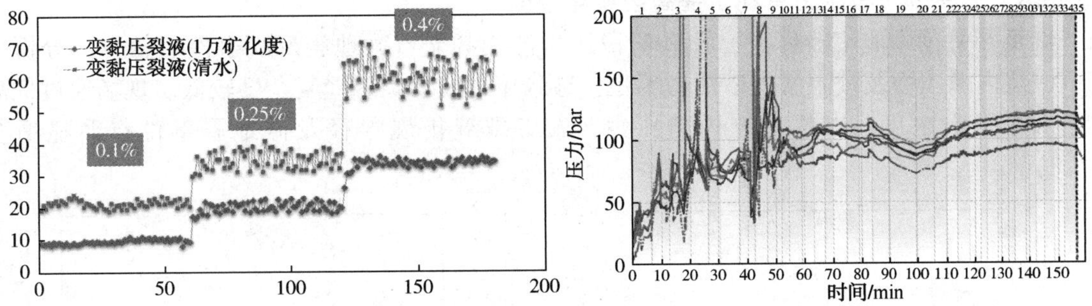

图 5　实测减阻水性能及缝内净压力变化图

目相差不大，从而优化了支撑剂组合，提高升 70/140 目小粒径支撑剂占比达 80%(图 7)。

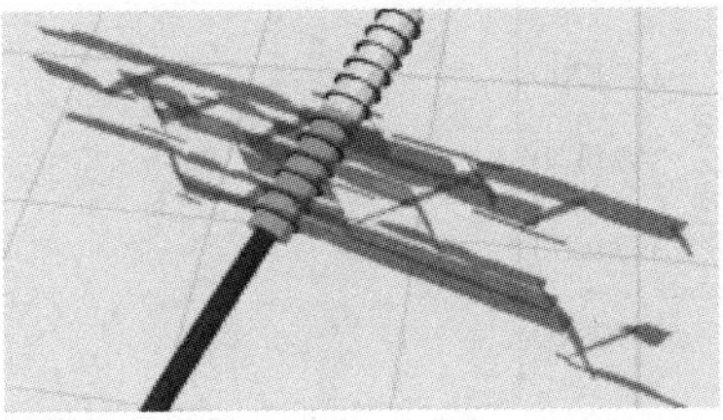

缝宽/mm	占比/%
d>0.21	17.2
0.21>d	82.8

图 6　红星储层裂缝不同裂缝宽度分布

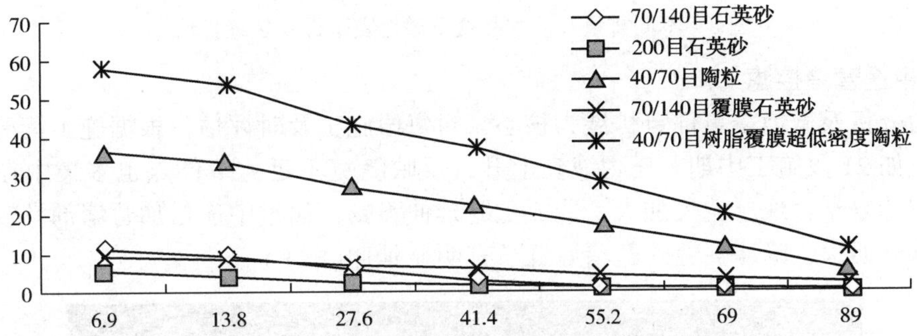

图 7　不同支撑剂导流能力实验

2.2.3　泵注程序优化

在液体组合方面，前置高黏冻胶充分造缝、线性胶携带低砂比中砂强化裂缝深部支撑，前置暂堵封堵近井微裂缝，改善裂缝扩展中缝宽变窄的现象，中期采用一体化变黏减阻水，满足促复杂扩缝长的需求，后期高砂比阶段采用高黏减阻水，提高近井导流能力。在加砂方式方面，初期采用长段塞粉砂充分降滤打磨，中后期采用“段塞式低砂比+长段塞高砂比”的加砂方式。在缝内暂堵方面，现场根据施工情况，施工中期可投加缝内暂堵剂，进一步降低裂缝动态滤失，促进中远端裂缝转向，提高缝网复杂度。

3　现场实施

红页 C 现场施工过程中初期施工难度相对较大，随着现场工艺不断的优化调整，坚持前置高黏液体充分造缝提升改造体积，提升减阻水黏度，中途暂堵控制裂缝动态滤失，小粒径强支撑保障有效渗流通道，初步形成“适度切割+控滤促缝+小粒径高效铺置”的主体工艺。

3.1 提高缝内净压力有利于提高裂缝复杂度

红页C井前期施工难度大，加砂阶段压力波动频繁，微地震反映事件点较少，分析缝宽窄，缝内净压力及减阻水携砂能力不足，导致压力波动，裂缝复杂度较低。现场通过提高排量及减阻水浓度，以提升缝内净压力，人工裂缝扩展半径及微地震事件点明显增多(图8)。

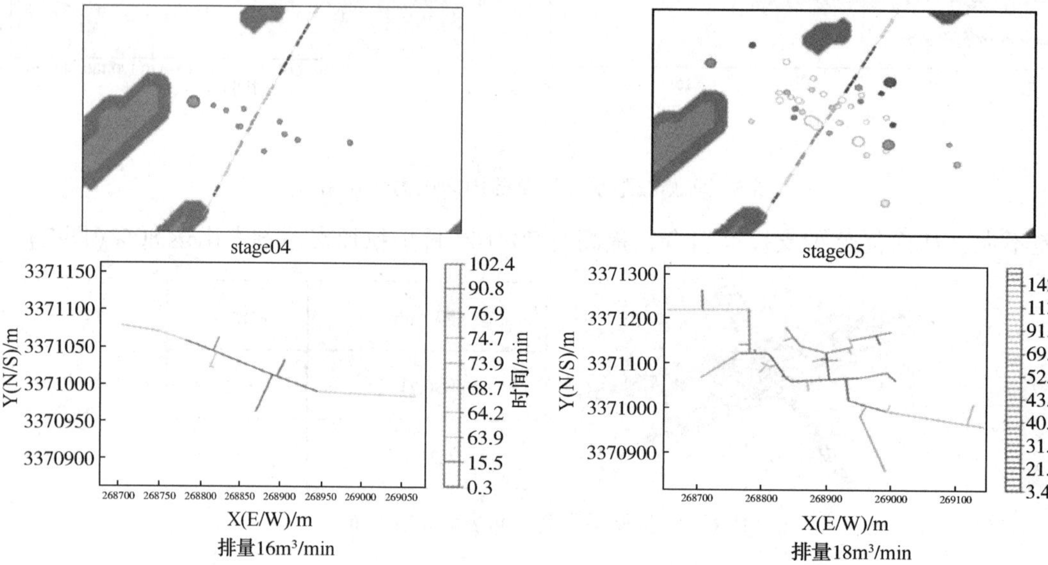

图8　不同排量及液体黏度下微地震事件及裂缝扩展

3.2 中途暂堵控滤

以压力分析及微地震事件点扩展为核心，对每段施工及时评估，根据施工情况及时优化暂堵工艺，如21段施工中期，压力波动上升，反映缝宽不足，事件点也多集中在近井筒附近，分析裂缝复杂，地层滤失加大，造成主缝延伸不畅，通过中途投加暂堵剂及转高黏减阻水，封堵部分通道，降滤促缝，暂堵后缝长有明显延伸(图9)。

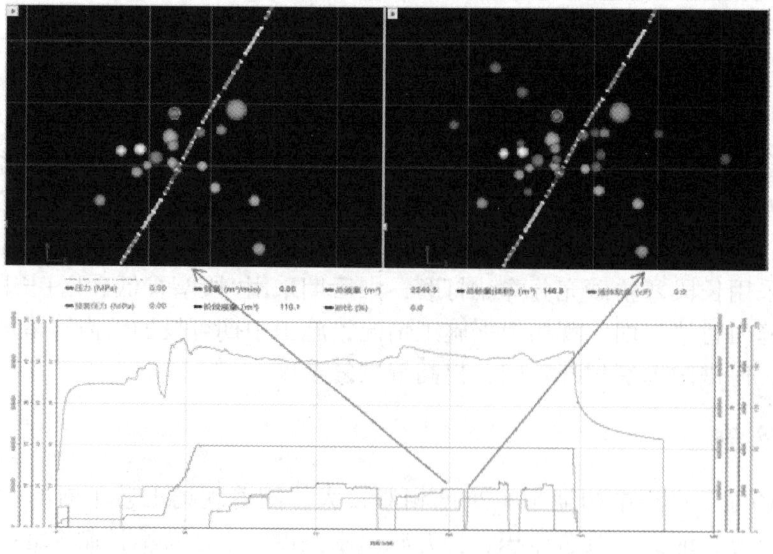

图9　高低黏交替注入及暂堵工艺裂缝扩展情况

3.3　改造效果评价

红页 C 井开展一段一策及压后反演裂缝形态的扩展指导工艺参数优化，曲线整体平稳，裂缝延伸顺畅，微地震显示随着工艺的不断优化，事件点逐渐增多，裂缝总缝长增长 20%（250↗310m），单段波及体积明显增大。压后 G 函数曲线以波动型曲线为主，复杂曲线占比由 70↗90%，平均加砂强度由 1.7t/m↗3.0t/m，布缝密度 6.5↗8.4 条/100m，裂缝改造体积及复杂度得到有效保障(图 10)。

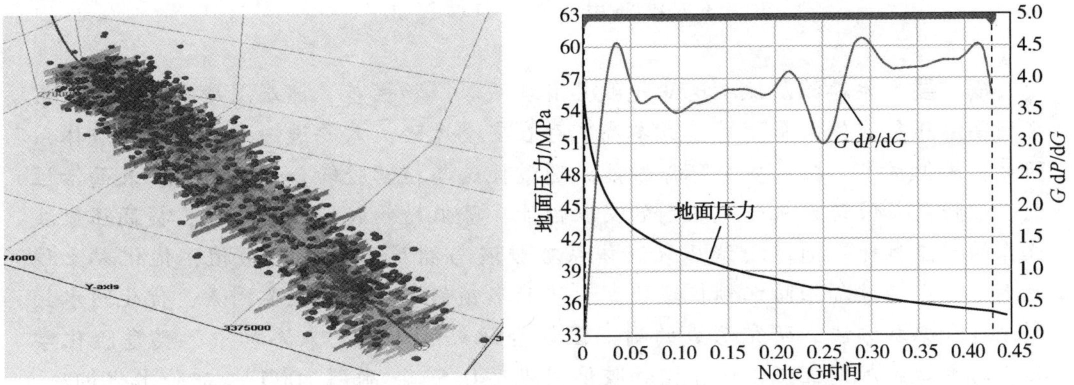

图 10　红页 C 井微地震事件点、反演体积及 G 函数特征

4　结论及认识

（1）针对红星区块多灰岩隔夹层，界面动态滤失大，缝宽窄，进而引发了高施工压力、排量敏感、砂比敏感等问题。现场工艺通过分阶段控滤促缝、多类型支撑剂优化组合、现场工艺实时调整，实现窄缝宽下多簇均匀改造，保障了改造体积及裂缝复杂度，形成了以“适度切割+控滤促缝+小粒径高效铺置”为主要特征的控滤失促复杂压裂工艺。

（2）下一步的工艺对策在坚持“适度切割+控滤促缝+小粒径高效铺置”主体工艺的基础上，针对于常压储层，提高裂缝复杂度，需增加裂缝数量，提高缝控储量，压裂工艺通过高密度高强度改造，实现开发井组产量突破。

参　考　文　献

[1] 曾凌翔，郑云川，等．页岩气水平井压裂改造多角度分析研究[J]．钻采工艺，2020(2)：22-23.

[2] 岑涛，夏海帮，等．渝东南常压页岩气压裂关键技术研究与应用[J]．油气藏评价与开发，2020(5)：35-36.

[3] 郭建春，路千里，刘壮，等．“多尺度高密度”压裂技术理念与关键技术—以川西地区致密砂岩气为例[J]．天然气工业，2023(2)：67-70.

第一作者简介：易招波(1985—)，男，重庆万州，江汉油田石油工程技术研究院，助理研究员，现从事储层改造方面工作，武汉市硚口区古田二路汇丰企业总部 5 栋 B 座，联系电话 18571714302。

耐高温缔合压裂液体系研究与应用

隋向云　贾云鹏　师　雷　陈紫薇　蒋艳娟

（大港油田石油工程研究院）

摘　要　大港深层低渗透油气藏具有埋藏深、物性差、储层温度高等特点，常规耐高温压裂液体系含甲醇，成本高，存在安全风险，需要进一步深化压裂液体系研究，降低成本，提高安全环保性能。通过优选与植物胶缔合好的多羟基表面活性剂，增强植物胶与无机硼交联剂的交联性能，降低植物胶的使用浓度，提高压裂液体系的耐温性能；通过测试压裂液体系破胶液与储层岩屑的 CST 值，优化黏土稳定剂浓度；通过加强防水锁机理研究，明确水锁伤害途径和主要因素，优化防水锁剂浓度和添加方法。研究形成的耐高温缔合压裂液体系，未添加甲醇类危险化学品，与常规添加剂配伍性好，植物胶使用浓度 0.5%，耐温 200℃，破胶水化彻底，残渣含量低，水锁解堵率大于 85%，降低压裂液体系综合成本 28.9%。现场实施 5 口井，施工成功率 100%，初期平均日增油 15.6t，日增气 $3\times10^4m^3$，取得了显著的效果，为深层低渗透油气藏提高产能提供了有力途径。

关键词　深层低渗透　耐高温　缔合压裂液　配伍性　防水锁

大港油田大于 4000m 的低孔低渗储层逐年增多，泥质含量高，部分储层温度超过 180℃，常规耐高温压裂液体系植物胶用量大，残渣含量高，易造成储层基质伤害；为了提高压裂液体系的耐温性能，需要添加甲醇等温度稳定剂，成本高，安全风险大，限制了该类体系的推广应用；为了提高深层低渗储层的改造效果，需要深化压裂液体系与储层的配伍性研究，降低伤害。

1　添加剂优选与配方优化

1.1　增稠剂优选

1.1.1　增稠剂浓度变化对水不溶物含量的影响

增稠剂的优劣直接影响压裂液的各项性能指标。增稠剂的增黏能力和水不溶物含量是影响压裂液流变性能和清洁程度的关键因素。国内外广泛开展增稠剂的研究，形成了羟丙基瓜胶系列、羧甲基瓜胶系列、纤维素系列等增稠剂。目前国内广泛应用的还是羟丙基瓜胶，分析认为，羟丙基瓜胶黏度高，水不溶物含量较低、环保，其他增稠剂虽然各具特色，但是在稳定性和耐温性能以及交联剂选择方面目前还不成熟。为此，还是基于羟丙基瓜胶系列增稠剂不同品种和浓度的研究筛选见表 1、表 2。

表 1　增稠剂筛选

名称	浓度/%	水不溶物含量/%
羟丙基瓜胶 1	0.5	6.47
羟丙基瓜胶 2	0.5	5.89

续表

名称	浓度/%	水不溶物含量/%
羟丙基瓜胶 3	0.5	4.32
改性瓜胶	0.5	2.69

表 2　不同浓度增稠剂水不溶物含量评价结果

植物胶	浓度/%	水不溶物含量/%
羟丙基瓜胶 3#	0.35	3.31
	0.45	3.78
	0.5	4.35
	0.55	4.92
改性瓜胶	0.35	1.81
	0.45	2.31
	0.5	2.72
	0.55	3.01

实验数据显示，不同的羟丙基瓜胶水不溶物含量是不同的，为了有效提高压裂液清洁程度减少压裂液残渣含量，选择水不溶物含量低的增稠剂；增稠剂用量不同其水不溶物含量也不同，用的量越少，水不溶物含量也越低，可有效提高压裂液的清洁程度。

1.1.2　增稠剂浓度优选

实验数据显示，一方面低的增稠剂浓度可有效降低植物胶水不溶物含量；另一方面增稠剂浓度是影响压裂液黏度的关键因素，过低浓度的增稠剂形成的压裂液其流变性能无法满足现场实施的要求。

（1）不同浓度增稠剂的表观黏度见表 3。

表 3　不同浓度增稠剂的表观黏度数据表

植物胶	浓度/%	表观黏度/mPa·s
羟丙基瓜胶 3#	0.35	38
	0.45	45
	0.5	52
	0.55	71
改性瓜胶	0.35	42
	0.45	57
	0.5	72
	0.55	89

（2）不同增稠剂浓度对压裂液黏度的影响。

以 150℃ 为例优选低伤害压裂液增稠剂浓度。目前常规 150℃ 压裂液增稠剂浓度为 0.65%，按照不同的下降比例研究压裂液黏度的变化。实验条件：150℃，$100s^{-1}$，剪切 120min。

实验结果表明，增稠剂浓度增加，压裂液黏度随之增加，当增稠剂浓度为 0.5%时，黏度为 11mPa·s；当增稠剂浓度为 0.55%时，压裂液黏度达到 20mPa·s，黏度增加较低，不能满足压裂施工的需要。

1.2　多羟基表面活性剂优选

研究表明，加入多羟基表面活性剂可以改善瓜胶在水中的亲水性，降低空间位阻，达到快速起黏、提高耐温能力的目的。因此优选了 5 种表面活性剂，按相同的浓度加入到压裂液体系中，测试压裂液体系的耐温耐剪切性能。见表 4。

表 4　不同添加剂下瓜胶压裂液的性能指标

表面活性剂	浓度/%	0.35%瓜胶黏度/mPa·s	交联时间/s	150℃压裂液黏度/mPa·s
未添加表面活性剂	—	33	20	25
羧酸基	0.05	35	11	19
磺酸基	0.05	34	9	16
多羟基	0.05	40	54	68
胺基$_2$	0.05	43	3	23
醚基	0.05	17	不交联	—

结果表明，多羟基表面活性剂可大幅提高压裂液耐温能力，交联时间合理，因此确定为多羟基表面活性剂缔合压裂液用表面活性剂。

1.3　压裂液配方优化

压裂液体系中瓜胶浓度降低，可交联基团减少，与现有交联剂有效交联减少，黏度下降，添加多羟基表面活性剂改善了交联环境，提高低浓度瓜胶有效交联基团，为了确定三者间的用量大小相互影响关系，为配方优选提供依据，进行了三因素三水平正交试验。经过多次试验研究，确定了表 5 中三种因素的三个水平，优选表 6 中的实验方案，依据《水基压裂液性能评价方法》(SY/T 5107—2016)中压裂液耐温耐剪切能力测试方法进行 150℃下体系性能测试，取 120min 体系黏度为实验结果，确定三因素的最优水平和三因素对体系黏度影响大小顺序。

表 5　五种物质的水平

添加剂	改性瓜胶/%	交联剂/%	多羟基表面活性剂/%
水平 1	0.3	0.45	0.05
水平 2	0.35	0.50	0.08
水平 3	0.4	0.55	0.12

表 6　正交试验结果

试验号	改性瓜胶/%	交联剂/%	多羟基表面活性剂/%	黏度/mPa·s
1	0.3	0.45	0.05	20
2	0.3	0.50	0.08	32
3	0.3	0.55	0.12	45
4	0.35	0.45	0.08	36

续表

试验号	改性瓜胶/%	交联剂/%	多羟基表面活性剂/%	黏度/mPa·s
5	0.35	0.50	0.12	72
6	0.35	0.55	0.05	48
7	0.40	0.45	0.12	61
8	0.40	0.50	0.05	52
9	0.40	0.55	0.08	95
K1	97	117	120	—
K2	156	156	163	—
K3	208	188	178	—
R	111	71	58	—

由表5、表6可以看出，150℃压裂液体系中三因素的最优水平分别为：0.40%改性瓜胶、0.55%交联剂、0.08%多羟基表面活性剂，三因素浓度对压裂液体系黏度影响最大的是改性瓜胶浓度，接下来是交联剂和多羟基表面活性剂，从极差结果大小可以看出，交联剂和多羟基表面活性剂对体系黏度影响相差小。

1.4 添加剂对压裂液黏度的影响

为了赋予压裂液优良的性能，加入多种不同的功能添加剂，这些添加剂对我们研发的这种缔合型压裂液体系存在什么样的影响，是否破坏其交联和破胶，进一步做了对比实验。见表7、表8。

实验数据表明，缔合型压裂液体系与常规压裂液的添加剂完全配伍，添加剂对其交联反应没有产生不利影响。

表7 添加剂对压裂液黏度的影响

项目	基液黏度/mPa·s	交联时间/s	压裂液黏度/mPa·s
增稠剂+交联剂	55	69	90
增稠剂+添加剂+交联剂	58	82	104

表8 不同温度下压裂液配方水化破胶结果

项目	温度/℃	破胶时间/h	残渣/(mg/L)	破胶液黏度/mPa·s	表面张力/(mN/m)
未加添加剂配方	150	6	182	1.79	25.5

1.5 压裂液体系综合性能评价

1.5.1 压裂液耐温耐剪切能力

依据标准，对不同温度下压裂液耐温耐剪切性能进行评价。图1~图3数据显示，160~200℃压裂液黏度均大于50mPa·s，完全可以满足压裂施工需要。

1.5.2 破胶水化性能

一套优良的压裂液体系不仅要具有良好的黏温性能，还要能够破胶彻底，破胶液黏度低。因此对不同温度下的压裂液配方进行水化破胶，并测试相应的破胶剂黏度，具体结果见表9。

表 9　不同温度下压裂液配方水化破胶结果

温度/℃	破胶时间/h	残渣/(mg/L)	破胶液黏度/mPa·s	表面张力/(mN/m)	界面张力/(mN/m)
150	4	159.23	1.96	24.9	1.2
160	6	148.47	1.86	25.0	1.33
180	6	181.42	1.75	24.7	1.34
200	6	209.6	1.73	24.8	1.51

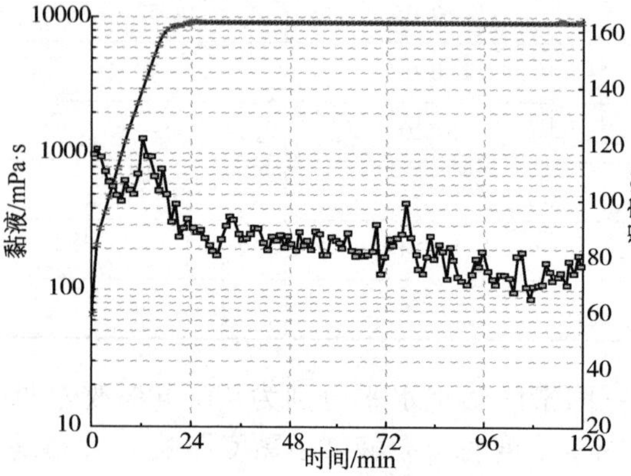

图 1　160℃压裂液黏温曲线

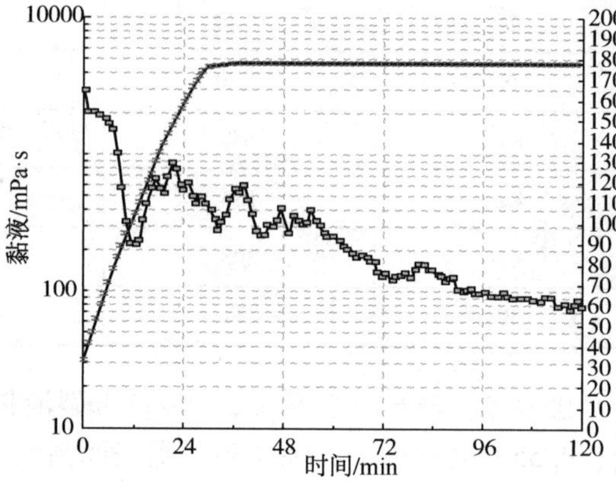

图 2　180℃压裂液黏温曲线

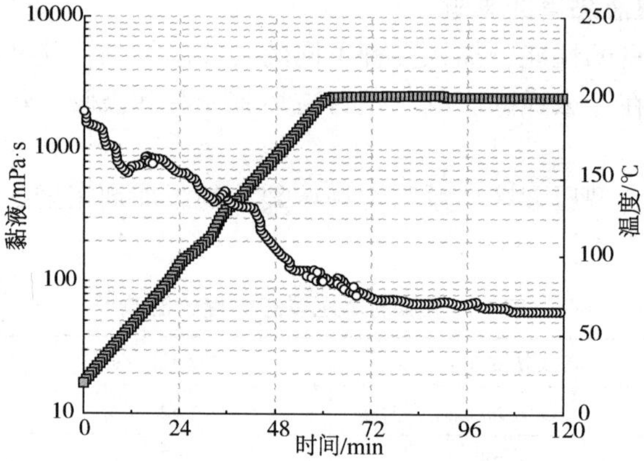

图 3　200℃中黏度压裂液黏温曲线

1.5.3　滤失性能

压裂液滤失系数越低，压裂液对储层的滤失伤害也越低。分析认为，低伤害压裂液残渣含量低，通过实验评价低伤害压裂液造壁性滤失性能(表 10)。实验数据显示低伤害压裂液造壁性滤失系数低于常规植物胶压裂液，分析认为：由于表面活性剂的加入使交联剂充分利用了与植物胶的交联位置，形成了更大的分子结构，有效降低了压裂液滤失。

表 10　静态滤失系数实验数据表

试验温度	静态滤失系数/(m/min$^{1/2}$)
150℃	4.01×10^{-4}
160℃	3.82×10^{-4}
180℃	3.71×10^{-4}
200℃	8.92×10^{-4}

2 防膨剂与储层配伍性评价方法

目前行业推广的防膨剂与储层配伍性评价方法有 2 种。《水基压裂液技术要求》(SY/T 7627—2021)对滑溜水、线性胶和交联冻胶破胶液防膨率要求大于等于 60%，该类方法单纯从压裂液体系性能出发，比较笼统，与具体储层关联性小。《页岩气 压裂液 第一部分：滑溜水性能指标及评价方法》(NB/T 14003. 1—2015)规定滑溜水破胶液的 *CST* 比值<1. 5，该种方法首先将目的层岩屑用清水洗掉杂质，然后烘干粉碎，筛选 30~70 目的岩屑颗粒；然后制备含有防膨剂和不含防膨剂但含 3%氯化钾的两种滑溜水的降解液 A 和 B，各称取 4g 岩屑颗粒分别放入 100mL 降解液中，在 100r/min 搅拌速度下搅拌 30min，分别测试两种降解液与岩屑混合液的 *CST* 值，同时测试单纯两种降解液的 *CST* 值，按公式计算防膨剂与 3%氯化钾的 *CST* 比值，要求 *CST* 比值小于 1. 5。该种方法针对性强，直接与具体储层相关联，但实验强度偏大，适用范围窄。

$$CST\text{ 比值}=\frac{t_{A1}-t_{A2}}{t_{B1}-t_{B2}} \tag{1}$$

式中，t_{A1}为降解液 A、岩心粉混合物测定时间，s；t_{A2}为降解液 A 测定时间，s；t_{B1}为降解液 B、岩心粉混合物测定时间，s；t_{B2}为降解液 B 测定时间，s。

压裂液破胶液的制取耗时长，能源消耗大，因此进行了防膨剂水溶液和压裂液破胶液防膨性能对比，决策替代的可行性。为了提高数据的准确性，分别按照《油气田压裂酸化及注水用黏土稳定剂性能评价方法》(SY/T 5971—2016)中 7. 5 实验方法测试了两种高效防膨剂不同使用浓度下水溶液和植物胶压裂液破胶液的防膨率(表 11)，结果表明，两种液体的防膨率差异小，且破胶液的防膨率更高一些，清水防膨液替代后的结果不会降低防膨效果。

表 11 不同高效防膨剂用量下的植物胶压裂液破胶液和清水溶液防膨率测试结果

防膨剂	防膨剂使用浓度/%	植物胶压裂液破胶液防膨率/%	防膨剂水溶液防膨率/%
1#	0. 5	65. 2	60. 1
	1. 0	80. 5	78. 2
	1. 5	88. 2	87. 2
2#	0. 5	70. 2	66. 5
	1. 0	85. 2	83. 5
	1. 5	92. 1	91. 2

测试含有不同浓度防膨剂的清水防膨液的防膨率和岩屑 *CST* 比值，优选防膨率大于 60%，岩屑 *CST* 比值小于 1. 5 的使用浓度为防膨剂的最低使用浓度，提高防膨剂与储层的配伍性。

3 防水锁剂浓度优化及添加方法

前期研究表明水锁伤害是致密油气藏伤害的主要来源，该种伤害无法彻底消除，可以采取有效手段降低。

3. 1 水锁伤害机理

油气井压裂后，压裂液中水相在较大压差侵入储层后，会在井壁周围孔道中形成液相堵塞，堵塞阻力主要是由毛细管效应和贾敏效应产生，其大小主要与表界面张力、孔喉半径和接触角相关。国内外学者对水锁效应进行大量研究认为，气藏生产过程中气相不能有效排除外来水而导致储层含水饱和度上升、气相渗透率下降是引起“水锁效应”的原因，外来工作液渗入气层孔道后将在毛管力作用下形成一个凹向气相的气水弯液面，若想正常生产，气相必须克服此弯液面上由于毛管力带来的流动摩擦阻力，若气相不能克服此摩擦力，定义此时由于水相阻塞造成气井无法正常生产的现象为“水锁伤害”。因此，所谓“水锁伤害”实际为储层中含水饱和度增加导致气相有效渗流通道减小、渗流阻力增大而致使气井无法正常生产的现象。

3.2 水锁伤害途径及因素

储层原始含水饱和度代表了气藏成藏过程气驱水的效率，原始含水饱和度越高，说明气驱水效率越低。室内实验也表明，原始含水饱和度越高的储层越容易发生水锁伤害，对于措施井，水锁伤害主要发生在含水饱和度增加的初期，后期逐渐平缓，因此降低水锁伤害的关键是降低措施初期的水锁伤害。

3.3 防水锁剂浓度优化

压裂液滞留使储层含水饱和度增加，返排过程中，由于地层渗透性和孔隙性差，毛管力作用使部分水束缚在储层中，排液困难，导致水锁伤害。改变润湿性将有助于尽快、彻底解除外来液体引起的水锁。优选合适的防水锁剂，进行水锁解堵性能测试(表 12)。

表 12 水锁解堵剂性能测试结果

检验项目	实验结果
pH 值	5.16
密度/(g/cm^3)	1.0520
水锁解堵率/%	86.12
表面张力/(mN/m)	21.74
界面张力/(mN/m)	0.82

考虑到水锁伤害主要发生在含水上升的初期阶段，且随含水饱和度的增加先是急剧增加，而后增加逐渐减缓，室内实验表明高浓度水锁伤害解堵剂可改变储层润湿性，降低含水饱和度，延长有效期，水锁伤害解堵剂使用浓度 30%～50%，用量按每米油层 3～5m^3(处理半径约 2～3m)。如油井以前漏失的液量较多，解堵时酌情适当增加水锁解堵剂用量。

4 现场应用情况

现场实施 5 口井，施工成功率 100%，初期平均日增油 15.6t，日增气 $3\times10^4m^3$，取得了显著的效果，为深层低渗透油气藏提高产能提供了有力途径。

参考文献

[1] 付美龙，胡泽文，等．建南致密砂岩气藏压裂液伤害主控因素[J]．钻井液与完井液．2016.33(6)：116-120.
[2] 聂法健，田巍，等．致密砂岩气藏水锁伤害及对产能的影响[J]．科学技术与工程．2016.16(18)：30-35.

第一作者简介：隋向云(1974—)，女，河北平泉，高级工程师，现在大港油田石油工程研究院从事压裂技术研究与应用工作。E-mail：suixyun@petrochina.com.cn，电话：022-25925802。

潜山高温碳酸盐岩深度酸压工艺改进及应用

闫　钰[1]　蔡晴琴[1]　刘进财[2]　杨　扬[1]　李晓祥[3]　郭树召[1]

[1. 中国石油大港油田公司石油工程研究院；
2. 中国石油大港油田公司第四采油厂(滩海开发公司)；
3. 中国石油大港油田公司勘探事业部]

摘　要　千米桥潜山具有溶蚀孔缝发育、温度高，非均质性强、矿物成分复杂等特点，试油及油层改造过程中存在自然产能差异大。分析总结前期22口井62层次酸压/酸化改造效果，应用酸压施工曲线分析、净压力拟合等技术方法，改进潜山碳酸盐岩酸压工艺，针对不同储层类型的措施改造工艺系列，为酸压工艺优选提供科学依据。同时针对高温(200℃)深层(5800m)措施改造难点，改进液体体系性能，优选胶凝酸、转向酸、滑溜水等耐高温系列酸压改造液体系，取得良好措施效果，为高温深层碳酸盐岩高效改造提供了有益借鉴。

关键词　碳酸盐岩储层　高温　酸压工艺

千米桥潜山储层主要为奥陶系溶蚀型古潜山，油气主要储集在奥陶系上马家沟组上段和峰峰组[1]，油层埋深4100~5200m、储层温度均高于150℃、岩性复杂且为凝析气藏，储集体孤立且不连续，需要沟通深部缝洞储集体和实现人工缝、天然缝延展的酸压配套工艺。国内外碳酸盐岩储层酸压改造技术围绕高破裂压力压开难、高摩阻施工排量受限、高温酸蚀有效作用距离短、高闭合应力导流能力差、长井段强非均质改造程度低等难题[2]，开展了缓速性酸液体系、多级注入酸压工艺、多联作措施管柱及分层分段改造工具研究，可为碳酸盐岩油气藏高效改造提供有益借鉴。

1　工程地质特征

千米桥奥陶系古潜山储层为碳酸盐岩，主要矿物成分为方解石和白云石，总体组成复杂，分布不均，变化大。裂缝为千米桥潜山储层重要的渗流通道。物性统计结果表明：千米桥储层孔隙度0.08%~22.9%，平均3.72%，渗透率0.001~85.5mD，平均为1.84mD。储层孔、洞、缝发育，并以基质孔隙(晶间孔、溶孔)和溶洞为主要储集空间，纵向上储集类型复杂，非均质性强。总体来看，从峰峰组到亮甲山组储层类型由复合型、孔隙孔洞型至孔洞型过渡[3]。

裂缝纵向发育的非均质性特征明显，不同井之间和同一口井的不同深度段裂缝发育密度明显不同，储层区内主要为高角度裂缝，角度为50°~80°，倾向主要有东南倾和西北倾两组，其走向大体都是北东向，裂缝的有效性主要受地应力控制；平行于最大水平主应力的张性缝和与该方向成锐夹角的扭张缝是最重要的有效缝，垂直最大水平主应力的张性缝或与该方向成钝夹角的扭张缝因应力的作用而闭合[4,5]，大尺度裂缝的走向与断层走向基本一致。

2　前期酸化/酸压效果

1999~2014 年千米桥潜山完钻 22 口井，初始自然产能低，完井后均进行了酸化/酸压改造，其中高产高效井 5 井次，主体应用闭合酸压工艺改造，累计产油 16.3 万吨，累计产气 8.9 亿立方米，初期单井平均日产气 11 万立方米，相较于未能实现长期稳产的油气井，该类油气井位于不同断块构造高部位，试井曲线显示沟通不同规模缝洞体，同时施工净压力曲线呈上凸下降型，显示酸压改造措施有效沟通裂缝，达到措施改造目的。如图 1、图 2 所示。

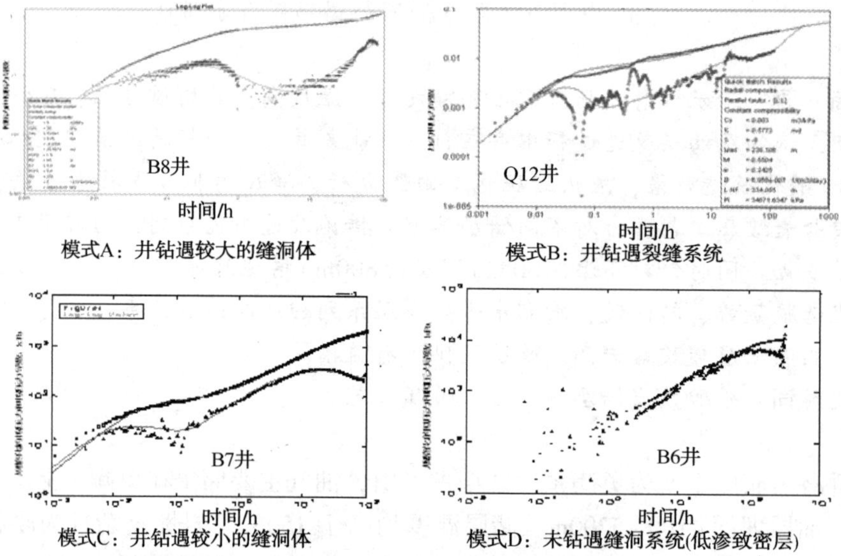

图 1　千米桥潜山典型缝洞系统试井曲线

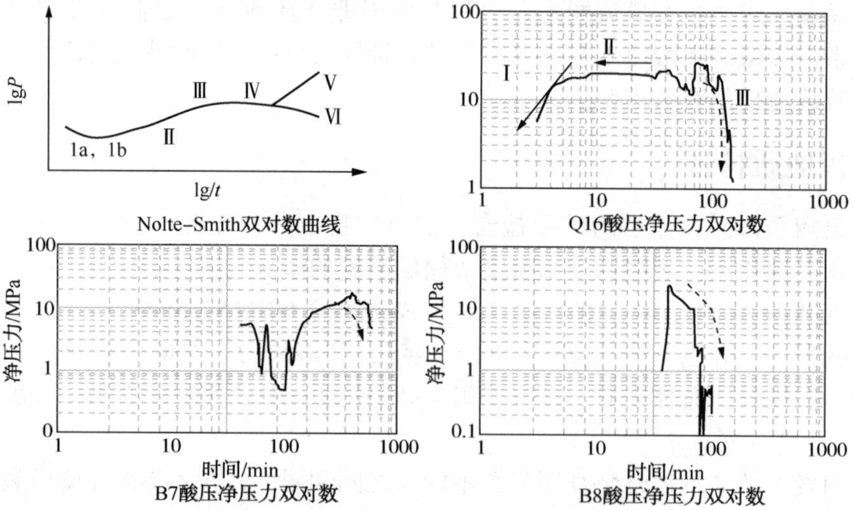

图 2　千米桥潜山高效改造井净压力曲线分析

通过对 B8 井实施压后不稳定试井，取得酸蚀裂缝长度、导流能力以及地层渗透率等数据，分析认为 B8 井所在区域储层横向分布稳定，连通性较好，储层物性好，天然裂缝发育且天然裂缝发育方向与人工裂缝走向基本一致，酸压措施沟通了远处的储集空间，提高了油气渗流能力，解放了目的层。酸压设计酸蚀裂缝长度 43.4m，裂缝导流能力为 204.43mD·m，试井解释资料表明裂缝长度为 45m，裂缝导流能力达到 241.91mD·m（表 1）。说明酸压获得了一定有效长度的酸蚀裂缝，达到了酸压改造的目的。

表 1　B8 井酸压后测试资料解释成果

名称	解释结果
地层渗透率/mD	2.679
表皮系数	-3.1918
地层压力/MPa	39.25157
裂缝有效半长	45m
裂缝无因次导流系数	2
裂缝有因次导流系数/mD	241.91
裂缝弹性储容比	0.01
微裂缝与基质间的窜流系数	0.0091

根据部分施工井层的实际酸压井施工参数进行了反拟合计算，拟合结果表明，千米桥潜山前期酸压具有以下特点：

（1）单井平均施工排量介于 2.2~5.8m^3/min，单井用酸强度介于 4.2~32.1m^3/m，平均用酸强度 14.4m^3/m。

（2）酸压压力降落与压裂压力降落存在较大区别。酸液是反应性介质，在裂缝壁面没有形成滤饼，而是形成了不规则的酸溶蚀孔[6]，通过考虑酸蚀溶孔解释的裂缝参数、滤失系数及液体效率等参数反向拟合酸压施工参数，多数井酸蚀裂缝长度分布相对均匀，平均缝长为 56m，最短为 36.1m，最长 76.7m。

（3）酸蚀裂缝长度随注酸强度及酸液用量的变化遵循以下规律：随注酸强度及酸液用量增加，酸蚀裂缝长度总体上呈增加趋势，但是在注酸强度超过 15m^3/m，施工井层在酸液用量超过 450m^3 后，增长幅度非常有限。如图 3、图 4 所示。

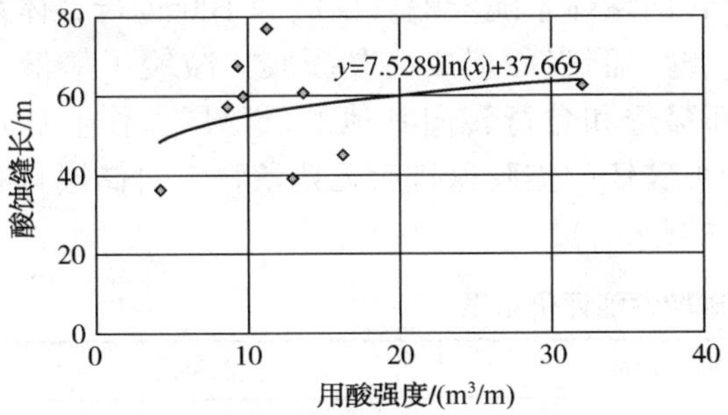

图 3　部分井酸蚀裂缝长度与用酸强度关系

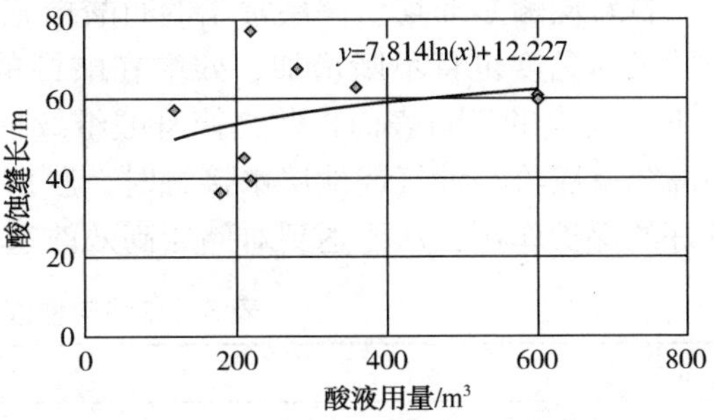

图 4　部分井酸蚀裂缝长度与酸液用量关系

（4）酸蚀裂缝长度随施工排量变化遵循以下规律：随施工排量增加，酸蚀裂缝长度总体上缓慢趋势增加，可见靠增加排量来提高酸液作用距离能力有限，且过度增加排量还可能导致缝高失控、对施工设备及管柱性能要求增高，该区酸化施工排量应达到 4m^3/min。如图 5、图 6 所示。

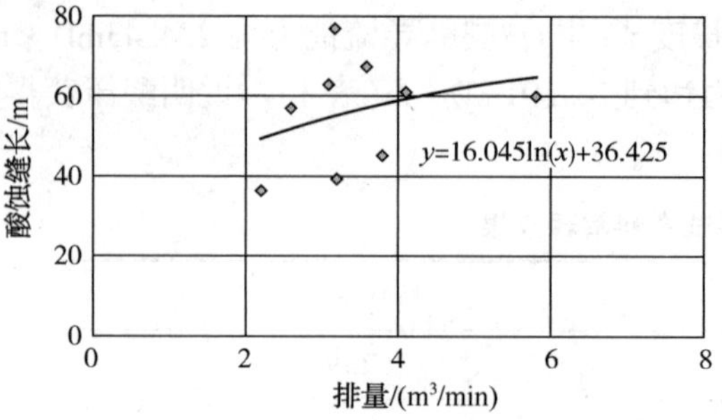

图 5　部分酸压井酸蚀裂缝长度与排量关系

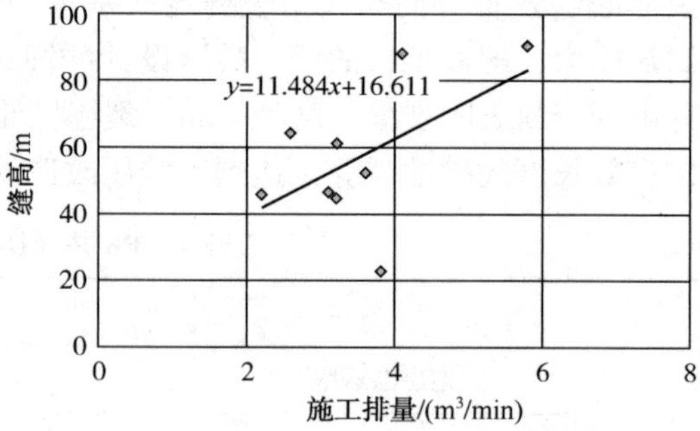

图 6　部分酸压井酸蚀裂缝高度与排量关系

（5）千米桥潜山前期部分酸压井模拟的破裂压力介于 67～95MPa，储层埋藏深，裂缝破裂压力高，加之该区储层缝洞发育，工作液滤失严重，起裂难度高；裂缝延伸压力介于 40～94MPa，闭合压力介于 28～75MPa，闭合压力高，压裂改造后，保持高的导流能力及稳产难度大闭合压力高，因此，裂缝闭合后使用酸液继续沟通溶蚀酸蚀裂缝有利于保持酸蚀裂缝导流能力。

3　千米桥潜山碳酸盐岩储层高温深层酸压工艺改进

3.1　高温深层措施液体系优选

酸压施工效果取决于裂缝导流能力和酸液有效作用距离，影响酸蚀缝长的最大障碍一是酸蚀缝长因酸液快速反应而受到限制；二是酸压流体的滤失影响酸压效果；三是为产生足够的导流能力，体系必须与裂缝面反应并溶解足够的储层矿物量。因此，措施改造液体系应具有很好的缓速、降阻、转向、易返排、伤害低等优点。变黏滑溜水体系措施成本较低，同时有助于降低储层温度及管路摩阻，提升体系黏度还有助于提高压裂液体系的携砂性能。其性能测试结果见表 2。

表 2　滑溜水压裂液体系性能测试结果

黏度/mPa·s	破胶液黏度/mPa·s	残渣/(mg/L)	膨润土防膨率/%	表面张力/(mN/m)	界面张力/(mN/m)
9.5	2.48	22	80.6	27.6	0.6

自转向酸是非均质储层常用的布酸措施，自转向酸体系随着酸岩反应的不断进行，体系中的液体黏度也将不断增加，残酸在酸蚀的孔、缝、洞表面形成高黏凝胶，减缓了酸液中 H^+ 向已反应的岩石表面扩散，使鲜酸继续向深部穿透和自行转向其他的低渗层，作业后这种高黏凝胶再与油气或地层水接触时，胶束将会被破坏，破胶返排后无残留物，对储层具有良好的保护作用，从而达到对储层高效改造的目的(表 3)。

表 3　自转向酸液成胶破胶性能评价结果

项目	标准指标	检测结果
腐蚀速率 140℃/[g/(m²·h)]	≤45	43
鲜酸表观黏度(常温)/mPa·s	≥3	6.5
反应后酸液峰值黏度(25℃～110℃)/mPa·s	≥150	214
破胶液黏度/mPa·s	≤5	4.6

胶凝酸酸液体系，具有耐温高的特点(表4)，优选缓蚀剂后，适用温度达180℃，较好地弥补了自转向酸体系高温条件适应性不足的缺陷，在储层渗透率差异不大的基质-裂缝型储层可作为交替注入缓速酸液，或作为多种降滤失酸液复合酸压最后的平衡酸或闭合酸，提高缝口的导流能力。

表4　酸化用胶凝酸液磺基聚合物性能指标

项目	技术指标	检测结果
胶凝酸黏度(180℃)/mPa·s	≥15	20.6
腐蚀速率(180℃)/[g/(m^2·h)]	≤80	67.8

高温深层环境下常规缓蚀剂在金属表面的“吸附-解吸”循环加快，甚至缓蚀剂本身也会裂解[7]。将B8井措施后油管切割后计算表面积，估算油管酸压措施腐蚀速率为86.74g/(m^2·h)。通过优选复合吡啶季铵盐型缓蚀剂，并复配缓释增效剂，可实现180℃腐蚀速率小于70g/(m^2·h)。

3.2　高温深层措施改造工艺优化

总结分析前期酸化/酸压措施效果，借鉴同类型储层成功改造经验，转变千米桥潜山碳酸盐岩储层高温深层酸压工艺(表5)：

① 转变射孔方式：多段连续射孔纵向多层动用转变为单段集中射孔，对优质甜点深度改造。

② 转变改造模式：形成针对不同储层类型的酸压改造模式，保障导流能力和保持性，支撑高产与稳产。

表5　千米桥潜山碳酸盐岩储层酸压改造模式

储层类型	射孔方式	改造工艺
天然裂缝、缝洞发育	常规射孔	多级注入深度酸压
微裂缝发育	小井段集中射孔	前置多级注入转向闭合复杂缝网酸压
天然裂缝发育较差	甜点段精准射孔	体积压裂为主体，酸压为辅，适度加砂精准深度体积酸压

③ 转变用液强度：依据裂缝发育程度及油水层关系，提升优质储层用液，深度沟通充分释放产能。

3.3　高温深层酸压工艺改进措施效果

X1井远端裂缝发育，射孔井段井深5826.5~5835.9m，井温204℃，使用射孔酸压联作多级注入深度酸压工艺改造储层。选用15%盐酸作为主体酸，设计总液量450m^3：其中滑溜水100m^3，胶凝酸60m^3，清洁转向酸260m^3，模拟动态裂缝长度74.6m，缝高22.5m。措施前油套压力观察无显示，6h液面上升2m。酸压施工初期井底瞬时停泵压力95.8MPa，压降曲线分析井底闭合应力82.9MPa(图7)，净裂缝延伸压力13MPa，裂缝延伸困难、破裂困难。替酸降破后，G函数分析呈现多裂缝特征，显示酸液对地层起到一定疏通作用。施工注入排量0.6~3m^3/min，油压50.5~72.7MPa、套压37.5~49.5MPa，停泵后8min内套压由29.9MPa迅速下降至11.5MPa，沟通较大体积缝洞。施工后拟合裂缝半长66.5m，裂缝高度20.1m(图8)。措施后初期单井日产油48.9t，日产气9.9×10^{4}m^3。将措施后井底油管切割、称重，并计算其表面积，估算该井酸压后腐蚀速率为72.43g/(m^2·h)。

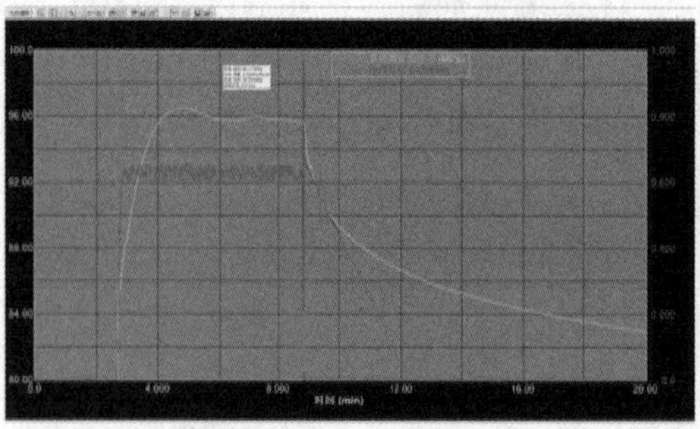

井底瞬时停泵压力95.8MPa

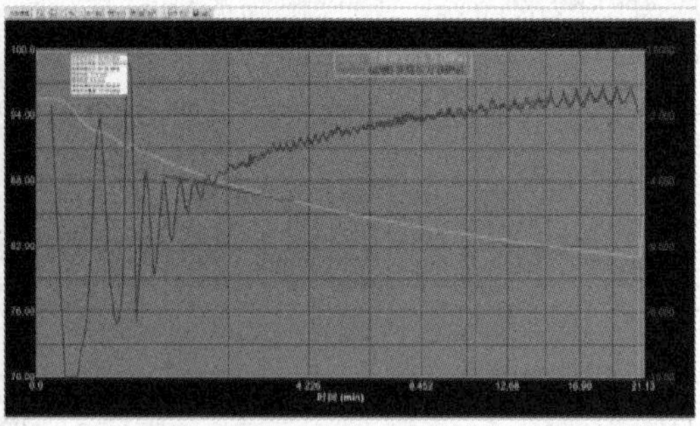

时间平方根曲线：井底闭合应力82.9MPa

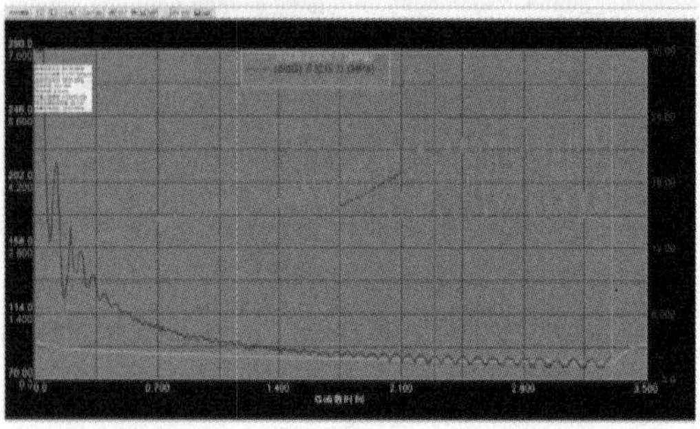

G函数曲线：井底闭合应力82.7MPa，呈现多裂缝特征

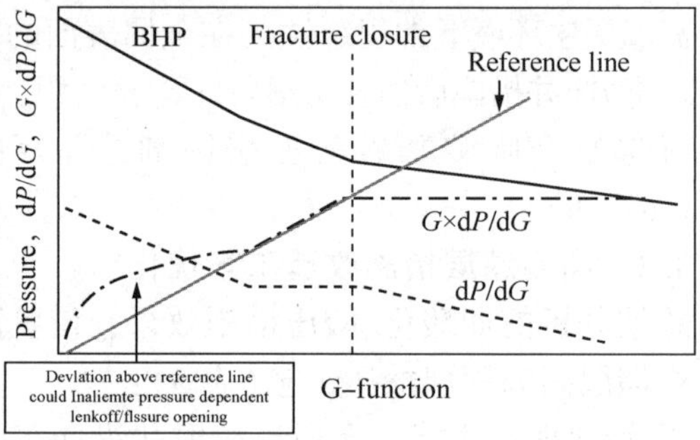

图 7　前置酸液对井底应力影响分析

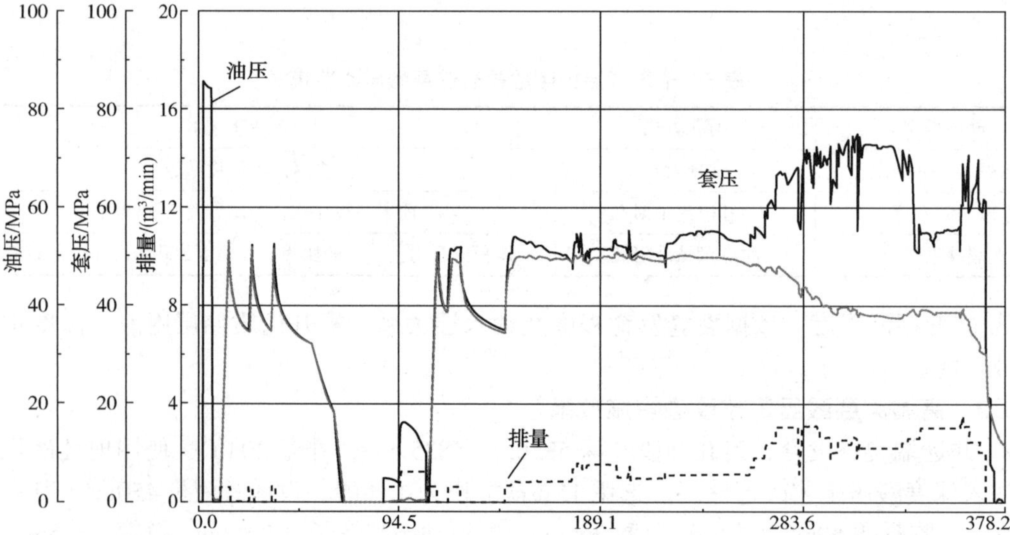

图 8　X1 井酸压施工曲线

试井解释计算表皮系数为-3.9，证明酸压后该井为超完善井。计算酸压措施后地层压力下的无阻流量 $24\times10^4m^3/d$，截至目前日均产油 31.9t，日均产气 $9.1\times10^4m^3$，累产油 9783t，累计产气 $2699\times10^4m^3$，酸压改造取得良好措施效果。

参 考 文 献

[1] 付立新，杨池银，肖敦清．大港千米桥潜山储层形成对油气分布的控制[J]．海相油气地质，2007，12(2)：33-38.

[2] 陈力力，刘飞，杨建，等．四川盆地深层超深层碳酸盐岩水平井分段酸压关键技术[J]．天然气工业，2022，42(12)：56-64.
[3] 赵晓，周俊杰，李瑞卿，等．大港千米桥潜山凝析油气藏酸压技术探索与实践[J]．天然气工业，2005，25(9)：70-72.
[4] 王贵清，邹维志，王立俊，等．地应力在千米桥潜山碳酸盐岩储层中的应用[J]．国外测井技术，2009(1)：18-19.
[5] 闫家伟，王文庆，吕芳芳，等．复杂碳酸盐岩储层多数据融合预测技术——以千米桥潜山奥陶系为例[J]．石油地球物理勘探，2021，56(3)：583-592.
[6] 赵安军，才博，路占军，等．二连盆地赛51井石灰岩储层深度酸压技术研究[J]．油气井测试，2011，20(3)：55-59.
[7] 张丰润泽，张艺夕，郑憬希，等．油田酸化用高温(90~180℃)缓蚀体系的研究现状[J]．油田化学，2023，40(01)：159-167.

第一作者简介：闫钰(1987—)，女，甘肃，大港油田石油工程研究院，工程师，从事酸化措施改造工艺研究工作。联系地址：天津市滨海新区大港油田团结东路石油工程研究院，dg_ yanyu@ petrochina. com. cn，022-25928010。

低渗砂岩储层跨尺度多因素可压裂性定量评价分析模型建立及应用

谢 昕 江 锚 幸雪松 武广瑗 吴建树

（中海油研究总院有限责任公司）

摘 要 基于室内岩石力学特征参数测试和实际测井解释，综合考虑了储层岩石尺度的脆性特征、单条裂缝起裂延伸及多条（多簇）裂缝起裂延伸尺度，提出了针对低渗砂岩储层的跨尺度多因素可压裂性定量评价模型，指导目标井压裂选层。结合陆上LX致密气区验证建立的可压裂性定量分析模型实际应用效果，表明与压后实际产能一致，模型的实用性及适应性更强。

关键词 低渗砂岩 脆性 可压裂指数

南海东部海域珠江口盆地深层古近系油气资源潜力巨大，是南海东部油田中长期发展的重要勘探新领域[1]。目标研究区块文昌组大中型油田埋深普遍在3.5km以上，“埋深大、油品好、构造-地层控藏、低孔低渗”需要进行储层改造以提高油田产量[2~4]。该文建立跨尺度多因素可压裂性定量评价模型对目标储层展开高效水力压裂可行性定量评价系统研究，为南海低渗砂岩储层压裂选层及钻完井提供设计依据。

1 陆丰油田低渗储层可压裂性影响因素

1.1 陆丰油田低渗储层岩石矿物组分分析

使用多晶X射线衍射仪分析全岩及黏土矿物组分，将石英矿物及碳酸盐矿物作为脆性矿物，基于50组岩屑样品的矿物组分分析结果，完成岩样矿物脆性指数的计算及统计。实验结果石英含量为31.7%~69.9%，储层岩石整体表现出较高的脆性矿物含量，黏土矿物含量差异性较大，一般为14.4%~47.3%，反映出目标储层存在泥岩夹层、非均质性显著。

1.2 陆丰油田低渗储层天然裂缝发育分析

对50块取自陆丰油田低渗储层的岩样开展SEM电镜扫描实验，观察岩样中天然裂缝的分布情况。实验结果可见岩石样品发育有较多微裂缝，裂缝宽度约为1~30μm，可压裂性评价方法中应考虑目标储层天然裂缝不发育的特征（图1）。

1.3 陆丰油田低渗储层岩石力学特性

岩石力学实验表明（表1），目标储层岩石致密，弹性模量（30.4~34.4GPa）大、抗压强度高，黏聚力41~45MPa，内摩擦角31.0°~33.5°，在目标储层深度对应的围压条件下呈现典型的脆性变形破坏特征，有利于裂缝起裂扩展；目标储层岩石在30MPa围压条件下峰前塑性硬化现象仍不显著，总体仍呈现典型的脆性变形破坏特征；峰后应力应变曲线急剧下降，岩石最终破坏形式为剪切破裂（图2）。

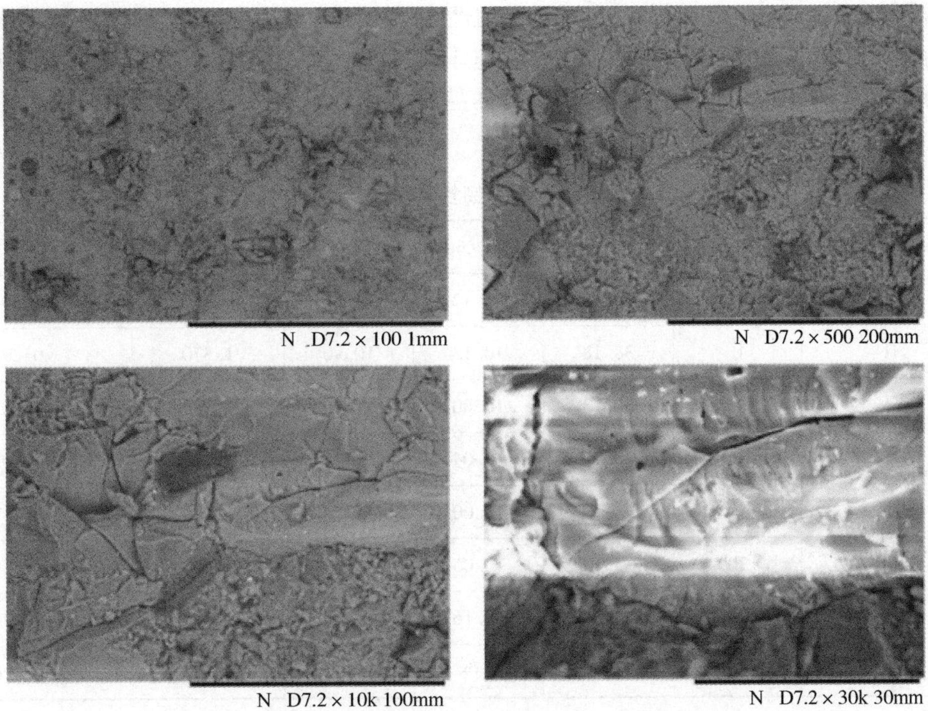

图 1 典型岩石样品不同放大倍数扫描电镜观察成像图

表 1 岩石力学参数测试结果

编号	围压/MPa	弹性模量/GPa	泊松比	强度/MPa	黏聚力/MPa	内摩擦角/(°)
1	20	31. 27	0. 27	215. 13		
2	30	33. 58	0. 29	252. 39	45. 31	33. 47
3	40	33. 47	0. 24	262. 32		
4	30	32. 30	0. 25	217. 65	41. 01	31. 10
5	20	31. 16	0. 27	188. 80		
6	20	32. 72	0. 24	203. 86	45. 08	31. 00
7	30	30. 82	0. 23	224. 10		

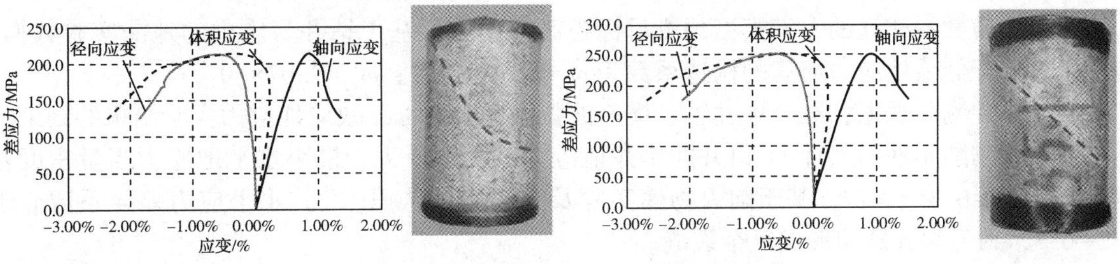

图 2 岩样 1、2 压后破坏情况及应力应变曲线图

利用岩石力学实验装置TAW-1000深水孔隙压力伺服试验系统，通过断裂韧性测试实验，分别以0°和30°的角度对样品进行断裂韧性实验测试获得目标区块储层岩石的Ⅰ型和Ⅱ型断裂韧性值。如表2所示，Ⅱ型断裂韧性与Ⅰ型断裂韧性之比大约为1.6，利于压裂过程中裂缝的起裂延伸。获得目标区块储层岩石样品的抗拉强度处于2.13~4.63MPa，平均值为3.56MPa(表3)。

表2　断裂韧性测试结果

编号	断裂类型Ⅰ，Ⅱ	夹角/(°)	直径/mm	厚度/mm	缝长/mm	破坏载荷/kN	断裂韧性/MPa·$m^{0.5}$
2	Ⅰ	0	38.08	10.12	11.11	1.391	0.304
3	Ⅰ	0	38.18	10.13	10.90	1.370	0.295
4	Ⅰ	0	38.13	10.00	11.66	1.164	0.263
5	Ⅰ	0	38.11	10.04	11.21	1.370	0.302
8	Ⅱ	30	38.10	10.00	11.58	1.020	0.417
9	Ⅱ	30	38.15	10.05	11.04	1.236	0.488
10	Ⅱ	30	38.09	10.16	11.61	1.082	0.436
11	Ⅱ	30	38.05	9.98	11.21	1.185	0.476

表3　抗拉强度测试结果

编号	井深/m	直径/mm	厚度/mm	径厚比	破坏载荷/N	抗拉强度/MPa
1	4151.5	24.53	13.81	0.56	2309	4.34
2			13.72	0.56	1123	2.13
3			13.65	0.56	2433	4.63

1.4　陆丰油田低渗储层地应力特征

采用实验与理论分析相结合的方式，将地应力反演与Kaiser地应力实验结果及现场地漏测试数据三者紧密联系，揭示陆丰区块单井及储层三维地应力分布情况。

在LF14-1dsa井深4157.55m处，通过声发射Kaiser效应地应力实验计算得到文昌组致密砂岩的上覆岩层压力、水平最大地应力和水平最小地应力当量密度分别为2.277g/cm³、1.904g/cm³、1.568g/cm³，LF14-1dsa井深4172.3m处的上覆岩层压力、水平最大地应力和水平最小地应力当量密度分别为2.223g/cm³，1.939g/cm³、1.572g/cm³。

以黄荣樽教授建立的七五模型预测目标靶区地应力，基于钻井日志内的地漏实验数据，确定用于目标储层地应力演算的构造系数为$\omega_1=2.44\times10^{-4}$；$\omega_2=7.07\times10^{-4}$。

根据单井测井数据，结合单井纵、横声波数据，在Kaiser效应地应力实验结果的约束与标定下，预测陆丰油田共计11口井的单井地应力剖面，最大、最小水平地应力当量密度基本相差0.25~0.35g/cm³。基于前人物模实验及工程实例认识[5~8]，水平应力差异系数介于0.2~0.3，利于裂缝延伸形成复杂裂缝。

利用Petrel软件中的Visage有限元地质力学分析模块，基于陆丰油田目标储层的层位构造面模型完成目标储层地应力场、储层岩石力学参数三维分布预测(图3)。

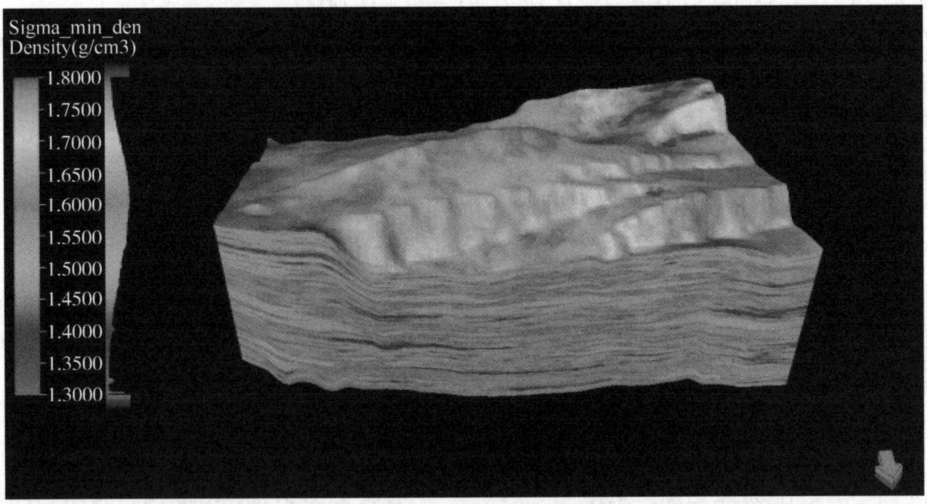

图 3　陆丰油田文昌组地层最小水平地应力当量密度三维分布

2　低渗储层跨尺度多因素可压裂性评价模型

从岩石基质、单条水力裂缝以及多条水力裂缝的起裂延伸三大尺度优选评价因素，建立以下适用海上低渗致密储层的跨尺度多因素可压裂性评价模型。首先定义基于归一化的杨氏模量和泊松比定义机械脆性指数 B_n 作为岩石基质力学性质评价指标。

$$B_n=\frac{YM_{BI}+PR_{BI}}{2} \tag{1}$$

式中，B_n 为机械脆性指数，无量纲；YM_{BI} 为归一化杨氏模量，无量纲；PR_{BI} 为归一化泊松比，无量纲。

低渗致密储层水力压裂主要产生拉伸和剪切破坏，基于Ⅰ型和Ⅱ型断裂韧性建立单条裂缝起裂和延伸难易程度评价指标 K_f，井下岩石断裂韧性值可通过室内实验结合测井数据反演。除岩石本身的断裂韧性外，最小水平主应力越小，越有利于裂缝的起裂与延伸[9]，将最小主应力倒数作为单条裂缝起裂延伸难易程度指标 K_f 的乘数因子。

$$E_d=\rho v_s^2[3(v_p/v_s)^2-4]/[(v_p/v_s)^2-1] \tag{2}$$

$$\mu_d=[(v_p/v_s)^2]/2[(v_p/v_s)^2-1] \tag{3}$$

$$USC=(0.0035+KV_{cl})E_d \tag{4}$$

$$S_t=UCS/C \tag{5}$$

$$K_{\mathrm{I}C}=a+bS_t \tag{6}$$

$$K_{\mathrm{II}C}=c+dE_s \tag{7}$$

$$K=c+dE_s \tag{8}$$

$$K_f=\frac{1}{0.5K_{\mathrm{I}C}+0.5K_{\mathrm{II}C}}\times\frac{1}{\sigma_h} \tag{9}$$

式中，E_d 为动态杨氏模量，GPa；μ_d 为动态泊松比，无量纲；v_p，v_s 为纵波、横波波速度，km/s；ρ 为储层岩石密度，g/cm^3；UCS，S_t 为储层岩石单轴抗压与抗拉强度，MPa；$K_{\mathrm{I}C}$，$K_{\mathrm{II}C}$ 为储层岩石Ⅰ型和Ⅱ型断裂韧性，MPa·m$^{0.5}$；V_{cl} 为储层岩石泥质含量,%；K，C，a，b，c，d 为拟合经验公式的常系数，由实验结果拟合确定，无量纲。本研究基于室内

实验测试 a，b，c，d 分别取 0.131、0.047、0.343、0.0037。

水力裂缝之间的相互作用以及水力裂缝沟通并激活天然缝等行为是形成复杂裂缝网络的关键，储层中的构造应力分布是主导上述行为的主要因素，水平应力差越大，越不利于形成复杂缝网[6]。定义 K_h 为水平应力差系数定量描述目标储层的水平应力差的大小，作为多裂缝起裂及延伸尺度的评价指标。

$$K_h = 1 - \frac{\sigma_H - \sigma_h}{\sigma_h} \tag{10}$$

式中，K_h 为地应力差异指数，无量纲；σ_H，σ_h 为最大，最小水平地应力，MPa。

将岩石基质脆性指标、单条裂缝起裂延伸难易程度指标、多裂缝起裂及延伸尺度的评价指标相乘得到可压性评价指标 F_I，建立跨尺度多因素可压裂性评价模型。

$$F_I = B_n \times \frac{1}{0.5K_{IC} + 0.5K_{IIC}} \times \frac{1}{\sigma_h} \times K_h \tag{11}$$

式中，F_I 为可压裂性指数，$MPa^{-2} \cdot m^{0.5}$；σ_h 为最小水平地应力梯度，MPa/100m。

3 低渗储层跨尺度多因素可压裂性评价模型应用及验证实例

基于已钻井的弹性参数、地应力、断裂韧性以及脆性指数剖面，计算各井可压裂性指数剖面。经过在三维地质构造模型的测井数据粗化和井间插值，得到 LF14-2dsa 在储层 WC220-520 的可压裂性指数三维可视化分布及数据分布，如图 4、图 5 目标储层可压裂性指数中值大约为 0.7，集中分布在 0.8~0.9 之间，所占比例达 12.5%。结合目标区块地质力学特征综合考虑，可压裂性指数>0.8 的层位属于压裂优势区，目标储层整体可压裂性较高，推荐可压裂性相对更佳的 WC510、520 层位作为压裂目标层。

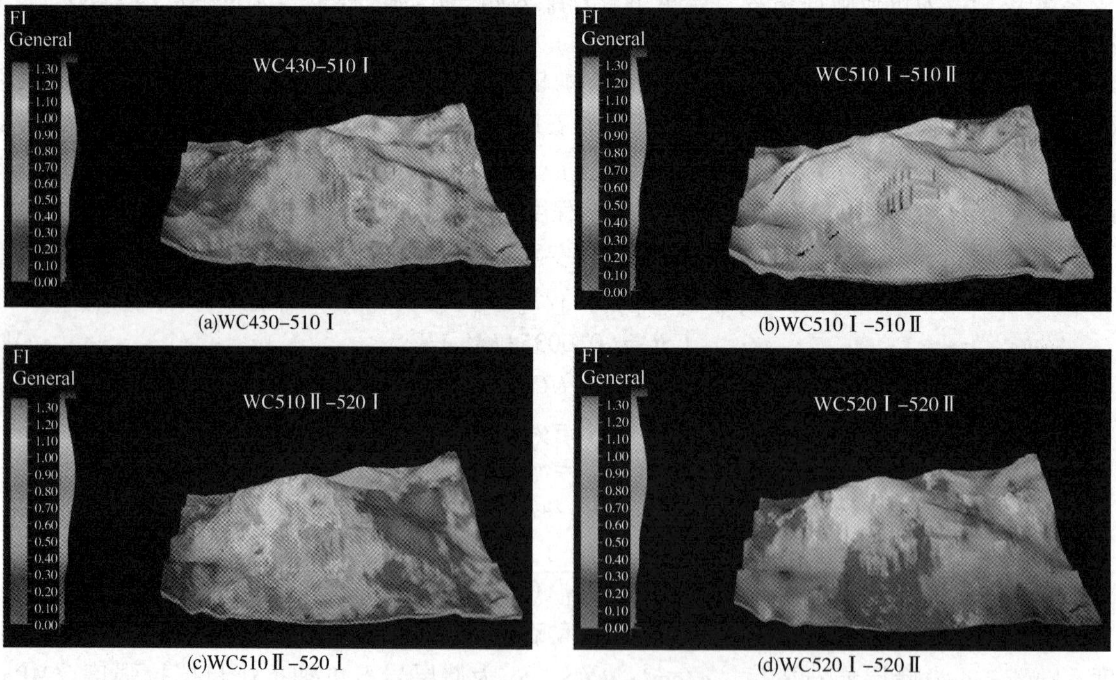

图 4 LF14-2dsa 井周各层位可压裂性指数三维分布

从可压裂性评价结果与压后产能资料的匹配程度出发，验证本研究所建立的低渗致密储层的可压裂性评价模型。基于LX致密气田的第四、第五区块的压后产能测试资料，对各井的压后产量结合生产层段含油丰度进行除权指标化计算，与对应井生产段的可压裂性指数平均值绘制散点交汇图，如图6所示，产量对含油丰度除权指数与可压裂指数具有较好的正相关关系，说明可压裂性指数高的层段压后效果更好，验证了本文低渗储层跨尺度多因素可压裂性评价模型的准确性和适用性。

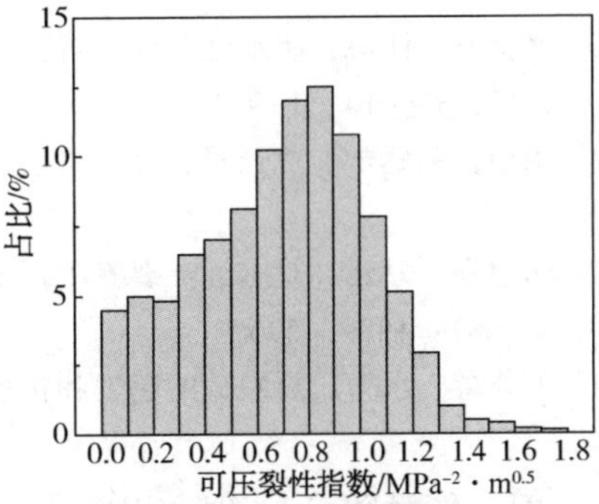

图5　LF14-2dsa井周文昌组储层可压裂性指数数据分布

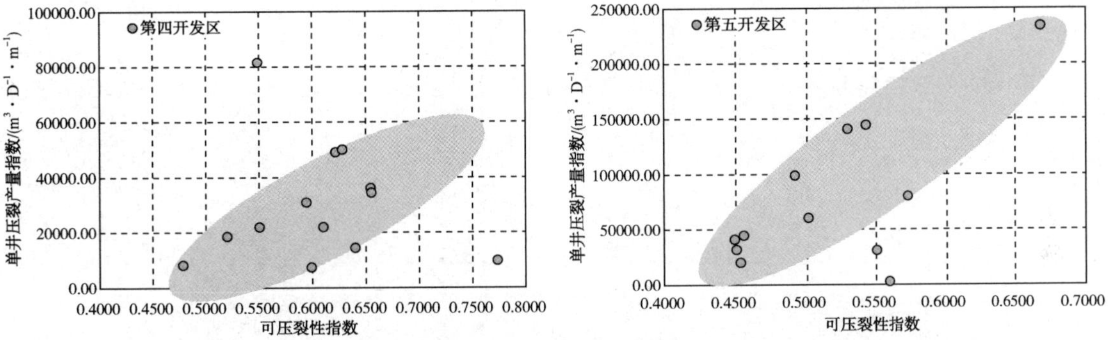

图6　典型致密气田单井压后产量除权指数-可压裂性指数交汇图

4　结论

本文针对南海东部陆丰区块低渗致密储层，结合理论分析与室内实验，建立了适用于目标储层的跨尺度多因素可压裂性评价模型。主要得到以下结论：

（1）目标区块储层岩石具有典型的硬脆性变形破坏特征，断裂韧性整体较低，可压裂性指数中值0.7左右，利于水力裂缝起裂延伸。

（2）本文建立的跨尺度多因素可压裂性评价模型与三维地质力学模型结合可直接应用于目标储层压裂优势层位筛选，可对现场布井及待压裂井压裂设计方案提供指导。

（3）从单井力学参数剖面预测和压后产能除权指标-可压裂性指数交互图两个方面的验证结果表明本文建立的跨尺度多因素可压裂性评价模型在低渗致密储层适用性强。

参　考　文　献

[1] 汪旭东，张向涛，何敏，等．珠江口盆地陆丰凹陷南部文昌组储层发育特征及其控制因素．石油与天然气地质，2017，38(06)：1147-55.

[2] 严锐涛．珠江口盆地陆丰凹陷古近系低渗透油藏成藏机理及富集规律研究．中国石油大学(北京).2016.

[3] 丁琳，李晓艳，周凤娟，等．珠江口盆地珠一坳陷古近系优质储层差异发育特征及主控因素——以陆丰地区和惠州地区文昌组为例．岩石矿物学杂志，2022，41(01)：75-86.

[4] 潘石坚，刘伟新，王华，等．南海珠江口盆地Y油田文昌组五段低渗透储层特征及物性控制因素．海洋地质前沿，2022，38(04)：71-79.

[5] 陈勉，周健，金衍，等．随机裂缝性储层压裂特征实验研究．石油学报，2008，(3)：431-434.

[6] 赵金洲，任岚，胡永全．页岩储层压裂缝成网延伸的受控因素分析．西南石油大学学报(自然科学版)，2013，35(01)：1-9.
[7] 张旭，蒋廷学，贾长贵，等．页岩气储层水力压裂物理模拟试验研究．石油钻探技术，2013，41(02)：70-74.
[8] 郭建春，尹建，赵志红．裂缝干扰下页岩储层压裂形成复杂裂缝可行性．岩石力学与工程学报，2014，33(08)：1589-1596.
[9] 黄荣樽．水力压裂裂缝的起裂和扩展．石油勘探与开发，1981(05)：62-74.

第一作者简介：谢昕(1995)，男，籍贯福建，中海油研究总院有限责任公司，中级工程师，主要研究方向：油气井水力压裂，通信地址：北京市朝阳区太阳宫南街6号院中海油大厦B座，邮箱：xiexin3@cnooc.com.cn，联系电话：18801463809。

准中超深致密砂岩储层裂缝转向可行性机理研究

丁　然[1]　马玉生[2]　杨　峰[1]　刘子铭[1]　林柏华[1]

（1. 中国石油化工股份有限公司胜利油田分公司石油工程技术研究院；
2. 中国石化油田事业部）

摘　要　准中超深层高压致密砂岩油藏储量丰富，主要分布在征沙村油田、永进油田和莫西庄油田等，垂深整体都在6500~7800m，水平应力差可达15~30MPa，传统双翼直缝压裂改造产量低、稳产性差，亟须通过压裂改造新方法提高工业产能，实现准中致密砂岩储量升级和区域有效动用。首先制作了大尺度物模岩心，研究了大主应力差条件下预注低黏液是否能够降低近井带有效应力差、提升裂缝转向能力；构建了原位工程尺度的三维数值模型，选择液态CO_2作为预注低黏液，研究了裂缝扩展路径及改造体积。通过对超深层、大主应力差条件下裂缝转向半径、裂缝波及带宽和裂缝复杂程度进行系统分析，认识到：预注低黏液可改造近井应力场进而提高AE事件数、剪切破裂数及比例，并提升裂缝转向能力；在水平应力差为25MPa时，裂缝复杂性指数*FCI*可提高至0.2左右，但仍需结合远井带措施进一步提高*FCI*幅值，优化改造效果。

关键词　超深储层　水平应力差　裂缝转向　裂缝复杂性　应力调控

1　岩心脆塑性对裂缝转向的影响机理分析

1.1　准中深层岩心脆塑性分析

1.1.1　脆塑性转化过程中的应力应变响应特征

随着围压的增大，岩石从脆性破坏逐渐向塑性流动过渡，破坏前的应变也逐渐增大。围压对不同类型岩石的变形影响虽然程度不同，但影响的总趋势却是一致的。随着围压的提高，破坏前的总应变量增大，塑性应变在总应变量中所占的比例增加。当围压达到一定水平时，以塑性应变为主的总应变量可以达到2%以上，此时岩石的破坏即由脆性转变为塑性/延性(表1)。

表1　岩石在三轴作用下的应力应变响应

达到破坏时的应变/%	<1	<1	1~2	>2	>2
	脆性破坏	脆性破坏	过渡性破坏	延性破坏	延性破坏
试件破坏模式	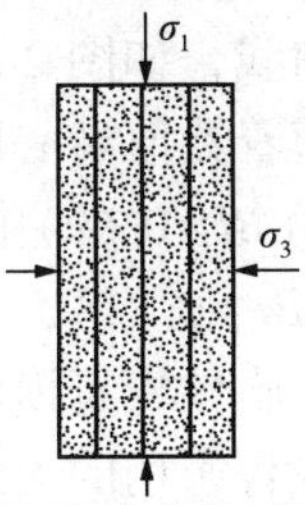	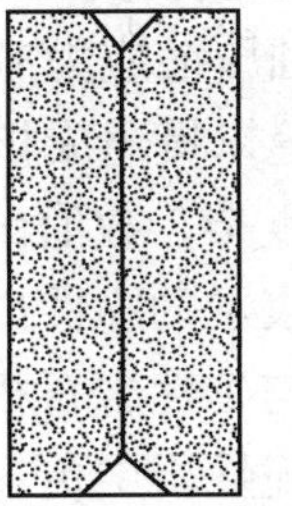	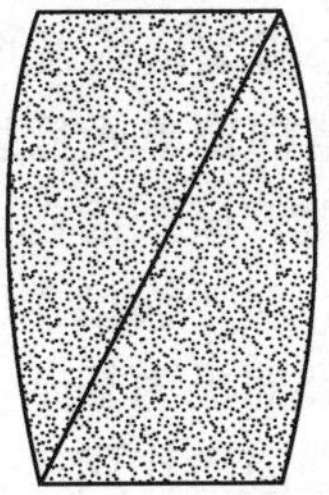	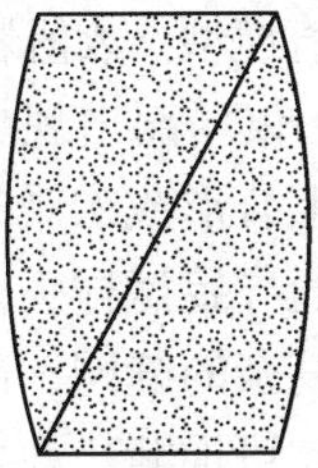	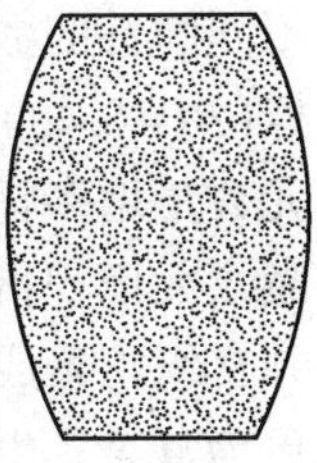

续表

达到破坏时的应变/%	<1	<1	1~2	>2	>2
	脆性破坏	脆性破坏	过渡性破坏	延性破坏	延性破坏
应力-应变曲线基本类型	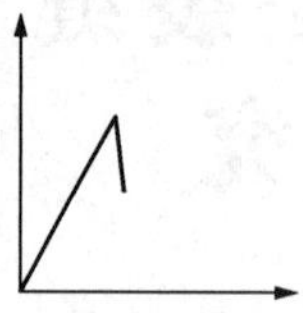	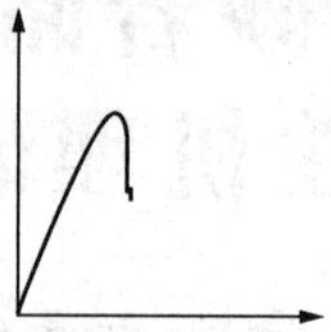	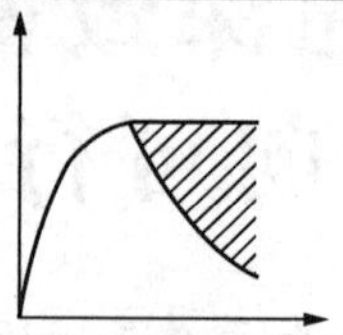	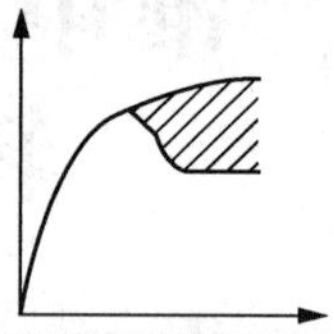	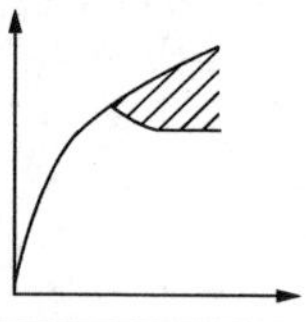
破裂机制	张破裂	以张为主的破裂	张-剪混合破裂	以剪切为主的破裂	塑性流动

1.1.2 岩心脆性随围压的演化

绘制了基于静态岩石力学参数的各岩心脆性指数，其中重点选取灰砂岩和细晶砂岩做分析。同时选取了有代表性的包括基于能量平衡方法的 6 种脆性指数(B_I、B_{I1} ~ B_{I5})进行对比分析。从图 1 的脆性指数-围压关系分布曲线可以看出：

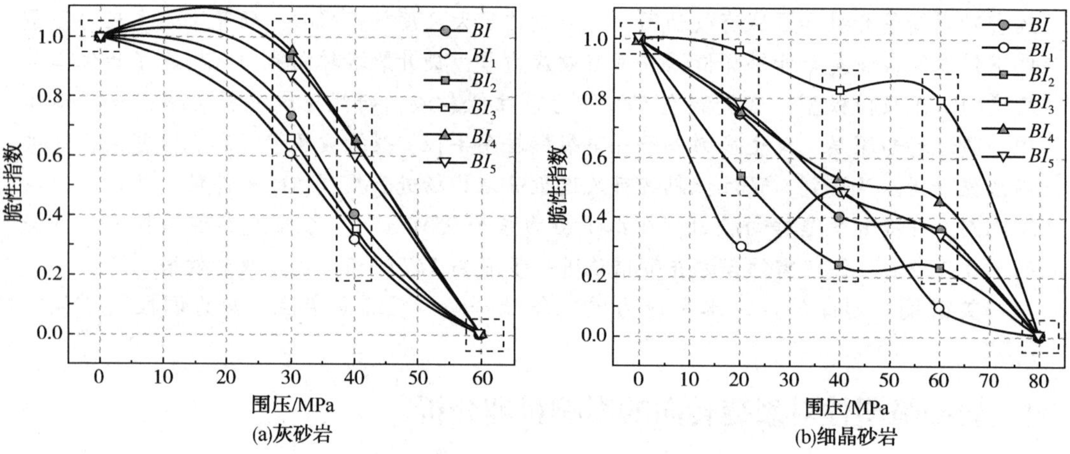

图 1 三轴压缩下两种砂岩试样的归一化脆性指数

(1) 如果以脆性指数 0.4 为界限，那么围压 30~40MPa 时，岩心即进入低脆性区间，当然，不同岩性表现出一定差异；

(2) 脆性指数高低与围压大小并不是呈线性关系，不同岩性对围压表现出不同的敏感性，在围压较低时，灰砂岩的脆性对围压并不敏感，达到并超过 30MPa 后，灰砂岩的脆性指数急剧下降。

1.2 岩心脆塑性的调控机制认识

1.2.1 脆性对岩心破裂特征的影响

为了直接以脆性指数作为主变量，分析其对破裂模式的影响，采用 RFPA3D-HF 建立 4 个不同脆性的数值模型。数值岩心破裂模式及单轴压缩应力应变曲线，如图 2 所示，对于延性试样(BI=0.42)，仅局部出现少量损伤单元且裂缝未贯通成核。随着数值岩心脆性增强，损伤单元数量增多且汇合形成宏观裂缝，破裂面趋于复杂。数值试样 3(BI=0.69)中出现更多的裂缝，裂纹大面积贯通导致试样失效。对于模型 4 所表示的脆性试样(BI=0.81)，大量损伤单元联结并交织汇聚成复杂的缝网，破裂面极为复杂。与延性岩石相比，脆性岩石损伤所产生的破裂面更为复杂。由此可推断，在构造应力作用下，脆性岩层更容易发育密切的天然裂缝。

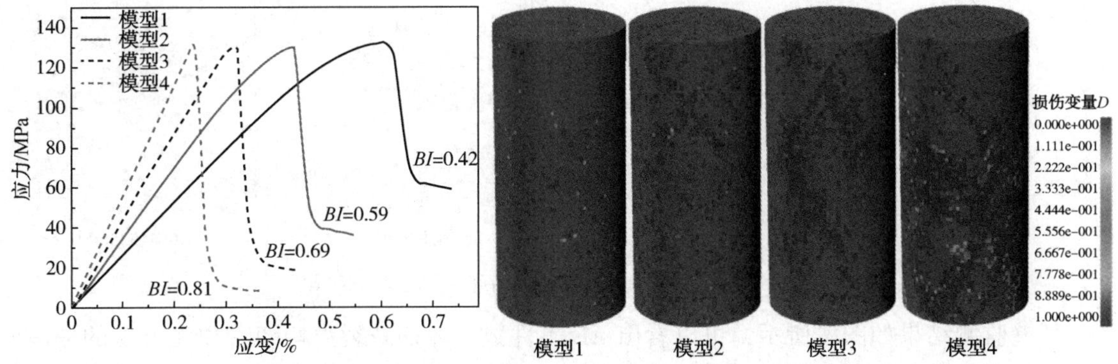

图 2　不同脆性的砂岩数值岩心破裂模式及应力应变曲线

1.2.2　裂缝转向的调控机制

裂缝起裂应力是地应力、初始孔压和压裂液滤失引起的附加应力共同作用的结果。而我们人为能调控的，仅是人工注液带来的附加应力（原位地应力、原位储层剪切/张拉强度、原位孔隙压力都不可能根本改变），因此，可考虑预置低黏流体，在如下 4 个方面影响裂缝起裂：

（1）增大近场储层岩体的孔隙压力，相当于减小了有效应力。孔隙水压的存在对颗粒胶结/界面/微裂缝有润滑作用，从而导致抗剪强度指标的降低；

（2）孔隙压力的作用相当于减小了围压大小，可使岩石从延性/塑性破裂向脆性破裂过渡，可能会进一步提高裂缝的复杂性；

（3）近井带孔隙压力的增加会打破原始地应力场平衡，造成应力重分布，进而引起主应力转向和水平应力差变化，有利于水力裂缝转向形成新裂缝，提高裂缝复杂性；

（4）如果低黏液是液态 CO_2，利用水力扩容作用于岩石自身的微缺陷上，可能实现岩石微观损伤，使岩石更容易产生复杂缝网，增大 *SRV*。

2　储层裂缝转向可行性模拟研究

2.1　实验条件

设置模型的围压条件为：垂直应力 15MPa，最大水平应力 12MPa，最小水平应力 2MPa，水平应力差 10MPa。为分析预注低黏液对压裂造缝的影响，开展了如下测试：安排 4 个试样，4 个试样分别预注 0min、1min、4min 和 7min 的清水，采用超低排量 5mL/min，等效现场实际预注 $0m^3$、$35m^3$、$105m^3$ 和 $210m^3$ 的液量，保证预注低黏液没有声发射信号。之后继续实施压裂，固定排量 60mL/min。

2.2　结果及分析

各试样实验过程的破裂点声发射 AE 监测如图 3 所示。可以看出，对比无预注液的实验组(a)，增加预注液的实验组均产生了不同程度的裂缝复杂度提高的现象。同时，随着预注低黏液液量的增加，裂缝复杂性有所提升。

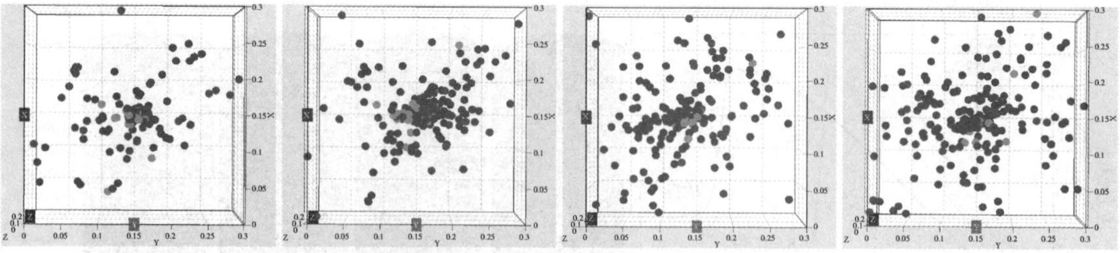

(a)预注0mL　(b)预注5mL　(c)预注20mL　(d)预注35mL

图 3　预注不同方量低黏液条件下的 AE 监测结果

裂缝监测结果如图 4 所示，可以看出 AE 事件数、剪切破裂数均随着预注方量的提高而增加，特别是剪切破裂数的比例增幅明显，预注低黏液提升了裂缝的转向能力，从物理模拟的角度论证了预注低黏液对提高裂缝复杂程度的可行性。

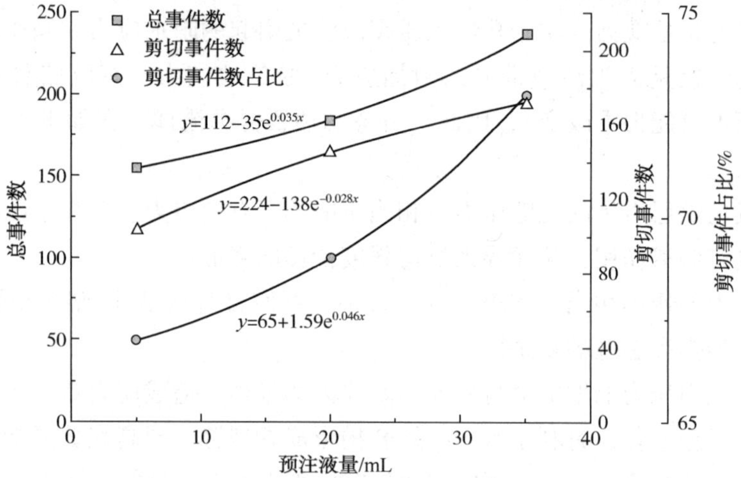

图 4　预注不同方量低黏液条件下的 AE 事件数及破裂类型统计

3　预置低黏流体裂缝转向可行性研究

为研究预置低黏流体规模对三维裂缝扩展形态及 SRV 的影响，建立全三维水力压裂地质力学模型。储层垂直应力为 130MPa，最大水平主应力为 140MPa，最小水平主应力为 115MPa，水平应力差为 25MPa。储层渗透率为 0.1mD，排量为 $9m^3/min$，压裂液黏度为 5mPa·s，液量为 $600m^3$。分别模拟预注 100t、200t、300t 和 400t 液态 CO_2 条件下的裂缝形态及 *SRV* 响应。

图 5 是不同储层渗透率（0.01mD、0.1mD 和 1mD）条件下预置不同规模（100t、200t、300t 和 400t）液态 CO_2 的孔隙压力波及区。液态 CO_2 的强滤失性能使其容易在压差作用下向储层孔隙及微裂隙扩散。在相同注入规模下，储层渗透率越大，其扩散范围与孔隙压力波及范围则越大，对初始地应力场的影响范围也越大。当储层渗透率一定时，注入液态 CO_2 规模越大，则孔隙压力波及区和应力场改造范围则越大。

图 6 是预注不同规模液态 CO_2 的裂缝几何形态及 *SRV*。当不预注液态 CO_2 时，裂缝带宽为 56m；当预置 100t 液态 CO_2 时，裂缝带宽增大至 71m；当预置液态 CO_2 规模为 400t 时，裂缝带宽则增至 107m。显然，裂缝带宽随预置液态 CO_2 规模增大而增大，而缝长随预置液态

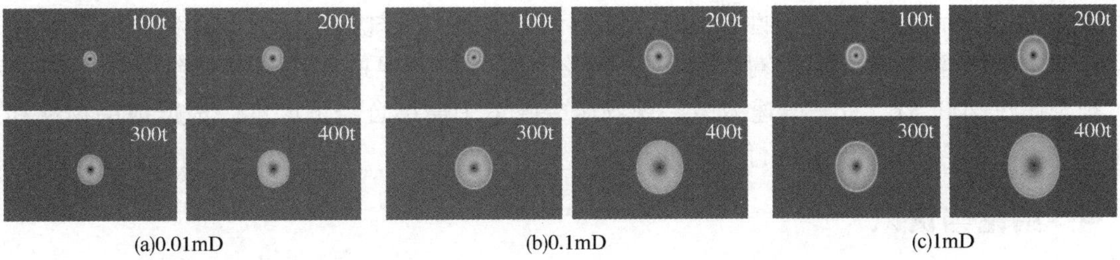

图 5　不同储层渗透率条件下预置不同规模液态 CO_2 的孔隙压力波及区

CO_2 规模增大无明显变化。裂缝扩展模拟结果与上述弹性应力分析结果较为吻合。低黏流体的注入能够使应力场重分布，使主应力场发生偏转且减小缝宽区域的水平应力差，促进裂缝分支、转向，从而提高裂缝复杂性。预注液态 CO_2 规模越大，则孔隙压力波及区越大，即应力场改造范围越大，因此压裂裂缝带宽及复杂性越大。另外，预置液态 CO_2 能够显著增大近场储层岩体的孔隙压力，减小了岩石骨架上的有效应力，使岩石更易达到抗压强度。同时，孔隙压力的作用相当于减小了围压大小，岩石的残余强度减小，并使岩石从延性破坏向脆性破坏过渡，可能会进一步提高裂缝的复杂性。

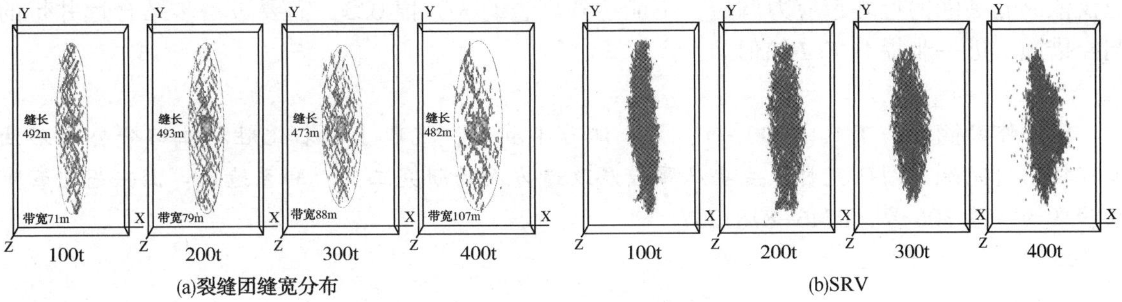

图 6　预注不同规模液态 CO_2 的裂缝几何形态及 SRV

将预置液态 CO_2 规模对裂缝缝宽、*FCI* 和 *SRV* 的影响曲线绘制于图 7。可看出，*SRV* 随预置液态 CO_2 规模的增大而增大。预置低黏流体的规模越大，流体滤失扩散所造成的应力波及范围越大，有利于裂缝在最小主应力方向上沟通和开启更多天然微裂缝，增加波及带宽，进而提高水力压裂改造效果。数模测试结果表明，通过预置液态 CO_2，能够实现对储层应力

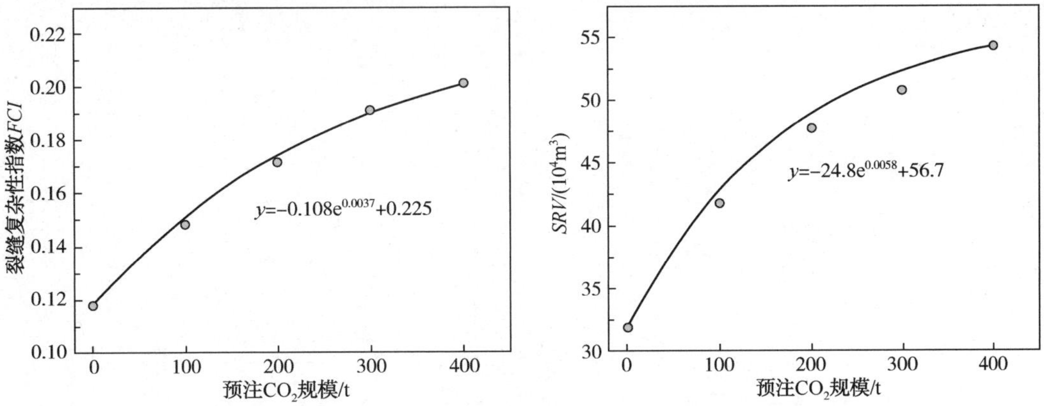

图 7　预注液态 CO_2 规模对 *FCI* 和 *SRV* 的影响曲线

场的改造，提高水力裂缝复杂性和 *SRV*。随着预置液态 CO_2规模提高，*FCI* 和 *SRV* 增长速率下降，提高预置液态 CO_2规模对裂缝复杂性及改造体积的促进作用并非是线性，预置液态 CO_2规模超过 200t 后，*SRV* 增速减缓。现场压裂改造中需结合经济成本，根据地层物性和可压性等对预注低黏流体规模进行综合分析。

4 结论与认识

（1）通过压裂物模实验，认识到预注低黏液，可以提高 AE 事件数、剪切破裂数及剪切破裂数的比例，而且随着预注低黏液液量的增加，剪切破裂数和剪切破裂数增幅明显，表明预注低黏液可以提升近井带的裂缝转向能力；

（2）通过应力场的数模分析，可知预置低黏流体对储层应力场的改造机理是预先干预近井区域的孔隙压力，使应力场重分布、降低有效应力，改变不同位置的水平应力差，从而为提高缝网复杂性和 *SRV* 创造有利条件，在水平应力差为 25MPa 条件下，近井带约 20m 内具备裂缝转向的条件；

（3）通过裂缝扩展路径的数模分析，可知预置低黏流体压裂，确实有利于形成复杂缝网，提高 *SRV*，在水平应力差为 25MPa 条件下，裂缝复杂性指数 *FCI* 可提高至 0.2 左右，但仅依靠低黏液的近井带应力调控，不能达到理想的 *FCI* 值 0.3，需要进一步结合远井带的调控措施，进一步提升 *FCI* 幅值。

第一作者简介：丁然(1990—)，男，江苏丰县人，就职于中石化胜利油田分公司石油工程技术研究院，副研究员，主要从事储层改造方面的研究工作，联系地址：山东省东营市东营区西三路 306 号，0546-8781237。

大斜度井薄互层机械+化学精细分段压裂技术

刘　彝[1,2]　刘　京[1]　都芳兰[1]　于洋洋[1]　李云子[1]

(1. 中国石油冀东油田公司钻采工艺研究院；
2. 中国石油天然气集团公司油田化学重点实验室)

摘　要　冀东油田储层埋藏深(3300~4400m)、物性差(渗透率 $1.0\times10^{-3}\mu m^2$~$27.5\times10^{-3}\mu m^2$)、温度高(120~150℃)、敏感性强、油层厚度薄(1.2~10m)、纵向跨度大(200~300m)。主要采用人工岛、陆岸平台开发，井斜大多35°以上，单井自然产能低，须压裂改造后才能获得产能。为此，设计了大斜度井扩张式多级分段压裂管柱，具有逐级坐封、逐级压裂、逐级解封和过大砂量功能，现场一趟管柱压裂最高5段，最大井斜48°，最大井深4700m，单井最大加砂量 $100m^3$。针对纵向小层多、隔层薄、套变井等系列难题，研制了一种缝口暂堵转向体系，配方为变形粒子(5~6mm)：纤维：粉末(100~200目)=5：1：1，最高突破压力56.3MPa，可进一步提高精细分段数。该体系成功试验10井次以上，不采用专用车组，未影响泵效和出现卡泵现象，现场顺利泵送，施工成功率100%。试验井暂堵升压明显，平均提高4~16MPa，缝内暂堵平均升压2~4MPa。

关键词　大斜度井　薄互层　多级暂堵转向　逐级坐封　大砂量

0　引言

冀东滩海深层油藏地处渤海附近的滩涂和浅海，采用丛式平台、人工岛、陆岸平台的大斜度井开发，油藏埋藏深(3300~4400m)、温度高(120~150℃)、井斜大(30~70°，40°以上占50%)，敏感性强、油层厚度薄(1.2~4m)、纵向跨度大(200~300m)，纵向、平面非均质性强。针对隔层薄、套损井、特殊完井方式等，为提高纵向小层动用程度和裂缝的开启效率，采用一次或多次向井段内投送高强度水溶性暂堵剂，遵循流体向阻力最小方向流动的原则，暂堵剂颗粒随压裂液进入已开启裂缝或高渗透层，从而在高渗透带形成桥堵。当井筒压力高于裂缝破裂压力差值时，后续压裂液无法进入老裂缝和高渗透带，被迫转向高应力区或新裂缝层，促使新缝的产生和支撑剂铺置方式发生变化，最终均匀开启纵向各小层[1,2]。并且，水力压裂形成的人工裂缝垂直于地层的最小主应力方向，但对于斜井，井筒通常与地层最大主应力方向不一致，则裂缝从井筒起裂处的情况变得较为复杂，在这种情况下，裂缝不可能是一个简单的单一平面裂缝，而是多裂缝，这就使得每条裂缝缝宽都非常窄，裂缝变短，缝内净压力上升，提高了压裂施工压力，且裂缝宽度较窄，影响高浓度支撑剂的进入，造成压裂施工难度大[5~8]。

1　压裂用暂堵剂的研制及评价

油田压裂用暂堵剂主要有油溶性树脂暂堵剂、纤维类暂堵剂、水溶性颗粒暂堵剂。油溶性树脂材料由于受溶解性上的特殊要求在现场实际使用上也受到一定限制，适用于低含水油井；纤维类暂堵材料可随地层温度升高逐渐降解返排，不会污染储层和地下流体，但其封堵能力有限，力学性能较差，不适用于封堵大开度的裂缝，并且对于较宽的裂缝，单一使用纤维类暂堵剂往往效果不佳；颗粒型交联暂堵材料是在地面交联不同材料得到高黏的交联液体后再经过烘干、剪切、造粒等一系列工艺后制得的颗粒状暂堵剂，现多为具有刚性的聚合物颗粒，刚性颗粒具有黏度大、自身强度高、承压能力强(抗压 40MPa 以上)、几乎无变形、无弹性、无黏附性的特点[9,10]。

本文引入有机硅单体，聚合了一种强变形凝胶，通过剪切、造粒、烘干后得到不同粒径强变形可膨胀缝口暂堵剂。硅单体会自聚形成纳米级微粒分散到有机聚合物水凝胶中，将纳米材料的刚性、尺寸稳定性与水凝胶的保湿性能相结合，从而让水凝胶具有很强的弹性、变形性，即使在受到高压的作用下，也不易失水而受到结构破坏，通过抗压能力实验优化得到最佳缝口暂堵体系为：变形粒子(5~6mm)/纤维/粉末(0.106~0.212mm)=5∶1∶1，最高突破压力为56.3MPa，如表1所示。该变形粒子可吸水膨胀，凝胶的弹性模量仅80MPa，材料刚度越大，亦即在一定应力作用下，发生弹性变形越小；相反，弹性模量越小，说明在一定应力作用下，发生弹性变形越大。变形水凝胶的泊松比为0.48，所有材料泊松比最大值为0.5，在一定程度上也可反映该凝胶的可压缩能力强和弹性好。当应力解除后，水凝胶可完全恢复至初始状态，无任何痕迹，其性能评价结果如表2所示。因此，该暂堵剂具有高强度、强变形、可吸水膨胀和易返排的特点。

表1　不同暂堵剂组合下的突破压力

暂堵剂的配比	突破压力/MPa
刚性颗粒	无明显起压
刚性颗粒/纤维=2∶2	8.6
刚性颗粒/纤维=3∶1	20.3
变形粒子(QBZU)	35.6
变形粒子/纤维/粉末=2∶2∶1	21.0
变形粒子/纤维/粉末=5∶1∶1	56.3

这种实验现象的产生主要解释为：①由于刚性颗粒不具有吸水膨胀性能，颗粒与颗粒之间会有缝隙，虽然可以利用纤维的缠绕弥补一部分空间，但始终无法充满整个空间，有间隙就会有压力传递，导致驱替压力降落；②刚性颗粒虽然硬度非常大，但是由于不具有弹性，因此，不会产生反作用力，不能有效转移应力；③QBZU 具有吸水膨胀性能，通过吸水膨胀，可以将一个有限的空间完全充填满至没有一点缝隙，以一个整体抵抗驱替压力，从而该暂堵剂可以适应不同形状的裂缝和孔眼；④QBZU 颗粒吸水膨胀后，具有很强的变形性和弹性，当应力作用于它时，会产生一个反作用力，以抵抗机械应力和将作用力转移至应力相对更小的方向。

QBZU 系列强变形水溶性暂堵剂分为颗粒和粉末型：颗粒暂堵剂粒径为 5~6mm，用于封堵裂缝缝口；粉末暂堵剂粒径为 0.106~0.212mm，通过吸水膨胀可弥补大颗粒堆积时的空隙，并通过表面的黏附性将大颗粒、小颗粒和粉末堵剂黏接在一起至一个整体，不同粒径的暂堵剂性能参数相近，如表2所示。

表 2　强变形缝口暂堵转向剂的性能评价

项目	结果
外观	白色颗粒
密度/(g/cm^3)	1.18
粒径	5~6mm(颗粒)、0.106~0.212mm(粉末)
膨胀速度/(倍/min)	0.15~0.3
抗压强度/MPa	56.3
杨氏模量/MPa	80
泊松比	0.48
降解性能/%	95.8

2　暂堵工艺优化

采用清水携带刚性大颗粒暂堵剂时，经常会出现压裂车泵效降低，卡泵，甚至造成压裂泵车无法正常工作的问题。部分服务商通过球阀箱技术改造压裂泵车可以较好地解决该问题，但改造专用泵车和异地设备动迁费用过高，大幅提高了施工费用和该技术的推广应用难度。

通过现场地面设备泵注流程优化，形成了一套现场泵注大颗粒暂堵剂的工艺方法。首先，在单独的混砂车的小池子里装入 1.5m^3携带液，将混砂车与一台压裂车组相连接，这台压裂车组直接与井口相连接，与高低压管汇无关。在小池里边搅拌边加入 30kg 聚乙烯醇纤维备用，待纤维充分分散溶胀后，加入 30kg 粉末暂堵剂，最后再加入 150kg 大颗粒暂堵转向剂，不停地搅拌 10min 以上，立即将池子里的 1.5m^3混合物以排量为 0.8~1.5m^3/min 一次性泵入目的层(表 3)。泵入过程中压力、排量均很稳定，说明大颗粒暂堵剂经过泵头时，很顺畅，不会影响泵效和出现卡泵现象，如图 1 所示。

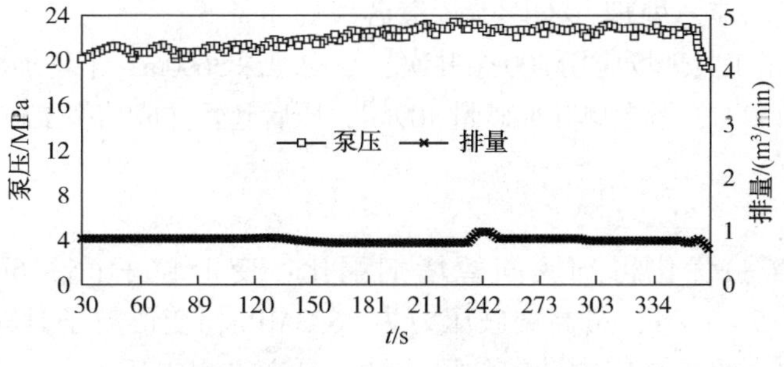

图 1　泵注颗粒暂堵剂的施工过程

表 3　层间暂堵转向压裂现场应用情况

排量/(m^3/min)	暂堵剂的组合	暂堵剂用量/kg	携带液	压力上升/MPa
0.8~2	5~6mm：纤维：100/200 目=5：1：1	225~250	0.3%AFP-2	4~16

3　大斜度井配套分段压裂工具

针对纵向精细分段压裂，试验了 Y241 系列的封隔器，Y241 封隔器在斜井(井斜 20°)存在投球不到位、压裂完地层返吐支撑剂、压后工具无法起出的问题。为此，引进了 K344 系列分层工具，该机械滑套分层压裂工艺管柱主要由水力锚、K344-YL 型压裂封隔器、滑套喷砂器、安全接头、水力锚等组成，耐温 150℃以下，最高应用于 140℃，封隔器和水力锚通过打压同时坐封和锚锭，施工卡管柱风险小；压后各层可以同时排液，减少了液体对储层的伤害；发生砂堵时可对整个施工管柱反洗，不影响第二层压裂施工。K344-YL 型封隔器分层压裂工艺可实现不动管柱，具有逐级坐封、逐级压裂功能，具有施工针对性强、安全可靠、可以实现对各目的层段的有效改造。现场一趟管柱压裂最高 5 段，最大井斜 48°，最大井深 4700m。

3.1 提高分段工具耐冲蚀性能

针对平面上非均质性强的特征，需要增加单段过砂量和过液量，对工具提出更高的要求。通过对工具增加嵌入硬质合金套厚度，并提高中心管的壁厚，将封隔器在使用过程中承受的最大拉力由 40t 提高至 100t，提高产品整体耐磨、耐冲蚀性能，可实现单喷额定过砂量 100m^3。

封隔器在使用过程中承受的最大拉力 F_1：

$$F_1=\pi(R_1^2-R_0^2)P$$

式中，F_1为中心管所承受最大拉力；R_1为套管内孔半径，mm($R_1=60.5$mm)；R_0为胶筒外台阶半径，mm($R_0=50$mm)。

3.2 优化可控封隔器

可控高温滑套封隔器分段压裂工具由喷砂器、封隔器，第一滑套喷砂器、第一安全接头、第一可控封隔器，第二滑套喷砂器、第二安全接头、第二可控封隔器，第三滑套喷砂器、第三安全接头、第三可控封隔器、防砂水力锚、液压安全接头、联接套管联接构成。其中第一滑套喷砂器、第一安全接头、第一可控封隔器联接构成第一级压裂喷砂器，第二滑套喷砂器、第二安全接头和第二可控封隔器联接构成第二级压裂喷砂器。

技术优势：(1)逐级坐封，通过套压监测准确了解工具密封状况；(2)解决了启停泵所有封隔器频繁坐、解封问题，避免胶皮疲劳引起的工具失效；(3)停泵即解封，利于施工中出现砂堵等异常情况的应急处理，不影响后续各段施工。

将优化后的大砂量工具现场应用 300 余井次，平均埋深 3600m，平均加砂强度 7.59m^3/m，最深 4177m，最高温度 130℃，最大单井加砂量 109m^3，压后起管柱成功率 100%。

4 结论

(1) 通过室内实验优化得到簇间暂堵剂配比：变形粒子(5～6mm)：纤维：粉末(0.106～0.212mm)= 5：1：1，最高突破压力为 56.3MPa，变形粒子具有可吸水膨胀和强弹性的优良特征，从而大幅提高应力转向的可能性。泵入过程中压力、排量均很稳定，说明大颗粒暂堵剂经过泵头时，很顺畅，未影响泵效和出现卡泵现象。

(2) 通过将扩张式封隔器增加嵌入硬质合金套厚度，提高中心管厚度，将封隔器在使用过程中承受的最大拉力由 40t 提高至 100t，提高产品整体耐磨、耐冲蚀性能，可实现单喷额定过砂量 100m^3，现场施工成功率 100%。

参 考 文 献

[1] 王彦玲，原琳，任金恒．转向压裂暂堵剂的研究及应用进展[J]．科学技术与工程，2017，17(32)：196-204.

[2] 姜伟，管保山，李阳，等．新型水溶性暂堵剂在重复压裂中的暂堵转向效果[J]．钻井液与完井，2017，34(6)：100-104.
[3] 薛世杰，程兴生，李永平，等．一种复合暂堵剂在重复压裂中的应用[J]．钻采工艺，2018，41(3)：96-98.
[4] 肖沛瑶．压裂暂堵剂及其适用范围分析[J]．石油化工应，2018，37(10)：9-12.
[5] 陈小新，魏英杰 陈波，等．斜井压裂成功的典型做法 钻采工艺 2002，26（1）：99-100.
[6] CHEN Xiaoxin，Wei Yingjie，Chen Bo，et al. Typical practice for successful fracturing in inclined Wells [J]. Drlling And Production Techology，2002. 26（1）：99-100.
[7] M CDA NIEL B W，MCMECHAN D E，ST EG ENT N A Prove proppant placement during hydraulic fracturing applications[J]. SPE 71661：2001.
[8] 廖华林，李根生．淹没条件下超高压水射流冲蚀切割破岩实验研究[J]．天然气工业 2006，26(5)；61-63.
[9] 贾长贵，李明志，李凤霞，等．低渗裂缝型气藏斜井压裂技术研究[J]．天然气工业 2007，27(5)：106-108.
[10] 谢水祥，蒋官澄，陈勉，等．有机硅吸水膨胀型选择性堵水剂的合成与性能评价[J]．石油钻探技术，2012，40(1)：92-97.
[11] 周丹，熊旭东，何军榜，等．低渗透储层多级转向压裂技术[J]．石油钻探技术，2020，48(1)：85-89.

第一作者简介：刘彝，高级工程师，1982 年生，2008 年获西南石油大学应用化学专业硕士，现在主要从事储层改造技术研究工作。E - mail：393366783 @ qq. com，电话 15097539616。

四川盆地二叠系气藏不同类型储层改造技术优化与试验

李　松[1,2]　王　茜[1]　何婷婷[1]　李金穗[1]　王周炀[1]

（1. 中国石油西南油气田公司工程技术研究院；2. 国家能源高含硫气藏开采研发中心）

摘　要　四川盆地二叠系储层分布广，不同区域储层地质特征及储层物性差异大，从而导致储层改造工艺针对性不强，单井改造差异大。基于测井、录井、岩心分析技术，明确了四川盆地茅口组发育裂缝型、裂缝-孔洞型和孔隙-孔洞型三类储层，根据不同储层特征，确定了不同类型储层的改造思路及目标，从而提高储层改造效率及单井产量。天然裂缝发育的裂缝型储层，因井漏而导致储层存在不同程度的污染堵塞，以解堵酸化、疏通天然缝洞系统为主要改造目标，形成了以漏失侵入深度预测及储层表皮系数计算为关键技术的网络裂缝深度酸化技术。裂缝-孔洞型储层采用深度酸压或暂堵转向酸压技术提高缝洞系统连通性，孔隙-孔洞型储层采用破裂压力预测的深度酸压技术增大沟通孤立孔洞的几率，提高储层改造波及范围。针对不同储层类型形成的网络裂缝深度酸化、深度酸压技术开展了现场试验，并取得了较好的改造效果，丰富了裂缝孔洞型储层改造技术，进一步提高储层改造效率及单井产量，为四川盆地二叠系气藏勘探开发给予了坚实的理论支撑。

关键词　二叠系　碳酸盐岩气藏　不同类型储层　网络裂缝酸化　暂堵转向　深度酸压

1　引言

四川盆地二叠系储层分布广，近年来相继在九龙山、双鱼石、川南等构造取得重要勘探试油突破，证实了二叠系气藏具有良好的天然气开发潜力[1~5]，但分布在不同区域的茅口组储层天然裂缝发育程度、孔渗、压力、温度及埋藏深度等地质特征具有较大差异，单一酸化工艺技术难以满足不同类型储层的气井改造。裂缝型储层易发生井漏而导致储层污染堵塞，且非均质性较强，常规酸化工艺解除储层损害难度较大，很难使其充分改造。孔洞型储层物性较差，孔洞孤立及天然裂缝不发育导致储层渗流通道不畅，导致储层改造施工泵压较高且改造波及范围受限，深度酸压技术有待进一步优化，以加强不同类型储层改造工艺的相关性。通过明确不同储层类型特征及对应储层改造目标，开展针对性改造工艺优选及关键参数优化，形成了适于四川盆地茅口组气藏不同储层类型的网络裂缝深度酸化及深度酸压2种改造工艺，进一步提高了不同储层类型气井的改造效率及测试产量[6~20]。

2　储层特征及改造对策

2.1　二叠系茅口组储层特征

基于测录井、岩心分析，明确了四川盆地茅口组储层发育裂缝型、裂缝-孔洞型和孔隙-孔洞型三类储层。

2.1.1 裂缝型储层

裂缝型储集层是指裂缝较发育、孔洞欠发育的储集层段。经研究发现，其低角度裂缝表现为负差异，高角度裂缝表现为正差异，且深浅双侧向电阻率稍低。茅口组裂缝型储集层的储集空间和联通渠道主要由风化溶蚀缝、成岩缝和构造缝组成，一般岩石基质孔隙度不高于1%，次生溶蚀孔、洞不发育，物性较差，测井曲线有显著的锯齿状特征，裂缝发育处电阻率一般大于1000Ω·m、ρ降低，ρ整体幅度变化小（2.69~2.73g/cm^3），Δt增大（154.2~180.4μs/m），R_{lld}和R_{lls}曲线差异较小[17]。

以川西双鱼石二叠系茅口组储层为例，岩心及微观薄片观察揭示，茅口组储集空间以裂缝和与裂缝伴生的溶蚀孔洞较为常见。岩心孔渗关系差，多数样品具有孔隙度低、渗透率相对较高的特征，表明裂缝对储层孔渗性的改善起了极为重要的作用。结合生产动态及薄片、岩心、露头等各类资料分析得出，双鱼石区块茅口组为裂缝型储层。针对此类储层，天然裂缝发育，钻井过程中普遍存在井漏现象，储层存在不同程度的污染堵塞，故应以解堵酸化、疏通天然缝洞系统为主要目标。

2.1.2 裂缝-孔洞型

同时发育裂缝及溶蚀孔洞的储集层段被称为裂缝-孔洞型储集层。这种储集层的测井曲线主要响应特征为“三低两高”，即低GR（10~40API）、低ρ（2.55~2.75g/cm^3）、中低R_{lld}和R_{lls}（100~3000Ω·m）、高Δt（157.4~213.2μs/m）、高φ_{CNL}（-1%~6%），是溶蚀孔洞和裂缝的叠加响应。“漏斗型”或“箱型”是测井曲线的总体形态，此外因裂缝发育，测井曲线的形态也会呈现出局部跳跃或锯齿状[17]。裂缝-孔洞型储集层孔隙度分布在2%~8%，井径在钻井过程中会扩径或稍有增大，录井中经常出现井漏现象。通过生产曲线得出，这类储层具有较长的稳产时间，且产量递减速度慢。通过岩心可看出这类储集层裂缝、溶蚀孔洞发育，且沿着裂缝呈不规则线状分布部分溶孔、溶洞。地层抬升时，地层水沿高角度或垂直裂缝向下渗流，裂缝因局部溶蚀不断扩大而形成溶蚀孔洞。溶蚀孔洞为主要的储集空间，裂缝则是主要的渗滤通道，而溶蚀孔洞与裂缝良好的匹配关系是储集层高产稳产的重要因素，因此此类储层改造主要以沟通溶蚀孔洞、增加天然缝洞系统连通性为主要目标。

2.1.3 孔隙-孔洞型

储层岩心较致密，裂缝、孔洞局部发育，整体物性较差，以Ⅲ类储层为主，平均孔隙度介于2.0%~5.4%，存在非均质性。一般将孔洞（直径小于50cm）和孔隙（直径小于2mm）较发育、裂缝欠发育的储集层段称为孔隙-孔洞型储集层，测井曲线响应特征也表现为“三低两高”，即低GR（10~30API）、低ρ（2.55~2.72g/cm^3）、中低R_{lld}和R_{lls}（100~3000Ω·m）、高Δt（160.7~229.6μs/m）、高φ_{CNL}（-0.5%~6.0%）[17]，值域范围和裂缝-孔洞型储集层不同。根据荷包场地区已知井测井统计分析，揭示蜀南地区荷包场构造茅口组储层以裂缝-孔洞型和孔隙-孔洞型储层为主，二者占75%（图1）。

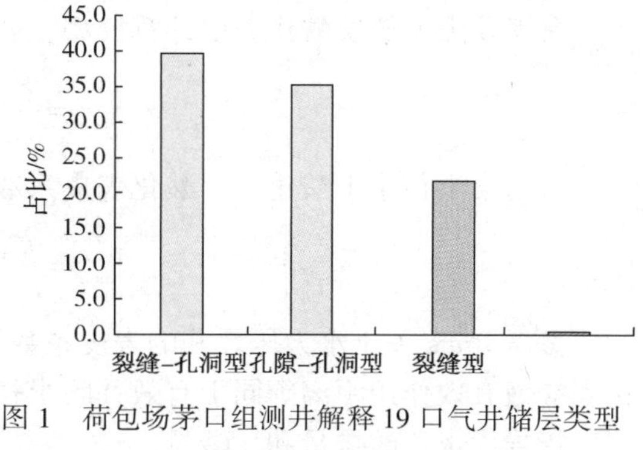

图1 荷包场茅口组测井解释19口气井储层类型

2.2 储层改造对策

储层改造的关键是强化储集空间连通性，天然裂缝欠发育的孔隙-孔洞型储层以压开储层、造长缝；裂缝-孔洞型储层以疏通/沟通缝洞系统，提高天然缝洞系统连通性；裂缝储层则以疏通解堵为主(表1)。

表1　四川盆地二叠系茅口组储层类型及改造对策

储层类型	录井显示	孔隙度/%	缝洞发育情况	岩心描述	成像测井	工程目标	改造工艺
裂缝型	井漏	较低，≤3	孔洞欠发育、裂缝较发育		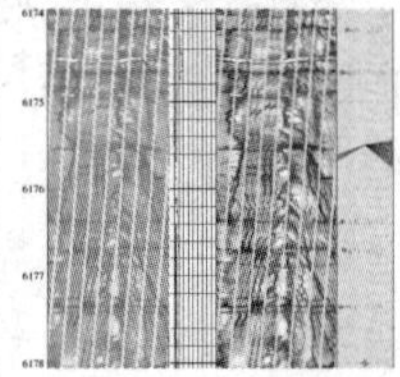	重启天然裂缝，形成酸蚀蚓孔，疏通缝洞，降低储层表皮系数	网络裂缝深度酸化
裂缝-孔洞型	井漏或放空	较高3~8	裂缝和溶蚀孔洞均发育	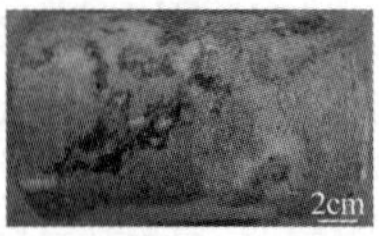	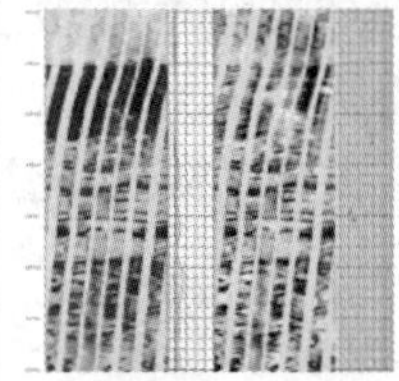	疏通/沟通缝洞系统，提高储层天然缝洞系统连通性	胶凝酸酸压/暂堵转向酸压
孔隙-孔洞型	井漏或放空	较高3~8	孔洞(直径小于50cm)和孔隙(直径小于2mm)较发育、裂缝欠发育	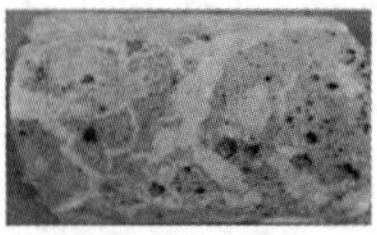	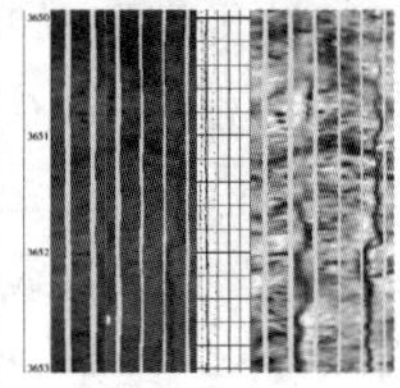	突破污染带，压开储层、沟通天然缝洞	胶凝酸酸压

3　储层改造工艺技术优化

3.1　网络裂缝深度酸化技术

针对天然裂缝发育的裂缝性储层，钻井液漏失量大、储层伤害严重，储层改造以解除储层污染堵塞、疏通天然缝洞系统为目标。因此，储层改造的关键是突破钻井液沿天然裂缝系统漏失形成的损害带，同时解堵疏通天然裂缝系统，最大限度地降低储层表皮系数。

3.1.1　钻井液漏失侵入深度预测

根据裂缝网络性地质模型和钻井液漏失侵入描述，建立钻井液在裂缝网络中漏失运移模型，从而预估漏失泥浆的侵入深度，确定储层污染的范围，为量化储层改造设计参数提供依据。

3.1.2　储层表皮系数模拟与计算

参考孔隙型储层酸化表皮计算模型，若污染半径大于酸化区，酸化表皮系数：

$$S_{\mathrm{acid}}=\frac{k}{k_{\mathrm{d}}}\ln\left(\frac{r_{\mathrm{d}}}{r_{\mathrm{ew}}}\right)-\ln\left(\frac{r_{\mathrm{d}}}{r_{\mathrm{w}}}\right) \tag{1}$$

若污染半径小于酸化区，酸化表皮系数：

$$S_{\mathrm{acid}}=\frac{k}{k_{\mathrm{d}}}\ln\left(\frac{r_{\mathrm{d}}}{r_{\mathrm{ew}}}\right)-\ln\left(\frac{r_{\mathrm{d}}}{r_{\mathrm{w}}}\right) \tag{2}$$

参考Prats关于水力压裂井的表皮系数计算方法，将网络裂缝酸化后的天然裂缝缝宽变化和酸液有效作用距离等同于有效井眼半径，建立网络裂缝酸化效果预测的表皮系数计算模型，指导优选注酸排量和注酸量。

3.1.3　实例应用

以 A 井为例，依据钻井液在裂缝网络中漏失运移模型，预测其侵入深度为 30m 左右，采用 FracPT 软件模拟在酸液规模超过 $320m^3$ 时，酸蚀裂缝长度可达 35m，可以解除钻井液污染，如图 2、图 3 所示。通过储层表皮系数模拟，得到了 $320m^3$ 胶凝酸酸化后的储层表皮系数为-4(储层深度约 20cm)(图 4)，结合钻井液在裂缝网络中漏失运移模型，该规模下储层酸化可以达到降低裂缝型储层表皮系数的目的。

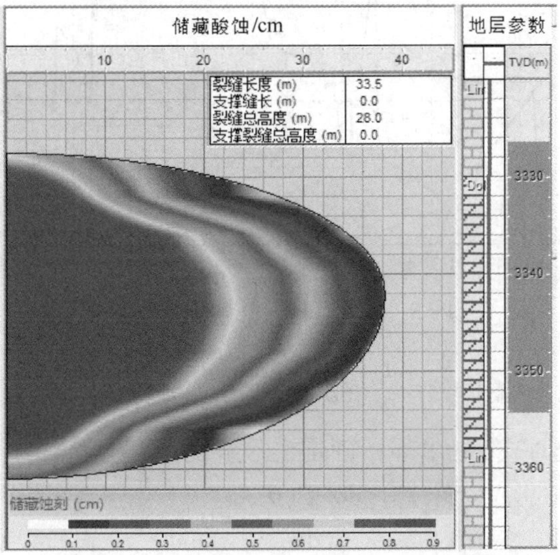

图 2　A 井模拟酸化裂缝剖面

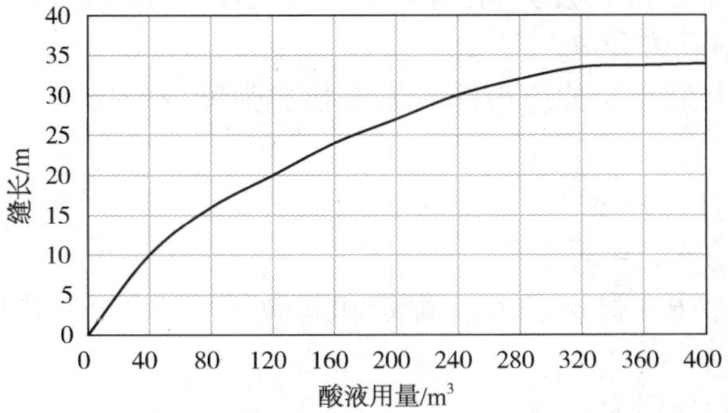

图 3　A 井酸液用量与缝长关系

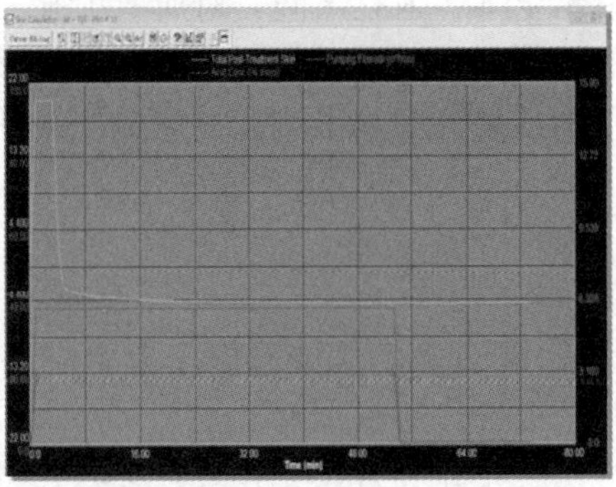

图 4　A 井茅口组表皮系数($r=20cm$)

3.1.4　酸化施工效果分析

从图 5 可看出，在高挤过程中共出现两次较明显的解除污染堵塞的显示，施工排量不变，而泵压呈下降趋势，说明酸液溶蚀了储层中的堵塞物，达到了解堵效果，疏通了天然缝洞系统，恢复了渗流通道。酸化后该井测试获产 $58.87\times10^4m^3/d$，取得了较好的改造效果。该井的成功实施，表明建立的钻井液漏失运移模型可以指导酸化设计，从而提升增产改造效率。

3.2　深度酸压技术

3.2.1　储层破裂压力预测

射孔孔眼处的井壁应力集中，在求初始断裂 $z-\theta$ 平面内的最大拉伸应力时，σ_θ 可用射孔孔眼切向应力 σ'_θ 替代。依据弹性力学理论，最大拉伸应力公式如下：

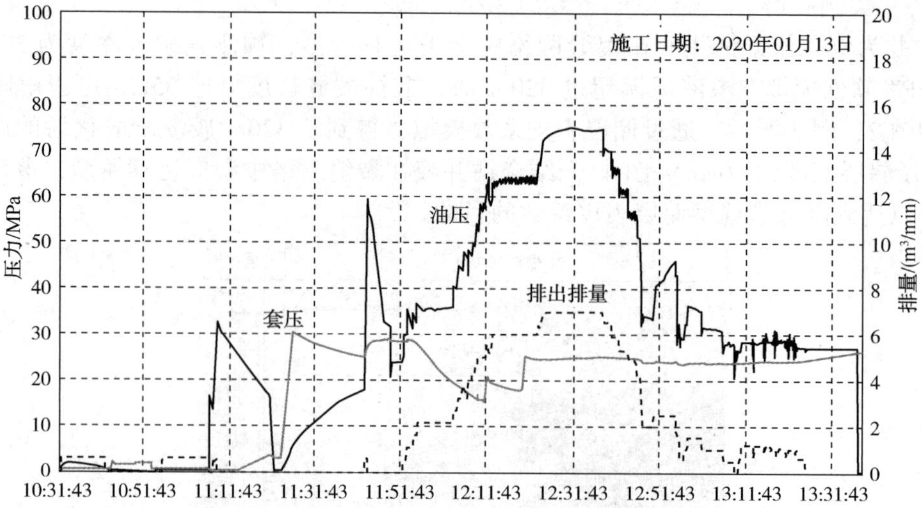

图 5　A 井茅口组酸化施工曲线

$$\sigma_3=\sigma_{\max}(\theta')=\frac{1}{2}\left[(\sigma_\theta'+\sigma_z)-\sqrt{(\sigma_\theta'-\sigma_z)^2+4\tau_{\theta z}^2}\right] \tag{3}$$

给定射孔方位 θ，先对式(3)求导，确定出裂缝的起裂方位：

$$\frac{\mathrm{d}\sigma_{\max}(\theta')}{\mathrm{d}\theta'}=0 \tag{4}$$

满足式(4)的 σ'_0 是当射孔方位角为 θ 时，射孔井壁发生拉伸破裂时的裂缝起裂方位角。

给定某一射孔区间，对所有射孔方位确定相对应的射孔井筒裂缝起裂压力和起裂角，优选出最优起裂压力和起裂角所对应的最优射孔方位 θ。

根据裂缝起裂准则，井壁处 z-θ 平面上最大拉伸应力达到岩石抗拉强度 σ_t 时，岩石断裂，即：

$$\sigma_{\max}(\theta_0)=\sigma_{\mathrm{t}} \tag{5}$$

$$\sigma_{\max}(\theta'_0)=\sigma_{\mathrm{t}} \tag{6}$$

式(6)计算得裂缝起裂压力 P_{w}，而 $\sigma_{\max}(\theta_0)$ 和 $\sigma_{\max}(\theta'_0)$ 都是和起裂压力 P_{w} 相关的量，故可选取迭代法来求解。

裸眼完井和射孔完井时，裂缝起裂角 γ 分别为：

$$\mathrm{tg}2\gamma=\frac{2\tau_{\theta z}}{\sigma_\theta-\sigma_z} \tag{7}$$

$$\mathrm{tg}2\gamma=\frac{2\tau_{\theta z}}{\sigma_\theta'-\sigma_z} \tag{8}$$

依据反三角函数，裂缝起裂角 γ 有两个可能解：

$$\begin{cases}\gamma_1=\dfrac{1}{2}\mathrm{arctg}\,\dfrac{2\tau_{\theta z}}{\sigma_\theta-\sigma_z}\\ \gamma_2=\dfrac{\pi}{2}+\dfrac{1}{2}\mathrm{arctg}\,\dfrac{2\tau_{\theta z}}{\sigma_\theta-\sigma_z}\end{cases} \tag{9}$$

式(9)中的起裂角 γ_1、γ_2 仅有一个方向可产生最大拉应力。裸眼及射孔两种完井方式的最大拉应力函数分别为：

$$\sigma_{max}(\gamma)=\frac{1}{2}(\sigma_\theta+\sigma_z)+\frac{1}{2}(\sigma_\theta-\sigma_z)\cos2\gamma+\tau_{\theta z}\sin2\gamma \tag{10}$$

$$\sigma_{max}(\gamma)=\frac{1}{2}(\sigma_{\theta'}+\sigma_z)+\frac{1}{2}(\sigma_{\theta'}-\sigma_z)\cos2\gamma+\tau_{\theta z}\sin2\gamma \tag{11}$$

为了确定哪个角是裂缝的起裂角，可以对式(10)求二阶导数：

$$F(\gamma)=\sigma''_{max}(\gamma)=-2(\sigma_\theta-\sigma_z)\cos2\gamma-4\tau_{\theta z}\sin2\gamma \tag{12}$$

$$F(r)=\sigma''_{max}(\gamma)=-2(\sigma_{\theta'}-\sigma_z)\cos2\gamma-4\tau_{\theta z}\sin2\gamma \tag{13}$$

依据函数极值的定义，在二阶导数小于0时才有极大值，将γ_1、γ_2分别代入式(11)、式(12)，裂缝起裂角的真实值为使得式(11)、式(12)小于0的γ，即求出两种完井方式时裂缝起裂角。

3.2.2　实例应用

基于测井及岩石力学参数，结合上述计算模型得到了乐山A井茅口组储层的破裂压力剖面，结算结果表明：乐山A井茅口组储层破裂压力介于120~150MPa，射孔段的水平最小主应力为94~106MPa，如图6所示。乐山A井茅口组酸压改造过程中，泵压最高94.6MPa，折算井底压力147MPa(图7)，符合破裂压力预测范围。

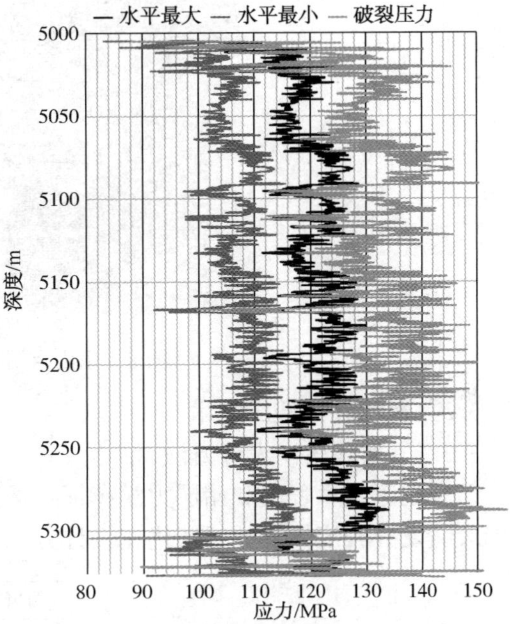

图6　乐山A井茅口组破裂压力剖面

3.2.3　酸化施工效果分析

本井高挤施工过程中见压开储层和沟通小型缝洞体的迹象，暂堵材料使用后泵压提升6MPa，表明暂堵转向迹象显著；压后拟合得到酸压裂缝长度约44~60m(图8)，达到了深度酸压工艺目的。

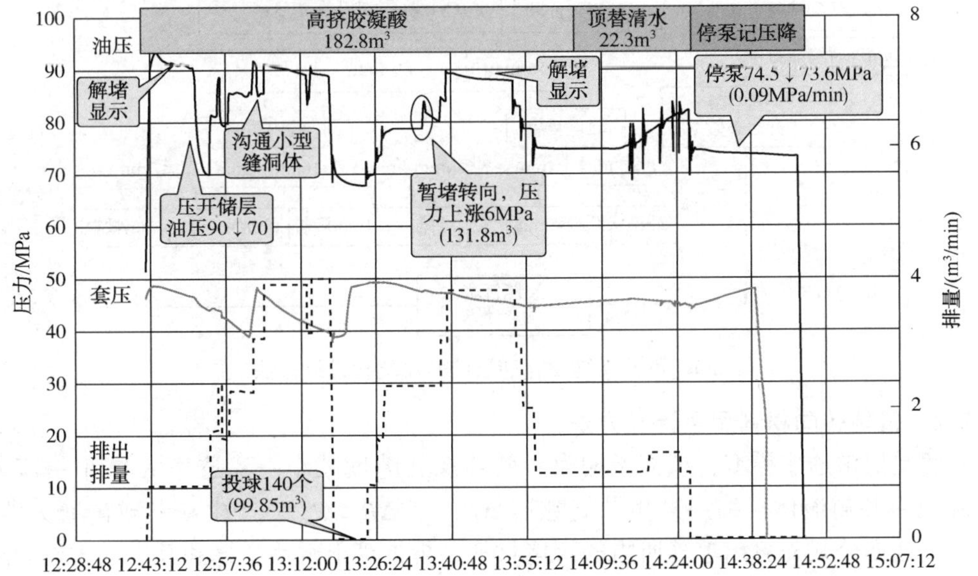

图7　乐山A井茅口组胶凝酸深度酸压施工曲线

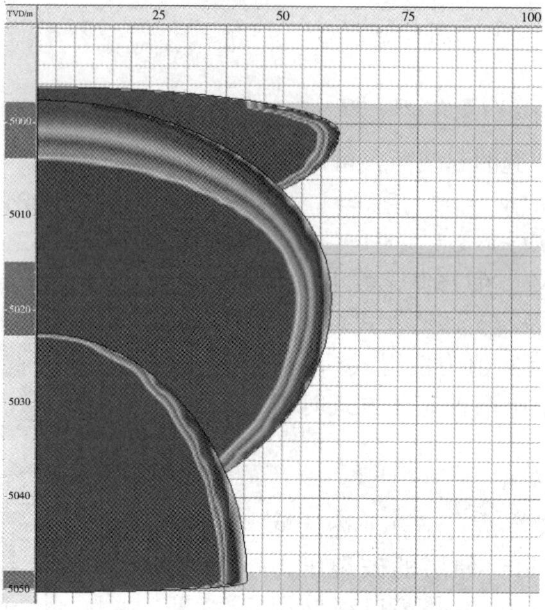

图 8　乐山 A 井茅口组压后拟合分析

3.3　暂堵转向酸压技术

3.3.1　暂堵转向设计方法

结合裂缝发育程度和储层力学特征，通过室内实验和酸压模拟即可达到暂堵缝网酸压。不同裂缝发育程度储层的暂堵优化设计方法见图 9。

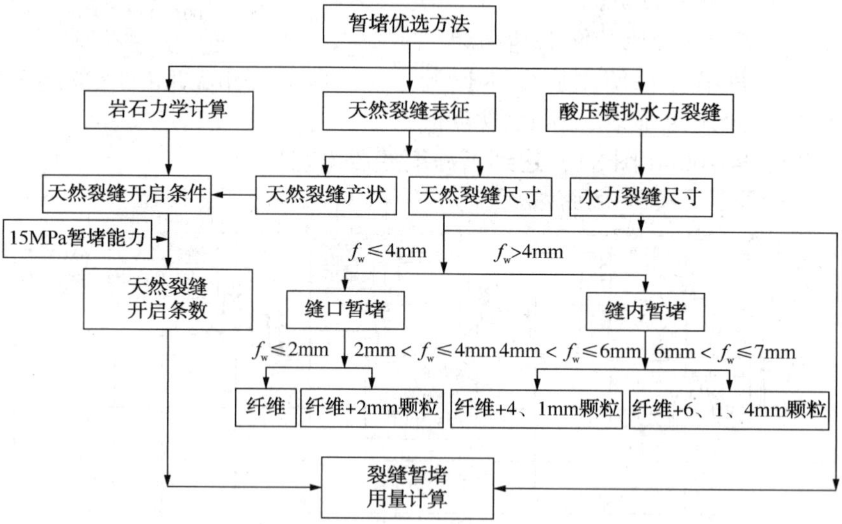

图 9　不同裂缝发育储层的暂堵优化设计方法

3.3.2　暂堵转向材料用量计算方法

建立暂堵层渗透率模型：填充量增大→暂堵层孔隙度减小→渗透率 K 减小→流入裂缝流体量降低→井筒液体压缩→产生井筒憋压 ΔP，当 $\Delta P \geqslant P_{net}$，产生新缝或沟通天然裂缝。因此，可由达西公式先算出单缝所需的暂堵材料，再推算出暂堵主缝和开启的天然裂缝的材料总量。其中最为关键的是确定 P_{net} 的大小。达西公式为

$$\Delta P=\frac{\mu L_{\mathrm{d}}Q}{K_{\mathrm{d}}A_{\mathrm{f}}} \tag{14}$$

单缝暂堵材料用量计算公式：

$$M_{\mathrm{d}}=\rho_{\mathrm{d}}V_{\mathrm{d}}=\rho_{\mathrm{d}}A_{\mathrm{f}}\cdot L_{\mathrm{d}}=\rho_{\mathrm{d}}H_{\mathrm{f}}W_{\mathrm{f}}L_{\mathrm{d}} \tag{15}$$

结合式(15)和式(16)计算单缝暂堵材料用量：

$$M_{\mathrm{d}}=\frac{\rho_{\mathrm{d}}H_{\mathrm{f}}^{2}W_{\mathrm{f}}^{2}\Delta PK_{\mathrm{d}}}{\mu Q} \tag{16}$$

从而，暂堵材料的总用量为：

$$M=2M_{\mathrm{d0}}+M_{\mathrm{d1}}+M_{\mathrm{d2}}+\cdots M_{\mathrm{di}} \tag{17}$$

其中，μ 为携带液黏度，mPa·s；Q 为排量，$\mathrm{m^3/h}$；L_{d}为裂缝暂堵段的长度，m(实验平均值为0.064m)；K_{d}为暂堵层渗透率(实验平均值为0.837D)；V_{d}为裂缝暂堵段体积，$\mathrm{m^3}$；ρ_{d}为暂堵材料表观密度，$1200\mathrm{kg/m^3}$；W_{f}为裂缝宽度，通过酸化模拟可得，m；H_{f}为裂缝高度，通过酸压模拟可得，m；$\Delta P=P_{\mathrm{net}}$，结合测井数据和岩石力学实验而来；$M_{\mathrm{d0}}$为主裂缝暂堵材料用量，$M_{\mathrm{di}}$为开启第 i 条天然裂缝的用量。

3.3.3 实例计算

以双探X井为例，经测井解释茅口组有三段含气层。该井茅口组地层 σ_{H}、σ_{h}分别为2.3MPa/100m、1.98MPa/100m，地层应力状态为$\sigma_{\mathrm{H}}>\sigma_{\mathrm{v}}>\sigma_{\mathrm{h}}$，储层段$\sigma_{\mathrm{H-h}}$平均为22.3MPa。参考该区块茅口组岩石力学实验，内聚力为24.1~92.4MPa，平均值69.3MPa。目前封堵能力为15MPa，图10可看出在逼近角≤60°~80°时，天然裂缝主要为张性破裂。

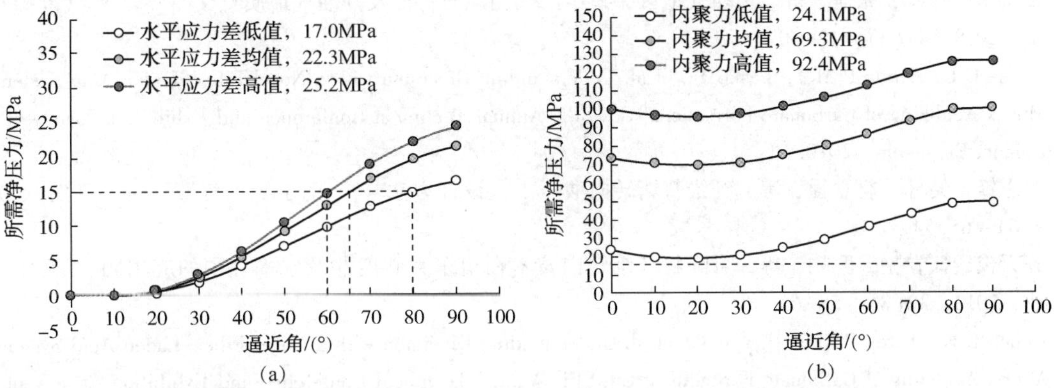

图10 (a)天然裂缝张性破裂所需净压力与逼近角关系；(b)天然裂缝剪切破裂所需净压力与逼近角关系

该井第一段厚度为33m，该段天然裂缝发育，钻至此段时泥浆密度1.94~2.01g/cm³，共漏失泥浆71.0m³，点火燃，焰高0.5~3m。此段天然裂缝密度为0.52条/米，平均高度3m，宽度3mm。计算得天然裂缝开启 P_{net} 为4.9~12.7MPa，因此暂堵能力为15MPa时，可开启全部裂缝。建议暂堵时排量为2m³/min左右，此时主缝的动态缝宽为3mm。推荐使用2mm暂堵颗粒和6mm暂堵纤维进行暂堵，通过式(18)计算得暂堵材料共250kg，推荐2mm颗粒和纤维的1:1组合暂堵天然裂缝和主裂缝，各需16kg和234kg。

4 结论

(1) 四川盆地二叠系茅口组主要发育有裂缝型、裂缝-孔洞型和孔隙-孔洞型三类储层，依据储层特征明确了不同储层类型的改造目标：裂缝型储层以解堵疏通为主、孔隙-孔洞型储层以压开储层沟通孤立孔洞为主、裂缝-孔洞型储层则以解堵疏通裂缝系统的同时沟通孤立孔洞。

(2) 裂缝型储层采用网络裂缝深度酸化技术，通过预测漏失侵入深度明确储层改造范围，结合储层表皮系数计算优化储层改造工艺参数，提高储层解堵酸化改造效率。

(3) 孔隙-孔洞型及连通性较差的裂缝-孔洞型储层采用深度酸压技术，通过计算储层破裂压力，明确酸压设计参数，进一步提高沟通孤立孔洞的几率；两种改造技术为现场应用提供了理论依据，通过试验均取得了较好的储层改造效果。

(4) 探索了暂堵转向酸压技术，针对裂缝发育程度不同的储层匹配了暂堵优化设计方法，在暂堵层渗透率模型的基础上形成了暂堵转向材料使用量的优化方法，丰富了进一步提高单井产量的储层改造技术。

参 考 文 献

[1] 杨跃明，杨雨，文龙，等．四川盆地中二叠统天然气勘探新进展与前景展望[J]．天然气工业，2020，40(7)：10-22.

[2] 汪泽成，江青春，黄士鹏，等．四川盆地中二叠统茅口组天然气大面积成藏的地质条件[J]．天然气工业．2018，38(1)：30-38.

[3] 李荣容，杨迅，王旭丽，等．川西北部地区中二叠统茅口组岩溶储层特征研究[J]．四川地质学报．2019，39(3)：369-373.

[4] 郭旭升，李宇平，魏全超．川东南地区茅口组古岩溶发育特征及勘探领域[J]．西南石油大学学报(自然科学版)，2012，34(6)：1-8.

[5] 张玺华，陈聪，张亚，等．川西北地区茅口组海槽相地质特征及其油气地质意义[J]．天然气勘探与开发，2018，41(3)：42-50.

[6] Cohen C E，Tardy P M J，Lesko T，et al. Understanding Diversion with a Novel Fiber-Laden Acid System for Matrix Acidizing of Carbonate Formations[C]. SPE Annual Technical Conference and Exhibition. Society of Petroleum Engineers，2010.

[7] 罗志锋，吴林，赵立强，等．纤维暂堵转向酸压工艺设计方法与应用[J]．油气藏评价与开发，2019，9(6)：65-71.

[8] 齐天俊，韩春艳，罗鹏，等．可降解纤维转向技术在川东大斜度井及水平井中的应用[J]．天然气工业，2013，33(8)：58-63.

[9] Cohen C E，Tardy P M J，Lesko T，et al. Understanding Diversion with a Novel Fiber-Laden Acid System for Matrix Acidizing of Carbonate Formations[C]. SPE Annual Technical Conference and Exhibition. Society of Petroleum Engineers，2010.

[10] 王艳玲．CCL油田老井重复压裂工艺技术研究[J]．油气藏评价与开发，2019，9(6)：61-64.

[11] 张合文，丁云宏，赫安乐，等．可降解纤维及其在老井暂堵酸压中的应用[J]．油气井测试，2014，23(4)：32-35.

[12] 钟森，任山，黄禹忠，等．元坝海相超深水平井均匀布酸技术研究及应用[J]．石油钻采工艺，2013，35(6)：83-86.

[13] 董贤勇，李兆敏，李松岩，等．水平井酸化液分布规律研究[J]．钻井液与完井液，2011，28(2)：66-69.

[14] 杨乾龙，黄禹忠，刘平礼，等．碳酸盐岩超深水平井纤维分流暂堵复合酸压技术及其应用[J]．油气地质与采收率，2015，22(2)：117-121.

[15] 蒋卫东，刘合，晏军，等．新型纤维暂堵转向酸压实验研究与应用[J]．天然气工业，2015，35(11)：54-59.

[16] 高鹏宇．水平井酸化化学微粒分流工艺模拟研究[D]．西南石油大学，2012：21-24.
[17] 王业众，段国彬，桑宇，等．衬管完井水平井新型布酸技术研究与应用—以安岳气田磨溪构造龙王庙组气藏为例[J]．天然气地球科学，2017，28(8)：1264-1268.
[18] 李松，马辉运，叶颉枭，等．基于钻井液漏失侵入深度预测的裂缝性碳酸盐岩储层改造优化[J]．钻采工艺．2018，41(2)：42-45.
[19] 黄士鹏，江青春，冯庆付，等．川南地区中二叠统茅口组岩溶储集层类型与分布规律[J]．石油勘探与开发，2019，46(2)：281-289.
[20] 李松，张华礼，王萌，等．裂缝型碳酸盐岩储层暂堵转向酸压实验评价与工艺优化[J]．石油与天然气化工，2021，50(3)：90-95.

第一作者简介：李松(1983—)，男，河北安国人，博士，高级工程师，主要从事油气藏增产改造理论与技术方面的研究。E-mail：li_song@petrochina.com.cn，电话：028-86010404。

薄油层边底水油藏水力喷射控水储层改造工艺应用研究

代　星[1]　方正魁[1]　尚领军[1]　董小卫[2]　王艳林[1]

（1. 中国石油新疆油田公司石西油田作业区；2. 中国石油新疆油田公司工程技术研究院）

摘　要　储层改造是油气井增产的重要措施，常规储层改造时裂缝的起裂位置及扩展方向难以控制直接影响压裂效率和成功率，SX 在储层改造增产过程中部分目的油层距离上下水层较近，采用常规手段进行储层改造有压窜的风险，因而需要寻求新的水力喷射储层改造技术。

水力喷射储层改造是集水力喷砂射孔、水力喷射储层改造、隔离一体化的新型增产改造技术。水力喷射储层改造通过向油管中泵入流体，一次完成喷砂射孔和储层改造。该技术造缝位置较准确，无级机械封隔，并且水力喷射改造产生的缝孔洞大、渗透性好，有效增加油气井储层改造增产效率和成功率，缩短作业周期，提高储层改造安全性。

水力喷射储层改造利用高压水力脉冲与井下工具管柱配合，通过定点水力喷射，增加水力喷射冲击能量，延伸水平缝长，防止裂缝垂向延伸，实施小规模改造以达到控高控边底水，延伸水平方向缝长的目的。

近几年该技术在 SX 油田以储层的深度改造为目的进行了试验施工，现场应用结果表明，水力喷射储层改造技术在 SX 油田具有较强的适应性，单井产量均得到大幅度提高，可大规模推广使用。

关键词　水力喷射　水力喷射储层改造　隔离一体　造缝准确

1　水力喷射储层改造技术特点

水力喷射储层改造过程包括水力喷射射孔和水力喷射储层改造两个过程（图 1）：

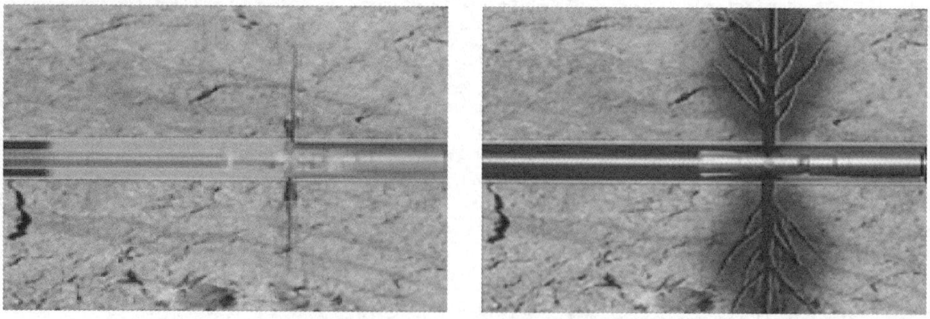

图 1　水力喷射喷储层改造示意图

水力喷射射孔是用油管将喷枪下入井内目的层位，用高压泵将含有石英砂的固液两相流从喷嘴喷出，利用携带石英砂的高速射流切割岩石，喷射出的孔道较深。由于穿透深度大克服了近井地带污染，起到射孔和解堵的双重作用。定向射孔在裂缝的扩展过程中起到导向孔的作用，避免多裂缝和裂缝弯曲。

喷射射孔完成以后，由油管泵入流体，油管中的流体经过喷嘴继续在喷射孔道中形成增压，大于地层破裂压力时可将射孔孔眼处地层压开，喷嘴喷出的压裂液沿孔道流入裂缝，对裂缝起充填和支撑作用。

2　水力喷射储层改造选井原则

水力喷射储层改造技术可准确定层，避免了封隔器失效、后期卡管柱等问题，其具有不使用任何机械密封装置即可实现一段或多段分层储层改造的特点，针对这些优势确定了选井选层原则。水力喷射储层改造选井主要包括地质选井和工艺选井两个方面。

2.1　地质选井原则

(1) 纵向上目的层离边底水层较近，无法有效控制缝高，易压窜边底水层；(2)隔层较差，易压窜隔层，无法实施常规分层储层改造；(3)目的层井深、储层低孔低渗。

2.2　工艺选井原则

(1) 套管轻微变形，因分层工具受限、无法分层储层改造；(2)固井质量差，常规储层改造无法卡封分层；(3)常规酸化储层改造施工不见效。

3　水力喷射储层改造机理和参数优选

3.1　水力喷砂射流机理

由水力学动量-冲量定律可知，当高压泵将带有磨料(通常是石英砂)的液体，从油管经喷嘴喷出时，液体的压力势能转换为动能，表现为液体速度的增加。当质量为 m 的含砂液流以 V_0的速度运动时，假定液固相间不存在速度滑移，液流中的砂砾以$\frac{1}{2}V_0^2m$ 的动能与套管、岩层接触时，砂砾的速度在很短时间内变为0，此时含砂射流以冲量做功，便产生了水力喷砂射孔(切割)技术。

水力喷砂射流动量公式如下：

$$P=mV_0 \tag{1}$$

式中，m 为含砂射流的质量；V_0为含砂射流的速度。

而含砂射流的质量 m 便是

$$m=\gamma/g\omega V_0 \tag{2}$$

式中，γ 为含砂射流的重率；g 为重力加速度；ω 为喷嘴的截面积。

将式(2)代入式(1)时，即可求出射流的冲量值 I

$$I=\gamma/g\omega V_0^2 \tag{3}$$

3.2　水力喷砂储层改造施工参数优选

3.2.1　喷嘴选择

喷嘴要具有良好的耐磨性和较高的流量系数，喷嘴的选择需保证对套管、水泥环的有效射穿，并对地层达到一定的射孔深度。

从水力学知识得知流束任意一点处的速度可由式(4)求得：

$$V_L=CVD/L \tag{4}$$

式中，V_L 为微粒喷嘴出口距离为 L 处的射流轴心速度；C 为实验常数，等于6；V 为射流初速度；D 为喷嘴直径；L 为喷嘴出口至喷射物的距离。

式(4)表明，当 $L=6D$ 时，其射流速度仍然保持起初速度不变，自该点以后，射流则按上述规律逐渐减小。

SX 油田作业区实施的水力喷砂压裂使用的喷嘴采用硬质合金制成，喷嘴内壁有金刚石镀层，耐冲蚀性能较好；喷嘴规格为 2×4mm 和 2×6mm，由式(4)可知，射流速度不会减小，如表 1、表 2 所示，通过对喷嘴流体力学数据计算可知 2×4mm 和 2×6mm 喷嘴可保证对套管、水泥环的有效射穿。

表 1　2×4mm 喷嘴流体力学数据计算

喷嘴型号	施工排量	单喷嘴排量	喷射速度	喷嘴压降	油管摩阻	施工泵压
mm	m^3/min	m^3/min	m/s	MPa	MPa	MPa
2×4	0.5	0.25	331	62	0.9	62.9
2×4	0.4	0.2	265	39.7	0.6	40.3
2×4	0.35	0.175	232	30.4	0.5	30.9
2×4	0.3	0.15	199	22.3	0.4	22.7
2×4	0.25	0.125	166	15.5	0.3	15.8

表 2　2×6mm 喷嘴流体力学数据计算

喷嘴型号	施工排量	单喷嘴排量	喷射速度	喷嘴压降	油管摩阻	施工泵压
mm	m^3/min	m^3/min	m/s	MPa	MPa	MPa
2×6	1.5	0.75	442	66.5	7.5	74.0
2×6	1.4	0.7	412	58	6.6	64.6
2×6	1.3	0.65	383	50	5.7	55.7
2×6	1.2	0.6	353	42.6	4.9	47.5

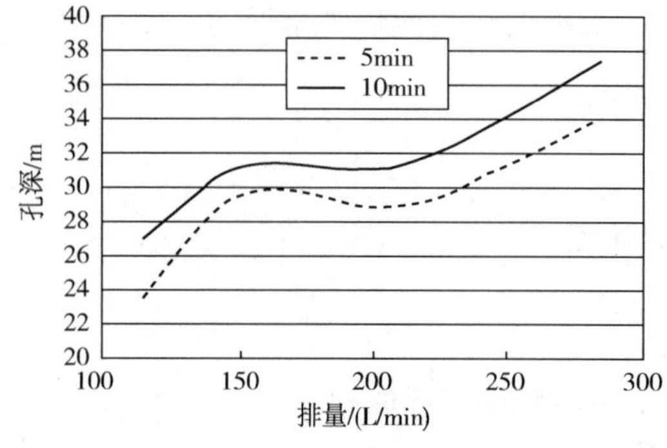

图 2　排量与射孔深度关系曲线

3.2.2　排量对射孔深度的影响

在射流压力和喷距等一定的条件下，改变射流排量(喷嘴直径)和射孔时间，如图 2 所示，随着排量的增加，射孔深度显著增加，当排量增加时破碎深度却相差不大。结果表明在一定的压力下，仅靠增加施工排量同样能够提高射孔深度。同时，当用大排量低压力来进行射孔时，所射出的孔径明显变大，且破碎情况有所改善，基本上没有大的碎块产生，主要因为在低压力大排量下不易产生憋压现象，孔的清洗情况也有所改善，孔中基本没有残留砂粒堆积。

通过对实验曲线进行回归得到如下近似公式：

$$H=kQ+c \tag{5}$$

式中，H 为射孔深度，cm；Q 为排量，L/min；k 为比例系数，约为 2；c 为常数。

3.2.3　水力喷砂射孔地面实验

开展水力喷射机理室内实验、地面打靶模拟先导试验，为水力喷砂射孔现场应用提供理论指导(图 3、图 4)。

地面水力喷射打靶实验数据：

a）最大射深 620mm；

b）套管孔眼最大直径 22.0mm；

c）靶件孔道最大直径 160mm，孔道形状大致为纺锤形；

d）射穿套管时间大约为 60s。

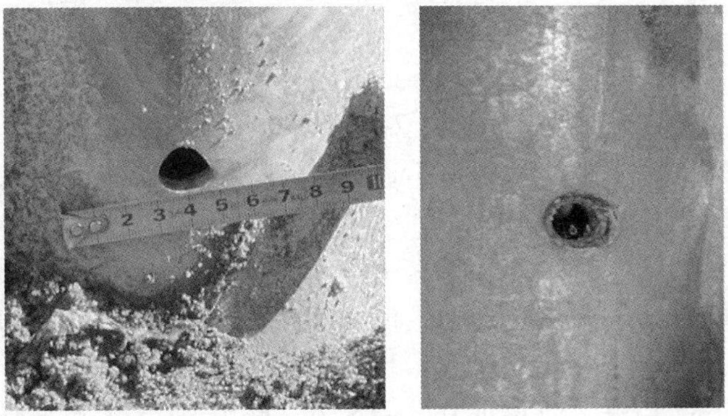

图 3　水力射孔和炮弹射孔对比

图 4　靶件射孔深度

4　水力喷射储层改造现场应用

4.1　水力喷射储层改造控制缝高、控水

利用高压水力脉冲与井下工具管柱配合，通过定点水力喷射，增加水力喷射冲击能量，延伸水平缝长，防止裂缝垂向延伸，实施小规模改造以达到控高，水平方向延伸缝长的目的。

不同的起裂位置对控高效果有很大的影响。定向水力喷射具备水力封隔导流特性，可以降低地层破裂压力，改变地层破裂位置；有助于裂缝水平方向延伸；具体可以通过调整射孔点达到定向起裂的目的。

a）水层位于油层下部，喷射点位置偏改造段顶部；b）水层位于油层上部，喷射点位置偏改造段底部；c）油层上下存在水层，喷射点偏向距离水层较远位置。

4.2　水力喷射储层改造现场作业施工流程控制

开展水力喷射储层改造工艺及相关技术研究，确立了水力喷射多级改造施工工序、现场组织及工艺控制经验(图 5)。

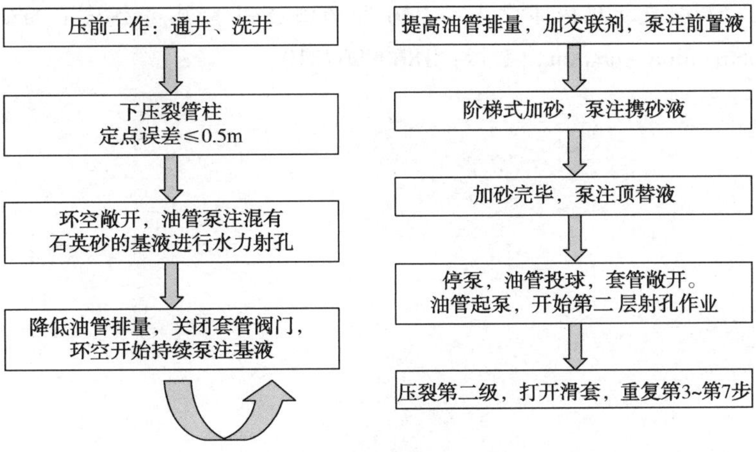

图 5　水力喷射施工流程图

4.3 不动管柱多级滑套水力喷射储层改造技术

针对多个油层需要储层改造的情况，采用多级喷嘴+多级滑套组合解决不动管柱多级储层改造的问题。

施工顺序是埋藏最深的油层最先储层改造，然后投球打开上一级喷枪进行储层改造，最后投球打开最上一级喷枪进行储层改造，在SX油田储层改造过程中已可分压3层。

5 水力喷射储层改造现场应用效果

2020年共实施水力喷砂压裂7口井，成功率100%，深度2400~2600m，目的层与上下水层间隔2.5~22m，施工油压最大为59MPa，排量为0.3~0.5m^3/min，最大加砂量4.74m^3，单井最大日增油10t。7口井措施有效期累计增油1.4×10^4t。

2021年3~10月共实施水力喷砂压裂39口井，深度2400~3167m，目的层与上下水层间隔5~30m，施工油压最大为58MPa，排量为0.3~0.8m^3/min，最大加砂量10.6m^3，日增油0.8~17t，措施有效期内累计增油5.7×10^4t。

2022年3~11月共实施水力喷砂压裂37口井，日增油0.3~15.2t，截至2023年6月底累计增油4.2×10^4t。

6 结论

（1）水力喷射储层改造克服了近井地带污染和常规炮弹射孔的压实带，并在射流的作用下，地层孔道顶端形成微裂缝；

（2）射流增压实现定点增压，准确造缝，减少产生多裂缝和裂缝转向的问题，同时具有水力封隔的效果；

（3）喷射装置结构简单便于施工，与常规储层改造相比可实现单层射孔储层改造、单层射孔多级储层改造、一趟管柱连续拖动多段射孔储层改造等作业，施工费用相当；

（4）水力喷射储层改造可用于薄油层及和近水薄油层的储层改造，在SX油田取得了较好的效果。

第一作者简介：代星（1985—），男，祖籍四川遂宁，2008年毕业于西安石油大学石油工程专业，现工作于新疆油田公司石西油田作业区，三级工程师，从事采油工艺和井下工艺研究工作，地址：新疆克拉玛依市宝石路256号油田公司E座办公楼石西油田作业区，e-mail：SXytdx@petrochina.com.cn，电话：18609907010。

东胜区块常压页岩气压裂裂缝扩展形态研究

李小龙[1]　肖　雯[2,3]　潘林华[1]　贺甲元[1]　熊　炜[4]　赖建林[3]

[1. 中国石化石油勘探开发研究院；2. 中国石油大学(北京)；
3. 中国石化国际事业公司；4. 中石化华东石油局石油工程技术研究院]

摘　要　常压页岩气储量丰富，但天然驱动能量低，对裂缝的复杂程度、储层改造体积具有更高的需求。针对常压页岩气更高储层改造程度的需求，开展岩心力学测试，明确目标储层的力学特性；利用天然露头开展真三轴压裂物模实验研究，分析不同压裂液类型、水平、垂向应力差、射孔方案、排量等参数对裂缝形态的影响规律；结合实验结果与认识，建立基于Cohesive方法的裂缝扩展模型，分析天然裂缝、应力差、排量、孔隙压力等参数对裂缝扩展的影响规律；并在最后与现场实践结合。研究结果表明，滑溜水易形成以层理缝为主的裂缝扩展形态，在缝高方向扩展不足；天然裂缝的存在会导致裂缝带宽的增大、缝长的降低；垂向应力差的增大利于提高裂缝穿过层理的能力。研究结论与实践结果相符程度较高。建议在后期实践中增加胶液以提高裂缝的穿层能力、提高裂缝在缝高方向的动用效果。研究结论为常压页岩储层压裂效果评估、施工参数优化等提供理论支撑，提升常压页岩储层的可经济开发性，提高施工成功率和产量。

关键词　体积压裂　裂缝形态　数值模拟　常压页岩气　层理缝

引言

中石化华东油气分公司在金佛断坡和武隆、桑柘坪等残留向斜常压页岩气储量丰富，地质资源量约2.8万亿立方米，具有极大的开发潜力。彭水-武隆地区五峰组-龙马溪组页岩埋深一般为2000~3500m，地层压力系数为0.9~1.2；目前投产水平井水平段长度多为1200~1500m，分15~20段压裂(段间距50~150m)，单段2~4簇射孔，平均进液强度为18~28m³/m、平均加砂强度为0.7~0.9m³/m。由于常压页岩气的天然弹性驱动能不充足，对压裂裂缝的复杂程度、改造体积有着更高的要求。

页岩储层的复杂裂缝构造主要有两点影响因素，一是储层自身物性，如地应力差的大小、天然裂缝及层理的发育程度等；二是基于水平井的人为设计因素，如簇间距的优化、压裂液的优化(CO_2压裂液)等。

1　常压页岩力学参数实验分析

针对常压页岩地层复杂裂缝形成机理基础理论研究，需要采用实验测试、物理模拟与数值模拟等多种手段，结合现场工艺可行参数，揭示常压页岩复杂裂缝形成机理、明确多簇裂缝起裂延伸规律及分布特征、量化评价地应力等因素的具体影响，为常压页岩的压裂改造提供技术支持。其中实验测试为模拟实验提供基础数据支撑，实验数据的准确性决定模拟实验的成败。

实验用岩心取自中石化华东油气分公司东胜区块胜页3井。使用线切割将全尺寸岩心处理为实验标准岩样，并分别进行地应力、巴西劈裂、三轴压缩实验。

1.1 声发射地应力测试实验

利用Kaiser效应可以测量岩样曾经承受过的最大压应力，进而确定储层的地应力。通过Kaiser效应计算得到地应力大小结果如表1所示，可见，水平地应力绝对值较大，说明该地区存在一定强度的构造应力作用。应力差异系数：2号层>3号层，3号层应力差异系数较小，易于形成复杂裂缝网络。

表1 胜页3井地应力大小测试结果

序号	层位	单轴抗压强度/MPa	Kaiser效应点		σ_H/MPa	σ_h/MPa	地应力差异系数
			时间/s	应力/MPa			
1	2号	48.96	698	29.08	44.79	33.61	0.3326
2		70.65	499	21.22			
3		32.40	416	17.95			
4		42.37	729	31.59			
5	3号	41.72	790	33.05	48.84	42.53	0.1484
6		32.40	665	28.01			
7		33.31	633	26.75			
8		102.53	550	31.59			

1.2 岩石抗拉强度测试实验

岩石抗拉强度是指岩石在拉伸条件下能够承受的最大应力值。本实验采用巴西劈裂法测定。通过实验结果可知，1号层抗拉强度均值为3.18MPa，2号层抗拉强度均值为9.95MPa。此实验钻取岩心长度较短岩心未发生破坏，实验结果可靠。

1.3 岩石抗压强度测试实验

根据单轴抗压强度测试结果，胜页3井岩心的抗压强度为42.54~48.65MPa，弹性模量为23.55~29.82GPa，泊松比为0.207~0.212。实验岩心均出现张性裂缝。

在围压15MPa时，弹性模量1#层：26.142GPa，3#层：42.7440GPa；泊松比1#层：0.254，3#层：0.325。在围压20MPa时，弹性模量1#层：44.932GPa，3#层：41.7827GPa；泊松比1#层：0.2900，3#层：0.3190。在围压25MPa时，弹性模量1#层：27.0460GPa，3#层：41.2337GPa；泊松比1#层：0.265，3#层：0.314。

实验用岩心取自胜页3井，实验结果反映出胜页3井所处地层天然裂缝明显，层理发育，利于压裂时形成复杂裂缝。

2 常压页裂缝扩展实验

实验所用天然岩样取自四川盆地页岩露头。采用真三轴压裂模拟系统对页岩露头开展了压裂物理模拟实验，部分实验岩样通过高能物理CT扫描获得内部的水力裂缝形态。制定多组模拟实验、具体的模拟参数见表2。

表 2 页岩露头压裂模拟实验方案

岩样编号	应力状态/MPa			排量/(mL/min)	压裂液类型
	σ_v	σ_h	σ_H		
1#	25	18	12	25	胶液
2#	25	18	12	25	滑溜水
3#	25	12	12	25	滑溜水
4#	25	25	12	25	滑溜水
5#	30	18	12	25	滑溜水
6#	25	18	12	10	滑溜水
7#	25	18	12	50	滑溜水
8#	25	18	12	25	滑溜水(低密度)
9#	25	18	12	25	胶液(低密度)
10#	25	18	12	25	滑溜水(高密度)

2.1 三轴物模实验结果分析

(1) 压裂液类型的影响。1#岩心采用胶液压裂液，破裂压力为 20.7MPa；2#岩心采用滑溜水压裂液，破裂压力为 10.65MPa，裂缝形态如图 1 所示。

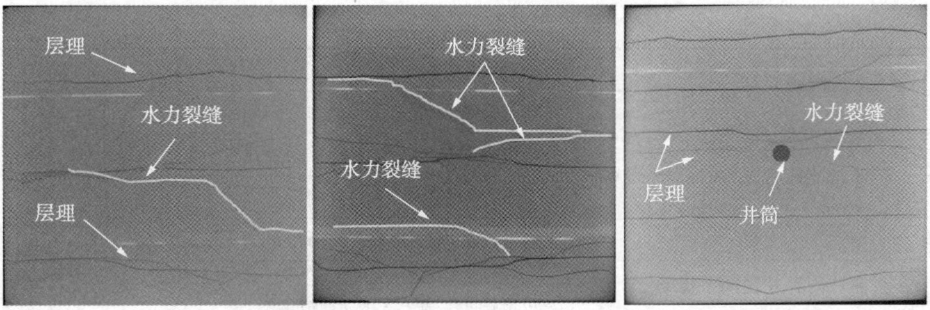

(a)1#岩心裂缝形态　　(b)2#岩心裂缝形态

图 1 岩心实验结果展示图(CT 扫描结果)

由于页岩层理发育，限制水力裂缝高度方向的扩展。2#压后裂缝形态以近井筒的多条层理缝为主。水力裂缝在纵向上的连通高度约为 5cm。滑溜水破裂压力为 10.65MPa，明显低于胶液的破裂压力(20.7MPa)。

考虑低黏滑溜水缝高扩展受限，建议压裂液体系中增加适当比例胶液，形成主裂缝连通层理缝。

(2) 水平应力差的影响。3#岩心水力裂缝沟通近井筒层理(高度约 10cm)；2#岩心近井层理主导裂缝形态(高度约 5cm)；4#岩心单一层理缝(高度约 0cm)。水平应力差对裂缝形态的影响并不明显，压裂裂缝形态以层理缝为主。

(3) 垂向应力差的影响。2#岩心近井层理主导裂缝形态(高度约 5cm)；5#岩心水力裂缝沟通多条层理，裂缝形态复杂(高度约 15cm)。垂向应力与水平应力差增大，利于水力裂缝穿过并开启多个层理面，显著增加裂缝网络的复杂程度。

(4) 排量的影响。2#岩心近井层理主导裂缝形态(高度约 5cm)；6#岩心单一层理缝(高度约 0cm)；7#岩心水力主裂缝(高度 30cm)。低黏的压裂液容易沿着高渗透的层理面快速滤失。低排量(10mL/min)条件下，容易形成简单的层理缝；高排量(50mL/min)条件下，水力裂缝易突破层理，形成水力主裂缝。

(5) 射孔参数的影响。如图2所示，8#岩心形成沿井筒轴线的纵向缝；9#岩心第一簇为横切缝，第二簇为与井筒斜交的垂直缝；10#岩心第一簇横切缝延伸范围有限，第二簇横切缝扩展至岩样边界。采用滑溜水压裂液，有利于多簇裂缝同时起裂；并非所有的射孔簇都能有裂缝产生，当某一射孔簇的裂缝起裂后，会对其他射孔位置的裂缝起裂和扩展具有抑制作用。

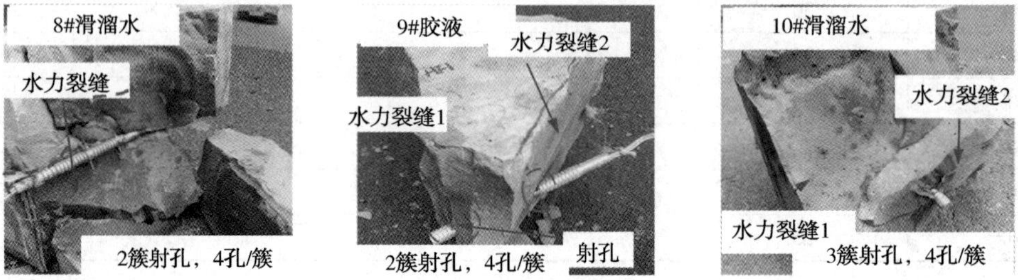

图2　岩心实验结果展示图

2.2　三轴物模实验结果汇总

将十组实验结果对比汇总，见表3。

表3　物模实验结果汇总表

参数	裂缝形态	规律
压裂液黏度	层理缝为主导的复杂裂缝	黏度越低越容易受到层理的影响限制缝高
垂向应力差		垂向应力差越大，裂缝越容易穿过层理缝；18MPa时层理缝不易开启
水平应力差		水平应力差对层理缝的影响较小
排量		低排量层理面滤失为主；高排量利于裂缝突破层理
射孔簇数	存在缝间干扰的不均匀扩展多裂缝	簇间距越小，非均匀扩展越严重

与胶液压裂液相比，滑溜水压裂液的低黏度特性导致滤失作用更加明显。滑溜水压裂液向层理面中的滤失会限制水力裂缝在高度方向的扩展，形成以层理为主导的裂缝形态。

层状页岩储层中，水平应力差对于裂缝形态复杂程度的影响并不明显。垂向应力差对于水力裂缝高度的扩展影响显著。垂向应力差(18MPa)较高时，层理面不易开启，有利于水力裂缝穿过并沟通多个层理面，裂缝高度延伸较充分。

提高排量有利于水力裂缝突破层理，提高压裂改造效果。

高射孔密度、多簇射孔条件下，采用滑溜水压裂液时，并非所有的射孔位置都有水力裂缝产生。采用滑溜水压裂时，针对多簇射孔，建议采用暂堵球进行炮眼暂堵作业，实现压力的提高以促进更多裂缝扩展和延伸。

3　现场施工分析

焦页207平台位于重庆市南川区水江镇宏图村6组，是针对上奥陶统五峰组-下志留统龙马溪组下部页岩气层部署的开发井，目前已完成焦页207-1HF、207-2HF两井的压裂施工。

下面以207-2HF井为例进行展示说明。焦页207-2HF井气层高角缝发育，纵向上无明显隔层，分段压裂设计具体思路如下：

(1) 采取段内投球暂堵转向、中途“变排量、变粒径”等提高复杂性措施，提升改造效果；

(2) 压裂液主要为低黏滑溜水，控制成本同时有效提高裂缝复杂程度；

(3) 采用每段2~4簇射孔，0.8~1.5m/簇。螺旋布孔，20孔/m。整体采用多簇、高密度射孔方案。32段112簇，单段2~4簇，簇间距平均16.6m，段间距平均32.5m。

焦页207-2HF井32段压裂现场准备压裂液总量69660m^3，预处理酸液320m^3，胶液200m^3备用，减阻水总量69140m^3。压裂共需支撑剂共计2507.1m^3，其中70/140目粉陶539.1m^3；40/70目陶粒1837.2m^3；30/50目陶粒130.8m^3。

根据207-2HF井微地震监测结果(图3)，压裂段裂缝缝高均未超过10m，不足设计缝高的1/3；受缝高扩展不足的影响，半缝长上限为220~300m，远超压裂设计的半缝长；分析其原因为，根据储层岩性分析，部分储层层理缝发育；根据压裂实验研究结论，层理缝会显著限制缝高的扩展，低黏流体容易开启层理缝、不易穿过层理缝。

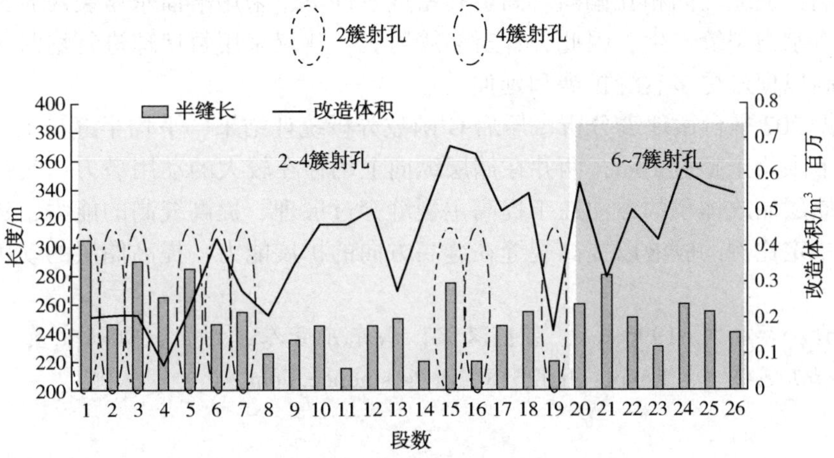

图3　207-2HF井 微地震结果统计图

受层理缝影响，缝高扩展首先，尽管半缝长超过设计预期，提高了储层横向的动用程度，但储层纵向的动用程度大幅降低。建议后期针对缝高扩展角度进一步优化压裂方案。

根据G函数分析(图4)，具备明显缝网形态压裂段(11)的占比约为42%，高滤失指征的总段数(16)占比约为62%；压裂设计中根据测井计算水平应力差约为7MPa，考虑段间应力差异，结合实验及数模结果，地应力差越大越不易形成缝网，当地应力差超过10MPa后难以形成缝网。

4　结论

(1) 通过声发射地应力测试，该地区存在一定强度的构造应力作用。3号层应力差异系数较小，易于形成复杂裂缝网络；胜页3井所处地层天然裂缝明显，层理发育，利于压裂时形成复杂裂缝。

(2) 滑溜水压裂液形成以层理为主导的裂缝形态。层状页岩储层中，水平应力差对于裂缝形态复杂程度的影响并不明显；垂向应力差对于水力裂缝高度的扩展影响显著。垂向应力

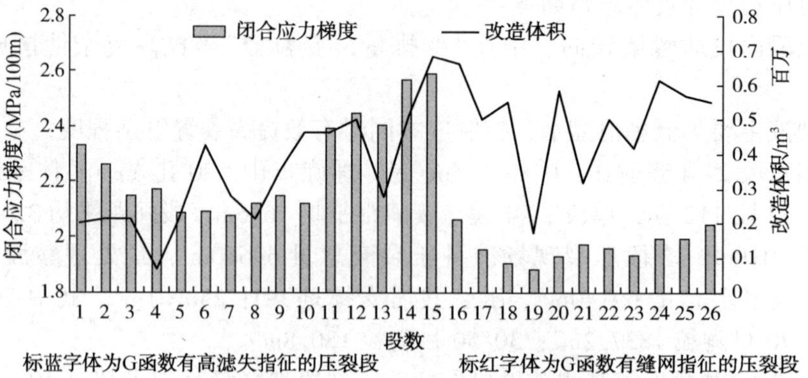

图 4　207-2HF 井 G 函数结果统计图

差较高时，有利于水力裂缝穿过并沟通多个层理面。

（3）低密度射孔条件下，滑溜水压裂液能够在多个射孔位置形成水力裂缝。由于缝间干扰作用的影响，裂缝之间相互偏离。高射孔密度条件下，采用滑溜水压裂液时，并非所有的射孔位置都有水力裂缝产生。因此，针对多簇射孔，建议采用暂堵球进行炮眼暂堵作业，实现压力的提高以促进更多裂缝扩展和延伸。

（4）根据 207 平台微地震分析、压后 G 函数分析统计结果，平均半缝长上限超过 230m，而两井缝高上限均未超过 10m，两井在储层纵向上均存在较大的动用潜力；实践表明，进一步增大常压储层储改体积的方向在于提高主裂缝穿过层理、提高缝高的能力，建议后期施工过程中增加一定比例的胶液以提高裂缝在缝高方向的扩展能力，提高储层的动用程度。

作者简介：李小龙（1990—），男，汉族，山东东营人，博士，副研究员，主要研究方向为采油工程工艺技术。Email：lixl2018. syky@ sinopec. com。

中原普光东向斜千佛崖组致密砂岩地质力学参数及可压性评价

范　鑫[1]　李凤霞[1]　孙志宇[1]　沈云琦[1]　李　健[2]　封　蓉[2]

（1. 中国石化石油勘探开发研究院；2. 中国石化中原油田分公司）

摘　要　近期中原油田在普光东向斜千佛崖组千一段一砂组获高产工业气流，标志着千佛崖组千一段获得勘探突破。本文采用实验与理论分析方法，针对千一段致密砂岩储层系统开展了包括弹性参数、地应力、天然裂缝等在内的地质力学参数评价，明确了储层地质力学参数特征，建立了测井评价方法；以实际压裂层段压裂裂缝复杂程度为目标开展了地质工程可压性评价，利用多因素评价方法筛选得到了地质工程敏感参数。研究结果表明：(1)千一段砂岩岩石力学脆性指数较高，但应力差较大，不利于形成复杂缝网；东向斜范围内，水平最小主应力和地层压力北高南低；(2)形成了千佛崖组千一段地应力参数评价方法，建立得到了千佛崖组千一段压裂地质工程参数数据库；(3)采用多因素分析方法计算得到了地质工程影响因素权重及综合可压性指数，完善了地质工程双甜点选层选段方法和标准。本文形成的地质力学参数及可压性评价方法有助于提高东向斜千佛崖组井工厂化压裂增产效果。

关键词　普光东向斜　千佛崖组　地质力学参数　可压性

1　引言

深层致密砂岩气储层孔隙度一般小于10%，原地层条件下渗透率低于$0.1\times10^{-3}\mu m^2$。与常规中浅层气藏相比，深层致密气藏分布范围更广、资源潜力更大，主要依靠压裂获产[1,2]。对于深层致密砂岩改造而言，存在着储层岩性复杂地质甜点难识别、埋藏深破裂压力高、应力状态复杂改造效果差等诸多问题。因此，开展地质-工程综合可压裂性评价，寻找最优改造层段，是深层致密砂岩储层改造的一项重要工作。

基于岩石脆性矿物含量和岩石力学参数的脆性评价方法是目前非常规储层可压裂性评价最常用的两种方法。脆性指数反映的是储层压裂后所形成裂缝的复杂程度，是定量表征页岩储层可压裂性的重要参数。由于缺少统一定义和标准，目前针对脆性的表达式多达20余种。2007年Jarvie[3]等提出岩心中石英矿物占所有矿物的质量比作为评价岩石脆性的指标。2009年Wang[4]等认为脆性矿物含量应为石英和白云石矿物的总和占所有矿物的质量比。由于我国海相含气页岩的矿物组成复杂，国内学者2014年提出将(石英+长石+方解石+白云石)/(石英+长石+方解石+白云石+黏土矿物)的比值作为页岩脆性矿物含量，计算得到了川南地区下古生界筇竹寺组和龙马溪组页岩样品的脆性指数，前者分布在0.63~0.74之间，平均0.69；后者分布在0.29~0.78之间，平

项目资助：中原油田分公司科技攻关项目“川东北致密气储层改造综合可压性评价技术研究”，项目编号：31301845-22-ZC0613-0024。

均0.64。两者均具有较高的脆性指数，有利于海相页岩气的压裂改造。

Rickman[5]基于北美地区Fortworth盆地Barnett页岩储层岩石力学参数，提出了表征该地区页岩储层可压裂性的脆性指数。据文献[6]报道四川盆地下志留系龙马溪组页岩弹性模量为8~56GPa，泊松比范围为0.1~0.36，得到适用于龙马溪组页岩的脆性指数，$B_m=0.5E_{Brit}+0.5\mu_{Brit}$，其中$E_{Brit}=(E-8)/(56-8)$，$\mu_{Brit}=(0.36-\mu)/(0.36-0.1)$。

页岩气藏描述技术规范[7]提出了根据脆性矿物含量对可压裂性进行评价的标准。一般地，脆性矿物含量40%~50%、黏土矿物含量小于40%可压裂性评价为中等；脆性矿物含量大于55%、黏土矿物含量小于40%，可压裂性评价为好。依据脆性指数对可压裂性进行评价，脆性指数45%~60%，可压裂性评价为中等；脆性指数大于60%，可压裂性好。根据主应力差异系数，对可压裂性及裂缝复杂程度进行评价。一般地，水平应力差异系数小于0.05，裂缝易发生扭曲或转向，同时产生多裂缝，可压裂性评价为中等；水平应力差异系数在0.05~0.1，可以产生大范围的网络裂缝，可压裂性好；水平应力差异系数大于0.1，裂缝易发生扭曲或转向，同时产生双翼裂缝，可压裂性差。

前人提出的可压裂性评价方法多是针对页岩储层，以形成裂缝网络的难易程度为目标，主要考虑脆性矿物含量、脆性指数、水平应力差异系数和较发育的天然裂缝等因素，但该方法并不适用于强构造挤压应力状态下的深层致密砂岩储层，存在两个方面的问题：(1)深层致密砂岩储层孔隙度3%~5%，岩石组分主要为石英和长石，石英含量达到80%以上，不同类型储层脆性矿物含量和脆性指数差异不大，难以进行区分；(2)深层致密砂岩受水平某一方向持续挤压构造应力影响，造成水平应力差异系数0.3~0.5，整体可压裂性均较差。

本文综合普光东向斜千佛崖组致密砂岩测井评价、压裂工艺效果分析、生产效果分析，开展地质工程双甜点评价。根据储层类型和压裂效果分类，统计千佛崖组千一段内压裂层段的地质工程参数，建立了压裂段地质工程数据库，开展了影响可压裂性的敏感参数分析，建立了可压性指数评价方法，在现场压裂井选段选簇中进行了应用。

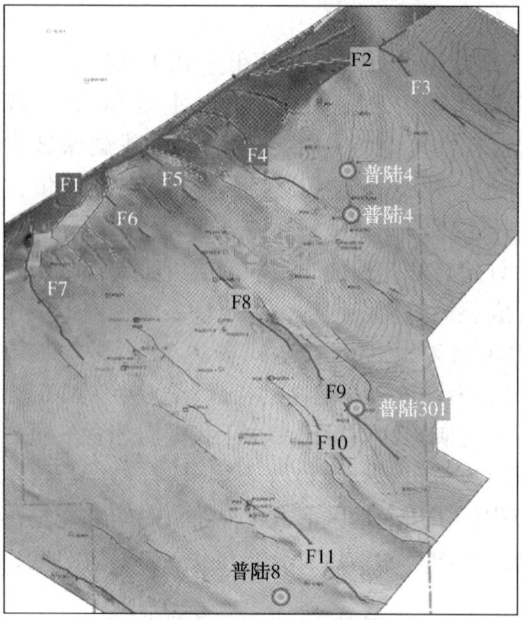

图1　东向斜千佛崖组千一段⑤小层顶面构造图

2　储层地质力学参数评价

根据前期研究，普光东向斜位于四川盆地川东断褶带黄金口构造带东部，整体为西高东低的单斜构造，千佛崖组位于负向单元内微幅构造发育、多见层间断层，区内发育多条北西向逆冲断层(图1)。综合多口井岩心分析测试资料结果，千佛崖组千一段致密砂岩实测孔隙度1.54%~5.48%，平均值1.8%，测井解释2.1%~5.4%。实测渗透率0.0001~127.3mD，平均值0.0298mD，属于特低孔、致密砂岩储层。

2.1　天然裂缝评价

成像测井及岩心观察表明，千一段⑤小层顶部和底部发育高角度天然裂缝，通过钻井证实发育高角度裂缝位置处发生钻井漏失。岩心观察发现在⑤小内部发育方解石充填的低角度裂缝，裂缝发育情况具体见图 2。

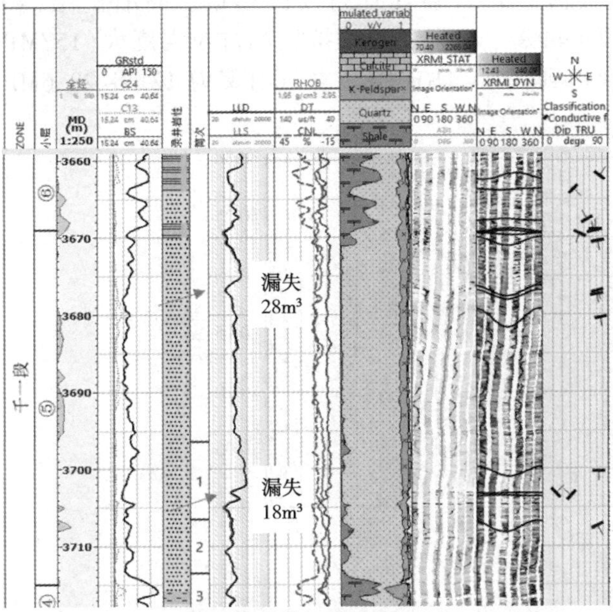

(a)天然裂缝成像测井评价

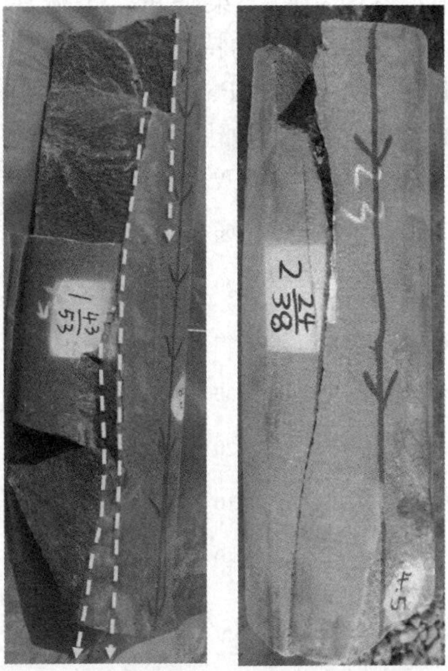
(b)3704.6m，深灰色细砂岩，块状，发育3组高角度裂缝 (c)3708m，灰色细砂岩，块状，发育1组高角度裂缝

(d)3696.6m，灰色细砂岩，低角度裂缝方解石充填

(e)3697m，灰色细砂岩，低角度裂缝方解石充填

图 2　普陆 301 导眼井千一段⑤小层天然裂缝地质评价

通过地球物理解释得到了井周的最大曲率属性，如图 3 所示，井周附近天然裂缝较发育，且储层顶部要优于底部。千佛崖组压裂实践表明，天然裂缝异常发育储层段易获得较高产量，但体积压裂过程中压裂液滤失速度快，易造成脱砂甚至砂堵，需采取针对性压裂工艺。

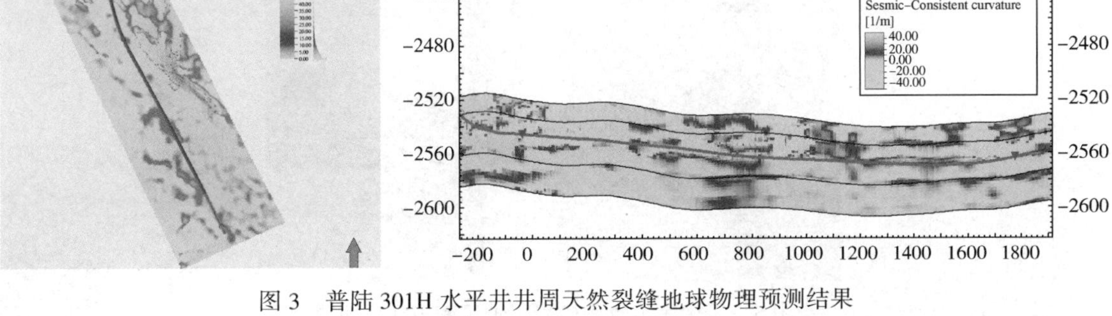

图 3　普陆 301H 水平井井周天然裂缝地球物理预测结果

2.2 岩石力学参数评价

根据室内实验结果分析，千佛崖组致密砂岩岩心具有高杨氏模量、高泊松比（40～50GPa/0.20～0.25）的特征，脆性指数中等（44%～58%），单轴抗压和抗拉强度大（157MPa/9.7MPa），围压（40MPa）条件下抗压强度达到370～410MPa。岩石内聚力12.5～28.6MPa，内摩擦角48°～50°。如图4所示。

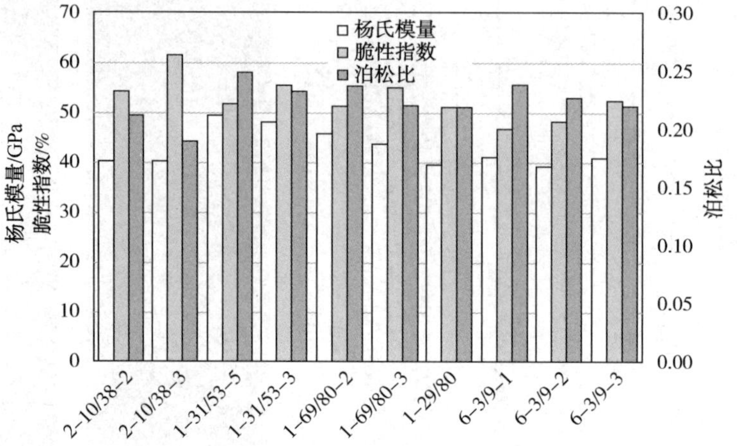

图4 普光东向斜千佛崖组致密砂岩岩石弹性参数实验结果

通过普光千佛崖组致密砂岩与四川盆地同类型储层对比（表1）发现，普光千佛崖组岩石弹性模量和强度明显偏高，岩石脆性指数较高。

表1 四川盆地千佛崖组致密砂岩岩石力学参数对比

区域	涪陵	元坝	普光
弹性模量/GPa（40MPa围压）	19～25	26～30	40～50
泊松比	0.14～0.197	0.23～0.25	0.20～0.25
单轴抗压强度/MPa	49	48	157
抗拉强度/MPa	4.8～5.6	6.6	9.7
内聚力/MPa	18.9	16.9	12.5～28.6
内摩擦角/（°）	30.4	30.2	48～50
脆性指数/%	49.3	39	44～58

图5给出了岩心三轴压缩破坏后照片，由图中可看出岩心表面形成了多条剪切裂缝，与三轴压缩应力应变曲线结合分析认为岩石脆性较强，压裂过程中易形成复杂缝。

图5 千佛崖组致密砂岩三轴压缩破坏后照片

2.3 地应力参数评价

根据单井成像测井解释钻井诱导缝及高角度裂缝走向分析，水平最大主应力方位近东西向(图6)。利用岩心开展古地磁岩心定向，得到水平最大主应力方向NE85.87°~NE93.58°。

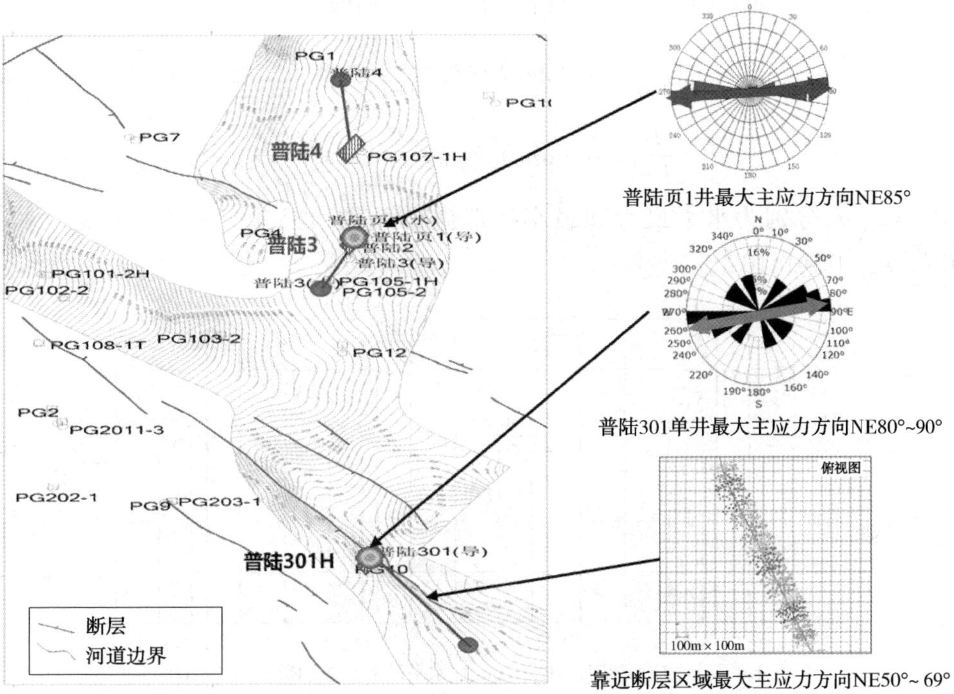

图6　东向斜千一段致密气井位图及最大主应力方向

根据微地震监测发现，靠近断层区域的压裂裂缝延伸方向NE50-69°，平均59.8°。从区域上来看，地应力方向整体变化不大，南部断层较发育，水平最大主应力方向向北产生了约20°偏转。

根据压力恢复测试资料得到了单井地层压力系数，根据压裂资料分析可得到单井平均停泵压力和地层闭合压力梯度，地层闭合应力梯度1.82~2.08 MPa/100m，统计如图7所示。随着地层压力系数的降低，停泵压力和地层闭合应力均降低。受地层压力和断层的共同影响，水平最小主应力大小呈现北高南低的规律。

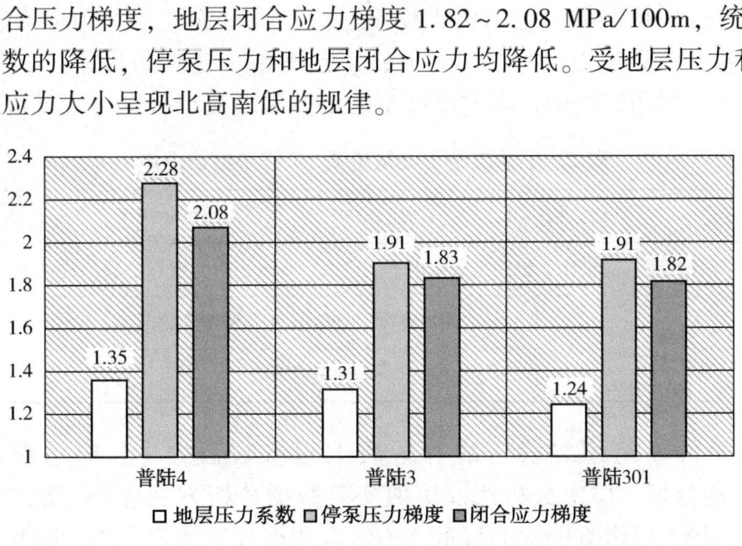

图7　东向斜不同区域千一段5号小层地层压力、停泵压力及闭合应力梯度对比

利用差应变方法开展了三向主应变实验，岩心测试结果如图 8 所示。地层水平最大主应力梯度 2.86MPa/100m，水平最小主应力梯度 1.87MPa/100m，水平应力差异系数 0.53。水平最小主应力实验结果与现场实测闭合应力数值接近，证明了实验结果的可靠性。基于单井地应力弹簧模型[8,9]，如式(1)，可计算得到水平最大和最小主应力。

$$\sigma_H=\frac{\mu_s}{1-\mu_s}(\sigma_v-\alpha p_P)+\alpha p_P+\frac{E_s}{1-\mu_s^2}\varepsilon_H+\frac{\mu_s E_s}{1-\mu_s^2}\varepsilon_h$$

$$\sigma_h=\frac{\mu_s}{1-\mu_s}(\sigma_v-\alpha p_P)+\alpha p_P+\frac{E_s}{1-\mu_s^2}\varepsilon_h+\frac{\mu_s E_s}{1-\mu_s^2}\varepsilon_H \tag{1}$$

式中，ε_H、ε_h分别为水平最大和最小构造应变系数。根据实测单点地应力得到 $\varepsilon_H=1.54\times10^{-3}$，$\varepsilon_h=0.40\times10^{-3}$。

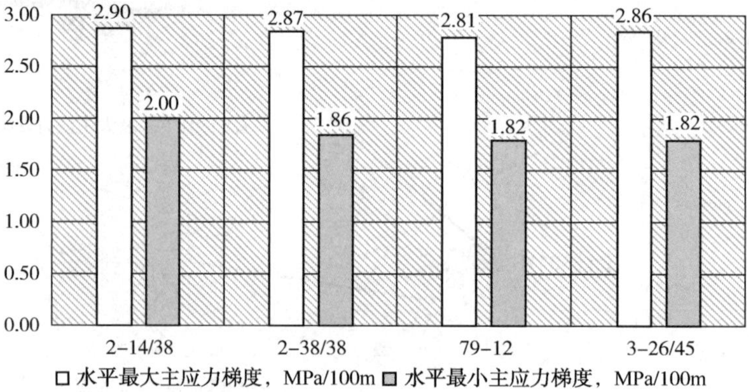

图 8　基于岩心差应变实验数据得到的水平主应力大小

3　综合可压性评价

依据测井资料和压裂施工数据，建立了千一段压裂井的地质-工程参数数据库，统计了前期压裂施工井段的地质参数(表 2)，包括 *AC*、*GR*、*LLD*、V_p、V_s、V_{sh}、Φ、K、S_w、裂缝指示因子、气测等；工程参数，包括杨氏模量、泊松比、脆性、垂向应力、最小水平主应力、水平主应力差、破裂压力、停泵压力等；工艺参数，包括每段砂量、每段液量、排量等。前期由于缺少产剖测试数据，本文以评定的压裂裂缝复杂程度为优选目标。

表 2　千佛崖组千一段地质-工程参数数据库

地质参数	*AC*、*GR*、*AC*/*GR*、*CNL*、*LLD*、*Φ*、*K*、裂缝指示因子、气测全烃
工程参数	杨氏模量、泊松比、脆性指数、水平主应力、水平主应力差异系数、破裂压力、停泵压力
工艺参数	用液强度，加砂强度，平均砂比
压后效果	裂缝复杂程度

根据建立的千佛崖组须二段压裂井地质工程参数数据库，应用灰色关联度分析、Pearson-Mic 相关性分析、层次分析法及熵值法等数据分析方法进行可压性主控因素分析，获得应用压裂井产能主要影响因素的权重，为综合甜点计算奠定基础。图 9 给出了不同类型储层地质工程参数权重计算结果，据此得到了可压性指数计算公式如下：

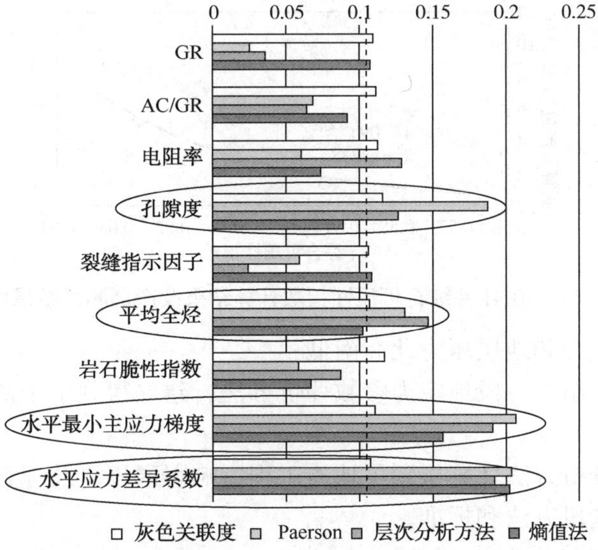

图 9 千佛崖组可压性敏感因素评价结果(地质+工程)

根据各种数据分析方法计算得到的各种主控因素的权重系数，应用加权平均的方法得到了千佛崖组综合可压性指数计算公式：

$$f=0.177\Delta\sigma+0.167\Delta\sigma_h+0.13\phi+0.122QT+0.094LLD+0.084AC/GR+0.083B_I+0.074fract\_ff+0.07AC \tag{2}$$

4 应用效果

以普陆 301H 井为例，利用建立的地应力评价方法计算得到了水平最小主应力剖面和破裂压力，图 10 给出了测试段主应力和破裂压力的预测结果，与现场实测值对比误差控制在 5%以内。

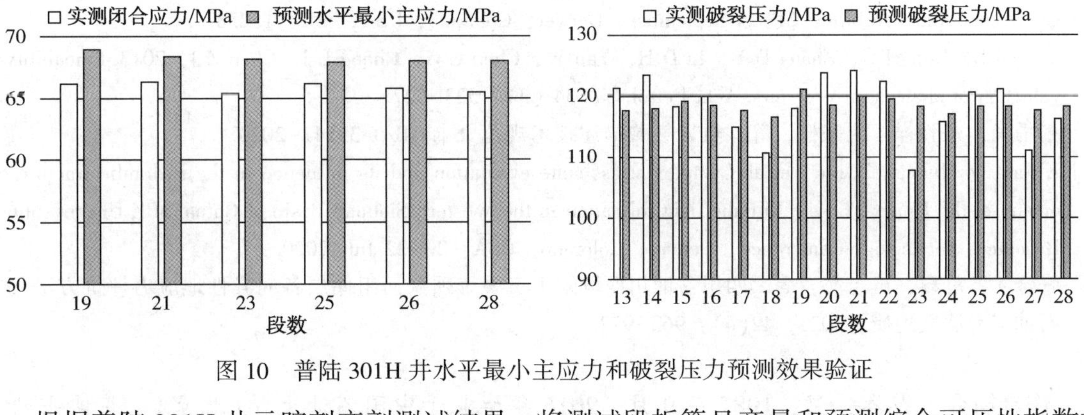

图 10 普陆 301H 井水平最小主应力和破裂压力预测效果验证

根据普陆 301H 井示踪剂产剖测试结果，将测试段折算日产量和预测综合可压性指数投到散点图中，如图 11 所示。发现两者之间具有较好的指数关系，相关性达到 90%，证明了本文提出的综合可压性评价方法的可靠性。

5 结论

(1) 千一段砂岩岩石力学脆性指数较高，但应力差较大，不利于形成复杂缝网；东向斜

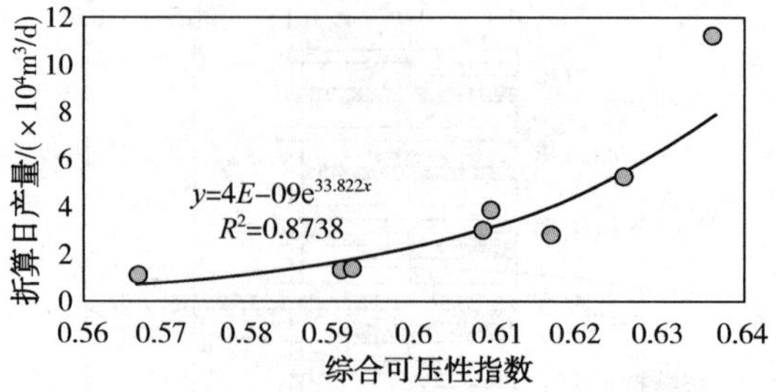

图 11　普陆 301H 井综合可压性指数计算结果及产剖测试结果散点图

范围内，水平最小主应力和地层压力北高南低；

（2）形成了千佛崖组千一段地应力参数评价方法，建立得到了千佛崖组千一段压裂地质工程参数数据库；

（3）采用多因素分析方法计算得到了地质工程影响因素权重及综合可压性指数，完善了地质工程双甜点选层选段方法和标准。

参 考 文 献

[1] 张国生，赵文智，杨涛．我国致密砂岩气资源潜力、分布与未来发展地位[J]．中国工程科学，2012，14(6)：87-93.

[2] 郑和荣，刘忠群，徐士林，等．四川盆地中国石化探区须家河组致密砂岩气勘探开发进展与攻关方向[J]．石油与天然气开发，2021，42(4)：765-783.

[3] Jarvie D M，Hill R J，Ruble T E，Pollastro，R M，2007. Unconventional shale-gas systems：the Mississippian Barnett shale of North-central Texas as one model for thermogenic shale-gas assessment. AAPG Bull. 91 (4)，475-499.

[4] Wang F，Gale J，2009. Screening criteria for shale-gas systems. GCAGS Trans 59，779-793.

[5] Rickman R，Mullen MJ，Petre J E，Grieser W V，Kundert D 2008. A practical use of shale petrophysics for stimulation design optimization：all shale plays are notclones of the Barnett shale. In：SPE Annual Technical Conference and Exhibition. 21-24 September，Denver，Colorado，USA，SPE 115258.

[6] Yuan J L，Deng J G，Zhang D Y，Li D H，Yan W，Chen C G，Cheng L J，Chen Z J，2013. Fracability evaluation of shale-gas reservoirs. Acta Petrol. Sin. 34 (3)，523-527.

[7] 彭勇民，龙胜祥，胡宗权，等．页岩气藏描述技术规范[S]. GB/T 39541-2020.

[8] X Fan，Z Huang，Z. Liu，et al. Complex stress state evaluation and its influence in the hydraulic fracture geometry of the Upper Triassic Xujiahe tight formation in the Western Sichuan Basin of China. SPE Unconventional Resources Technology Conference，Denver，Colorado，USA，20-22 July 2020.

[9] 张金才，范鑫，黄志文，等．四川盆地川西坳陷上三叠统须家河组储层各向异性地应力评价方法[J]．石油与天然气地质，2021，42(4)：963-972.

作者简介：范鑫，男，1987 年 9 月，2016 年毕业于中国石油大学(北京)，获博士研究生学位，现就职于中国石化石油勘探开发研究院采油工程研究所。通信地址：北京市昌平区百沙路 197 号，邮箱：fanxin. syky@ sinopec. com。

宁庆气田低压致密气井压裂投产一体化工艺研究

杨谨敏[1] 彭 翔[1] 党晓丽[1] 彭 斌[1] 张庆云[1]
蒋映辉[2] 张正平[1] 兰 芳[1] 吕 龙[2]

(1. 中国石油玉门油田公司工程技术研究院；2. 中国石油玉门油田公司环庆采油厂)

摘 要 玉门油田宁庆气田位于鄂尔多斯盆地天环坳陷中段，西部紧邻西缘冲断带。区块上古生界资源丰富，多层系含气，砂体多期叠置，分布范围广，勘探开发潜力大。前期试采资料表明，该区块气井具有地层压力系数低、气水关系复杂、砂体横向变化快、气井产能差异大、普遍产水等特点，大部分气井不具备压后一次喷通能力。通过开展区块储层特征、井身结构、压裂工艺及气井生产动态等基础评价，研究形成以“液氮助排+气举排液”为主体的压后排液技术，包括气举阀优化技术、压裂排液投产一体化工艺、套管压裂+气举排液投产一体化工艺等工艺技术系列，现场应用后可以满足气井压后排液、生产排水不同阶段需求，成为宁庆致密气田开发重要采气工艺技术。

关键词 低压致密气井 压裂投产一体化 气举排液

1 区块概况

宁庆气田位于鄂尔多斯盆地天环坳陷北段，西部紧邻西缘冲断带，东部与苏里格气田相邻，南部与青石峁气田相连，东邻中国石化定北气田。区域横跨宁夏回族自治区盐池县、灵武市以及内蒙古自治区鄂托克前旗。整体“上油下气，以气为主”，天然气主要目的层为上古生界盒 8、山西组、太原组(埋深 3700~4100m)，下古生界乌拉力克和克里摩里组。

2 气井生产特征

宁庆气田目前完成试气井 56 口，其中工业气流井 42 口。开发层系以上古生界盒 8、太原组为主，试采下古生界乌拉力克、克里摩里组。储层类型属于特低孔、特低渗砂岩储层，太原组物性相对较好，盒 8 次之，总体以Ⅰ、Ⅱ类储层为主。

试采井生产动态表明气井生产存在以下特征：(1)压力系数低(平均 0.88)，气井压后一次喷通率较低；(2)气水同层较为普遍，气井投产即见水，基本没有无水生产期；(3)气井产能差异大[无阻流量$(4.63\sim63.67)\times10^4m^3/d$]，产量普遍偏低[井口试气产量$(1.11\sim10.15)\times10^4m^3/d$]，递减速率快，压力下降快。

3 压裂投产一体化工艺研究

3.1 研究思路

针对宁庆气田特低孔特低渗低压致密气藏存在的压后一次喷通率低、快速排液困难、投产后见水快、稳产难度大等问题，通过综合研究液氮助排、氮气气举排液、速度管排液等排液工艺技术特点，优选“液氮助排+氮气气举排液”为主体的压后排液技术，同时为确保压后投产及平稳生产，合理优化气举阀布阀工艺设计，形成压后排液生产一体化工艺技术。

3.2 气举排液工艺原理

气举阀气举排液理论是在气举采油理论基础上的进一步发展和延伸，是通过油套环空将高压气体注入井筒，经油管上的气举阀进入油管，降低液柱作用于井底的压力，充分利用气体的膨胀能，在较短时间内达到排空井筒液体的目的。与气举采油是维持相对稳定生产状态不同的是，气举排液以在较短时间内排空井筒液体为目标，因此在气体供给系统、压力体系、气举阀分布原理、气举阀的压力设置原则等都有所不同。

在气举排液中最常用到的是套压控制阀，功能类似于一个回压调节器，其工作原理如图1所示。它的结构组成包括充氮腔室和波纹管，波纹管起着活塞的作用，其行程均匀地分布在每一褶皱的曲面上。这种结构能保证足够的阀杆行程用于完成阀的打开和关闭。

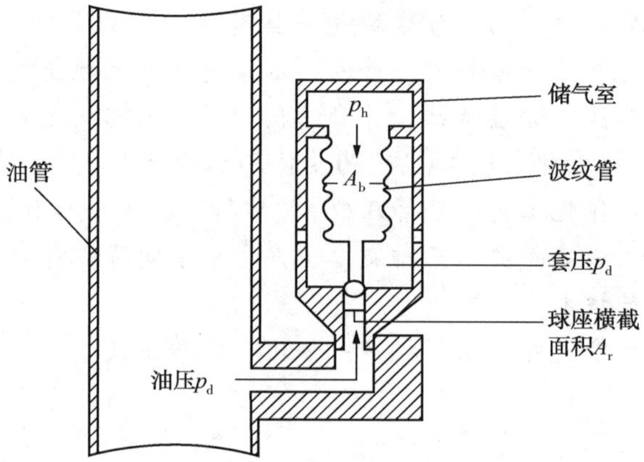

图1　气举阀工作原理图

气举阀打开的力包括阀球受到油管压力产生的上顶力和波纹管受到套管压力产生的上顶力，即：

$$F_o = P_{cl}(A_b - A_V) + P_{tl}A_v \tag{1}$$

式中，F_o为打开气举阀的作用力，N；P_{cl}为套压，MPa；P_{tl}为油压，MPa；A_b为气举阀波纹管的横截面积，m^2；A_V为球座的横截面积，m^2。

关闭气举阀的力：

$$F_c = P_{bt}A_b \tag{2}$$

式中，F_c为关闭气举阀的力，N；P_{bt}为气举阀在井下时封包内的压力，MPa。

气举阀开启瞬间阀处的套管压力，也称为阀开启压力，用P_{op}表示，则：

$$P_{op} = \frac{P_{bt} - RP_{cl}}{1-R} \tag{3}$$

式中，P_{op}为气举阀在井下的开启压力，MPa；P_{bt}为气举阀在井下时封包内的压力，MPa；R为气举阀孔与波纹管的受力面积之比。

$$R = \frac{A_v}{A_b}$$

可将式(3)改写为式(4)：

$$P_{op} = \frac{P_{bt}}{1-R} - \frac{P_{cl}R}{1-R} \tag{4}$$

可以看出，随着油管压力的增大，打开气举阀所需要的套管压力应减小。当 $P_{cl} \geqslant P_{op}$ 时，气举阀就会被打开。

当气举阀打开后，保持阀开启的力只有波纹管受到套管压力产生的上顶力 F_o：

$$F_o = P_{cl} A_b \tag{5}$$

试图关闭阀的力为波纹管受到其气室压力产生的下压力 F_c：

$$F_c = P_{bt} A_b \tag{6}$$

当 $F_c \geqslant F_o$ 时，气举阀就会关闭。以 P_{vc} 表示气举阀即将关闭瞬间气举阀处的套管压力，即阀关闭压力，则有：

$$P_{vc} = P_{bt} \tag{7}$$

可以看出，气举阀的关闭压力仅与波纹管内的气室压力有关，而与油管压力无关。

3.3 气举阀排液采气工艺管柱优化

3.3.1 气举阀气举排液采气特点

气举阀排液采气具有以下两个主要特点：

(1) 气举排液是靠气举阀的逐级打开和关闭来实现的，且气举阀的打开和关闭压力都是自上而下逐级见效的。

(2) 只有上一级气举阀关闭时，气流被截断，环空液面才能继续下降，即上一级气举阀的关闭是下一级气举阀发挥作用的前提。

气举排液管柱设计必须严格遵循气举排液的原理和特点，以此为基础进行气举排液工艺参数的设计，包括气举阀级数、下深、启动压力、注气量等。

3.3.2 气举工艺参数优化设计

(1) 气举阀启动压力优化。

井筒注入气压力可根据式(8)进行计算：

$$P_{li} = P_{fi} \times e^{r_g L / [16.26 Z (492 + 1.8 T_a)]} \tag{8}$$

式中，P_{li} 为井筒 L 深度处注气压力，MPa；P_{fi} 为地面注气压力，MPa；r_g 为注入气相对密度；L 为井筒内某一点深度，m；Z 为平均压力和温度下气体的压缩系数；T_a 为平均注气温度，℃。

与气举采油不同的是，气井产液量相对于油井较低且不能持续供液，举通以后，阀以上很快会变为近似纯气流，阀处的油管压力也相对较低，如阀间开启压力差不合适的情况下，很容易出现气举过程中自上而下逐级关闭的目的不能实现，造成在多级气举阀中最上一级持续开启，排出液量仅相当于第一级气举阀以上积液量、注气短路的现象，导致气举工艺未发挥预期作用。同时，在井口见气点燃后，可适当降低气举泵车排量，确保一级阀顺利关闭，二级阀顺利打开，实现各级气举阀工作正常。根据该区块气井井筒压力分布情况、注气设备、井身结构等参数开展优化计算，气举阀启动压力及相关工作参数设计见表 1。

表 1 气举阀工艺参数设计

级 数	1	2	3	4
阀孔尺寸/mm	3.2	3.2	3.2	3.2
工作筒型号	KTX-115/90	KTX-115/90	KTX-115/90	KTX-115/90
外径/mm	115/90			
内径/mm	70/62/40			

续表

级　数	1	2	3	4
连接扣型	3½in EUE、2⅞in EUE、2⅜in EUE			
气举阀标定压力/MPa	11.5	9.5	7.5	5.5
工作压力/MPa	70			
工作压力/℃	150			

（2）气举阀下入深度优化。

第一级阀下入深度可以从图版上的井筒静液压力梯度线与注气压力线交点所得，也可以采用公式计算第一级阀的下入深度。

$$D_i = \frac{P_{ko} - P_{sep}}{G_s} + D_{sft} \tag{9}$$

式中，D_i为第一级阀深度，m；P_{ko}为地面最大注气启动压力，MPa；P_{sep}为地面油压，MPa；G_s为静液柱压力梯度，MPa/100m；D_{sft}为井口压力为零时的静液面深度，m。

从第一级阀深度处画一条与静液压力梯度线平行的直线。该直线与注气压力减压力降的交点可以得到第二级气举阀深度。也可以采用公式计算其余各级的下入深度。

$$P_{pdi} + G_s \times D_{bvi} = (P_g - P_d) + G_g \times D_{bvi} - P_{sf} \tag{10}$$

式中，P_{pdi}为第 n 级阀深度的生产流压，MPa；D_{bvi}为距上一级阀的距离，m；P_g为地面最大注气压力，MPa；P_d为压力降，MPa；P_{sf}为保证阀打开的压力安全系数，MPa。

根据公式可以推断出，第一级气举阀下入深度与气举设备注气压力、静液面深度以及液柱压力梯度等因素有关，其余各级气举阀下入深度与生产流压关系较大。结合宁庆区块气井井筒压力梯度分布曲线计算，根据井口油压的不同，第一级阀下入深度可在 800~3500m 之间进行优化，下入深度越浅地面设备注气压力相对较低，对设备的要求也较低。另外为满足中低压集输要求，大部分气井采用井下节流工艺，根据水合物生成条件计算节流器下深大于1800m，因此，综合分析气井储层物性条件、压后自喷排液阶段井口压力情况，优化设计气举阀下深为 2200~3500m，级数设置为 1~4 级。

（3）注气量优化设计。

目前现场所用制氮车组最大理论排量为 1200m^3/h，稳定排量可保持在 1100m^3/h 左右，平均日注气量可保持在 2.4×10^{4}m^3/d。根据理论计算及现场实际情况统计，大部分气井举通见气时间在 10~35h。在井口见气点燃后，可适当降低气举泵车排量，确保一级阀顺利关闭，二级阀顺利打开，实现各级气举阀工作正常。

（4）管柱优化设计。

宁庆区块天然气井完井气层套管基本分为 5½in 和 4½in 两种，压裂施工工艺根据施工目的层不同分为油管分层压裂和套管压裂两种，为满足工艺需求和压缩排液投产时间，逐步发展以压裂排采一体化管柱和压后排液生产一体化管柱两大类型为主的工艺管柱。压裂排采一体化管柱主要以 5½in 生产套管完井，采用油管压裂工艺气井为主，分为分压合采一体化管柱和单压排采一体化管柱两种（图 2、图 3）。压后排液生产一体化工艺以 4½in 生产套管完井，采用套管压裂工艺气井为主，综合评价气井压裂规模、产能潜力、节流器下深位置优化设计满足不同排液及生产需求的 1~4 级气举阀配置工艺管柱（图 4、图 5）。

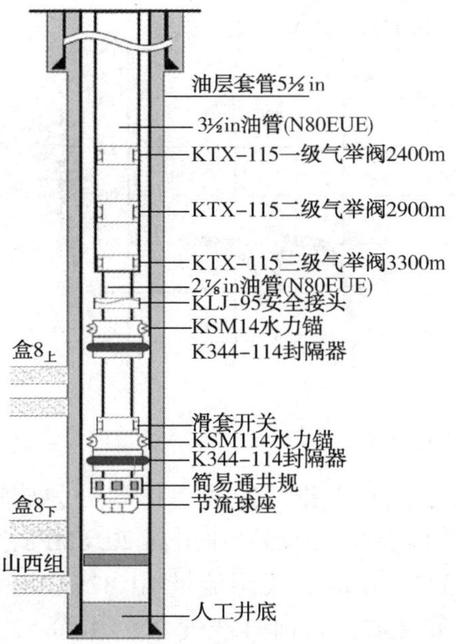

图 2　分压合采一体化管柱

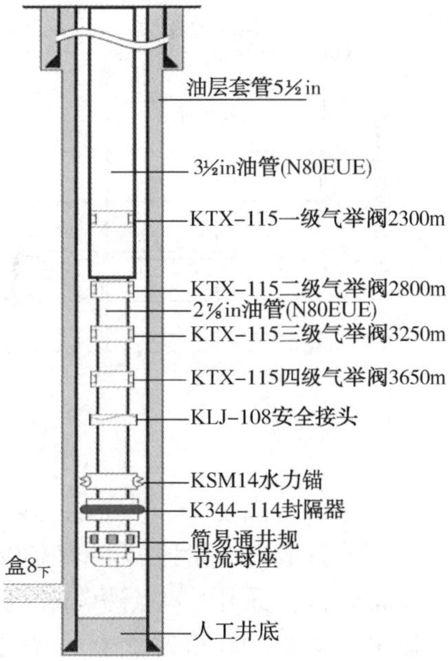

图 3　单封压裂排采一体化管柱

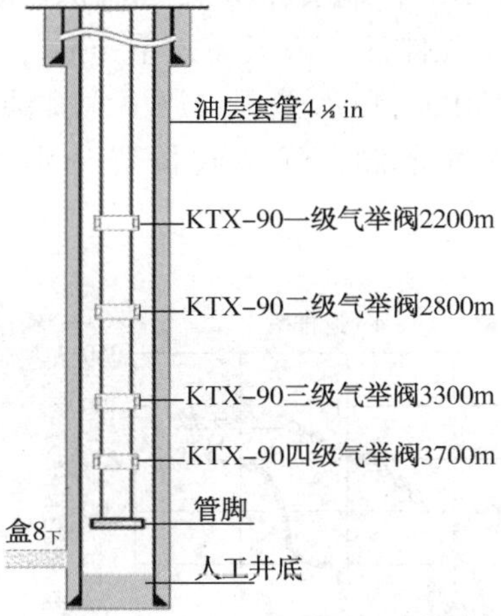

图 4　套管压裂 4 级气举排液生产一体化管柱

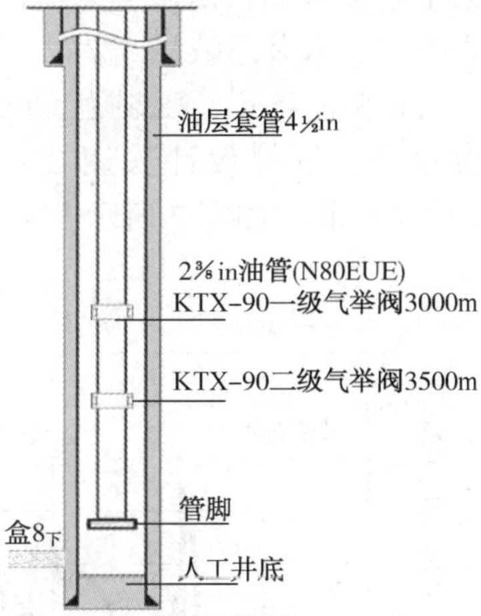

图 5　套管压裂 2 级气举排液生产一体化管柱

4　现场应用效果分析

截至 2023 年 6 月，现场共实施油管压裂排采一体化作业 30 井次、套管压裂后气举排液生产一体化管柱完井投产 54 井次，工艺成功率 100%，气井投产试气时间由初期的 20d 左右缩短到 5～7d。

A 井为该区块的一口开发井，目的层段为太原组，气层中深 4154m，地层静压 28MPa。压裂工艺采用套管注入方式，入井总液量 485m^3，采用 6% 液氮全程伴注，液氮注入量 28m^3，施工排量 4.0m^3/min，加砂量 45m^3，压裂施工压力 33.5～39.7MPa。压后采用带压下入排液生产一体化管柱排液投产，管柱设计采用两级气举阀，气举阀位置分别为 2900m，3500m，压后排液曲线如图 6 所示。

该井从压后排液到关井测试共经历压后关井→放喷排液→带压下气举管柱→气举排液→

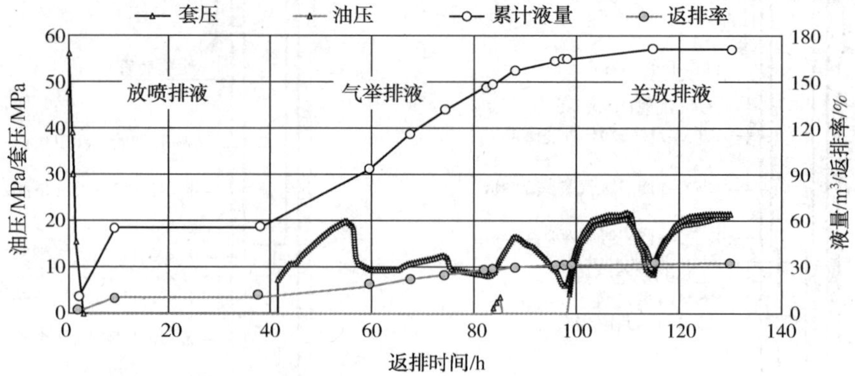

图 6　A 井压后排液曲线

关放排液→关井压力恢复→“一点法”试气七个阶段，其中排液阶段总体划分为放喷排液、气举排液和关放排液三个阶段，历时 130h。气举阶段 59h，地面泵压最高 20.8MPa，气举排量 1000~1200m³/h。采用“一点法”试气日产量 $2.335\times10^4m^3$，无阻流量 $10.87\times10^4m^3$，投产后根据集输生产需要，在该井 2500m 处下入井下节流器，目前日产气 $2.5\times10^4m^3$，日产水 $1.1m^3$，生产稳定。

同比同平台 B 井目的层段为太原组，气层中深 4098m，地层静压 32.5MPa。压裂工艺采用套管注入方式，入井总液量 $523m^3$，采用 5%液氮全程伴注，液氮注入量 $20m^3$，施工排量 $4.0m^3/min$，加砂量 $45m^3$，压裂施工压力 33.5~39.7MPa。压后采用带压下入排液生产一体化管柱排液投产，管柱设计采用 2⅜in 油管+两级气举阀，气举阀位置分别为 2900m，3500m，压后排液曲线如图 7 所示。

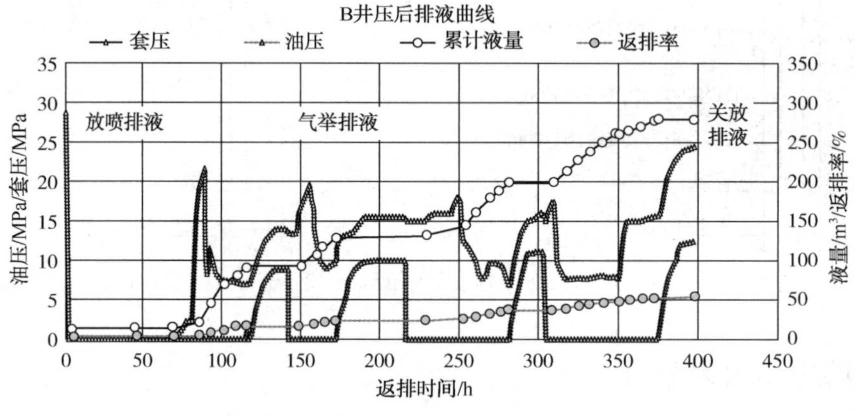

图 7　B 井压后排液曲线

该井从压后排液到关井测试同样分为放喷排液、气举排液和关放排液三个主要阶段，共计 398h，其中气举 3 次，共计 142h，地面泵压最高 18.74MPa，气举排量 1000~1200m³/h，总气量 $16.8\times10^4m^3$。主要原因是该井压开层位为气水同层，地层出水量较大，液柱压力高，关放排液阶段基本不出液，必须依靠制氮车气举方可实现顺利排液，待压入地层压裂液返排到一定程度后，地层中气体顺利排出，实现该井能够自喷生产。采用“一点法”试气，日产气 $1.2139\times10^4m^3$，日产水 $16.8m^3$，无阻流量 $3.57\times10^4m^3$。目前该井日产气 $0.7\times10^4m^3$，日产水 $6m^3$，可连续携液平稳生产。

5 结论与认识

通过近两年近百井次施工，不断优化压裂施工工艺及管柱设计，目前可以做到根据不同气井产能潜力、施工工艺及压后投产情况优化设计排液投产一体化管柱气举阀级数、排液工艺参数，在确保压裂施工、压后返排的基础上更加有利于后续气井生产，主要取得以下认识：

（1）压裂投产一体化工艺可以在满足压裂施工条件下，同时兼具排液和生产需求，是适合青石峁地区低压致密气藏气井特点的采气工艺。

（2）针对不同压裂工艺类型，研究形成分压合试一体化管柱和排液生产一体化管柱两大类管柱系列，较为适合宁庆区块气井压力系数低、压后排液困难和生产过程水气比高的特点。

（3）根据不同气井储层潜力和压裂工艺，同时满足生产中携液要求及节流器下入要求，不断优化气举阀布放位置及级数设计，形成“一井一策”优化设计工艺。

（4）现有管柱系列可以满足不同压裂工艺投产要求，还需针对高水气比井井筒流态进行进一步优化完善，以满足气井全生命周期开采需求。

参 考 文 献

[1]《低压气井排液技术》编委会编．低压气井排液技术[M]．北京：石油工业出版社，2016.

[2] 苏月琦，汪海，汪召华．气举阀气举排液采气工艺参数设计与优选技术研究[J]．天然气工艺，2006，26(3)：103-106.

[3] 曹毅，田发国，李志超，等．气举阀排液技术在苏里格气田的应用[J]．重庆科技学院学报(自然科学版)，2015，19(4)：37-39.

第一作者简介：杨谨敏(1974—)，女，四川盐亭人，中国石油玉门油田公司工程技术研究院高级工程师，主要从事采油采气工艺研究工作。通信地址：甘肃省酒泉市玉门石油基地2号办公楼，邮箱：yangjinmin@ petrochina. com. cn，联系电话：18993766887。

地应力分析解释技术在致密油改造中的应用

吴顺林[1,2]　薛小佳[1,2]　张彦军[1,2]　余兴国[1,2]
李昌恒[1,2]　吕昌盛[1,2]　贾煦亮[1,2]　向　奎[1,2]

（1. 长庆油田公司油气工艺研究院；2. 低渗透油气田勘探开发国家工程实验室）

摘　要　在油层压裂改造中，地应力状态决定着水力裂缝的形态、方位、高度和宽度，影响着压裂的增产效果。地应力剖面对射孔井段、隔层、遮挡层的选择，孔眼方位的确定，施工规模和施工工艺的确定，具有重要指导意义。因此，加强地应力分析研究和应用，是进一步提升致密油勘探开发效果和技术水平的关键。阐述了利用测井资料，运用传统公式对岩石力学参数及地应力计算，结合实验室岩心测试结果，对所计算地应力进行线性回归修正，构建了鄂尔多斯盆地致密油地应力分布的新方法。开展了应力计算和剖面解释综合分析，制定合理的射孔方案、压裂施工排量、支撑剂选型等压裂工艺及参数。通过矿场实践，试验井产量提高5倍左右，地应力分析解释技术助力了致密油单井产量大幅度提升，压前和压后偶极声波测井证实，人工裂缝在储层内有效延伸。随着勘探开发不断深入和资源品位逐年下降，页岩油、致密油这类非常规油气藏是未来压裂改造主体对象，该技术具有广阔的应用前景。

关键词　致密油　非常规油藏　测井　地应力大小　地应力分布　压裂改造　射孔方案　改造参数

1　地应力的概念及来源

地应力是客观存在的一种自然力，影响着石油勘探与开发的全过程。油气生成、运移、聚集、保存及破坏再聚集的过程，与盆地所处环境和区域构造应力场的发展变化有密切关系，开展应力场分布研究，有助于揭示低渗透油田、裂缝性油气田的油气分布。

在油层压裂改造中，地应力状态、地层岩石的力学性质决定着水力裂缝的形态、方位、高度和宽度，影响着压裂的增产效果。地应力剖面对射孔井段、隔层、遮挡层的选择，孔眼方位的确定，施工规模和施工工艺的确定，具有重要指导意义。因此，加强地应力剖面的研究和应用，是进一步提高勘探开发压裂工艺成功率、措施效果、效益和技术水平的基础。

地应力是指地下某深度处岩石受到的周围岩体对它的挤压力。地层岩石处于三维应力状态（图1），压应力为正，拉张应力为负。

项目资助：中国石油与天然气股份公司重大专项“长庆致密油效益建产关键技术研究及先导试验”（编号：kt2022-11-4）。

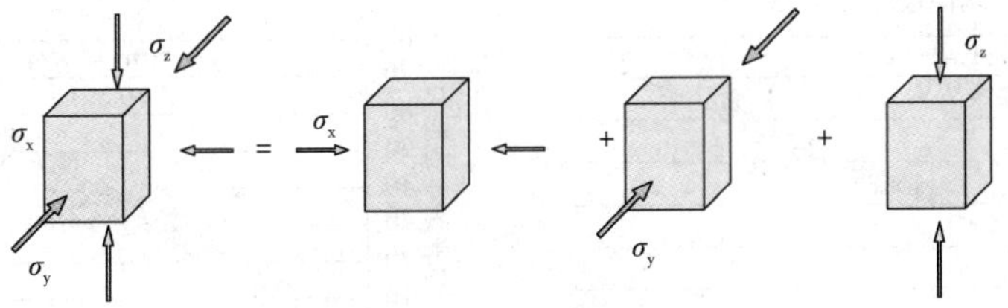

图 1　三维应力状态示意图

2　地应力剖面理论

地应力是压裂工程中的重要参数，虽然通过室内岩心实验的方法和现场测试方法能够获取这些参数，但成本都非常高。而测井资料在某些方面可以反映岩石的物理性质，利用岩石测井资料，应用弹性动力学理论和岩石的强度理论可以了解油层压裂改造相关的岩石力学参数、地层孔隙流体压力以及地层破裂压力随地层深度的变化特征，尤其随着声波测井和地应力测试技术的日趋成熟，这方面的工作取得了长足的进展，因此应用基于测井资料的计算方法不但比实测方法经济，而且可以得到垂向上的连续剖面，并且精度可以满足压裂工程的需要。

2.1　测井资料解释地应力模型

对于构造平缓地区，其水平主地应力主要来自上覆地层压力，另一部分来自地质构造，此时分层地应力计算模型为：

$$\delta_H=\left[\frac{\mu}{1-\mu}+\omega_1\right](\delta_V-\alpha P_P)+\alpha P_P$$
$$\delta_h=\left[\frac{\mu}{1-\mu}+\omega_2\right](\delta_V-\alpha P_P)+\alpha P_P \tag{1}$$

对于构造运动比较剧烈的地区，水平主地应力的很大部分主要来自地质构造运动产生的构造地应力，不同性质的地层由于其抵抗外力的变形特点不同，因而其承受的构造力也是不同的，根据组合弹簧的构造运动模型推导出的分层地应力计算模型为：

$$\delta_H=\frac{\mu}{1-\mu}(\delta_V-\alpha P_P)+\frac{\varepsilon_H E}{1-\mu^2}+\frac{\mu\varepsilon_h E}{1-\mu^2}+\alpha P_P$$
$$\delta_h=\frac{\mu}{1-\mu}(\delta_V-\alpha P_P)+\frac{\varepsilon_h E}{1-\mu^2}+\frac{\mu\varepsilon_H E}{1-\mu^2}+\alpha P_P \tag{2}$$

对于大多数地层均为倾斜地层，其地层具有一定的倾角和方位角。此时，考虑地层倾角和上倾方位角的地应力计算模型为：

$$\delta_H=\left(\frac{\mu}{1-\mu}+A\right)[(\delta_V-\alpha P_P)\cos\varphi]+(\delta_V-\alpha P_P)\sin\varphi\cos(\beta-\beta_0)+\alpha P_P$$
$$\delta_h=\left(\frac{\mu}{1-\mu}+B\right)[(\delta_V-\alpha P_P)\cos\varphi]+(\delta_V-\alpha P_P)\sin\varphi\cos(\beta-\beta_0)+\alpha P_P \tag{3}$$

2.2　线性回归经验公式

通过大量的实验室岩心测量统计分析，在测量深度范围内，对地应力测量数据按深度进行线性回归。如图 2~图 4 所示。

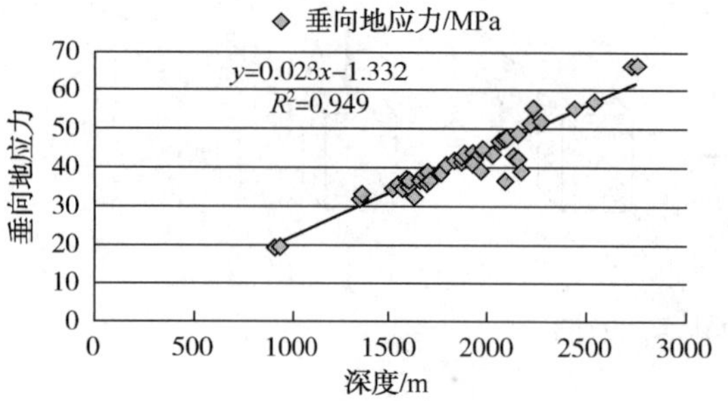

图 2　垂向地应力与深度的关系图

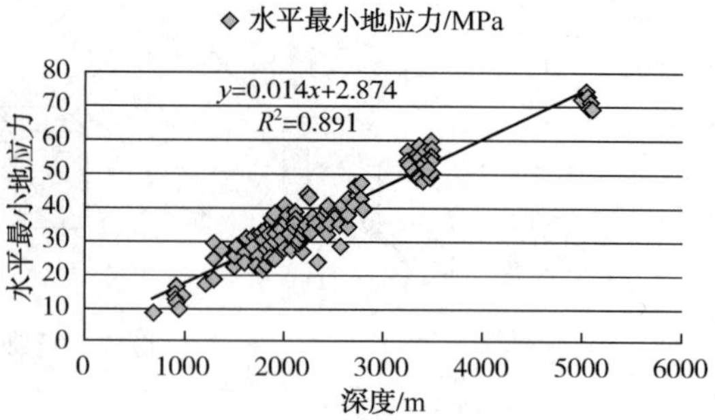

图 3　水平最小地应力与深度的关系图

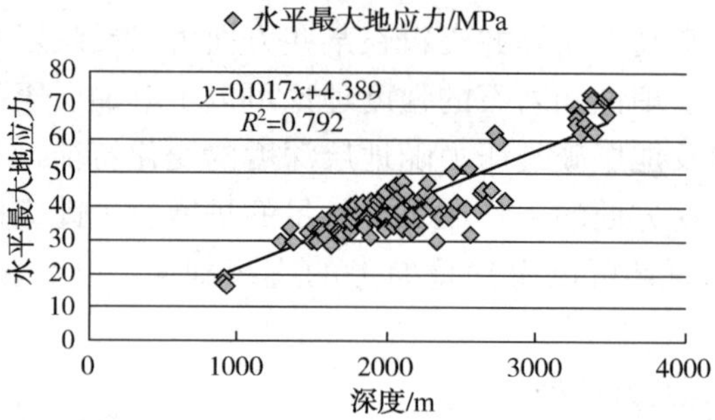

图 4　水平最大地应力与深度的关系图

$$\text{长庆油田(672～3478m)}\begin{cases}\delta_H=4.398+0.017D\\ \delta_h=2.874+0.014D\\ \delta_V=-1.332+0.023D\end{cases}\tag{4}$$

以上关系表明：三向地应力的大小随深度而增加，水平差应力的大小一般也是随深度而增加的。当井深超过一定深度后，三个主应力满足：$\delta_V>\delta_H>\delta_h$

2.3　利用测井资料计算地应力

利用测井资料，运用传统公式对岩石力学参数及地应力进行计算，然后结合实验室岩心测试结果(42 块岩心，图 5～图 7)线性回归出以下公式，对所计算地应力进行了修正。

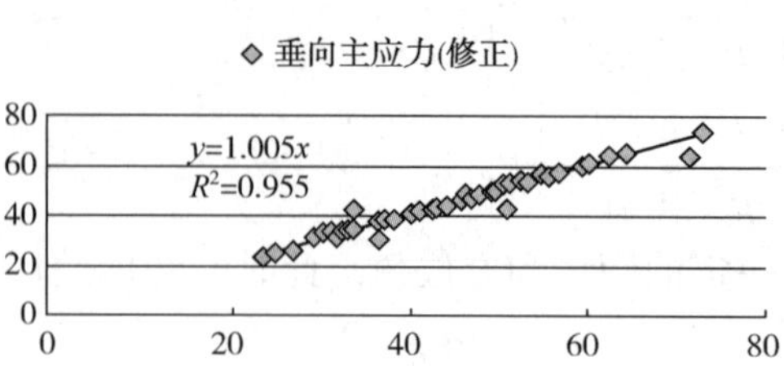

图 5　垂向地应力(修正)与深度关系图

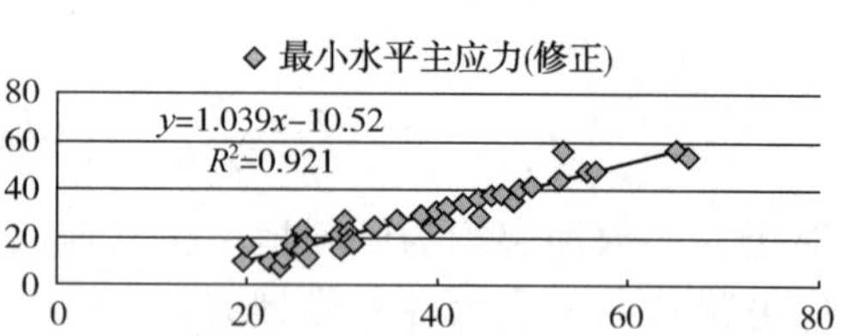

图 6　水平最小地应力(修正)与深度关系图

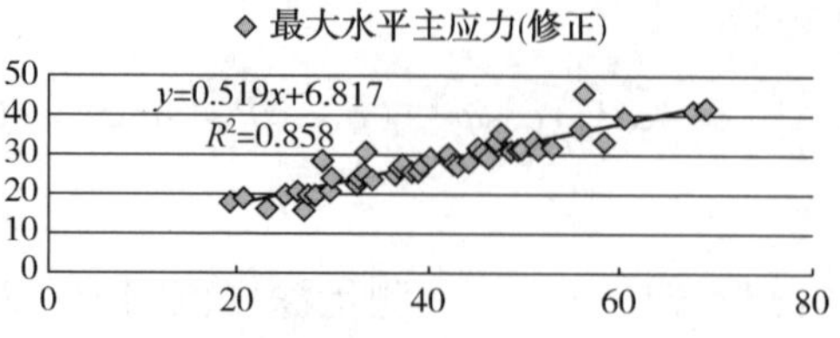

图 7　水平最大地应力(修正)与深度关系图

$$
\text{长庆油田(修正传统公式)}\begin{cases}\delta_{\text{H修正}}=0.5182\delta_{\text{H计算}}+7.0637\\ \delta_{\text{h修正}}=1.003\delta_{\text{h计算}}-12.253\\ \delta_{\text{V修正}}=\delta_{\text{V计算}}\end{cases} \tag{5}
$$

3　地应力剖面的现场应用

一口井从射孔井段、隔层、遮挡层的选择、合理压裂工艺的确定、应用全三维压裂模拟软件进行压裂工程参数优化到现场施工的指导，地应力剖面都发挥了积极的作用。

3.1　确定射孔方案

地应力分层主要考虑三个主应力大小方向，以同一应力条件作为划层标准，它有可能跨越地质分层。地质分层中，相邻的不同地质层其力学性质可能相近，应并入同一应力层。而同一地质层内，由于各种原因地应力数值可能发生突变，应划分为几个不同的地应力层。

而射孔方案的制定，应根据柱状应力剖面同时结合储层的岩性特征和油气显示，确定射孔井段和相应的施工工艺。对长庆厚油层压裂改造来说，采用应力分层、分段射孔压裂技术，提高了纵向上改造动用程度，以 A 为例加以说明。

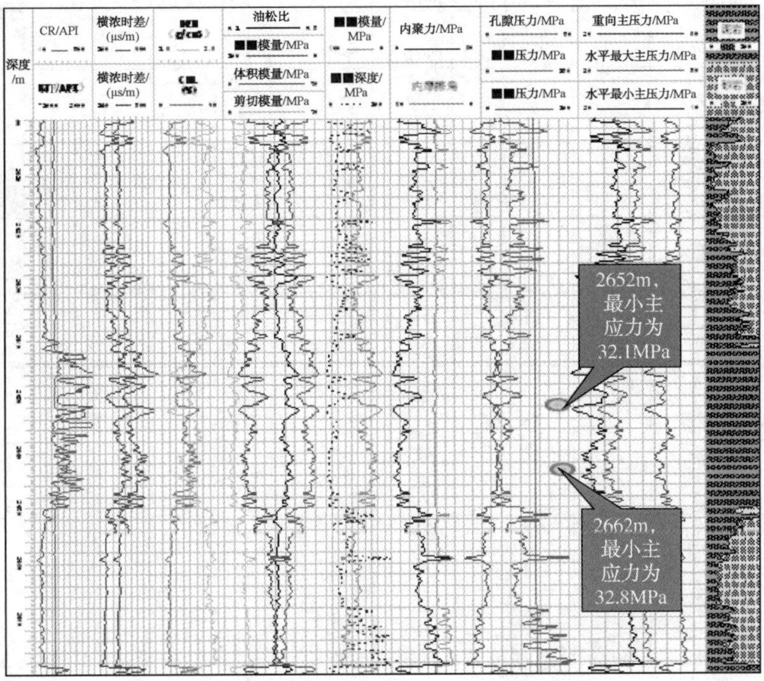

图 8　A 井储层岩石力学参数、三压力及应力剖面

A 井目的层长 72 厚度为 60m，岩性为砂泥互层的油页岩，2646~2070m 基本上为泥岩，常规射孔方案是在储层中部一次射孔压裂，通过应力剖面图发现，泥岩段最小水平主应力在 2652m、2662m 处达到最小值 32MPa，因此选择在图 8 标出位置射孔三段，见表 1。

表 1　A 井射孔方案

井号	改造井段/m	厚度/m	射孔井段/m	厚度/m	孔密/(孔/m)	解释结果
A	2620.0~2680.0	60	2649.0~2652.0	3.0	8	油页岩
			2655.0~2658.0	3.0	16	
			2662.0~2665.0	3.0	8	

A 井压裂改造后通过偶极声波测井看出，裂缝在油页岩内延伸，压裂改造效果明显，裂缝发育。试采曲线：试排日产纯油 24. 3m³/d，压前产油 0. 32t，压后产油 1. 61t，取得了油页岩改造的突破。

3.2 压裂工程参数优化

在实际压裂施工中，裂缝高度的延伸是动态变化的，在不同的施工压力条件下，裂缝高度的延伸状况主要受压裂层段上最小主应力的分布情况控制。因而，应用最小主应力剖面，采用全三维压裂施工模拟技术模拟裂缝高度的实际形态，对于防止裂缝穿透上下隔层，破坏层系开采是非常必要的。以 B 井为例：

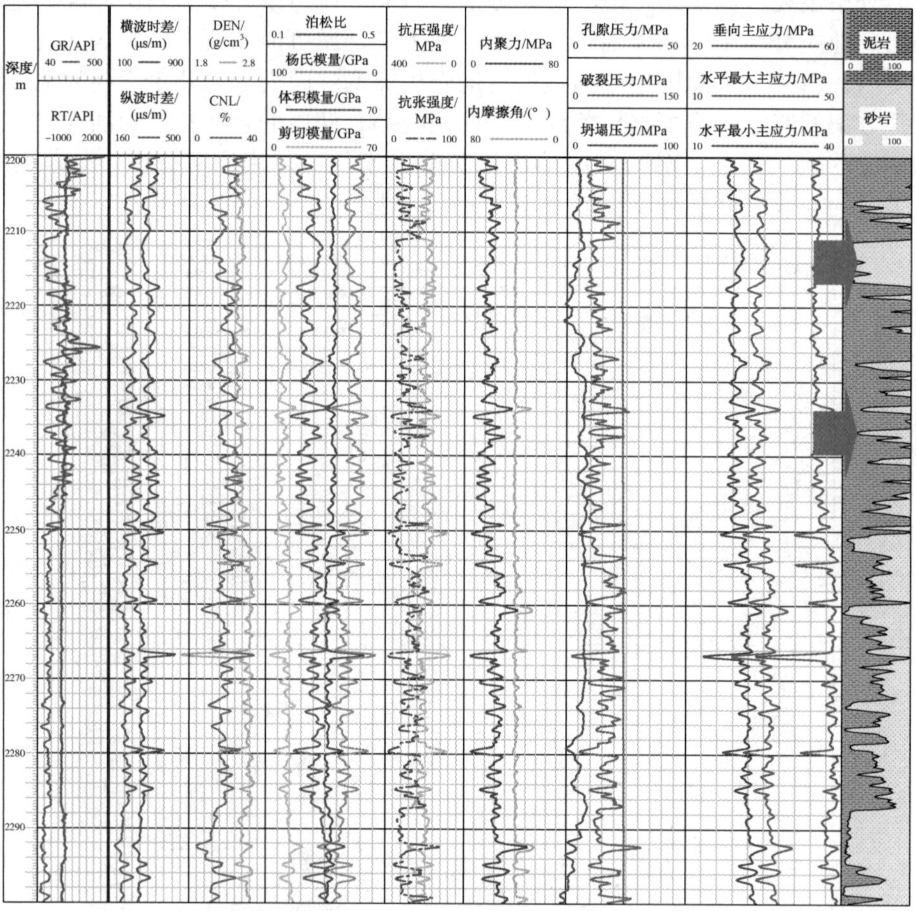

图 9　B 井储层岩石力学参数、三压力及应力剖面

B 井在井段 2190～2210m 间无明显的高应力区，其最小主应力为 30. 4MPa，与射孔段 2211～2217m 最小主应力 27～29. 1NPa 的应力差为 1～3MPa。

在井段 2240～2260m 间无明显的高应力区，其最小主应力为 31. 2MPa，与射孔段 2234～2240m 最小主应力 27. 5～29. 8MPa 的应力差为 1～4MPa。

通过图 9 分析看出：上下隔层遮挡条件差，因此，应控制施工排量进行施工或者采用变排量施工。应用 Fracp roPT 全三维软件进行压裂施工参数优化，最终优化加入中强度陶粒 30m³，设计施工排量 1. 2~1. 4~1. 6m³/min，支撑裂缝长度 130m，建议铺砂浓度大于 524kg/m²。优化后平均铺砂浓度 562kg/m²。该井压前产油 0. 45t，压后产油 2. 19t，达到压裂改造目的。

3.3 支撑剂优选

在支撑裂缝中，支撑剂所承受的压力与最小主应力之间有如下的关系：

$$P_{\alpha}=P_{h}-P_{wf}$$

式中，P_{α} 为支撑剂所承受的压力，MPa；P_{wf}为井底流动压力，MPa；P_{h} 为最小水平主应力，MPa。

可以看出，在井底流压一定时，最小主应力越大，支撑剂所承受的压力也越大，对支撑剂强度及导流能力等的要求也越高。支撑剂的抗压强度必须大于储层的闭合压力，即最小水平主应力。

以C井为例，目的层段2620~2680m，通过地应力剖面解释的水平最小主应力，即闭合压力为32MPa，因此支撑剂的抗压强度必须大于32MPa，最终经筛选确定20/40目陶粒用作该层的支撑剂。

4 结论与建议

（1）根据长庆油田地应力实验测量资料，在测量深度范围内，对地应力测量数据按深度进行了线性回归。

（2）利用测井资料对岩石力学参数、三压力、三个地应力进行计算，结合实验室岩心测试结果对所计算地应力进行了修正，利用卡本软件对剖面图进行了绘制。

（3）通过地应力剖面，结合地质分层，可以合理确定射孔方案、压裂工程参数优化和支撑剂优选，确保压裂效果。特别是对于油页岩这类非常规油气藏储层改造方面，采用地应力剖面分析，显得尤为重要。

（4）针对无遮挡层井的压裂改造，可以根据地应力剖面，采用变排量施工，适度控制缝高，提高压裂有效性。

参 考 文 献

[1] 李根生，黄中伟，牛继磊，等．地应力及射孔参数对水力压裂影响的研究进展．石油大学学报(自然科学版)，2005，(04).
[2] 李凤霞，郎学军，盛建明，等．重复压裂产生新缝条件模拟试验．油气井测试，2004，(3).
[3] 边芳霞，林平，王力，等．油气井压裂时地层岩石新的破裂压力计算模型的建立．钻采工艺，2004，(6).
[4] 梁何生，闻国峰，王桂华，等．孔隙压力变化对地应力的影响研究．石油钻探技术，2004，(2).
[5] 张丁涌，赵金洲，赵磊，等．重复压裂造缝的应力场分析．油气地质与采收率，2004，(4).
[6] 胥元刚．射孔方位、密度、孔径对裂缝宽度的影响．天然气工业，2004，(10).
[7] 闫治涛，杨斌，李行船，等．分层地应力描述技术及应用．油气地质与采收，2004，(1).
[8] 戴俊生，汪必峰．综合方法识别和预测储层裂缝．油气地质与采收率，2003，(1).
[9] 李民河，聂振荣，廖健德，等．水力压裂缝延伸方向分析及其应用．新疆地质，2003，(4).
[10] 吕俊丰，刘鹏，等．地应力分析解释技术在压裂中的应用 大庆石油地质与开发 2005.(4).
[11] 张广清，殷有泉，陈勉，等．射孔对地层破裂压力的影响研究．岩石力学与工程学报，2003，(1).

第一作者：吴顺林，男，1982年7月生，2008年毕业于中国石油大学(北京)，硕士学位，高级工程师，现主要从事油田酸化压裂技术研究工作。通讯地址：陕西省西安市未央区明光路新技术开发中心长庆油田分公司油气工艺研究院。E-mail：wushl_cq@petrochina.com.cn，电话：15109271186。

金属密封可溶球座压裂工具研制与应用

薛晓伟[1,2]　王尚卫[1,2]　王治国[1,2]　解永刚[1,2]　任国富[1,2]　胡相君[1,2]

(1. 中石油长庆油田分公司油气工艺研究院；2. 低渗透油气田勘探开发国家工程实验室)

摘　要　针对长庆油田水平井体积压裂所使用的桥塞工具压裂后胶筒部件不溶或溶解缓慢，后期需要钻塞作业，导致试油周期长、井筒处理成本高、作业风险大等问题，设计并研发了金属密封可溶球座压裂工具。工具采用超塑性可溶金属材料扩径实现密封，无橡胶件，具备结构短小、部件精简、溶解残留物少、溶解速度可控、溶解环境依赖度低、溶解后井筒可快速恢复套管内通径等特点，工具适用温度40~150℃，最高耐压105MPa，溶解起始温度40℃，在0.2%KCl溶液中7d完全溶解。在鄂尔多斯盆地页岩油、致密气现场已累计应用1729口井16144段，最大施工排量14m³/min，最长水平段5060m，压后可在返排液中完全溶解，无须钻磨，试油周期减少21%。

关键词　可溶桥塞　可溶胶筒　长水平段　可溶球座　金属密封

鄂尔多斯盆地页岩油、致密气等非常规资源丰富，是长庆油田持续稳产的重要资源基础，然而该类资源有效动用难度大、常规技术手段难以实现效益开发[1~3]，水平井泵送桥塞+多簇射孔分段体积压裂，是目前开发此类油气藏的主体技术[4~8]。随着长庆油田压裂改造思路持续优化升级[9]，水平段长度逐年增长、大井丛布井不断增加，所使用的可钻桥塞、可溶桥塞工具压裂后，可钻桥塞需要钻塞作业，可溶桥塞低温条件下可溶胶筒未完全降解，影响井筒清洁度，存在井筒处理周期长、成本高、风险大以及受连续油管下深限制长水平段压后清扫困难等问题。

为此，开展了以“可溶金属封隔、压后快速溶解”为核心的分段压裂工具设计，打破了常规橡胶密封理念，攻克了高延展性可溶材料、精简机械机构两大难题，研发了新一代体积压裂工具，形成了适应不同套管规格、不同储层温度的系列化可溶球座分段压裂工具。经室内实验与现场规模应用表明，工具性能可靠、提速提效效果显著。

1　技术分析

1.1　金属密封可溶球座结构

金属密封可溶球座结构示意图如图1所示。金属密封可溶球座结构主要包括中心杆、锥体、密封环、卡瓦、尾座等部件，满足密封、锚定、丢手、锁定功能，同时根据工艺特性，设置了不同速率溶解部件，实现溶解最优化。该工具主要采用超塑性可溶材料制作密封部件，实现金属密封替代橡胶密封；采用锚定封隔一体结构，实现工具结构简单、部件精

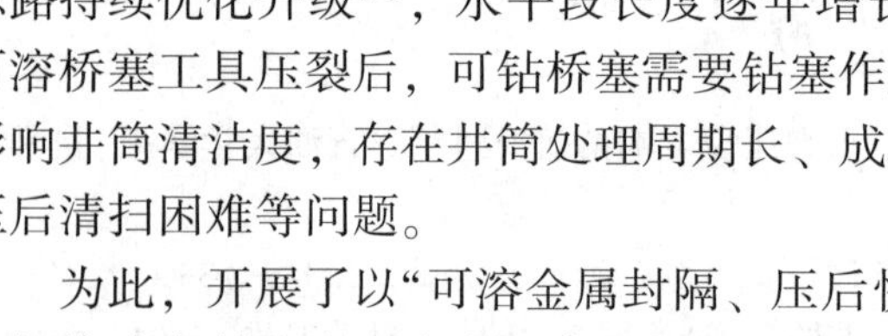

图1　金属密封可溶球座工具结构示意图

1—中心杆；2—锥体；3—密封环；4—垫圈；5—卡瓦；6—卡瓦牙；7—尾座

简、结构紧凑；在溶解性能方面，整个工具无橡胶部件，同时对不同部件采用不同溶解速率可溶解材料，确保压裂后可快速恢复井筒全通径。

1.2 工艺原理

为确保可溶球座对现有压裂模式的适应性，保持桥塞-射孔联作工艺不变[9]。工具中心杆与通用坐封工具连接，通过液体泵送多簇射孔与金属密封可溶球座工具串，到达目标段可溶球座坐封位置，先坐封可溶球座实现密封与锚定，在坐封力大于丢手力后丢手可溶球座，拖动工具串到达预定射孔位置，完成多簇射孔，起出工具串。随后泵送可溶球封堵球座，光套管注入完成本段压裂。依次完成所有段压裂改造后，金属密封可溶球座自行溶解，溶解产物随返排液排出井筒，井筒恢复全通径。

1.3 主要技术参数

可溶球座适用于3½in、4½in、5½in半套管规格，适用温度40~150℃，最高耐压105MPa，溶解起始温度40℃，在0.2%KCl溶液中7d完全溶解。可溶球座系列化产品主要技术参数见表1。

表1 金属密封可溶球座系列产品技术参数

套管规格	温度系列/℃	外径/mm	内径/mm	长度/mm	耐温/℃	承压/MPa	溶解时间/d
5½in	40/90/120/150	113	60	269	150	105	7
4½in	90/120/150	92	40	220	150	105	7
3½in	40/90/120	68	26	211	120	70	7

2 关键技术

2.1 金属密封机构

通过调整可溶材料配方、热处理工艺，使可溶材料的强度和延展性达到平衡点，制备延伸率35%的超塑性可溶金属环，可在低挤压力下通过膨胀扩径密封套管(图2)，实现可溶金属密封替代胶筒密封。坐封时，与坐封工具相连接的中心杆拉动尾座，推动卡瓦、密封环沿锥体斜面移动，推力分散作用于密封环，密封环直径逐渐变大，直到与套管内壁紧密贴合，最终封隔油套环空(图3)，获得与橡胶材料同等封隔效果。

图2 可溶金属变径环变径对比

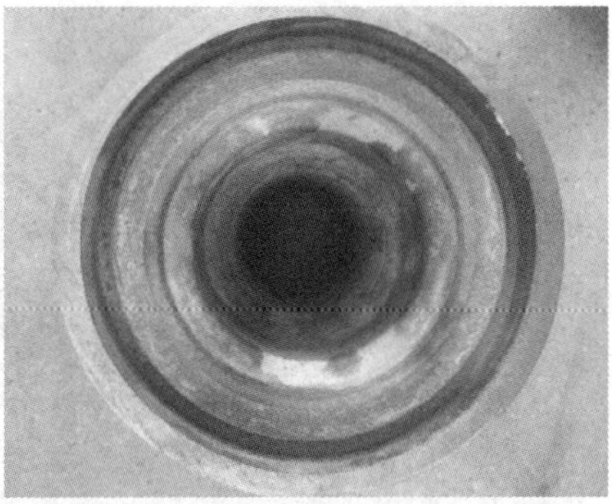

图3 金属密封效果

2.2 卡瓦锚定机构

锚定机构主要由锥体、尾座、支撑环、卡瓦组成，采用单卡瓦结构，保证可溶球座在压力变化下亦可锚定牢靠，同时体积缩减节省了井筒空间。卡瓦为分体式卡瓦，为保证卡瓦在坐封过程中能够均匀分布到套管内壁，每片卡瓦都有独立的位置空间，互不干涉，并且确保卡瓦在下井过程中不会因发生位移而导致可溶球座中途坐封。由于目前可溶材料的硬度尚不能达到作为卡瓦材料的要求，为了遵循可溶球座本体上尽量减少使用非可溶材料的原则，卡瓦采用可溶卡瓦基座与陶瓷卡瓦牙相结合的结构方式。

坐封时卡瓦随尾座沿上锥体表面轴向滑动，径向扩张，尾座上有矩形导向槽，使卡瓦在锚定过程各方向受力均匀，以承受更大的强度，直到陶瓷钉镶进套管壁中实现锚定。

2.3 螺纹丢手机构

丢手机构主要由中心杆、尾座组成，丢手方式为剪切螺纹丢手方式，剪切力易于控制、误差小，一致性较好，可确保可溶球座坐封的一次成功率。其结构为中心杆上端连接坐封工具，下端连接尾座，尾座与中心杆间通过螺纹连接，当坐封力达到设置的螺纹预定力，尾座与中心杆的连接螺纹拉脱，中心杆随坐封工具起出，尾座与其余部件分离，丢手动作完成。尾座的设计是在保证与中心杆丝扣强度满足可溶球座坐封力要求的前提下，尽量短小。尾座材质为可溶金属材料，上端面均布凹槽与卡瓦片对应，中心拉杆材质为35CrMo钢材，球座丢手后能够随工具串起出井。

2.4 摩擦自锁结构

通过对楔体与密封环、卡瓦配合角度的多次模拟和试验，可溶金属材料配合角度在10°时锥体与密封环、卡瓦发生自锁现象。锥体与密封环、卡瓦角度均采用可溶金属自锁角度，运用摩擦角原理实现摩擦自锁，坐封成型后使工具整体保持锁紧状态。

2.5 快速溶解技术

根据桥射工艺特性，设置了不同速率溶解部件。对承受高压的卡瓦、密封环采用7d溶解的慢溶材料，对体积较大的锥体采用3d溶解的中速溶解材料，对实现丢手功能后即与本体分离的尾座采用1d溶解的快溶材料，实现了快速溶解最优化。

室内溶解实验开展过程中，在0.2%KCl、40℃溶解条件下，第24h(1d)产生大量灰色泡沫：48h(2d)从耐高温钢丝软管观察到两端液面高度相等，密封失效；锥体溶解大部分，仅剩一薄层：72h(3d)锥体等本体完全溶解，卡瓦自动脱离套管内壁：将溶解剩余物，即卡瓦放置于溶解装置内继续溶解：残余卡瓦放置于溶解装置内继续溶解：168h(7d)后可溶球座基本完全溶解，如图4所示，溶解产物为经晾干后为粉末颗粒，无大块溶解残渣，如图5所示。

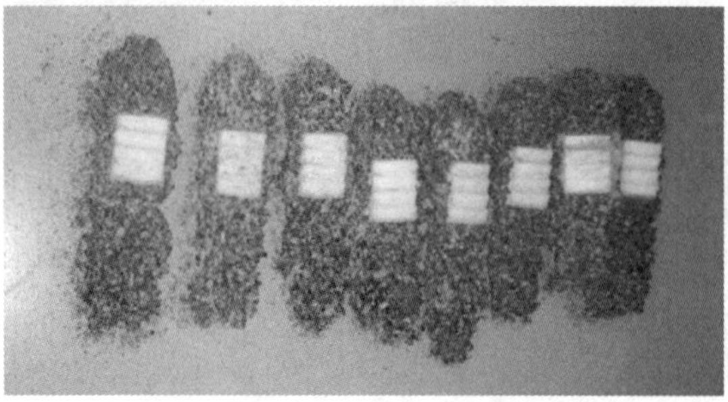

图4　球座溶解效果(168h)

图5　球座溶解产物

3 现场试验

DMS 可溶球座在长庆油气田累计推广应用 1729 口井 16144 段，压裂施工曲线与可溶桥塞施工井特征相同，金属密封封隔有效(图 6)。施工井最长水平段 5060m、最多段数 68 段、最大施工排量 14m^3/min，大井丛布井平台最高效率单日压裂 18 段。压裂后最短 14d 下冲砂管柱试探顺利通至人工井底，证明球座全部溶解，可实现压后免钻投产，投产效果与桥塞下入井整体相当，试油周期缩短 21%，工具成本显著降低。

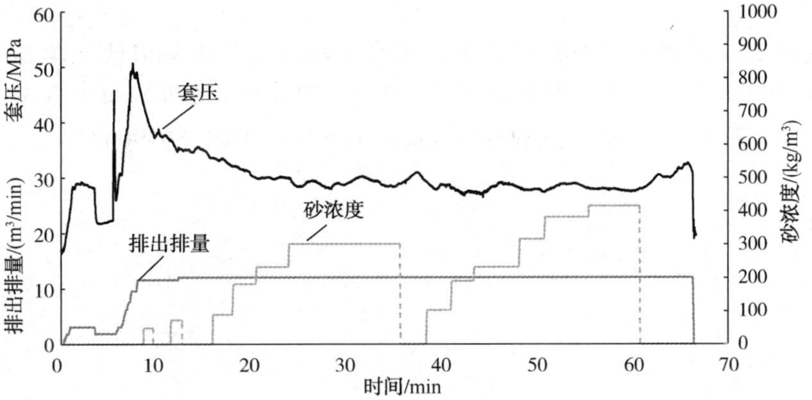

图 6　华 HX 井金属密封可溶球座施工曲线

4 结论

(1) 金属密封可溶球座压裂工具可有效解决橡胶密封存在的低温溶解缓慢、溶解产物大、结构复杂、制备难度大、压后井筒难以清扫的问题。

(2) 可溶球座适用于 3½in、4½in、5½in 各类套管规格，适用温度 40~150℃，最高耐压 105MPa，溶解起始温度 40℃，在 0.2%KCl 溶液中 7d 完全溶解。

(3) 金属密封可溶球座已实现产品的系列化，在长庆油田、气田及老井的储层改造已实现规模化推广应用，对大井丛布井、长水平井高效体积压裂提速提效效果明显，可有效降低平台整体建设周期，提高新井当年生产时率，为页岩油、致密气等非常规油气田高效建设提供了新的技术手段。

参 考 文 献

[1] 李宪文，樊凤玲，杨华，等．鄂尔多斯盆地低压致密油藏不同开发方式下的水平井体积压裂实践[J]．钻采工艺，2016，39(3)：34-36.

[2] 齐银，白晓虎，宋辉，等．超低渗透油藏水平井压裂优化及应用[J]．断块油气田，2014，21(4)：483-491.

[3] 付玉坤，喻成刚，尹强，等．国内外页岩气水平井分段压裂工具发展现状与趋势[J]．石油钻采工艺，2017，39(4)：514-520.

[4] 安杰，唐梅荣，张矿生，等．致密油水平井全可溶桥塞体积压裂技术评价与应用[J]特种油气藏．2019，26(5)：160-163.

[5] 董明键，郭先敏，李子良．可降解材料在完井工具中的应用及发展趋势[J]．石油机械，2015，43(3)：31-34.

[6] 王海东，王琦，李然，等．可溶桥塞与分簇射孔联作技术在页岩气水平井的应用[J]．钻采工艺，2019，42(5)：113-114.
[7] 刘辉，王宇，严俊涛，等．可溶性桥塞性能测试系统研制与应用[J]．石油机械，2018，46(10)：83-86.
[8] 刘统亮，施建国，冯定，等．水平井可溶桥塞分段压裂技术与发展趋势．石油机械，2020，48(10)：103-110.
[9] 慕立俊，赵振峰，李宪文，等．鄂尔多斯盆地页岩油水平井细切割体积压裂技术[J]．石油与天然气地质，2019，40(3)：626-635.

第一作者简介：薛晓伟(1986—)，男，山西运城人，长庆油田油气工艺研究院从事压裂工具设计及研究工作，高级工程师，联系地址：(710018)陕西省西安市未央区凤城三路新技术研发中心，E-mail：xuexw_cq@petrochina.com.cn，029-86590672。

页岩油储层多尺度缝网支撑剂运移规律研究

武安安[1,2]　齐　银[1,2]　薛小佳[1,2]　陈文斌[1,2]　陶　亮[1,2]　张同伍[1,2]　刘晓庆[1,2]

(1. 中国石油长庆油田分公司油气工艺研究院；2. 低渗透油气田勘探开发国家工程实验室)

摘　要　鄂尔多斯盆地页岩油具有砂泥页交互叠置发育特征，缝网支撑剂运移铺置规律极为复杂，与现有井网井距匹配性仍难以回答。基于以上难题，本文开展多尺度缝网支撑剂运移大型物模实验，定量评价支撑剂运移规律。在此基础上，基于 CFD-DEM 方法，建立不同水平缝位置的复杂裂缝支撑剂运移铺置数值模型，分析不同地质工况下支撑剂运移规律。研究结果表明：支撑剂铺置规律为主缝中砂堤先向前铺置，再堆积增加高度，支撑剂铺置呈现沙丘式形态，随后支撑剂以波浪式推进，后期注入的支撑剂运移距离更远；相比于单一粒径支撑剂，采用混合注入方式下，支撑剂的主缝填充比例高 9%，增加小粒径支撑剂可提升运移距离和缝网导流能力，注入时机为泵注后期。研究成果在长庆油田规模应用 100 余口页岩油水平井，初期产量由 9.6t/d 提高到 18t/d，年累计产油量由 2380t 提高到 4931t，研究成果可为页岩油水平井体积压裂技术进步提供科学依据。

关键词　鄂尔多斯盆地　页岩油　多尺度缝网　支撑剂运移铺置

1　引言

鄂尔多斯盆地长 7 页岩油属于湖湘沉积[1,2]，储层极其致密，渗透率约 0.1md，孔隙度 9%，是重要的生油层，体积压裂是实现储层动用的有效手段[3,4]，但长 7 页岩油具有强非均质性[5]，其层理发育明显，支撑剂铺置运移规律极为复杂。目前压裂用支撑剂粒径优选仍缺乏依据，长庆油田压裂用支撑剂主要为 40/70 目和 70/140 目石英砂，搭配少量 20/40 目石英砂。为了提升小粒径支撑剂的运移距离，前期长庆油田采用小粒径支撑剂在前，大粒径支撑剂泵注在后的泵注模式，期望 40/70 目小粒径能够经过后续压裂液的顶替而被运移更远，但支撑剂运移规律不清，泵注程序设计缺乏依据，因此亟需开展相关研究，为压裂支撑剂优选及泵注程序设计提供依据。众多学者[6,7]对页岩油储层的压裂裂缝扩展形态进行了研究，明确了页岩油主缝沟通层理缝的裂缝形态特征，因此层理缝内支撑剂铺置对储层改造效果至关重要。杨鹏等[8]基于位移不连续法和欧拉法建立了井平台多井压裂模式下三维裂缝扩展与支撑剂运移耦合模型，但仅重点研究了簇间距参数对支撑剂运移铺置规律影响。郭天魁等[9]采用 CFD-DEM 耦合方法对复杂裂缝内支撑剂运移规律进行研究，但未考虑层理结构，其研究结果仍难以应用于页岩油开发。基于此，本文建立了考虑页岩油储层层理结构的数值模型，开展支撑剂运移铺置规律研究，为长 7 页岩油泵注程序设计提供一定依据。

2　支撑剂运移数值耦合模型

由于长 7 页岩油具有明显的层理结构，前期研究表明，层理结构会显著影响压裂裂缝形

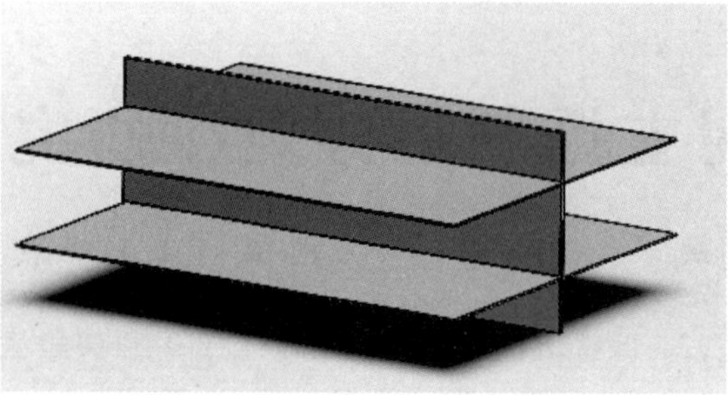

图 1　支撑剂运移铺置物理模型

态，为研究支撑剂在主裂缝及层理缝内运移规律，模型充分考虑了层理结构(图 1)，模型中设置上下两个层理面，层理中部与主缝沟通，支撑剂由主缝均匀注入，主缝缝长 500mm，缝高 200mm，缝宽 5mm，水平层理缝半缝长 200mm，缝宽 2mm。

CFD 是一种将流体力学问题转化为数学模型的数值模拟方法，其工业应用已经相当成熟。Fluent 软件因其物理模型丰富、数值方法先进，在石油天然气工业中应用非常广泛。本研究中压裂液在裂缝内的流动模拟将由基于 CFD 方法的 Fluent 软件求解器模拟计算。DEM 是一种基于分子动力学原理的颗粒离散体物料分析方法，适用于求解不连续介质力学问题的数值方法，由 Cundall 和 Strack 首先提出。DEM 能够对单颗粒的运移进行跟踪计算，并且可以对颗粒之间相互作用进行模拟。DEM 应用牛顿第二定律来计算作用在粒子上的力之和、单个粒子轨迹，以及应用力-位移定律来更新接触力大小和方向。

本研究基于 CFD-DEM 耦合方法建立多层理页岩地层压裂裂缝扩展模型，开展水力压裂过程中支撑剂运移铺置相关数值模拟，支撑剂作为固体相，压裂液作为流体相，两相各自的物理场参数由 Fluent 和 EDEM 两款模拟软件分别计算，计算过程中通过特定代码实现耦合作用，主要通过流体体积分数 α_f 及相间动量交换源相 $\boldsymbol{M}_{fs}$ 体现。

压裂液满足流体连续性方程：

$$\frac{\partial}{\partial t}(\alpha_f\rho_f)+\nabla\cdot(\alpha_f\rho_f\boldsymbol{u}_f)=0 \tag{1}$$

式中，α_f 为流体体积分数；ρ_f 为流体密度，$kg \cdot m^{-3}$；$\boldsymbol{u}_f$ 为流体速度，$m \cdot s^{-1}$。

流体动量方程为：

$$\frac{\partial}{\partial t}(\alpha_f\rho_f\boldsymbol{u}_f)+\nabla\cdot(\alpha_f\rho_f\boldsymbol{u}_f\boldsymbol{u}_f)=-\alpha_f\ \nabla p+\nabla\cdot(\alpha_f\boldsymbol{\tau}_f)+\alpha_f\rho_f\boldsymbol{g}+\boldsymbol{M}_{fs} \tag{2}$$

式中，p 为流体压力，Pa；$\boldsymbol{\tau}_f$ 为流体黏性应力张量，$N \cdot m^{-2}$；t 为时间，s；$\boldsymbol{g}$ 为重力加速度；$\boldsymbol{M}_{fs}$ 为固液两相间动量交换源相。$\boldsymbol{\tau}_f$ 可以表示为：

$$\boldsymbol{\tau}_f=\mu_f[(\nabla\boldsymbol{u}_f)+(\nabla\boldsymbol{u}_f^{\ T})] \tag{3}$$

式中，μ_f 为液相动力黏度，$Pa \cdot s$。

流体体积分数计算基于落点法，利用下列公式计算流体体积分数：

$$\alpha_f=\frac{n_f}{N} \tag{4}$$

式中，n_f 为网格单元内流体点数；N 为网格单元内总点数。

对于颗粒控制方程，在两相流模型中支撑剂属于离散相，单个颗粒的运动方程为：

$$m_p\frac{d\boldsymbol{u}_p}{dt}=\boldsymbol{F}_C+\boldsymbol{F}_A+\boldsymbol{F}_V \tag{5}$$

$$I_{pc}\frac{d\omega_p}{dt}=\boldsymbol{T}_{pc} \tag{6}$$

式中，m_p 为质量，kg；$\boldsymbol{u}_p$ 为线速度，$m \cdot s^{-1}$；I_{pc} 为转动惯量，$kg \cdot m^2$；ω_p 为角速度，

rad · s^{-1}；$\boldsymbol{T}_{pc}$为颗粒间的接触力矩，N · m。

$\boldsymbol{F}_V$ 为支撑剂体积力，包括重力和惯性力等，等效于颗粒质心受到的力。

$$\boldsymbol{F}_V = \boldsymbol{F}_z + \boldsymbol{F}_p \tag{7}$$

式中，$\boldsymbol{F}_z$ 颗粒重力，N；$\boldsymbol{F}_p$ 颗粒惯性力，N。

流体对颗粒作用力 $\boldsymbol{F}_A$ 主要体现在流体的拖曳力及举升力。

$$\boldsymbol{F}_A = \boldsymbol{E}_d + \boldsymbol{F}_l \tag{8}$$

$$\boldsymbol{M}_{fs} = \boldsymbol{M}_{sf} \tag{9}$$

式中，$\boldsymbol{F}_d$ 为流体拖曳力，N；$\boldsymbol{F}_l$ 为流体举升力，N；$\boldsymbol{M}_{sf}$为颗粒上的扭矩，N · m。

颗粒、壁面两两间的法向与切向碰撞力为 $\boldsymbol{F}_C$[5,6]。碰撞合力 $\boldsymbol{F}_C$ 与合力矩 $\boldsymbol{M}_C$ 为：

$$\boldsymbol{F}_C = \boldsymbol{F}_{c,n} + \boldsymbol{F}_{c,t} \tag{10}$$

$$\boldsymbol{M}_C = d_p \boldsymbol{F}_{c,t}/2 \tag{11}$$

式中，d_p 为颗粒直径，mm；$\boldsymbol{F}_{c,n}$为法向接触力，N；$\boldsymbol{F}_{c,t}$为切向碰撞力，N。

EDEM 中采用 Hertz-Mindlin 接触理论计算接触力。法向与切向接触力为：

$$\boldsymbol{F}_{c,n} = -k_n \delta_n^{3/2} \boldsymbol{n} - c_n \boldsymbol{u}_{p,n} \tag{12}$$

$$\boldsymbol{F}_{c,t} = -k_t \delta_t \boldsymbol{n} - c_t \boldsymbol{u}_{p,t} \tag{13}$$

式中，k_n，k_t 分别为法向与切向刚度系数；δ_n，δ_t 分别为碰撞颗粒间法向与切向重叠量，mm；$\boldsymbol{n}$ 为接触颗粒间法向单位矢量；c_n，c_t 分别为法向与切向阻尼系数；$\boldsymbol{u}_{p,n}$，$\boldsymbol{u}_{p,t}$分别为法向与切向速度，m · s^{-1}。

CFD 模型采用的是欧拉方法，DEM 模型采用的是拉格朗日方法，两者通过动量交换实现耦合，在每个计算时间步长内，CFD 模型中的流体速度场被传输到 DEM 模型中，更新作用在每个粒子上的力。DEM 计算完成后，与颗粒位置和速度相关的信息从 DEM 传输回 CFD，从而更新流体的体积分数，较好地实现了连续相与非连续相的耦合。

3　复杂裂缝系统支撑剂铺置规律研究

3.1　含水平层理缝支撑剂运移铺置数值模拟

为探究支撑剂重力因素对支撑剂运移铺置的影响，对比了不同位置下的层理面内支撑剂充填情况。支撑剂从入口均匀注入主缝，支撑剂再经主缝进入层理缝，模型设置两个层理面，分别模拟油层的上层理面和下层理面。如图 2 所示。

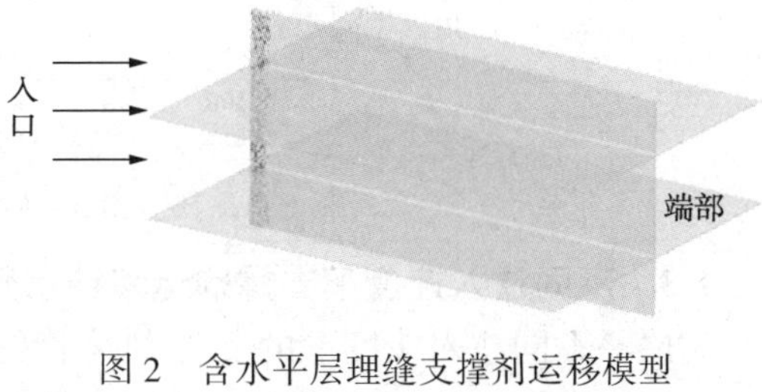

图 2　含水平层理缝支撑剂运移模型

结果表明，支撑剂在主缝内呈砂堤式堆积，撑剂进入裂缝后在自身重力与流体拖曳力的共同作用下开始沉降，另一部分则被携带至裂缝远端，近入口端的砂堤高度显著高于远端砂堤高度，主缝内砂堤呈沙丘形态，砂堤在高度和长度方向上不断生长，支撑剂在压裂液携带作用和重力作用下逐渐进入层理缝。随着支撑剂不断沉降，最后砂堤高度和长度不再变化，达到平衡状态，此时新注入的支撑剂在平衡砂堤顶部呈现流化状态并被压裂液携带出裂缝远端。同时下层理面内支撑剂量更多，其层理面内支撑剂铺置的面积是上层理面的 3 倍，因此提高压裂液的携砂性能，能够显著提升层理缝的支撑和均匀扩展程度。如图 3 所示。

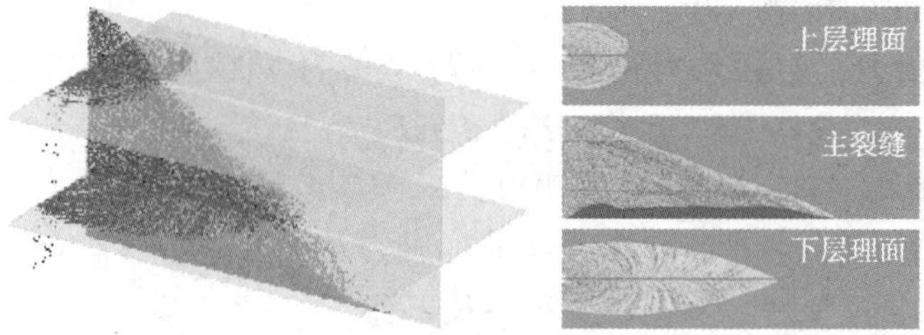

图 3　含水平层理缝支撑剂运移

3.2　不同粒径组合的支撑剂运移铺置数值模拟

根据斯托克斯沉降速度关系式可知，固相颗粒的沉降速度与其颗粒直径的平方成正比，而流体对固相颗粒的拖曳力则与其粒径成正比。由此可知，支撑剂颗粒的粒径对其在裂缝中的运移过程具有较大影响，会直接影响其在裂缝中的最终铺置形态。

为了研究粒径组合对支撑剂运移铺置特征的影响，对比了单一粒径 40/140 目和 70/140：40/70 目=1：2 注入方式下的主缝填充比例(图 4)。结果表明，85%的大粒径支撑剂会沉降，少数小粒径的支撑剂在砂堤上方，且混合注入模式下，其主缝的填充比例比单一注入提高了 9%(图 5)。

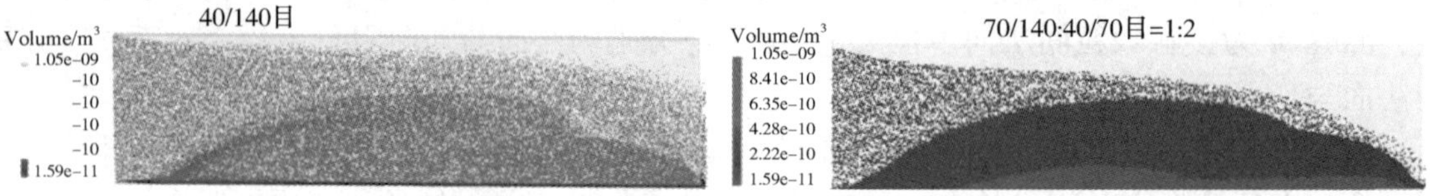

(a)40/140目支撑剂运移铺置数模　(b)70/140:40/70目=1:2支撑剂运移铺置数模

图 4　支撑剂运移铺置数值模拟结果

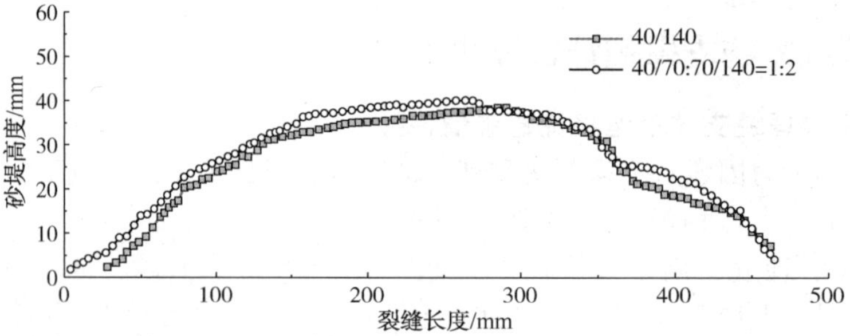

图 5　砂堤形态对比图

3.3　不同注入速度下支撑剂运移铺置数值模拟

对比了不同注入速度下的支撑剂运移铺置数值模拟，分别开展了 0.3m/s 和 0.4m/s 条件下的数值模拟，砂比设置为 10%，支撑剂选择 40/140 目，主缝长 500mm，模拟时长 5s。如图 6 所示。

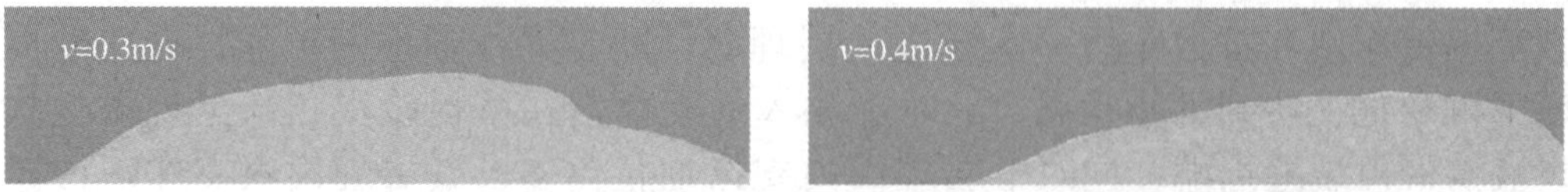

(a)0.3m/s注入速度下砂堤形态　(b)0.3m/s注入速度下砂堤形态

图 6　砂堤形态对比图

砂粒随压裂液先向前铺置，然后再堆积增加高度，随后形成砂堤，后期泵入的支撑剂在砂堤上运移，不断向前铺置，提高压裂液泵入速度，能够提高压裂液对支撑剂的拖拽力，有利于支撑剂向裂缝深部运移，注入速度 0. 4m/s 和 0. 3m/s 相比，砂堤开始堆积的位置后移 25. 85mm，但缝口堆积的支撑剂量变少，整体上，提高压裂液排量，能够提升储层的有效改造体积。如图 7 所示。

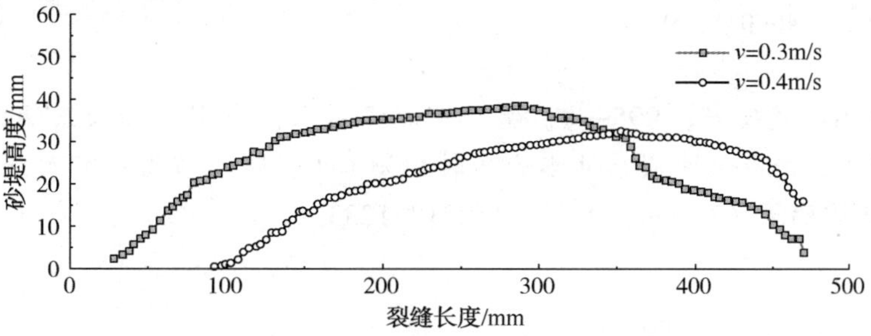

图 7　不同注入速度下砂堤形态对比图

4　结论

本文基于计算流体力学-离散元法的耦合方法，对含层理缝的页岩油储层进行了支撑剂运移铺置的数值模拟研究。研究了层理缝位置、支撑剂粒径组合、支撑剂注入速度等参数对支撑剂运移铺置砂堤形态的影响。进一步明确了支撑剂砂堤形成过程及运移铺置特征。

（1）在压裂过程中，支撑剂先向前铺置，然后堆积高度，形成砂堆，后期注入的支撑剂在砂堆表面进行运移，前期应注入大粒径支撑剂，在主缝内形成砂堆，使主缝具有较大的导流能力，为使小粒径支撑剂运移距离更远，小粒径支撑剂因在砂堆形成后期进行注入，前期应以大粒径泵注为主。

（2）对于层理缝较为发育的长 7 页岩油储层，支撑剂易受重力影响，易于向下部层理进行运移铺置，提高压裂液的携砂性能能提升层理缝的改造效果。

（3）采用组合粒径注入，其主缝的填充比例显著高于单一粒径注入。

（4）提高支撑剂注入速度，有利于支撑剂向裂缝深部进行运移，从而提高储层的有效改造体积。

参 考 文 献

[1] 鲜成钢，李国欣，李曹雄，等．陆相页岩油效益开发的若干问题[J]．地球科学，2023，48(01)：14-29.

[2] 付锁堂，付金华，牛小兵，等．庆城油田成藏条件及勘探开发关键技术[J]．石油学报，2020，41(07)：777-795.

[3] 赵振峰，李楷，赵鹏云，等．鄂尔多斯盆地页岩油体积压裂技术实践与发展建议[J]．石油钻探技术，2021，49(04)：85-91.

[4] 雷群，胥云，才博，等．页岩油气水平井压裂技术进展与展望[J]．石油勘探与开发，2022，49(01)：166-172+182.

[5] 肖玲，胡榕，韩永林，等．鄂尔多斯盆地新安边地区长 7 页岩油储层孔隙结构特征[J]．成都理工大学学报(自然科学版)，2022，49(03)：284-293.

[6] 侯冰，武安安，常智，等．页岩油储层多甜点压裂裂缝垂向扩展试验研究[J]．岩土工程学报，2021，

43(07)：1322-1330.
[7] 侯冰，常智，武安安，等．吉木萨尔凹陷页岩油密切割压裂多簇裂缝竞争扩展模拟[J]．石油学报，2022，43(01)：75-90.
[8] 杨鹏，张士诚，邹雨时，等．井平台多井压裂裂缝扩展、支撑剂运移规律与参数优化[J/OL]．石油勘探与开发：1-9[2023-07-25]. http：//kns. cnki. net/kcms/detail/11. 2360. TE. 20230608. 1104. 002. html.
[9] 郭天魁，宫远志，刘晓强，等．复杂裂缝中支撑剂运移铺置规律数值模拟[J]．中国石油大学学报(自然科学版)，2022，46(03)：89-95.

第一作者介绍：武安安(1995—)，男，湖北孝感人，中国石油长庆油田分公司油气工艺研究院，工程师，主要从事页岩油水力压裂相关工作，陕西省西安市未央区明光路16号，E-mail：15071391233@163.com，电话：15071391233。

区块流场均衡调整地质工程一体化示范试验

马宇博　刘长云　程伟涛　雷亚坤　李艳丽

（中国石化中原油田分公司文留采油厂）

摘　要　文留油田中渗复杂断块油藏文 10 块经过 40 多年的开发与调整，目前综合含水 97%，已进入高含水开发后期，剩余油挖潜难度大，多年的强注强采及井网调整造成地下油水关系复杂，多轮次调驱后效果逐年变差，依靠常规堵水、调剖措施已难以有效动用。通过开展区块流场均衡调整地质工程一体化试验，研究油藏流场及其演变特点与分布规律，精细刻画注采流线，精准描述剩余油分布；结合水驱优势通道级别认识，建立堵剂空间精准放置方法，实现调驱剂集约化使用；利用整体调驱改变注入水渗流方向，实施堵截强流线、引导弱流线、构建新流线，配合流场调整“引、压、拉”，合理有效引导水线均衡驱替，提高区块整体调驱效果。共实施 9 井次，累增油 2642.4t，取得了较好的增油效果，提升了油藏水驱效率。

关键词　高含水开发后期　剩余油　地质工程一体化　流场均衡调整 区块整体调驱

1　概况

1.1　地质概况

文中油田文 10 断块地处河南省濮阳县境内，区域构造位于东濮凹陷中央隆起带文留构造北部，是由西北倾的文西Ⅰ号断层（北界）和东倾的文东Ⅰ号断层（南界）所夹持的地垒块，东倾的文东Ⅱ号断层和西倾的文西Ⅱ号断层共同构造成其西边界，东部为文 122 盐垒及其一系列低序级断层所构成。构造面积西块大于东块，构造上地层整体上北高南低，东西两侧低。地层由西块的西部西南倾逐渐向东部变为南倾，南东倾，东块基本上为南东倾，与文西 1 号断层形成断鼻构造。西块较高，油水界面低，沙三中 7~9 满块含油，沙三中 10~11 油水界面深度在 2440~2480m，东块含油高度小，砂组油水界面不一，一般在 2390~2420m，属常温常压、中孔中渗、复杂断块层状油藏。文 10 块基本地质参数见表 1。

表 1　文中油田油藏基本参数表

含油面积/km^2	地质储量/10^4t	标定采收率/%	地面原油密度/（g/cm^3）	含油层位	可采储量/10^4t	油藏中深/m	地层水矿化度/（$10^4mg/L$）
2.71	732	46.8	0.84	沙二下、沙三上、沙三中	339.14	2265	29~31

自 1979 年投入开发以来，共经历了以下 5 个开发历程：

（1）初步开发阶段 1979—1984 年：建立两套开发单元，合采合注，快速上产。截至阶段末，年产液 $16.37\times10^4m^3$、年产油 11.98×10^4t；

（2）细分层系调整稳产阶段1985—1991年：细分五套开发单元，通过平面、层间调整完善井网，产量上升。截至阶段末，年产液75.1×10⁴m³、年产油16.23×10⁴t；

（3）产量递减阶段1992—1996年：注水井井况恶化，注水效果变差，产量下降。截至阶段末，年产液70.0×10⁴m³、年产油8.32×10⁴t；

（4）技术改造调整挖潜阶段1997—2006年：局部注采井网调整完善；应用调剖、调驱新工艺新技术提高驱油效率，改善水驱效果，产量下降趋势得以减缓。截至阶段末，年产液73.2×10⁴m³、年产油4.54×10⁴t；

（5）特高含水期零散挖潜阶段2007年至今：细分注水、控水稳油、精细注采管理，区块产量趋于平稳。截至2021年，年产液58.0×10⁴m³、年产油1.78×10⁴t。

文中油田经过40多年高效开发和多次注采调整，目前已进入高含水开发后期，共有油井38口，开井32口，平均日产液41.4t，日产油1.38t，平均动液面1311m，采油速度0.24%，采出程度45.46%，自然递减1.98%，综合递减0.46%(表2)。

表2　2022年文中油田开发现状

年份	总井数/口		开井数/口		单井日产/(t/d)		液面/m	标定采收率/%	采出程度/%	采液速度/%	采油速度/%	自然递减/%	综合递减/%
	油井	水井	油井	水井	液	油							
2022	38	27	32	21	41.4	1.38	1311	46.8	45.46	7.92	0.24	1.98	0.46

1.2　开发中存在的问题

1.2.1　油藏水淹严重，主力层采出程度高，剩余油挖潜难度大

文10断块1979年投入开发，全块可利用油水井65口，其中油井38口，注水井27口。井况存在问题的油水井39口，占可利用油水井总数的60%。受油水井井况的影响，局部注采井网适应性差，注采结构调整难度增大，文10断块以往依靠层系间、砂组间含水差异进行注采结构调整控制含水上升的余地越来越小，低无效注水现象逐年突出。表3为该断块特高含水期油井含水分级统计。

表3　文10断块特高含水期油井含水分级统计

含水分级	井数	井数比例/%	日产液/(t/d)	液量比例/%	日产液/(t/d)	油量比例/%	综合含水/%	动液面/m
>95%	27	71.1	1385.3	92.3	31.8	70.2	97.7	1164
90%~95%	4	10.5	94.8	6.3	6.8	15	92.8	1417
70%~90%	3	7.9	12.4	0.8	2.2	4.9	82.3	1740
<70%	4	10.5	9	0.6	4.5	9.9	50	1779
合计	38	100	1501.5	100	45.3	100	96.99	1525

1.2.2　层间物性差异大，动用不均衡

文10块油藏开发时间长，经过多年的强注强采及井网调整，地下油水关系已非常复杂，水淹程度高，受井况恶化、4in套井增多、油井多层出水等影响，层间调整难度加大。通过统计2016—2020年吸水剖面变化情况得出，区块吸水层数和厚度百分数均有下降的趋势，而强吸水层层数及厚度百分数增加，即层间矛盾加大，动用不均衡加剧(表4)。

表 4　2016—2020 年吸水剖面变化情况表

时间	吸水强度<5m³/m/d					吸水强度 5~10m³/m/d					吸水强度≥10m³/m/d				
	层数/个	层数/%	厚度/m	厚度/%	吸水量占总量/%	层数/个	层数/%	厚度/m	厚度/%	吸水量占总量/%	层数/个	层数/%	厚度/m	厚度/%	吸水量占总量/%
2016	36	40.9	59.8	29.8	49.3	39	44.3	101.3	50.5	29.8	13	14.8	39.5	19.7	20.9
2017	17	37.0	28.6	35.5	36.7	22	47.8	34.7	43.1	30.6	7	15.2	17.2	21.4	32.7
2018	17	41.5	32.9	42.2	34.3	17	41.5	26.5	34.0	31.9	7	17.1	18.6	23.8	33.8
2019	24	46.2	36.6	40.8	38.9	19	36.5	30.4	33.9	30.8	9	17.3	22.6	25.2	30.3
2020	20	30.8	30.9	26.5	34.9	33	50.8	55.7	47.7	31.2	12	18.5	30.2	25.9	33.9

1.2.3　多轮次调驱后效果逐年变差

由于长期注水开发导致厚油层层内非均质性加剧，注入水沿高渗条带窜流和层内绕流严重，形成了不同程度的高耗水条带，且经过多轮次的调剖，堵剂用量增大，增油量下降，措施效益变差(图 1)，零散分布在层内低渗部位的剩余油依靠常规堵水、调剖措施已难以有效动用。

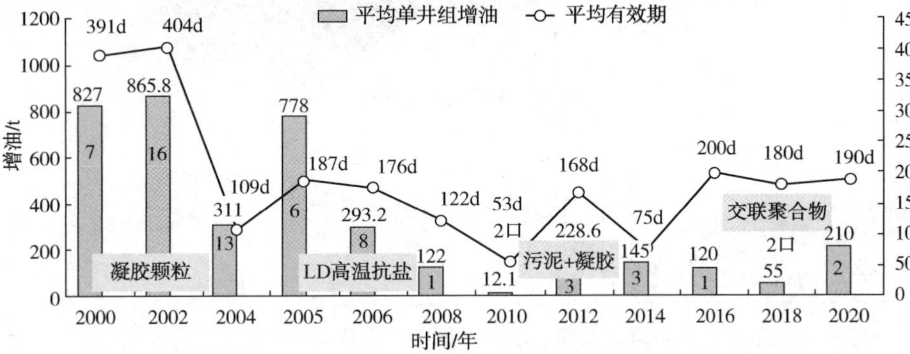

图 1　2000 年以来调剖措施单井组增油效果图

2　区块流场均衡调整地质工程一体化研究

2.1　区块调驱注采流线精细刻画技术研究

2.1.1　流线分析四步法刻画注采流线

通过历史井网恢复，分析单井单层不同开采阶段见水见效情况，刻画出小层注采流线及分层累计叠加流线，综合应用动静态资料，识别出不同流线区注采流线。如图 2 所示。

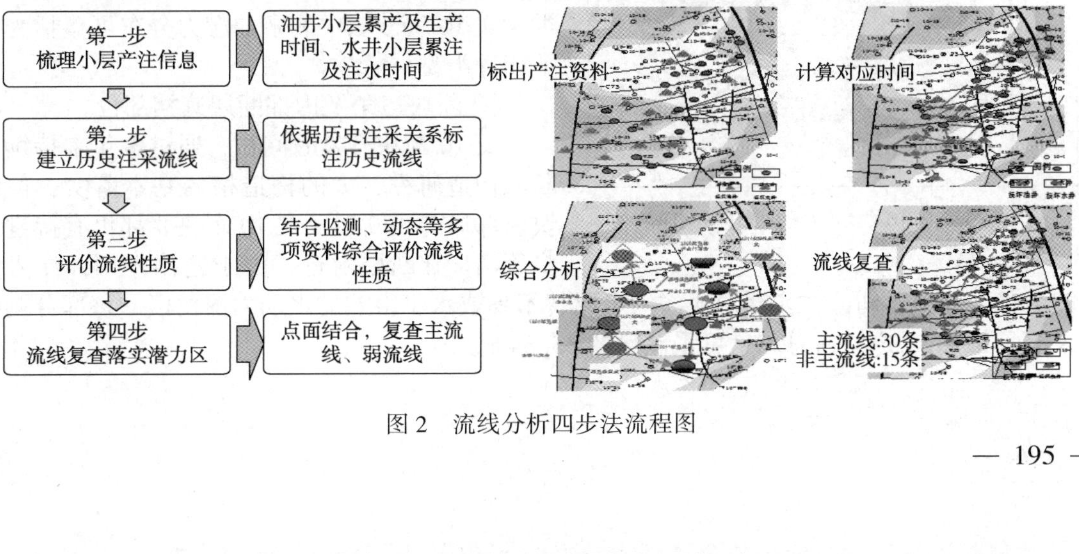

图 2　流线分析四步法流程图

2.1.2　油藏数值模拟法刻画注采流线

通过油藏数值模拟法(图3)得出：平面主流线区剩余油饱和度为0.25~0.35，非主流线区剩余油饱和度为0.4~0.7；纵向主流线剩余油饱和度为0.3~0.4，非主流线区剩余油饱和度为0.5~0.7；层内主流线剩余油饱和度为0.3~0.4，非主流线区剩余油饱和度为0.5~0.6。再利用平面、纵向及层内不同区域剩余油含油饱和度的差异识别注采流线。如图4所示。

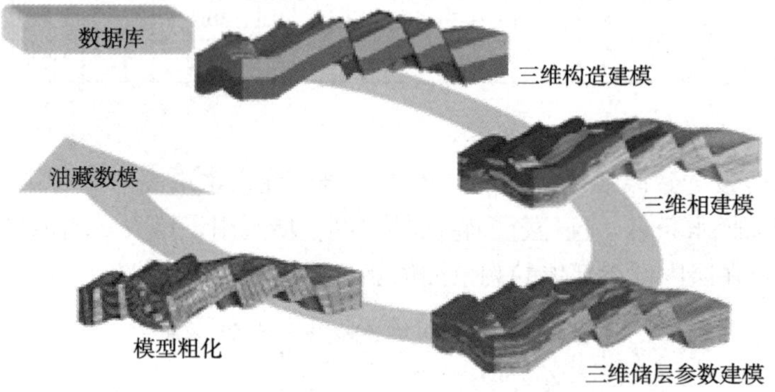

图3　数值模拟流程图

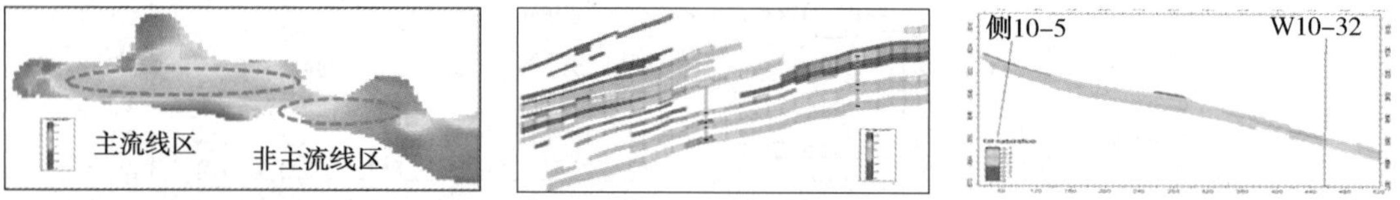

图4　平面、层间、层内含油饱和度图

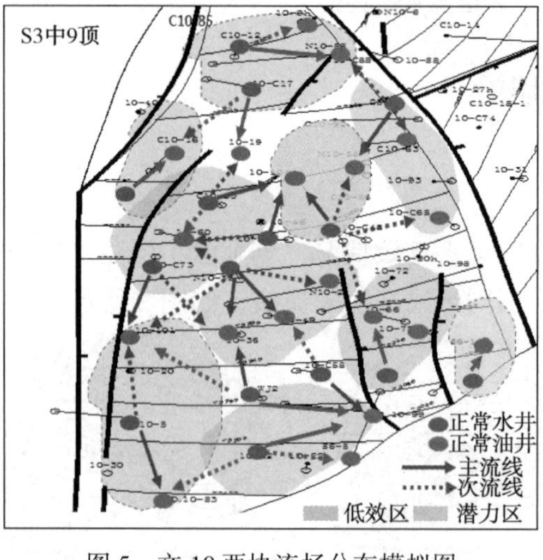

图5　文10西块流场分布模拟图

2.1.3　注采流线指导绘制水淹图

流线、流场随着注采关系的改变不断发生变化，通过精细刻画注采流线，在历年流场演变的基础上，对剩余油进行约束，重新绘制主力层各小层含水分级图(图5)。

2.1.4　剩余油分布规律及潜力评价

(1) 分类型评价。

根据定性和定量研究结果，按形成因素分类，文10块沙三中剩余油潜力分布可概括为以下四种类型(表5)：

① 断块边角及内部断层遮挡部位。

文10断块开发时间长，通过多年来持续不断的构造研究，大的构造格局基本落实，但断块内部局部小断层及文10东块北部仍有待进一步落实。在断层附近，由于遮挡作用，注入水只能沿某一方向运动，往往会形成注入水驱替不到或水驱很差的水动力滞留区。该部分剩余可采储量4.47×10^4t，占总剩余可采储量的35.34%。

表 5　文 10 断块沙三中剩余油分布状况表

层系	储层类型	断层边角		井网不完善		相变带		井损区		合计	
		储量（10^4）	比例（%）	储量（10^4）	比例（%）	储量（10^4）	比例（%）	储量（10^4）	比例（%）	储量（10^4）	比例（%）
沙二下	Ⅰ－Ⅲ	0. 71	5. 61	0. 53	4. 19	0. 27	2. 13	0. 25	1. 98	1. 76	13. 91
文 10 西	Ⅰ	1. 72	13. 60	1. 41	11. 15	0. 93	7. 35	0. 54	4. 27	4. 60	36. 36
	Ⅱ	0. 69	5. 45	0. 55	4. 35	0. 46	3. 64	0. 37	2. 92	2. 07	16. 36
	Ⅲ	0. 46	3. 64	0. 36	2. 85	0. 61	4. 82	0. 42	3. 32	1. 85	14. 62
	小计	2. 87	22. 69	2. 32	18. 34	2. 00	15. 81	1. 33	10. 51	8. 52	67. 35
文 10 东	Ⅰ	0. 49	3. 87	0. 32	2. 53	0. 29	2. 29	0. 27	2. 13	1. 37	10. 83
	Ⅱ	0. 29	2. 29	0. 11	0. 87	0. 12	0. 95	0. 10	0. 79	0. 62	4. 90
	Ⅲ	0. 11	0. 87	0. 09	0. 71	0. 14	1. 11	0. 04	0. 32	0. 38	3. 00
	小计	0. 89	7. 04	0. 52	4. 11	0. 55	4. 35	0. 41	3. 24	2. 37	18. 74
合计		4. 47	35. 34	3. 37	26. 64	2. 82	22. 29	1. 99	15. 73	12. 65	100. 00

② 注采不完善区。

注采不完善一般分为以下情况：

第一种油水井井况恶化，破坏了原有的注采关系，采出程度低，形成剩余油；

第二种是无法建立注采关系的小透镜砂体，形成剩余油。

注采不完善区剩余可采储量 3. 37×10^4t，占总剩余可采储量的 26. 64%。

③ 平面上相变带及井间滞留区。

平面上储层物性相对变差，岩性、厚度变化较大的区域，由于受平面非均质性的影响，注入水波及弱，采出程度较低，剩余油相对较富集。这类地区的剩余可采储量为 2. 82×10^4t，占总剩余可采储量的 22. 29%。

④ 井损区。

井损区指由于受井况影响，井损区仍具有一定的剩余油潜力。此类剩余可采储量为 1. 99×10^4t，占总剩余可采储量的 15. 73%。

（2）剩余油分布规律。

在文 10 块特高含水阶段，剩余油分布规律表现为：整体有差异，富集区相似。

差异性表现为：一是剩余油饱和度整体有差异，Ⅱ、Ⅲ类层大于Ⅰ类层，二是剩余油潜力有差异，Ⅰ类层潜力大于Ⅱ、Ⅲ类层。

相似性表现为：Ⅰ类层及Ⅱ、Ⅲ类层剩余油富集规律相似，主要集中在断层边角遮挡带、井网不完善区及相变带。

针对文 10 块油藏存在问题，先期对文 10 西块油藏开展整体调驱实验，实验区部署注入井 9 口，对应油井 12 口，控制含油面积 0. 74km^2，控制地质储量 113. 4×10^4t，可采储量 50. 1×10^4t，剩余可采储量 1. 46×10^4t。

2. 2　堵剂空间精准放置技术研究

多学科融合，结合水驱优势通道级别认识、井间压力模型，优选调剖体系、优化设计调剖段塞组合，建立堵剂空间精准放置方法，实现调驱剂集约化使用。

2. 2. 1　确定调驱施工参数

第一步：利用试井及测井资料，代入“压力漏斗”模型，计算水井附近空间压力分布，绘制调驱施工前压力分布曲线。

第二步：依据压力分布曲线，根据设计要求调驱半径，确定封堵强度 $P=P1-P2$。

第三步：依据室内模拟装置确定调驱剂封堵强度的结果，按照调驱剂 $P \geqslant P1-P2$，确定调驱施工参数。

通过调剖剂封堵压力测试实验，结合水驱优势通道级别认识、井间压力模型，优选调剖体系、优化设计调剖段塞组合，实现调剖剂空间精准放置，量化表征凝胶颗粒封堵强度。

2.2.2　高压颗粒堵剂封堵实验装置及工作原理

该装置可解决岩心实验颗粒类堵剂注入性难题，通过更换筛网尺寸，模拟不同孔道尺寸。

测试原理：同样压力下，测试浓度 0.2%聚合物和凝胶颗粒 25mL 通过筛网所用的时间，依据转向压力计算凝胶颗粒由膨胀状态到拉伸状态时的变化压力。

针对注采流线长期固定，开展层间、平面立体调剖，优化调剖设计用量与段塞组合。平面矛盾利用方向系数法，连续相封堵提高驱替效率；层间矛盾利用压力梯度法，精确封堵提高波及体积。

利用调剖剂产生的阻力效应，积蓄能量，促使深部液流转向，通过确定调剖层段需要提高的启动压差，计算需要的封堵深度。

2.2.3　封口段塞用量设计

为封堵近井地带，建立高强度封堵隔离带，提高封堵效果，同时考虑近井矛盾和微孔通道，位置设定近井 5m 井距。

通过采取堵剂空间精准设计方法，对文 10 西块整体调驱施工参数进行了优化，即三降一升：降低注入速度、注入压力、注入量，提升注入浓度(表 6)。

表 6　文 10 西块整体调驱施工参数设计对比

序号	井号	调前		常规设计方法				精准空间设计参数			
		压力/MPa	日注量/(m^3/d)	注入速度/(m^3/h)	注入浓度/(mg/L)	注入压力/MPa	注入量/m^3	注入速度/(m^3/h)	注入浓度/(mg/L)	注入压力/MPa	注入量/m^3
1	文检 2	15.0	120	5	6000	28	7500	3	8200	24	5600
2	文侧 10-5	14.0	150	4	5000	27	5500	3	9500	17	3750
3	文 10-42	9.0	150	5	6000	26	7200	4	8000	21	5050
4	文 10-侧 58	11.0	80	5	4000	30	5500	3	10000	20	6020
5	文侧 10-53	16.0	120	5	5000	28	4800	3	9000	23	5420
6	文 10-侧 48	6.0	100	4	4800	29	5000	3	7500	18	4230
7	新文 10-35	15.0	100	6	5500	28	6500	4	9000	19	4800
8	文 10-侧 73	14.0	120	6	5300	26	7500	4	8400	20	5350
9	文 10-32	12.0	95	5	6000	27	6500	3	9500	21	4500
合计		12.4	115	5.00	5289	27.67	56000	3.33	8789	20.3	44720

2.2.4　典型井例：文侧 10-5 井组

文侧 10-5 井组位于文十西块北部，注水层位 S3 中 7-8，主吸水层对应油井文 10-101、文 10-83 方向由于井距近，物性好，已形成优势通道；文 10-36 与文 10-99 井因注采井距远成为弱势方向。

解决方案：前置段塞解决方向性窜流，主体低成本填充段塞，扩大水驱波及体积。方向系数选取 60°与 120°，处理半径选取水驱前缘 1/3 位置。优化原设计后设计注入量 3750m^3，注入速度 3~4m^3/h，注入浓度 9500mg/L，实施后对应油井文 10-60 井液量下降，含水下降，油量上升，日产油由 1.2t/d 增至 2.7t/d，日增油 1.5t，吸水剖面得到改善，见效期长达 7 个月。如图 6 所示。

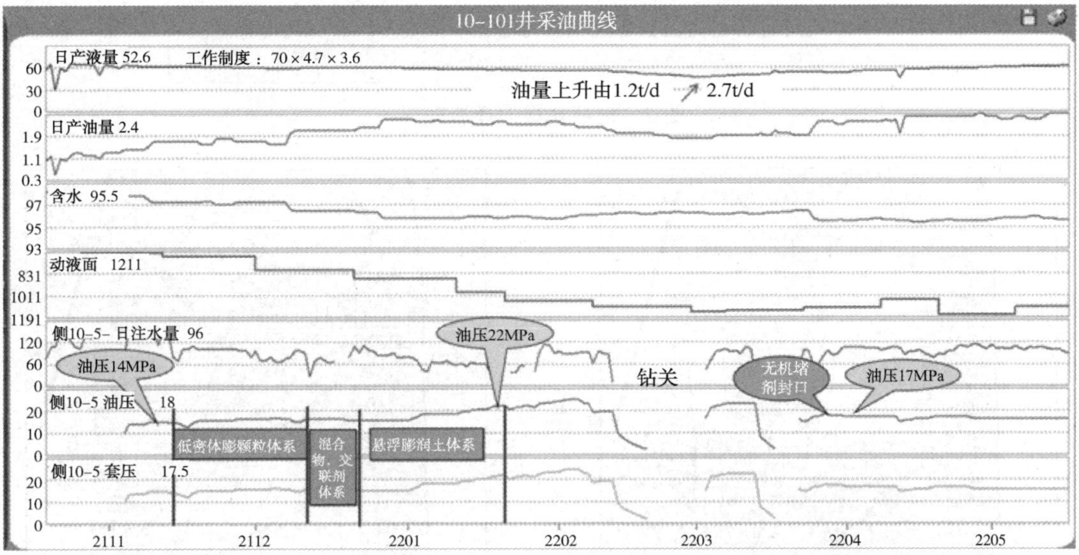

图 6　文侧 10-5 井组生产曲线图

2.3　区块整体调驱全过程转流线动态调整技术研究

2.3.1　研究思路

油藏流场调整的本质是通过改变压力场来调整饱和度场，其作用机制是改变渗流速度的方向(注采位置)、大小(注采强度)和分布(注采形态)。随着油田开发的深入，油藏地层压力下降、产出液含水升高、储层污染程度加重等一系列问题相继出现，导致油田开发后期开发难度加大，文 10 断块已进入水油比增加较快的高含水期。理论研究表明，要保持区块稳产，部分油井要放大生产压差、提高单井产液量。应用物理模拟和数值模拟方法，深化研究驱动机制改变对油藏流场的影响。

针对文 10 块在剩余油分布与流线精细刻画的基础上，考虑不同流线区剩余油分布特点，将调驱与不同开发技术组合，采取堵截强流线、引导弱流线、构建新流线的转流线调整技术，配合流场调整“引、压、拉”，合理有效引导水线均衡驱替，实现加合增效，提高区块整体调驱效果。如图 7 所示。

通过整体调驱，针对文 10 西块堵截强流线 4 条，提升弱流线 3 条，构建新流线 5 条。恢复、完善注采井网 3 个(图 8、图 9)，增加水驱动用储量 7.56×10^4t，对应油井适时实施提液 4 井次，对应油井日增油达到 8.8t。

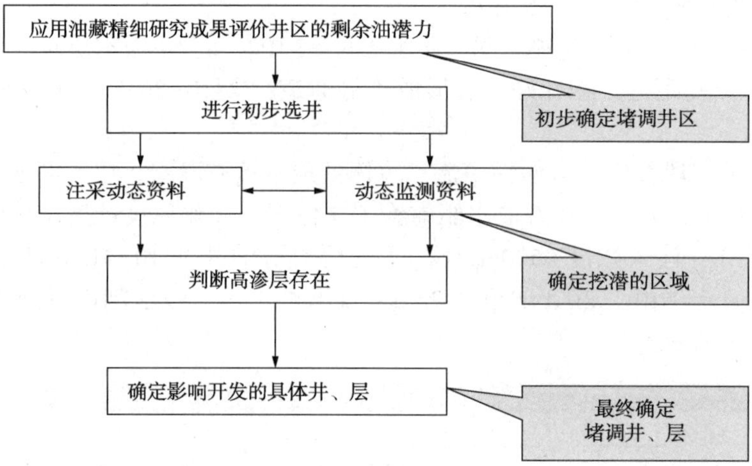

图 7　提液井层选择流程图

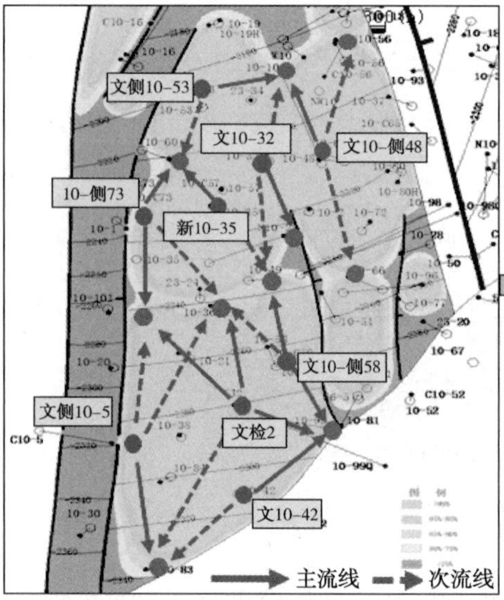

图 8　文 10 西块整体调驱前流线分布图

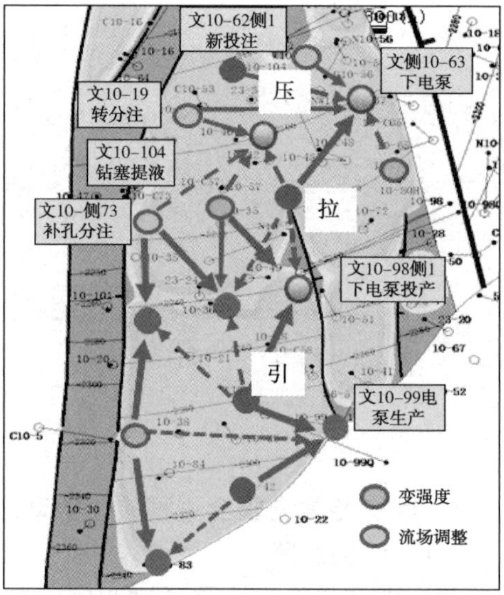

图 9　整体调驱前后注采井组动态调整图

2.3.2　典型井例

文检 2 井组位于文十西断块南部，目前注水层位 S2 下 S3 中 7-10，油压 15.0MPa，日注 $86m^3$，对应油井 5 口，井组含油面积 $0.23km^2$，控制可采储量 21.95×10^4t。

由于注采井距近油井文 10-99、文 10-36 方向已形成优势通道，目前存在高液量、高含水问题；油井文 10-83 因注采井距远为弱势方向，日产液仅 46t/d，平面矛盾突出，水驱动用不均衡。

该井组于 2021.9.25~2022.4.10 实施复合体系调驱，注入工艺设计：前置段塞-后置段塞，其中前置段塞为低密体膨颗粒(浓度 1%，粒径 8~10mm)+悬浮膨润土体(浓度 3%~6%)+交联聚合物体系(浓度 2%)+无机堵剂封口，让调驱剂进入到深部地层进行封堵，压力由 15MPa 上升至 24MPa(图 10)。

对应油井文 10-49 井日产油从调剖前的 1.5t/d 上升到 2.7t/d，日增油 1.2t，含水由 98.3%下降到 97.4%，累计增油 228t，降水 $522m^3$，目前持续有效。

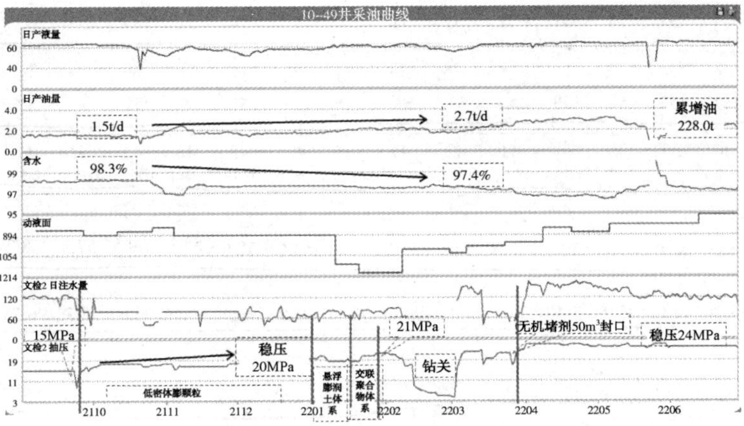

图 10　文检 2 井组生产曲线图

3　现场应用效果及效益分析

3.1　现场应用效果

3.1.1　注水井吸水状况明显改善

(1) 压力变化及吸水剖面对比。

注水井注入压力由 12.4MPa 上升至 20.8MPa，提高了 8.4MPa；吸水剖面可对比 7 井次，共启动新层 22.6m/17n，控制调整主力吸水层 14.1m/9n。

(2) PI 归整值和 FD 值明显提高。

可对比的 9 个井组中，PI 规整值由 4.37 上升至 16.19，上升了 11.82；FD 值由 0.35 上升至 0.66，上升了 0.31。

3.1.2　水驱状况得到改善，自然递减显著减缓

区块年产油量由 2020 年的 14862t 增加至 16102t。自然递减由 2020 年 12.54%降至 2022 年 4.98%，降低 7.56 个百分点。

3.1.3　油藏水驱开发指标明显改善

根据图 11 可以看出，自 2021 年开始治理以来，文 10 块开发形势明显好转，区块井网对剩余油的控制明显增加。随着区块注采井网完善，油藏水驱控制储量增加 32.1×10^4t，控制程度提高 4.4 个百分点，水驱动用储量增加 23.5 个百分点，动用程度提高 3.2 个百分点。采收率提高 1.2 个百分点，增加可采储量 7.4×10^4t。

3.2　效益分析

3.2.1　总投入：364.5 万元

单井投入费用：药剂费+设备费+人工费+水电费+监测费+作业费，平均单井费用 40.5 万元。

调驱总投入：40.5 万元×9 井次＝364.5 万元

3.2.2　总产出：871.6 万元

原油按 3254 元/t，降水 18.8 元/m^3

总产出：3254 元/t×2642.4t+18.8 元/m^3×6271m^3＝871.6 万元

3.2.3　投入产出比

364.5∶871.6＝1∶2.39

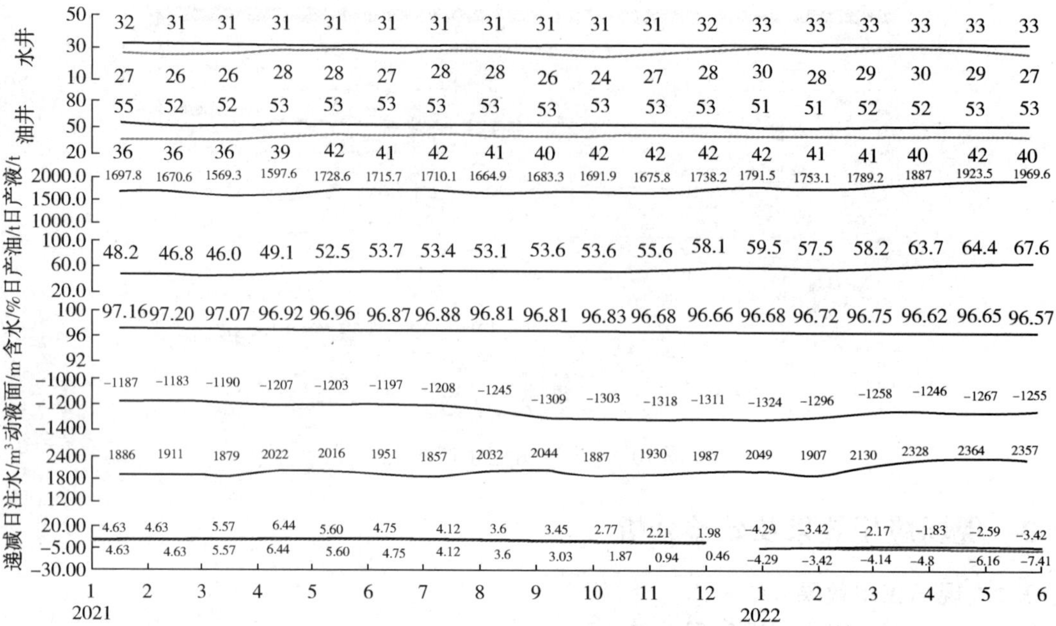

图 11　2021—2022 年文 10 块开发曲线图

4　结论与认识

面对文中油田进入特高水期后多轮次调驱效果下降、控水稳油技术难度增大的严峻局面，在区块整体调驱过程中，开展了区块流场均衡调整地质工程一体化试验研究，将调驱与多种开发技术相融合，进行了井组调驱到区块整体调驱思路转变，采取堵截强流线、引导弱流线、构建新流线的转流线调整模式，改善区块整体流线，提高注水效率，将整体调驱和局部提液相结合，取得了明显增油效果，为提升油藏水驱效率与经济高效开发提供了有力的技术支撑。针对深入推进地质工程一体化对改善高含水后期油藏水驱效果有着重要意义。

参 考 文 献

[1] 程杰成．化学驱油田化学应用技术．化学驱深度调剖工艺技术，2018，5(1)．

[2] 陈凡云．国内三次采油技术．聚合物驱油技术，2016，4(1)．

[3] 唐长胜，孙建华，杨昌华，等．中原油田高含水期调剖调驱技术研究[J]．预交联颗粒凝胶调驱技术，2012，6(28)．

第一作者简介：马宇博，男，1985 年 7 月，2007 年 7 月毕业于西安石油大学，学士学位，工作单位：中国石化中原油田分公司文留采油厂，副厂长，高级工程师，地址：河南省濮阳市文留采油厂，mayubo1985@163.com，13938309327。

第二部分　注采工艺技术

“DAPR”复合举升技术的研究与应用

唐　俊[1]　于昭东[1]　刘双喜[1]　李　鹏[1]　周　勇[2]　刘广忠[1]　王凤欣[1]　邹远北[1]

（1. 中石化胜利油田分公司临盘采油厂；2. 中石化胜利油田分公司）

摘　要　针对临盘油田复杂小断块油藏类型多、井筒状况复杂、单井产能低、检泵周期短的实际，为提高精细开发管理水平，通过创新实施“DAPR”复合举升技术，即碳杆深抽(Deep)、减载助抽(Assist)、防偏磨(Prevent)、大泵提液(Raise)技术融入深层低渗油藏增产、小套管防偏磨延寿、中高渗油藏井筒提液等各类油藏进行适配性研究与应用，集成创新形成了“深助防提”复合举升技术体系，实现了技术创新支撑下的广泛深入应用，如碳杆深抽最深到了3000m、减载助抽最大下深3500m、小套管提液泵径最大Φ63mm，液量最高60t/d、作为分公司小套管工况长寿命举升推荐做法起草单位，小套管防偏磨实现全过程长寿命无短板，检泵周期最长已达1013d，显著提高了复杂断块油藏类型、不同井筒状况下的举升技术水平，为同类型油藏形成可复制、可推广模式走出了一条新路。

关键词　深抽　减载　防磨　提液

1　课题背景

临盘油田属于极复杂小断块油藏，随着开发的深入，油藏深、渗透率低、断块碎，注采不完善，造成地层压降快，动液面逐渐变深，为满足采液的需求，则必须通过加深抽油泵的深抽方式解决能量不足的难题，随着抽油泵井况变得复杂，举升条件恶化，抗拉能力差、悬点载荷大、耐高温性能低、腐蚀严重、生产周期短等系列问题随之产生；另一方面，随着老油田开发，为满足剩余油挖潜、套损井治理的需要，临盘采油厂采用侧钻技术挖潜剩余油，小套管二次固井、补贴管等技术恢复受损井网，控制了储量，因此而产生的小套管井井数却在逐渐增多，小套工况下配套的杆管间隙小、偏磨加剧、生产周期短，严重制约了油田的高效开发。临盘采油厂加强论证，正视油井工况日益变差、检泵周期变短、能耗增加的困局，意识到采用常规举升方式已不能满足油藏高效开发的需求，为提高精细开发管理水平，在工艺上逐步开展技术创新，并集成应用“深抽、减载、延寿、提液”四项技术，创新形成“DAPR”复合举升工艺，满足采油厂精细开发和高效举升的需求。

2　“DAPR”复合举升工艺矿场试验

2.1　深抽配套工艺

临盘采油厂在江家店、赵家、田家、大芦家沙二下等深层低渗区块，共有236口井属于深抽工况，油藏平均中深为3070m，平均单井日产液8.5t，日产油2.3t，含水72.9%，泵深1984m，平均检泵周期仅550d，其中日产液水平小于5t/d的油井111口，占比47%。为了保证该类油藏的开发效果，实现供排协调，需要在举升工艺上实施小泵深抽，实现该类油藏深抽提液、防腐延寿和效益开发。

2.1.1　碳杆深抽工艺

碳纤维连续抽油杆(以下简称碳杆)是以碳纤维长丝为增强材料，环氧树脂或乙烯基酯树脂为基体材料，通过拉挤成型工艺制备而成。与传统钢制抽油杆相比，碳杆具有密度小、强度高、耐腐蚀、无接箍等特点(表1)，具有降载节能、深抽提液、防腐延寿的技术优势，可明显改善杆柱受力状况、降低腐蚀断杆几率，延长生产周期。

表1　碳纤维增强材料与钢性能对比

项　　目	钢	碳纤维复合材料
密度/(g/cm^3)	7.85	1.80
抗拉强度/MPa	965	≥1800
拉伸弹性模量/MPa	210	≥110
腐蚀速率/(mm/a)	1.5~1.6	0
工作温度/℃	<350	<120

技术特点：①配合大压差泵或底部密封的悬挂泵，在低渗区块深抽应用，实现小泵极限下深，解决油井泵效低、液量低问题；②碳杆无接箍、耐腐蚀、强度大，可在小套管井中配合小套管井专用内衬管使用，实现小套管井防腐防磨延寿；③在高矿化度、腐蚀严重的油井上使用，可实现油井防腐，延长检泵周期；④碳杆杆柱质量轻，举升能耗小，可实现地面系统节电降耗，杆柱载荷可下降30%以上。缺陷：①碳杆弹性模量小，易发生弹性形变，同负载下伸长量大，影响抽油泵泵效；②碳杆抗扭能力差，遇到卡泵时，不能倒扣，只能硬提解卡；③碳杆表层为树脂等材料的保护层，耐磨性差，易发生偏磨问题，不适合下入斜井段。

综合以上技术特点，碳杆深抽技术虽然具有一些缺陷，但总体技术优势明显，既能解决深抽杆柱抗拉问题，还能有效解决悬点载荷大的难题。通过多年的试验，目前已经形成了内衬油管+防腐类抽油杆+碳杆的长效举升配套工艺。2022年至今，临盘采油厂共计在27口油井实施碳杆深抽工艺，措施后单井平均日产液由4.5t提高至6.0t，日产油由1.5t提高到2.3t，泵深由2055m增加至2300m，平均最大载荷下降13kN，百米吨液耗电下降0.556kW·h/t×100m，平均检泵周期增加110d。每口井施工均实现完井全过程质量监督，保证了施工过程高标准，7口短命井生产时长已达原来2倍以上。如对比LPL981井，2017年7月采用38mm泵，泵深2601m，杆柱组合全部采用钢制三级杆柱组合，动液面2171m，最大载荷98.8kN；对比近期碳杆举升，同生产井段、同等举升工作制度下，44mm泵，泵深一致，动液面2090m，基本相近，杆柱采用了1300m碳杆，底部配套了1300m钢杆，但最大载荷仅为75.7kN，同等泵深、动液面基本相近、工作制度一致，泵径由Φ38mm增加至Φ44mm，载荷大幅下降了23.4%(图1)，吨液百米耗电下降0.758kW·h/t×100m。

2.1.2　减载助抽工艺

该技术是利用现有的管杆组合，在油井杆、管柱上加装助力减载装置，利用装置中大小柱塞之间的面积差和油套之间的压差，产生一个持续向上的液压力(助力)，减小悬点载荷，解决常规有杆泵下深受限的问题(图2)。忽略减载助抽装置活塞与缸套间的摩擦力后，举升力为：

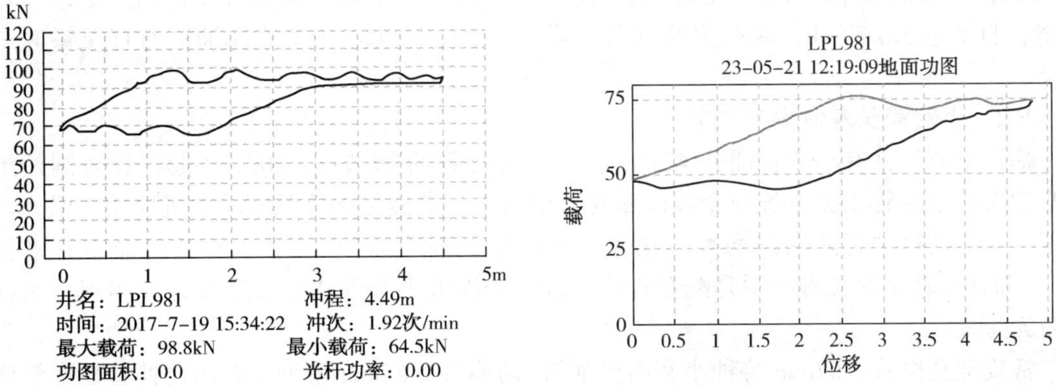

图 1　LPL981 井同泵深同工作制度下实测示功图对比图

$$F=(P_{油}-P_{套})\times(S_{大}-S_{小}) \qquad (1)$$

式中，$P_{油}$为减载助抽装置处油管内的压强；$P_{套}$为减载助抽装置处套管处的压强；$S_{大}$为减载助抽装置大活塞的面积；$S_{小}$为减载助抽装置小活塞的面积。

技术特点：①结构简单、无薄弱环节、工艺可靠性高；②入井部件均采用防腐处理，提高了对腐蚀工况的适应性；③减载装置采用自旋式脱接装置，保证对接脱开可靠，适合所有泵径加深；④在中低渗透油藏中应用，可实现大泵极限下深提液。技术缺陷：①操作复杂，需要分段下入管柱，分段提防冲距；②工具需要动态密封，长期生产，存在密封环节磨损的可能。

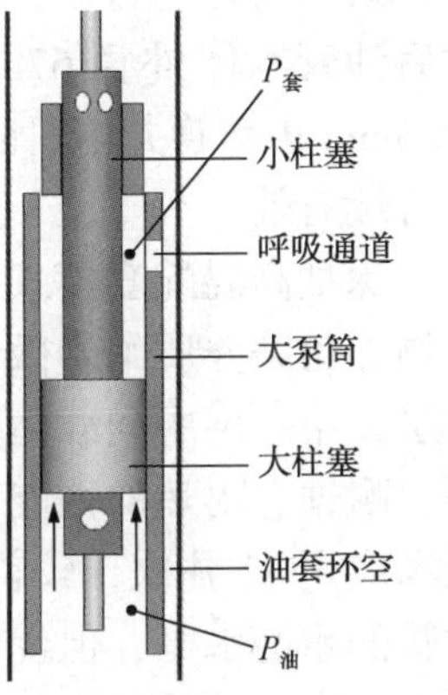

图 2　减载助抽装置原理图

表 2 为减载助抽装置技术参数。

表 2　减载助抽装置技术参数表

型号	最大外径/mm	1000m 减载能力/kN	1500 减载能力/kN
70/44-6.0	108	22.1	33.7
83/44-6.0	114	36.9	56.4

对比试验：2020 年 LNXI70-X066 新投下泵设计为 Φ44mm 特长防腐泵下深 2200m，冲程 6.0m、冲次 1.2 次/min。为了验证减载深抽装置的减载效果，方案经反复优化论证，于 2020 年 4 月 20 日完成施工、成功开井，连续运行近 2 个月，生产稳定后，经与同台、同层位井 LNXI70-X065 在相同杆管泵组合、相同生产参数下进行对比，光杆悬点最大载荷 75.08kN，最小载荷 38.61kN，对比相应减小 19.50kN 和 21.16kN，减载效果显著。

减载助力装置与碳杆深抽相比，在实现相同深抽效果的同时不会加大冲程损失，且能满足油井提液需求，提升泵效。2022 年以来，临盘采油厂共计在 7 口井应用了减载深抽工艺，其中页岩油压裂井 LPTI308 井自喷后下泵，实现了 38mm 泵极限下深 3500m。该井油层中深达到了 4200m，根据自喷过程中测定，3500m 处平均温度 119.3℃，最高温度 126.8℃。为达到深抽提效、防腐长效举升的目的，在该井采用了 POK 高温内衬油管+常温内衬的防偏磨油管组合，抽油杆采用了高温型全喷焊防腐杆+常温型包覆杆的防腐组合，抽油泵则采用了长柱塞大压差深抽泵下至 3500m 提高泵效，配套锚定泄油器锚定管柱，降低蠕动损耗，同时还采用了减载助力装置减载深抽。开抽后，日产油 10t，不含水，生产平稳，累计产油

2988.6t，动液面 2986.47m，光杆悬点载荷 86.22kN，较无减载助力的杆柱负荷下降了 30kN，日节电 36kW·h，减载深抽效果显著，目前也是胜利油田东部油区有杆泵举升最深纪录。

2.2 小套管长寿命举升工艺

临盘采油厂共有小套管油井 423 口，占总开井数的 17.7%。2021 年起，针对制约维护作业频次的小套管工况下长寿命管柱配套、耐磨油管类型优选等难题，引进应用了激光硬化油管、非标内衬油管防腐防磨配套技术，并起草上报局标《小套管工况长寿命举升推荐做法》，固化小套工况长寿命举升配套管柱，进一步规范小套管井防偏磨设计，实现全过程长寿命无短板。

常规配套模式：67mm 特种小套内衬油管+防腐杆。67mm 特种小套内衬油管是在管体内衬了 HDPE/EXPE 高密度聚乙烯为基体的高分子材料，这种材料具有很优良的弹性、柔韧性、耐磨的物理特性，和耐 H_2S、CO_2等的化学稳定性，性能上与常规内衬管性能一致。内衬后油管本体外径 67mm，内衬通径 51mm，节箍外径 76mm，完全能够满足内径 82.3~88.3mm 小套管井内衬防偏磨的需要。现场已应用 75 井，最长生产周期已经达到 650d，全部持续有效。

深抽高温配套模式：激光硬化内涂油管+防腐杆。该技术采用的油管是将几种高分子聚合物、耐磨介质纳米微粉、碳纳米管等复合层材料熔敷在油管内壁，第一层为高分子材料封闭层，第二层中间载体层，第三层为纳米高分子复合材料层。处理后的油管具有较好的耐磨、耐蚀、耐热的性能，耐温>120℃、防腐耐磨，初步解决了深抽井耐高温防偏磨的问题。现场应用 42 井次，较普通油管平均有效期延长 181d。通过现场试验，因其耐磨性达不到内衬管的耐磨水平，但优于普通油管，目前仅在深井高温、低冲次井况下使用。

通过以上技术的革新，小套管井长寿命举升管柱，完全具备 2000m 以内小套管段举升的需要，现场已应用 107 井次，检泵周期延长 285d 以上，现场应用取得良好效果。

2.3 有杆泵提液增效

2.3.1 常规套管提液增效

常规套管提液技术目前均已比较成熟，杆柱组合上均能满足现场的需要。目前常规的提液主要以 70mm、83mm、95mm 的配套大泵进行提液，杆柱配套防腐类抽油杆进行防腐延寿，油管采用内衬油管防偏磨，基本能够满足临盘油区不同泵深、不同液量举升的需要。而针对极特殊提液需求，中浅井 200t/d 以上提液需求，则在 95mm 大泵基础上，可进一步配套 108mm、120mm 的大泵提液，抽油机则配套冲程 5m 以上、悬点额定载荷 12t 以上的大吨位、长冲程抽油机满足提液需要；中深井 30~50t/d 提液需要时，则采用 50mm、57mm、63mm、65mm 的泵型配套长寿命杆管。在极特殊复杂井况提液过程中，如悬点载荷超标，可以通过前述的增加减载助力装置或配套碳杆的方式，进一步提升工艺的适应范围。通过以上技术配套，临盘采油厂实现了节能提液提效的目的，目前的电潜泵由十年前五十余口井的规模已经下降到目前的 4 口，从这个数据也能反映出常规套管提液技术的成熟性。

2.3.2 小套管井提液增效

常规内径 88.3mm 以内的小套管井采用小套管泵，泵径最大只能下入 44mm，液量一般只能满足 25t/d 的需要，而超过 30t/d 的提液需求，则很难实现。针对这个问题临盘采油厂最先实现了以下两种提液技术：

一是小套配套泵提液技术。该技术针对内径 88.3mm 小套管井，将 57mm 的常规泵结构进行优化，泵筒最大外径 82mm，泵柱塞采用小尺寸自旋脱接器的结构实现脱接，泵上则配套了撞滑式小套泄油器，确保了可靠泄油。目前该工艺能够解决每天 40～50t 的提液需求，并已成为临盘油区小套井提液配套的常规工艺。随着加工技术的进步，为进一步提液，临盘采油厂技术人员与相关单位合作，试验了 63mm 小套管配套泵，泵体最大外径 82mm，实现了 50～65t 的提液需要，现场应用 6 口井，最高液量 60t，提液效果显著。

二是试验侧钻小套井预制式无管采油技术。该技术针对内径 82.3mm 侧钻小套管井，将 57mm 泵的密封工作筒，随侧钻套管一同下入井内固定位置，并固井完井，抽油泵则由抽油杆带入并插入密封工作筒实现举升目的。下泵过程中，需要下入 57mm 及以上泵时，可用抽油杆带泵组下至密封工作筒处，加压 1～2t，将泵组底部的密封插管及锁套插入工作筒内，实现泵外筒的锁定和底部密封。抽油过程中，抽油杆上下往复运动带动柱塞上下往复运动，工作过程与普通泵组工作方式基本一致，泵筒被密封锁定在密封工作筒内，抽汲上来的油流随套管环空逐步举升至地面。目前的试验井 LPP2-CPN20 井采用了预制的 57mm 无管采油泵组，杆柱则采用了本体注塑的注塑杆进行扶正防偏磨保护，现已连续生产 422d，依然生产正常。

3 结论

（1）临盘采油厂目前采用的深抽配套技术，从防偏防腐长效、减载节能角度解决了深抽井存在的问题，能够满足深抽井长效举升的需要。

（2）碳纤维连续杆深抽配套工艺及深抽减载助力技术，通过现场应用，减载效果明显，完全能够满足临盘油区低渗透油藏低液深抽举升的需要。

（3）临盘采油厂小套管井采用了小套内衬防偏磨及防腐杆防腐工艺后，解决了小套管井偏磨腐蚀周期短的难题，有效的延长了生产周期。

（4）临盘采油厂小套管井提液难度大，研制应用的小套管提液配套泵，提液效果明显，有效地解决了各类小管井提液需求。

“DAPR”复合举升工艺针对临盘极复杂小断块油藏，井筒状况复杂、检泵周期短的问题实际，综合低渗油藏深抽提液和小套管防腐防磨工艺技术优势，集成创新形成“深、助、防、提”的复合举升技术体系，并实现该技术创新下的规模化应用，为提高复杂断块油藏不同类型、不同井筒状况下的举升技术水平，形成一条可复制、可推广的新路。

参 考 文 献

[1] 张东，彭勇．碳纤维连续抽油杆与常规抽油机的匹配分析．石油机械，2008，(5)：41-43，55.

[2] 李兰竹，刘丙生，等．低渗透油藏有杆泵举升配套技术．石油机械，2010，(4)：61-62，68.

[3] 高军．碳纤维连续抽油杆失效分析及对策．内蒙古石油化工，2009，(3)：45-47.

[4] 李艳丽．碳纤维连续抽油杆在文留油田的节能应用．石油和化工节能，2019，(3)：22-30.

[5] 姚大伟，刘峰．南堡陆地油藏小泵深抽工艺研究与应用．石油和化工设备，2022，(11)：108-111.

[6] 张卫，孙庆宇，汪竹，等．抽油机减载器在胜利油田的应用．石油钻采工艺，2009，(2)：79-80.

作者简介： 唐俊(1976 年)，男，湖北广水，中石化胜利油田分公司临盘采油厂，高级工程师，主要从事油田采油工程技术方面的研究与管理工作，山东省德州市临邑县临盘采油厂，E-mail：tangjun588. slyt@ sinopec. com，电话 18654665217。

抽油机井数字化技术升级与应用

刘　翔[1]　李晓辉[2]　周　祥[1]　于小荣[2]　伊　然[1]　张雅楠[2]

（1. 中国石油勘探开发研究院；2. 中国石油吐哈油田工程技术研究院）

摘　要　抽油机有杆泵作为国内最广泛采用的机械采油方式，其井数占比超过90%，在油田生产总能耗中占比超过40%，是油田提质增效的主阵地之一。近年来随着资源品质劣质化、开采对象复杂化趋势加剧，抽油机井效益生产面临巨大挑战，主要表现在单井产量低、系统效率低，管理层级多、成本高，传统生产方式难以为继，通过数字化转型智能化升级提高管理水平、降低运行成本已迫在眉睫。吐哈油田信息化建设启动较早，机采井物联网覆盖率达到75%，为数字化转型奠定了基础，但在数据采集、生产优化和远程控制智能化等方面还存在技术不配套、精度有待提高、成本偏高等问题。为此，研究完善了抽油机井工况诊断与数字计产技术，形成了基于物联网大数据的油井生产制度优化设计方法，配套开发了低成本数据采集与智能控制装备，优选试验区开展了先导试验，实现了数据自动采集、智能决策优化和生产调控技术整体配套。试验井系统效率平均提高2个百分点、节电率超20%，打造了可推广的机采数字化模板，可为吐哈油田以及国内其他油田抽油机井数字化转型智能化升级提供技术借鉴。

关键词　抽油机井　提质增效　数字化　智能化

抽油机有杆泵是国内最广泛采用的机械采油方式。以中国石油为例，截至2020年底，拥有机采井23.86万口，其中抽油机井21.63万口，占比90.65%；机采系统年耗电110亿度，占油田生产总能耗的43%，是油田提质增效的主阵地之一。随着资源品质劣质化、开采对象复杂化，油井低产低效态势严峻，加上管理层级多、效率低，效益生产面临巨大挑战，传统生产方式难以为继。随着信息化、智能化新技术与油田的融合愈加紧密[1,2]，相关技术在机采系统物联网感知、大数据分析及智能化调控等领域已逐步得到应用，尤其是在低产液井间抽优化技术和控制设备等方面，研究和应用已比较深入[3~6]。本文拟围绕"数据采集精准化、决策优化智能化、现场调控智能化"开展研究，通过现场先导试验不断测试完善，逐步形成抽油机井数字化智能化技术体系，提升油井科学优化决策能力和生产管理水平。

1　机采系统数字化现状分析

机采系统数字化，是指在已有抽油机系统基础上，安装数据采集、数据传输、远程监测与控制等数字化硬件设备，并配套远程监测控制软件平台，实现在线监测、诊断优化、远程控制等功能，形成数据自动采集、智能优化决策、智能控制的闭环生产管控格局。

吐哈油田经过近20年的信息化建设，建成了涵盖勘探开发全业务链的油田公司信息化支撑体系，覆盖4个采油管理区32个站，机采井物联网覆盖率达到75%。油田已建立10个采油中心，基本实现数据实时采集、初步智能诊断、预警报警、电子眼等功能，为采油智能化奠定了基础，但也存在一些问题：功图量油在高产液井应用较好，对于低产液井、高黏、高气液比等井误差较大，仍需继续攻关；现有平台智能化程度低，缺乏准确、快速的大数据分析和诊断决策方法，间抽、调参仍以人工为主，操作成本高。同时，吐哈油气生产系统在经历了建产、高产稳产和递减等阶段后，目前开采及管理难度不断加大，开采成本不断上升，迫切需要在现有自动化+信息化技术的基础上，实现数字化智能化转型，推动采油生产管理模式逐步转变，提高开采效率和管理水平。

2　工况智能诊断与数字计产技术

融合卷积神经网络、时间序列大数据模型、深度学习网络等大数据方法，突破三维动力学仿真、井下泵阀启闭智能识别、泵漏失预测等技术难点，实现井下泵功图求解、工况特征提取与智能识别以及泵效、产量的瞬时求解计算，准确率较常规方法有效提升。

2.1　基于三维动力学模型的泵功图求解技术

抽油机井千米级传动链的力学分析是诊断优化、数字计产的基础；建立并成功求解三维动力学模型，解决了传统模型精度低且无法计算侧向力的问题，地面功图转井下泵功图精度提高15%，且泵功图更准确光滑，更方便关键点获取，结果更稳定。

2.2　基于卷积神经网络的多参数精确诊断技术

功图图形特征自动抽取，将二维图形数据转换为一维特征数据，建立工况定量标定模型，形成多维度工况机器学习样本库，在不同“卷积核”中制定参数规则，实现图形诊断、生产参数的融合，有效提升工况诊断符合率。具体技术路线参见图1。在标准功图样本库的基础上，补充5000余组吐哈物联网采集功图反复迭代训练，优化神经网络模型结构及超参数，功图诊断准确率达92.6%。

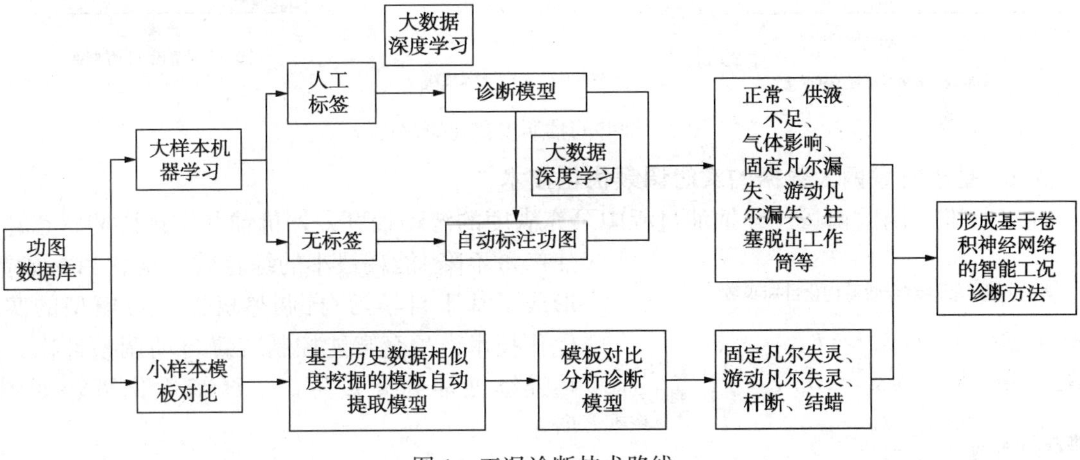

图1　工况诊断技术路线

2.3　基于大数据方法的功图计产技术

应用大数据机器学习模型分工况准确识别泵功图的四个关键启闭点，建立时间序列大数据模型求解柱塞漏失，解决了功图准确求解柱塞有效冲程和漏失量两大关键技术难题。对照2023年上半年实测数据，匹配井号和生产时间，筛选有效样本；对比665井次，当前平均误差为0.69m^3/d，误差小于1m^3/d的占84%，下一步将继续结合实测数据升级模型以进一步提升精度。

典型井计产结果测试对比结果详见图2。

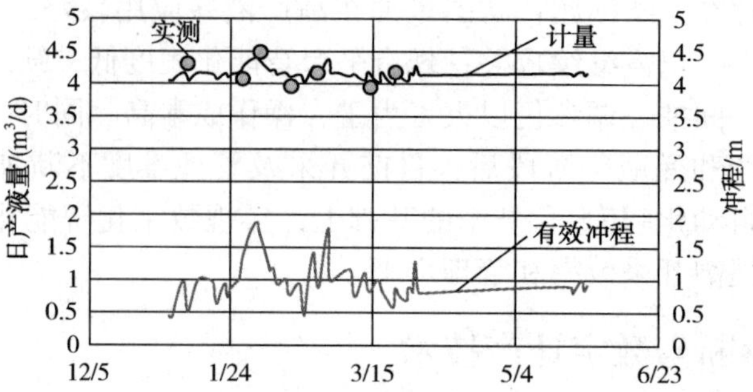

图 2　典型井计产与实测对比图

3　基于物联网大数据的生产制度优化方法

3.1　间抽制度实时优化算法

基于井筒储存效应和电参/功图等历史数据预测动液面恢复和下降规律，建立动液面-产量-能耗关联变化模型，以产量高-能耗低为目标建立多目标优化函数，计算不同间抽周期(T)和开停比(R)下的动液面变化并求得产量、能耗，反复迭代寻优确立间抽制度，详细优化策略如图 3 所示。

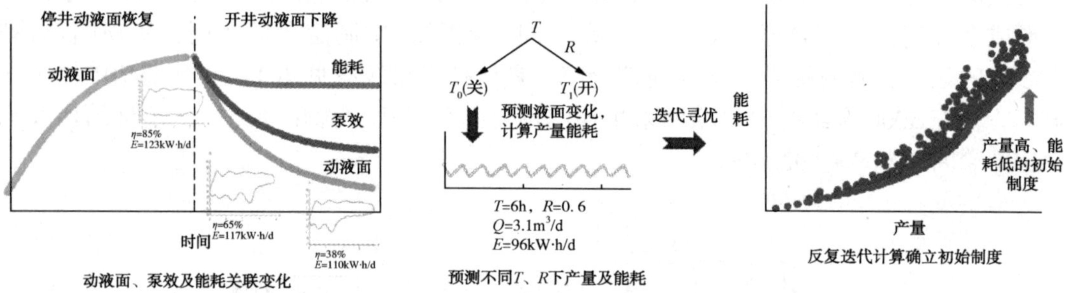

图 3　油井间抽制度优化策略图

3.2　基于物联网大数据的实时调频优化技术

基于标准差函数衡量连续抽油过程中泵充满度的波动程度，评价油井供排协调状态；构建产量不降-能耗最小的综合效率优化目标函数，形成了基于自学习/自调整机器学习模型的实时优化技术，配套智能控制装置自动调整冲次，保障连续抽油井高效生产，详细优化策略如图 4 所示。

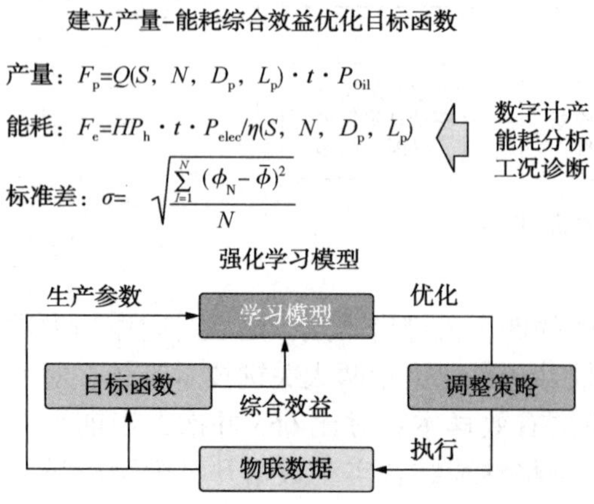

图 4　连续抽油井实时调频优化策略图

4　配套软硬件研发

以满足生产过程中“实时监控、智能诊断、自动处置”的全流程智能化功能需要为目标，开发了智能优化决策平台，研发了一体化智能控制柜以及含水率在线采集装置、电参/功图同步采集模块等配套设备。

4.1 智能优化决策平台

功能包括电子巡井、功图/电参采集、单井诊断、数字计量、智能间抽、智能调参及统计分析、数据管理、权限管理等。

4.2 一体化智能控制柜

一体化智能控制柜主要功能，一是实现电压、电流、有功功率、无功功率、功率因数等参数采集；二是采集的数据传入优化决策平台，实现工况诊断、数字计产等功能分析；三是平台将分析或优化结果反馈至智能控制柜终端，执行远程管控指令，实现高效生产管理。

4.3 含水率在线采集装置

针对电阻法精度低，红外法、射线法价格高等问题，研发了低成本微波含水分析仪及配套在线解释方法与软件，实现液相含水率大量程、高精度、高频率化验。装置整体结构设计紧凑，温压一体式传感器可同步检测流体温度、压力；配套物联网模块可实时上传测量数据至数据库，配套智能解释软件可将含水率检测和数字计产技术相结合，获取原油实时产量。

4.4 电参/功图同步采集模块

电参/功图同步采集模块采用同步时钟处理与抽样数据处理技术，获取严格起始于下死点电参与功图的同步数据。同步数据是电参深度分析对比应用的重要依据，通过数据挖掘后可以准确地反映出功图信息，为电参转功图等应用提供可靠的数据样本。

5 现场试验

三塘湖油田地处偏远，物联网配套比较完善，A11 建设覆盖率高，优选为示范区。2023 年完成了首批 25 口先导试验井设备安装，其中间抽井 12 口，连续抽油井 13 口。阶段效果统计分析表明，示范区 25 口试验井平均系统效率提高 2.5 个百分点，平均节电率 36.3%，有效降低了人工劳动强度，提升了机采井管理水平。

以间抽油井 H40-21 为例。初始间抽周期 360min、一天内抽油机启停 4 次，每周期开井时长 131min、停井时长 229min，开停比 1∶1.75；优化后间抽周期保持不变，开停比为 1∶1.07，即开井时长 174min、停井时长 186min。对比相关关键指标，采用初始制度间抽产量略微下降，优化后间开期增加 43min，产量恢复到间抽前水平，泵效提高了 8.1%，系统效率提高 2.5%，节电率 38.9%，详见表 1。

表 1 H40-21 井智能间抽效果分析表

	生产制度/min		测试日期	日产量/m^3	日耗电/度	泵效/%	系统效率/%
	开	关					
间抽前	1440	0	2023/5/22	4.56	121.52	30.2	5.4
初始间抽	131	229	2023/6/3	4.27	59.2	36.1	7.1
优化间抽	174	186	2023/6/7	4.68	74.29	38.3	7.9

连续抽油井智能管控后，也取得预期效果。以 H40-31 为例，运行频率由 50Hz 降低到 30Hz，示功图的充满程度逐渐饱满，井筒的供采平衡显著改善，产量基本不变，泵效提高 13%，系统效率提高 8%，日节电 40.1 度、节电率 35.3%，详见表 2。

表 2　H40-31 井智能调参效果分析表

生产制度		测试日期	日产量/m^3	日耗电/度	泵效/%	系统效率/%
	频率					
调整前	50	2023/7/10	3. 82	113. 83	34	14
调整后	30	2023/7/11	3. 71	73. 78	47	22

6　推广前景分析

通过先导试验，测试验证了“数据自动采集-平台智能决策-闭环智能调控”的数字化智能化技术体系的可行性。基于吐哈油田物联网及机采设备现状，下一步如规模推广，初步估算软硬件升级需投入资金 3106. 5 万元；预期系统效率提高 2～3 个百分点，节电率 20%～30%，按照平均单井日耗电 120 度、电费 0. 72 元/度计算，同时考虑到机采智能化带来的降低人工劳动(平均每 10 口井减少劳动定员 1 人)、延长检泵周期、节省作业费等附加效益，预期可节省费用 4735 万元/年；可见，该技术体系具有较好的技术和经济可行性，推广前景良好。

参　考　文　献

[1] 檀朝东，张恒汝，马永忠，等．油气生产大数据挖掘系统的研究及应用[J]．数码设计，2016(1)：49-52.

[2] 李松阳．浅析大数据在“智能油田”中的应用[J]．信息化建设．2020，135-136.

[3] 李明江，黄天虎，吴利利，等．基于油井示功图的低产低效井间开技术研究及应用[J]．石油化工自动化，2020，56(2)：83-85.

[4] 刁慧娟．抽油机井冲次的优化研究[J]．辽宁化工，2018，47(9)：894-896.

[5] 张乃禄，边松岩，颜瑾，等．油井动液面实时监测数据存储器研制[J]．西安石油大学学报(自然科学版)，2020，35(2)：120-126.

[6] 王文涛，张乃禄，姚景超，等．基于动液面的间抽控制系统[J]．云南化工，2021，48(1)：113-116.

第一作者简介：刘翔(1981—)，2006 硕士毕业于中国石油大学(北京)油气田开发专业，现工作于中国石油勘探开发研究院。地址：(100083)北京市 910 信箱，邮箱：liuxiang69@ petrochina. com. cn，电话：010-83598141。

动势能互馈型动态平衡抽油机的研制与应用

张　岩[1]　吕亿明[1]　李楼楼[1]　杨建军[2]　呼苏娟[1]

（1. 中国石油长庆油田分公司油气工艺研究院；2. 中国石油长庆油田分公司第十采油厂）

摘　要　针对超长冲程抽油机井无平衡配重、下冲程电机倒发电严重、能耗高，滚筒和天轮无轴向平移机构、造成柔性光杆承受侧向力较大、光杆寿命短，以及单机模式电动机和减速器额定功率需求较大的问题，提出了“载荷均相位分配合力趋于零、电机端负载趋于稳定”的抽油机设计思路，通过结构优化、参数设计与校核，试制了2台具有“一机双井互为平衡、柔性光杆随动居中、关键设备双井共享”功能的动势能互馈型动态平衡抽油机，长庆油田现场试验表明：与常规超长冲程抽油机相比，彻底根除倒发电现象，柔性光杆与滚筒、天轮实现随动居中，总装机功率下降50%，节电率54.0%，系统效率提高12.8个百分点，预期柔性光杆使用寿命延长0.5年以上，单井投资降低25%以上，对推动超长冲程采油技术走向成熟具有重要借鉴价值。

关键词　超长冲程抽油机　一机双井　随动居中　载荷均相位　动态平衡

“长冲程、低冲次”是抽油机井参数优化的基本原则，对提高油井举升效率、降低修井作业频次具有重要意义。长冲程可以大幅降低冲程损失占比和抽油泵余隙比，有效减小气体对抽油泵充满度的影响，有利于提高抽油泵效和机采系统效率；低冲次既可以降低管杆泵偏磨频次，又可以减小惯性载荷、振动载荷对管杆柱疲劳寿命的影响，有利于降低修井作业频次。此外，长冲程、低冲次可以大幅提升有杆泵系统单次抽汲液量，使油井动液面大幅涌动产生水力震荡，有利于提高近井地带油层渗流能力、减缓递减。

国内外长冲程抽油机普遍采用塔架式结构，如美国威德福公司研制的ROTAFLEX长冲程抽油机[1]、法国Mape公司抽油机、冀东油田JP-CYJD型长冲程智能抽油机[2]等，可实现最大冲程5~10m，但设备普遍高大、投资较高、维护保养复杂，均未得到大面积推广应用。2016年大庆油田研制了一种超长冲程抽油机[3]，主要由电动机、滚筒、天轮、柔性光杆和控制柜等组成（图1），井口配有专用盘根盒，井下配有长冲程抽油泵，设计冲程0~50m、冲次1~8次/h，大幅拓宽了冲程、冲次调节范围。

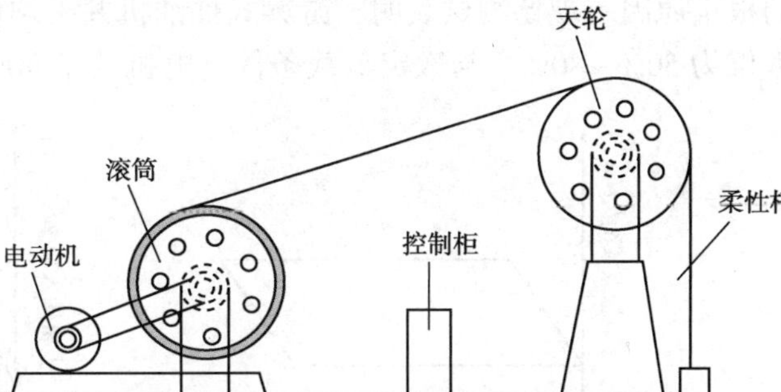

图1　超长冲程抽油机结构示意图

2020年以来，长庆油田在216口油井试验了超长冲程抽油机，与同区块常规游梁式抽油机井相比，冲程2.4m↑47.7m，冲次4.4min^{-1}↓0.06min^{-1}，泵效 45.8%↑65.2%，杆断频次 0.31 次/井·年↓0.19 次/井·年，投产满 1 年的超长冲程抽油机井日产油高、动液面高、累递减率低，取得了提效、降频、减缓递减的较好效果(表 1)。

表 1　投产满 1 年不同类型抽油机井生产动态对比

序号	分类	统计井数/口	日产液/m^3	日产油/t	含水/%	动液面/m	累产油量/t	累递减率/%
1	超长冲程抽油机井	134	5.34	3.72	27.0	1247	1390	14.9
2	游梁式抽油机井	64	4.39	3.09	26.3	1324	1199	18.5
对比差值			+0.95	+0.63		+77	+191	-3.6

现场试验过程中发现，该抽油机主要存在三方面问题：一是由于无平衡配重，下冲程倒发电严重、约占总耗电量 30%；二是由于电动机和减速额定功率需求较大，单井投资高、较常规游梁式抽油机上升约 1.6 倍(表 2)；三是由于滚筒和天轮无轴向平移机构，运行时柔性光杆承受侧向力较大、寿命短，单井光杆维护费用上升约 0.7 万元/年(表 3)。

表 2　两种抽油机井单井投资对比(单位：万元)

序号	举升方式	7 型机	油管	油杆及附件	井口	抽油泵	安装	抽油机基础	控制柜	载荷位移传感器	小计
1	游梁式抽油机	10.6	8.78	5.68	0.3	0.45	3	1	1.5	0.3	31.6
2	超长冲程抽油机	30.8	8.78	5.68	0.3	5	—	—	—	—	50.6

表 3　两种抽油机井光杆维护费用对比

序号	举升方式	关键维护对象	使用寿命/年	成本/(万元/根 & 台)	单井维护费用/(万元/年)
1	游梁式抽油机	光杆	3	0.3	0.1
2	超长冲程抽油机	柔性光杆	1.5	1.2	0.8

针对超长冲程抽油机存在的上述问题，开展了动势能互馈型动态平衡抽油机研制，旨在助推超长冲程采油技术进一步走向成熟，为大幅提升有杆泵采油井关键工艺指标提供技术支撑。

1　设计思路

不同传动机构，力的转换结果不同。游梁式抽油机将"相对稳定的光杆负载"(图 2)转换为"波动较大的电动机负载"(图 3)，是造成驱动电动机选型大、负载率低、电机效率低的根本原因。现场测试表明，游梁式抽油机井平均电机负载率仅为 20%~30%，电机运行效率仅为 50%~80%，与额定负载条件下电机效率 90%以上具有较大差距。

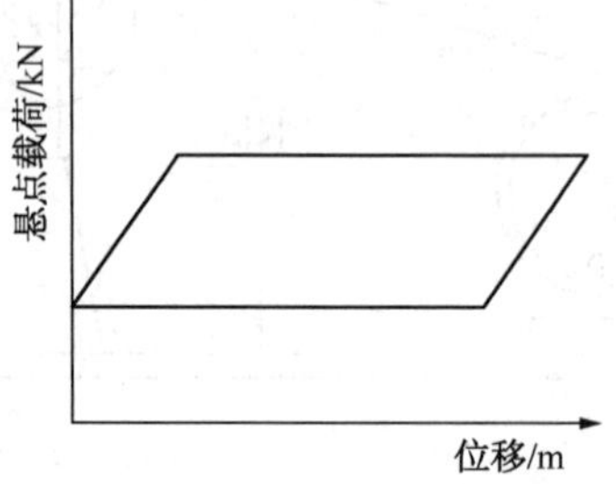

图 2　光杆负载特性曲线

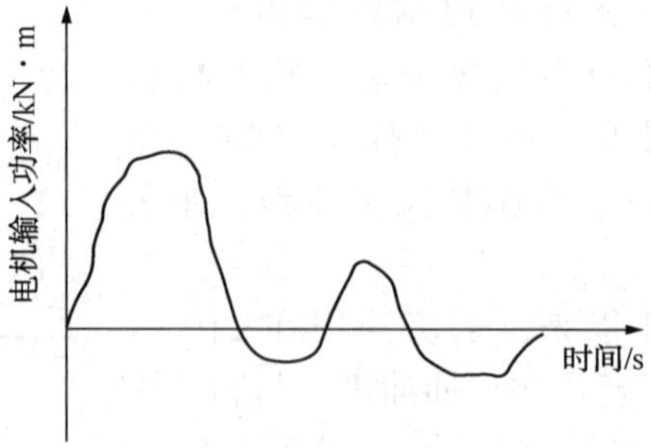

图 3　电机输入功率特性曲线

为了将光杆负载转换为相对稳定的电动机负载，提出了“载荷均相位分配合力趋于零(图4)，电机端总载荷趋于稳定(图5)”的设计思路，即通过改进传动机构，使多口抽油机井悬点载荷(动能+势能)实现相互抵消、动态平衡，实现电机端负载运行平稳，大幅降低电机总装机功率，提高电机负载率和运行效率。

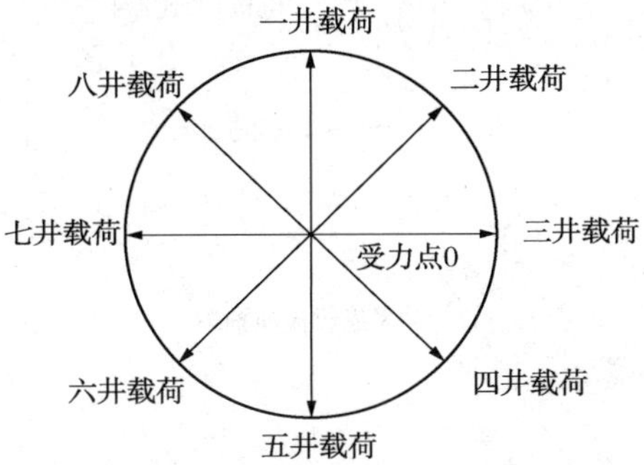

图4　载荷均相位分配合力趋于零原理图

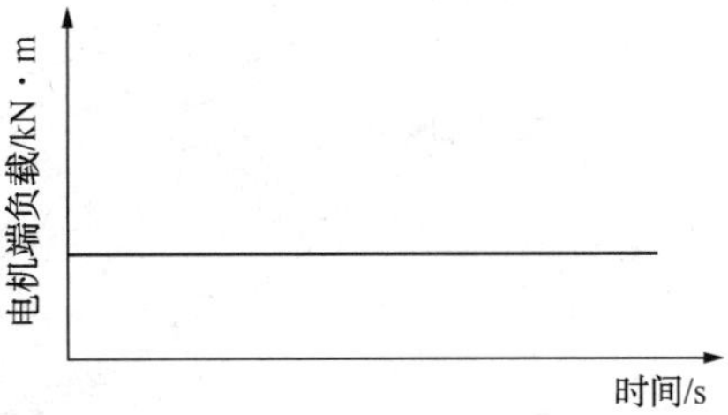

图5　电机端负载趋于稳定示意图

2　工作原理

如图6所示，所研制的动势能互馈型动态平衡抽油机主要由电机、滚筒、半螺纹换向轴、天轮、柔性杆、控制柜等组成，井口配有专用盘根盒，井下配有长冲程抽油泵，整体结构与超长冲程抽油机相似，主要区别于：一是通过优化抽油机整体结构、增加滚筒长度(图7)，实现2根柔性杆共用1个滚筒，正常运行时，1根柔性杆处于缠绕状态，另1根柔性杆处于松放状态，互相让位，使2口采油井悬点载荷在滚筒处实现互为平衡、动势能相互利用，彻底消除了超长冲程抽油机下冲程倒发电问题，电机、滚筒和支架共享大幅降低了单井投资成本。

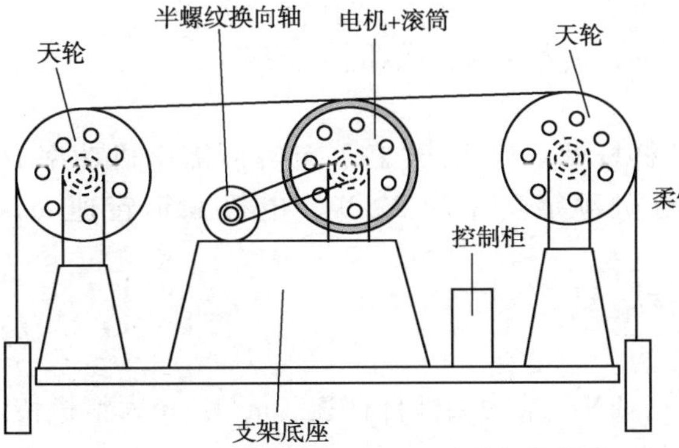

图6　动势能互馈型动态平衡抽油机结构示意图

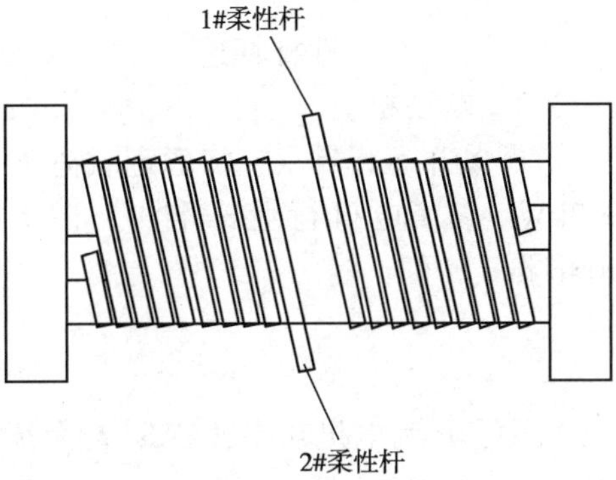

图7　滚筒结构示意图

二是通过设计柔性光杆随动机构，使柔性杆与滚筒轴线、天轮轴线始终处于垂直状态，彻底消除柔性杆承受的侧向力，有利于延长柔性杆使用寿命。柔性光杆随动机构主要由滚筒、履带、半螺纹换向轴和螺纹轨道等组成(图8)，其中滚筒、半螺纹换向轴安装在动力支架上，动力支架底部安装有4个滚轮。平面轨道、螺纹轨道安装在支架底座上。正常运行时，通过半螺纹换向轴与螺纹轨道配合，使滚轮在平面轨道左右移动，电机顺时针转动时，动力支架向左同步移动；电机逆时针转动时，动力支架向右同步移动。

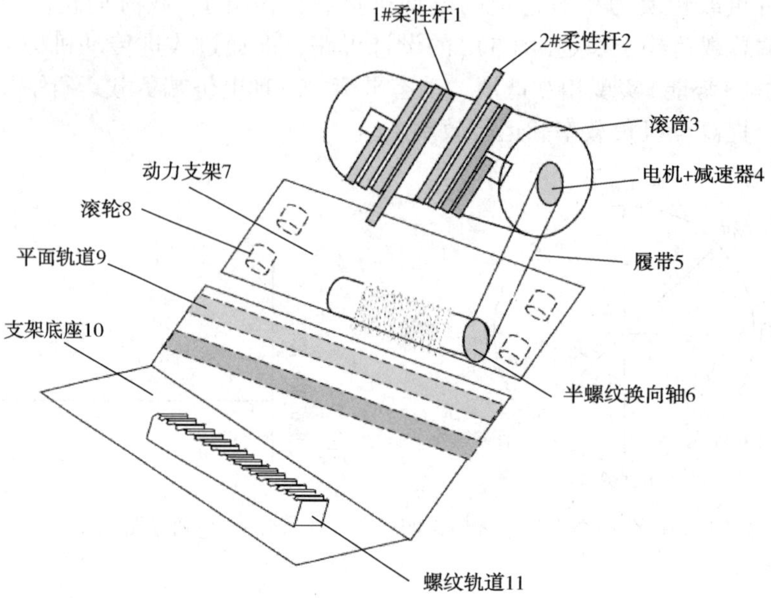

图 8　柔性光杆随动机构

3　参数设计与校核

以 10 型抽油机为例开展理论设计，主要设计参数要求：冲程 $s=50\text{m}$，冲次 $n=6.0$ 次/h，额定载荷 $F=100\text{kN}$。下面将对系统主要部件开展系统设计与校核。

3.1　柔性杆

将设计冲程 s、冲次 n 代入式(1)，计算所需柔性杆杆速 $v_{杆}=1.67\text{m/s}$。

$$v_{杆}=\frac{2sn}{360} \tag{1}$$

式中，$v_{杆}$为柔性杆杆速，m/s；s 为冲程，m；n 为冲次，次/h。

3.2　电动机

考虑单井运行需求，将额定载荷 F、柔性杆杆速 v 代入式(2)，计算所需电机功率 $P=18.7\text{kW}$。参考电机行业标准[4]，向上选取电机额定功率为 22kW，电机额定转速 $\omega_{电}=1000\text{r/min}$。

$$P=\frac{Fv_{杆}}{\eta} \tag{2}$$

式中，P 为电机功率，kW；F 为额定载荷，kN；$v_{杆}$为柔性杆杆速，m/s；η 为整机传动效率[5]，减速箱传动效率取 0.91，滚筒组传动效率取 0.98。

将电机额定功率和电机额定转速代入式(3)，计算电机额定转矩 $T=210.1\text{N}\cdot\text{m}$。

$$T=\frac{9550P}{\omega_{电}} \tag{3}$$

式中，T 为电机额定转矩，N·m；P 为电机功率，kW；$\omega_{电}$为电机额定转速，r/min。

3.3　滚筒

参考超长冲程抽油机整体结构，取滚筒直径 $\Phi=1\text{m}$。将柔性杆杆速 $v_{杆}$代入式(4)，计算实际滚筒角速度 $\omega_{筒}=3.18\text{r/min}$。

$$\omega_{筒}=\frac{v_{杆}}{3.14\Phi} \tag{4}$$

式中，$\omega_{筒}$为滚筒角速度，r/min；$v_{杆}$为柔性杆杆速，m/min；Φ 为滚筒直径，m。

将冲程 s、滚筒直径 Φ 代入式(5)，结合柔性杆实际直径 28mm，选取安全圈 $\tau=4$、绳槽间距 $\sigma=30$mm，计算所需滚筒长度 $L=718$mm。

$$L=\left(\frac{s}{\pi\Phi}+2\tau\right)\sigma \tag{5}$$

式中，L 为滚筒长度，m；s 为冲程，m；Φ 为滚筒直径，m；τ 为安全圈；σ 为绳槽间距，mm。

3.4 减速器

将电机额定转速 $\omega_{电}$和滚筒角速度 $\omega_{筒}$代入式(6)，计算所需减速器减速比 $i=314$。

$$i=\frac{\omega_{电}}{\omega_{杆}} \tag{6}$$

式中，i 为减速器减速比；$\omega_{电}$为电机额定转速，r/min；$\omega_{筒}$为滚筒角速度，r/min。

将额定载荷 F、滚筒直径 Φ 代入式(7)，计算所需减速器额定扭矩 $M=50$kN·m。

$$M=\frac{F\Phi}{2} \tag{7}$$

式中，M 为减速器额定扭矩，kN·m；F 为额定载荷，kN；Φ 为滚筒直径，m。

综上所述，动势能互馈型动态平衡抽油机的电机、滚筒和减速器关键参数设计见表 4。

表 4　关键设备选型结果汇总表

序号	分类	柔性光杆		电机		滚筒			减速器	
		直径/m	长度/m	额定功率 P/kW	额定转速 $\omega_{电}$/(r/min)	滚筒直径 Φ/m	长度 L/mm	绳槽间距 σ/mm	减速比 i	额定扭矩 M/kN·m
1	计算结果	/	/	18.7	/	/	718		314	50
2	最终方案	1	80	22	1000	1	800	30	287	110

此外，支架结构、半螺纹换向轴、动力支架等相关尺寸和技术参数不再赘述。

4　现场试验及效果

2022 年 8 月，在长庆油田完成 2 台动势能互馈型动态平衡抽油机现场试验，以下以陈 13-10 井/陈 12-11 井为例，分析试验效果。

与试验前游梁式抽油机相比：产液量保持稳定，冲程 2.4m↑50m，提高了 20.8 倍；冲次 3.7min^{-1}↓2.88h^{-1}，下降了 98.7%；抽油泵效由 60.0%↑83.1%，系统效率由 20.3%↑24.8%，日耗电由 95.8kW·h↓55.5kW·h、节电率 42.1%。如图 9(a)、图 9(b)所示，电机端最大有功功率由 6.2kW 下降至 2.3kW、下降了 62.9%，电参曲线更加平稳。

如表 5 所示，与超长冲程抽油机(一机一井)相比：彻底根除倒发电，柔性光杆与滚筒、天轮实现随动居中，总装机功率下降 50%，节电率 54.0%，系统效率提高 12.8 个百分点；预期单井投资降低 25%以上，柔性光杆寿命延长 0.5 年以上，进一步提升了超长冲程抽油机经济效益。

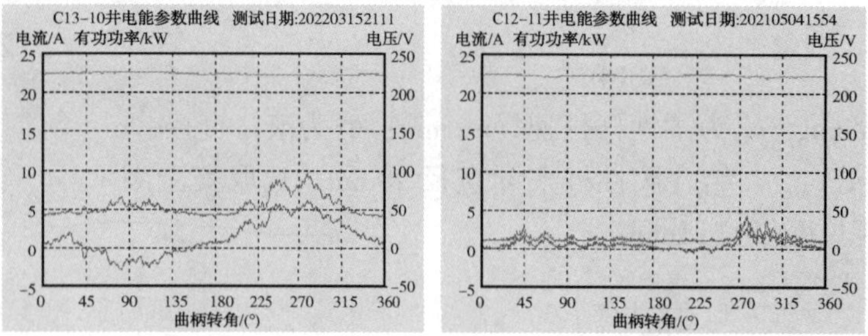

图 9(a) 试验前电参曲线

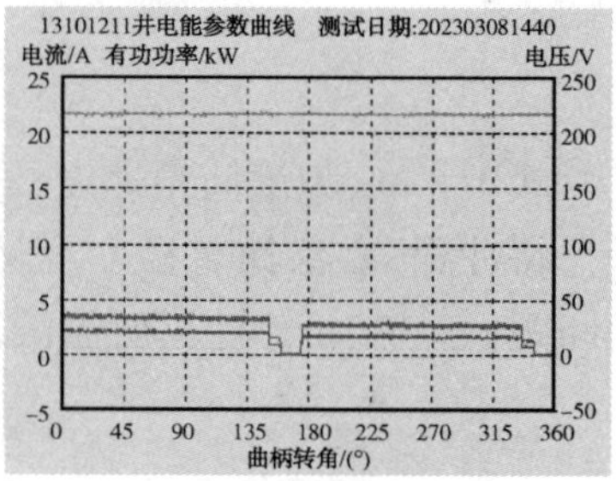

图 9(b) 试验后电参曲线

表 5 与超长冲程抽油机(一机一井)指标对比

序号	分类	井号	能耗测试				工艺指标	
			上行程功率/kW	下行程功率/kW	日倒发电/kW·h	日耗电/kW·h	抽油泵效/%	系统效率/%
1	一机一井	陈 12-11	4.695	0.325	17.2	60.3	74.3	12.0
2	一机双井	陈 12-11	2.636	2.667	0	55.5	74.3	24.8
		陈 13-10					91.8	

5 结论与认识

(1)现场试验表明，超长冲程抽油机采用“长冲程、低冲次”参数运行，既可以提高泵效、系统效率，又可以降低修井作业频次、减缓油井递减，是未来有杆泵采油系统重要发展方向。

(2)本文研制的动势能互馈型动态平衡抽油机，消除了超长冲程抽油机倒发电，延长了柔性光杆使用寿命，降低了超长冲程抽油机单井投资，对超长冲程采油技术走向成熟具有重要借鉴意义。

(3)柔性光杆是超长冲程抽油机核心部件，由于其使用寿命短是造成超长冲程抽油机井日常维护费用上升的主要原因，是下步急需研究解决的关键问题。

(4)动势能互馈型动态平衡抽油机还需要通过结构优化，实现两口井独立调参。

参 考 文 献

[1] MauricioAntoniolli and Antonio Stocco, Weatherford Intl. Ltd.. Long Stroke Pumping System Improves the Energy Efficiency of the Production[J]. SPE, 2007, SPE108122: 1-3.

[2] 李季. 超长冲程采油技术研究与应用[J]. 化学工程与装备, 2019, 05(5): 134-136.

[3] 于洋洋, 王亚辉, 魏建华, 等. JPCYJD 型长冲程智能抽油机在冀东油田的应用分析[J]. 新疆石油天然气, 2010, 06(1): 94-98.

[4] 中华人民共和国国家质量监督检验检疫总局中国国家标准化管理委员会. 中小型三相异步电动机能效限定值及能效等级: GB 18613—2012[S]. 2012.

[5] 侯宇, 张凯波, 孙延安等. 互平衡式超长冲程抽油机系统设计与评价[J]. IPPTC-20218980.

第一作者简介：张岩(1982—)，男，本科，陕西省绥德县，长庆油田分公司油气工艺研究院，高级工程师，主要从事提高机采系统效率、降低油井维护作业频次技术研究工作。地址：陕西省西安市未央区明光路新技术开发中心，E-mail：zhangy3_cq@petrochina.com.cn，联系电话：15191858483/02986590665。

高温测调一体化精细分注技术研究与应用

刘长龙　陈　征　黄泽超　张　乐　张　璐　蒋少玖

[中海石油(中国)有限公司天津分公司]

摘　要　针对海上油田现有智能分注工艺在高温工况下平均有效期短，无法满足深井低渗油藏精细化分注需求，进行耐高温测调一体化精细分注技术攻关，创新开发耐高温大扭矩测调仪和大排量无级测调配水器，以边测边调注水方式，利用井下纯机械配水器可靠性高、电缆测调耗时短的特点，实现深井低渗油藏长效、高效率精细分注。目前，该技术已在渤海油田成功推广应用3口井，为高温油藏水驱开发提供技术支撑。

关键词　低渗油藏　精细分注　测调一体化　测调仪　配水器

引言

渤海油田低渗油藏储量丰富，但一般埋藏较深，钻井投资高，加之需要储层改造等额外投资，开发投入大，对油田开发单井日产量、累产量提出了更高要求。为保障低渗开发效果，可通过注水补充地层能量，然而低渗油藏的储层孔喉细小，注水困难，注水矛盾更加突出[1~4]，因此需要精细分注工艺配合储层改造措施，降低层间注水矛盾影响，提升水驱开发效果。渤海油田注水技术经历30余年发展，形成了以有缆智能分注和无缆智能分注为代表的渤海油田智能分注系列技术，可实现注水井多层段精细分注测调，但仅适用于油藏温度<120℃注水井，对于深井高温低渗油藏，无法满足长效、高效率精细分注需求[5~8]。

为解决上述问题，本文从低渗油藏实际井况及精细分注需求出发，进行了高温测调一体化精细分注技术攻关，创新开发耐了高温大扭矩测调仪和大排量无级测调配水器，以边测边调注水方式，利用井下纯机械配水器可靠性高、电缆测调耗时短的特点，实现深井低渗油藏长效、高效率精细分注，为深井低渗油藏水驱开发提供技术支持。

1　技术组成及原理

高温测调一体化精细分注技术是在常规边测边调注水工艺基础上，通过动、静密封优化设计、公差优化设计、耐高温材料优选及测调仪流量计选型、测调仪扭矩优化设计、电子元器件优选等手段，实现测调仪、配水器及地面控制器性能的全面提升，主要由地面控制器、高温测调仪及耐高温配水器组成。

通过电缆作业的方式下入高温测调仪，以电信号为媒介，地面控制器通过钢丝电缆控制高温测调仪与井下耐高温配水器对接，精确监测井底温度、压力及注水流量，无级调节高温水嘴的大小，以边测边调的方式，改变各层注入量，以满足油藏注水需求，实现注水井精细分注，降低层间矛盾对注水效果的影响。

2　井下关键工具

2.1　高温配水器设计

2.1.1　配水器组成

高温配水器主要由上接头、外筒、活动水嘴组件、固定水嘴组件、下接头以及其他配套密封件组成(图 1)，中部设置有中心通道和桥式通道双流道，实现多层测调分注，下部设置活动水嘴与固定水嘴，活动水嘴组件轴向移动实现水嘴开度大小的控制。

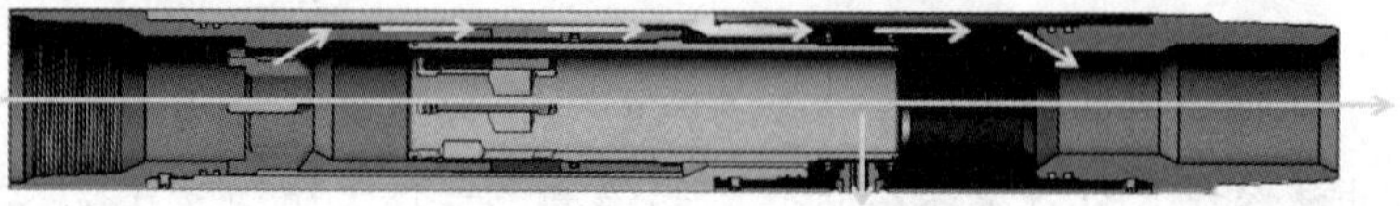

图 1　高温边测边调配水器分层注水原理示意图

2.1.2　工作原理

1) 分层注水原理。

在注水过程中，流体从配水器上接头流入，一部分流体流入中心通道，另一部分流体流入桥式通道，流体经中心通道被注入地层，另一部分流体与流经桥式通道的流体在下接头处汇合一起流入下一地层。

2) 分层测调原理。

配水器内部设计无级可调节水嘴，包括活动水嘴和固定水嘴两部分，活动水嘴连接调节套，调节套在测调仪调节块的带动下，沿行程螺纹旋转，实现轴向的上下移动，从而实现工具水嘴的开关，进而实现对地层配注量的控制。

2.1.3　结构优化设计

由于高温配水器在高温分注井中应用，长期受地层高温高压环境影响，高温配水器的优化设计主要针对动密封问题、公差配合问题以及材料腐蚀问题开展。

1) 动密封设计。

针对深井低渗油藏高温工况及分层测调特点，其动密封结构优选 BalSeal(巴塞尔)密封，其中 BalSeal(巴塞尔)密封优势主要包括：

(1) BalSeal(巴塞尔)密封能够降低调节扭矩。它可以抵抗压缩变形，其独特的线圈可以补偿不对准、容差变化和表面不规则在陶瓷调节套结垢后外径尺寸增大的情况下，BalSeal(巴塞尔)密封的应用使调节水嘴时动密封产生的阻力不至于急剧增加，因而降低了水嘴因阻力过大而无法调节的风险；

(2) BalSeal 斜圈弹簧在压缩时具有独特的偏转和力特性，在工作挠度范围内施加几乎恒定的力；

(3) 在水环境下具有优异的密封性能，在酸性环境下具有良好的密封性能；

(4) BalSeal(巴塞尔)密封适用的压力范围更广；

(5) BalSeal(巴塞尔)密封适用的温度范围更广。

2) 公差配合设计。

由于在高温环境下，调节套和陶瓷水嘴，因材质不同热膨胀系数不同，引起的变形量不同，可能导致陶瓷水嘴碎裂，因此，对零件公差进行校核和优化，通过适当放大调节套和陶瓷水嘴的配合公差，避免陶瓷水嘴被挤裂，同时增大活动部件间隙，在确保密封性前提下，确保高温条件下水嘴调节灵活可靠，避免活动部件遇卡。同时，优化出水口结构，将焊接结构由螺纹和O形圈替换，避免焊接引起的密封问题，提高可靠性。

3）材料优选

由于在高温环境下，酸化作业过程中，存在配水器关键零件腐蚀失效的风险，以往边测边调配水器选用的经过QPQ处理的42CrMo，因此，需要通过材料优选，选取耐腐蚀材质，保证井下配水器长期有效。

其中17-4PH合金是由铜、铌/钶构成的沉淀硬化型马氏体不锈钢。具有高强度、高硬度，较好的焊接功能和耐腐蚀功能性能，良好的衰减性能和抗腐蚀疲劳性能。因此，选用17-4PH代替42CrMo作为本体钢体材料，使得材料耐腐蚀性能大幅提高。

2.1.4 技术指标

配水器外径Φ80mm，内通径Φ46mm，仪器总长2111mm，工作温度-20～150℃，工作压力70MPa，流量10～1000m^3/d，可应用在4.75in、4in、3.88in、3.25in防砂内通径的高温注水井。

2.1.5 配水器结构优势

(1) 设计有中心通道和桥式通道结构。满足多层注水测调，具有压力平衡功能；

(2) 水嘴耐腐蚀，抗磨损，可无级调节注水量；

(3) 采用格莱圈及巴塞尔密封，测调扭矩低，可轻松调节注入水嘴；

(4) 预留氧活化测试通道，满足氧活化测试需求。

2.2 高温测调仪设计

2.2.1 测调仪组成

高温测调仪是高温测调一体化精细分注技术的关键井下工具，其主要作用是监测井下各地层温度、流量、压力等参数，同时调配各地层分层注水量。测调仪结构主要包括：扶正、防过载电缆头，流量计，压力、温度传感器，线路控制、测量模块，变速控制伺服电机，凸轮机构，导向支撑臂，调节执行机构，加重杆连接头等。其中测调仪结构见图2。

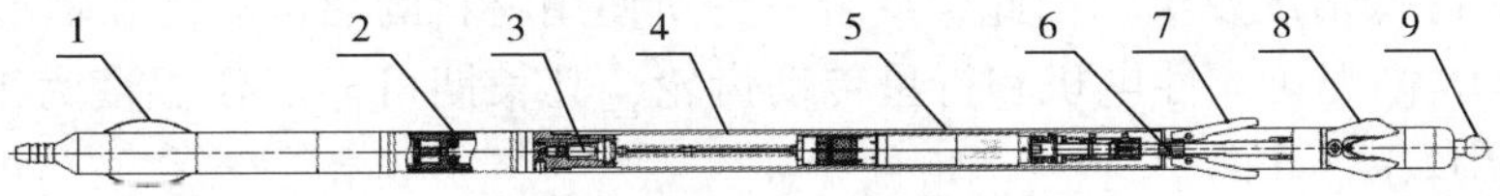

图2 调仪器整体结构示意图

1—扶正、防过载电缆头；2—流量计；3—压力、温度传感器；4—线路控制、测量模块；5—变速控制伺服电机；6—凸轮收放机构；7—导向支撑臂；8—调节执行机构；9—加重杆连接头

2.2.2 工作原理

测调仪下井开臂后通过锥体导向坐到配水器上，仪器的调节爪带动水嘴调节组件通过梯型螺纹做上下运动，从而带动活动水嘴在固定水嘴上来回移动，进而达到将活动水嘴的出水口开大或关小的作用，实现调节注水量的功能。测调仪在调节配水器水嘴开度的同时可以监控井下压力和温度参数，同时通过流量计测算流体流速，从而得到流体的流量值，并通过电缆将测得的数据参数反馈至地面控制设备。

2.2.3 结构设计

由于高温测调仪仅在作业期间处于高温环境，主要涉及密封及电子元器件针对150℃高温工作环境的选型。高温测调仪的设计主要针对测调仪流量计选型问题、密封问题、测调仪输出扭矩问题、电子元器件选型问题开展。

1）流量计选型。

流量计作为井下测调仪的重要组成部分，由于需要在井下长期监测流量，需要流量计具备坚固耐用、无运动部件、耐腐蚀锈蚀、可靠性高和抗污能力强的特点。海上油田常用的流量计主要有电磁流量计、超声波流量计和涡街流量计可供选择。

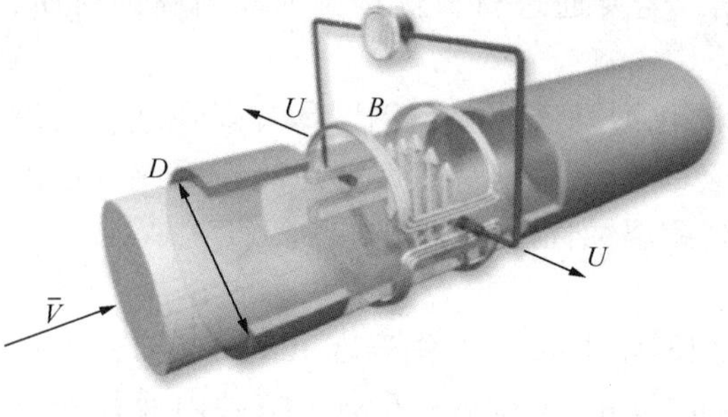

图 3　电磁流量计工作原理示意图

其电磁流量计主要工作原理是电磁流量计测量原理是基于法拉第电磁感应定律。根据电磁感应定律，在非磁性管道中，利用测量导电流体平均速度而显示流量的流量计。工作原理示意图见图 3。涡街流量计是根据卡门涡街原理，当水流在过流通道经过涡街流量变计时，会产生正比于流速的两列旋涡，根据旋涡的释放频率得到测试流量。

超声流量计是采用超声波脉冲顺流和逆流声速传输速度不同的原理来测量流体流动速度，以此换算出流量大小的仪器。

与超声波流量计和电磁流量计相比，涡街流量计量程较小，测量精度较低。与电磁流量计相比，超声波流量计具有机械结构隐患小，有优良的温度、压力、抗腐蚀特性。因边测边调测调仪流量测试范围较大、在井下工作时间较短等特殊情况，需要量程比较大的流量计。综合判断三种流量计的结构特点及优势，因此高温边测边调分注工艺所用超声流量计。

2）密封优化设计。

在高温环境下，普通密封圈无法满足 150℃环境下的密封要求，因此 O 形密封圈选用进口派克 VG109 氟橡胶密封圈。工作温度高（-42～204℃），具有抗气爆（RGD）、抗挤出特点，可满足高温条件下密封长期有效。

3）扭矩优化设计。

由于在高温环境下，普通电机减速器总成，内部结构精密，高温条件下结构受热变形，易出现输出扭矩降低情况发生。为此，综合考虑所使用材料的热可靠性和轴承润滑油脂的黏性，优选 MAXON 高温可靠性电机和行星传动齿轮，其长期可靠工作温度为 150℃，可满足高温条件下测调仪工作正常。

4）电子元器件优选。

高温老化筛选机理遵循电子元器件的效能曲线，分三个阶段，在刚投入使用时一般失效率较高，叫早期失效，经过早期失效后，电子元器件进入正常使用阶段，这个阶段失效率较低，叫稳定期（恒定失效率期），过了正常使用阶段，电子元器件进入耗损老化阶段，逐渐失效。

由于常规电子元器件适用温度在 120℃以内，150℃环境下，电子元器件存在失效风险。井下仪器电气部分整体按照环境温度 150℃进行设计，对各种电子元器件进行严格选型，按照高温优先原则进行筛选。对电子元器件进行高温存储老化、高温存储老化、高温功率老化筛选。

2.2.4　测调仪技术特点

（1）同心对接容易可靠。

测调仪与边测边调配水器采用同心对接方式，对接容易可靠。

（2）调配效率高。

全数字数据通信，数据地面直读、测调一体化的测试调配方法，并且井下仪器可重复起下对任意层段进行调配，有效提高调配效率。

(3) 检测方法灵活。

可采用上提或下放两种方式重复起下对全井调配结果进行统一检测，可实现任意换层段测量并调节注水流量，有效防止由于层间干扰带来调配的诸多不便。

(4) 测调直观。

采用多个位置传感器，能在线反馈仪器的工作状态，直观了解仪器的井下工作情况，使测调工作能更准确、快捷、有效安全地进行。

(5) 施工安全可靠。

流量计采用非截流潜水式测量设计，结构定位采用无外露螺钉设计，导线布线采用隧道式过线设计，无节流密封圈，不易遇阻更安全。

3 地面控制系统

地面控制器是除高温测调仪、配水器外另一件核心设备，高温边测边调分注工艺技术包括配水器的分层注入、测调仪器的调节及监测和地面控制系统的控制与显示。地面控制器与验封测调一体化仪器利用电缆连接，采用电缆作业的方式将测调仪下入井下，一趟电缆作业完成对所有层段的调配，同时由地面控制器及配套上位机软件监测井底流量、压力、温度等参数，实时显示。

地面控制器主要包括控制器防爆壳体、工作电压与电流和及解码状态等的显示部分、操作界面显示部分、USB 接口(防爆接线盒)、控制器的进线和出线口。

其中工作电压、电流和及解码状态等显示部分用来监测工作时的电流与电压的大小及解码状况，以便更准确地控制井下仪器工作。操作界面显示部分为触摸式控制，方便可靠；控制器的进线和出线口，用来将 220V 供电电压引入控制器，并将地面控制信号传输到井下测调仪器中，电缆采用船用电缆。地面控制器结构见图 4。

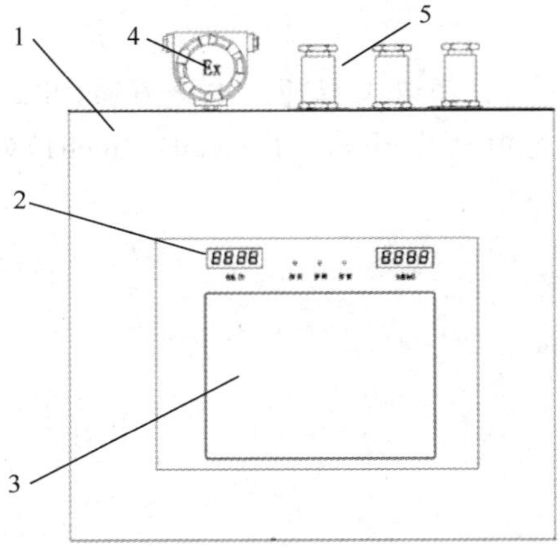

图 4 地面控制器结构

1—控制器防爆壳体；2—工作电压与电流和及解码状态等的显示部分；3—操作界面显示部分；4—USB 接口；5—控制器的进线和出线口

4 现场应用

自开展现场应用以来，高温边测边调技术已在渤海油田成功完成 3 口井现场成果转化，目前在井完好率达 100%。

5 结论

（1）高温配水器通过动密封结构设计、公差配合设计、材料优选可满足井下 150℃高温条件长期稳定有效。

（2）高温测调仪通过流量计选型、密封优化设计、测调仪扭矩优化设计、电子元器件优选可满足井下 150℃高温条件下的测调。

（3）高温测调一体化精细分注可实现防砂内通径 4. 75in、4in、3. 88in、3. 25in 高温注水井的分层注水，满足海上油田低渗油藏分层测调注水需求。

参 考 文 献

[1] 汪全林，邓琪，周军良，等．海上特低渗油藏压裂水平井开发效果评价——以渤海 BZ 油田沙三段 5 井区为例[J]. 复杂油气藏，2022，15(03)：74-77+104.
[2] 吴晓艳．低渗透油藏精细注水配套技术应用研究[J]. 清洗世界，2022，38(03)：161-162.
[3] 吕琳，许洋．低渗透油藏非常规水驱开发技术[J]. 化学工程与装备，2023(05)：127-128+126.
[4] 杜晓东，王玉国，张保艳，等．低渗透油藏注水采油技术研究[J]. 中国石油和化工标准与质量，2023，43(06)：170-172.
[5] 于志刚，周振宇，葛嵩，等．海上高温油田电缆永置智能分注工艺研究与应用[J]. 石化技术，2022，29(06)：90-92.
[6] 王东，王良杰，张凤辉，等．渤海油田分层注水技术研究现状及发展方向[J]. 中国海上油气，2022，34(02)：125-137.
[7] 王立苹，罗昌华，杨万有，等．海上油田斜井同心边测边调分注技术改进与应用[J]. 中国海上油气，2014，26(05)：83-85+91.
[8] 孟祥海，陈征，蓝飞，等．无缆智能配水器流量测试系统的优化与改进[J]. 北京石油化工学院学报，2021，29(02)：19-23.

作者简介：刘长龙(1981—)，高级工程师，中海石油(中国)有限公司天津分公司渤海石油研究院，研究方向：油气田开发开采。E-mail：liuch17@cnooc. com. cn；联系电话：022-66501173。

库车山前连续油管气举排水工艺技术应用

孔婦娥[1]　景宏涛[1]　彭建云[1]　涂志雄[1]　于小童[1]　刘文超[2]　马　斌[3]

（1. 塔里木油田油气工程研究院；2. 塔里木油田克拉采油气管理区；
3. 吐哈油田工程技术研究院）

摘　要　塔里木油田库车山前裂缝性致密砂岩气藏见水问题突出，严重影响气田高效开发。库车山前气井井深（8000m）、温度压力高（190℃）、矿化度高（160000mg/L），CO_2分压超1MPa、普遍出砂、结垢、管柱结构复杂，电泵、泡排、柱塞气举、常规气举等排水采气工艺效果不佳。针对库车山前气井排水采气工艺难题，结合地层、压力、流体、完井井况等参数，创新形成了不动管柱连续油管气举排水配套工艺技术，同动管柱作业相比，单井节约作业费用1000万元及以上，截至目前在库车山前已应用10井次，日均排水量175m^3，排水效果较好，该工艺具有较好的推广应用前景，助力有水气田安全高效低成本开发。

关键词　连续油管　井口悬挂　排水采气　库车山前

塔里木库车前陆盆地是我国天然气增储上产的重要基地和西气东输主力气源地，其安全高效开发对保障国家能源安全意义重大。但盆地油气藏埋深6000~10000m，储层温度高达190℃，矿化度高（160000mg/L），CO_2分压超1MPa，普遍出砂、结垢、管柱结构复杂。截至2023年6月底，库车山前总井数285口，其中见水井105口，日产水8073t，见水井开井70口，见水井开井率66.67%。库车山前见水问题突出，严重影响气田稳产，开发效果逐年变差。

1　库车山前排水采气工艺技术应用现状

排水采气是解决气井积液问题、实现气田稳产和效益开发的关键技术，2018年以前塔里木油田试验了泡沫、常规气举、柱塞、电泵、涡流、速度管等工艺，总体效果较差。2018年后山前气藏开展了高低压自喷带水、常规气举、电泵、连续油管排水措施，取得一定效果。

电泵排水工艺库车山前共有5口井开展过电泵排水现场试验（表1），仅XX-604井正常运行，日平均排水100t，其他井因地层出砂、出泥等原因，导致电泵不能正常运行。XX-204井重新作业后下入常规气举管柱，XX-201井电泵故障停泵，XX-2-13井、XX-203井改为连续油管气举排水工艺。通过分析，库车山前深层电泵工艺适应性差，主要原因如下：①受掏空深度影响、碳钢套管腐蚀影响（CO_2、高矿化度地层水），后期套管壁厚减薄后剩余强度将低于抗外挤要求；②目的储层含泥质成分，地层有出砂风险，生产过程中存在电泵堵塞风险；③若后期气液比可能升高，电泵适应性变差。

表 1　库车山前电泵井应用情况

井号	电泵型号	作业日期	运行情况	备注
XX-604	$150m^3$/d-3000m-150℃	2019.8	正常运行	正常排液
XX-201	QYBD1 型 46～$150m^3$/d/2500m	2020.2	电泵故障已停泵	低压自喷排液
XX-2-13	$250m^3$/d-2500m-150℃	2020.6	—	试抽供液不足，检泵作业发现防砂管外壁附有油泥，最后一根沉砂管积满泥砂、电缆等杂物
	$100m^3$/d-3000m-150℃	2020.7	停泵关井	供液不足
XX-203	$250m^3$/d-3000m-180℃	2019.9	停泵关井	第一次下入的电泵过载停机，起出电泵后现场解泵，上节泵盘轴不动，砂卡死，泵出口有砂堆积，下节泵盘轴不动卡死，油气分离器吸入口盘轴不动，吸入口有锈皮、砂
XX-204	$200m^3$/d-2500m-150℃	2020.7.10	—	检泵发现电泵吸入口有胶皮、垢、毛毡等杂物，双皮碗封隔器下部 5 根油砂过滤器筛网孔眼被堵死

常规气举排水工艺适用于水淹井，井底积液严重的井，工艺成熟，可靠性高，可满足后期动态监测的需求，但生产套管需重点考虑 CO_2 腐蚀和套管抗外挤强度要求。排水井注入气为湿气，天然气中 CO_2 含量平均值为 1.357%(mol/mol)。气举阀以上油管为 CO_2 和多相流腐蚀环境，CO_2 分压为 0.27MPa；气举阀以下为高温 CO_2 腐蚀环境，CO_2 分压为 1.06MPa。通过分析其他区块气举管柱腐蚀案例表明：①油管柱腐蚀重点部位为气举阀以上碳钢油管段，油管内壁呈多相流腐蚀形貌；②碳钢油管接箍存在局部腐蚀，说明气举阀以上 CO_2 湿气腐蚀环境下的碳钢套管段也存在腐蚀风险。XX-204 井 2020 年 10 月下常规气举管柱排水，低压带水生产，油嘴开度 36%，油压 2.00MPa 左右，日产液 250t 左右；2022 年 1 月 19 日开井排水，油嘴开度 1%，日排水 2.23m^3，油压 1MPa。图 1 为 XX-204 井常规气举生产曲线。

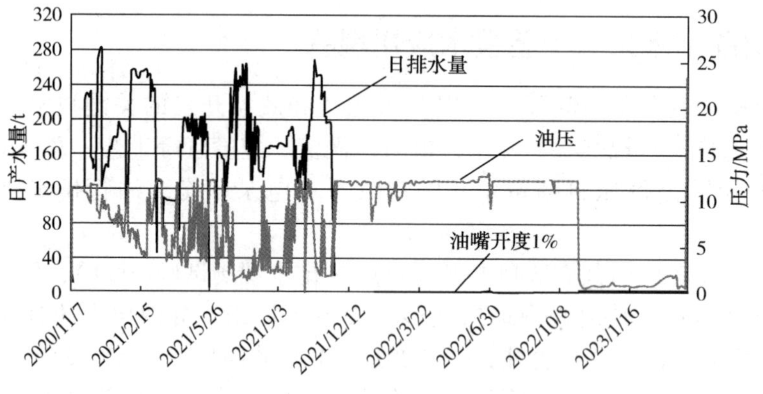

图 1　XX-204 井常规气举生产曲线

采用电泵、常规气举排水工艺，生产套管长期暴露在 CO_2 地层水环境下，存在腐蚀，若高压盐水段套管腐蚀减薄，挤毁风险高，且井筒中缺少环空保护液的保护，会进一步加大套管被挤毁的风险(在大修过程中发现 XX-2 井、XX-201 井、XX-2-2-20 井等井生产套管出现套损)，因此综合考虑保护井完整性屏障因素，不推荐塔里木油田深层气井采用电泵、常规气举工艺技术。

2 连续油管气举排水采气工艺技术在库车山前应用

2.1 连续油管气举必要性分析

库车山前油气藏埋深6000～10000m，储层温度高达190℃，矿化度高(160000mg/L)，CO_2分压超1MPa，普遍出砂、结垢、管柱结构复杂。库车山前排水采气工艺选择需重点关注套管生产碳钢套管腐蚀和套管外高压水层或盐膏层对套管的挤毁。结合库车山前区块的地层(堵塞)、压力、流体(高温CO_2和高矿化度地层水)、完井井况等参数(表2)，明确以不动管柱连续油管气举为主的排水工艺。连续油管气举工艺技术因工艺简单[1~6](图2)、不受井深、井斜限制，适应性广、排量能满足配产要求，不动管柱直接下入连续油管等优势明显，同时可有效保护生产套管，对出砂工况有较好的适应性，具有广泛的应用前景。

表2 连续油管气举必要性分析

主要原因		表现形式
堵塞问题	钻井液、修井液堵塞	钻井、修井期间漏失的钻井液、修井液等在电泵的强抽吸作用下易进入井筒，堵塞电泵过滤器、吸入口、叶导轮流道等
	地层出泥、砂堵塞	储层普遍是砂泥岩互层，泥岩遇水将出现软化、泥化的现象，泥质极易堵塞电泵流道
		存在出砂风险，地层见水后将加剧出砂，电泵对砂的适应性较差
	垢堵	气井见水后，结垢的风险较大，在井周、井筒均存在结垢风险，电泵排水无解垢通道
井完整性屏障受损		电泵、常规气举排水，套管长期暴露在CO_2地层水环境下，存在腐蚀，若高压盐水段套管腐蚀减薄，挤毁风险高，且井筒中缺少环空保护液的保护，进一步加大了套管被挤毁的风险
作业费用高		超深高温高压气井大修作业难度大、周期长、费用高，采用转电泵或常规气举排水，作业费用高

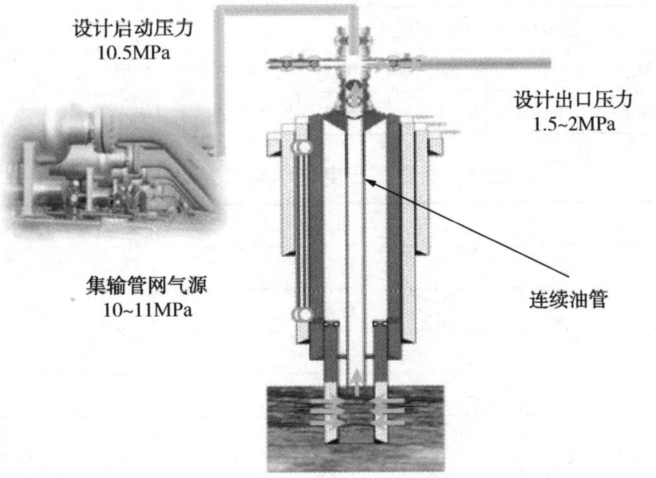

图2 连续油管气举原理示意图

2.2 连续油管井口悬挂器

连续油管悬挂器应按照 API Spec 6A 设计制造。悬挂器的密封应至少采用 1 道金属密封 +1 道非金属密封，可参照图 3。悬挂卡瓦应采用双向卡瓦，锁定连续油管，可实现防下落及上顶；悬挂卡瓦悬挂力及防上顶的吨位应满足连续油管气举的工况需求。同时要求连续油管悬挂器通径应不小于采(油)气树的主通径，同时应与选用的连续油管尺寸相匹配。悬挂器的额定工作压力应不小于该井最高关井压力和最高施工压力两者较大值。

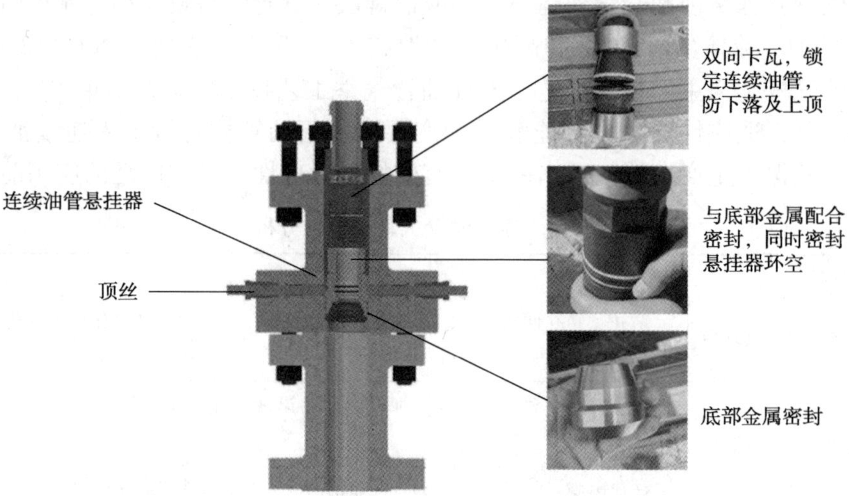

图 3 连续油管排水采气井口悬挂器结构示意图

2.3 入井连续油管材质的选择

通过对 2205 双相不锈钢连续油管进行 SSCC 实验、高温高压电化学腐蚀实验及氯化钙应力腐蚀实验(表 3)。实验结果表明：SSCC 试验后，试样未发生断裂，表面无裂纹存在；电化学腐蚀实验后，试样表面光滑，有金属光泽；氯化钙应力腐蚀实验后，在 48h 40%氯化钙应力腐蚀浸泡试验后未发生开裂，高温高压电化学腐蚀实验结果见表 4。

表 3 SSCC 试验模拟工况

模拟地层水/(mg/L)								H_2S/MPa	CO_2/MPa	总压
K^++Na^+	Ca^{2+}	Mg^{2+}	Cl^-	SO_4^{2-}	HCO_3^-	总矿化度	水型	0.15	1.76	10
26919	28833	4684	105982	0	667	167239	$CaCl_2$			

表 4 高温高压电化学腐蚀实验结果

材质	部位	平均腐蚀速率/(mm/a)
2205 直管	母材	0.0042
	焊缝	0.0034
2205 弯曲变形后	母材	0.0034
	焊缝	0.0050
CT80	母材	1.3642
	焊缝	1.0789

备注：套管腐蚀评价实验方案要求：在模拟环境中油管用碳钢及低合金钢的平均腐蚀速率≤0.254mm/a，高合金及不锈钢的平均腐蚀速率≤0.127mm/a。

考虑 CO_2腐蚀，连续油管气举入井管柱推荐采用 2205 双相不锈钢连续油管。故入井连续油管应具备如下要求：

（1）材质要求：2205 双相不锈钢。

（2）尺寸及长度要求：1.5in 及以上连续油管，长度满足下入深度及地面滚筒安全余量的要求。

（3）强度要求：连续油管强度必须满足 A 井长期排水要求，且施工设计必须对连续油管强度进行校核。

（4）气源压力：要求满足长期气举注入的要求。

（5）连续油管底部带泵出式球座。

2.4 连续油管气举下深

在不同的地面注气压力与连续油管下深条件下，连续油管气举的最大排液量为 600m³/d，下深超过 4000m 后注气压力明显增大，因此建议连续油管下深不超过 4000m（图 4）。

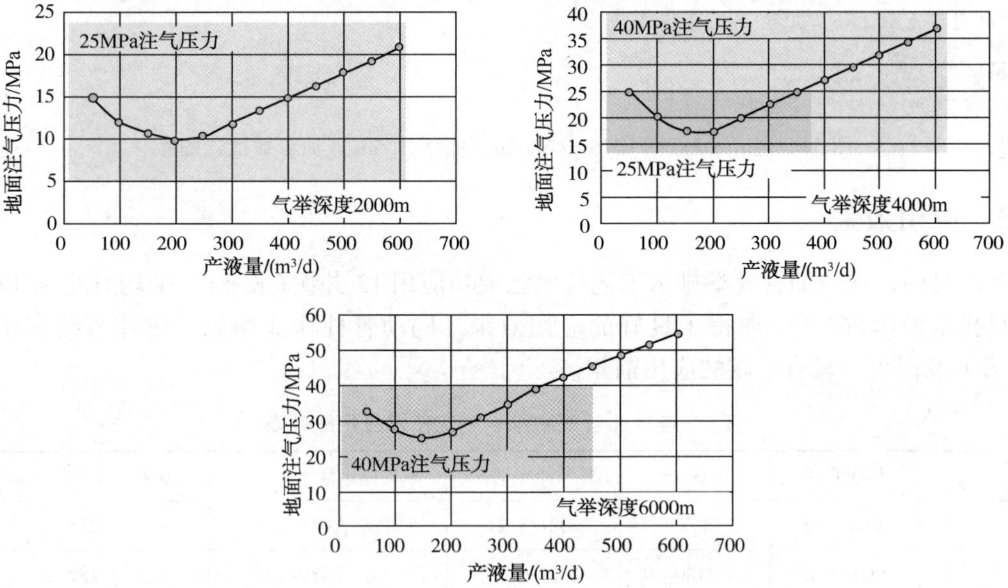

图 4　连续油管气举产液量–地面注气压力的关系

2.5 连续油管气举参数优选图版

气举参数优选图版需要考虑不同的井筒条件和储层产出能力等参数[7]，因此需要通过计算不同油管组合、不同产液指数、不同油管尺寸、不同连续油管下深条件下对应的产液量、注气量等参数建立参数优选图版（图 5）。为了提高图版的可绘制性，在绘制每一组参数的气举特性时，从特性曲线上选取最优的注气量作为图版绘制参数，这样可以降低图版绘制过程中的参数数量。气举特性曲线最优注气量的选择遵循产能发挥率与气举效率最优的选择，以增加单位注气量后至少增加最大无阻流量 1%的产液量为选择条件，优选注气量与产液量。

连续油管气举参数优选图版具体步骤：①拟合气井产液指数，确定预计排液量；②确定相应的最优注气量；③确定相应的连续油管下深；④根据连续油管下深与对应的产液指数确定地面注气压力。

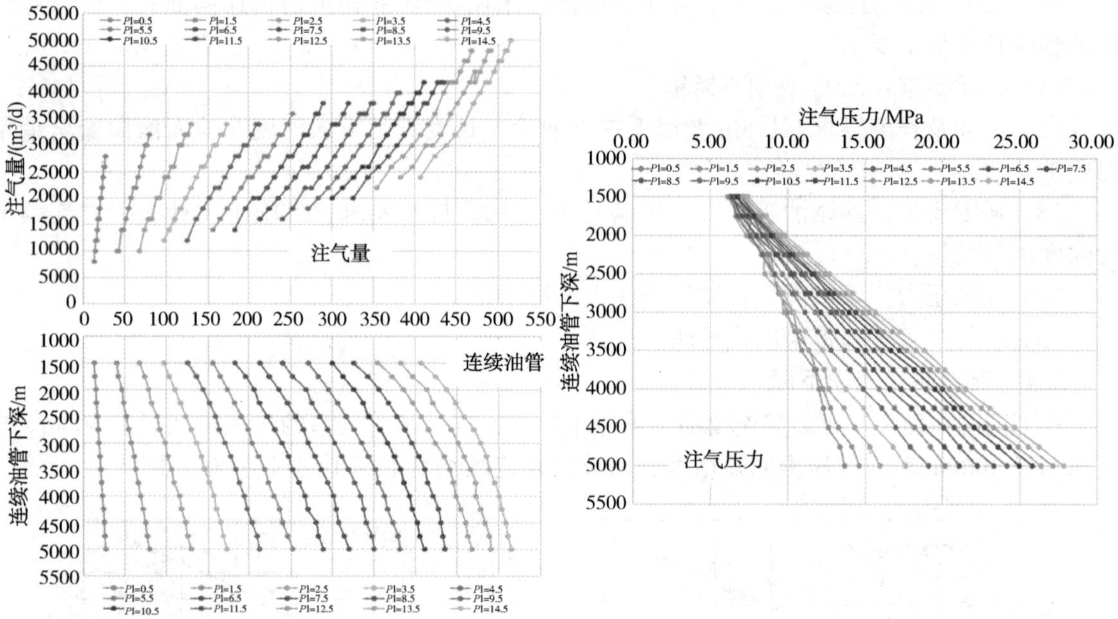

图5　4½in(2000m)+3½in(5000m)油管-1.5in连油参数优选图版

3　应用效果

截至目前，连续油管气举排水工艺技术已成功应用13井次(表5)，平均日排水175m^3，最大日排水量达566m^3，取得了良好的应用效果。同动管柱作业相比，单井节约作业费用1000万元及以上，具有广阔的应用前景。

表5　连续油管气举排水工艺技术应用统计表

井号	作业时间	下深/m	开井排水时间	平均排水量/(m^3/d)	最大日排水量/(m^3/d)
XX-2-2-5	2021/3/3	3000	2021/8/21	110	255.6
XX-2-1-7	2021/3/18	2180	2021/9/25	166	182.2
XX-2-2-3	2021/3/12	2650	2021/9/24	24	84.4
XX-801	2021/8/11	2000	2021/11/10	172	511.6
XX-802	2021/8/15	2000	2021/11/1	254	539.4
XX-101-3	2022/5/31	1500	2022/6/1	193	416.3
XX-101-5	2022/6/6	1573	2022/6/7	121	374.76
XX-241	2022/7/22	1950	2022/7/29	350	566.6
XX-902	2022/8/12	2000	2023/4/9	130	337
XX-2-12	2023/04/03	2000	2023/4/25	264	364.8
XX-8-9	2023/06/04	2000	2023/6/6	45	68.53
XX-241-2	2023/05/22	2000	2023/6/2	224	233.36
XX-505	2023/5/12	1500	2023/5/14	172	321.24

4 存在问题及改进方向

试验虽然总体取得了较好的效果，但仍存在一些问题。连续油管气举排水广泛应用急需解决启动压力高，注气点单一，地面成本高等问题。因此后续需攻关形成连续油管+气举阀排水工艺，实现不同产液量下注气深度的变化。采用管网气直接气举，优化地面配套，减少地面投资。

参 考 文 献

[1] 钟宝库，简家斌，何秀萍，等. 海上产水气井速度管柱排采工艺改进与实践[J]. 石油机械，2018，46(5)：54-59.

[2] 赵彬彬，李丽，白晓弘，等. 水平井速度管柱排水采气技术研究与试验[J]. 石油机械，2018，46(1)：88-91，99.

[3] 邓丹，赵卫军. 制氮车连续油管气举排液技术在苏里格气田的应用[J]. 石油化工应用，2012，31(9)：81-84.

[4] 张奉喜. 连续油管气举排液技术在滩海石油勘探开发中应用[J]. 钻井液与完井液，2011，28(1)：48-50.

[5] 何银达，李旭，秦德友，等 . 连续油管热洗解堵清蜡工艺在 YM17-1 井的应用[J]. 油气井测试，2008，(03).

[6] 李生莉，戚树森，吴太平 . 连续油管在采油工艺中的应用[J]. 河南石油，1998，(06).

[7] 贺会群，明瑞卿，芮群英，等. 连续管排水采气井两相流压降模型评价及优选[J]. 石油机械，2018，46(10)：49-54，59.

第一作者简介：孔嫦娥，女，湖北荆州人，塔里木油田油气工程研究院，高级工程师，主要研究采气工艺技术。地址：新疆库尔勒市塔指东路塔里木油田研发中心，邮箱：kce-tlm@petrochina.com.cn，电话：13779670294。

连续管缆投捞式非常规人工举升技术研究

葛　嵩[1]　范远洪[1]　于志刚[1]　吕　赟[1]　周振宇[1]　李新妍[2]

[1. 中海石油(中国)有限公司湛江分公司；2. 中海油能源发展有限公司工程技术湛江分公司]

摘　要　海上无修井机平台依赖钻井船修井，费用高，时效慢，亟待具有低成本、安全性高、快速扶井的技术的推广和应用。连续管缆投捞式非常规人工举升技术，采用特质动力电缆集成的连续管缆，可不压井下入电潜泵，配合管缆提升装置，可完成快速起下电泵，解决了海上油田检泵作业周期长，储层敏感压井污染等问题。同时相比钢丝投捞式非常规技术，无湿接头结构，管柱更简单，作业风险低，更适用于海上无修井机平台作业。

关键词　连续管缆　非常规　无修井机平台　钢丝投捞

南海西部油田目前无修井机平台共有 15 座，生产井 154 口，约占南海西部总井数三分之一。后续海上无修井机平台将按照每年 2 座左右增加，井数约每年增加 15 口。无修井机平台油藏多为复杂断块油藏，井况复杂，修井频率高。由于缺少修井机，往往受限于钻井船资源，存在修井时效慢、修井费用高的问题。目前虽然探索过液压举升装置、钢丝投捞电泵等非常规作业技术，但均存在技术局限性，无法大规模推广[1~3]。为了实现无修井机平台迅速检泵复产，开展了连续管缆投捞式非常规人工举升技术研究和应用，针对复杂井况和无修井机平台特点对管柱和井下工具结构进行了优化设计，并在南海西部涠洲 11-1A 平台 X 井进行了应用[4~6]。

1　工艺结构及原理

1.1　工艺结构

连续复合管缆电泵举升工艺井下管柱由完井下入的生产套管、修井下入的连续管缆复合生产套管和地面井口系统组成。生产套管一般为 9⅝in 套管。连续管缆复合生产套管由外层管柱和内层管柱组成。外层管柱由下至上由定位封隔器、插入定位密封、深井安全阀、液控滑套、短接和 7in 套管组成。生产外管柱上部连接油管挂，下部通过定位密封插入定位封隔器。定位封隔器下入到储层段上部，插入密封连接定位封隔器，形成屏障，隔离储层油气。油气经深井安全阀、液控滑套、短接进入 7in 套管内部，由内层管柱举升到地面。深井安全阀和循环滑套均由液控管线控制，液控管线内置于套管管线护罩内。内管柱由井口悬挂密封器、连续管缆、连续管缆连接器、安全接头、多功能生产封隔器和电泵机组构成。连续油管外为壁厚 0.145in CT90 钢，刚性强，下深不受井斜限制，内置动力电缆和控制放气阀液控管线，内通道电缆与井液隔绝。多功能生产封隔器上部管缆接头，对接连续管缆。中部带有液流转换通道，可提供连续管缆与套管环空生产的出油通道[7]。

连续复合管缆电泵举升工艺井口系统主要由油管头总成，四通，大主阀，采油树(偏心侧），管缆悬挂密封系统+电缆/管线井口密封系统（同心侧）等组成，可在不拆采油树情况下快速起下 ESP 系统，具有结构简单，操作简易的特点。定制的 Y 形采油树分为 3 部分，分别为油管头、采油树和连续管缆悬挂密封及穿越系统。管缆悬挂密封主要实现长期有效悬挂管缆，其上部密封系统有效隔离井内压力，正常生产情况下为长关状态；双向密封设计，实现对其上部系统试压，管缆切割前确保成功隔离井内压力。悬挂密封系统主要作用为匹配整体式电缆穿越和 2 条 1/4in 液控管线穿越。工具整体主要由外筒和内密封穿越两大部分组成。外筒通过法兰与下部分连接螺栓紧固，上部安装外筒压帽螺栓紧固。整体安装完成后通过试压孔试压保证其密封性能。内密封穿越安装与外筒内部通过压块紧固，适配器安装与内密封穿越器主体上端通过适配器压帽紧固，电缆密封是通过盘根密封压紧密封[8]。

1.2 工艺原理

连续复合管缆电泵举升工艺特别适用于海上无修井机平台，首次作业时下入连续管缆管柱，后续需要修井作业时，可依靠管缆提升设备起出内层管柱，无须修井机作业，可节约钻井船作业费用，同时扶井时效高。

施工过程作业中，主要分为以下 5 个步骤：(1)下入连续管缆外层管柱后；(2)刮管洗井；(3)安装专用采油树；(4)连续油管作业下入电泵；(5)坐封封隔器。

生产时，油气进入内层管柱，经电潜泵机组增压后流经多功能生产封隔器，经由液流转换通道，进入内层管柱环空，被举升至井口。

1.3 适用条件

连续复合管缆电泵举升工艺的适用条件如下：(1)一般为正常温度及压力梯度，最大井底压力 35MPa，最高井底温度不超过 180℃；(2)现有或可下入 5½in 或 7in 外管柱，可配备深井安全阀；(3)吊装提升高度满足电泵机组及工具串起下组装要求，额定吊装质量大于工艺任一装备质量；(4)后期生产无卡换层需求。

1.4 技术对比

目前适用于海上无修井机平台的非常规修井技术，除连续复合管缆电泵举升工艺外，电缆投捞电泵技术也有现场应用。二者都可以脱离修井机完成起下泵作业，但在作业难度和安全性上，连续复合管缆电泵举升工艺都具有优势。

在作业难度上，电缆投捞电泵技术封隔器外筒随外管下入，电缆带密封组件插入，通过过盈配合实现密封。过盈配合可靠性差，插入定位操作难度大，失封后使机组无法正常举升井液。泵挂深度需在下外管前确认，无法根据后续生产计划调整泵挂深度。而连续复合管缆电泵举升工艺依靠液控管线控制封隔器坐封及解封，性能稳定、可靠。同时电缆投捞电泵技术泵挂深度需在下外管前确认，封隔器外筒随外管下入后泵挂深度即确定，无法根据后续生产计划调整泵挂深度，局限性较大。

在安全性方面，电缆投捞电泵技术由多层细钢丝包裹动力电缆，刚性弱，下入深度及井斜受限，井斜不超过 45°。井下封隔器出现遇阻遇卡等异常情况，无法应用电缆的强度将封隔器提出。而连续复合管缆电泵举升工艺具有更强的刚性，连续油管内置动力电缆，防止安装过程中出现挤伤，动力电缆不与井液接触，电缆寿命更长。

综上连续复合管缆电泵举升工艺具有更强的适用性。

2 主要配套工具

2.1 连续管缆

连续管缆为本工艺中人工举升系统关键部件，作为作业管柱起下电泵，同时作为控制系统，为井下工具提供液控通道和为电泵系统提供动力，具有良好隔离保护。主要结构为连续油管外，内置电泵电缆线芯(3 根)和 1/4in 液控管线(2 根)。3 根电泵电缆线芯为电泵控制管线，2 根液控管线为封隔器控制管线(图 1)。该结构整体抗挤压能力更强，密封性更好，可以有效避免给井斜对电缆等的磨损，同时可悬挂承载更大质量，可满足井深 3000m 以上的抗拉需求[9]。

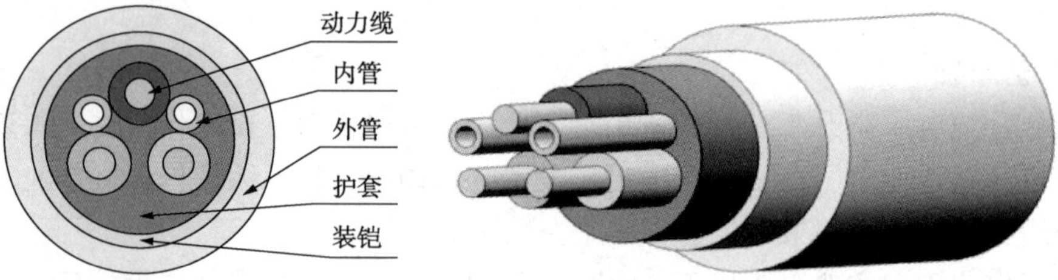

图 1 连续管缆

2.2 连续管缆连接器

连续管缆连接器为连接管缆本体的外卡瓦式连接器(带试压孔)。连接器结构主要由下接头、中接头、上接头、垫环、卡瓦等部件构成(图 2)。连接接头工具为外卡瓦式设计，具有自锁功能，连接可靠，承载负荷高，且双向密封，密封可靠。通过螺纹连接打紧及卡瓦锥度保证工具的锁紧能力，接头连接都是通过螺纹连接，紧固螺钉锁定。

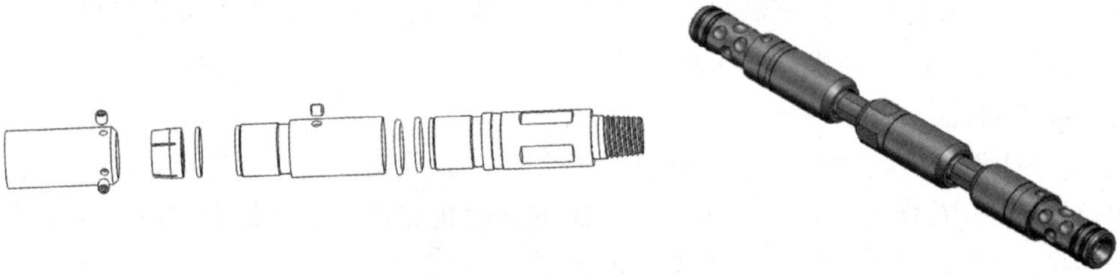

图 2 连续管缆连接器

2.3 多功能生产封隔器

多功能生产封隔器(图 3)起到连接、密封连续管缆，隔离生产套管和产层，转换出油通道，实现从连续管缆与套管环空生产的作用。本体上的穿越通道为连续管缆引出的电缆和液控管线(2 条液控管线和 3 条电缆线芯穿越)。

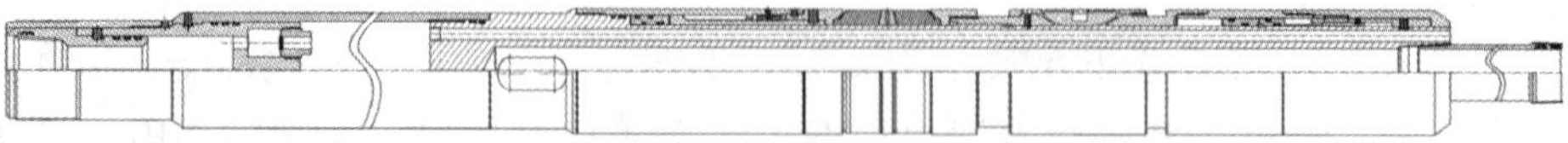

图 3 多功能生产封隔器

通过液控管线在地面打压即可分别坐封，解封时可采用液压解封或通过其上部集成了安全接头应急脱手解封。坐封时依靠连续油管中的液压管线加压，压力经管线传到封隔器，压力达到设定值时，坐封剪钉被剪断，坐封活塞下移，推动锁紧机构中的锁齿套、上下胶筒及隔环下移，剪断上锥体坐封销钉，上锥体下行，撑开卡瓦与套管锚定，继续加压，活塞推行胶筒下移，待压力达到设定值时，胶筒与套管接触，密封油套环形空间，锁紧装置锁紧胶筒。泄压后，由于锁紧机构的缩紧作用，卡瓦仍处于扩张状态，胶筒也处于密封状态。解封时，从井口的液压管线加液压，液压力经管线传到封隔器，坐封剪钉被剪断，坐封活塞下移，锁块释放，实现解封，直接上提起出封隔器。液控解封失效时，上提管柱，上接头的安全销钉剪切，连续油管起出。下入对接工具与封隔器对接接头，上提管柱，解封套上的剪断解封销钉，下锥体向下移，卡瓦收回，实现解封，起出封隔器及其携带的管柱。多功能生产封隔器可匹配目前所有常规 ESP 系统，无需倒置式定制。

封隔器上部连接有液流转换通道，油气进入内层管柱，经电潜泵机组增压后流经多功能生产封隔器，经由液流转换通道，进入内层管柱环空，被举升至井口。

3 现场应用方案设计

3.1 连续管缆选型计算

目标井是南海西部涠洲 11-1 油田 X 井，该井产出流体含 H_2S 10~50ppm，作业天然气中 CO_2 体积含量 2.87%。根据 2021 年 1 月该井投产初期折算压力系数 0.99，7in 尾管挂深度 1500m，压力 11.43MPa，计算 H_2S 分压 5.7×10^{-4}MPa；CO_2 分压 0.328MPa。根据腐蚀图版(图 4)确定材质为 3Cr。

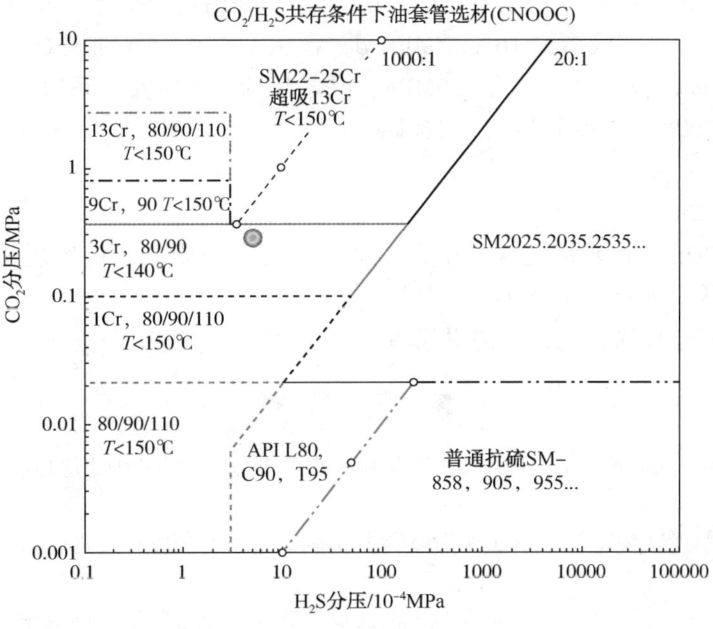

图 4　CO_2/H_2S 共存管材图版

通过下入抗拉模拟(图 5)，上提重量最高 92kN；管柱抗拉 238kN，考虑 80%安全系数实际可操作最大上提力 190kN，可设置丢手过提力 80~90kN。综合以上条件，抗拉强度选择 23.4T，管壁厚选择 0.156in，外径为 1.5in，材质为 2205 的连续管缆。

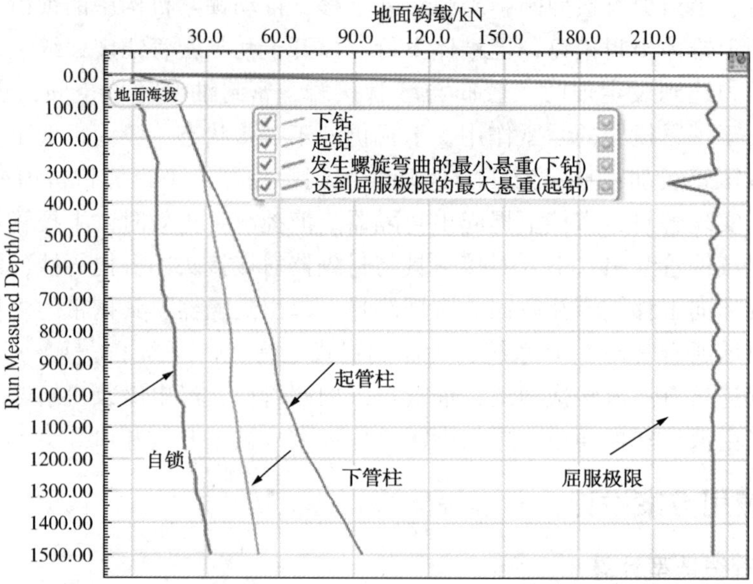

图 5 抗拉模拟分析

3.2 电泵选型计算

WZ11-1-X 井结合井筒条件及井斜数据，建议该井电泵机组泵挂位置为 683.7m。7in 套管悬挂器在 1501m 处。建议泵挂位于 1390m 处，此位置处井斜为 44.01°，狗腿度为 1.48°/30m。预计修井后打开 W3V 油组，与 L1I 上油组两层合采，利用初期折算产液指数 165m^3/MPa/d，测试日产液 400m^3/d，产液指数 165m^3/MPa/d，含水率 60%，气油比 6m^3/m^3，计算结果电泵需要扬程为 556m，吸入口压力为 7.6MPa。保守起见，考虑安全系数 1.2，计算所需地面变压器容量约为 200kVA，变频器约为 160kW。

4 结论

（1）连续管缆投捞式非常规人工举升工艺不受修井机限制，可实现带压作业，费用更低，效率更高，适用于海上无修井机平台。

（2）相比于钢丝投捞工艺，结构更简单，作业风险小，适用性更强。

参 考 文 献

[1] 吴绍伟，何长林，万小进，等．南海西部修井新模式的可行性研究与应用[J]．钻采工艺，2021，44(3)：5.

[2] 刘东旭，李振卫，韩树杰，等．海上平台套管头承载液压举升装置稳定性分析[J]．石油矿场机械，2020，49(6).

[3] 胡振超，葛嵩，王立新，等．液压举升装置的发展及其在海上边际油田的应用[J]．装备制造技术，2021，(2)：4.

[4] 于志刚，张德政，胡振超，等．双电潜泵井封隔式 Y-tool 工具研究与应用[J]．特种油气藏，2022，(003)：029.

[5] 于志刚，宋立志，范远洪，等．无修井机投捞式潜油电泵技术研究与应用[J]．特种油气藏，2021，28(3)：5.

[6] 何长林，万小进，宋立志，等．海上边际油田液压举升修井工艺研究与应用[J]．承德石油高等专科学

校学报，2020，22(5)：6.
[7] 孔德涛，宋吉明，阎兴涛，等．液控滑套工艺在深水完井中的应用[J]．海洋石油，2023，43(1)：25-29.
[8] 李登，崔国亮，郭雯霖，等．海上无修井机平台连续管缆传输电泵井口装置研制与试验[J]．天津科技，2020，47(6)：3.
[9] 杨子，贺智杰，刘国振，等．缆式投捞电泵技术及在海上平台的应用[J]．钻采工艺，2021，44(6)：128-131.

第一作者简介：葛嵩，1992 年，男，辽宁盘锦人，中海石油(中国)有限公司湛江分公司，采油工程工程师，主要从事井筒工艺研究，广东省湛江市坡头区南油二区北部湾楼，E-mail：gesong@ cnooc. com. cn，电话：18249551186。

大数据技术在气井精细管理中的应用探索与实践

杨　智[1]　杨　建[1]　叶长青[1]　魏林胜[2]　唐　唐[1]

（1. 中国石油西南油气田公司工程技术研究院；2. 中国石油西南油气田公司气田开发管理部）

摘　要　页岩气井具有产量递减快、长期产液、低压低产周期长的典型特征，受井筒积液而水淹停产的现象频发，因此，对页岩气井进行精细化管理是气井效益开采的关键，随着气井数量的大幅增加和智能油气田建设的深入推进，采用大数据技术实时掌握气井异常工况、采气工艺介入时机，智能推荐工艺类型是气井精细化管理未来发展的趋势。为此，采用 Pandas、Matplotlib 等数据分析工具，结合专家经验分析，建立了大数据处理工作流与异常工况诊断算法，实现了异常关井、输压超压、油管穿孔的智能诊断与告警；采用 Adaboost 迭代算法、长短期记忆神经网络 LSTM 模型实现了气井积液、停喷智能诊断与预测；基于采气工艺综合评价方法与机器学习 LGBM 算法，实现了柱塞、泡排、气举工艺智能推荐。该技术在现场应用 279 口井，模型平均准确率 72%，降低管理工作量 70%，降本增效效果显著，随着智能诊断模型的持续优化迭代，该技术对页岩气井效益开发的支撑作用将更加显著，也为其他页岩气区块及常规气井的精细化管理提供了很好的参考价值。

关键词　页岩气　大数据技术　智能诊断模型　采气工艺　数字化转型

页岩气作为一种非常规天然气能源，也是一种清洁、高效的能源资源和化工原料，将成为常规天然气资源的重要补充[1]。中国页岩气进入了快速发展的黄金时期[2]，但页岩气的开发生产与常规气有着较大的差异，四川盆地中深层页岩气井具有投产初期产量、压力递减快[3]、长期产液、低压低产周期长的典型特征，受生产制度不合理、压缩机停机、油管穿孔、断裂[4]等地面、井下故障导致井筒积液而水淹停产的现象频发，针对传统管理方法效率低下的问题[5]，采用大数据技术实时掌握气井异常工况，智能推荐工艺介入时机和类型是气井精细化管理未来发展的趋势。大数据关键技术主要包含数据采集、预处理、分析挖掘、数据可视化和应用技术等方面[6]，而目前石油行业中应用在气井管理方面的很多信息化系统主要功能集中在生产监测[7]、阈值报警[8]等方面，智能诊断模型相对缺乏。为此，笔者采用 Pandas 和 Matplotlib 等数据分析工具，优选 Adaboost、长短期记忆神经网络 LSTM 模型、LGBM 等人工智能算法，结合专家经验分析，实现了大数据技术在气井精细管理方面的应用，为四川盆地中深层页岩气井提质增效起到了有力的技术支撑。

1　数据准备及预处理

"大数据"是随着信息时代发展基于传统数据的必然产物，随着数字化油气田的建设和物联网系统的普及，采油气数据量不断的增多[9]，需要利用新的模型和方法才能够处理，同时也需要数据分析工具挖掘出数据潜在价值[10]，采油气大数据处理的一般模式如图1所示。

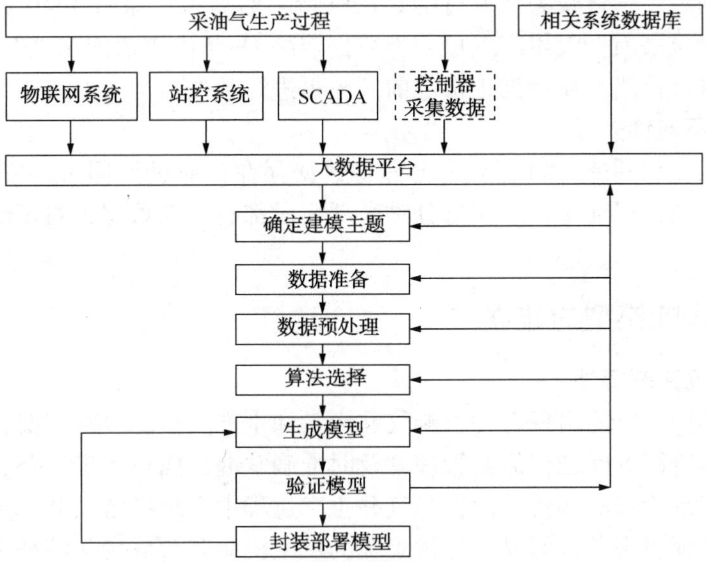

图1 采油气大数据应用模式

1.1 数据准备

用于建立异常工况诊断模型的数据包括静态数据和动态数据两部分，通过在服务器上部署MySQL数据库用于动、静态数据及诊断模型结果数据的存储与应用，静态数据主要包括井筒数据、压裂改造数据，主要用于积液智能诊断与工艺智能优选模型的建立，主要包括中深层页岩气270余口井的压裂数据，278口井的井筒数据，气井相关的生产动态数据存在分散存储、共享应用程度低的问题，因此，采用Java语言结合相关系统数据库数据提取接口协议，实现300余口气井近三年套压、油压、累产气、针阀后压力、节流阀后温度共5个数据点位实时秒级数据访问与历史数据的获取，数据量总计17亿余条。

1.2 数据预处理

在实时数据的应用过程中，通常会出现数据丢失、数据不连续等问题，需要进行预处理，通过Java语言编写处理程序，数据清洗准则如下：

1.2.1 数据有效时间确定

由于不同参数的重要程度不同，选取套压、油压、累计产量这三个重要字段作为基准字段，当三个字段同时不为0的第一条分钟级数据，作为该井的第一条有效数据，其余字段再向后清洗。

1.2.2 压力数据清洗

针对油压、套压、针阀后压力数据出现的异常，对于数值超出[0.0001，40]范围外，数值为“0.9999”的数据，使用前值进行填充，当数据连续1h超出阈值或未能从pSpace数据库中获取到数据时，进行报错，直到数据在正常数据范围内之前不再进行数据清洗。

1.2.3 温度数据清洗

井口温度变化可以表征气井产水动态，针对温度相关数据，由于节流阀前温度和节流阀后温度变化趋势基本一致，选取节流后温度进行清洗，对于数值超出[-10，40]范围外，值为“-20”的数据，值为“0.9999”的数据，使用前值进行填充。

1.2.4　产量数据清洗

针对产量相关数据，使用瞬时产量及日产气量计算值填充数据库，瞬时产量为 pSpace 数据库中当前行的累产气量减去上一行的累产气量，然后乘以系数 1440 进行折算，日产气量为当天累产气量减去前一天累产气量，当数据连续 1h 超出阈值或未能从 pSpace 数据库中获取到数据时，进行报错，在数据正常之前，不再进行数据清洗。

1.2.5　数据不连续处理

由于不同字段在相同的时间点不一定都有数据存在，通过使用 Java 语言编写程序生成一个完整的时间序列，保证每口井在每分钟全部字段都有一条数据，对于缺失的数据使用上一行数据进行填充。

2　大数据诊断模型的建立

2.1　异常工况诊断算法

气井生产过程中，可能出现各种影响气井产量和生产安全的异常工况，从而造成气井生产停滞、生产成本升高等问题，需要管理者及时准确掌握，面对大量气井，采用大数据技术实现自动诊断是精细管理的必要手段，当气井生产过程中出现异常关井、输压超压、油管穿孔异常时，数据特征表现非常明显，异常工况的发生机制和参数变化特征也能较为准确地理解，因此，通过机理模型的准则制度来诊断异常工况的发生是一种较优的选择，机理模型建模思路、算法验证流程如图 2、图 3 所示。

图 2　机理模型建立思路

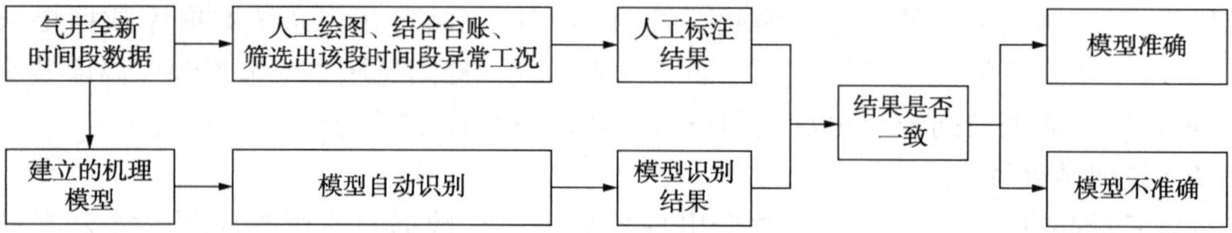

图 3　机理模型验证思路

页岩气平台共用一根输气管线，输气压力短时间上涨对工艺制度的运行影响较大，特别是实施柱塞气举或者间歇生产的气井，需要及时调整工艺制度避免水淹，在页岩气田的开发中腐蚀问题越来越受到关注，细菌腐蚀、二氧化碳腐蚀、冲刷腐蚀等因素导致油管穿孔或者脱断，不仅影响气井正常生产，造成经济损失，也增加了安全风险，需要进行及时发现和处理，井口安全阀自动跳闸关井、地面输气管线检修、人工误操作等情况会导致气井异常关井，关系到井群协调平稳生产和气井安全，需要管理者实时掌握和处理，异常生产特征见表 1。

表 1　异常工况的诊断规则

序号	异常类型	判断规则	规则说明
1	输压上涨	若同一平台下，有两口以上的井满足下列条件：$(P_0-P_{10})/P_{10} \geqslant X$，则认为其出现了输压上涨的情况	P_0 为当前时刻的输气压力 MPa，P_{10} 为当前时刻 10min 以前的输气压力 MPa，X 为上涨幅度

续表

序号	异常类型	判断规则	规则说明
2	油管穿孔或脱断	油套压差的绝对值在连续 H 个小时中，至少有 N 个小时的数值小于等于 X MPa 时	注：表中1、2、3行中 X、H、N、Z、Y 需要通过大数据技术数据特征工程自动获得
3	自喷井异常关井	应当同时满足下列三个条件： ①Z min 内油压增幅超过 X； ②Z min 内，每分钟的套压都比 Z min 前高； ③Z min 内，超过 Y min 出现套压上涨	

通过数理统计方法，从原始数据中提取有用的特征，自动分析得出判断规则阈值，使用 Python 中的 Pandas 进行数据清洗、使用 Matplotlib 数据可视化库批量自动绘制样本特征曲线，结合专家筛选，标记出3种气井生产异常工况338个特征数据段，处理7.4万条数据（表2），各类异常工况典型样本曲线如图4~图6所示。

表2　气井生产异常诊断样本筛选

工况类型	异常特征	异常特征初筛	专家筛选
输压上涨	针阀后压力平台、支线同步上涨	绘制曲线绘制1000余张	150个输压上涨样本数据，共计1.8万余条数据
油管穿孔或脱段	油套压同步变化、油套压差低于正常值	绘制1100张压力曲线，筛选出相似特征样本312个	16口穿孔、脱断井样本数据，共计4.6万余条数据
自喷井异常关井	油压迅速上涨、套压上涨、产量落零	绘制曲线300余张	172个异常关井样本数据，共计1万余条数据

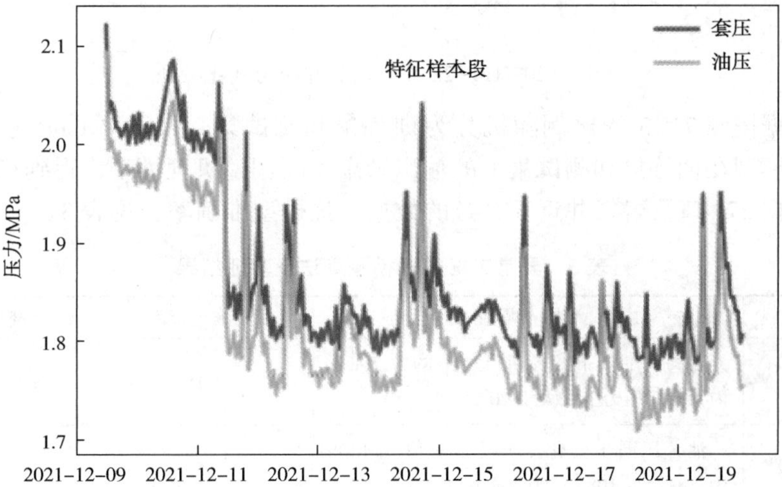

图4　N209H29-4井油管穿孔生产压力变化特征

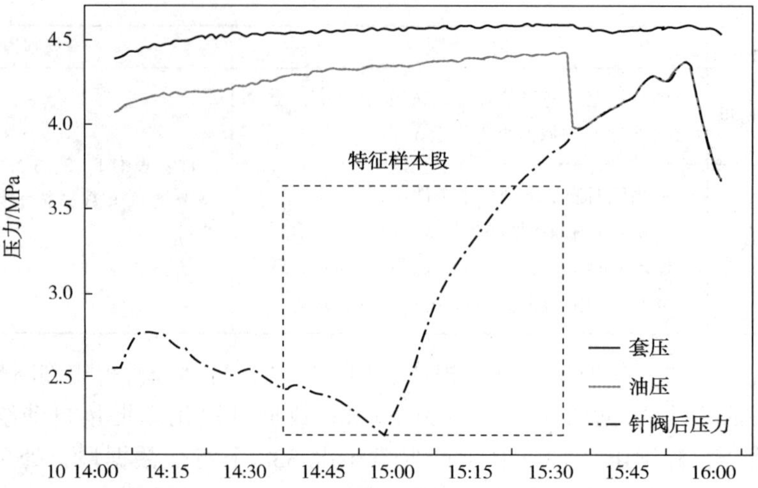

图 5　N209H16B 井输压上涨压力变化特征

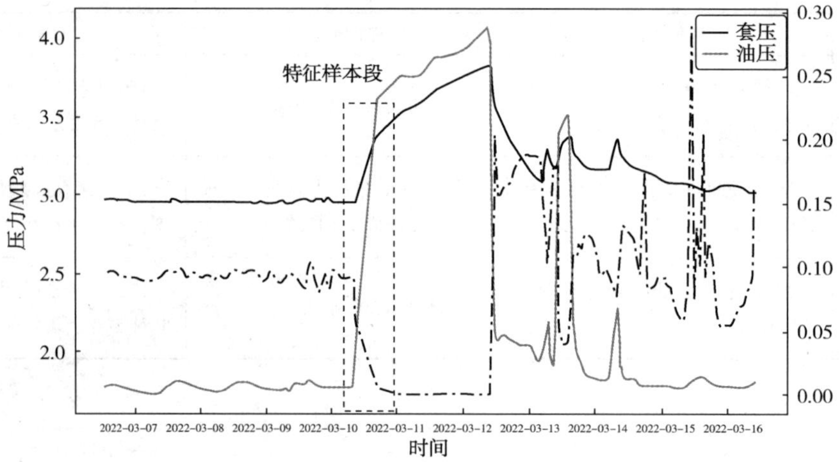

图 6　N209H14-22 井异常关井压力变化特征

将样本数据按照 7∶3 的比例随机分为训练集和测试集，采用 Python 进行数据特征工程，通过机理模型在训练集和测试集上的输出结果不断调整机理模型，得到三类异常工况准则及阈值，根据 279 口页岩气井近 6 个月的数据验证模型准确率，见表 3。

表 3　异常工况机理模型算法及验证结果

工况类型	准则及阈值	模型输出结果/个	模型准确率/%
输压上涨	若同一平台下，有两口以上的井 10min 内针阀后压力上涨大于 20%	18	72
油管穿孔或脱段	油套压同步变化，压差绝对值在 120h 中，有至少 108h 小于等于 0.4MPa	58	74
自喷井异常关井	①油压 8min 上涨超 40%； ②8min 内每分钟套压均大于初始套压； ③8min 内，出现 5min 套压上涨	22	77

2.2 积液与停喷预测算法

当气井产生积液时，数据主要表现为：生产油套压差较大、产气量波动或持续降低、井口温度降低、产液量降低等，积液到一定程度时，将发生停喷，根据生产大数据，采用分类的方法进行数据挖掘可实现积液与停喷预测，分类器是数据挖掘中对样本进行分类的方法统称，其核心是在已有数据基础上构造出一个分类模型，该模型能够把数据库中的数据记录映射到给定类别中的某一个，从而应用于数据预测，目前主要包含随机森林、Adaboost、XGBoost、自编码器等算法[11]。

针对积液判断模型选取随机森林、Adaboost、XGBoost、自编码器等算法分别进行训练，训练过程中采用了 K 折交叉验证，防止部分数据过拟合，而导致模型在实际生产环境中应用时预测效果变差，各类算法的损失值对比见表 4。

表 4 模型损失值对比

序号	模型	损失值	序号	模型	损失值
1	Booststrap	0.0064	4	LightGBM	0.0132
2	随机森林	0.0178	5	自编码器	0.0142
3	Adaboost	0.0047	6	/	/

比较不同模型收敛效果后选择 Adaboost 算法作为最终的输出模型，Adaboost 算法是目前比较流行的一种学习算法，具有较高准确率，积液判断模型输出值为积液严重程度的概率预测值，处于 0~1 之间，越大表明积液程度越严重，反之，表示积液程度越轻甚至未出现积液，模型的输出策略如图 7 所示，预警策略见表 5。

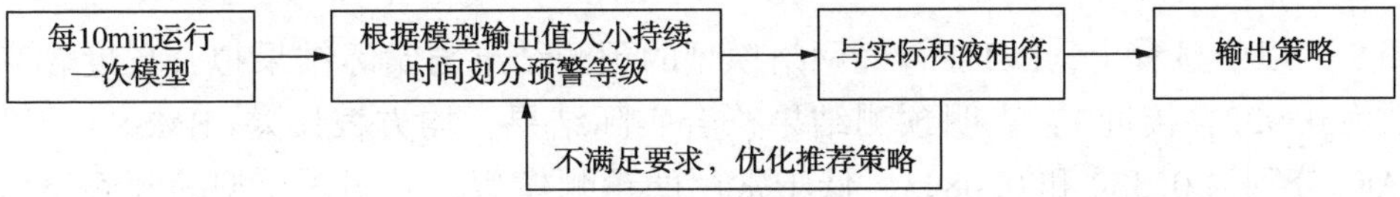

图 7 模型的输出策略

表 5 积液诊断模型的预警策略

模型输出阈值	持续时间/h	预警等级
0.4~0.6	4	轻度积液
0.6~0.8	4	中度积液
0.8~1	4	重度积液

长短时记忆网络(LSTM)是基于循环神经网络(RNN)所提出的一种深度机器学习神经网络，LSTM 神经网络在保留 RNN 神经网络的时序反馈结构和自我学习能力的同时，又具有记忆性和非线性学习能力，能很好地处理长时间序列预测问题[12]。气井水淹停喷会受到多种外部因素影响，同时 LSTM 神经网络模型中越多的相关系数越有利于建立更加精确的神经网络模型，由于现有数据库中可以使用的动态字段数量较少，需对现有的数据进行衍生处理，以提升未来模型的精度，衍生参数设计见表 6。

表 6　衍生参数设计结果

序号	参数名称	序号	参数名称	序号	参数名称
01	油压	06	油压 5 日均值	11	油套压差 5 日均值
02	套压	07	套压 3 日均值	12	油套压差一阶导数
03	油压一阶导数	08	套压 5 日均值	13	核准产量一阶导数
04	套压一阶导数	09	油套压差	14	产量五日调和平均值
05	油压 3 日均值	10	油套压差 3 日均值	15	日均产气量

LSTM 神经网络的模型参数设置如下：滑动窗口大小为 20，动态生产特征数量为 15，隐藏节点数依次为 80、20，最大迭代次数为 200，模型优化器为 Adam 优化器，学习下降因子为 0.5，下降步幅为 10，样本批次大小为 64，初始学习速率为 0.01，参数寻优算法为 Relu 算法，使用 python 进行 LSTM 神经网络模型建模，模型的计算结果如图 8 所示。

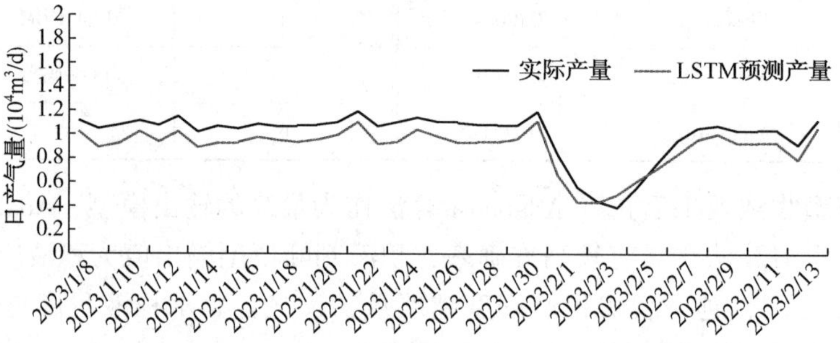

图 8　N209H11-3 预测结果和实际数据对比图

由图 8 可以明显看出，LSTM 神经网络模型的预测结果与实际结果拟合程度较高，模型决定系数为 0.932，接近 1，表明预测结果符合实际结果，均方根误差（RMSE）和平均绝对误差（MAE）分别为 0.332 和 0.0843，低于常用的预测模型，表明该模型的预测误差小，因此，针对气井积液后自喷时间的预测，长短期神经网络模型（LSTM）具有较高准确度，现场应用表明，模型预测准确率为 70%，可用于水淹井停喷预测。

2.3　工艺智能优选算法

页岩气井具有产量递减快、产量受井筒积液影响大的特点，需要及时采取排水采气工艺排出积液，确保气井稳产，传统采气工艺优选普遍存在选井分析工作量大、时效较低、人工成本高等问题，无法满足现场大量的选井分析需求，方法优缺点见表 7。

表 7　选井方法调研总结

序号	工艺类型	分析方法	优缺点
1	传统法	图版法	节省时间、操作性强，所需数据为生产数据；不同区块差异较大需针对区块进行大量统计分析确定特征
2		动态分析法	通过动态分析进行判断，判断结果更符合实际情况；分析工作量大，对于人员经验要求较高
3		数值模拟法	通过数模可有效模拟不同工艺生产状态下的生产特征，可选取更优结果；分析工作量大，预测结果极度依赖所选模型

续表

序号	工艺类型	分析方法	优缺点
4	数学类分析方法	DEA 法	有效结合气井技术指标、经济参数等，结果更优；结果依赖于前期制定评价指标
5		效用函数法	各评价指标无量纲，可将多种因素进行综合评价，结果更优；计算过程较为复杂
6		逼近理想解的排序法	对方案进行排序从而可得各方案的优劣顺序，可有效明确优先等级；计算过程繁琐，且具有较强的主观性
7		灰色关联分析法	可操作性较好，可定量分析各个指标关联程度，计算过程比较繁琐，且结果具有较强的主观性
8		最优线性序法	减少了评判过程中的主观色彩；结果依赖争矩阵，且结果无法有效反映出方案的优劣顺序
9		模糊积分综合评价法	可对各待选方案的优劣程度进行定量描述；待隶属函数的建立较为困难，具有较强主观性
10	,	模糊评判法	可有效明确方案的主控因素，并形成各主控因素的权重集，结果更准确；无法评价备选方案优劣

气井静态参数、气井生产动态参数、工艺参数、衍生数据等与工艺效果存在一定的内在联系，针对这些参数的高度复杂性和非线性，通过机器学习的方法建立预测模型，在进行采气工艺优选前需要首先建立工艺评价指标体系，评价前期工艺效果，优选出样本数据。通过对目前页岩气普遍采用的柱塞、泡排、气举工艺措施井递减率指标的计算，衍生参数设计及正负样本数据准备，模型建立如下：

选取影响工艺效果的相关静态参数、动态参数、工艺参数、衍生数据等特征维度。采用决策树、XGB、LGBM、Catboost 算法，根据不同工艺类型样本数据分别建立不同工艺的优选模型，对比不同算法的收敛效果，选取 LGBM 算法作为最终的输出模型，LGBM 是一种高效、准确、可扩展、灵活的机器学习算法，适用于处理大规模的数据集和高维度的特征，其模型 KS 与 AUC 指标见表 8。

表 8　模型指标

序号	模型类型	*KS* 指标	*AUC* 指标
01	柱塞工艺选井模型	0.9067	0.9901
02	泡排工艺选井模型	0.9258	0.9921
03	气举工艺选井模型	0.8573	0.9797

表 8 中 AUC 指标越大说明分类效果越好，$AUC=1$ 时，模型为完美的分类器；当 $0.85\leq AUC<1$ 时，模型效果很好；当 $0.7\leq AUC<0.85$ 时，模型效果一般；当 $0.5<AUC<0.7$ 时，模型效果较低；当 $AUC=0.5$ 时，跟随机猜测一样(例：丢铜板)，模型没有预测价值。KS 值越高区分度越大。当 $KS\leq0.2$ 时，模型效果很差；当 $0.2<KS\leq0.4$ 时，模型效果一般；当 $0.4<KS\leq0.6$ 时，模型效果较好；当 $0.6<KS\leq1$ 时，模型效果非常好，从模型的 KS 值和 *ACU* 值来看，采用 *LGBM* 模型用于采气工艺优选具有较高的准确率。

模型的输出为工艺优选的概率预测值，当输出结果为 1 时，表示该井完全需要使用工艺；当输出结果为 0 时，表示该井不需要使用工艺，对同一气井分别运行柱塞、泡排、气举工艺推荐模型，根据输出值高低进行工艺优选，现场应用表明，模型预测准确率为 67%。

3 系统开发与现场应用

3.1 功能架构

本系统基于 B/S 架构构建，使用 Python 中 Matplotlib、Pandas 等库进行数据清洗和数据分析，根据建立的大数据诊断模型，采用 Python 语言与 JavaJ2EE 架构相结合的方式，完成系统后端与前端的开发，采气工艺智能管理平台功能架构如图 9 所示。

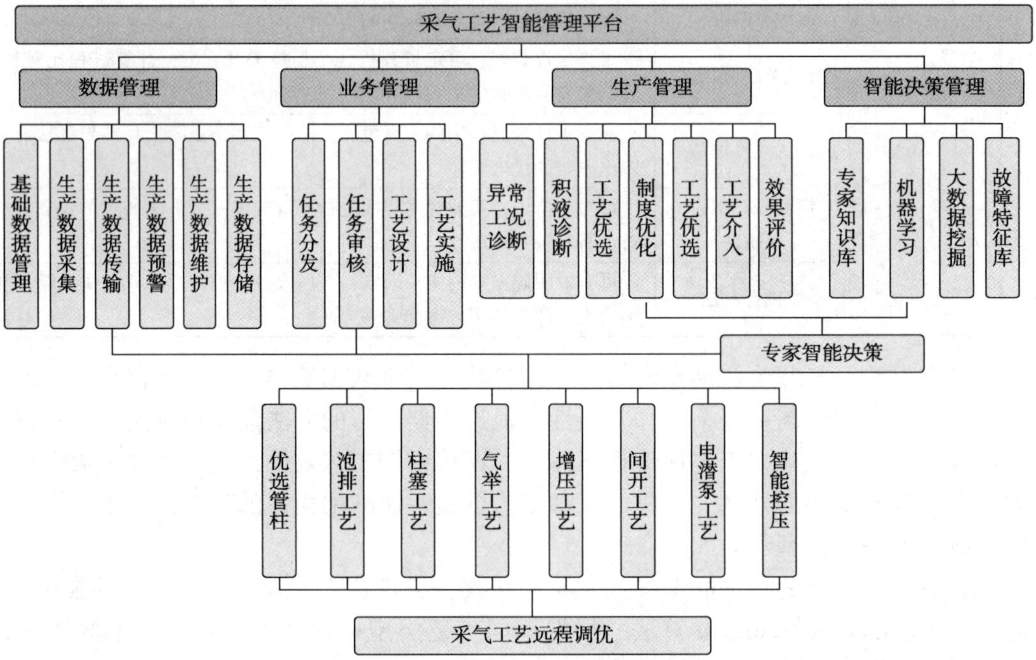

图 9　采气工艺智能管理平台功能架构

3.2 系统运行模式

出于网络安全考虑，各油田公司网络环境一般分为办公网和生产网，生产网环境有大量气井生产实时数据，办公网环境有大量的报表数据，由于单向网闸的存在，部署在生产网的系统办公网无法远程访问使用，而系统用户大多数是处于办公网环境，因此，不利于统一的集中远程管控，为实现工艺多维数据在生产网和办公网之间穿透共享与利用，不同用户群体对系统的使用，系统运行模式如图 10 所示。

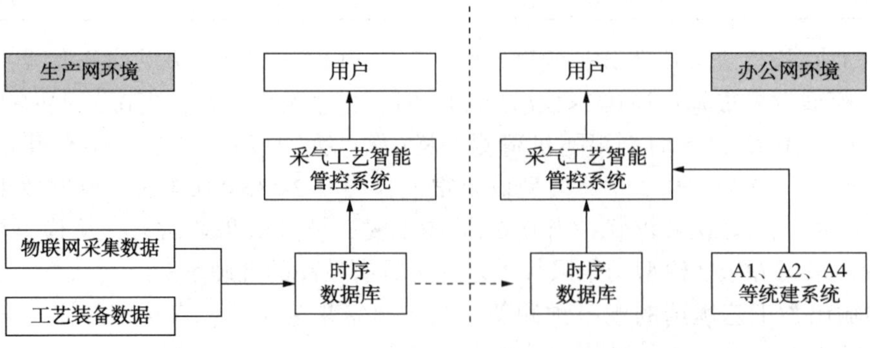

图 10　采气工艺智能管理平台运行模式

工作流程如下：

(1) 数据采集模块将采集到的数据上传至生产网 pSpace 时序数据库，通过 pSpace 时序数据库自动同步到办公网。

(2) 采气工艺智能管理平台数据处理模块对上传的数据进行处理，包括异常工况诊断、积液停喷预测、工艺推荐等。

(3) 采气工艺智能管理平台数据展示模块将处理后的数据以可视化的方式展示，供工作人员查看。

(4) 智能决策结果将反馈至采气工艺智能管理平台数据展示模块，供工作人员查看和确认。

(5) 采气工艺智能管理平台持续监测和处理数据，进行智能决策，实现页岩气井的精细化管理。

3.3 现场应用

在大数据诊断模型的基础上，研发的系统具备气井生产动态实时跟踪、异常工况诊断与告警、工艺智能优选、网络通信与数据质量诊断与告警、设备故障诊断与告警、气井远程控制、工艺效果自动评价等功能，提高了工艺井的管控效率与水平，其中基于大数据技术建立的异常工况智能诊断模块运行界面如图 11 所示。

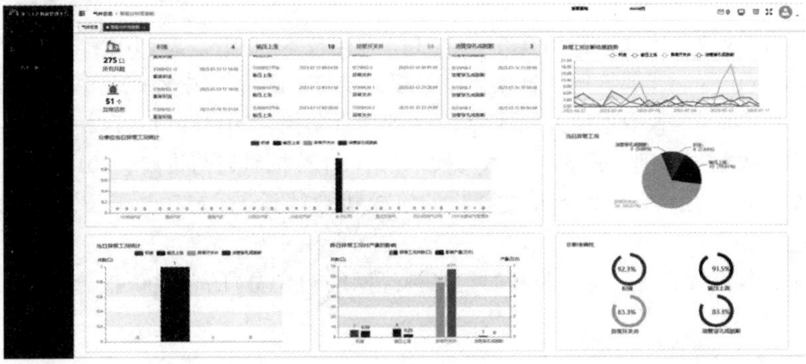

图 11　采气工艺智能管理平台大数据诊断模型运行界面

系统目前已在西南油气田公司全面推广应用，现累计接入气井 2448 口，其中包括未实施采气工艺井 1531 口，工艺井 917 口，总维护产气量达 $7673\times10^4m^3/d$，基于大数据诊断功能模块主要应用于川南中深层页岩气，目前累计接入 279 口，模块上线应用 1 年多以来，智能诊断约 3400 井次，模型平均准确率 72%，现场工作人员根据模型推送结果，对现场异常情况进行处理，降低管理工作量 70%，降本增效效果显著，年经济效益超 500 万元，在管理效益和社会效益方面，系统的推广应用还提升了工艺本质安全，降低了生产数据信息外泄与操作井口的风险，同时也替代了大量现场重复性、危险性工作，改变了传统人工管理模式人员劳动强度大、成本高等问题，实现了采气工艺管理模式由人工管理向智能化管理跨越，为四川盆地中深层页岩气井提质增效起到了有力的技术支撑。

4　结论

(1) 随着气井数量的大幅增加和智能油气田建设的深入推进，采用大数据技术实现气井的精细化管理是未来发展的趋势，也是采气工艺业务数字化转型、智能化发展的有效路径。

(2) 基于大数据技术建立的气井生产异常工况诊断模型、工艺智能优选模型应用准确率达到72%，在现场具有较强的适应性，随着样本数据的增多，其模型准确率将进一步提升，具有很好的推广应用价值。

（3）基于SOA架构与javaJ2EE框架，建成的采气工艺智能管理平台，实现了工艺制度从被动调整到主动调优，采气工艺管理模式由人工管理向智能化管理跨越，降低工艺管理工作量70%，降本增效效果显著，年经济效益超500万元。

参 考 文 献

[1] 杨静，黄静．页岩气田开发步入快车道[J]．天然气与石油，2011，29(03)：10.

[2] 赵文智，贾爱林，位云生，等．中国页岩气勘探开发进展及发展展望[J]．中国石油勘探，2020，25(01)：31-44.

[3] 商绍芬，严鸿，吴建，等．四川盆地长宁页岩气井生产特征及开采方式[J]．天然气勘探与开发，2018，41(04)：69-75.

[4] 钟敏，陈代富，张文娟．气井积液原因及表现形式[J]．中国石油和化工标准与质量，2019，39(20)：176-177.

[5] 成育红，马媛，曹朋亮，等．数字化气田精细气井管理探讨[J]．石油化工应用．2012，31(07)：46-51.

[6] 于荣泽，丁麟，郭为，等．大数据在油气勘探开发中的应用—以川南页岩气田为例[J]．矿产勘查．2020，11(09)：2000-2007.

[7] 韦泽华，周瑾．浅谈数字化气田精细气井管理[J]．石化技术．2018，25(10)：300.

[8] 王旭，王皓，袁剑，等．什邡气田信息化建设管理探索与实践[J]．中外能源．2020，25(02)：27-33.

[9] 陶雪娇，胡晓峰，刘洋．大数据研究综述[J]．系统仿真学报，2013(s1)：142-146.

[10] 孟小峰，慈祥．大数据管理：概念、技术与挑战[J]．计算机研究与进展，2013，50(1)：146-169.

[11] 杨荣利，曹军，张延启，等．基于分类算法的汽轮机故障诊断[J]．电子设计工程，2023，31(9)：68-72.

[12] 王锐，弓剑军，杜洪强，等．基于长短时记忆神经网络(LSTM)的钟差预报算法[J]．宇航计测技术，2022，42(5)：58-62.

第一作者简介：杨智(1983—)，男，四川省遂宁市，中国石油西南油气田公司工程技术研究院，工程师，主要从事排水采气工艺相关工作。地址：(610031)四川省成都市青羊区小关庙后街25号，E-mail：yangzhi008@ petrochina. com. cn，电话：15984684032。

超深稠油井修井液中增黏剂的性能和流变行为评价

田 疆 袁 键

（中国石化西北油田分公司）

摘 要 针对目前无固相修井液中常用增黏剂黄原胶（XG）的抗老化温度较低的问题，研究了生物高分子韦伦胶（WLG）的增黏、耐温、抗盐、抗老化、抗剪切和黏弹性能，并与非离子改性纤维素 MCE 和 XG 的性能对比。研究发现：常温下在清水和盐水中增黏性 MCE 最好、WLG 次之，XG 和 WLG 均表现了盐增稠行为，盐水溶液的表观黏度高于清水溶液；3 种聚合物盐水溶液均显示了优异的耐温和抗高盐性能，WLG 还表现了高温下的温度增稠效应且显示了良好的高温热稳定性，其盐水溶液在 140℃ 老化 16h 后于 $1022s^{-1}$ 时的黏度保留率达 73%。另外，WLG 盐水溶液还表现了很好的假塑性和触变性，质量浓度高于 3g/L 的盐水溶液表现了显著的弹性特征。韦伦胶的上述性能显示其可用作超深稠油井修井液的增黏剂。

关键词 韦伦胶 修井液 耐温抗盐 抗老化 黏弹性

我国新疆塔河油田经过长期开采，有大量超深稠油井需修井作业才能保证油气井的正常生产，大部分井的井深在 6000m 左右[1]，井底温度在 140℃左右。油田为了节约成本和保护储层，目前修井施工现场一般采用高矿化度油田地层水作为修井液，或在油田地层水中添加可溶性无机盐或清水，以调节无固相盐水的密度。但无固相盐水修井液因无增黏性而漏失严重，对于定容特征明显的裂缝-溶洞性油井，盐水的大量漏失使得地层憋压，二次压井困难。为了减少修井液在井底的漏失，提高修井液的冲砂携岩性能，在盐水修井液中添加水溶性聚合物，以提高修井液的增黏性能[2~4]。目前油田广泛应用的聚丙烯酰胺类聚合物不宜用作超深稠油井修井液的增黏剂，主要因为线型聚合物在高矿化度盐水（高于 50g/L）中分子链卷曲而聚集沉淀析出（图 1），其抗老化温度也低于 100℃[5~7]，无法满足施工要求。因此，耐高盐的非离子改性纤维素（MCE）和黄原胶（XG）常用于无固相修井液的配制，而非离子改性纤维素的应用温度低于 100℃，黄原胶的热稳定性更强，对修井作业工具也具有良好的润滑性，但在井底温度高于 120℃的高温油井下会发生严重降解，溶液黏度急剧下降[8,9]。针对修井液中增黏剂存在的上述问题，本文研究了生物高分子韦伦胶（WLG，又称作韦兰胶或威兰胶）用作无固相修井液中增黏剂的相关性能。

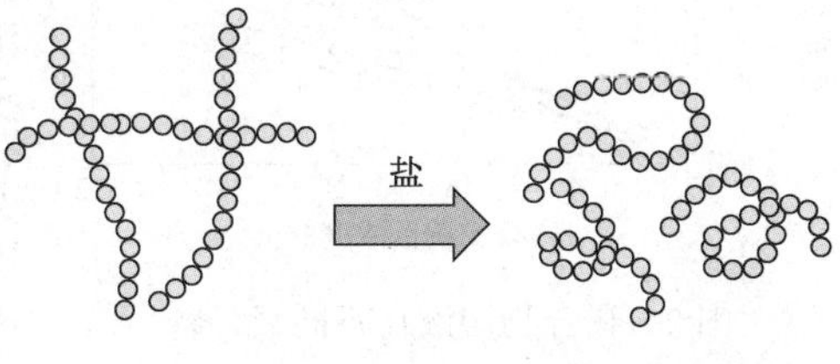

图 1 合成增黏剂在盐水中的盐效应示意图

1　聚合物溶液性能测试实验

1.1　实验设备

1.1.1　实验材料

非离子改性纤维素(MCE)，固含量95.7%，相对分子质量1.32×10^6；黄原胶(XG)，固含量93.2%，相对分子质量1.68×10^6；韦伦胶(WLG)，固含量94.5%，相对分子质量2.47×10^6；氯化钠、氯化钙和亚硫酸钠均为化学纯；去离子水。

1.1.2　实验仪器

HAAKE MARS-Ⅲ型流变仪，XGRL-4A型热滚炉。

1.2　实验方法

1.2.1　聚合物溶液的制备

制备聚合物溶液，把5.29g韦伦胶慢慢倒入在搅拌中的500mL清水里，然后继续搅拌，直至完全溶解，溶液中应没有未溶解的“鱼眼”，得到10g/L WLG清水溶液。加入一定量的清水稀释10g/L WLG清水溶液，得到聚合物浓度低于10g/L的WLG清水溶液，在WLG清水溶液中加入一定量的盐，则可得到相应盐浓度的WLG盐水溶液。MCE和XG清水溶液及盐水溶液的制备方法与前述相同。

1.2.2　聚合物溶液的性能测定

采用流变仪测试聚合物溶液的溶液性能和流变性能，用Z41 Ti测定增黏、抗盐、耐温和抗老化性能中的表观黏度，使用C60/2°转子测定文中的抗剪切性能和黏弹性能，剪切速率为$0.1\sim250s^{-1}$，角频率为0.1~250rad/s，采用循环硅油来控制测试温度。用热滚炉在不同温度下老化聚合物溶液16h，以此测定聚合物溶液的抗老化性能。

2　实验结果分析

2.1　不同聚合物的增黏性能对比

图2显示了3种聚合物在清水和220g/L NaCl盐水中的表观黏度与聚合物质量浓度的相互关系，剪切速率γ为$50s^{-1}$，测试温度为30℃。因塔河油田使用的修井液密度为$1.14g/cm^3$左右，考虑到聚合物浓度对溶液密度的影响，将NaCl浓度定为220g/L；考虑修井液在油井环空流动时的剪切速率为$50\sim250s^{-1}$[10]，剪切速率定为$50s^{-1}$。从图2中可见，随着聚合物质量浓度的增加，3种聚合物的表观黏度在清水和盐水中均有明显的升高，其中非离子改性纤维素MCE在清水和盐水中的增黏幅度最大，黄原胶XG的增黏幅度最小；当质量浓度高于6g/L时，在同样浓度下，MCE清水和盐水溶液的表观黏度均高于XG和WLG；不同浓度下，盐的加入使MCE水溶液的黏度有所降低，而XG和WLG在盐水溶液中的黏度均分别高于其在清水溶液中的黏度，均表现了盐增稠效应，也就是盐的加入不但没有使这2种聚合物溶液的黏度降低，反而使溶液黏度上升。当聚合物的质量浓度均为10g/L时，WLG、XG和MCE在220g/L NaCl盐水溶液中的表观

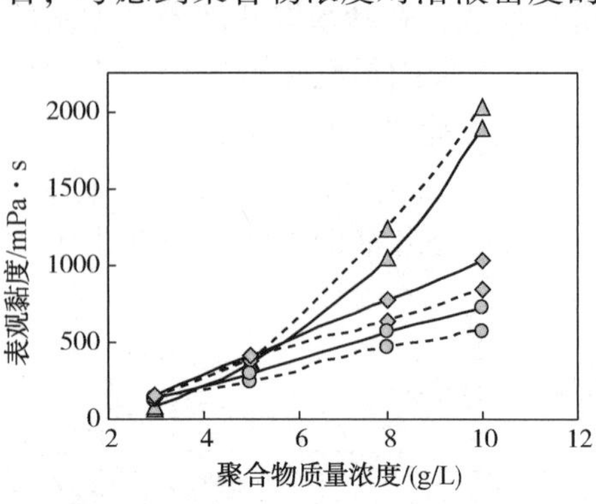

图2　聚合物溶液在不同聚合物质量浓度下的表观黏度

实线—220g/L NaCl溶液；虚线—清水；△—MCE；◇—WLG；○—XG

黏度分别为 1039mPa·s、723mPa·s 和 1882mPa·s。结果表明，高浓度盐的加入更有利于聚合物聚集态超分子结构的形成，不会使 XG 和 WLG 溶液的黏度损失。

2.2 不同聚合物的抗盐性能对比

当质量浓度均为 10g/L 时，3 种聚合物的盐水溶液在不同 NaCl 和 $CaCl_2$浓度时的表观黏度如图 3 和图 4 所示，剪切速率为 $50s^{-1}$，测试温度为 30℃。随着 NaCl 浓度的增加，MCE 盐水溶液的黏度略有下降，而对于 WLG 和 XG 清水溶液，在其中加入 10g/L NaCl 后，溶液的黏度不仅没下降，反而明显上升，表现了盐增稠效应，且盐水溶液的黏度在 10~240g/L NaCl 浓度范围内基本不变。3 种聚合物在 $CaCl_2$ 盐水溶液中表现了与 NaCl 相似的抗盐行为，显示了优异的抗高 Ca^{2+} 离子性能。结果显示，3 种聚合物均具有良好的抗盐性能，能适应宽的高 NaCl 和 $CaCl_2$浓度范围，但 WLG 和 XG 的抗盐性能更好，而且在同样的聚合物和盐质量浓度下，WLG 的表观黏度高于 XG。WLG 和 XG 的抗高盐性能说明这 2 种生物高分子在高盐溶液中仍具有伸展的分子链构象和良好的聚集态结构。

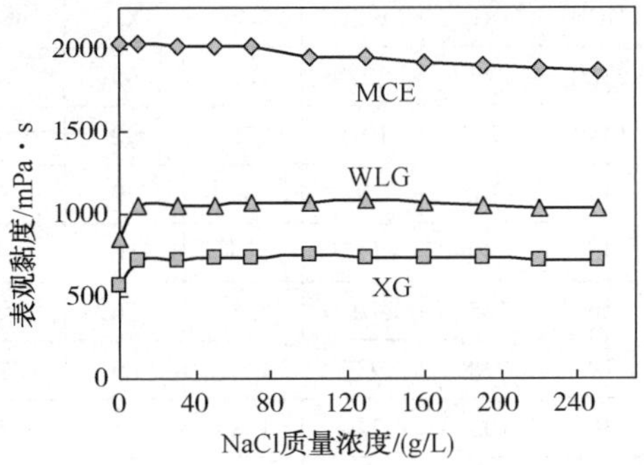

图 3 聚合物溶液在不同 NaCl 质量浓度下的表观黏度

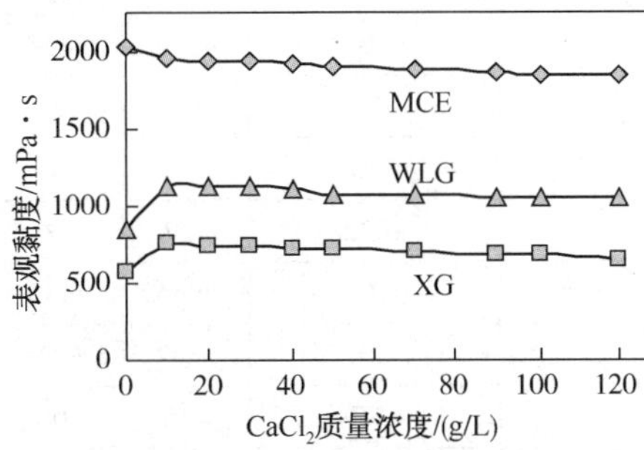

图 4 聚合物溶液在不同 $CaCl_2$ 质量浓度下的表观黏度

2.3 不同聚合物的耐温性能

当质量浓度均为 10g/L 时，3 种聚合物在 220g/L NaCl 盐水溶液中的表观黏度随温度变化规律如图 5 所示，剪切速率为 $50s^{-1}$，3 种聚合物盐水溶液在 30℃时的密度均为 1.14g/cm^3。在整个温度范围内，随着温度的升高，WLG 盐水溶液的表观黏度没有降低反而增加，而 MCE 和 XG 盐水溶液的表观黏度都有所下降，只是 XG 盐水溶液的表观黏度下降的幅度很小。聚丙烯酰胺类聚合物盐水溶液的表观黏度在高温下却随着温度的升高而明显下降[6]，尤其当温度高于 70℃后表观黏度大幅下降。结果表明，韦伦胶 WLG 具有优异的耐温性能，表现了高温下的温度增稠效应。在高温下，韦伦胶在高盐水溶液中的分子链更伸展，而且分子链间作用力也强，这使得其聚集态结构不但没有被破坏，流体力学体积反而更大。

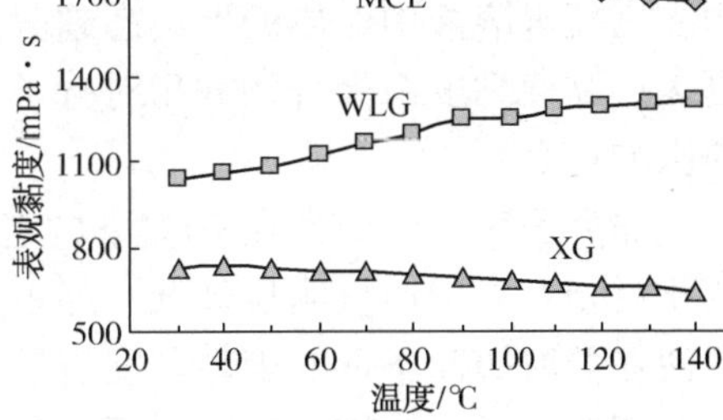

图 5 聚合物盐水溶液在不同温度下的表观黏度

2.4 不同聚合物的抗老化性能

当质量浓度均为 10g/L 时，3 种聚合物的 220g/L NaCl 盐水溶液经高温老化 16h，为了增强聚合物在高温下的抗老化性能，减弱聚合物在高温下的氧化降解，在 3 种聚合物盐水溶液中均添加了热稳定剂

Na_2SO_3，其加量为600mg/L，结果见表1。从表1中可见，在3种聚合物中，WLG表现了最好的抗老化性能，140℃下老化后仍然具有较高的黏度保留率，而MCE虽然在常温下具有最好的增黏性能，但其高温抗老化性能最差。MCE在90℃时还具有一定的热稳定性，显示了一定的抗老化性能，10g/L MCE盐水溶液在高剪切速率170s^{-1}下的黏度保留率为43%，表观黏度为204mPa·s，但当老化温度为120℃和140℃时，MCE盐水溶液的黏度几乎完全损失了，这说明当老化温度超过100℃后，非离子改性纤维素MCE基本都氧化降解了。XG在120℃时还具有较好的抗老化性能，在剪切速率170s^{-1}下的黏度保留率为45%，但XG盐水溶液在140℃老化16h后，黏度也严重损失，这说明当老化温度超过120℃后，黄原胶剧烈氧化降解。结果表明，非离子改性纤维素能适用于井底温度低于100℃的油井，黄原胶在无固相修井液中的应用温度不高于120℃，而韦伦胶在无固相修井液中的应用温度可达140℃。

表1　不同老化温度对聚合物盐水溶液表观黏度的影响

老化温度/℃	剪切速率/s^{-1}	老化前/mPa·s			老化后/mPa·s			黏度保留率/%		
		MCE	XG	WLG	MCE	XG	WLG	MCE	XG	WLG
90	10	4645	2437	3246	2880	2413	3278	62	99	101
	50	1882	723	1039	1449	709	1029	77	98	99
	170	475	206	279	204	163	273	43	79	98
	1022	127	72	115	45	40	112	35	56	97
120	10	4645	2437	3246	26	1852	3019	0.56	76	93
	50	1882	723	1039	19	498	935	1.01	69	90
	170	475	206	279	9	93	240	1.89	45	86
	1022	127	82	115	6	34	97	4.72	42	84
140	10	4895	2437	3246	7	109	1006	0.14	4.47	31
	50	1882	723	1039	7	38	478	0.37	5.26	46
	170	475	206	279	5	15	159	1.05	7.28	57
	1022	127	82	115	4	9	84	3.15	10.96	73

从表1中数据分析发现，对于聚合物质量浓度、盐浓度和热稳定剂浓度均相同的同一个样品，黏度保留率的大小与测试的剪切速率有关，而且剪切速率对黏度保留率的影响规律还与老化温度有关。如韦伦胶，当老化温度为90℃和120℃时，黏度保留率随着剪切速率的增加而减小，当老化温度增加到超高温140℃时，黏度保留率随着剪切速率的增加而明显增大。聚合物盐水溶液的表观黏度由结构黏度和黏性黏度共同决定的，而结构黏度依赖于聚合物在高盐水溶液中形成的聚集态超分子结构，低剪切速率下结构黏度对溶液表观黏度的贡献更大；黏性黏度由聚合物的相对分子质量决定，高剪切速率下相对分子质量对溶液表观黏度的影响更大。

非离子改性纤维素在90℃下的老化和韦伦胶在140℃下的老化结果表明，聚合物经高温老化后相对分子质量明显降低，严重影响了聚合物超分子结构的形成，使得聚合物盐水溶液即使在低剪切速率下的表观黏度也较低，致使溶液的表观黏度损失严重，黏度保留率低；在高剪切速率下，结构黏度下降不显著，而且与老化前相比，盐水溶液仍然具有一定的黏性黏度，使得黏度保留率较高，因此黏度保留率随着剪切速率的增加而增大。

2.5 不同聚合物的流变性能

2.5.1 抗剪切性能

图6和图7分别为10g/L WLG在220g/L NaCl盐水溶液中的表观黏度、剪切应力与剪切速率的相互关系。为了模拟样品在油井的井筒和环空受到的连续剪切作用，样品经过了连续3次剪切循环，每次剪切循环包含了剪切(即剪切速率增加)及剪切恢复(即剪切速率减小)，测试温度为30℃，剪切速率范围为0.1~250s^{-1}。实验表明，WLG溶液为假塑性流体，表现了明显的假塑性流体特征，也就是剪切变稀行为，其剪切应力τ与剪切速率γ的关系呈现如下的幂指数关系：

$$\tau = K\gamma^{n} = \eta_{app}\gamma \tag{1}$$

$$\eta_{app} = K\gamma^{n-1} \tag{2}$$

式中，n为流性指数；K为稠度系数；η_{app}为表观黏度。

从图6和图7可见，10g/L WLG盐水溶液在低剪切作用下具有高黏度，随着剪切速率的增大，剪切应力增加，溶液中的超分子聚集结构被破坏，表观黏度急剧下降，最后在高剪切速率下溶液趋向于牛顿流体。但是随着剪切速率的减小，剪切作用被消除，表观黏度能很好地恢复，这说明超分子聚集结构在剪切作用逐渐被消除时又能立即形成。而且当剪切速率低于0.5s^{-1}时，第1次剪切的表观黏度略高于其他的2次剪切及3次剪切恢复的表观黏度，其他5次剪切过程的表观黏度几乎是相同的，这说明WLG盐水溶液具有很好的触变性。溶液黏度的完全恢复，也说明韦伦胶在高剪切速率下没有发生剪切降解。

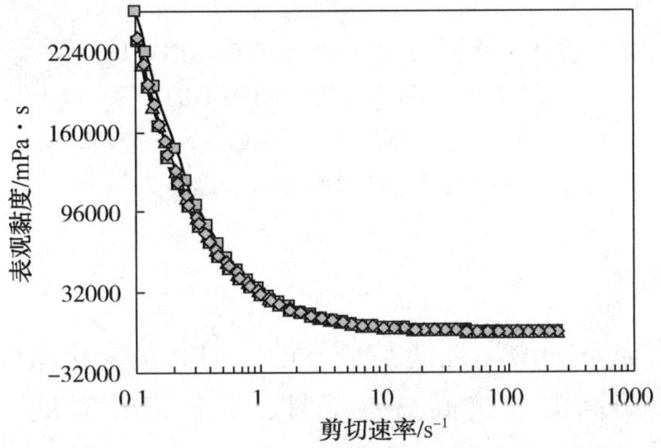

图6 10g/L WLG盐水溶液中表观黏度与剪切速率的关系

实线—剪切；虚线—剪切回复；■—第一次剪切循环；▲—第二次剪切循环；◆—第三次剪切循环

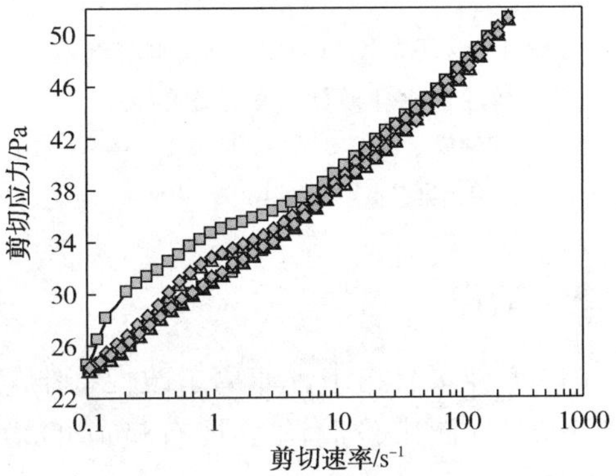

图7 10g/L WLG盐水溶液中剪切应力与剪切速率的关系

实线—剪切；虚线—剪切回复；■—第3次剪切循环；▲—第2次剪切循环；◆—第1次剪切循环

WLG盐水溶液的假塑性和触变性正是修井液冲砂携岩所要求的流体性能。修井液从地面注入到井底，剪切速率高达1000s^{-1}，要求流体的摩阻低，而WLG溶液的剪切变稀特征正好满足了这种要求。当流体从油管到环空的流动过程中，剪切速率显著降低，WLG盐水溶液流体的黏度又能增加，这样正好有利于修井液的冲砂携岩。

2.5.2 黏弹性能

图8和图9分别为含不同WLG浓度的220g/L NaCl盐水溶液的弹性模量及黏性模量、复合黏度及动态黏度与角频率的相互关系，聚合物溶液的黏弹性能可表征修井液的冲砂携岩能力[11]。从图8和图9中可见，当角频率为0.1~250rad/s，3g/L WLG盐水溶液的黏性模量

均高于弹性模量，当角频率低于 20rad/s 时复合黏度与动态黏度基本相同，在更高的角频率复合黏度略高于动态黏度，盐水溶液主要表现为黏性行为。当 WLG 质量浓度为 5~10g/L 时，在整个测试的角频率范围内，盐水溶液的弹性模量均明显高于黏性模量，复合黏度显著高于动态黏度，盐水溶液主要表现为弹性行为。

研究表明，3g/L WLG 盐水溶液中，聚合物浓度低，分子链间作用较弱，大分子聚集体的数量少，溶液的弹性黏度很低，复合黏度主要由溶液的黏性黏度决定，当大分子链受到更强的剪切作用后，分子链因被拉伸变得更伸展，致使盐水溶液的弹性特征更显著。随着韦伦胶 WLG 浓度的增加，聚集体的尺寸和数量显著增大，使得弹性模量及黏性模量明显增加，复合黏度和动态黏度也随之增加，而且溶液中主要以超分子聚集结构为主。

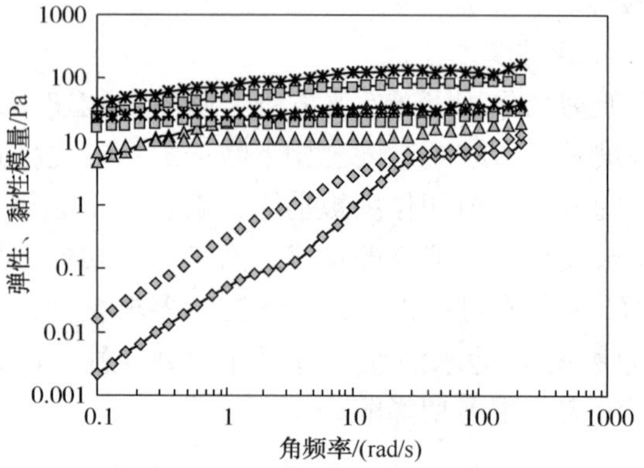

图 8　含不同 WLG 浓度的盐水溶液的弹性、黏性模量与角频率的关系

实线—弹性模量；无实线—黏性模量；◇—3g/L；△—5g/L；□—8g/L；✶—10g/L

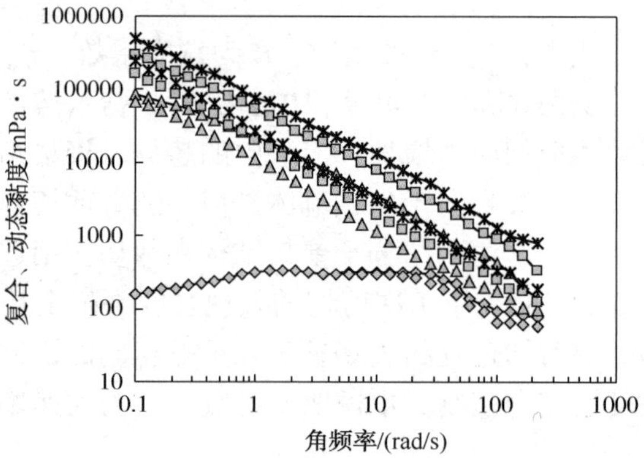

图 9　含不同 WLG 浓度的盐水溶液的复合黏度、动态黏度与角频率的关系

实线—复合黏度；无实线—动态黏度；◇—3g/L；△—5g/L；□—8g/L；✶—10g/L

3　结论

（1）3 种聚合物中，非离子改性纤维素在常温下的增黏性能是最好的，但其抗老化温度低于 100℃，而韦伦胶除了具有良好的增黏、耐高温和抗高盐性能外，其抗老化温度可达 140℃。

（2）韦伦胶盐水溶液具有明显的假塑性和很好的触变性，在高剪切作用消除后，溶液黏度能完全恢复；也表现了良好的黏弹性能，其质量浓度高于 3g/L 后，盐水溶液主要表现为明显的弹性特征。韦伦胶满足了修井液冲砂携岩所要求的性能，可用于超深稠油井修井液。

参　考　文　献

[1] 王伟志，张斯文，杨中强．塔河油田碳酸盐岩油藏井控压井技术探讨[J]．西部探矿工程，2017，(2)：15-17.

[2] Reid P，Santos H. Novel drilling，completion and workover fluids for depleted zones：avoiding losses，formation damage and stuck pipe[J]. SPE，2003，20(11)：6-11.

[3] 白健华，谭章龙，刘俊军，等．渤海油田水平井用保护储层的无固相修井液技术[J]．钻井液与完井液，2014，31(4)：30-32.

[4] 刘平德，刘承华，廖仕孟，等．新型无固相压井液的研制及性能评价[J]．天然气工业，2004，25(4)：83-85.
[5] Choi J，Ka D，Chung T，et al. Evaluation of highly stable ultrahigh-molecular-weight partially hydrolyzed polyacrylamide for enhanced oil recovery. Macromol Res，2015，23，518-524.
[6] Rashidi M，Blokhus A M，Skauge A. Viscosity and retention of sulfonated polyacrylamide polymers at high temperature. J ApplPolym Sci，2011，119，3623-3629.
[7] SaeedG，Ahmad R S A，Sevved A H. 2019. Applications of highly salt and highly temperature resistance terpolymer of acrylamide/styrene/maleic anhydride monomers as a rheological modifier：Rheological and corrosion protection properties studies[J]. J Mol Liq，294，111635.
[8] 赵向阳，张洁，尤源．钻井液黄原胶胶液的流变特性研究[J]．天然气工业，2007，(3)：72-74.
[9] 周洪涛，罗海，吕奉章，等．适用于苛刻油藏聚合物驱的新型微生物多糖性能[J]．石油钻采工艺，2019，41(3)：393-398.
[10] 鄢捷年．钻井液工艺[M]．东营：石油大学出版社，2014：57-78.
[11] 张县民．黏弹性聚合物水基钻井液体系研究[D]．北京：中国石油大学(北京)，2018.

作者简介：田疆(1982—)，男，油田公司专家，从事油气田开发研究与管理工作，E-mail：tianjiang. xbsj@ sinopec. com，电话：18999620875。

原位闭式注采工艺管柱研究与矿场实践

程心平[1]　熊书权[2]　马喜超[1]　张海勇[1]　李勇锋[2]　罗建伟[1]

[1. 中海油能源发展股份有限公司工程技术分公司；2. 中海石油(中国)有限公司深圳分公司]

摘　要　南海恩平油田平台没有设置注水设备无法进行地面注水补充地层能量，因此提出了原位闭式注采工艺技术，即利用井中天然水层，通过建立井筒内闭式环境下的注采通道，将天然水层水注入到注水层。研制出罐装电泵和Y管电泵两类自源闭式注采管柱工艺及其配套工具，实现了同井井下助流分注、“1拖3”共享水源+同井采油注水和同井采水注水及采油，特别是利用深层高温水层的“深采浅注”的闭式地热水驱，提高普通稠油油藏采收率。现场实施6口井，对应生产油井见效，注水能量补充成效显著，日产油增加387m^3，年增油14.1×10^{4}m^3。该研究成果有助于指导海上无地面注水设施设备油田注水开发，满足同井注采工艺多样化需求，提高井筒利用率和油田采收率。

关键词　原位闭式注采　工艺管柱　深采浅注　地热水驱　井筒利用率

南海东部珠江口盆地海相沉积砂岩具有天然大水体特征，大部分油田均为天然水驱开发，平台无注水设施。但海陆过渡相油藏大多能量不足，在开发过程中存在地层能量衰竭快、产量递减迅速的问题。因此如何在平台无注水预留的情况下补充地层能量，实现高效、快速的开发，注水开发成为一种有效手段[1~3]。

恩平A油田是南海东部首个商业开发的普通稠油油田，该油田储层岩性以细砂岩为主，泥质含量较高。储层物性中等，平均孔隙度25.5%、平均渗透率270mD，平面非均质程度较高，储层分布连续、面积广。油层埋深1102.7~1407.1m，具有独立油水界面，以薄层边水油藏为主。含油层位为稠油油藏，油田地层原油密度为0.9160~0.9347g/cm^3，油层压力下地层原油黏度111.18~277.77mPa·s，上部油层温度74℃，地层原油黏度较高、流动性较差，在开发过程中存在地层能量衰竭快、产量递减迅速。油层以下800~1000m具有高温巨厚水层，温度110℃。

因此，恩平A油田先导试验区首先考虑采用闭式注水工艺技术，采下部深层高温水，注入到上部浅油层，解决了油田面临的地层能量不足，以及平台空间有限、无法实现热水驱规模化应用的难题[4]。

随着油田开发的进行，恩平B油田等靶区也计划采用闭式注水技术。但由于平台井槽资源紧张，单纯利用现有生产井转闭式注水井，损失了油井产油量，注水的增油效果并不明显。若通过外挂井槽后新钻注水井的方式，投入成本高、经济效益差，迫切需要研发一种多功能的同井采油闭式采水注水工艺技术，在平台空间小、井槽有限的条件下实现一口井既能正常采油，又能实现闭式采水注水的功能。

通过调研国内外文献，国内外深水油田水驱开发技术尚未有经济可行的技术手段。国外仅有自流注水技术，国内已实现闭式注水技术，但仅限于闭式环境下的单井注水，尚未实现闭式采油注水的一井多用工艺[5~8]。为此，结合目标油田的需求，通过原位闭式分层注采工艺技术攻关，研发了罐装电泵和 Y 管电泵两类自源闭式注采管柱工艺及其配套工具，实现了利用深层高温水层的“深采浅注”的闭式稠油地热水驱技术(包括同井井下助流分注、“1 拖 3”共享水源+同井采油注水)，满足地热水驱油藏开发的需求[9~12]。另外开发原位采水注水及采油技术，满足了油田在平台空间小、井槽数量受限条件下的注水采油需求，同时降低油田开发成本，提高油田生产的动态管理和调控能力，最终提高油田生产效率和采收率[13]。

1 原位闭式注采工艺技术

1.1 普通稠油原位地热水驱注水工艺技术

1.1.1 管柱结构与原理

针对恩平 A 稠油油田开发初期无地面注水设备开发现状，因深层边底水充足、井温高，为实现下部地层能量对上部油藏的驱替，在同井中采出下部地层高温地下水，设计“深采浅注”的闭式地热水驱管柱工艺，通过井下电泵增压方式回注到上部油层，实现对上部油层热量和压力的补充。开发出普通稠油原位地热水驱工艺，即“1 拖 3”共享水源+同井抽油注水技术，1 口井采水+助流回注水，2 口井地面注水或同井抽油注水，提高井筒利用率。

普通稠油原位地热水驱工艺技术主要包括三部分：共享水源井、地面管汇、注水井(或同井采油注水井)。普通稠油原位地热水驱工艺管柱如图 1 所示。

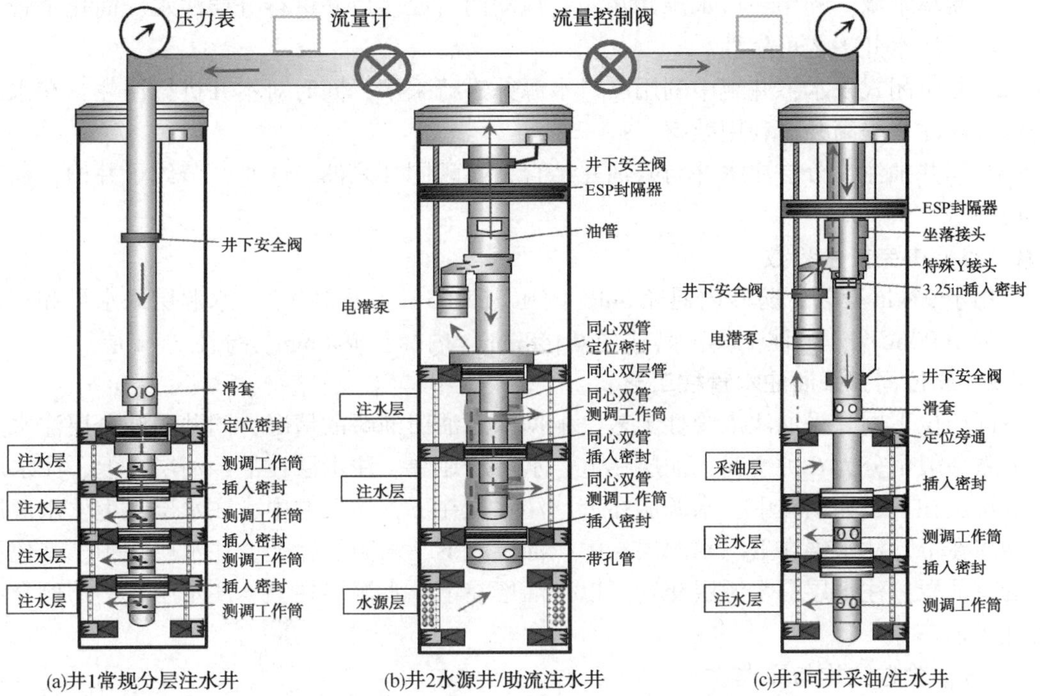

图 1 普通稠油原位地热水驱工艺管柱示意图

共享水源井[图 1(b)]：采用罐装泵/Y 管式笼统/分层地热水驱管柱结构，一部分采出水用于本井注水，其余部分采出水举升至地面注水到其他井，注水同心双管测调工作筒调节本井分层注水量。

地面管汇：共享水源井举升至地面的水输送至其他分层注水井，各分注井独立监测注入水温度、压力及调节流量，地面管汇取样监测注入水水质。

分层注入井：采用成熟的海上油田地面注入分层注水管柱工艺[图 1(a)]，实现油田精细化地热水驱，或注水井采用同井采油注水方式[图 1(c)]，由同心双油管和叠式双油管挂采油树建立注、采通道，从同心双油管的内管注水，同心双油管内外管的环空通道采油至井口外输流程。

工艺原理，井 2 为水源+助流注水井，采出下层水源层水，通过同心双层管的环空到达油套环空，经电泵增压，一部分通过双层管的内中心管进入本井分层注入系统，其余部分举升至地面管汇系统，为井 1 和井 3 提供水源。井 1 为常规分层注水井，利用井 2 提供的水源，实现分层注水，与闭式分层注水方式相比，该井无须电泵下入，具有结构简单，工艺成熟可靠等优点。井 3 为同井采油、注水井，在上部生产层位正常生产的同时，利用井 2 的水源，通过中心管实现下部层位的分层注水，该井利用采油井实现了分层注水，节约了井槽，提高了单井筒利用效率。地面管汇实现注入压力、流量等参数的监测和调节，同时具备取样功能。

通过不同形式的组合，根据不同井注入量的不同，可以实现“1 拖 3”“1 拖多”方式，实现利用 1 口采出井的同时，拖动多口井的分层注水，从而简化井下工艺管柱及提高单井筒利用效率。

1.1.2　工艺特点

(1) 共享水源：利用一口水源井水源，拖动两口或多口井进行分层注水，简化了管柱结构，提高了注水井工艺可靠性。

(2) 原位闭式采水：井组中利用一口水源井进行采水，同时对本井进行回注，在水源井实现部分回注，提高井筒利用效率。

(3) 同井抽注：分层注水井与采油井结合，实现同井采油、注水，节约了井槽，提高单井利用率。

1.1.3　主要技术参数

适用于 9⅝in 套管，防砂内通径 6in，耐压 35MPa，耐温 120℃，水源层采水量和注水注水量均为 1000m^3/d。分注工具工具外径 Φ148mm、内径：Φ46mm，分注 3~4 层。

1.2　原位同井采油注水管柱工艺

不同层位下同井采油注水管柱工艺，根据南海油田油藏的情况，同井采油分层注水开发层位关系一般可分为 6 种情况：油层在上、水源层在中、注水层在下；油层在上、注水层在中、水源层在下；油层在中、水源层在上、注水层在下；油层在中、注水层在上、水源层在下；油层在下、注水层在上、水源层在中；油层在下、水源层在上、注水层在中。其他更为复杂的有油层、注水层、水源层交互。以采油层在下、水源层在上、注水层在中为例介绍主要管柱工艺。

1.2.1　管柱结构与原理

原位同井采油注水工艺管柱如图 2 所示。下部分层完井管柱(从下至上)：打孔管+圆堵、插入密封、转向分流工具、双层管插入密封、双层管式油管、定位转向工具、丢手工具+6in 密封筒。建立起同井采油、原位闭式采水、注水工艺通道。由于现有防砂技术内通径最大可做到 6in，结合油管尺寸数据，双层油管采用 5in 油管内置 2⅞in 油管的配合形式可提供现有井况下的最大过流面积。

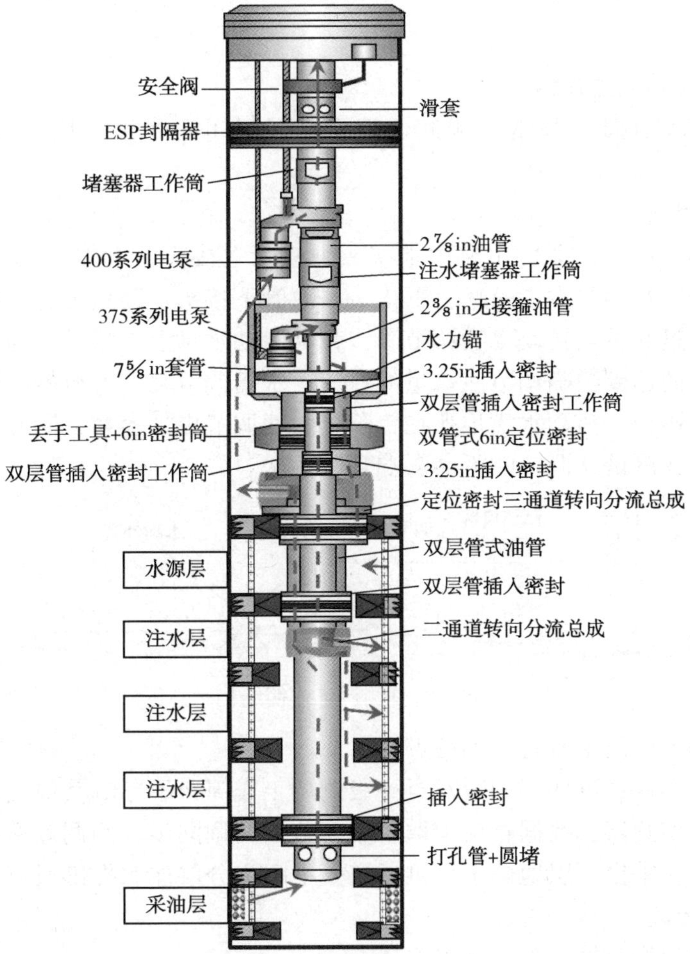

图 2　原位同井采油注水工艺管柱示意图

上部生产管柱主要采用“Y 管+罐装 Y 管”的双电泵人工举升管柱，通过双管式 6in 定位密封、3.25in 插入密封与下部分层完井管柱对接密封。

工艺原理，产油层产液通过转向分流工具桥式通道、三通道转向分流工具环空通道进入顶部封隔器以上油套环空，经 Y 管电泵机组举升至地面采油生产；罐装 Y 管电泵将水源层水经三通道转向分流工具中间通道、双管式油管环空进入罐装系统，罐装电潜泵增压后经双管式油管环空、三通道转向分流工具中心管、二通道转向分流工具注入至注水层。

1.2.2　工艺特点

(1) 同井采油、闭式采水注水技术，实现一口井即可实现采油，又可兼顾同井闭式水驱开发，一井多用。

(2) 双管式油管等配套工具，实现同井闭式注采所需的独立采水、注水通道。

(3) 闭式注采的双管式测调工具，提供独立注采通道的同时，亦可实现注入水可视化无级调配。

1.2.3　主要技术参数

适用于 9⅝in 套管，防砂内通径 6in，耐压 35MPa，耐温 120℃，生产层采液量、水源层采水量和注水注水量均为 $1000m^3/d$。

2　关键工具

2.1　同心双管测调工作筒

研制同心双管工作筒，与常规测调仪配套实现了闭式注水环境下的可视化在线测调配注。

2.1.1　结构组成

同心双管测调工作筒(图3)主要由上接头、双管上接头、本体、双管外筒、148外筒、活动水嘴组件、固定水嘴组件、螺环、下接头、双管下接头、防松螺钉、O形圈组成；同心双管测调工作筒通过测试仪转动水嘴调节套，带动活动水嘴上下移动，与固定水嘴形成不同大小的出水口，从而达到精确调节注水量的目的；水嘴调节套上的机械结构设计使其行程只在一定的范围内，避免了活动水嘴顶死在台阶上，使调节更加容易；同心双管测调工作筒带有桥式通道，使得在测试、调节时不会影响正常注水。

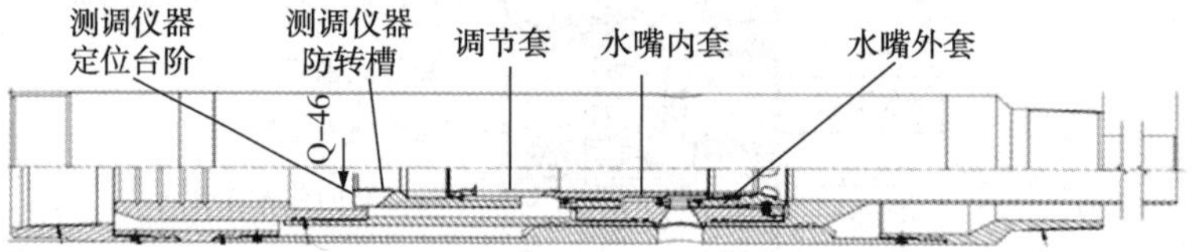

图3　同心双管测调工作筒结构示意图

同心双管测调工作筒主要有以下特点：

(1) 一趟电缆作业，可任意调节任意一级测调工作筒，不影响其他层正常注水；

(2) 需反复投捞测试，数据直接读取，实现地面测调同步，测调效率和配注精度高；

(3) 环空空间为采出下层地热水提供通道，中间为分层注水提供通道。

2.1.2　技术参数

同心双管测调工作筒技术参数见表1。

表1　同心双管测调工作筒技术参数

最大外径/mm	内径/mm	总长/mm	连接扣型	耐压/MPa	耐温/℃
148	46	1260	5in LTC B×P	25	120

2.2　三通道转向分流工具

2.2.1　结构组成

定位密封三通道转向分流总成主要应用在水源层在上部，注水层在中部，采油层在下部的自源闭式分层注水工艺管柱上，其具有三个通道，分别是采油通道、采水通道和注水通道；其外部设有定位台阶，用于整个管柱与顶部封隔器定位，外部设有密封模块组，与顶部封隔器内的密封筒密封。定位密封三通道转向分流总成结构示意图如图4所示。

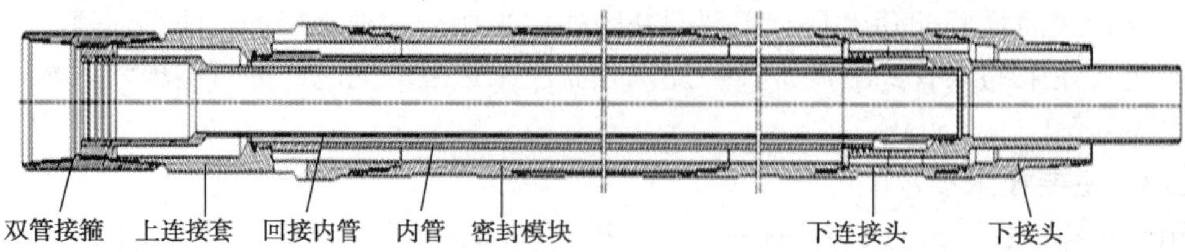

图4　定位密封三通道转向分流总成结构示意图

上连接套与密封管之间，下连接头与下接头之间均采用 Acme 螺纹设计，便于拆卸且能承受大扭矩。

2.2.2　技术参数

定位密封三通道转向分流总成技术参数见表 2。

表 2　定位密封三通道转向分流总成技术参数

最大外径/mm	内径/mm	总长/mm	密封段长度/mm	连接扣型	耐压/MPa	耐温/℃
160	50	4800	2000	5in LTC B×P	30	120

3　现场应用

3.1　普通稠油原位地热水驱注水工艺应用

2018 年 3 月，在恩平 A 油田首次实施了稠油闭式地热水驱工艺。地热水源层位于油层下部，水源层温度 110℃，比上部油层高 35℃左右。闭式注水实施后，注水受效明显，对应 3 口油井产量上升，井组日增油 88m^3/d，注水后地层压力回升 1.2~2.6MPa。2021 年 9 月采用 1 拖 2 共享水源工艺，利用 A14 井作为水源井，在本井注入的同时，为 A20 井提供水源，A20 井实现常规分层注水。设计 A14 井水源层产水量为 1550m^3/d，A14 井回注 650m^3/d，A20 井注水 900m^3/d。

目前恩平 A 油田共有 4 口注水井，对 4 个生产层位进行能量补充，井组对应 8 口油井见效，自油田地热驱能量补充开展以来，逐次开始提液上产，产量呈上升趋势，日产油增加 387m^3/d，年增油 14.1×10^4m^3。

3.2　原位同井采油注水管柱工艺应用

2022 年，同井采油、原位闭式采水注水工艺技术在矿场应用 2 井次(8 月恩平 B 油田 B1 井，12 月恩平 C 油田 C1 井)，首次实现在同一口井内既可正常采油，又可兼顾同井采水闭式注水，解决闭式水驱开发与井槽资源紧张之间的矛盾。B1 井日注水量 500 余立方米，9 月份受效井逐渐显效，日增油 35m^3/d，截至 2022 年 11 月 23 日累增油 0.3×10^4m^3。

4　结论

(1) 原位闭式地热水驱、共享水源注水(即“1 拖 3”共享水源+同井抽油注水技术)，成功应用于南海东部油田，一井多用减少平台钻水源井费用，充分利用了地热水资源，提高井筒流体流动性，降低平台的生产能耗，提高了油田开发效率，经济效益突出。加强渤海区域油田深层地热水资源地质勘探和评价，深化该技术研究与应用，对于渤海金县 11-1、旅大 27-2 和绥中 36-1 等油田稠油开发进一步提高采收率具有指导、借鉴意义。

(2) 双管式测调工作筒具有原位闭式注采工艺所需的独立采水、注水通道，且能可实现可视化无级调配；定位密封三通道转向分流总成可满足原位闭式注采工艺所需的独立采水、注水通道。两种工具耐温 120℃、耐压 30MPa、最大过液能力 1000m^3/d。

(3) 同井采油及原位闭式采水、注水可实现一口井即可正常采油，又可兼顾同井闭式采水注水，一井多用，解决了靶区油田闭式水驱开发需求与井槽资源紧张之间的矛盾。于无地面注水设备油田，如边际油田、深水油田、受限区(军事区/航道区等)具有广阔的应用前景。

参 考 文 献

[1] 李克文，王磊，毛小平，等．油田伴生地热资源评价与高效开发[J]．科技导报，2012，30(32)：32-41.

[2] 汪集暘，邱楠生，胡圣标，等．中国油田地热研究的进展和发展趋势[J]．地质前缘，2017，24(3)：1-11.

[3] 李锋，邹信波，王中华，等. 海上稠油地热水驱提高采收率矿场实践-以珠江口盆地 EP 油田 HJ 油藏为例[J]. 中国海上油气，2021，33(1)：104-112.

[4] 张海勇，姚为英，熊书权，等．疏松砂岩稠油油田引热降黏技术研究与应用[J]．油气勘探与开发，2022，40(1)：77-83.

[5] 姚为英，张海勇，马超，等．南海东部油田低成本高效助流注水技术创新与实践[J]．科学技术与工程，2020，20(5)：1826-1832.

[6] Gamber A A，Towailib A A，Wabari S H. The application of standalone injection systems in remote and /or highly populated areas reduces construction costs：SPE63168[R]. Dallas，Texas：SPE，2000.

[7] Quttainah R，Al-Hunaif J. Umm Gudair dumpflood pilot project，the applicability of dumpflood to enhance sweep & maintain reservoir pressure：SPE68721[R]. Akarta，Indonesia：SPE，2001.

[8] 周俊昌，罗勇，严维锋. 国内第一口自流注水井钻井实践[J]. 中国海上油气，2011，23(1)：43-45.

[9] 张永涛，张俊斌，张伟国，等．海上稠油油藏同井采注热水驱完井设计与应用[J]．石油钻采工艺，2018，40(4)：444-447，467.

[10] 黄映仕，余国达，罗东红，等．惠州 25-3 油田薄层油藏自流注水开发试验[J]．中国海上油气，2015，27(6)：74-79.

[11] 邹信波，杨光，程心平，等．海上岩性油藏自源闭式注水技术矿场实践[J]．中国海上油气，2019，31(1)：119-125.

[12] 程心平，邹信波，张成富，等．惠州 25-8 油田井下自流/助流注水工艺实践[J]．海洋石油，2018，38(01)：38-42.

[13] 邱永发，罗代亮，谢卫兵，等．电潜泵同井采注水工艺及关键技术研究[J]．石油机械，2013，41(7)：102-106.

第一作者简介：程心平(1968—)，男，山西省汾阳市人，就职于中海油能源发展股份有限公司工程技术分公司，高级工程师，现从事海上油气田采油工艺和井下工具开发研究。联系地址：(300452)天津市滨海新区塘沽区闸北路 3 号研究院主楼，E-mail：chengxp@cnooc. com. cn，电话：022-66907418。

人工举升电潜泵工况监测系统研究

石平太　史轩玮　张　嵘　苗　杰

（中海油能源发展股份有限公司工程技术分公司）

摘　要　海上人工举升装备一般为潜油电泵，2021 年，潜油电泵为国家贡献了 97%海上油气产量。井下环境温度高、压力大，严重影响人工举升设备运行寿命。多年来，由于缺乏对井下电潜泵工况监测的手段，难以及时调整设备运行参数，设备故障率居高不下。采用 TRIZ 创新方法，设计了数字传输模式人工举升电潜泵工况监测系统，可以实时监测机组运行情况，对机组故障预测、油井合理化生产、油田大数据组建有着重要意义。该人工举升电潜泵工况监测系统，能够监测 11 项井下参数，性能远超 7 参数进口产品，打破了国外对井下监测技术多年来的垄断局面。辅助现场人员进行工况评估和决策，人人都是合格的“潜油电泵主任医师”，是我国石油装备领域的一项重大技术突破。

关键词　泵工况　人工举升　监测　系统研究

海洋平台采油方式一般为采用潜油电泵，潜油电泵 1981 年引入国内，潜油电泵人工举升技术 2021 年为国家贡献了 97%的海上原油产量。在潜油电泵的前期应用中，由于井下高温、高压、振动、腐蚀，工作环境恶劣，部分潜油电泵寿命较短，在潜油电泵出现故障后，往往需要提井后拆检，才能锁定故障原因，并提出后续对策。

基于该情况，2005 年，创新性地将电子测压技术和毛细管测压技术引入潜油电泵应用中，能够检测潜油电泵工作时的环境压力，从原来潜油电泵工况的“一抹黑”到“睁开眼”监测井下单参数工况。在 2010 年，通过利用光纤传输的特点，利用 SiO_2 的耐高温特性，引入光纤测压技术，能够检测潜油电泵工作时的环境压力及外部温度。2015 年，对潜油电泵监测技术进行攻关，通过耐高温压力传感器、J 型热电耦、振动芯片，以及工作筒密封防腐防护技术，设计完成油田井下“听诊器”泵工况系统，能够测量 11 个参数，在 11 个参数的监控下，及时调整潜油电泵参数和相关对策，潜油电泵寿命提高 280%，寿命由 500d 提升到 1400d。

1　潜油电泵井故障统计

对公司 2021～2022 年潜油电泵井故障情况进行统计，失效原因如图 1 所示。

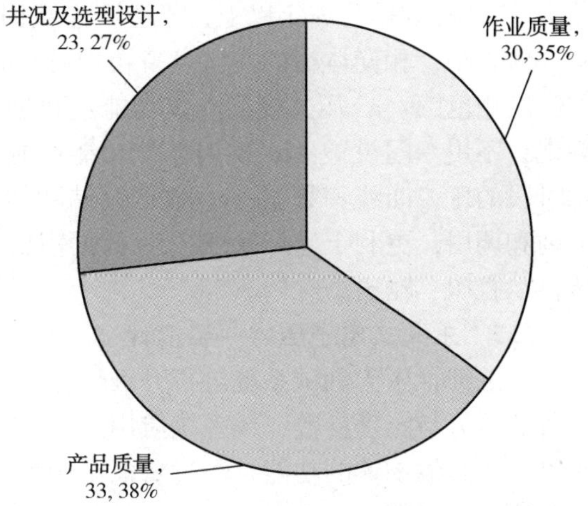

图 1　潜油电泵井故障统计

通过对潜油电泵井进行实时监测，并及时根据井况、机组运行情况提出解决方案，能够解决53%电泵井的故障因素，对不同的恶劣井况及时提出修正方案，调节地面控制设备参数，并通过井下监测及时发现作业过程中出现的质量问题，在正式投产前及时起井，重新下入潜油电泵。

2 基于TRIZ创新方法的动态监测系统设计

2.1 毛细钢管测压系统-井下单参数监测

通过将毛细钢管和氮气组成整体测压系统，利用高精度压力变送器和数据采集器，设计完成集群式毛细管测压系统，能够通过一台数据处理工业计算机，同时检测十余口油井的井下压力数据，应用到的TRIZ创新原理有：(1)抽取法——从物体中抽取必要的部分或属性：通过毛细钢管定向采集井下的压力数据；(2)组合法——在空间上将相同或相近的物体或操作加以组合：通过将十余口油井的井下压力数据进行集成，统一在一台计算机上进行处理；(3)借助中介物法——利用中介物实现所需动作：通过将氮气作为传递压力变化的中介物，价格低廉，压力变化响应速度快；(4)气体或液压结构法——将物体的固体部分用气体或流体代替：通过利用氮气传导的压力来代替井下设备实际受到的外部压力，来监测井下压力参数。

主要适用于高温高压井、热采井、疑难气井等，能长期置于井下。毛细管测压装置是利用“U”形管原理，通过毛细钢管内氮气传递压力以测量井底压力的一种测试方式。毛细管测压系统是一种机械式的测压系统，整套系统精度高，使用寿命很长，同时井下毛细管系统可重复利用。

毛细管测压系统由地面和井下两部分组成。井下系统包括压力传压筒和毛细管，传压筒随油管下入到测试层，毛细管附着在油管外壁，连接传压筒到地面；地面系统包括压力传感器、数据盒、电源盒以及控制柜。井下传压筒感应到的压力数据通过毛细管中的氮气或氦气传到地面，在压力传感器处将压力信号转换为数值信号，通过数据线传输到数据盒，在液晶显示屏上即时显示数据。该系统在地面通过电脑程序进行参数的设置和压力偏差的修正，方便及时。

技术特点：a. 变送器和井一一对应，操作方便，不用倒阀门，不产生数据混乱，不会产生两口井之间的串气；b. 变送器之间为并联方式，变送器之间相互独立，地址唯一，一个变送器出现故障对其他井的测试无影响；c. 数据容量大，数据采集周期为2s，能同时存储16口井的数据达3年以上，不会产生数据丢失问题；d. 系统集成度高，整套装置结构紧凑，体积小，相同体积的井口设备箱现可安装下16口井的全部测试设备，节约平台的空间。

应用范围：a. 压力恢复测试功能：数据采集周期为2s，在停泵时可自动进入压力恢复测试，不用专门设置；b. 实时监测功能：能实时监测16口井的压力，并能显示3年以上任意时段的压力曲线和数据；c. 数据存储功能：所测得的压力数据可分井存放，供用户随时查询和调用，更利于生产管理；d. 数据输出功能：可利用Excell报表对压力数据进行回放、转存、打印、输出。

2.2 永久式电子压力—温度计

对毛细管压力测试系统进行升级优化，由单参数监测升级为井下双参数监测，同时监测设备的压力与温度参数，该系统应用到的TRIZ创新原理有：多用性——使物体具有复合功能以替代其他物体的功能：通过将电子压力计和电气温度计组合，同时下入井口，一个工作筒监测两个参数。

永久井下压力监测系统是一种新的“数控可视化”的井下压力监测设备。整套系统采用了先进的压力传感器和电子芯片，其最大的特点是具有长期的工作稳定性。系统主要由井下和地面两部分组成，井下部分由电子压力计、特殊电缆、电缆保护器组成。井下部分随生产管柱一起下入生产井中，通过压力计中高精度的传感器感应井下的压力和温度，并将经过处理的压力、温度信号经电缆传送到地面。地面部分由井口电缆穿透器、信号处理控制模块、存储器、太阳能自动供电系统组成。其主要功能是密封穿出井口的电缆，向井下电子压力计发出控制指令，改变井下电子压力计的采样间隔，控制和存储传送到地面的井下压力、温度信号，提供可靠的电源供电系统等。只要不起出生产管柱，整套系统可以在任何工作条件下长期连续工作。

系统的基本构成有：井下部分：永久压力-温度计、托筒(或悬挂器)；电缆部分：电缆头、专用电缆、电缆保护器、电缆支撑架；井口部分：电缆穿透密封装置；地面部分：地面接口箱、计算机采集系统。

2.3 电泵工况监测仪(海上油井“听诊器”系统)—井下三参数监测

2.3.1 概述

对潜油电泵监测技术进行攻关，通过耐高温压力传感器、J 型热电耦、振动芯片，以及高温(150℃)、高压(70MPa)强烈振动(加速度 20g)下工作筒密封防腐防护技术，设计完成油田井下“听诊器”泵工况系统，能够测量 11 个参数，在 11 个参数的监控下，及时调整潜油电泵参数和相关对策，潜油电泵寿命提高 280%，寿命由 500d 提高到 1400d。

该系统应用到的 TRIZ 创新原理有：(1)组合——在空间上将相同或相近的物体或操作加以组合：耐高温压力传感器测量井下压力、J 型热电耦测量井下温升、振动芯片测量井下三轴振动情况；(2)多用性——使物体具有复合功能以替代其他物体的功能：使油田井下“听诊器”泵工况系统，在原来单参数、双参数功能的基础上，能够同时测量振动、温度和压力；(3)反馈——引入反馈，提高性能：通过将油田井下“听诊器”泵工况系统的监测数据反馈到地面，根据监测数据调整施工作业方案，提高潜油电泵寿命。同时针对特殊机组开发专用泵工况产品，采用 TRIZ 创新原理中嵌套原理——让某物体穿过另一物体的空腔，泵工况安装在电机与湿接头之间，泵工况中间留有环形通道，动力电缆从环形通道内将电力输送至电机内。

2.3.2 技术路线

一种数字传输模式人工举升电潜泵工况监测系统，主要由三个构件组成，井下泵工况仪、地面数采箱和扼流器箱：(1)地面数采箱的主要作用是为井下工况仪提供直流电源动力，并且接受井下工况仪的数据，进行数据的处理与结果显示；(2)扼流器箱的高压侧与电泵机组的三相动力电缆进行连接，扼流器箱的低压侧则是同地面数采箱进行连接，扼流器箱的主要功能是隔离掉高压侧，即三相动力电缆侧的高压交流电，实现滤波、稳压的效果，同时还具备浪涌保护的相关功能；(3)井下泵工况仪和潜油电泵连接，井下泵工况仪的正极与潜油电泵的星点相连，井下泵工况仪的负极与大地连接，以三相动力电缆为媒介，与大地间进行信号传输。

井下泵工况仪中安置有压力传感器、温度传感器等一系列监测设备，通过定制化开发，国产自主化泵工况仪能够同时测量 11 项井下关键参数，并且通过内部搭载的单片机，把信号切换为调制后的数字电流信号，数字电流信号传输到地面数采箱后，统一进行解调和滤波，并且统一储存和处理，成为后续大数据油田分析的计算依据。

2.3.3 结构设计与可靠性分析

一种数字传输模式人工举升电潜泵工况监测系统，其井下泵工况仪安置在井下，工作环境为数千米下的高温、高压、强烈振动环境。因此，需要对产品的井下传感器结构进行定制化设计。设计和分析工具采用 Solidworks Simulation 有限元分析模块，通过将井下工况仪的机械结构划分为有限个相互作用的力学单元，对各个力学单元在力学场、流体场中的工况进行分析，拟合有限个相互作用的力学单元的计算结果，获得相较于真实工况进行拟合的分析结果(图 2、图 3)，除 Simulation 分析模块以外，常用的分析工具还有 Ansys 等。

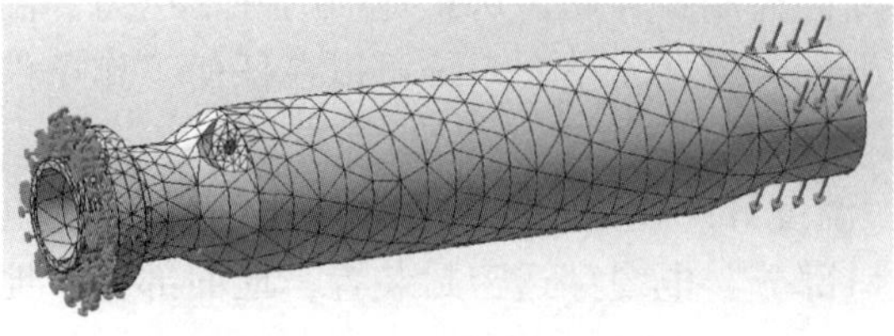

图 2　Simulation 网格划分结果

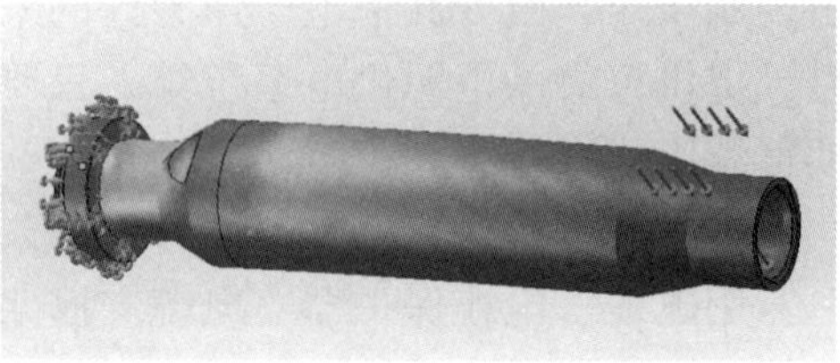

图 3　Simulation 应力分析结果

井下工况仪主要由连接法兰头与套筒组装而成，这两个部件也为井下工况仪的关键受力部件，井下泵工况仪和潜油电泵连接，法兰头与机组尾扣连接，在油田的狗腿度较大时，井下泵工况仪主要受到套管壁的侧向力，首步分析计算中，把井下工况仪的法兰盘进行固定，在法兰盘的远端，施加侧向力。常规人工举升工艺中，材料一般选用 42CrMo、9Cr1Mo、0Cr13、1Cr13、2Cr13 等材质，随着油田 CO_2分压的不同，Cr 的含量由低到高提升，在油田 SO_2 分压较高时，则需要优先选取超级 13Cr、718 不锈钢等更高级别的材质。

气井工况下，腐蚀气体分压以 CO_2 为例，按式(1)进行计算：

$$p_{CO_2}=p\cdot\frac{X_{CO_2}}{X} \tag{1}$$

式中，p_{CO_2}为 CO_2 分压，MPa；p 为井筒压力，MPa；X_{CO_2}为 CO_2 摩尔数，mol；X 为总气体摩尔数，mol。

渤海油田一般 SO_2分压低，综合考虑防腐效果、成本，优选 2Cr13，材料力学手册上，2Cr13 和 AISI4130 钢屈服强度基本一致，取 440MPa，进行有限元计算。根据电泵工况仪在井下的实际工况，对法兰盘端面和安装孔进行紧固，在分析过程中，整个电泵工况仪的法兰盘为紧固基面。

当油田的狗腿度较大时，井下泵工况仪主要受到套管壁的侧向力，首步分析计算中，把井下工况仪的法兰盘进行固定，在法兰盘的远端，施加侧向力，根据 CFD CB31 大斜度井(狗腿度达 5°)，下井时机组尾端安置的压力传感器反馈数据，侧向力的施加值选取 4000N，即 400kg，分析后，最大载荷达 200MPa，设备整体应力安全系数可超 2，故验证，在渤海油田高 CO_2分压，低 SO_2分压的工况下，综合考虑成本与抗腐蚀性能，选取 2Cr13 的井下泵工况仪材质，能够满足抵抗井下冲击的使用需求。

2.3.4　电路及软件编制

井下工作筒从电机星点位置取电，利用 R5000 高压整流二极管作为绝缘测试保护器件，反向最大可重复峰值电压可达 5000V。电抗器选用 RDDCI85H-EI66，起电源滤波作用。采用 IR21531 自振荡半桥驱动器组建驱动电路，将 39V 的直流转化为 12V 直流输出，给各个传感器和单片机电路供电。单片机通过 SPI 总线采集到泵吸入口压力、泵出口压力、吸入口温度、机组绕组温度和振动 XYZ 值，然后将各参数调制成电流信号后耦合到主电路上进行传输。工作筒电路结构如图 4 所示。

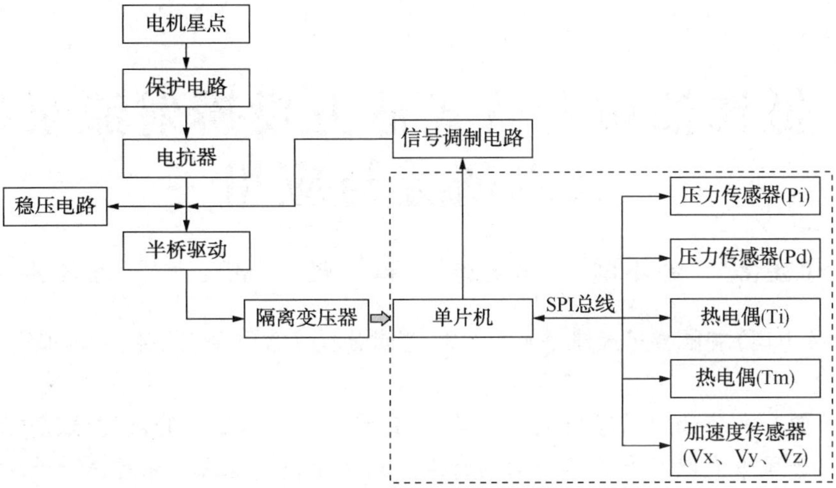

图 4　井下工作筒电路示意图

3　总结

通过对潜油电泵井进行实时监测，并及时根据井况、机组运行情况提出解决方案，能够解决 53%电泵井的故障因素，对不同的恶劣井况及时提出修正方案，调节地面控制设备参数。文章介绍了采用 TRIZ 创新原理的动态监测系统设计，通过将毛细钢管和氮气组成整体测压系统，利用高精度压力变送器和数据采集器，设计完成集群式毛细管测压系统；对毛细管压力测试系统进行升级优化，由单参数监测升级为井下双参数监测，同时监测设备的压力与温度参数；在永久式电子压力-温度计监测系统的基础上，根据光纤通信 SiO_2耐高温、高压的特性，检测光纤在不同温度、压强下的微小形变，设计完成了光纤压力-温度计；对潜油电泵监测技术进行攻关，通过耐高温压力传感器、J 型热电耦、振动芯片，设计开发泵工况系统，对相似井下工作筒的设计和产品开发，具有借鉴意义。

团队采用 TRIZ 创新方法，设计了数字传输模式人工举升电潜泵工况监测系统，可以实时地监测机组运行情况，对机组故障预测、油井合理化生产、油田大数据组建有着重要意义。该人工举升电潜泵工况监测系统，能够监测 11 项井下参数，性能远超 7 参数进口产品，打破了国外对井下监测技术多年来的垄断局面。2022 年，通过将井下监测系统和大数据、专家诊断技术、数据远传相结合，建立潜油电泵井大数据诊断平台、潜油电泵井专家诊断技术平台，根据泵工况探测的数据，辅助现场人员进行工况评估和决策，人人都是合格的“潜油电泵主任医师”，在井下听诊器和专家决策系统的护航下，潜油电泵寿命提高 280%，是我国石油装备领域的一项重大技术突破。

参　考　文　献

[1] 张文．井下信号传输与调理方法研究[D]．哈尔滨：哈尔滨工程大学，2013：4-10.
[2] 张庆军，霍云华．高温永置式井下数据采集系统设计用[J]．自动化仪表，2017(11)：40-45.
[3] 韩继强．150℃潜油电泵井运行工况监测技术研究[D]．哈尔滨：哈尔滨工程大学，2015.
[4] 蒙丽娜．电泵井下测试系统研究[D]．西安：西安石油大学，2010.

第一作者简介：石平太(1982—)，男，汉族，中海油能源发展股份有限公司工程技术分公司，高级工程师，人工举升井下数据监测，天津市塘沽区渤海石油路688号机械采油公司，miaojie@cnooc.com.cn，18920503629。

海上低渗油田套管式液力投捞射流泵举升技术研究与应用

曾 润[1] 于法浩[1] 喻小刚[1] 李文涛[1] 魏 焜[1] 陈 征[1] 褚英杰[2] 侯新旭[1]

[1. 中海石油(中国)有限公司天津分公司；2. 中海油能源发展股份有限公司工程技术分公司]

摘 要 渤海油田低渗储层主要集中在沙河街组，具有储层埋深深、温度高、压裂后出砂风险高以及产液水平低的特点，采用电潜泵深抽时经常产生电机烧毁和电泵卡堵的问题，极大增加了电泵井的故障率、检泵频次和躺井时长，极大降低了低渗储层的开发效益，亟须开展低成本及快速检修特点的举升工艺研究。基于常规射流泵钢丝起下、无须动管柱作业的特点，结合海上低渗油田，通过大斜度井全井段射流泵泵芯受力分析、液力投捞式射流泵及配套技术研究以及射流泵泵芯有效起下的合理液力参数设计，形成了套管式液力投捞射流泵举升工艺。目前，该工艺已累计在渤中25-1等低渗油田中运用6口井、9井次，日产液水平与措施前电潜泵水平相当，与电潜泵相比，在初期投资一致的前提下，检换泵费用可降低90%以上，躺井时间减少94%，实现了渤海油田低渗油田经济有效地开发，也为渤海油田低渗储层压裂配套人工举升技术提供了新的途径。

关键词 低渗油田 人工举升 射流泵 液力投捞

渤海油田低渗储层以沙河街组为主，储量丰富，自2006年在渤中25-1油田成功实施低渗压裂改造后，相继在渤中34-9和渤中34-2/4低渗油田开展压裂改造，配套举升工艺也主要以渤海油田常用的电潜泵[1~5]为主。低渗油田采用电潜泵深抽时，由于压裂改造后出砂风险高以及产液水平低的生产特点，电潜泵经常产生电机烧毁和电泵卡堵的问题，不仅极大增加了电泵井的故障率、检泵频次和躺井时长，也大幅度增加了作业成本，降低了经济开发效益。据不完全统计，低渗油田中电泵井的故障率高达40%。

为了解决电泵故障率高[6~8]的问题，2022年，渤海油田在低产液井成功实践了射流泵举升工艺，其通过钢丝作业检换泵，无须动管柱作业，作业成本更低，检泵周期更长。但该工艺受钢丝作业能力限制，在大斜度井中应用需通过连续油管实现，作业成本进一步增加；另外，钢丝或连续油管作业设备需要占用平台资源，影响作业窗口，也间接延长了故障井躺井时间。

针对以上情况，通过技术攻关，研制出了适用于海上低渗油田的套管式液力投捞射流泵举升工艺。

1 技术原理

套管式液力投捞射流泵是利用射流原理将注入井内的动力液的能量传递给井下油层产出液的无杆采油设备[9~11]，与常规钢丝投捞射流泵不同，液力投捞射流泵通过液力循环的方式实现泵芯的起出。具体原理为通过井口倒流程，使动力液从油套环空进入，返出液从油管内返出，在这个过程中泵芯随油管内的返出液一起向井口移动，通过井口捕捉装置自动抓取泵芯，实现泵芯的起出。

1.1 井下管柱及工艺原理

井下管柱主要由9⅝in套管和3½in油管组成，9⅝in套管主要由9⅝in管柱、生产封隔器、深井安全阀、定位密封和悬挂封隔器组成；3½in油管主要由3½in管柱、液力投捞射流泵工作筒、单流阀和滑套等组成。

生产时，关闭采油树主阀门，从井口防喷短接油管内投入射流泵泵芯，安装井口捕捉器到防喷短接油管顶端，然后打开采油树主阀门，使泵芯落到射流泵工作筒内坐封，然后油管打压，使射流泵芯工作，达到抽吸井底液体的目的，如图1(a)所示。

起泵时，井口倒流程，使动力液从油套环空进入，返出液从油管内返出，在这个过程中泵芯在返出液的过程中脱离射流泵泵筒，随油管内的返出液一起向井口移动，当射流泵泵芯到达井口时，井口的捕捞器就能自动抓紧射流泵泵芯上部的打捞头，完成整个射流泵泵芯的投捞过程，如图1(b)所示。

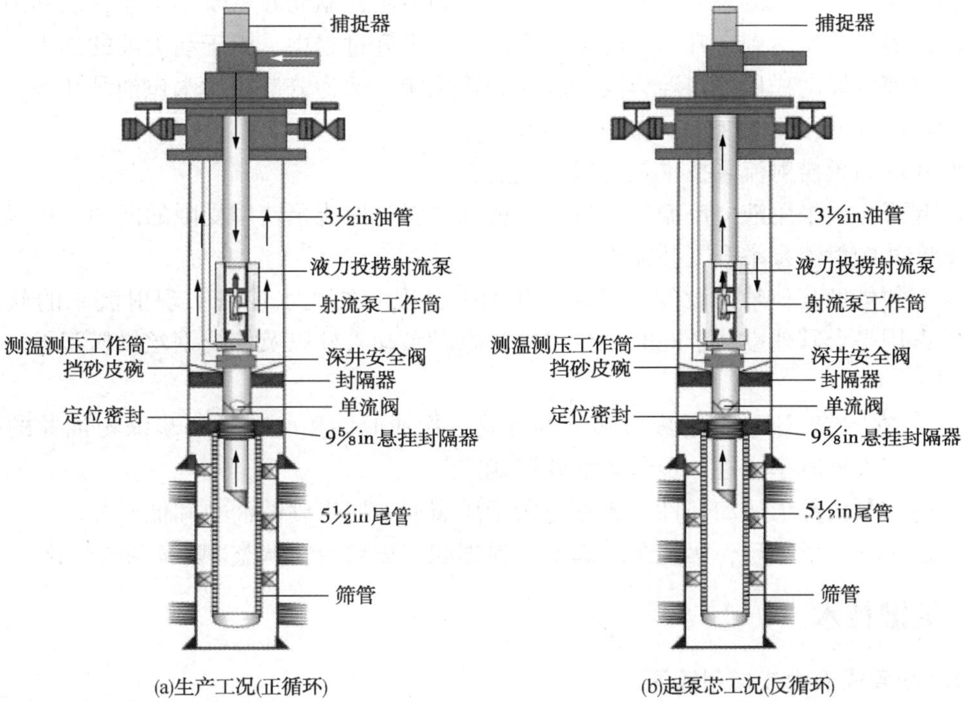

图1 套管式液力投捞射流泵示意图

1.2 地面设备及工艺原理

地面设备主要由动力液注入端和混合液产出端组成，如图2所示。动力液注入端主要由注入水管汇和注水泵等组成，来自其他平台或水源井的水经过处理，通过平台自带的注水增压泵对动力液进行增压，根据不同的压力调节注入量，从而调节动力液的排量，实现控制井底流压和产液量的目的；混合产出液直接进入平台流程进行处理。对于具备油水处理的平台，分离后的水可直接作为动力液继续循环使用，对于不具备油水处理的平台，混合产出液可直接通过混输海管输送到其他平台进行处理。

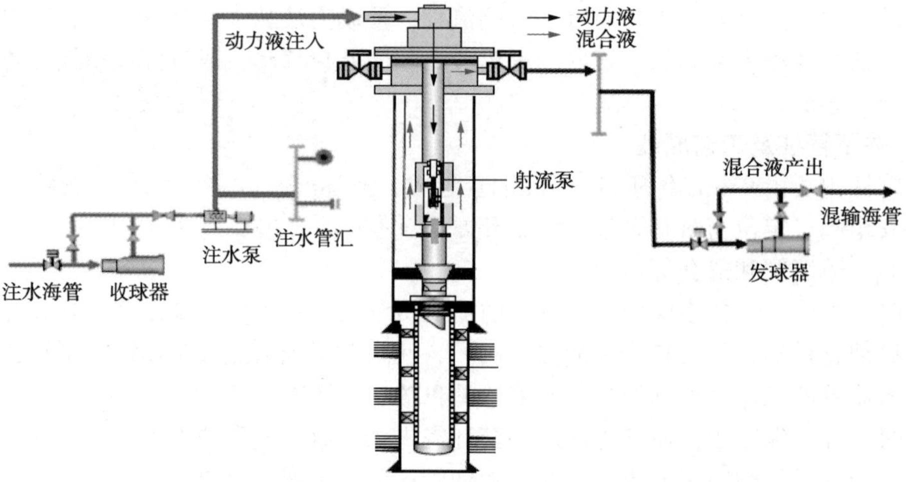

图 2　套管式液力投捞射流泵地面设备示意图

1.3　技术特点

套管式液力投捞射流泵工作时，以高压水为动力液，驱动井下泵芯工作，以动力液和产出液之间的能量转换达到举升的目的。在产出液的举升过程中，由于动力液的加入、喷嘴和喉管对产出液的搅动作用，使混合液形成水为连续相，油为分散相的水包油乳状液，其产出液黏度大幅度降低，摩阻变小，有利于举升。

套管式液力投捞射流泵技术具有以下优点：

(1) 起泵方式采用液力反循环，进一步解除井斜对射流泵使用受限的问题，可满足海上大斜度低产井的射流泵举升工艺需求。

(2) 无须借助其他辅助设备，可直接利用平台现有的注水设备实现射流泵的起出和下入，无须占用平台其他空间，同时减少了常规电潜泵动管柱以及传统钢丝投捞起下射流泵的作业费用。

(3) 液力投捞射流泵采用液力起下的方式，作业时间更短，进一步缩短油井的躺井时长，延长油井生产时率，进一步释放油井产能。

(4) 射流泵内部无运动部件，能够适用于压裂后地层出砂的油井和低产井。

(5) 通过正、反循环，实现泵芯起下，根据配产需要及时调整“喷嘴/喉管”比。

2　关键技术

2.1　套管式液力投捞射流泵

2.1.1　结构

套管式液力投捞射流泵主要由泵芯和工作筒组成。泵芯如图 3 所示，工作筒如图 4 所示。泵芯主要由打捞矛、皮碗、过滤管、动力液入口、喷嘴、喉管、扩散管、胶筒、胶圈等组成。泵芯与工作筒之间设有插入密封。

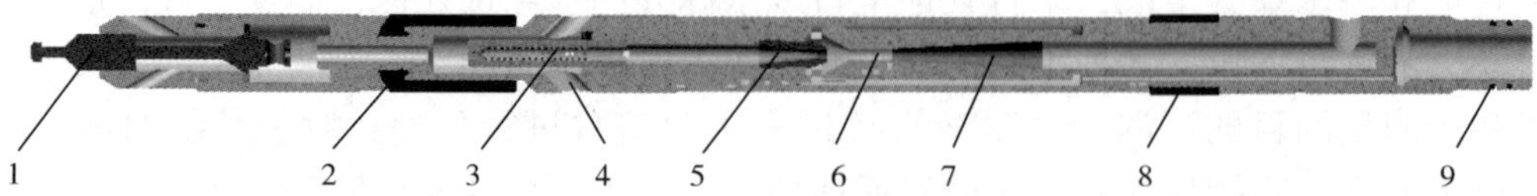

图 3　泵芯结构示意图

1—打捞矛；2—皮碗；3—过滤管；4—动力液入口；5—喷嘴；6—喉管；7—扩散管；8—胶筒；9—胶圈

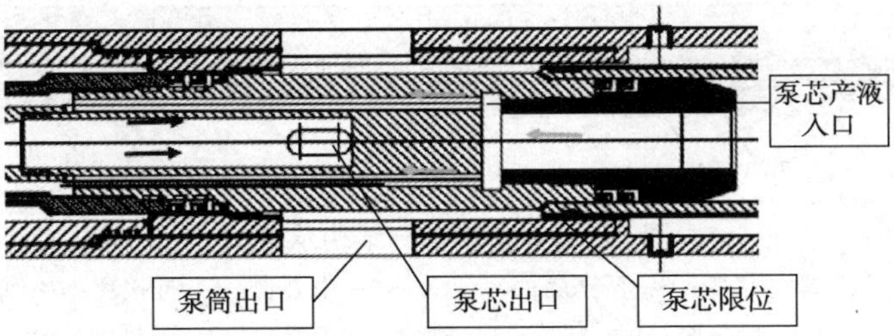

图4　泵筒结构示意图

2.1.2　工作原理

射流泵泵芯插入射流泵工作筒。生产时，动力液通过内管柱进入泵芯，通过泵芯的喷嘴喷出，由于流体速度显著增加，导致压能显著降低，从而在喷嘴周围形成负压区，井底产液被吸入泵芯内，与喷出的动力液混合，再经过扩散管扩散，逐步恢复压能。混合液经过流道进入同心管柱环空，依靠压能举升至地面。

2.2　专用井口捕捉装置

2.2.1　结构

专用井口捕捉装置主要由打捞杆、加长杆、加长杆提环、捕捉器及配套密封组成(图5)。加长杆下连接捕捉器至油管挂最下端，实现泵芯有效捕捉，同时设置二级密封，实现安全井控。

2.2.2　工作流程

① 将吊环穿入防喷装置后，依次连接六根加长杆，加长杆最下端连接捕捉器；

② 关闭采油树清蜡及主阀门，拆卸采油树帽，安装井口泄压循环三通，用小钩吊起捕捉器、加长杆、防喷组合装置，将捕捉器放入泄压三通，直至进入采油树清蜡阀门以上空间，再将防喷装置下端与泄压三通上端连接上紧；

③ 打开清蜡与主阀，小钩下放加长杆，直至加长杆到达油管挂以下位置；

④ 依次压紧密封，连接顶端压冒丝堵，防止循环过程中将加长杆顶出，连接循环管线，倒流程，进行反循环捞取泵芯，期间注意观察排量与压力变化，直至捕捉成功。

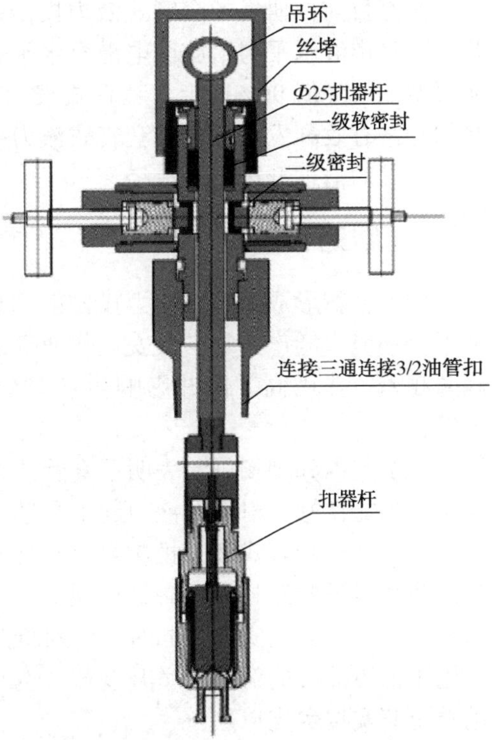

图5　专用井口捕捉装置

2.3　井下安全控制装置

2.3.1　结构

深井式安全阀主要由上接头、液控管线接头、活塞腔、活塞、中心管、连接环、弹簧、主体、阀板座、扭簧、阀板、下接头组成，如图6所示。

2.3.2　工作原理

深井式安全阀连接液控管线后，在地面打压，液压驱动安全阀内的活塞向下移动，活塞推动相连接的弹簧和中心管向下运动，当中心管接触到锥塞时，阀板上下液压连通建立压力

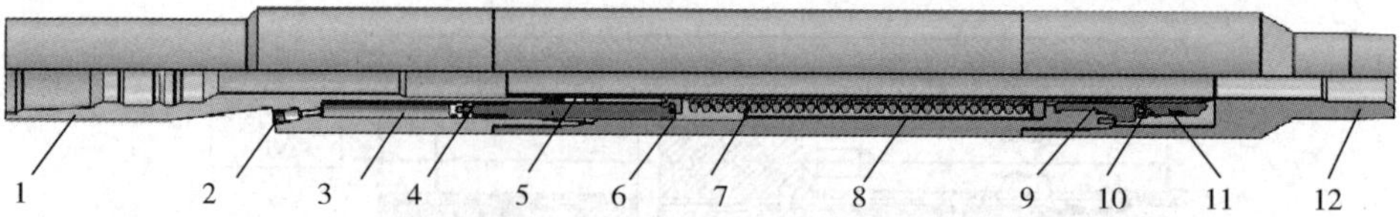

图 6　深井式安全阀结构示意图

1—上接头；2—液控管线接头；3—活塞腔；4—活塞；5—中心管；6—连接环；7—弹簧；8—主体；9—阀板座；10—扭簧；11—阀板(含锥塞)；12—下接头

平衡，继续打压，中心管向下顶开阀板，井下安全阀处于打开状态。当安全阀需要关闭时，泄掉液控管线内的压力，在弹簧力的作用下，中心管和活塞回到初始位置，此时阀板失去支撑，且在扭簧的作用下，阀板与阀板座紧密贴合，井下安全阀关闭，达到隔离井下流体的目的。

3　现场试验

截至目前，研发的套管式液力投捞射流泵技术已在渤中 25-1 等低渗油田运用6 口井、9 井次，日产液水平与措施前电潜泵水平相当，与电潜泵相比，在初期投资一致的前提下，检换泵费用可降低 90%以上。套管式液力投捞射流泵技术的成功实施，实现了低渗油田低产井的经济有效开发，标志着套管式液力投捞射流泵举升工艺已经形成，也为渤海油田低渗储层低产井的治理开拓了新途径。

4　结论和建议

（1）创新形成了管式液力投捞射流泵技术，包括关键工具、装备及工艺的研发，满足海上平台环境、低产井复产及安全作业等需求。该技术的创新研发与成功实践，解决了电潜泵修井频繁、费用高、修井影响生产时效等一系列问题，助推了海上低渗油田的经济有效开发；

（2）室内和现场试验表明了套管式射流泵、井下安全工具配合良好、射流泵泵芯与内泵筒密封性能良好，射流泵液力起下泵芯安全可靠，具备在现场推广应用的条件；

（3）基于套管式液力投捞射流泵技术的成功，以提高该技术适应性为目标，研发安全接头，防止封隔器解封失效后管柱遇卡，攻关底阀打捞工具，提供酸化解堵药剂等注入通道，保障增产措施顺利实施。同时，针对低产井的生产特点，优化射流泵的选泵设计方法，形成适用于低渗油田的射流泵举升规律，为该技术在蓬莱 25-6 油田及渤中 25-1 油田的推广应用奠定坚实技术支持。

参 考 文 献

[1] 刘锦，李剑平，赵鹊桥．垦东 12 块油藏采油方式优选及工艺研究[J]．特种油气藏，2006，13(6)：77-79.

[2] 蔡淑兰．潜油电机驱动采油技术的发展[J]．化学工程与装备，2014，6(10)：157-158.

[3] 田芳勇，刘净，陈传东，等．潜油电泵智能控制技术研究[J]．钻采工艺，2014，37(2)：83-85.

[4] 胡书勇，张烈辉，刘祥康，等．潜油电泵采油技术在低孔低渗油田的应用[J]．钻采工艺，2006，29(5)：48-50.

[5] 李令喜，李彭年．渤海油田大排量潜油电泵的开发及应用[J]．石油钻采工艺，2012，34 (z1)：55-58.

[6] 李东．潜油电泵机组振动检测与故障诊断[J]．设备管理与维修．2020(10)：154-155.

[7] 姜建平，谢双喜，王亚慧．渤海油田潜油电泵散热问题及改进措施[J]．长江大学学报(自然科学版)，2010，7(3)：258-260.
[8] 王永慧，檀朝东，田旭庆，等．潜油电泵系统发热对稠油黏度的影响[J]．石油矿场机械，2011，40(8)：58-61.
[9] 沈琼，余丹，李昂，等．海上潜油电泵井温度场计算及影响因素研究[J]．数码设计，2017，6(3)：69-73.
[10] 杨万有，郑春峰，李昂，等．海上电泵结蜡井热循环洗井工艺参数优化设计[J]．西南石油大学学报(自然科学版)，2019，41(1)：129-136.
[11] 朱广海，刘章聪，熊旭东，等．电加热稠油热采井筒温度场数值计算方法[J]．石油钻探技术，2019，47(5)：110-115.

第一作者简介：曾润(1995—)；性别：男；籍贯：四川内江；工作单位：中海石油(中国)有限公司天津分公司渤海石油研究院；职称：助理工程师；主要研究方向：人工举升；联系地址：天津市滨海新区高新区海川路2121号渤海石油管理局大厦B座；E-mail：zengrun@cnooc.com.cn；电话：18482110446。

大牛地下古碳酸盐岩酸蚀导流能力分析

李洋洋　李晓明　陆姣平

（中国石化华北油气分公司石油工程技术研究院）

摘　要　大牛地气田位于鄂尔多斯盆地伊陕斜坡北部，马家沟组碳酸盐岩储层物性具有低孔、低渗特征。由于酸岩反应过程随机性强，它不仅与岩石本身的溶蚀率有关，而且受岩石表面酸溶性矿物的随机分布控制。为明确大牛地马家沟组碳酸盐岩储层在不同压裂条件下形成的导流能力，本文通过模拟不同注液级数酸压过程，分析不同注液级数对碳酸盐岩岩板的酸刻蚀形态特征及差异，结合酸蚀裂缝导流能力实验将导流能力作为评价酸压改造效果的最终指标，分析酸刻蚀形态对酸蚀裂缝导流能力的影响，并探索保持酸蚀裂缝高导流能力的保持方式，从而为现场酸压施工提高酸蚀裂缝导流能力方式提供依据。

关键词　大牛地　碳酸盐岩　酸压　酸蚀　导流能力

大牛地气田位于鄂尔多斯盆地伊陕斜坡北部，下古碳酸盐岩储层资源潜力巨大，是气田重要的储产量接替阵地。马家沟组碳酸盐岩储层物性具有低孔、低渗特征，前期取得一些改造效果，但由于不同储层工程地质特征差异明显，储层类型多样，目前已有的针对性的酸压改造工艺与储层特征匹配性尚未完全明确。酸液有效作用距离和酸蚀裂缝导流能力是评价酸压施工的关键性参数，酸压所能达到的最终导流能力主要取决于酸液溶蚀的岩石量以及酸蚀裂缝壁面的不均匀程度。由于酸岩反应过程随机性强，它不仅与岩石本身的溶蚀率有关，而且受岩石表面酸溶性矿物的随机分布控制。因此，通过模拟不同注液级数酸压过程，分析不同注液级数对碳酸盐岩岩板的酸刻蚀形态特征及差异，结合酸蚀裂缝导流能力实验将导流能力作为评价酸压改造效果的最终指标，分析酸刻蚀形态对酸蚀裂缝导流能力的影响。

1　实验方案

该实验主要是三种不同储层类型进行不同酸压工艺的优选实验，主要有高黏胶凝酸、高黏酸+低黏胶凝酸二级注入工艺、交联酸+胶凝酸二级注入等。利用酸蚀裂缝导流能力测试系统进行实验研究的主要目的是通过实验研究模拟规模的扩大化，使其实验条件尽量接近现场条件。通过运动相似准则，将现场注酸排量换算到室内实验排量，岩板缝宽控制在1mm，酸岩反应过程中回压阀压力控制在7.6MPa，使生成的CO_2溶于液体中避免两相流动影响酸岩反应。

1.1　实验设备

酸刻蚀实验是指将符合API标准的岩板放置在API导流室内，岩板壁面之间保持一定开度模拟地层裂缝，利用耐酸泵将配好的酸液从储液罐泵入导流室内，酸液在裂缝壁面流动时与岩石反应，能够近似模拟酸压施工中酸岩反应的真实情况。主要的实验设备为：酸蚀裂缝导流能力测试系统、加工后的岩板、岩板酸蚀后岩面刻蚀激光高清扫描仪。

1.2 酸液配方

注酸过程采用不同的酸液体系，主要采用高黏酸、低黏酸、交联酸液配方体系。

高黏酸液配方：20% HCl+1.0%缓蚀剂+0.2%铁离子稳定剂+0.2%助排剂+0.45%增稠剂；

低黏酸液配方：20% HCl+1.0%缓蚀剂+0.2%铁离子稳定剂+0.2%助排剂+0.15%增稠剂；

交联酸液配方：20%HCl+1.0%缓蚀剂+0.2%铁离子稳定剂+0.2%助排剂+0.45%稠化剂+交联剂 A：B=100：0.6，交联比为 100：0.3；

整个实验过程中的酸液注入参数：注入速度 40mL/min，注酸时间：90min，温度：100℃；二次注入就是采用不同的体系交替注入。

1.3 实验步骤

按照石油天然气行业标准《压裂支撑剂充填层短期导流能力评价推荐方法》(SY/T 6302—2009)中推荐的实验方法进行酸蚀裂缝加砂导流能力测试。酸刻蚀实验是指将符合 API 标准的岩板放置在 API 导流室内，岩板壁面之间保持一定开度模拟地层裂缝，利用耐酸泵将配好的酸液从储液罐泵入导流室内，酸液在裂缝壁面流动时与岩石反应，能够近似模拟酸压施工中酸反应的真实情况。

2 导流实验结果

2.1 实验结果

通过对不同酸液体系(高黏酸体系、高低黏酸液体系以及交联酸体系)、不同储层类型(孔隙型储层、裂缝孔隙型储层、裂缝—溶孔型储层)进行不同储层改造工艺(单级注入、二级交替注入方式)的优选，得到某一储层类型在同酸压工艺条件下的导流能力，从而来优选匹配该类型储层的最优酸压工艺。

以下是三种不同储层类型(孔隙型储层、裂缝孔隙型储层、裂缝—溶孔型储层)在不同酸压工艺(高黏酸体系、高低黏酸液体系以及交联酸体系)条件下的酸蚀裂缝导流能力的对比。对比结果显示：

1) 从不同类型储层的酸蚀导流能力结果来看，高低黏和交联—胶凝酸(二级注入)工艺得到的导流能力要高于高黏体系。

2) 从工艺的适配性实验结果来看，孔隙型和裂缝—溶孔型储层建议采用高低黏酸液体系，裂缝—孔隙型储层建议采用交联酸液体系。

2.2 溶蚀后样品表面形态对比

为了更方便地对导流试验完毕后的酸蚀裂缝形态进行表征，采用三维扫描仪来获取三维裂缝的形貌特征。

2.2.1 孔隙型储层

对于孔隙型样品，扫描图显示(图 1)：两端腐蚀出少量酸蚀通道，中间腐蚀最严重，产生凹凸不平的酸蚀通道。孔隙型储层酸蚀后上下岩板的质量变化相对较小，不到 10g，入口处的酸蚀效果明显一些，平均深度达到 3.5mm，且凹凸不平，中间有部分酸蚀孔，但不连续，出口见液时间长。

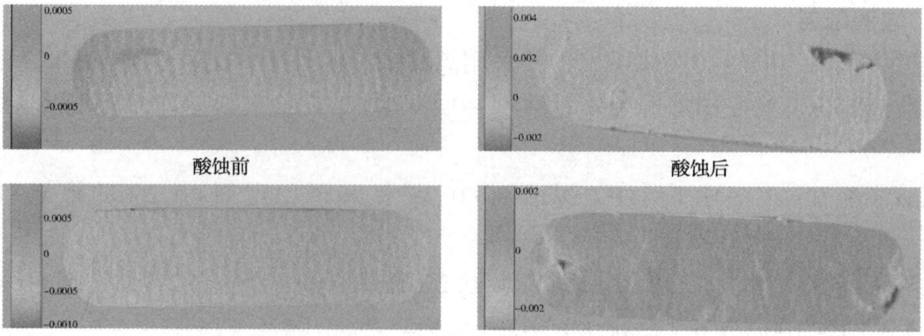

图 1　孔隙型储层样品酸蚀导流实验前后样品表面扫描图

2.2.2　裂缝—孔隙型储层

对于裂缝—孔隙型样品，扫描图显示(图 2)：岩板表面出现凹凸不平的酸蚀通道，中间部位形成明显贯通裂缝，两端整体下降约 2～3mm。裂缝—孔隙型储层酸蚀后上下岩板的质量变化相对较大，平均 33g，整个岩板的酸蚀效果相对连续一些，入口端更深一些，有连续酸蚀段，深度平均 2～3mm，部分裂缝处较深，有 4.5mm，岩板腐蚀较严重，出口残酸黑色有大量的微小颗粒。

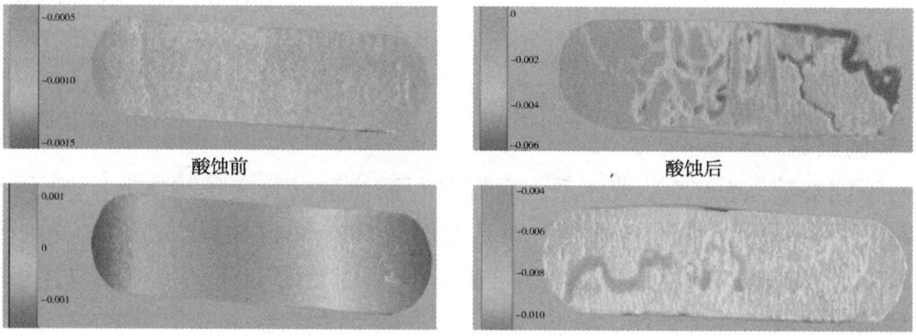

图 2　裂缝—孔隙型储层样品酸蚀导流实验前后样品表面扫描图

2.2.3　裂缝—溶蚀孔洞型储层

对于裂缝—溶蚀孔洞型样品，扫描图显示(图 3)：岩板表面端部面稍微下降，出现少量裂缝与贯通的酸蚀通道，刻蚀深度约 2～3mm。裂缝—溶蚀孔洞型储层酸蚀后上下岩板的质量变化最大，平均 42g，整个岩板的酸蚀效果较为连续，中间部分区域“蚓孔”深度更深一些，有连续酸蚀面，深度平均 2～3mm，部分裂缝处较深，有 3.5mm，连续宽度达 5～7mm，岩板腐蚀较严重，出口见液快且有大量气体，残酸黑色有大量的微小颗粒。

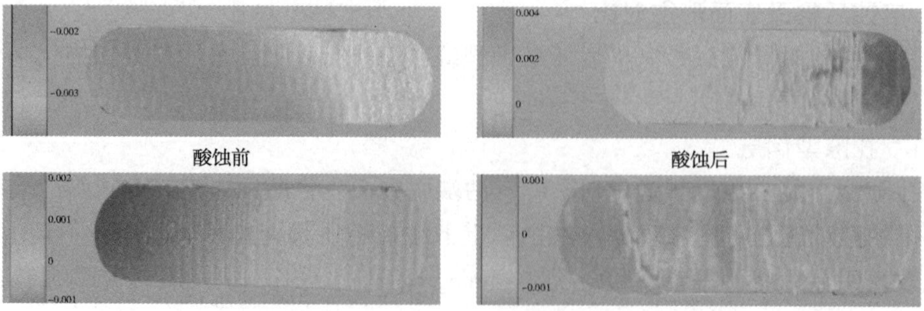

图 3　孔隙型储层样品酸蚀导流实验前后样品表面扫描图

不同酸液体系酸压工艺三组不同储层类型条件下被溶蚀的量区别较大，裂缝—孔隙型类型效果最好，裂缝—孔隙型居中，孔隙型最小。

3 不同加砂工艺的对比

为了对比不同的加砂工艺对裂缝导流能力的影响，进行了高低黏酸蚀裂缝加砂（40/70目陶粒，铺置浓度 2.5kg/m^2）工艺、高低黏酸蚀不加砂工艺以及清水加砂（40/70 目陶粒，铺置浓度 2.5kg/m^2）工艺的导流能力对比。见表 1。

表 1 岩板清水加砂工艺裂缝导流能力测试结果（补充组）

闭合压力/MPa	流量/（mL/min）	压差/kPa	缝宽/cm	导流/D·cm
10	5	0.131	1.596	71.89
20	5	0.419	1.568	65.6
30	5	0.589	1.485	54.41
40	5	0.753	1.422	48.34
50	5	0.999	1.399	35.39
60	5	1.51	1.347	25.57

对比高低黏酸液交替注入加砂与不加砂工艺，从导流能力对比来看：

（1）初期不加砂导流能力值高，随着闭合压力的增大，导流能力降低的幅度越来越大，在高闭合压力（55MPa 以上）下加砂酸压工艺要高于不加砂酸压。

（2）与酸压加砂工艺对比，清水不过酸加砂在 35MPa 以后储层导流能力逐渐占优势，且在高闭合压力区导流能力降低幅度较低。

4 总结分析

（1）从不同类型储层的酸对岩板的溶蚀情况和酸蚀导流的结果来看，不同酸压工艺后岩板的矿物溶蚀情况区别较大，但是随着闭合应力增大导流能力快速下降，自支撑很难满足储层对高导流的需要。

（2）从不同类型储层的酸蚀导流能力结果来看，高低黏体系、交联—胶凝酸（二级交替注入工艺）均得到较高导流能力，对裂缝进行非均匀刻蚀形成高导流要远高于高黏酸单一注入模式。

（3）从孔隙型储层的实验结果来看，岩板整体非均匀刻蚀形态不明显，随着闭合压力提高，岩板逐渐被挤压至部分区域压碎，导流能力迅速降低。因此，孔隙型储层单纯依靠酸刻蚀自支撑导流能力不足，不能满足储层高效改造需要。

（4）完成的裂缝—孔洞型储层高低黏注入导流能力增补实验，高低黏交替注入后加砂裂缝导流实验和岩板纯水加砂导流实验，对比结果表明通过高低黏酸液交替注入后铺置高强度的陶粒支撑剂（40/70 目陶粒，铺置浓度 2.5kg/m^2），可以有效地降低支撑剂的嵌入深度和破碎率，且较好地提高酸蚀裂缝在高闭合压力下的导流能力。

（5）对比高低黏酸液交替注入加砂与不加砂工艺，从导流能力对比来看，初期不加砂导流能力值高，随着闭合压力的增大，导流能力降低的幅度越来越大，高闭合压力下加砂酸压工艺要远高于不加砂酸压。

(6) 与酸压加砂工艺对比，清水不过酸加砂在 35MPa 以后储层导流能力逐渐占优势，且在高闭合压力区导流降低幅度较低。

(7) 建议采用多级注入深穿透不均匀刻蚀与加砂压裂造高导流裂缝相结合，降低近井地带酸岩反应速度，促进裂缝向前延伸，这样可以使得支撑剂进入地层保证裂缝具有长期高导流能力。

参 考 文 献

[1] 彭瑀，李勇明，赵金洲，等．缝洞型碳酸盐岩油藏酸蚀裂缝导流能力模拟与分析[J]．石油学报，2015，36(5)：606-611，640.

[2] 姚茂堂，牟建业，李栋，等．高温高压碳酸盐岩地层酸蚀裂缝长期导流能力实验研究[J]．科学技术与工程，2015，15(2)：193-195.

[3] 曲占庆，林强，郭天魁，等．顺北油田碳酸盐岩酸蚀裂缝导流能力实验研究[J]．断块油气田，2019，26(4)：533-536.

[4] 张路锋，牟建业，贺雨南，等．高温高压碳酸盐岩油藏酸蚀裂缝导流能力实验研究[J]．西安石油大学学报(自然科学版)，2017，32(4)：93-97.

[5] 李金禹．致密碳酸盐岩酸蚀裂缝导流能力实验研究[D]．山东：中国石油大学(华东)，2012.

[6] 西南石油大学．一种模拟酸蚀对碳酸盐岩储层裂缝导流能力影响的实验装置：CN201720474376.5[P]. 2018-01-12.

[7] 西南石油大学．一种模拟酸蚀对碳酸盐岩储层裂缝导流能力影响的实验装置：CN201710300671.3[P]. 2017-07-18.

[8] 陈力力，刘飞，杨建，等．四川盆地深层超深层碳酸盐岩水平井分段酸压关键技术[J]．天然气工业，2022，42(12)：56-64.

[9] 李宪文，祖凯，贾建鹏，等．碳酸盐岩酸压裂缝导流能力影响因素[J]．科学技术与工程，2023，23(10)：4176-4184.

[10] 李春月，李沁，李德明，等．顺北碳酸盐岩储层长期酸蚀裂缝导流能力预测方法[J]．钻井液与完井液，2022，39(5)：646-653.

[11] 张雄，李春月，周舟，等．精细化壁面重构下的酸蚀裂缝导流能力研究[J]．石油科学通报，2022，7(2)：213-221.

[12] 李燕承，刘志，黄天怿，等．适用于碳酸盐岩深穿透的潜在酸试验研究[J]．粘接，2022，49(10)：126-130，135.

[13] 王明星，吴亚红，孙海洋，等．酸液对酸蚀裂缝导流能力影响的研究[J]．特种油气藏，2019，26(5)：153-158.

[14] 蒋德生，李晓平，姜凯文，等．高磨地区非均质储层转向酸导流能力研究[J]．石油与天然气化工，2021，50(4)：92-95，113.

[15] 李子甲，吴霞，黄文强．深层碳酸盐岩储层有机酸深穿透酸压工艺[J]．科学技术与工程，2020，20(20)：8146-8151.

[16] 刘威，章江，张超平，等．自生酸前置压裂液在碳酸盐岩储层中的室内实验评价[J]．科学技术与工程，2020，20(3)：1051-1056.

[17] 吴亚红，吴虎，王明星，等．基于导流能力评价实验的复合酸化压裂技术[J]．科学技术与工程，2020，20(31)：12776-12781.

[18] 周佳佳，邹洪岚，朱大伟，等．低弹性模量碳酸盐岩储层裂缝导流能力实验研究[J]．石油钻采工艺，2020，42(6)：752-756.
[19] 周林波，刘红磊，李丹，等．碳酸盐岩油藏高温超深井高导流自支撑酸化压裂技术[J]．特种油气藏，2022，29(3)：144-149.
[20] 刘超，苟波，管晨呈，等．关井效应对酸压裂缝刻蚀形貌与导流能力影响[J]．中国石油大学学报(自然科学版)，2021，45(2)：96-103.

第一作者简介：李洋洋(1988—)，女，黑龙江省绥化市，华北油气分公司，工程师，碳酸盐岩储层改造，郑州市中原区陇海西路199号华北石油局，liyangxsx@163.com，15890145337。

多功能一趟管联作高效修井技术研究与应用

郑瑞波[1]　张　峰[2]

(1. 中国石化江汉油田分公司江汉采油厂；2. 中国石化油田事业部)

摘　要　为缩短作业占时，提高修井效率，控减劳务费用，实现降本增效，提出“一趟管修井”优化设计方法，研发“不动管联作”系列技术，建立“多工序集成”作业提速新模式。通过优化整合一趟管联作管柱设计，创新研发多功能组合工具串，形成了射孔下泵联作、冲洗下泵联作、压裂下泵联作、丢手下泵联作、修井一趟管联作等五大类共十项联作技术。实现了只利用一趟管柱即可完成传统技术上需要起下三趟管柱作业工序的工作量，在达到同样作业目的前提下，还能解决诸如带压起下管过程井口冒喷污染、井控风险高等技术问题。联作技术已在江汉油区累计推广152井次，累计减少起下换管74.4万米，单井平均缩短作业占时26h，减少修井费用3.5万元，提高修井效率约30%。

关键词　多功能　一趟管　联作　多工序　防喷　作业占时

随着开发不断深入，江汉油区油井出砂、结盐、腐蚀等井况愈发复杂，导致作业工序多、占井时间长、影响产量大等问题愈发凸显[1,5]。为有效控减总作业成本，既要控制作业井次，还要有效降低单井作业劳务费用。因此，提出“一趟管修井”优化设计方法，研发“不动管联作”系列技术，建立“多工序集成”作业提速新模式。即，通过运用“联作一体化”设计思路，将优化设计油井泵抽管柱结构，整合改进作业工序方法，作为工艺技术进步的攻关点和突破口。研究旨在达到同样作业目的，甚至更好效果情况下，利用一趟工序完成传统三趟工序的工作量，减少起下趟数，控减单井作业劳务费用，并解决多趟工序作业技术局限。目前已形成了射孔下泵联作、冲洗下泵联作、压裂下泵联作、丢手下泵联作、修井一趟管联作等五大类共十项联作高效修井技术。联作技术已在江汉油区累计推广152井次，累计减少起下换管74.4万米，单井平均缩短作业占时26h，减少修井费用3.5万元，提高修井效率约30%。

1　大通径顶底双密封联作杆式泵优化设计

“不动管联作”系列技术为了达到井筒作业施工完不起出管柱而直接转抽完井的目的，均配套采用了杆式泵。但为了满足作业中油管柱加压、旋转，以及过油管下入测试仪器和大排量循环冲洗的要求，必须对API标准结构杆式泵进行结构改造和性能升级。因此，专门设计了大通径顶底双密封联作杆式泵，其结构如图1所示。

该型联作杆式泵采用顶部皮碗插入密封扶正，底部金属锥面密封、锁爪支承固定的结构形式。杆式泵支承筒整体抗滑扣强度、抗内压强度均不低于Φ73mmN80钢级平式油管机械性能。最主要的，支承筒底部锁紧支承接头最小内通径设计加大至Φ51mm，满足了测试仪器和投球通过以及大排量冲砂洗井的过流要求。而且，该型支承筒对于Φ28/32/38/44mm

四种泵径规格的顶底双密封联作杆式泵均可互换通用。

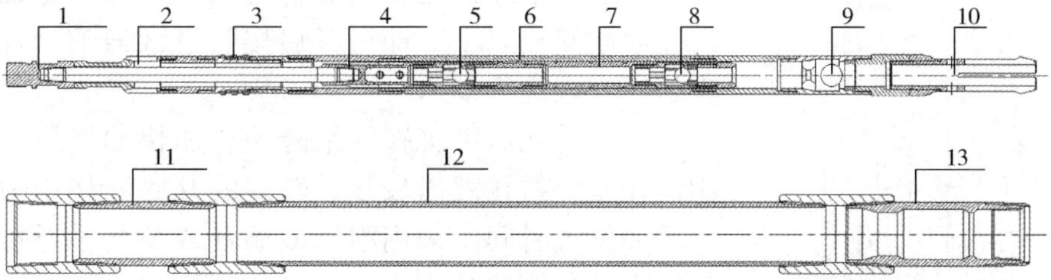

图 1　大通径顶底双密封联作杆式泵结构示意图

1—拉杆接头；2—拉杆导向套；3—支承皮碗；4—上游动凡尔罩；5—上游动凡尔；6—泵筒；7—柱塞；8—下游动凡尔；9—固定凡尔；10—锁紧锚；11—顶部皮碗支承接头；12—支承筒连接管；13—底部锁紧支承接头

2　射孔防喷下泵联作

2.1　工艺原理及管柱结构

射孔防喷下泵联作技术，简称"射采防喷"联作，是将射孔和下泵整合为一趟管柱[2,3]，射孔观察后只需将射孔枪提出射孔井段，就可直接下杆式泵开抽完井。联作管柱除了用于连接的油管串外，关键井下工具自上至下依次为杆式泵座(支承筒)、油管校深短节、投球验管球座、接球座、油管内堵塞器[4]、油套连通阀、起爆器+射孔枪串，"射采防喷"联作管柱结构如图 2 所示。

2.2　技术优势

一是具有校深精度高的优势。由于杆式泵支承筒最小内通径为 Φ51mm，常用校深定位仪最大外径为 Φ38 ~ 40mm，所以，对于埋深 3000m 以上的深井，可以不受泵深限制，使校深仪穿过杆式泵支承筒，直接进行泵下尾管内的定位校深，将校深总零长缩短至 50m 以内，完全消除掉射孔枪管柱在井下的自由伸长量误差。而如果使用管式泵进行"射采防喷"联作，则只能进行泵上定位校深，这对于埋深较深，尾管超过 200m 的机抽井是无法保证射孔校深精度的。

二是具有油管内带压防喷下泵优势。当地层能量较高，但射孔后井口压力和溢流量不足以维持较长时间的稳定自喷生产时，不压井不动管，保护优质储层，避免起下管过程产生抽汲激动压力，而直接下泵连喷带抽生产无疑是最佳的选择。在管柱底部，射孔枪与油套连通阀之上连接油管内堵塞器(亦称泵下堵塞器[4]，结构如图 3 所示)，堵塞器以上至井口灌满活性水以平衡套管压力，便可达到管柱有效防喷目的。在低压关井状态下，油管内可以直接不带压下入抽油杆带杆式泵，当泵入支承筒坐封前，

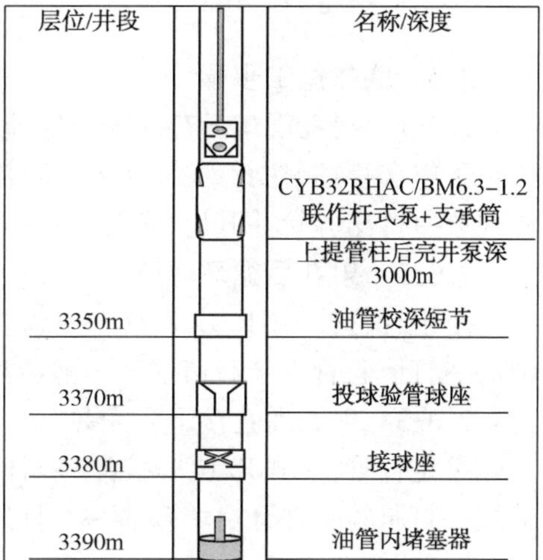

图 2　"射采防喷"联作管柱结构示意图

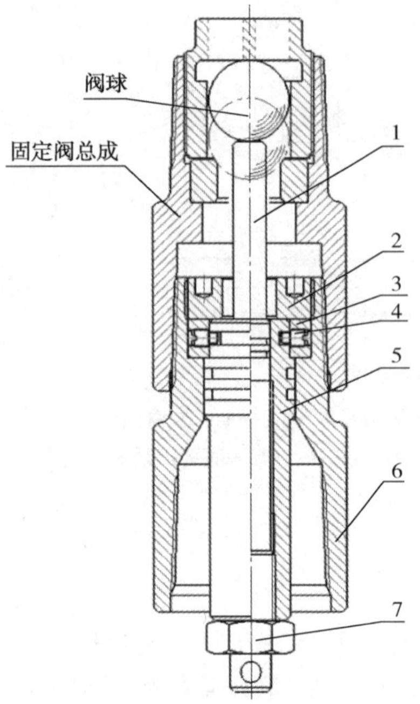

图3　泵下堵塞器结构图
1—顶杆；2—压盖；3—挡圈；
4—剪断销钉；5—活塞；
6—外壳；7—背帽

直接油管内加压，当油管内向下压差达到堵塞器的开启剪断压力后，堵塞器的密封芯子落入射孔枪起爆器顶部、油套连通阀侧孔以下，即可开启尾管进液通道，杆式泵顺势坐封后实现连喷带抽生产。

三是射孔后可实施气举降液，加快油气显示。当储层物性较差，射孔液面较浅，较高的井底液柱压力会大大延后见油见气时间。采用泡沫液循环或纯气举返排降液可以快速降低井筒液柱压力，放大生产压差，加速油气在地层中的渗流速度，同时清洁疏通储层孔喉渗流通道内固相杂质，达到加快油气显示目的。该技术射孔后打掉堵塞器，联作管柱在油套连通阀处即实现油套连通，工具串内通径可满足大排量循环或气举的过流需要。当达到降液目的后，即可不动管下杆式泵完井。

四是该管柱生产经过一个检泵周期后，可不动管只换新杆式泵完井。该技术在尾管预设了投球验管球座和接球座，在生产一个检泵周期后，根据起出抽油杆和杆式泵偏磨、腐蚀情况，可以不动管投球实施二次验管，验管合格打掉球座后可直接改下相同或其他泵径的杆式泵继续生产(杆式泵支承筒通用)，从而第二次减少起下换管工序，缩短作业占井时长，提高检换泵效率。

2.3　联作施工步骤

2.3.1　射孔观察后存在低压溢流

下组合管柱→GR/CCL校深→调整射孔管柱→反打压射孔→观察油气显示→下抽油杆带杆式泵→打压验管并开启堵塞器→杆式泵坐封→连光杆开抽。

2.3.2　射孔后循环降液

下组合管柱→GR/CCL校深→调整射孔管柱→反打压射孔→观察油气显示→起管带枪出油层→打压验管并开启堵塞器→泡沫液(气举)循环降液→下杆式泵坐封→连光杆开抽。

2.3.3　射孔后直接下泵完井

下组合管柱→GR/CCL校深→调整射孔管柱→反打压射孔→观察油气显示→起管带枪出油层→打压验管并开启堵塞器→下杆式泵坐封→连光杆开抽。

3　冲洗防喷下泵联作

3.1　工艺原理及管柱结构

冲洗防喷下泵联作技术，简称“冲采防喷”联作，是将冲砂洗井和下泵整合为一趟管柱，冲砂洗井结束后，上提管柱至设计泵深位置，就可直接下杆式泵开抽完井。联作管柱除了用于连接的油管串外，关键井下工具自上至下依次为杆式泵座(支承筒)、投球验管滑套、活页式防喷阀、十字叉接球座、锯齿冲砂头，“冲采防喷”联作管柱结构如图4所示。

3.2　技术优势

该技术具有油管内带压冲砂和防喷下泵优势。当压裂井放喷生产末期，下泵转抽前都仍具有一定的低压溢流能量，井口呈现长时间溢流冒喷状态(一般敞口不装油嘴控制时溢流排量约 15~20L/min)。为了保护储层不能进行大比重压井至完全“压死”状态，而按照目前的井控作业技术要求，当油管存在油气冒喷时，是不允许起下活动管柱的。这种井口长时间冒喷就造成无法及时起下管冲砂作业，制约了压裂自喷井带压转抽上产进度。

“冲采防喷”联作技术设计就是在上述状态下，利用组合工具串达到下入联作管柱过程、正冲砂洗井过程、下入杆式泵过程、验管验漏过程，全程一趟管有序联作施工，全程井口不产生溢流冒喷的效果。其中，活页式防喷阀内通径为 Φ50mm，可以保证大排量正循环冲砂洗井，而在停泵换单根及起下活动管柱期间，活页盖板阀在复位弹簧及上顶压差作用下可以及时关闭密封油管内通道。其反向防喷密封耐压可达 20MPa，但是在溢流冒喷末期，管内充满冲砂液情况下，防喷阀处承受上顶压差一般不会超过 5MPa，可以做到完全密封、可靠防喷，其结构如图 5 所示。

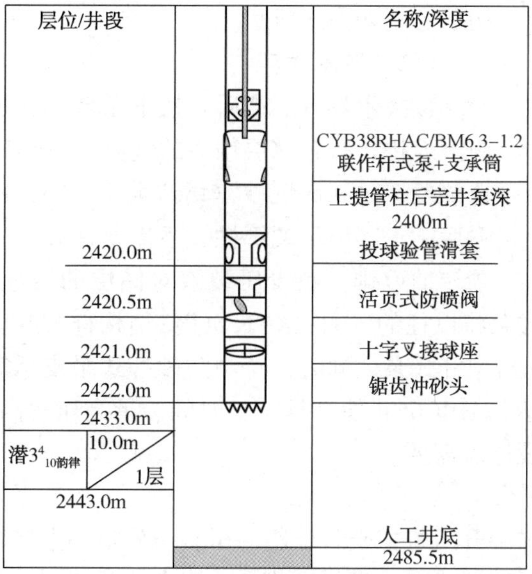

图 4 “冲采防喷”联作管柱结构示意图

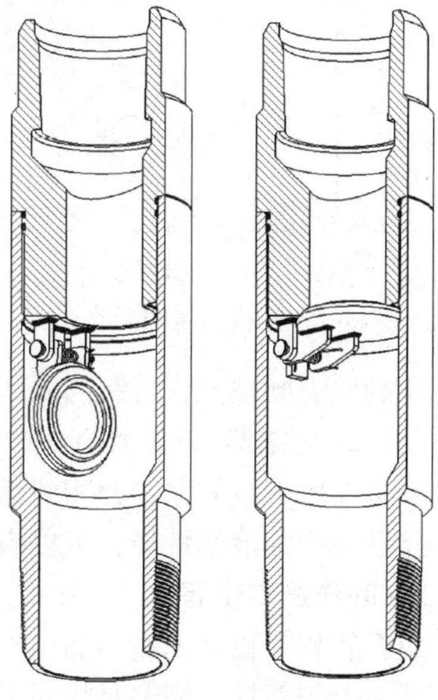

图 5 活页式防喷阀结构图

当冲砂洗井结束，上提管柱达到完井泵深要求并坐好管挂，此时因防喷阀关闭了尾管进液通道，在下杆式泵之前需要先投钢球落入投球验管滑套，然后不打开滑套，直接在防喷阀开闭、油管内不带压状态下下入杆式泵。最后在杆式泵入支承筒坐封前，先井口加压验管，再升压打开投球验管滑套，然后顺势坐封杆式泵，调整光杆开抽即可。投球验管滑套打开后露出侧孔成为尾管进液口，也就是进液口由冲砂洗井时的锯齿冲砂头底部上升至滑套侧孔，升高约 1.5m，这对于泵抽生产管柱来讲没有任何影响。

3.3 联作施工步骤

下组合管柱→探砂面→正循环冲砂洗井→上提管柱至完井泵深→投球入座→下抽油杆带杆式泵→坐封前加压验管→升压打开滑套→坐封杆式泵→连光杆开抽。

4 压裂防砂下泵联作

4.1 工艺原理及管柱结构

压裂防砂下泵联作技术，简称“压采”联作，是将压裂和下泵整合为一趟管柱，压裂放

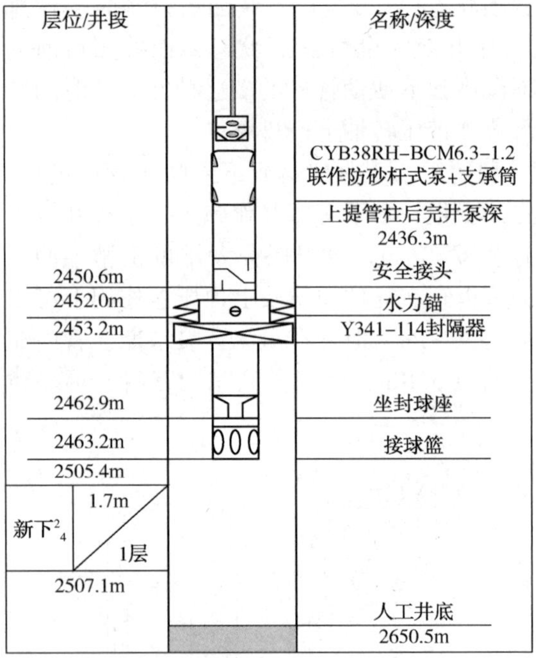

图6 “压采”联作管柱结构示意图

喷结束后，上提管柱解封封隔器(水力锚因内外压平衡自动解卡收回)，封隔器解封后以其坐封深度为准，在上下50m范围内上提下放活动管柱，并对比坐封前管柱悬重，确保管柱活动自如，封隔器完全解封到位。最后限速上提管柱至完井泵深位置，就可直接下杆式泵开抽完井。联作管柱是在常规压裂管柱上部连接专用防砂型杆式泵支承筒，除了用于连接的油管串外，关键井下工具自上至下依次为杆式泵座(支承筒)、安全接头、水力锚、Y341-114封隔器、坐封球座、接球篮，“压采”联作管柱结构示意图如图6所示。

4.2 技术优势

该技术具有压裂后直接下泵转抽，加快措施液返排，减轻储层伤害的优势。“压采”联作选井要满足井筒沉砂“口袋”大于50m，压裂放喷后，不起出压裂管柱、不需要冲砂，直接下泵转抽返排，减少压裂液对储层的浸泡时间。因存在压裂砂返吐现象，特制的防砂型杆式泵将以往的“短柱塞-长泵筒”结构杆式泵优化设计为“长柱塞-短泵筒”结构具有防砂卡堵的新型杆式泵。同时，特制防砂杆式泵支承筒设计承压达到70MPa，杆式泵坐封密封面硬度达到HRC65，使其具有长时间、承高压、高砂比、大排量携砂液磨蚀液切性能，可以满足压裂过流需要。

4.3 联作施工步骤

下组合管柱→投球入座→加压坐封坐锚→升压打掉坐封球座→压裂→放喷→上提解封→活动管柱→上提管柱至完井泵深→下抽油杆带杆式泵→坐封杆式泵→连光杆开抽。

5 丢手卡堵下泵联作

5.1 工艺原理及管柱结构

丢手卡堵下泵联作技术，简称“丢采”联作，是将卡封丢手和下泵整合为一趟管柱，同样利用杆式泵支承筒高强度、大通径的特点，在实现投球坐封底部卡堵层上下的双封隔器后，若采用反扣安全接头作为丢手接头，则正转管柱倒扣实现丢手；若采用液压丢手装置，则投球入丢手接头球座后，井口加压实现剪断丢手。最后上提管柱至完井泵深位置，就可直接下杆式泵开抽完井。联作管柱除了用于连接的油管串外，关键井下工具自上至下依次为杆式泵座(支承筒)、反扣安全接头(或液压丢手装置)、液压堵水封隔器×上下各1套、坐封球座、接球篮。

5.2 技术优势

该技术具有卡堵层丢手后直接下泵转抽，不需起下换管、提高作业效率、缩短占井时长的优势。

5.3 联作施工步骤

5.3.1 采用反扣安全接头作为丢手接头

下组合管柱→投球入座→加压坐封双封隔器→升压打掉坐封球座→正转倒扣丢手→上提管柱至完井泵深→下抽油杆带杆式泵→坐封杆式泵→连光杆开抽。

5.3.2 采用液压丢手装置

下组合管柱→投球入座→加压坐封双封隔器→升压打掉坐封球座→投球入座丢手装置→加压剪断丢手→上提管柱至完井泵深→下抽油杆带杆式泵→坐封杆式泵→连光杆开抽。

6 修井一趟管联作

修井一趟管联作技术，是指整合修井作业过程中的多趟工序为一趟工序，但不能实现不起出作业管柱而直接下泵转抽，即未整合下泵联作。目前现场应用的主要包括射孔压裂联作、通井刮削联作、投入式射流泵酸化返排联作，以及冲砂转捞砂联作[5]四项技术，这里不再赘述。其中，冲砂转捞砂联作技术可参考在《石油机械》期刊发表的论文《冲捞砂联作一体化技术的研究与应用》[5]。

7 现场应用

2019 年以来，立足自主研发，经过持续优化设计、迭代升级“联作一体化”系列技术，目前已形成五大类共十项联作系列化技术，在江汉油区累计推广应用 152 井次，“一趟管”联作完井成功率 94%，累计减少起下换管 74.4 万米，平均缩短单井作业占时 26h，减少单井劳务费用 3.5 万元，提高修井效率约 30%，取得了良好的技术及经济效益。

8 结论

（1）射孔防喷下泵联作技术实现了将射孔和下泵两趟管柱合二为一，射孔后不动管柱带压防喷转抽功能，既可避免高压井射孔压井后下泵造成的储层伤害，又能避免带压下泵造成的作业繁琐、占井时长、冒喷污染等问题。

（2）冲洗防喷下泵联作技术实现了将冲砂和下泵两趟管柱合二为一，在井筒低压溢流状态下可安全可控完成正循环防喷冲砂洗井作业，油管内不带压下泵后液压开启尾管进液通道，完成自喷井末期带压冲砂不动管直接转抽作业。

（3）压裂防砂下泵联作技术实现了将压裂和下泵两趟管柱合二为一，压裂后直接下泵转抽，达到加快措施液返排，减轻储层伤害目的。特制防砂杆式泵支承筒承压达到 70MPa，杆式泵坐封密封面硬度达到 HRC65，使其具有长时间、承高压、高砂比、大排量携砂液磨蚀液切性能，可以满足压裂过流需要，“长柱塞—短泵筒”结构杆式泵具有防压裂砂卡堵功能。

（4）丢手卡堵下泵联作技术实现了将卡封丢手和下泵两趟管柱合二为一，卡堵层坐封丢手后直接下泵转抽，不需起下换管、提高作业效率、缩短占井时长。

（5）其他修井一趟管联作技术，是整合修井作业过程中的多趟工序为一趟工序，但不能实现不起出作业管柱而直接下泵转抽，主要包括射孔压裂联作、通井刮削联作、投入式射流泵酸化返排联作、冲砂转捞砂联作技术。

（6）多功能一趟管联作高效修井系列技术改变了传统维护作业方式方法，创新了相关工艺操作技术标准，是实现最大程度降低油井，尤其是 2500m 以上深抽井作业成本、提高检泵效率的有效途径之一，对于新井抢投抢建、措施快速返排、转抽高效完井工作，具有一定的技术借鉴作用。

参 考 文 献

[1] 郑瑞波. 射孔防卡堵带压下泵联作一体化技术研究[J]. 石油矿场机械，2020，49(2)：32-38.

[2] 乔金中，李志广，刘长军等. 射孔与下泵生产一次完成工艺[J]. 石油钻采工艺，2005，27(1)：49-50.

[3] 唐礼骅. 射采联作技术在江苏油田的应用[J]. 内蒙古石油化工，2011(22)：102-103.

[4] 夏志刚，郑瑞波，吴继农. 通用型液压顶杆式泵下堵塞器的研发[J]. 江汉石油职工大学学报，2018，31(4)：29-31.

[5] 郑瑞波. 冲捞砂联作一体化技术的研究与应用[J]. 石油机械，2018，46(12)：72-77.

第一作者简介：郑瑞波(1983 年—)，男，河北唐山人，现为中国石化江汉油田分公司江汉采油厂采油工艺专家，高级工程师，主要从事采油技术管理及新工艺技术研究和推广工作。联系地址：(433123)湖北省潜江市向阳江汉采油厂；E-mail：rbzh777@163.com；Tel：18508667941。

深层低渗透油藏举升工艺优化与延寿提效研究

龚　兵[1]　刘沛润[2]　陈康晋[1]

(1. 江汉油田石油工程技术研究院；2. 江汉油田荆州采油厂)

摘　要　江汉油田深层低渗透油藏主要分布在松滋、拖市、王场、广华、严河等油田，油藏上注采不完善，表现单井液量低，工程上井眼轨迹复杂，杆管偏磨严重，检泵周期短，低液低产系统效率低，平均系统效率21.4%，平均检泵周期470d。基于深抽井杆柱受力研究，研发地面智能驱动控制技术及井下复合杆柱减重技术，形成深抽智能提效降耗技术系列。以提高深抽井检泵周期为目的，研发深抽高效抽油泵、研制复合杆管耐温防偏磨副组合，配套高效环保清防蜡技术，形成深抽井长寿命泵抽管柱技术系列。通过深层低渗透油藏举升工艺优化，近年来现场应用55井次，3000m以深深抽井延寿提效增油显著，同比延长平均检泵周期78d，同比机采系统效率提高1.8%，累计增油1万余吨，为江汉油田原油稳产降本提供有力的技术支撑。

关键词　深层油藏　深抽工艺　系统效率

江汉油区深层低渗透油藏主要分布在松滋、拖市、王场、广华、严河等5个油田，目前机采井平均检泵周期为470d，平均机采系统效率21.4%。近3年各区块深抽井的检泵周期远低于区块平均检泵周期，深抽井平均泵效低于区块平均泵效。

随着开发深入，油井注采不完善，加剧油井自然递减，对工程上提出更高要求，需要进一步深抽释放油层产能，现有深抽工艺技术已不满足开发需求：一是现有深抽生产参数及杆柱设计不满足高效深抽举升技术要求；二是现有防偏磨工艺配套不满足高温防偏磨技术要求；三是现有抽油泵深抽后断脱、漏失等问题突出，需要进一步优化匹配油藏。急需开展深层低渗透油藏举升工艺优化与延寿提效技术研究，为江汉油田原油稳产降本提供技术支撑。

1　举升工艺设计技术

1.1　机采井生产参数设计

通过对游梁式抽油机井杆柱受力研究，发现低冲次、小泵径运行状态下抽油杆杆柱应力变化幅度减小，杆柱的安全系数上升，为减少杆断脱风险，在机采井生产参数设计时，满足油井产能的情况下，按照“长冲程、低冲次、小泵径”原则优化设计，降低液柱载荷、惯性载荷、摩擦载荷和振动载荷，改善抽油杆受力状况，使得杆柱应力变化幅度减小，减少杆管偏磨次数，达到延长检泵周期的目的。

1.2　地面智能驱动控制技术

按照机采井参数优化原则，地面采取长冲程生产参数，主要利用现有14型游梁抽油机，最大冲程5m。地面采取低冲次生产参数，针对低产低液深抽井，常规低速技术手段不能满足冲次1~2min^{-1}生产，研究地面智能驱动控制技术。该技术采用人工AI智能控制方式，控制模块以动液面合理位置及合理流压下的高泵效转矩特征作为设计原则，实现自动调整运行冲次，减少无效冲次，降低运行能耗。该技术能够实现自动调整冲次，实现供采平衡；实现上快下慢控制功能，提高泵效；实现柔性驱动，提高设备运行的安全性及稳定性。在深抽井应用 15 井次，液量稳定，日均节电 40kW · h，平均节电率 30%，提高机采系统效率 3. 5%。

1.3 井下复合杆柱减重技术

针对现有地面抽油设备，采用常规全井钢质杆柱组合，抽油机超载，抽油设备故障频繁，调研玻璃钢抽油杆具有强度高、质量轻，弹性模量大的优势，利用现有 14 型游梁抽油机加深泵挂，深抽提液增油降耗。

调研玻璃钢与钢制 HL 级高强度抽油杆混合设计方法，见表 1，论证优选适合深井深抽减载设计方法。在满足抽油杆强度的条件下，以柱塞冲程最大、整体杆柱最轻为设计目标，确保玻璃钢不受压、不弯曲、不受高温、不引起共振为约束条件的混合杆柱设计方法。

表 1　玻璃钢与钢杆混合设计方法

序号	现有设计方法	优缺点或不足
1	半公式计算法	简单实用，但是有应用局限性
2	API 推荐法	API 推荐法要采用 API 表格，设计建立在过于简化的抽油系统的力学模型基础上，与假设条件不符将会得出错误的结论
3	简易公式设计法	简易公式设计法也是一种试算法，但它不必使用 API 表格，且计算方便，误差亦满足工程需要，在对混合抽油杆柱进行设计前，首先应做的准备工作就是计算泵冲程 S 和 n/N_0
4	预测模型法	预测模型法应用波动方程对抽油杆柱进行更加精确地设计，能适用于不同的杆系、油井工况和地面设备，但这种设计方法必须借助于电子计算机
5	深抽减载设计方法	以深井载荷为主要考虑因素，建立新的计算模型，综合考虑玻璃钢不能受压、不能弯曲、不耐高温的约束和深井高温、悬点载荷较大等特点

通过深抽减载设计方法设计玻璃钢+HL 级高强度抽油杆混合杆柱，并优化防冲距调整方法，满足深抽技术要求。目前采用荆州市骏发机械有限公司生产的 FRP25A 和 FRP32A 规格的玻璃钢抽油杆，见表 2。针对玻璃钢抽油杆不能应用偏磨井段的问题，对玻璃钢抽油杆的接箍配套和杆体加装扶正器进行改进，提高了玻璃钢抽油杆的应用范围，并进行疲劳试验和拉力破坏试验，FRP 25A 玻璃钢杆加装扶正器拉力破坏试验，最大破坏载荷达到 304. 7kN，满足深抽井长期运行技术要求。

在 20 口井应用后日增油 2t，对比常规杆柱组合，平均最大载荷下降 38kN，平均日节电 124kW · h，提高机采效率 6%以上，在延长检泵周期的同时，减载降耗提效效果显著。

表 2　玻璃钢抽油杆技术参数

抽油杆规格	FRP 25A 10000	FRP 32A 10000
杆体直径/mm(±0. 38)	25. 40	31. 75
每根杆质量/kg	13. 45	21. 30
平均每米杆质量/kg	1. 3448	2. 1306
API 接头丝扣规格/mm	22	25. 4
抗拉强度/MPa	795	795
最大工作负载/kN	120	187

续表

抽油杆规格	FRP 25A 10000	FRP 32A 10000
最大工作应力/MPa	241	241
最大短时负载/kN	182	289
最大短时应力/MPa	365	365
最大设计温度/℃	115	115

2 举升工艺配套技术

2.1 深抽高效抽油泵技术

2.1.1 深抽三防深抽泵

江汉油田油井产出液含砂，深抽井管式泵漏失、砂卡和断脱问题普遍突出，引进长柱塞防砂泵在3000m以浅油井防断脱、防砂堵取得了一定的效果，随着深抽进一步加深泵挂，抽油泵活塞与泵筒间隙漏失、泵阀刺漏，泵体外径大起下遇阻等问题。

针对现有长柱塞防砂泵深抽存在的问题，开展深抽泵技术调研，长柱塞防砂泵优势明显，但存在不足之处(表3)。因此进行针对性优化改进，主要从抽油泵结构、材质及参数进行改进(表4)。研发集防断、防卡、防漏等功能于一体的长柱塞管式深抽泵。并采用了双级硬质合金泵阀结构，有效地避免深抽漏失风险。现场规模应用有效避免泵断脱、漏失、卡堵等问题，平均延长检泵周期120d。

表3 深抽泵技术调研

序号	深抽泵类型	优点	不足	评价
1	测流减载泵	减少杆柱载荷，提高泵效	出砂、结垢井适应性差，抽油杆弯曲脱扣	不适应
2	长柱塞防砂泵	活塞上阀罩强度高、适应出砂深抽井	泵阀漏失，垢卡问题，外径大下入受到限制	待改进
3	杆式泵深抽泵	深井一次下入，换泵不起管，减少作业工序	泵筒与油管密封失效，现场操作不当易失效	不适应
4	电潜泵一有杆泵复合深抽	避免有杆泵冲程大，提高有杆泵泵效	成本高，协调困难	成本高

表4 长柱塞防砂泵技术改进对策

序号	问题	改进前	改进后	达到技术要求
1	密封段长	1.2m	1.5m	降低活塞间隙漏失
2	泵阀漏失	不锈钢单固	钛球钨座双固	提高泵阀强度
3	沉砂方式	尾管沉砂	泵外腔沉砂	避免尾管承压失效
4	泵外径大	108m	90mm	提高下入井斜

2.1.2 深抽高效防气泵

针对气锁问题，调研各种防气泵，中空防气泵具有较好的防气性能，中空防气泵随着柱塞的上下移动，柱塞下部的气体不断与柱塞上部油管内的油液发生置换，使得柱塞下部的充满度得到提高，从而促进了出油阀的开启，可有效防止“气锁”，提高泵效。针对试验中防气泵存在的不防砂、易断等问题，对泵的结构进行针对性改进(表5)，采取增加过桥管、防砂腔，上游动阀下移等技术措施，研制深抽高效防气泵，现场应用12井次，平均泵效提高6%。

表5　中空防气泵技术改进对策

序号	问题	改进前	改进后	达到技术要求
1	泵本体断	无过桥管	增加过桥管	泵筒加固防断脱
2	砂卡活塞	无防砂腔	增加防砂腔	上冲程排砂防卡
3	阀罩断裂	顶部上游动阀	上游动阀下移	提高上阀罩强度

2.2　复合杆管耐温防偏磨副组合技术

2.2.1　组合内衬油管设计配套

中温油管内衬是一种以高分子聚合物为基体的材料，具有极高的耐磨性、抗冲击性、优良耐环境应力开裂性，良好的自润滑、抗黏附性，优良的化学稳定性等优越性能。采用以超高相对分子质量聚乙烯管为衬管，N80EU新管为基管，预应力加工的内衬管生产工艺。目前中温内衬管在国内油田已经实现规模化应用，但中温内衬油管受温度限制，只适合在井温95℃以内使用。

针对深抽泵挂在2000m以上的深抽井偏磨严重，检泵周期短的问题，调研胜利油田、塔河油田应用情况，POK高温内衬管由一氧化碳和烯烃聚合而成，具有耐高温、耐磨等性能，工作耐温度125℃。POK高温内衬管可满足井深2000m以上油井的偏磨、耐温问题，现场在深抽井温超过95℃的偏磨井段下入高温内衬管，上部可与中温内衬管或普通油管配套使用。目前组合内衬管在8口井应用，同比检泵周期延长250d。

2.2.2　抽油杆高温防偏磨配套

（1）抽油杆接箍扶正减磨装置。

针对抽油杆接箍与N80油管摩擦系数大，单侧磨损，易发生接箍丝扣磨脱扣问题，设计研制抽油杆旋转减磨装置，缓解杆管磨损，防止抽油杆接箍磨损后脱扣失效。抽油杆扶正减磨装置上涂覆一层镍基合金涂层，有效减缓接箍与油管之间的偏磨，该装置可以自由转动，使得抽油杆减磨接箍圆周均匀偏磨，有效延长抽油杆使用寿命。

（2）抽油杆内流柱状扶正短接。

针对油管内壁偏磨成沟槽后磨裂油管失效情况，设计研制抽油杆内流柱状扶正短接，缓解杆管磨损。主要采用三棱圆的弧面结构设计，改线接触为面接触，增大与油管内腔的接触面积，表面喷涂镍基合金，降低与油管的摩擦系数很小，大幅度延长油管使用寿命。现场在偏磨严重井段应用20井次，同比检泵周期延长120d。

3　高效环保清防蜡技术

3.1　超声波防蜡降黏技术

油井产液处理器采用蜂巢式超声波发生器+涡漩流发生器+涡漩射流撞击流混相器相结合的技术，使蜡、垢晶体在油、气、水三相流中高度分散化，并被多种异相分割、包覆、屏蔽，从而有效防止蜡、垢晶体聚集长大堵塞管柱。该技术主要具有增强油管内产液流动性，基本免加药、免热洗、无气锁，充分利用泡流举升效能，降低产液黏度和上行阻力，降低油井生产电耗，与现行加药、热洗工艺相比，属纯物理技术，具有环保无污染特点，达到稳定产量的作用，适应液量大于 5t 的油井。该技术现场应用 10 井次，节省了药剂费、热洗费用，且避免了洗井对产量的影响，年节省药剂投加 10.4t，年减少热洗 36 井次。

3.2 抽油杆机械刮蜡技术

抽油杆带动尼龙刮蜡器在油管中往复运动，前半个冲程中，刮蜡器在抽油杆上滑动，刮掉抽油杆上的蜡，后半个冲程中，由于限位器的作用，抽油杆推动尼龙刮蜡器刮掉油管内壁的蜡。同时，油流通过尼龙刮蜡器的倾斜开口和齿槽，推动刮蜡器缓慢旋转，提高刮蜡效果，由于通过刮蜡器的油流速度加快，使刮下来的蜡易被油流携带走而不会造成淤积堵塞。通过设计优化刮蜡片，优化刮蜡限位器配置，在短冲程油井适应性更强，刮蜡效果更优。现场应用 30 井次，试验井平均洗井周期延长 30d，平均单井加药量减少 20%。

4 结论及建议

（1）通过深抽机采井杆柱受力研究，优化深抽井生产参数设计，研发地面智能驱动控制技术，创新设计井下复合杆柱减重技术，形成深抽智能提效采油技术系列，现场应用提效降耗效果显著。

（2）针对深抽井检泵周期短，研发深抽高效抽油泵、研制复合杆管耐温防偏磨副组合，配套高效环保清防蜡技术，形成深抽井长寿命泵抽管柱技术系列，有效延长深抽井检泵周期。

（3）深层低渗透油藏随着开发的深入，采油经济效益越来越受到重视，建议继续加大延寿提效技术研究与投入，保障稳产的同时，降低开采成本，提高开发经济效益。

参 考 文 献

[1] 康小军，刘德铸，林平，等．油井深抽工艺[J]．石油钻采工艺，2003，25(S0)：44-46.
[2] 冯捷茹．采油厂抽油机井提高机械采油效率研究[J]．中国石油和化工标准与质量，2021，(22).
[3] 周盼．抽油机井偏磨原因及治理措施[J]．化学工程与装备，2021，(12).

第一作者简介：龚兵(1981—)，男，高级工程师，现在中石化江汉油田分公司石油工程技术研究院从事采油气工艺技术研究。E-mail：whatitis@163.com，联系电话：18508661979。

页岩气平台多井联动复合排采技术应用

李 牧[1] 王大江[2] 陈晓宇[2]

(1. 中石化重庆涪陵页岩气勘探开发有限公司；2. 中石化江汉油田分公司工程技术管理部)

摘 要 针对页岩气井低产低压阶段水淹后复产难度大的问题，基于以防为主、以治为辅的主动排液理念，以短时精准排液、降低积液频次为目标，建立了平台多井联动复合排采系统，通过邻井气短时气举、间歇注剂进行气井流态干预，改变了过去气井水淹后被动排采的情况。根据页岩气平台井多的特点，通过地面井间互联与井口智能流量调节器，实现利用平台中低压邻井气源直接气举；通过多井式集约化泡排设计，实现一泵多井、自动配液、智能注剂，减少了设备投入和人工劳动强度。现场试验表明，与人工被动排采相比，页岩气平台智能互联复合排采技术有助于提高页岩气井低压低产阶段生产效果，试验气井日均产气量提高 13.2%，平均生产时率提高 27.5%，人工措施强度大幅降低，为国内外低压低产页岩气井水淹复产提供了一项重要方法，具有广泛推广应用价值。

关键词 页岩气平台 多井联动 短时气举 主动排液

引言

页岩气井产量递减快，生产后期井筒积液明显，需采用间歇生产或气举、泡排等排采手段方能实现正常生产[1~4]。页岩气生产后期采用柱塞气举、车载气举、泡排等常规排液方式面临两大难题[5~10]：一是目前通常在气井水淹后进行气举复产，但随着页岩气井地层压力降低，部分气井积液液面降低至油管鞋以下，导致气举无法接触液面或打压将积液回灌至地层，造成排液效率低。以涪陵页岩气田为例，生产压力低于 3MPa 的气井占比达到 51%，该类气井气举时普遍存在该现象。二是单井的排液工艺设计无法满足页岩气多井同台的需要，“移动气举”方式需反复安装和拆卸气举流程，施工效率低，井间能量未得到充分利用；“一井双泵连续加注”的泡排方式，投入费用高，占地面积大，连续加注造成药剂浪费。

以上两个问题，反映出页岩气井生产后期气井排水采气的被动介入和单井投入增大是造成排水采气措施效益变差的主要原因。因此，以减少气井积液、防止气井水淹为目标，建立一套适用于页岩气平台特征的智能排采系统尤为必要。通过充分利用平台多口气井的井群能量、单井流速调节、间歇注剂等组合方式，在气井出现积液时及时进行流态干预，实现排采的主动精准介入，达到平台产量的最大化和效益最大化。

1 平台多井联动复合排采系统组成

页岩气井在不同的生产阶段需适配不同类型的排采工艺，在生产后期，单一的工艺有效性不断降低。为提高页岩气生产后期的排液效果，需要将多项工艺进行集成应用，并实现多项工艺的联动，当单一工艺无法达到良好排液效果时，立即启动其他工艺进行辅助。

平台多井联动复合排采系统由智能复合工艺生产管理软件、多工艺集成式采气井口、多井互联气举系统、多井泡排智能加注系统等组成。其中，智能复合工艺生产管理软件用于远程监测控制所有的现场系统单元，具有开放式的算法植入及监控单元加载功能，平台多井联动复合排采系统工作流程如图 1 所示。

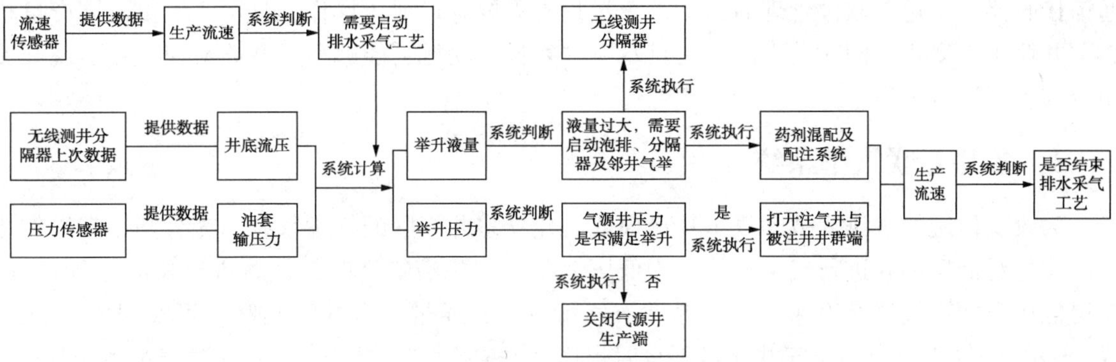

图 1　平台多井联动复合排采系统工作流程图

2　多工艺集成式采气井口

通过井口流程改造和多功能流量控制器的应用，将邻井气举、泡排、流量调节、井下数据采集等功能集成至采气井口，实现多工艺的智能复合，多工艺集成式采气井口流程如图 2 所示。

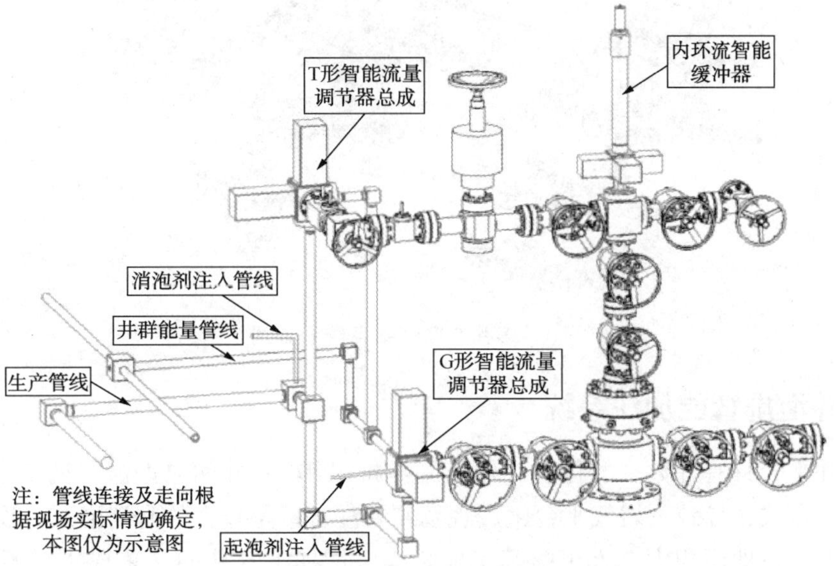

图 2　多工艺集成式采气井口流程示意图

在采气树生产闸阀后端安装具有流速采集、流程控制、消泡剂加注与雾化功能的 T 形智能流量控制器，通过流速监测与流程控制使气井始终保持在目标流速范围内；当调节阀开度无法达到目标流速时，反馈给控制系统，启动邻井注气或起泡剂加注系统。

在油管头生产闸阀后端安装集成起泡剂加注和流量控制的 G 形智能流量控制器，当邻井需要进行注气且本井套管压力满足注气条件时，通过控制 G 形智能流量调节器开度大小来控制套管压力为生产困难井进行辅助气举。建立邻井注气管线，分别通过 T 型智能流量控制器和 G 形智能流量控制器实现正举和反举功能。

通过投入井下测井工具，实现井下数据无线传输，认识井下积液动态。当井下测井工具运行至井口缓冲器内时，通过无线传输方式将采集到的数据(温度、压力)传输给井口无线通信接收器，发送至软件管理后台。整个过程不需要井口泄压操作，且可以测试不同产量状态下井筒压力变化。同时井下测井工具具有柱塞排液功能，能够通过井筒流速变化实现开关闭合与上下运行。

3 多井互联气举系统

为改变传统的水淹后被动气举复产模式，建立多井互联的气举系统，充分利用高压邻井气源能量对低压邻井进行气举补能。当低压邻井出现积液特征时，及时进行短时注气排液，使得低压邻井产气量始终保持在临界携液气量以上；通过平台井间互联，可实现“一对多”或“多对一”气举，当高压气井能量不足时提供多井复合气举能量，多井互联气举系统如图 3 所示。

为满足邻井气井气源压力条件下，实现气井短时气举排液，在井下采用多级气举阀管柱设计，通过在油管管柱上安装 5~6 级气举阀，将气举压力降低至 4~6MPa。

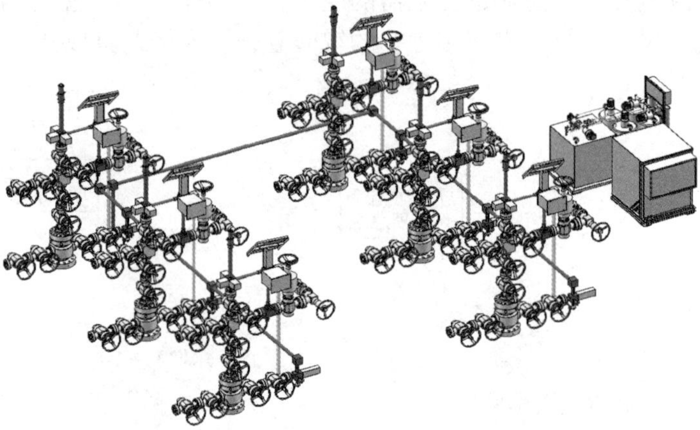

图 3　多井互联气举系统示意图

4 多井泡排智能加注系统

页岩气井平台具有井数多的特点，传统的泡排采用“一井两泵两罐、药剂连续加注”的起消泡剂加注方式，导致页岩气平台生产现场需要配备数量较多的起消泡泵，设备投入费用高、利用率低，占地面积大，人工配药工作量大，增加了气井的开采成本，不利于无人值守。针对页岩气平台特点，通过多井式泡排集成设计，采用更小巧、更集成、更智能的设备构建泡排加药系统，减少设备占地面积和投资费用；通过“多井轮换、短时加药”的模式，提高加药助排的及时性，减少药剂投入。

泡排加药系统包括流速监测系统、控制系统、药剂智能混配系统、药剂智能配注系统，如图 4 所示。利用井口流速监测系统，获取气井产气产水变化情况，自动分析气井积液或出水情况，反馈至控制系统，执行加药指令；利用药剂智能混配系统进行起、消泡剂的现配现用，避免混配时间过长造成药剂变质和消泡剂硅油析出堵塞管线的问题；利用药剂智能配注系统进行起、消泡剂的实时注入，通过单井加药控制模块，进行起、消泡剂的注入量调节及分配。

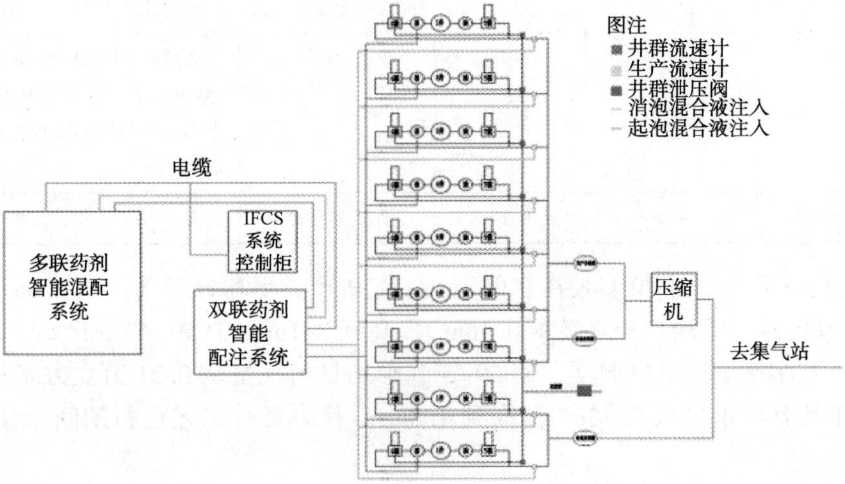

图 4　多井泡排智能加注系统

5　实例分析

JY59#平台是川南的一个页岩气平台，平台共有 8 口气井，其中 JY59-8、JY59-9 井作为高压气源井，如图 5 所示。为了更清晰地了解该平台智能复合排采效果，JY59#平台试验井做了 3 组气井产量对比试验，分别是智能复合工艺下的生产产量、常规工艺生产下的生产产量、无生产工艺下的生产产量，该平台 2022 年于 2 月 20 日~3 月 30 日使用智能复合工艺生产，于 4 月 1~30 日使用常规工艺生产，于 5 月 1~7 日实施无工艺生产，如表 1 所示。

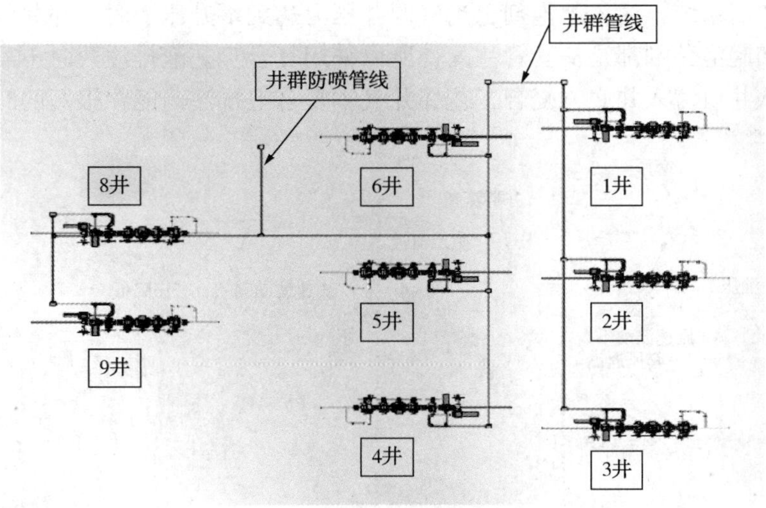

图 5　JY59#平台改造示意图

表1　JY59#平台生产工艺对比

生产日期	1-6井平均日产气量/10^4m^3	1-6井平均日产水量/m^3	主要生产工艺	工艺损耗
2月20日至3月31日	14.27	11.8	IFCS智能复合工艺	起泡药剂1.25kg，消泡药剂1.25kg
4月1日至4月30日	12.6	11.3	常规工艺	放喷时长110h 45min，放喷气量约$23\times10^4m^3$；气举时长52h 40min，11个台班；起泡药剂200kg，消泡药剂400kg
5月1日至5月7日	9.1	8.17	无工艺生产	无

其中JY59-6井于2月20日使用智能复合工艺增产，平均日产气量从1.08万立方米提高到1.92万立方米，平均日产水量从$0.58m^3$提高到$3.1m^3$；JY59-5井于2月25~29日使用智能复合工艺多次尝试最终激活，使59-5井平均日产气量从0.31万立方米提高到1.51万立方米，平均日产水量从$0.26m^3$提高到$1.8m^3$。其中复合工艺运行期间未使用过放喷、车载气举工艺。

4月1~30日常规工艺生产期间，使用泡排、车载气举、放喷等常规工艺，4月份放喷总时长110h 45min，放喷燃烧气量约23万立方米；气举时长52h 40min，总计11个台班；起泡药剂200kg、消泡药剂400kg。

从5月1~7日实施无工艺对比生产，日均产量约9.1万立方米，日均产水$8.17m^3$。

单井实施过程分析如下：

图6为典型的邻井气举复合泡排工艺排液曲线波动特征图，图中红色曲线代表生产流速、蓝色曲线代表油压、绿色曲线代表套压、粉色曲线代表井群流速，其中气井因积液导致生产流速降低，需要启动复合工艺，气井通过测井分隔器测井数据计算出井底流压，通过油套压计算出井底轻微积液，判断需要启动复合工艺进行排液，因计算的举升液量不多，所以系统启动泡排注药系统，注入起泡剂，当气源井压力达到举升压力时，邻井气举启动。其中因为邻井气举和起泡药剂都是从套管注入，所以采用复合工艺泡排注药时不需要向常规工艺等待起泡药剂从井口流入井底，复合工艺邻井气举复合泡排注药能在很短的时间内将药剂送

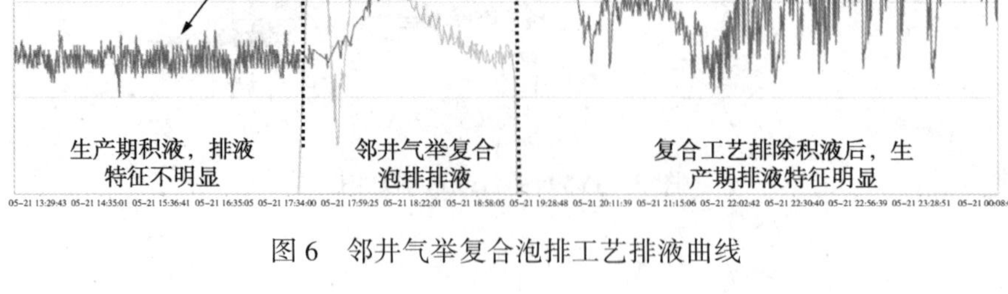

图6　邻井气举复合泡排工艺排液曲线

入井底，并由于邻井气举的搅动，能很快地促使药剂与积液混合产生动态泡状流。大大节约了工艺实施时间，提升了气井生产效率。

6 结论

（1）现场试验表明，与人工被动排采相比，页岩气平台智能互联复合排采技术有助于提高页岩气井低压低产阶段生产效果，试验气井日均产气量提高 13.2%，平均生产时率提高 27.5%，人工措施强度大幅降低。

（2）页岩气井生产后期低压低产阶段排采难度大，单一排采效果变差，应转变排采思路，以防为主、复合介入、智能控制，页岩气平台智能互联复合排采在增产的同时大幅降低技术成本，具有较好的经济效益，且易于管理，实现页岩气井在工艺采气阶段降本增效的重点方向。

参 考 文 献

[1] 张书平，白晓弘，樊莲莲，等．低压低产气井排水采气工艺技术[J]．天然气工业，2005，25(4)：106-109.

[2] YUAN G，PEREYRA E，SARICA C，SUTTON R P. An experimental study on liquid loading of vertical and deviated gas wells[C]. Oklahoma：SPE Production and Operations Symposium，2013：SPE-164516-MS.

[3] 韩长武．天然气井排水采气工艺方法优选[D]．西安：西安石油大学，2012.

[4] 梅明华，田喜军，刘淑哲，等．积液气井排水采气工艺优化研究[J]．石油化工应用，2012，31(8)：97-99.

[5] LANE W，CHOKSHI R. Considerations for optimizing artificial lift in unconventionals [R]. URTEC-1921823，2014.

[6] 李旭日，田伟，李耀德，等．柱塞气举排水采气远程控制系统[J]．石油钻采工艺，2015，37(3)：76-78.

[7] 杨筱璧，李祖友. 川西气田定向井柱塞气举最大井斜应用界限研究[J]钻采工艺，2014，37(6)：71-72.

[8] 何顺利，吴志均. 柱塞气举影响因素分析及优化设计[J]．天然气工业，2005(6)：97-99.

[9] 林生茂，陈家晓，杨智，等．长宁页岩气自动化泡排加注工艺技术研究与应用[J]．钻采工艺，2020，43(S1)：64-67.

[10] 王仪，贾程，居锦武，等．间歇气举排水采气智能监控系统研究与设计[J]．石油机械，2022，50(12)：103-109.

第一作者简介：李牧(1991—)，男，四川泸州，中石化重庆涪陵页岩气勘探开发有限公司，助理研究员，主要从事气井排水采气研究，地址：重庆市涪陵区李渡新区中石化重庆涪陵页岩气基地，E-mail：806259403@qq.com，联系电话：18716881846。

高凝高盐低渗油田修井作业储层保护技术

樊松林[1]　杨晓春[1]　陈梓杰[2]　陈梦恩[1]　张　杨[1]　顾亚萍[1]

（1. 大港油田石油工程研究院；2. 大港油田第五采油厂）

摘　要　大港小集高盐高凝低渗油气藏，修井作业过程容易产生水锁、无机垢与有机垢堵塞等储层伤害，油气井作业后平均产量恢复率低于85%，严重影响了油田稳产。因此，研发形成了润湿洗油防水锁修井液及高压井作业工艺。通过将入井液的油砂洗油率由60.7%提高至90.2%，有效清除岩石表面有机垢，可将高盐压井液界面张力降低70%以上，同时油水分层时间在10min内，解决了储层多种伤害共存的难题；利用低成本的工业卤水开发出段塞式修井作业工艺，相比全井筒使用油层保护液的传统工艺，在保护储层同时，节约了成本50%以上。现场应用后，应用井平均产量恢复率提高至97%，修井作业过程油层伤害问题得到有效治理。

关键词　高凝高盐　低渗特低渗　储层保护　修井作业　修井液

大港油田属于复杂断陷盆地油气藏，油藏类型多、断块破碎、非均质性强，地质情况复杂。尤其是小集油田，储层低渗、特低渗，主力油层深度为2800~3500m，储层泥质含量10%，地层水矿化度高达3×10^4mg/L，原油凝固点高达35~44℃，胶质沥青质超过15%，作业过程中容易产生水敏、水锁、无机垢与有机垢堵塞等储层伤害[1]，造成油气井减产。统计表明，油气井修井后，产量平均恢复期超过7d，产量平均恢复率低于85%，影响了油田稳产和效益开发。受到技术、成本等多种因素影响，该问题长期没有得到有效解决。因此，开展了“生产作业过程中储层损害问题”专项研究。针对面临的主要技术难题，研发形成系列油气层保护技术修井液技术体系，并配套建设了油层保护技术服务站和相关技术标准和规范，进行规模推广应用。

1　作业过程储层保护面临的主要难题

通过对该油田作业井地质和工程资料的详细分析，结合室内实验评价研究，认为生产作业中储层损害主要有三大技术难题。

1.1　储层水敏和水锁产生双重损害

小集油田，储层低渗特低渗，泥质含量达10%，水敏指数超过0.9，储层水敏性强，并且实验分析，其水锁损害程度大于50%，储层水敏和水锁产生双重损害，使得之前单独的防膨或者是防水锁措施都没有见到好的效果，需要针对这种双重损害进行综合治理。

1.2　无机结垢造成储层堵塞伤害

储层地层水型主要有$CaCl_2$型、$NaHCO_3$型，地层水矿化度高达3×10^4mg/L以上。传统的甲酸盐类压井液，其储层保护效果较好，不足之处是材料成本高，如密度1.4g/cm^{3}的高密度甲酸盐压井液，其单价大约是氯化钙配制的压井液的数倍，修井作业难以规模应用。为节约成本，现场经常采用富含Ca^{2+}、Mg^{2+}、SO_4^-等离子的工业卤水作为压井液，但容易在高矿化度储层中反应生成碳酸盐、硫酸盐等沉淀，结垢堵塞造成储层伤害，导致作业后油井减产。岩石渗透率越低，这种伤害越严重。因此，低成本、不结垢的高密度压井液或者工艺技术需求迫切。

1.3 高凝储层形成有机伤害

小集油田主力生产层原油凝固点 35~44℃，且胶质沥青质含量大于 15%，与进入储层的低温修井液混合后，容易形成乳化、有机结垢堵塞等损害，导致作业后油井产量下降，急需简单高效的防有机伤害工艺技术。

2 复杂低渗储层保护技术研究

针对复杂低渗储层，在保证修井液防水敏、防水锁、阻垢等性能同时，增加了工作液体系对高凝有机垢的清除能力，解决了该类储层多种储层损害。

2.1 修井液防膨、防水锁、阻垢性能

利用本油区处理后的油井采出水配制工作液，在保证矿化度接近储层原始矿化度的同时，补充含 K^+ 的复合防膨剂防止储层水敏[2]；同时辅助采用一种在抗温抗盐表面活性剂基础上研制的防水锁剂[3]、一种以有机磷酸盐为主剂的复合阻垢剂，工作液的基本性能控制见表 1。

表 1 复杂低渗储层工作液的基本性能

序号	表面张力/(mN/m)	界面张力/(mN/m)	防膨率/%	阻垢率/%
1	29.3	0.7	89.3	100
2	27.5	0.5	90.7	100
3	27.2	0.3	91.5	100

实验表明，当工作液的界面张力<0.5mN/m，防膨率超过 90%时可以有效防止本区块储层的水敏、水锁损害。由于工作液与地层水来源相近、密度不高，0.3%~0.5%的阻垢剂可以保证二者之间没有沉淀反应发生。

2.2 工作液洗油效率

低温工作液进入井筒中容易造成高凝油中有机质析出，导致对储层“冷伤害”。此外，在长期生产过程中，原油中的沥青质也容易在储层表面形成吸附，降低井筒附近地层渗透率，影响产量。同时，当井下有机垢清除效率不高时，修井作业过程中的洗井时间会延长，加剧了工作液侵入对储层的损害。

因此，针对油田高凝原油及高盐地层水特征，研制了一种高效润湿洗油助剂，与高温油井采出水协同作用，润湿剥离岩石表面滞留油，将油砂洗油率由 60%提高到 90%以上，增加了工作液体系对高凝有机油垢的清除能力。实验结果见表 2。

表 2 不同条件下工作液的油砂洗油率实验结果

序号	工作液温度/℃	清洗助剂/%	洗油率/%
1	25	0	31.1
2	50	0	60.5
3	25	1	60.2
4	25	2	67.3
5	50	3	90.2

实验说明，随着温度升高，工作液对油砂洗油率升高。25℃的油砂洗油率只有31.1%，而50℃的油砂洗油率可达60%。单纯增加药剂用量，洗油率提高幅度不大。综合实际工况，工作液选用了50℃左右的油井采出污水，并经过净化处理，配合相应加量的润湿清洗助剂，可将工作液洗油效率提高至90%以上。

2.3 防乳化性能优化

常规修井液与原油混合后，容易形成乳状液，黏度升高，增加储层中油流阻力。因此本修井液完善了防乳化性能：利用体系中表面活性剂的分散稀释能力，使得原油在体系混合液静置后油水快速分层，油水分层时间均≤10.0min，避免形成高黏乳化液对储层造成伤害。

3 低成本保护储层作业工艺

针对高压井修井作业，利用低成本高密度卤水作为压井液，并利用大约1/3井筒容积的低密度储层保护液实现作业过程对储层的针对性保护，解决了全井筒应用有机盐高密度压井液成本高、直接采用卤水压井液容易造成结垢伤害的难题。

3.1 作业工艺步骤

具体工艺要求和实施步骤如下：

第一步，准备工作：按照作业井储层厚度配制好储层保护液，储层保护液体积数量与储层厚度正相关，通常情况储层保护液用量为10~20m^3；另根据储层压力系数值及井筒容积准备好确定密度的卤水压井液；

第二步，注入储层保护液：作业时打开作业井油管出口，通过一台水泥泵车从油井套管反循环注入储层保护液，当井筒油套环空中储层保护液前端到达井筒中油管底部位置时，关闭油管出口；

第三步，挤注储层保护液：继续注入储层保护液，使储层保护液向储层段挤入；当现场储层保护液注入完毕时，继续使用卤水压井液挤注，当井筒中储层保护液后端达到储层段顶部100~200m时，注意开始缓慢打开油管出口，开始进行卤水压井液循环压井；

第四步，进行修井作业：当卤水压井液在井筒中循环至出入口密度一致后，观察井口压力，在井口无压力、无溢流的情况下压井结束，开始正常修井作业。

3.2 储层保护液性能

本技术使用的储层保护液，是在作业前根据储层的敏感性，针对性的进行防垢、防膨、减轻水锁等性能优化，尤其是阻垢剂加量要足够，确保进入储层的混合液不产生沉淀伤害。主要成分有：水、防膨剂2%~3%、助排剂0.2%~0.3%、阻垢剂1.0%~2.0%（含量为质量分数），基本性能见表3。

表3 储层保护液性能参数要求

性能	密度/(g/cm^3)	防膨率/%	表面张力/(mN/m)	界面张力/(mN/m)	岩心渗透率恢复值/%
指标	1.01~1.05	≥90	≤28	≤0.5	≥90

储层保护液本身不含二价离子成分，与地层流体配伍，为“卤水”压井液与地层的接触提供了一个“缓冲带”，同时在耐高盐高钙的特殊阻垢剂的作用下，卤水压井液与地层水即使接触，也不发生结垢反应，配伍性实验见表4。

表 4　储层保护液/高浓度卤水/$NaHCO_3$或Na_2SO_4模拟地层水 1∶1∶1 混合实验

序号	压井液 Ca^{2+}浓度/$\times10^4$mg/L	模拟地层水 $NaHCO_3$浓度/(mg/L)	模拟地层水 Na_2SO_4浓度/(mg/L)	混浊
1	25	5000	0	无
2	35	5000	0	无
3	38	5000	0	无
4	38	6000	0	有
5	30	0	2000	无
6	35	0	3000	无
7	38	0	4000	无
8	38	0	5000	有

实验表明，在储层保护液的作用下，钙镁离子矿化度高达 38×10^4mg/L 的卤水，与碳酸氢钠溶液浓度达 5000mg/L 或者硫酸钠溶液浓度达 4000mg/L 的模拟地层水相混合，体系保持稳定，没有结垢反应。

4　现场应用

为促进各类储层保护工艺技术规模应用，在该油田修建了储层保护配液站，制订了技术标准。近几年来，该技术在现场应用 1735 井次，解决了高盐高凝低渗复杂储层在修井作业过程中的储层损害难题。作业后平均油井产量恢复期由 7. 5d 降至 3. 2d，平均产量恢复率由 85%提高到 97%，为老油田在高质量开发、稳定并提高单井产量方面树立了典型。

5　结论与建议

(1) 小集油田生产作业过程储层损害因素主要有水敏水锁双重伤害、有机无机结垢伤害、高压储层配伍的压井液成本高等技术难题；

(2) 强水敏低渗透储层，传统的防膨、降低表界面张力等措施仍然重要。防水敏和防水锁技术缺一不可，有效利用经过处理的地层采出水配制修井液，可以利用其高矿化度来抑制黏土水化膨胀，降低防膨剂用量，节约成本；

(3) 通过提高工作液温度和采用化学试剂的协同作用，润湿剥离岩石表面滞留油，将油砂洗油率提高到 90%以上，增加了对有机油垢的清除能力，有助于避免工作液对储层产生的有机损害；

(4) 针对高压储层研究的压井作业工艺，采用少量的低密度储层保护液，配套应用高密度工业卤水，在避免产生无机结垢伤害的同时，大幅度降低传统全井筒应用高密度储层保护液的成本；

(5) 加强修井液保护储层工艺技术规范化、标准化、产业化，是复杂油气田修井作业储层保护技术可持续发展的有效途径。

参 考 文 献

[1] 张守鹏，李怀渊，万绪新，等. 孤北油田低渗透砂岩储集层损害机理与保护措施[J]. 石油勘探与开发，2000，27(1)：80-83.

[2] 邢希金，唐洪明，廖纪佳，等．低渗透强水敏储层防膨剂的筛选方法——以大港油田张东地区沙三段为例[J]．油气地质与采收率，2008，15(4)：97-99.
[3] 张洪霞，鄢捷年，吴彬，等．减轻深层低渗储层水锁损害的钻井液研究与应用[J]．钻井液与完井液，2009，26(4)：4-7.

第一作者简介：樊松林(1969—)，男，四川省南充市人，在大港油田石油工程研究院工作，高级工程师。主要从事完井液、修井液以及储层保护技术研究及应用。联系地址：天津市滨海新区海滨街大港油田石油工程研究院，邮编：300280，E-mail：fanslin@petrochina.com.cn，电话：022-25921450。

二氧化碳吞吐智能分层注采一体化技术在大港油田试验应用

杨天成　张宏伟　舒　畅　王文韬　胡全铜　张秀梅

（中国石油大港油田公司石油工程研究院）

摘　要　大港油田在高黏稠油油藏和低渗透油藏中实施二氧化碳吞吐300余口井，取得了良好的增油效果。但是目前二氧化碳吞吐应用以笼统注入、焖井后下泵合采为主，存在多层系开发中二氧化碳笼统吞吐层间干扰严重的问题及多轮次吞吐作业需要反复进行注—采转换，修井作业频繁，洗压井易污染油层、占井时间长、生产效率低的问题。因此研究了二氧化碳吞吐智能分层注采一体化技术，在大港油田开展试验应用，不动管柱智能控制二氧化碳多轮次分层注入、分层焖井及分层放喷、分层生产，避免层间干扰，提高二氧化碳利用率与波及体积，实现高效注采转换，减少修井作业量、降低作业成本。与二氧化碳笼统吞吐井相比，智能分层注采井增油效果大幅提升。

关键词　二氧化碳吞吐　智能分层注采　注—采转换　多轮次吞吐

目前二氧化碳吞吐技术现场应用主要为笼统注入、笼统生产，不能满足多层系开发中物性不同的油层对二氧化碳注入压力、注入量、焖井时间、吞吐次数等差异性要求。而且对层间物性差异大的井，二氧化碳会沿渗透率高的方向突进，导致油层无法有效动用，二氧化碳有效利用率低，生产时层间干扰严重，极大地影响油井产量。

为解决笼统吞吐中二氧化碳注入突进、油层动用程度低的难题，近年来大庆、辽河、吉林等油田相继开展了钢丝投捞更换或电缆调节注气气嘴等方式分注二氧化碳，但由于分层注气气嘴尺寸较小，易被井筒中析出的沥青质等沉淀堵塞及注入的液态二氧化碳在井下为超临界状态，嘴流特性复杂、计量困难，存在分层注气测调难度大、安全风险高等问题。且多轮次二氧化碳吞吐生产需要在高压注入二氧化碳—焖井—下泵生产—高压注入二氧化碳中反复进行注、采转换作业，修井作业频繁，洗压井易污染油层、占井时间长、作业费用高、生产效率低。

1　二氧化碳吞吐分层注采一体化技术研究

开展了二氧化碳吞吐注采一体化技术研究攻关，研制试验了二氧化碳吞吐智能控制分层注采配套工具，形成了不同井况下二氧化碳吞吐智能分层注采一体化工艺技术。

1.1　直井、定向井二氧化碳吞吐智能分层注采一体化技术

1.1.1　工艺管柱结构

如图1所示，工艺管柱由相互独立的分层注采控制管柱与举升管柱组成。其中分层注采控制管柱主要由液压丢手、耐二氧化碳锚定工具、多级耐二氧化碳封隔器、多级智能注采工

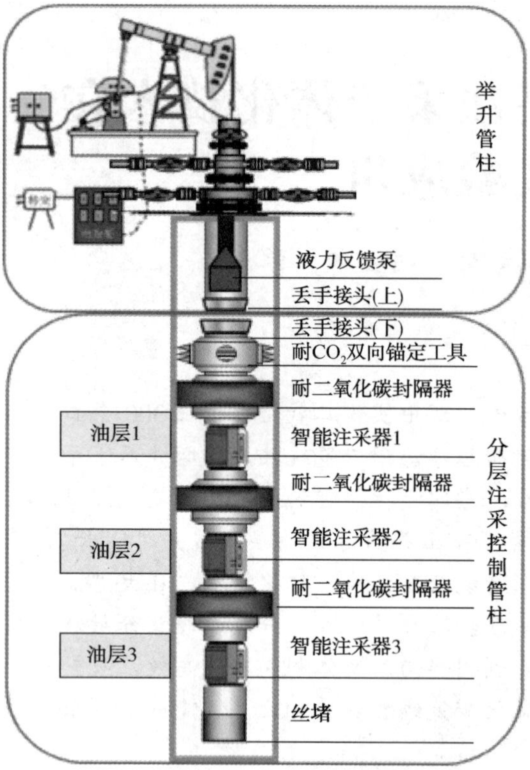

图 1　直井、定向井二氧化碳吞吐智能分层注采一体化管柱

具、丝堵等组成；举升管柱由液力反馈泵、泵杆等组成。

1.1.2　工艺原理

举升管柱、分层注采控制管柱一趟管柱下入，从油管加压坐封各级封隔器后丢手，将举升管柱与分层控制管柱脱离，上提液力反馈泵至设计位置后下带液力反馈泵柱塞的泵杆完井。控制各层智能注采工具开启与关闭，依次从油管分层注入二氧化碳、分层焖井及分层放喷、分层生产，并通过提放泵杆调整液力反馈泵柱塞位置，实现高效注采转换及二氧化碳多轮次吞吐。

1.1.3　工艺特点

（1）可实现 2~6 层二氧化碳吞吐分层注采一体化生产。

（2）通过多组精准定时程序或压力脉冲信号两种方式智能控制二氧化碳分层注入、分层焖井及分层放喷、分层举升生产，避免层间干扰。

（3）从油管进行二氧化碳吞吐生产，并在油套环空注入保护液，以防止二氧化碳腐蚀套管。

（4）通过提放泵杆调整液力反馈泵柱塞位置，实现不动管柱高效注采转换及二氧化碳多轮次吞吐，有效减少修井作业量及占井时间、避免洗压井污染油层。

（5）分层控制管柱与举升管柱相互独立，检泵不影响分层注采控制管柱。

1.1.4　技术参数(表 1)

表 1　直井、定向井二氧化碳吞吐智能分层注采一体化管柱技术参数

适应井斜/(°)	适应井深/m	工作压力/MPa	工作温度/℃	分采层段	分采管柱有效期/年	适用套管
≤60	≤3500	≤35	≤120	2~6 层	3	5½in、7in、9⅝in

1.2　大斜度井、水平井二氧化碳吞吐智能分层注采一体化技术

1.2.1　工艺管柱结构

如图 2 所示，工艺管柱由相互独立的分层注采控制管柱与举升管柱组成。其中分层注采控制管柱主要由液压丢手、耐二氧化碳 Y241 封隔器、扶正器、多级耐二氧化碳 Y341 封隔器、多级小直径(Φ89mm)智能注采器、多级小直径(Φ90mm)定负荷安全接头、导向丝堵组成；举升管柱由液力反馈泵、泵杆等组成。

1.2.2　工艺原理

如图 2 所示，举升管柱、分层注采控制管柱一趟管柱下入，其中分层注采控制管柱中顶部耐二氧化碳单向锚定封隔器下入到 60°以内的斜井段，其他井下工具下入到大斜度或水平井段油层位置。从油管加压坐封各级封隔器后丢手，将举升管柱与分层控制管柱脱离，上提

液力反馈泵至设计位置后下带液力反馈泵柱塞的泵杆完井。控制各层智能注采工具开启与关闭，依次从油管分层注入二氧化碳、分层焖井及分层放喷、分层生产，并通过提放泵杆调整液力反馈泵柱塞位置，实现高效注采转换及二氧化碳多轮次吞吐。

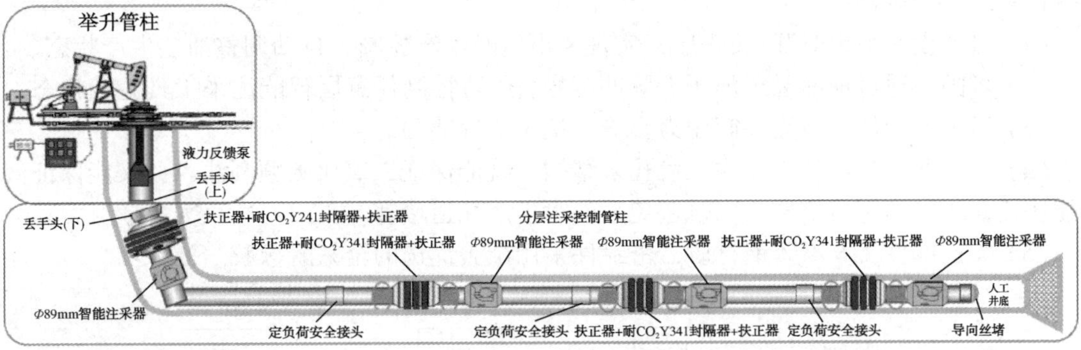

图 2　大斜度井、水平井二氧化碳吞吐智能分层注采一体化管柱

1.2.3　工艺特点

(1) 通过多组精准定时程序或压力脉冲信号两种方式智能控制 2~4 段二氧化碳吞吐智能分层注采一体化生产，避免层间干扰。

(2) 分层控制管柱顶部配套耐二氧化碳单向锚定封隔器(如 Y241 封隔器)，下入 60°以内的斜井段，减小后期作业管柱解封力。

(3) 大斜度、水平井段各层配套耐二氧化碳 Y341 封隔器及小直径智能注采器，降低后期检管作业管柱遇卡几率。

(4) 大斜度、水平井段各级封隔器顶部配套小直径定负荷安全接头，后期检管作业管柱遇卡后可方便分段脱开、冲洗及打捞处理。

(5) 分层控制管柱与举升管柱相互独立，可一趟管柱完井，检泵不影响分层注采控制管柱。

1.2.4　技术参数(表 2)

表 2　大斜度井、水平井二氧化碳吞吐智能分层注采一体化管柱技术参数

适应井斜/(°)	适应井深/m	工作压力/MPa	工作温度/℃	分采层段	分采管柱有效期/年	适用套管
>60°	≤3500	≤35	≤120	2~4 层	3	5½in、7in、9⅝in

1.3　二氧化碳吞吐关键工具研究与试验

研制了二氧化碳吞吐智能注采工具(图 3)，主要由机械和电子元件集成两大部分组成。其中机械部分由工作筒、传动机构、注采通道等组成；电子元件集成由压力传感器、数据存储器、控制电路、电机、电池组等组成。

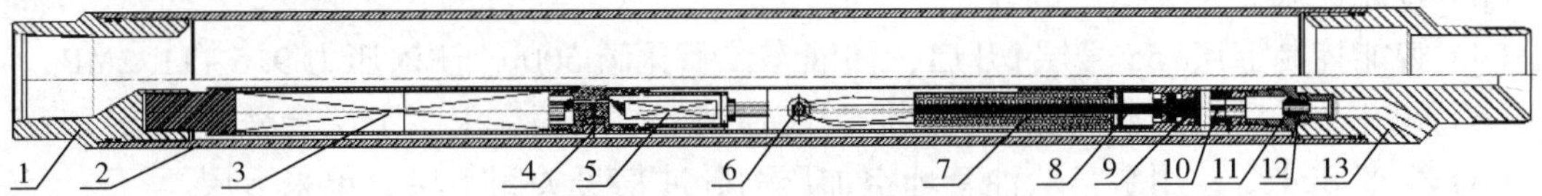

图 3　智能注采工具结构图

1—上接头；2—外筒；3—电池组；4—压力传感器；5—控制电路、存储器；6—电源与信号线；7—电动机与减速器；8—传动机构与角度传感器；9—固定注采阀；10—活动注采阀；11—注入喉道；12—注采阀座；13—下接头

1.3.1 工作原理

智能注采工具通过预设多组定时程序与压力脉冲信号双重控制注采通道开启与关闭，实现智能控制二氧化碳分层注入、分层焖井及分层放喷生产。

1.3.2 工作特点

(1) 可预设8组定时开/关程序，实现8组定时生产控制，自动调整油层生产状态。

(2) 可随时通过地面泵车加压力脉冲信号(图4)控制任意层智能注采工具生产状态。

(3) 压力脉冲信号不受井筒压力影响，抗干扰性能强。

(4) 注采通道为设计小孔注、大孔采结构，既能保证二氧化碳顺利注入，又能保证液压泵能快速起压发送压力信号，同时避免采油时生产孔道堵塞。

(5) 关键部件316不锈钢材质，密封件采用试验优选的全氟醚橡胶。

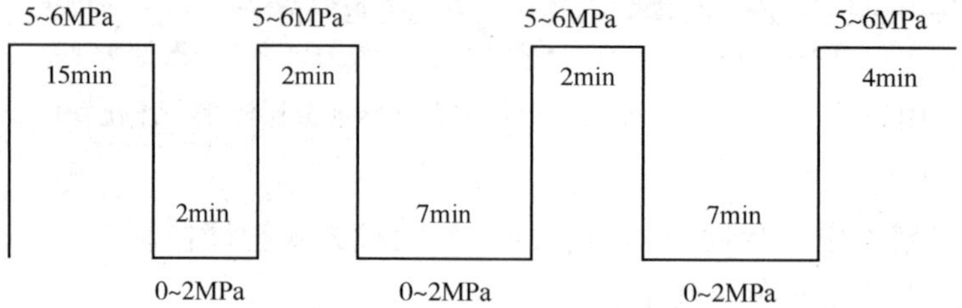

图4 压力脉冲信号示意图

1.3.3 技术参数(表3)

表3 智能注采工具技术参数

最大外径/mm	总长/mm	工作温度/℃	工作压力/MPa	注入通道/mm	采油通道/mm
Φ89 或 Φ115	1260	120	60	5	16

2 现场试验应用

2021年在大港油田开展了二氧化碳吞吐智能分层注采一体化现场试验应用。其中试验井BN3-7井应用智能分层注采一体化管柱(图5)、通过精准定时程序与压力信号双重智能控制二氧化碳吞吐分层生产，取得了良好增油效果。

BN3-7井生产55号层、56~57号层，渗透率分别为$5.1\times10^{-3}\mu m^2$、$122.9\times10^{-3}\mu m^2$，层间差异大，需要实施二氧化碳分层吞吐生产。

2.1 现场施工

(1) 分层注采控制管柱与举升管柱一趟管柱下入，坐封、丢手后下泵杆完井。

(2) 智能控制下层(56~57号层)开启，注液态二氧化碳380t，注入压力5.3~6.5MPa。

(3) 智能控制下层关闭、焖井。

(4) 智能控制上层(55号层)开启，注液态二氧化碳500t，注入压力9.5~11.2MPa。

(5) 焖井30d后，先放喷上层，然后智能控制下层放喷，上、下层合采生产。

(6) 生产82d后，用泵车从油套环空加压力脉冲信号关闭下层、单采上层。

(7) 生产137d后，用泵车从油套环空加压力脉冲信号开启下层，上、下层合采生产。

(8) 生产228d后，用泵车从油套环空加压力脉冲信号关闭上层、单采下层。

具体试验过程见表4。

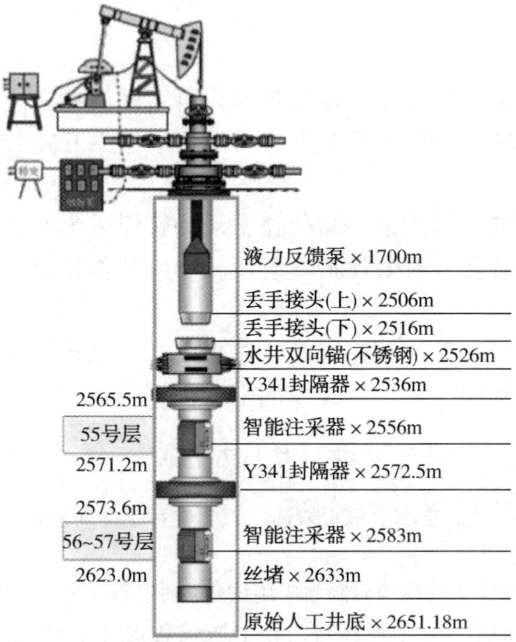

图 5　BN3-7 井二氧化碳吞吐智能分层注采一体化管柱结构图

表 4　BN3-7 井作业按预设程序精准控制分层二氧化碳注入、焖井及放喷

定时设置	初始设置	6. 12 15：00	6. 13~6. 18	6. 19 11：00	6. 19 14：00~6. 26	6. 26~6. 15	6. 16~6. 25	7. 26	7. 27 10：00	7. 28 以后
上层智能注采器	关闭	关闭	关闭	关闭	定时开启注 CO_2	关井、焖井	放喷、生产	生产	生产	生产
下层智能注采器	关闭	定时开启	注 CO_2	定时关闭	焖井	焖井	焖井	焖井	定时开启、放喷	生产

2. 2　试验井应用效果分析

试验井实施二氧化碳吞吐智能分层注采一体化技术后，有效生产 300d，平均日增油 4. 7t、含水平均下降 29. 3%，累计增油 1400t，换油率 1：1. 6。与同区块 6 口首轮二氧化碳笼统吞吐井相比，该井多增油 700t，取得了明显二氧化碳吞吐分层注采效果(图 6)，经济效益突出。

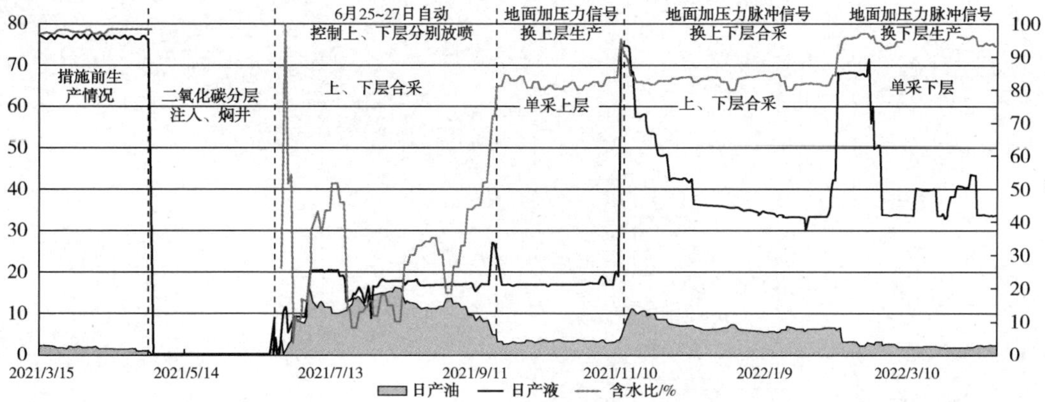

图 6　BN3-7 井二氧化碳分层吞吐前后生产曲线

3 结论

（1）二氧化碳吞吐智能分层注采一体化技术，可不动管柱智能控制多层段二氧化碳分层注入、分层焖井及分层放喷、分层举升生产，解决了多层系开发二氧化碳笼统吞吐层间干扰严重等难题。

（2）二氧化碳吞吐智能分层注采一体化技术从油管注采生产，且可不动管柱实现高效注采转换及二氧化碳多轮次吞吐，有效保护套管及减少修井作业量、占井时间、避免洗压井污染油层。

（3）现场试验证明，与二氧化碳笼统吞吐井相比，二氧化碳吞吐智能分层注采井增油效果大幅提升，有效提高了油层动用程度及原油采收率。

参 考 文 献

[1] 曹长霄，宋兆杰，师耀利，等. 吉木萨尔页岩油二氧化碳吞吐提高采收率技术研究. 特种油气藏，2023(03)：106-114.

[2] 程百利，钱卫明. CO_2驱油注入管柱的研制与应用试验. 油气藏评价与开发，2012(02)：58-60.

[3] 华文静，李治平 . 致密储层二氧化碳吞吐工作参数优化设计 . 科学技术与工程，2020，20(14)：5598-5602.

[4] 张瑞霞，刘建新，田启忠，等. CO_2驱注气管柱技术研究. 石油机械，2013(12)：88-91.

[5] 史晓东，孙灵辉，战剑飞，等. 松辽盆地北部致密油水平井二氧化碳吞吐技术及其应用. 石油学报，2022，47(07)：998-1006.

[6] 郑太毅，杨正明，王志远，等. 致密油藏分段压裂水平井二氧化碳蓄能吞吐方式. 科学技术与工程，2019，19(04)：99-104.

[7] 彭彩珍，李超，杨栋，等. 低渗透油藏二氧化碳吞吐选井研究. 油气藏评价与开发，2017，7(01)：32-35.

第一作者简介：杨天成(1982—)，男，高级工程师，2006 年毕业于中国石油大学(华东)船舶与海洋工程专业，一直在大港油田公司石油工程研究院从事采油工程和分注技术的研究与应用工作。地址：(300280)天津市滨海新区大港油田石油工程研究院，电话：(022)25925804，邮箱：yangtcheng@ petrochina. com. cn。

稠油井提高作业效率关键技术与方法创新

马伟娜　窦勤光　崔　洁　宋志刚　许旭华　刘玉芳　陈占发　张　路

（中国石油天然气股份有限公司华北油田分公司）

摘　要　华北油田采油五厂辖区内共有原油动力黏度大于50mPa·s的高黏度油井180余口，其中以深南油田Z70断块为主的稠油油井96口，原油平均黏度超过3500mPa·s、胶质沥青质含量超过50%。高凝、高黏油井常规整筒泵举升工艺无法满足需求，需要使用螺杆泵举升，目前第五采油厂螺杆泵井年平均发生井下作业87井次，存在清洁困难、能耗高、作业效率低、清洁作业后恢复生产困难等问题。自2018年起，对高凝、高黏油油井井下清洁作业技术加大研究力度，多方面进行立项攻关。按照“井口不出液、地层无伤害、地面无污染”的绿色作业发展方案，结合污染源情况，确立了“井筒控制为主、地面控制为辅”的清洁作业技术思路。经过几年攻关研究与推广应用，初步形成了特有的清洁作业技术体系，为井下作业安全、环保、高效施工提供了有效的技术支持。

关键词　稠油井　螺杆泵　高黏油　清洁作业

引言

绿色环保和节能降耗已成为当今社会发展两大主题，石油企业是生产耗能大户，面对压力大、标准高的状况，推进清洁生产，已成为油田公司坚持“奉献能源、创造和谐”宗旨义不容辞的责任与担当。井下作业作为与社会人员接触最多的石油现场，环保与否会带来极大的社会影响，并且稠油井作为清洁作业的一个传统痛点也需要投入大量的研究以达到良好的环境亲和性。

在国内稠油冷采开发研究中，主要的研究方向有两个[1]：一是不同方式控制地层出砂；二是不同药剂在稠油开发中的效果状况。对稠油井在作业过程中出现的洗井及恢复问题研究鲜见，本文以华北油田采油五厂深南油田为例，介绍、分析稠油井在提高作业效率中的关键技术和创新方法。

1　技术背景

华北油田区域的稠油冷采井主要集中在第五采油厂Z70断块，该断块目前有稠油井96口，占全厂辖区内稠油井数量的53.0%，19世纪90年代起利用螺杆泵实现了稠油冷采，使Z70断块得以合理有效的开发，取得了一定的成效，走到了稠油冷采的前列，但在其修井作业过程中仍有必要开展相关创新研究与实践，从而促进油田节能环保发展。

2　技术方案

2.1　技术思路

Z70断块稠油井原油平均黏度超过3500mPa·s，过稠的原油在井筒中会产生巨大的摩阻，传统的洗井方式是利用热水逐步加热井筒，利用温度降低井筒中原油的黏度减小摩阻，实现洗井通道的建立。这一过程中需要较长时间的井筒预热，为达到良好的洗井效果也需要长时间洗井，有明显的节能潜力。

Z70 断块稠油井的修井作业中有超过 60%的井上修时存在转子卡死或抽油杆断脱现象，导致修井作业前原本的洗井通道被堵塞，不经洗井直接作业会对环境造成明显影响。

螺杆泵井内及地层内流体在作业中处于静止状态，其中的原油经过长时间静止后，其中的低密度原油上浮会形成一个更稠的稠油段塞，阻碍原油顺利从地层流出、进入泵筒中，直接恢复生产会使游离水在压力差的作用下形成一个流通通道，作业后需要长时间的连续生产才能恢复正常的生产状态。

通过分析确立了“井筒控制为主、地面控制为辅”的清洁作业技术思路，初步形成了特有的清洁作业技术体系，为井下作业安全、环保、高效施工提供了有效的技术支持。

2.2 技术措施

2.2.1 构建螺杆泵井洗井通道

常规修井作业中为了保证清洁生产，避免井筒管柱内原油泄漏到井场造成污染，首先需要利用泄油器将油管柱内原油泄入油套环空，再利用洗井泵车建立洗井循环系统对管柱进行替洗，洗井液或通过流程进入生产系统，或完成作业前的洗井工作。但是目前的螺杆泵采油管柱中没有泄油器，螺杆泵井的检泵或措施修井施工是先起出抽油杆断头以上的杆柱和管柱，再将断头捞起，上提抽油杆柱使其离开泵筒，坐好抽油杆悬挂器及井口，再进行热洗井施工，但都因洗井深度太小，起杆管时套管会有一定溢流而无法正常施工。

针对螺杆泵检泵洗井作业中的需求，研制“提放式螺杆泵泄油器”[2]。该泄油器由上接头、泄油器外筒、泄油器内筒三部分组成。泄油器内筒外壁上部有四道密封胶圈，内筒顶端有球型刚性密封面，泄油器内、外筒有三条纵向的键和键槽，键和键槽相互配合以传递油管锚锚定扭矩。当需要检泵时，上提油管柱解除油管锚的锚定，泄油器外筒随着管柱上行，内筒因油管锚作用沿外筒键槽相对外筒向下位移到外筒底端，通过外筒中部三个直径 20mm 的泄油孔使油管内外相连通实现泄油和洗井功能。此项工具填补了螺杆泵在国内没有配套泄油器的空白，解决螺杆泵井检泵污染源控制问题。图 1 为提放式螺杆泵泄油器关闭和打开状态。

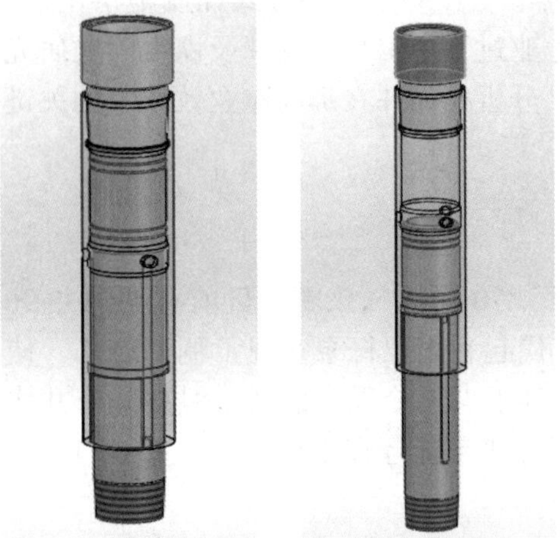

图 1 提放式螺杆泵泄油器关闭和打开状态

在打开泄油器困难或泄油器打开后仍无法建立循环通道时，利用空心抽油杆在油管内建立新的循环通道。根据空心抽油杆的小直径特性，借鉴连续油管原理，设计制作适合空心抽油杆的洗井装置，对已堵塞管柱进行冲洗，解除管柱内堵塞。该成果据空心抽油杆的特性，借鉴油管冲砂原理，设计制作适合空心抽油杆的洗井装置，对已堵塞管柱进行冲洗；充分利用现有设备和工具，设计制作空心抽油杆工具。

2.2.2 研制螺杆泵井高效清洗药剂

常规药剂洗井工艺以表面活性剂为主剂，辅以不同助剂进行复配，制得水溶性洗井液体系，对原油黏度较低的油井可达到良好的洗油效果。但是，针对稠油油井，常规化学药剂很难与井筒原油产生浸润作用，无法发挥其洗油效力。

通过室内实验配制一种由高渗透组分、减阻组分、反相转向组分三部分组成的稠油井高效清洗药剂[3]。对三种组分进行了初选，随后采用平行试验法确定三种组分的最佳配比，试验结果表明：当高渗透组分的质量分数为0.3%时，黏度即可达到较低值；反相组分在质量分数达到0.7%时，效果最佳；减阻组分在质量分数0.6%时，效果最佳。故确定其最佳配方为W高渗透：W反相：W减阻=3：7：6。

① 降黏率对比实验。

现场取普通降黏剂与清洁药剂样品，考察其对原油降黏率。实验结果表明，在相同实验条件下稠油井高效清洁药剂与普通稠油降黏剂相比(表1)，降黏率能提高1.2%~1.7%，具有较好的降黏效果。

表1　稠油井高效清洁药剂与普通稠油降黏剂对比

药剂名称	投加量	油样①降黏率/%	油样②降黏率/%
普通降黏剂	120	95.2	97.06
稠油井高效清洁药剂	120	96.9	98.28

② 洗油能力评价。

在60℃下，取油样涂抹在钢片上，在药剂溶液中反复涮洗30次。称重后测量原油清洗掉的质量，计算得到洗油效率，洗油效率>80%(图2)。

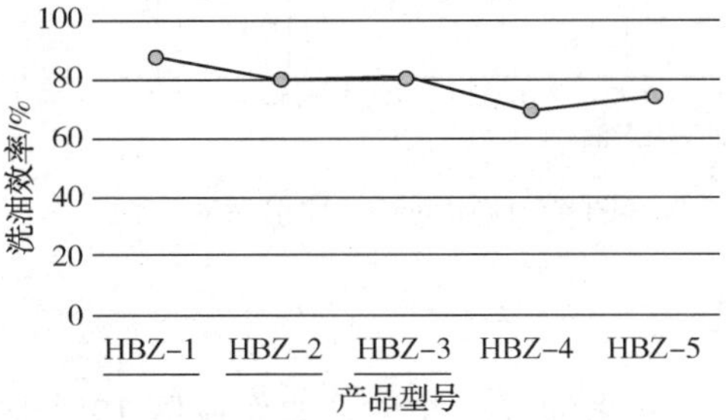

图2　稠油井高效清洗药剂洗油效率

③ 溶蜡性能测试。

在60℃下，取1g块状蜡样溶于200mL浓度为1%~5%的洗井液中静置0.5h。垢样在洗井液中分散效果较好，说明洗井液对垢样有一定的剥离和溶解能力(图3)。

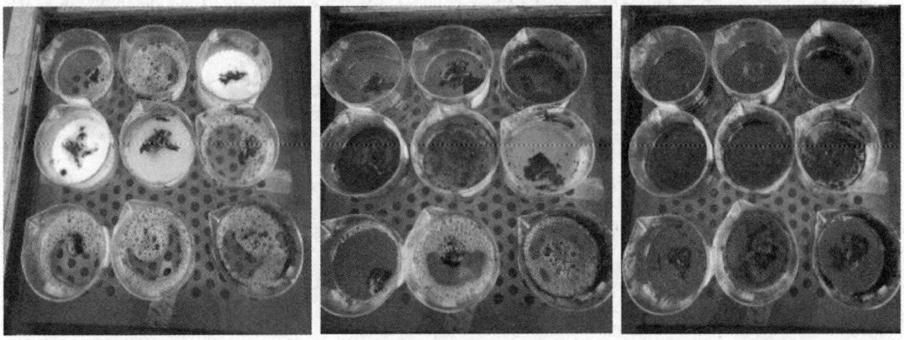

40℃
不溶解

50℃
部分溶解，在溶液上层

60℃
完全溶解，蜡在液体中分散不凝结

图3　稠油井高效清洗药剂溶蜡性能

④ 配伍性评价见表 2。

表 2　高效洗井液与地层水的配伍性

洗井液与地层水(质量比)	浊度值(NTU)	现象
1∶1	32.2	透明无沉淀
3∶7	24.3	
4∶6	18.5	
7∶3	12.6	

2.2.3　创新工序快速恢复生产

螺杆泵井作业后的井筒泵挂深度以上处在井筒较清洁状态，井筒泵挂深度以下到结蜡点以上位置处于充满死油状态，结蜡点以下处于较好的流动状态；同时生产层的近井地带由于作业过程中的长时间静止，发生油水分离，地层颗粒间隙会充斥地层水，导致地层水锁。针对螺杆泵作业后的井筒状态，分析了问题症结所在，创新地在下杆前向井筒中挤入降黏剂，利用皂化反应提高井筒中死油的可流动性，改变生产层的近井地带液体的表面张力，使地层中的原油顺利流入井筒，从而实现快速恢复生产。如图 4 所示。

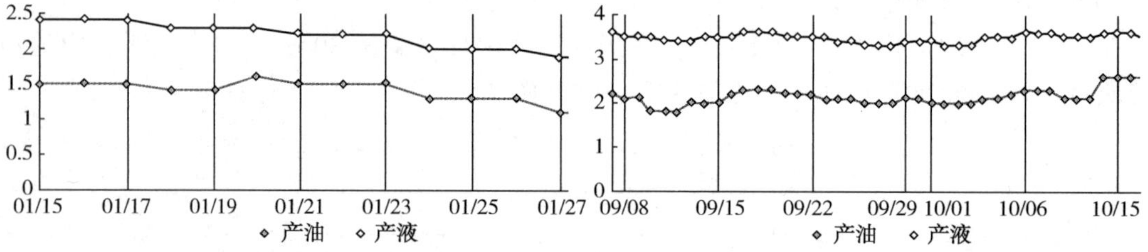

图 4　应用创新工序前后对比图

3　现场应用及效果

近三年全面实施以来，已对采油五厂 6 个采油作业区 19 个区块的高黏度油井实施清洁作业 276 井次，油井杆管清洗合格率由此前的 69.6%上升至 89.1%，创综合经济效益 702.7 万元。

参　考　文　献

[1] 袁栋．我国稠油开发的技术现状及发展趋势探析[J]．中国石油和化工标准与质量，2011，(11)：162-163.

[2] 苏国庆，赵盼望，赵恒仁，等．提方式螺杆泵泄油器：ZL201620784234.4[P].2017-2-5.

[3] 付亚荣，李仰民，马伟娜，等．含水 50%以上油井化学清蜡降黏效果的确定方法及应用：ZL201711223091.5[P].2020-5-8.

第一作者简介：马伟娜(1981—)，女，河北省保定市，中国石油天然气股份有限公司华北油田分公司，高级工程师。联系地址：河北省辛集市采油五厂工程信息楼，邮箱：46756150@qq.com，联系电话：17798085256。

抽油机人工智能采油技术的应用

薛良玉　黄　健　李红波　徐新宇　赵鑫研　贾　鹏

（中国石油华北油田分公司二连分公司）

摘　要　老油田开发中后期普遍存在油井地层能量逐渐衰竭、油水井连通关系及压力体系复杂变化的生产问题，导致抽油机井呈现产液波动、低产、低效的生产状况，泵效普遍偏低，需开展泵效提升节电降耗工作。常规的节电措施存在低产井参数下调空间较小、节电效果不明显、操作复杂、成本高等问题。对此试验应用了人工智能采油控制技术，该技术以高泵效转矩特征作为控制依据，自动调整运行冲次，始终恒定合理沉没度，保持高泵效生产，减少无效冲次，杜绝能源浪费。经现场应用，综合节电率达30%以上，应用范围广泛。

关键词　智能采油　泵效　节能　油井

二连油田作为开发三十多年的老油田，近年来持续上产带来的能耗居高不下，严重制约油田进一步提质增效的发展空间。其中抽油机机采配电系统是油气田建设的重要基础设施，为油井举升设备提供动力，是油田生产的重要保障系统。当前二连油田采油系统年用电约1.4亿度，占总体用电的60%，其建设的好坏直接影响到油气田企业经济效益。常规的节电措施主要有更换电机降低额定功率、调整抽油杆柱配比、更换节能抽油机、采用新型无杆采油技术及设备、调整地面生产参数、采用变频柜等，存在低产井参数下调空间小、节电效果不明显、操作复杂、成本高等问题[1~4]。人工智能采油控制柜以高泵效转矩特征作为控制依据，锁定合理动液面生产，自动调整参数，减少无效冲次，保持油井在产液量最大化、耗能最小化的状况下生产，应用效果较好。

1　人工智能采油技术原理及方法

1.1　工作原理

抽油机人工智能采油技术是继传统变频调速控制之后研发出来的新一代人工智能调速控制系统，通过对抽油机运行参数、电机参数等其综合数据计算，以动液面在合理位置下的高泵效转矩特征作为控制依据，并根据记忆的转矩特征波谷差值变化实现自动调整运行冲次，与油层供液能力相匹配，此过程不依托外部任何传感器及上位机的控制，即可实现本地化恒液位智能调参运行。该技术由人工智能AI模块+驱动模块两部分组成，供采系统工况时刻在变化，这导致抽油机电参也在变化，人工智能AI模块分析捕捉这些变化如转矩特征、负载率变化及平衡度变化等，实时给出最佳机采运行参数，通过驱动模块实时驱动控制电机转速最终实现机采过程的智能控制，可以锁定合理沉没度高泵效长期运行。

1.2　技术特点

（1）恒液位自动调节冲次。油井始终工作在设计的合理流压下生产，并根据动液面变化自动调整运行冲次，与地层供液能力相匹配，达到合理沉没度下的供采平衡，减少无效冲次。

（2）无反发电控制。与常规变频控制相比，无须制动电阻即可消除抽油机反发电现象，有效解决抽油机反发电带来的危害及其造成的能源浪费，提升功率因素。

（3）柔性驱动控制，超低速运行。依据电动机输出电参特性的变化，修正抽油机运转至上下止点附近的电机速度，柔性变速，从而消除冲击载荷以及换向载荷，提升泵效，并大幅度降低机械运行强度。同时柔性驱动技术具备零速启动的功能，从 0Hz 开始，大扭矩缓慢加速，解决了抽油机的启动死角和启动冲击载荷问题，该技术的应用可实现超低冲次运行，冲次可以降至 0. 8 次/min 以下，常规的变频控制一般冲次智能降低至 1. 5 次/min。

（4）稳定地面机械平衡。抽油机的平衡度和油井动液面位置以上油管液柱载荷相对应，恒定动液面位置，也就恒定了地面抽油机的机械平衡，实现抽油机的随动平衡节能运行。

（5）抽油杆断脱停机保护。当油井抽油杆断脱时，智能驱动模块能够通过转矩曲线监测到电机运转的异常情况，及时停机保护，最大化地保护油井的安全运行。

（6）蜡卡、砂卡过载保护。当油井抽油杆被蜡卡死或砂卡死时，智能驱动模块通过转矩曲线监测到电机运转的异常情况，立即停机保护，最大化地保护油井的安全运行，避免产生更大的破坏。

2 现场试验效果分析

为了验证该技术的适用性和应用前景，2022 年 3~4 月，在二连油田哈南区块 H13-114 井、H43-223 井、H40 井共计 3 口供液不足的油井进行了抽油机人工智能采油技术现场试验。现场进行了节电效果和产液影响的验证试验，耗电量采取原始的电表读取电量的方法，产量分别采取了质量流量计、拉油称重和单体罐检尺的方法，另外核实了测试过程中的示功图、动液面、含水变化情况。

现场试验数据表明：3 口油井采取抽油机人工智能采油技术后，产液量基本稳定，平均节电率为 48. 3%，平均吨液单耗下降幅度为 55. 6%，节电效果显著。

2.1 H13-114 井试验效果

3 月 7~9 日工频运行，11~14 日人工智能采油控制柜运行。全程每日测两次功图、液面、产液，每日记录耗电量，见表 1。从测试结果来看：冲次下降明显，由 3 次下降至 0. 8~1. 5 次；动液面基本不变，保持在 1350m 左右，沉没度约 40m；功图变得饱满，泵效由 18. 7%上升至 41. 3%，见图 1；产液量变化不大，基本保持在 3. 7t/d；耗电量下降明显，日耗电由 128kW · h 下降至 59kW · h，节电率 54%；吨液耗电由 34. 6kW · h/t 下降至 15. 9kW · h/t。具体数据见表 1。

表 1 H13-114 试验数据

日期	液面/m	冲次/(次/min)	日液/(t/d)	耗电量/kW · h	备注
3. 7 上午	1330	3	4. 72	128. 7	工频运行
3. 7 下午	1325	3	2. 52		工频运行
3. 8 上午	1317	3	1. 44	127. 6	工频运行
3. 8 下午	1305	3	3. 97		工频运行

续表

日期	液面/m	冲次/(次/min)	日液/(t/d)	耗电量/kW·h	备注
3.9 上午	1309	3	3.5	126.8	工频运行
3.9 下午	1320	3	5.4		工频运行
3.10 上午	1332	3	5.14	74.4	工频运行
3.10 下午	1369	3	4.68		10 日 17 点调成人工智能采油控制柜
3.11 上午	1348	0.81	3.93	58.4	人工智能采油控制柜运行
3.11 下午	1350	0.8	3.96		人工智能采油控制柜运行
3.12 上午	1352	0.95	4.01	58.7	人工智能采油控制柜运行
3.12 下午	1346	0.85	4.44		人工智能采油控制柜运行
3.13 上午	1340	1.55	1.73	60.1	人工智能采油控制柜运行
3.13 下午	1342	1.35	4.32		人工智能采油控制柜运行
3.14 上午	1339	1.45	3.55	59.4	人工智能采油控制柜运行
3.14 下午	1347	1.42	4.32		人工智能采油控制柜运行

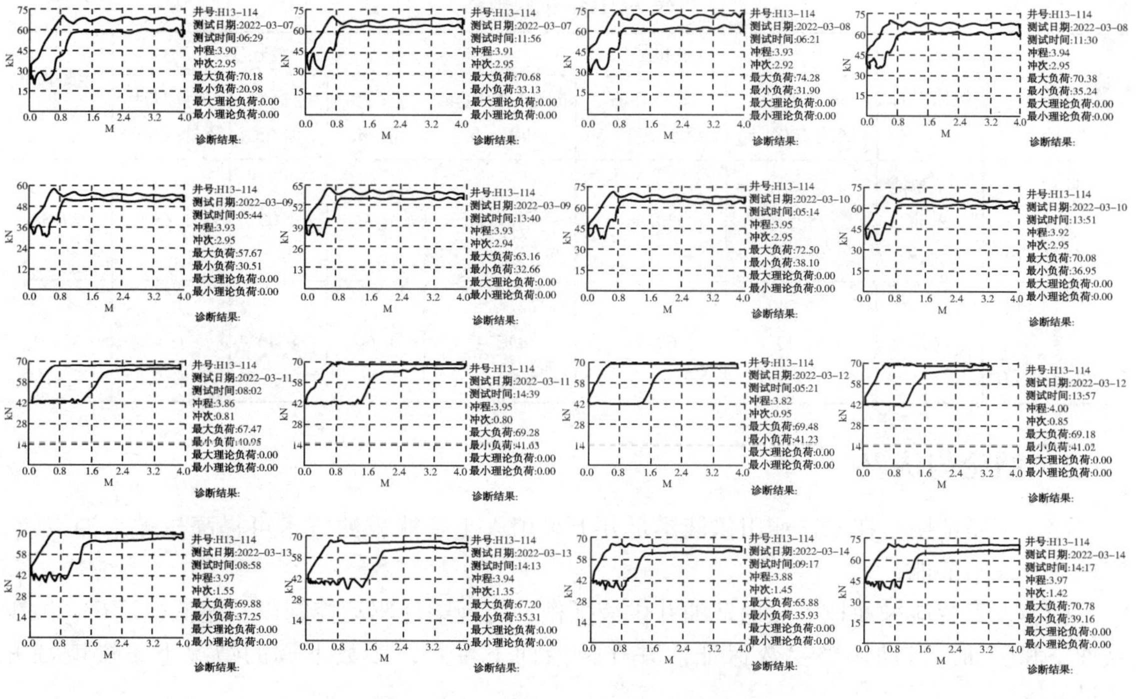

图 1　H13-114 地面示功图变化情况

2.2　H43-223 井试验效果

3 月 23~25 日人工智能采油控制柜运行，26~28 日工频运行。拉油称重折算产液量，每日记录耗电量，见表 2。从测试结果来看：产液量变化不大，测试产液量略有上升；耗电量下降明显，日耗电由 263.3kW·h 下降至 171.4kW·h，节电率 34.9%；吨液耗电由 41.33kW·h/t 下降至 24.45kW·h/t。具体数据见表 2。

表 2　H43-223 试验数据

测试时间	试验设备	电量核实			产液核实			吨液单耗/(kW·h/t)
		电表初值(变比 100：5)	电表终值(变比 100：5)	折算日耗电量/(kW·h)	罐车空车重/t	罐车拉油重/t	折算日产液量/(t/d)	
23 日 10：50 ~ 25 日 10：50	人工智能采油控制柜	124.22	141.36	171.4	19.2	33.22	7.01	24.45
26 日 14：25 ~ 28 日 14：25	工频运行	157.74	184.07	263.3	19.18	31.92	6.37	41.33

2.3　H40 井试验效果

23~25 日人工智能采油控制柜运行，3 月 31 日~4 月 3 日工频运行。单体罐检尺折算产液量，每日记录耗电量，见表 3。从测试结果来看：产液量变化不大，测试产液量略有上升；耗电量下降明显，日耗电由 115.1kW·h 下降至 50.5kW·h，节电率 56.1%；吨液耗电由 82.21kW·h/t 下降至 29.88kW·h/t。具体数据见表 3。

表 3　H40 试验数据

测试时间	试验设备	电量核实			产液核实			吨液单耗/(kW·h/t)
		电表初值(变比 100：5)	电表终值(变比 100：5)	折算日耗电量/kW·h	空高初值/m	空高终值/m	折算日产液量/(t/d)	
23 日 9：10 ~ 25 日 9：10	人工智能采油控制柜	25.51	30.56	50.5	2.27	2.09	1.69	29.88
31 日 15：00 ~ 4 月 3 日 15：00	工频运行	52.49	69.75	115.1	1.60	1.40	1.4	82.21

3　结论与认识

(1) 试验证明，在二连油田供液不足井上采用人工智能采油技术可提高机械采油泵效，实现油井大幅节能。

(2) 人工智能采油技术能保证油井供液平衡，实现柔性驱动控制以及超低速运行，减少泵抽空和空抽，自动调整参数保证油井在恒液面下生产，参数下调的情况下不影响油井产量。

(3) 利用人工智能采油技术符合二连油田的生产实际，规模应用后将取得很好的经济效益和社会效益。

参 考 文 献

[1] 常鹏刚，高鹏，张胜利，等．抽油机变速运行智能控制技术深化研究与应用[J]．石油化工自动化，2020，56(3)：31-35.

[2] 张胜利，吴刚，郭吉民，等．抽油机井供采协调控制方法及装置：ZL 2015 10983112.8[P]．2019.

[3] 周封，胡洋，孙志刚．抽油机节能方法与变频技术合理应用研究[J]．节能技术，2010，28(3)：218-221.
[4] 秦和利．抽油机井工作制度与能耗关系探讨[J]．石油石化节能，2022，12(8)：44-47.

第一作者：薛良玉(1984—)，男，2008 年毕业于长江大学石油工程专业，现从事采油工程技术研究与生产管理工作，高级工程师。通信地址：(026000)内蒙古锡林浩特市华北油田公司二连分公司。E-mail：el_xueliangyu@petrochina.com.cn；电话：0479-8291582。

太阳能加温装置在井筒清防蜡工艺中的研究与应用

薛良玉

（中国石油华北油田分公司二连分公司）

摘　要　针对二连油田高凝、高黏、高含蜡油井清防蜡效果不理想、运行费用高的问题，提出采用双槽双跟踪太阳能光热技术。利用光热资源将地面低温水加热成高温水，经过井筒油套环空掺入井筒，保持井筒温度始终在析蜡点以上，或者高温掺水实现清蜡降黏，防止原油在井筒举升过程中由于温度、压力下降造成凝堵。太阳能用于油井清防蜡领域，可替代常规的清防蜡工艺，尤其是井筒空心杆电加热工艺，耗电量大幅减少，且不受停电的影响，可持续起到井筒防蜡、清蜡、降黏作用，运行费用低，绿色环保，清防蜡效果显著，经现场应用，替代电加热每口井年节约用电 21 万度。

关键词　太阳能　电加热替代　节能　清防蜡　光热

原油采出过程中，在井筒内随着温度和压力的降低，蜡质、胶质沥青质会析出附着在油管和抽油杆上，导致抽油机负荷增加，耗电量增加，甚至造成油井凝堵，不能正常生产。对于高凝、高黏、高含蜡油井由于清防蜡难度大常采用井筒加温技术，目前该技术公开的案例较少，主要有井筒空心杆电加热工艺、双空心杆循环加热工艺、撬装加热炉热洗装置等。已公开的井筒加温装置和方法虽然能够起到一定的清蜡降黏作用，但由于工具尺寸小，下入深度大，存在无效能耗高的问题，且能量来自电力、伴生气等，不符合当下低碳环保的需求[1~5]。本方法利用光热资源将地面低温水加热成高温水，经过井筒油套环空将高温水掺入井筒，达到清防蜡的目的，取得很好的现场应用效果。

1　太阳能井筒升温工艺技术原理

1.1　系统构成

现有太阳能回收利用技术主要有太阳能光热和太阳能发电技术，对于油井清防蜡工艺而言，太阳能光热技术转换环节更少，利用效率更高。市面上太阳能光热设备主要有真空管热水器和智能双槽双跟踪太阳能光热节能系统，后者利用全方位跟踪技术，始终保持太阳光垂直入射，集热效率高，柱状竖式安装，占地面积小，更适合井场面积小的情况，不影响油井检泵作业。该系统由集热单元、换热单元、储热单元、辅热单元、控制单元五个部分组成，如图 1 所示。采用工业撬装模块，降低现场施工工程量。

集热单元：采用双槽双轴太阳能聚光集热器，布置于地面，三维法向实时跟踪太阳运动轨迹，跟踪精度 0.015°，集热效率 90%，导热介质使用温度 300℃，单组集热面积 38.3m^2。

换热单元：导热介质经储热保温水箱内容积式换热器将集热器吸收的太阳能光热能量储

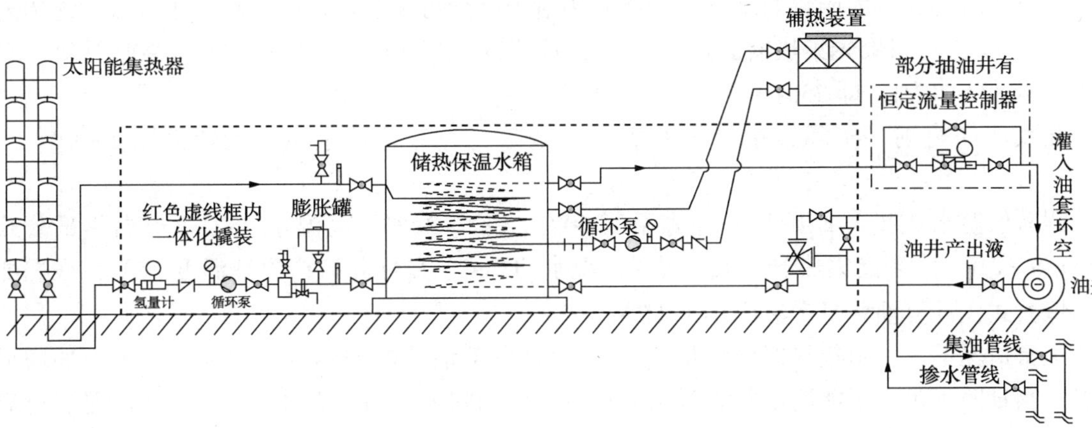

图 1　太阳能升温装置构成示意图

存到保温储热水箱中，持续提供热源。

储热单元：采用保温储热水箱。换热介质推荐软化水，防止高温结垢。

辅热单元：采用自调节无极增能热源装置，类似空气源热泵，采用逆卡诺原理，多级增焓，以极少的电能，吸收热水和空气中大量的低温热能，通过高效压缩机的压缩变为高温热能。特点是能效高、速度快、出水温度高、安装简易、无水源消耗。

控制单元：采用智慧能源管控，气象信息实时监测，保证集热器“日出而作、日落而息”，以及 9 级以上风速自我保护；温度、流量和液位等实时监控，故障实时报警；自动调节用热量，保障最佳用能状态；无人值守、远程运维、故障预警并推送信息。

1.2　技术特点

（1）集热效率高，利用全方位跟踪技术，集热效率达到 90%以上，解决了传统太阳能集热器效率低的问题，聚光后产出液温度可达 90℃以上，可以满足油井清防蜡高温需求。

（2）占地面积小，柱状竖式安装，不影响油井维护检泵作业，井场不需要额外征地。

（3）智能程度高，与远程智能控制相结合，实现集成应用和无人值守，运维成本低。

（4）运行可靠性强，可实现防雪、防霜、防尘等功能，同时通过自诊断功能，实时监测分析设备的运行状态，实现了过热保护、过风保护、断电保护等功能，保障设备稳定运行。

（5）运行费用低，利用可再生的太阳能，高温水自压灌入井筒油套环空，不需要额外的能量，运行费用低，绿色环保。

1.3　工作原理

利用双槽双轴太阳能聚光集热器将地面掺水管线中的低温水加热成高温水，经过井筒油套环空将高温水掺入井筒，可以采用连续小排量灌入的方式，提高井筒温度至原油析蜡点以上，达到井筒防蜡降黏的目的；也可以采用间歇大排量灌入的方式，达到溶蜡高温洗井的目的。应用于高凝、高黏、高含蜡原油物性的油井，提高井筒温度防止原油在井筒举升过程中由于温度、压力下降造成凝堵。循环动力来源于掺水管线，热量来源于太阳能，不额外增加能耗，具有节能绿色环保的特点。

2　太阳能井筒升温工艺技术方案

2.1　光热升温能力计算

二连油田地处内蒙古自治区锡林浩特境内，有独特的地理优势，地势开阔，太阳能资源丰富，日照时间长，太阳辐照度高，光能利用潜力十分可观。该地区平均每小时太阳能辐射量约 $2MJ/m^2$，一组聚光集热器面积 $38.3m^2$，日照按 12h/d 计算，集热效率按 90%计算，日聚集热量 827.28MJ，即 230kW · h。由于采用智能双槽双跟踪太阳能聚光集热器，可以始终保持光线法向直射，实际聚集热量要大于此数值，为保持富余量，此处仍按 230kW · h 计算。

假若低温水 35℃、原始油井井底温度 60℃、井口 22℃、高温水 75℃，根据热量公式 $Q=cm(t_1-t_0)$，太阳能集热器一天可提供高温水约 $5m^3$。目标井口产出液温度 35℃，根据能量守恒公式，计算油井日产液应小于 $15m^3$。

正常情况下，一组集热器可满足日产液 $15m^3$ 以下油井电加热替代需求，不需额外增加用能。当日照不足，不能满足井筒升温需求时，比如阴天、雨雪天气、冬季光照不足，可启动辅热装置。日产液 $15m^3$ 以上油井，可采用加热自产液高温溶蜡高温洗井的方式。

2.2 工艺流程(图 2)

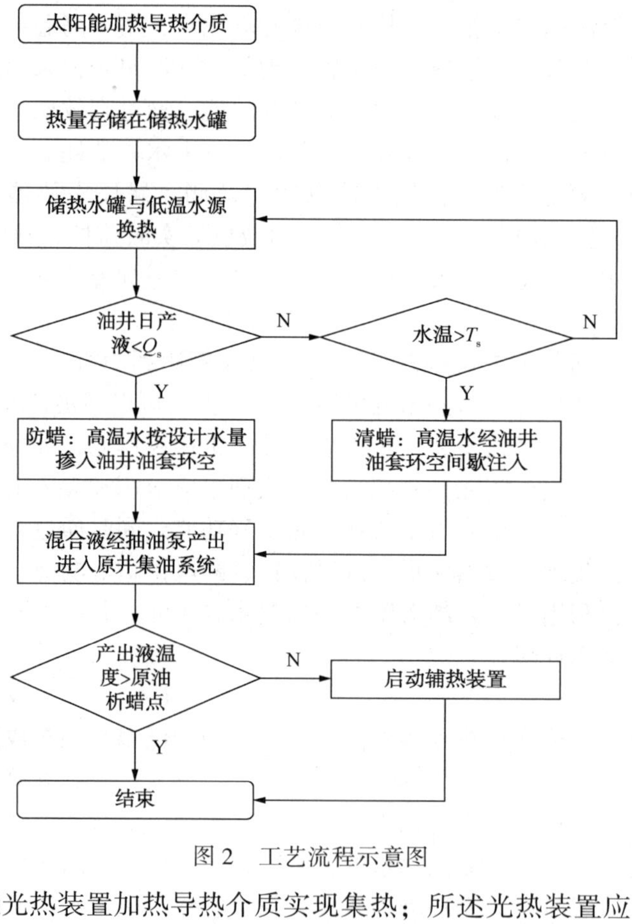

图 2　工艺流程示意图

（1）利用太阳能光热装置加热导热介质实现集热；所述光热装置应充分考虑井场面积，不能占压已建管线、电缆等，不能影响油井检泵维修作业，建议采用柱状竖式安装结构，采用集热效率较高的智能双槽双跟踪太阳能聚光集热器；所述导热介质使用温度 150℃以上，保证集热效果。

（2）导热介质经换热单元将热量存储在储热水箱中，持续提供热源；所述换热单元安装在储热水箱中，采用容积式换热器；所述储热水箱换热介质为软化水，防止高温结垢，同时应做好隔热保温措施。

(3) 低温水源经储热水箱换热实现升温；所述低温水源可采用集油掺水环线中水源，也可采用油井产出液。

(4) 换热后的高温水经油井油套环空灌入井筒，给井筒加温；所述油套环空为油井油管和套管之间的空间。

若油井日产液<Q_s，则采取高温水连续灌入的方式，保持井筒温度始终在析蜡点温度以上，起到持续防蜡、降黏作用；所述 Q_s 一般为 $15m^3/d$。

若油井日产液≥Q_s，则按照设计水量和温度采取间歇大排量灌入的方式，达到溶蜡高温洗井的作用；所述设计水量接近但不得大于动液面以上油套环空容积 V_s，防止动液面上升冒出井口污染井场；所述设计温度应大于本井原油溶蜡点温度，一般取80℃以上。

(5) 井筒中混合液经抽油泵产出后进入原井集油系统；所述混合液为原地层产出液和油套环空掺入高温水混合。

(6) 当太阳能光热资源不足，不能满足井筒升温需求时，比如夜晚、阴天、雨雪天气，可启动辅热装置；所述辅热装置可采用电加热、混合增能等可稳定提供热源的装置。

2.3 现场方案优化设计

建设方式可采用分布式和集中式。其中分布式建设每套建设规模小，占地面积小，不需要征地，模块化设计，建设速度快，见效快，可分批建设；集中式建设便于管理，但占地面积大，需增加征地，管路铺设多，热损大，需进行二次加温，施工工程量大。

方式一：产出液自循环加热方式

工艺描述：产出液经光热系统换热后掺入井筒，循环加热，剩余产出液进集油线。

适应范围：井口没有掺水管线的油井。

方式二：外来水源加热掺水方式

工艺描述：光热系统加热掺水环线的外来水源后掺入井筒，也可以加热本井产出液作为补充水源，产出液进集油管线。

适应范围：井口有掺水管线的油井，尤其是日产液较低、地层漏失的油井，以及单套设备负责2口井以上的情况。

方式三：单体罐和井筒同时加热方式

工艺描述：光热系统循环加热单体罐中产出液，同时掺入井筒，产出液进单体罐。

适应范围：单体罐电加热油井。

3 现场应用及效果评价

在井筒空心杆电加热的H17-19井试验应用(图3)，井筒日掺热水 $4m^3$，日平均掺水温度78.3℃，掺水前日产液 $3m^3$，掺水后日产液 $7m^3$，井口产出液平均温度42.7℃，井筒防蜡降黏效果明显，抽油机日耗电由300kW·h下降至275kW·h，空心杆电加热完全停运，日节电600kW·h，合计日节电625kW·h，去除装置本身耗能，全年可节电 21×10^4kW·h。

说明：单台太阳能光热节能系统3~10月平均日耗电25kW·h(耗能设备合计0.5kW)，11月至次年2月平均日耗电120kW·h(冬至日耗电150kW·h)全年耗电约 1.8×10^4kW·h。

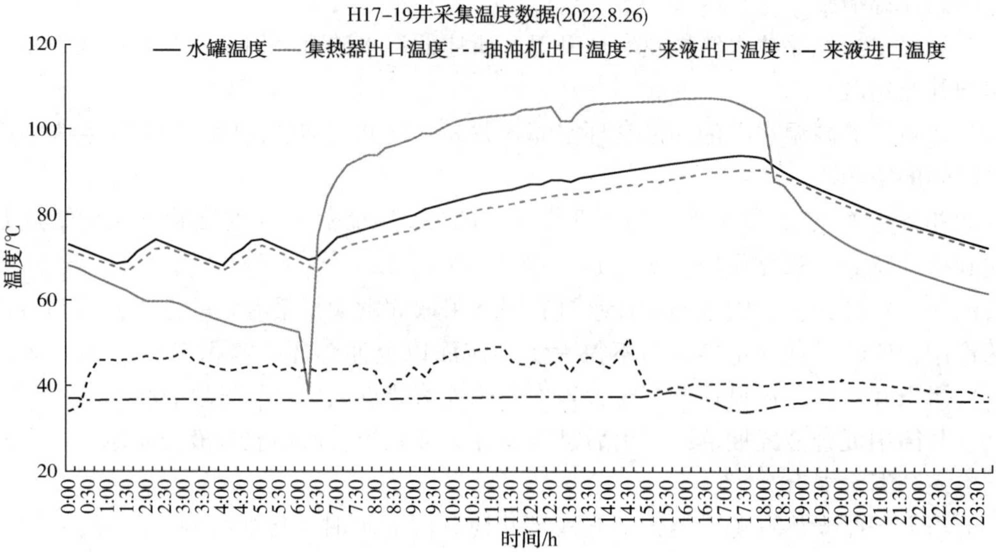

图 3　H17-19 应用温度数据

4　结论

太阳能加温装置利用太阳能光热资源，清洁环保，运行费用低，基本不耗电，清防蜡效果显著，可广泛适用于太阳能资源丰富地区，用于高凝、高黏、高含蜡原油物性的油井清蜡、降黏开采，符合当下国家和集团公司的清洁能源政策，符合“碳中和”“碳达峰”的需求，应用前景广阔。

参 考 文 献

[1] 张子刚．双空心杆循环伴热技术在超稠油井上的应用[J]．石油石化节能，2014(2)：17-21.

[2] 苗彦平，范秀芹，朱治国，等．保温隔热油管在地面常温集油工艺中的研究与应用[J]．油气田地面工程，2019，38(4)：35-39.

[3] 苗彦平，李金永，刘治河，等．双空心杆内循环热采技术应用[J]．石油钻采工艺，2009，31(2)：96-98.

[4] 丁振武，李艳辉，李海香，等．油井自能热洗清蜡技术研究与应用[J]．新疆石油天然气，2011，7(2)：66-69.

[5] 安党玺．油田清防蜡工艺简述与研究[J]．新型工业化，2021，11(4)：215-217.

第一作者：薛良玉(1984—)，男，2008 年毕业于长江大学石油工程专业，现从事采油工程技术研究与生产管理工作高级工程师。通信地址：(026000)内蒙古锡林浩特市华北油田公司二连分公司。E-mail：el_xueliangyu@ petrochina. com. cn，电话：0479-8291582。

智能间抽控制技术的研究与应用

薛良玉　毛　洋　杜宏伟　罗　瑞　周　涛　郅晨旭

（中国石油华北油田分公司二连分公司）

摘　要　低产液油井泵效低无效举升能耗高，已达不到连续开井的条件，对此根据不同油井的数字化配套条件，开展了区别性智能间抽控制技术研究。在数字化配套完善的油井，根据井口连续监测的示功图充满程度变化趋势确定最佳的停机时机和最佳启抽时机；针对数字化配套不完备的油井，采用电参量模块结合角位置传感器采集数据绘制成一个冲次内的电流图，提取电流图的特征点计算泵充满度变化趋势确定最佳停抽时机和启抽时机。智能间抽技术的实施，可以通过传感器和优化算法确定油井的启停时间，动态调整间抽制度，更有利于释放油井产能，在保证产量不降的前提下，节约运行能耗，经现场应用，综合节电率达30%以上。

关键词　智能间抽　低产油井　间开　示功图　电参

老油田进入开发中后期，处于弹性驱和注水不见效的抽油机井大部分进入供液不足生产阶段，抽油机举升系统受最低冲次的限制，已达不到连续开井的条件。2022年二连油田产液小于3m^3油井500多口，平均泵效只有10.6%，举升无效能耗高，这部分井通过常规调参提效空间已非常有限。依靠人工间抽，劳动强度大，用车成本高，且二连油田冬季受严寒、风雪等气候影响，人工间抽实施难度大。近年来，国内部分油田已试验实施智能间抽技术，诸多公开的间抽控制系统和装置通过传感器和优化算法确定油井的启停时间，动态调整间抽制度，起到了很好的节能降耗作用。但在间抽制度优化上主要根据示功图或液面测试仪推测出液面恢复规律或产出液规律，确定固定的停机时间和启抽时间，过程计算误差大、执行难度大，不能有效发挥油井产能，在油井供排关系变化趋势的判断方式上以及间抽周期的智能优化上还存在一定的缺陷[1~4]。本文根据不同油井的数字化配套条件，分别采用了示功图和电功图改进优化了智能间抽周期确定方法，取得较好的应用效果。

1　根据示功图确定油井最佳间抽周期的方法

1.1　技术原理

应用于低产液抽油机井确定最佳的间抽周期。根据井口连续监测的油井示功图，以示功图充满程度变化趋势代表静液面恢复曲线，油井连续工作时，当示功图充满程度降到一定值不再显著减小时为最佳停井时机；以固定步长增加油井停井时间，绘制散点图趋势线，当停井时间增加，启抽运行时间不再显著增加时为最佳启抽时机，此方法可在基本不影响产量的情况下，最大限度实现节电。所述停机时间为定值，启抽运行时间为变动值。

1.2 硬件配置

示功图采集单元：通过载荷传感器定时采集示功图信息，并通过 RTU 实现数据的传输。

智能间抽控制单元：分析示功图信息，实现停抽时间寻优获取，停井时间智能分析控制间抽制度，具备智能间抽控制模式、手动设参间抽控制模式。

雷达声光报警单元：在抽油机曲柄、电机、皮带等容易发生机械伤害的区域安装雷达声光报警装置，启抽前扫描附近活物存在，联锁控制，消除了远程启抽时，因现场情况不明存在的安全隐患。活物监测雷达安装在控制柜面向抽油机方向，雷达前方横向 120°，纵向 65°，纵深 6m 作为安全探测区域，可覆盖抽油机曲柄、电机、皮带等容易出现机械伤人的区域，通过间抽控制器判断启井时间前 10min 内如果有人体移动则被探测器检测为预警信号。并延迟 10min 时间后再做启井判断，保障间抽期间启井前的安全判断。

1.3 间抽控制流程

（1）油井按设计冲次连续生产 3d 以上，测试示功图计算边界充满程度 σ_b，取 2 倍 σ_b设为停机充满程度 σ_s，若循环不能收敛，可适当调整停机充满程度 σ_s的数值；所述的充满程度=AD/BC。特征点见图 1。

（2）转为间抽生产，初始停机时间设置为 30min，启抽后连续测试示功图计算充满程度，当充满程度连续计算三次降至停机充满程度 σ_s时停机，记录启抽运行时间 t_1；所述初始停机时间可根据油井供液能力情况进行调整；所述启抽运行时间 t_1 为启抽至停机的运行时间。

（3）停机时间按固定步长增加，重复步骤(2)，当停抽时间增加，启抽运行时间不再增加时结束，记录每次的启抽运行时间 t_n；所述固定步长一般为 10min；所述 n 大于等于 3 次。

（4）以停机时间为横坐标，启抽运行时间为纵坐标，将实验数据绘制成散点图趋势线，接近极点时对应的整数时间为最佳停机时间，最佳启抽运行时间为变化值，即为启抽至充满程度降至停机充满程度 σ_s时的运行时间；所述散点图趋势线一般为幂函数曲线或者二次多项式曲线；所述整数时间一般为 10min 的整数倍，方便计算一天运行时间以及计算当天产液量。确定最佳停机和启抽时机见图 2。

（5）每隔固定时间重复步骤(2)～(4)，根据外界条件变化动态优化间抽制度。所述固定时间一般为 1 个月。根据示功图确定最佳间抽周期的流程见图 3。

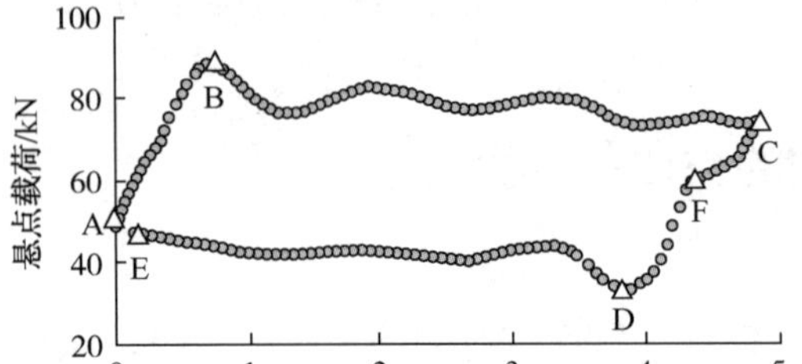

图 1 求解示功图充满程度

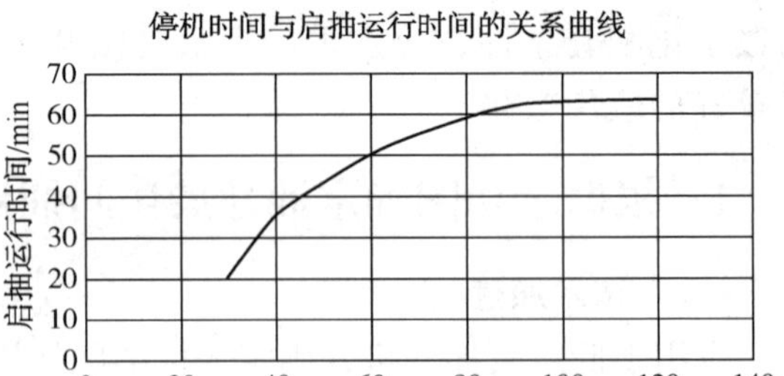

图 2 确定最佳停机时间

2 根据电参量确定油井最佳间抽周期的方法

2.1 技术原理

应用于数字化配套不完备的低产液抽油机井确定最佳的间抽周期。电参量模块结合角位置传感器采集数据绘制成一个冲次内的电流图，提取电流图的特征点可计算泵充满度。根据电流图判断泵充满度变化趋势寻找最佳停抽时机和启抽时机，并可动态调整间抽制度，在保证产量基本不降的前提下，最大限度实现节电。所述停机时间为定值，启抽运行时间为变动值。相比常规的智能间抽控制系统，不需要配套载荷传感器，不需要变频器控制柜，不需要连续采集示功图，适用于在物联网配套较低的低产液抽油机井确定最佳的间抽周期，实现智能间抽，应用适应范围更广。

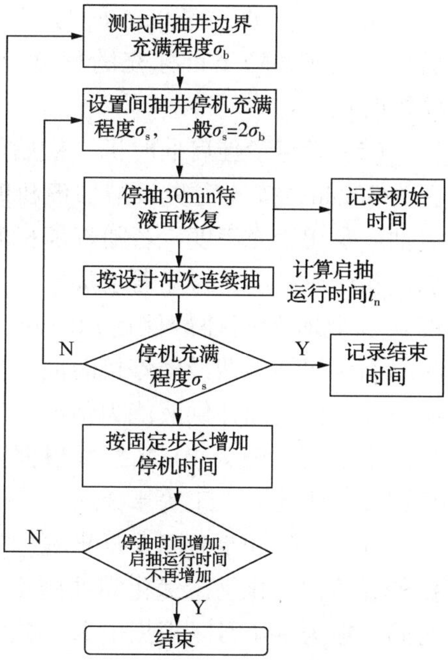

图3 根据示功图确定最佳间抽周期的流程图

2.2 间抽控制流程

（1）电参量模块结合角位置传感器采集数据绘制成一个冲次内的电流图；所述电流图横坐标为位移，根据角位移传感器采集数据结合输入冲程换算所得；所述电流图纵坐标为电流，根据电参量模块采集数据所得。

（2）运用最优角度拟合法确定电流图上反映泵游动凡尔打开的特征点。

第一步：采用拟合曲线法取点。具体方法为：每5~8个点拟合成一条直线与下一条拟合直线进行对比，若前一条直线在第一象限，后一条直线在第二象限，即为A点；若前一条直线在第四象限，后一条直线在第三象限，即为B点；若找出多个类似夹角，以所形成的最小夹角为准。由于采集点以等时间间隔采集，故图上等位移点的密度不同，这时采用等点法拟合的曲线找到的点会不准，为解决这一问题，下行程时曲线采用等位移取点，然后再等位移填充成5~8个点。

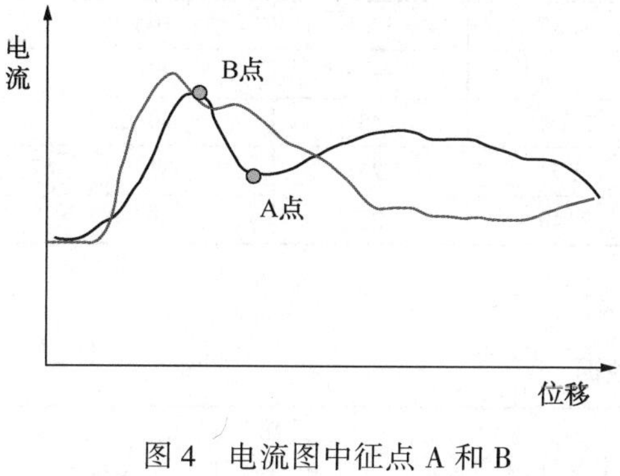

图4 电流图中征点A和B

第二步：确定泵游动凡尔打开的特征点。依据单周期内下行程中在泵柱塞接触到液面时抽油杆释放弹性变形，同时游动凡尔打开，这个过程反馈到电流上，会有一个非常明显的变化，通过数据过滤、波形分析，结合当前角位移计算出当前的位置，A点为泵游动凡尔开始打开位置，B点为泵游动凡尔完全打开位置。电流图中征点A和B见图4。

（3）通过角位移传感器获取单井冲程，计算出当前冲次的泵充满度。所述泵充满程度=B点位移/角位移计算的实际冲程。

（4）确定最佳停机时机。

第一步：油井按设计冲次连续生产3d以上，测试电流图计算充满度σ_b作为目标充满度，若循环不能收敛，可适当调整目标充满程度σ_b的数值。

第二步：油井停机一段时间，间开启抽后，泵充满度降至目标充满程度 σ_b 时为最佳停机时机。

（5）确定最佳启抽时机。初始停机时间设置为30min，按固定步长增加停机时间，测得启抽后泵初始充满度，若随着停机时间 n 次增加，初始充满度不再显著增加，达到边界充满度 σ_s，此时为间抽最佳启抽时机，对应的停机时间为间抽周期最佳停机时间。所述初始停机时间可根据油井供液能力情况进行调整；所述固定步长一般为10min，可根据实际情况进行调整；所述 n 大于等于3次。

（6）每隔固定时间重复步骤(4)～(5)，根据外界条件变化动态优化间抽制度。所述固定时间一般为1个月。根据电参量确定最佳间抽周期的流程见图5。

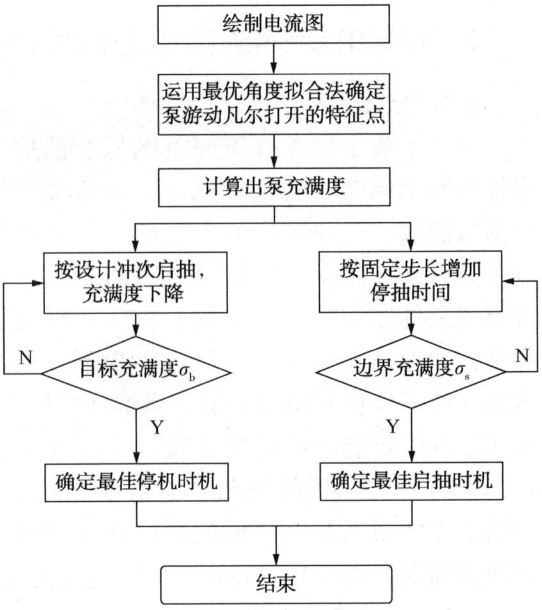

图5　根据电参量确定最佳间抽周期的流程图

3　现场应用及效果评价

3.1　根据示功图确定最佳间抽周期应用效果

2022年在H20井进行了实验：确定最佳停抽时间为160min，连续运行时日耗电104.5kW·h，间抽运行时日耗电39.7kW·h，节电率62%。见表1。

表1　H20井试验数据

类别	日期	冲次/(次/min)	日液/(t/d)	日油/(t/d)	含水/%	日耗电/kW·h
工频运行	1月6日	4	1.85	1.25	32.5	99
	1月7日		2.14	1.44	32.5	110
	平均		2.00	1.35	32.5	104.5
智能间抽状态	1月9日	停抽160min，启抽时间自动寻优	4.37	2.95	32.5	37.62
	1月10日		2.72	2.04	25	39.56
	1月11日		3.92	2.94	25	41.91
	平均		3.32	2.49	25	39.70

3.2　根据电参量确定最佳间抽周期应用效果(表2)

表2　A2-3井试验数据

日期	拉油时间	拉油称重/t	平均日液/(t/d)	平均日油/(t/d)	含水/%	抄电表时间	日耗电量/kW·h	备注
3月7日	7日11：40清罐，9日10：40拉油称重(空车16.42t，拉油19.7t)	3.28	1.675	0.74	56	7日12：30抄表底数1.8度，9日14：04抄表148.4度	71.1	原态运行
3月8日								原态运行
3月9日								原态运行

续表

日期	拉油时间	拉油称重/t	平均日液/(t/d)	平均日油/(t/d)	含水/%	抄电表时间	日耗电量/kW·h	备注
3月10日	12日中午12点清罐	智能间抽巡优，清罐不称重				11日14：54抄表233.6度	41.7	自动巡优
3月11日								智能间抽运行
3月12日						14日14：44抄表374度；15日15：15抄表423.4度	47.3	智能间抽运行
3月13日	15日13：30拉油称重(空车16.64t，拉油21.6t)	4.96	1.62	0.81	50			智能间抽运行
3月14日								智能间抽运行
3月15日								智能间抽运行

2022年在A2-3井应用，实现了间抽制度的自动寻优，连续运行时日耗电71.1kW·h，间抽运行时日耗电47.3kW·h，综合节电率37.4%。

选取日产液≤5t且泵效≤30%的正常生产油井以及现有间开井，共完成398口井的智能间抽改造与应用，为保证数据准确性、可比性，现场电表记录电量，随机抽取47口井(10%左右)进行对比分析，在产液量基本不变的情况下，单井平均节电率为34.59%。

4 结论

油井智能间抽技术的规模应用，变革了传统的间抽模式，减轻了现场员工劳动强度，减少用工和车辆使用量，提高了生产效率，盘活了人力资源，助推劳动组织架构的改革，同时实现了在不影响产量的情况大幅降低能耗，减少碳排放，符合当下“碳中和”“碳达峰”的需求。

参 考 文 献

[1] 谢瑛莉．基于示功图的油井智能间抽系统研究[J]．长江大学学报，2017，14(19)：97-99.

[2] 贾志鹏，李盼，念彬，等．基于物联网的油井智能间抽控制系统[J]．物联网技术，2019(4)：59-61.

[3] 曹庆年，张杰，孟开元．基于示功图的抽油机智能间抽系统研究[J]．辽宁化工，2021，50(3)：340-342.

[4] 张乃禄，同志超，陈媛．基于STM32F429的新型油井智能间抽控制系统[C]．信息技术与信息化，2021(10)：101-103.

第一作者：薛良玉(1984—)，男，2008年毕业于长江大学石油工程专业，现从事采油工程技术研究与生产管理工作高级工程师。通信地址：(026000)内蒙古锡林浩特市华北油田公司二连分公司。E-mail：el_xueliangyu@petrochina.com.cn，电话：0479-8291582。

深层低渗潜山自转向酸体系的研究与应用

苗　鑫[1]　王元庆[2]　李　刚[1]　李文轩[1]　程永红[1]　陈　勇[3]　李　翠[1]

(1. 中国石化股份公司胜利油田分公司河口采油厂；2. 中国石化石油勘探开发研究院；
3. 中国石化胜利油田分公司工程技术管理中心)

摘　要　河口潜山油藏具有埋藏深(3700～4800m)、温度高(最高160℃)、跨度大(300～500m)、低渗透[(0.3～14.5)×$10^{-3}\mu m^2$]等特点，常规转向酸液体系耐温低、转向性能不足难以均匀改造。针对该问题，研发了以两性表面活性剂为主的自转向酸体系，并对体系的流变性能、破胶性能等进行了系统的实验评价。现场实验井酸化后平均单井周期累增油1329.2t。

关键词　深层潜山　酸化　自转向　两性表面活性剂

潜山油藏是近年来胜利油田勘探开发的重要方向之一。储量和产量占比分别达到13.1%和12.5%，已成为油田稳产的重要基础。从储层物性上看，潜山油藏以灰岩或灰质白云岩为主，适合通过酸化改造提高油井产能。然而由于自身缝洞系统较为发育，因此酸化易优先改造高渗层，形成高导流能力的蚓孔，导致层间渗透率级差进一步增大。因此，潜山油藏增产需要采用均匀布酸技术。但传统的机械转向费时费力且价格昂贵，而泡沫转向在高温下难以稳定，聚合物转向也有不易返排等缺点。因此，黏弹性表面活性剂(VES)基自转向酸液体系成为了当前研究的热点之一，其指导思想是实现非伤害的就地转向，以解决传统转向剂不具选择性和井下无法控制的缺陷[1,2]。相比于传统的转向技术，VES自转向酸具有易配制、稳定性强、滤失少、易返排、对地层伤害小等特点，应用前景较为广阔[3,4]。

胜利油田河口潜山油藏具有埋藏深(3700～4800m)、温度高(最高160℃)、跨度大(300～500m)、低渗透[(0.3～14.5)×$10^{-3}\mu m^2$]等特点，对自转向酸的转向性能和耐温性能等都提出了较高的要求。针对该问题，研发了基于两性表面活性剂的转向酸液体系，通过室内研究及现场试验对新型体系的适用性进行了探索。

1　VES酸液自转向酸化机理

黏弹性表面活性剂基自转向酸由酸液、黏弹性表面活性剂、酸液添加剂等组成。当酸液与储层岩石反应生成大量的无机盐时，随着pH值的升高，酸液体系的黏度会迅速增大，将高渗储层段堵塞，将后续酸液转向到污染相对严重或物性相对较差的储层，实现就地自转向，提高酸液处理效果。

VES溶液的黏度取决于表面活性剂胶束的形态[5]。当酸液中H^+离子浓度较高时，表面活性剂以单个分子形式存在，无法缔合成胶束，黏度较低，因而酸液体系易泵入井筒。酸液注入地层后，将会优先进入高渗透率、低污染带的层段。随着酸岩反应的进行，酸液体系pH值逐渐升高，同时伴有大量的钙、镁离子产生，导致表面活性剂分子在残酸中首先缔合成蠕虫状胶束，同时在钙、镁离子的作用下形成网状结构，使残酸黏度急剧增大，暂时封堵高渗层，从而迫使后续酸液转向低渗层，实现全井段的均匀处理[2]。而当蠕虫状胶束遇到烃自动破胶，或者遇水稀释时蠕虫状胶束转变成球形胶束，使残酸黏度降低。故返排时可注入水或者烃类物质，实现自动破胶和清洁转向(图1)。

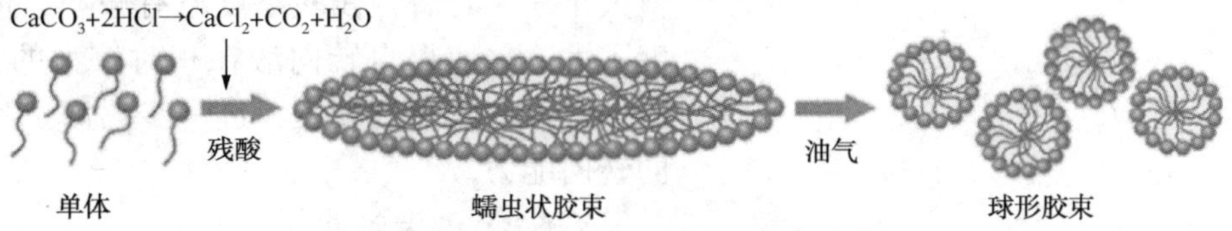

图1　自转向酸胶束形态的转变机制

2　酸液转向用两性表面活性剂的合成

甜菜碱是一种两性表面活性剂，具有良好的黏弹性[6]，且成本相对其他同类型表面活性剂较为低廉，有着更为广阔的应用前景。制取方法可以分为两步，首先由十八烷基脂肪酸与3-二甲氨基丙胺作为原料合成中间产物叔胺，再由缩合反应所合成的叔胺与氯乙酸钠反应合成最终产物[7]。

2.1　缩合反应

取0.2mol十八烷基脂肪酸加至带冷凝回流装置的250mL的三口烧瓶中，通氮气除氧，加入3-二甲氨基丙胺0.22mol，氢氧化钾0~1wt%，在160~170℃条件下搅拌回流反应5~6h，减压蒸馏除去过量的3-二甲氨基丙胺及水，得到中间产物红棕色黏稠状液体叔胺。

2.2　季铵化反应

取上步反应得到的叔胺加入250mL三口烧瓶中，取氯乙酸钠0.22mol，溶于适量水后用5wt%氢氧化钠溶液中和至pH值为7.5，将中和好的氯乙酸钠溶液分几次加入三口烧瓶中，并保持季铵化反应过程中pH值在7.5左右。在80℃条件下搅拌回流反应8h，得到淡黄色黏稠液体，即目标产物甜菜碱。

将合成的粗产品用盐酸中和到pH为7，用乙酸乙酯溶去未反应的脂肪酸等，加适量乙醇溶解后，用半透膜透析除去氯化钠和氯乙酸钠，减压蒸馏蒸去水和乙醇后用丙酮对产品进行重结晶，静置20h后将产品分离，于50℃条件下在真空干燥箱中干燥5h后取出置于干燥器中保存。

3　自转向酸液体系性能评价

3.1　残酸性能评价

自转向酸液体系转向功能的实现主要依赖于残酸的高黏度，因此残酸的流变性能直接决定了自转向酸液体系在地层中的实际改造效果[8]。实验所用的两性表面活性体系基于自转向酸的主要性能可以通过残酸室内实验从转向性能、耐温性能、抗剪切性能以及破胶性能4个方面进行评价。

3.1.1　转向性能

通过研究残酸黏度随pH值的变化规律，可以对酸液在地层中的流动及转向过程进行分析。配制10%VES+20%$CaCl_2$自转向酸溶液，调节酸液的pH值，在60℃，170s^{-1}条件下测量不同pH值的酸液黏度，结果如图2所示。

从图2可以看出，当pH大于0后，残酸体系黏度明显增大；当pH达到3.3左右，残

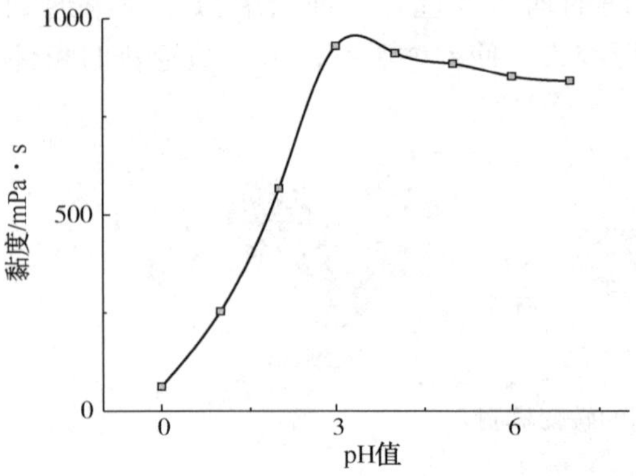

图 2 残酸黏度与 pH 值关系曲线

酸体系黏度达到最大。盐酸与碳酸盐岩地层的反应十分剧烈，因此可以预见酸液进入地层后会在较短时间内获得较高的黏度和转向能力。当 pH 值大于 3.3 之后，残酸黏度略有减小，但下降幅度不大。这使得自转向酸在相对较大的 pH 值范围内都具有较高的黏度，进一步提高了残酸体系的转向能力。

3.1.2 耐温性能

温度对于自转酸残酸黏度具有非常重要的影响。酸液自转向体系进入地层，酸液温度会有明显的上升，这一方面是由于储层温度高于地面温度，另一方面是由于酸液与岩石反应放出大量的热[21,22]。通过研究残酸黏度随温度的变化情况，可以确定酸液自转向体系的适用地层温度范围。实验中，配制 10%VES+20%$CaCl_2$ 自转向体系残酸溶液，调节 pH 值至 2~3，设置温度范围为 20~120℃，转速 170s^{-1}，通过流变仪测量不同温度下的自转向体系残酸体系黏度。实验结果表明，酸液自转向残酸体系的黏度随温度的升高先增加后降低，在温度达到约 80℃时黏度达到最大，约 1130mPa·s。随后酸液黏度逐渐降低，但即使在 120℃时，体系黏度仍然可以达到 200mPa·s，表明该两性表面活性体系具有良好的耐温性能，适用于高温地层。

3.1.3 抗剪切性能

抗剪切性能主要从剪切速率和剪切应力等方面研究剪切作用对 VES 胶束结构的影响，以作为确定注入速率的重要依据。残酸黏度随剪切速率变化如图 3 所示。可以看出，在低剪切速率下残酸体系表现出极高的黏度，随着剪切速率的增加，黏度逐渐下降，出现该现象的主要原因是蠕虫状胶束在酸液中聚集缔合，缠绕交叠形成的空间网状结构在剪切力的作用下遭受破坏，且剪切速率越大，分子的缠绕程度减小得越快，体系黏度也就越小。

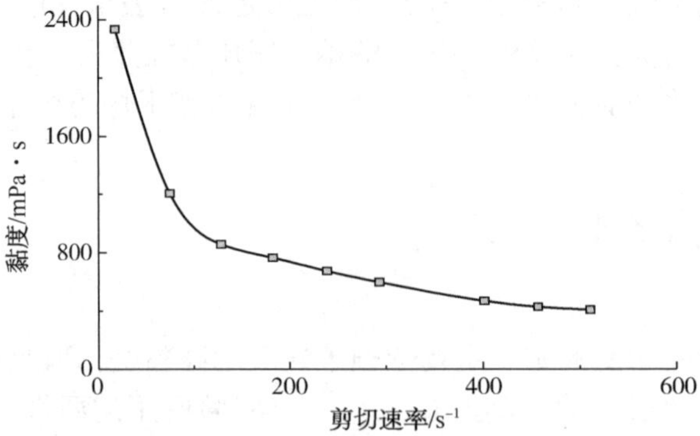

图 3 残酸黏度与剪切速率关系曲线

3.1.4 破胶性能

配制两性表活性自转向体系残酸溶液(10%VES+20%$CaCl_2$，pH=2~3)，加入不同质量分数的有机溶剂和去离子水，充分搅拌 10min 后测量 60℃，170s^{-1}下的酸液黏度。通过对黏度变化规律的分析，研究地层油气及加入的破胶剂对自转向酸体系残酸溶液黏度的影响。有机溶剂和水的破胶趋势如图 4 所示。

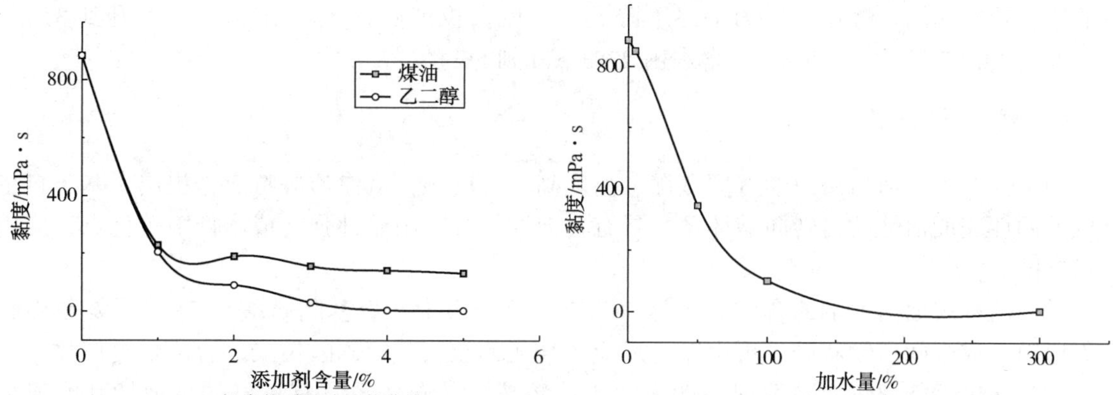

(a)烃类物质破胶性能曲线 (b)水破胶性能曲线

图4 酸液自转向体系的破胶性能

由图4(a)看出，有机溶剂煤油和乙二醇的加入均使酸液自转向体系的残酸黏度降低，破胶效果明显。相比之下，加入乙二醇的残酸黏度下降幅度更大，其中加入5%乙二醇的乏酸黏度接近于水的黏度，使表面活性剂胶束几乎完全破坏。图4(b)显示了去离子水对残酸破胶的作用效果。随着去离子水加入量的增大，残酸黏度迅速降低，加入300%去离子水时体系黏度即达到2.2mPa·s，稀释降黏所用时间短，破胶效果明显。

3.2 双岩心流动实验

固定低渗透岩心渗透率为0.020~0.04μm^2，选择渗透率级差分别为3、5、10的三对岩心，以3min/L速度注入酸液自转向体系，考察自转向酸的性能，结果见表1。

表1表明，对于渗透率级差低于5的并联岩心，两性表面活性自转向体系有较好的转向性能，可保证低渗透岩心得到有效酸化，而对于渗透率级差为10的岩心，酸液不会进入低渗透岩心，表现不出转向性能。

表1 并联岩心考察转向酸的性能

渗透率级差	岩心编号	起始渗透率/$10^{-3}\mu m^2$	酸化后渗透率/$10^{-3}\mu m^2$	酸蚀引孔穿透情况
3	1	39	酸液穿透	完全穿透
	2	91	酸液穿透	完全穿透
5	3	30	210	穿透50%
	4	152	酸液穿透	完全穿透
10	5	20	21	穿透0
	6	210	酸液穿透	完全穿透

4 现场应用

2020~2022年期间，两性表面活性自转向酸液体系已在河口深层潜山油藏应用25井次，措施后峰值平均产量14.6/9.0/38.4%，目前平均单井产量9.97/3.2/68%，累计增油34804.8t，平均单井当年增油673.1t，平均周期累增油1329.2t，效果显著。现场试验表明，两性表面活性体系特殊的成胶机制使酸液自转向体系在碳酸盐岩地层中具有酸化增黏、封堵转向的优点，可以实现对非均质储层的均匀改造。

CG204-3井酸化设计采用两性表活性自转向酸液体系，通过交替注入自转向酸，采取两级三段注入方式。注入压力首先由31MPa增大到41MPa，验证了两性表活性自转向酸体系的增黏转向作用。酸化后压力最终下降到19MPa。投产后日产液由20.1m^3上升到31m^3，日产油由14.67t上升到29.45t，含水由27%下降到5%。

5 结论与认识

（1）针对胜利河口潜山油藏埋藏深、温度高、跨度大、低渗透等特点，提出了基于自主合成的两性表面活性的自转向酸体系，具有转向性能好、耐温性强、成本低廉等优点，应用前景广阔。

（2）两性表面活性剂的合成方法分为两步，首先由十八烷基脂肪酸与3-二甲氨基丙胺作为原料合成中间产物叔胺，再由缩合反应所合成的叔胺与氯乙酸钠反应合成最终产物。

（3）通过性能评价实验发现两性表面活性酸液自转向体系具有良好的抗剪切和耐温性能，适用于60~120℃的中高温地层；80℃左右残酸黏度达到最大，为1128.2mPa·s。烃类物质以及大量水稀释后可以将残酸黏度降至2mPa·s，易于破胶。

（4）双岩心酸液流动模拟实验结果表明，对于渗透率级差在10以下的岩心，自转向酸具有较好的均匀酸化效果。

（5）2020~2022年期间，两性表面活性自转向酸液体系已在河口深层潜山油藏应用25井次，措施后峰值平均产量14.6/9.0/38.4%，目前平均单井产量9.97/3.2/68%，累计增油34804.8t，平均单井当年增油673.1t，平均周期累增油1329.2t，效果显著。现场试验表明，两性表面活性体系特殊的成胶机制使酸液自转向体系在碳酸盐岩地层中具有酸化增黏、封堵转向的优点，可以实现对非均质储层的均匀改造。

参 考 文 献

[1] 李侠清，张弛，张贵才，等．黏弹性表面活性剂在油田中的应用[J]．日用化学工业，2014，44(9)：521~524.

[2] 赵增迎，扬贤友，周福建，等．转向酸化技术现状与发展趋势[J]．大庆石油地质与开发，2006，25(2)：68~71.

[3] 何春明，陈红军，刘岚，等．VES自转向酸变黏机理研究[J]．钻井液与完井液，2010，27(4)：84~86.

[4] 马代鑫，徐赋海，王增林，等．甜菜碱类变黏分流酸的流变性及变黏机制[J]．中国石油大学学报，2009，33(6)：136~141.

[5] 毛金成，范津铭，赵金洲，等．化学转向暂堵技术的研究进展．石油化工，2019，48(1)：76~81.

[6] 王卫忠，贺海洲，刘春林，等．低渗透油藏暂堵酸化工艺技术研究及应用[J]．科学技术与工程，2010，10(34)：8533~8535.

[7] 毛源，唐存知，葛际江，等．一种可逆酸液转向剂的制备[J]．重庆科技学院学报(自然科学版)，2016，18(6)：61~63.

[8] 王宗圣，冯浦涌，崔波，等．甜菜碱活性剂用作碳酸盐岩酸液转向剂研究[J]．科学技术与工程，2015，15(15)：147-153.

第一作者简介：苗鑫(1993—)，男，山东东营，中石化胜利油田河口采油厂，工程师，从事酸化、压裂工艺技术研究和应用工作，山东省东营市河口区黄河路144号中国石化集团胜利油田分公司河口采油厂工艺研究所，邮件：miaoxin234.slyt@sinopec.com，电话：0546-8671461。

低渗透油藏低液井分级助抽提效技术研究

王　峰　朱泽军　杜玮暄　肖　姝　张方圆　肖　萍

（胜利油田分公司石油工程技术研究院机械采油研究所）

摘　要　胜利油田低渗油藏探明储量占胜利油田探明储量近1/3，分布范围广，是油田稳产上产的重要阵地。低渗油藏埋藏深，渗透率低，能量补充不足，产能低，这些油井以抽油机举升为主，泵挂深、产液含气，受泵深及气体影响平均泵效仅有21.4%，远低于油田平均泵效60.5%，制约了区块采油速度，影响了开发效益。针对低液深抽井存在的问题，研究形成了以大压差气液混抽泵、泵上分级助抽技术、减载深抽技术为核心的低液井分级助抽提效技术，满足了低渗透油藏提产提效举升需求。目前该技术在现河、河口、临盘等开发单位的8个低渗、低产、低效区块实施320余井次，其中典型区块现河某区块试验34口井，油井日产液由151.9m^3提高到260.1m^3，提升了开发效果，油井平均泵效由27.3%提高至49.7%，取得区块实践经验，为技术扩大应用打下了良好基础。

关键词　抽油机井　低液井　泵效　分级助抽　减载深抽

胜利油田低渗油藏探明储量占胜利油田探明储量近1/3，分布范围广，是油田稳产上产的重要阵地。这些油井存在低效举升的问题，储层埋藏深（平均3295m）、泵挂深（平均深度1953m）、油井含气（气液比5~300m^3/m^3，平均气液比23m^3/m^3），88.2%的油井测不到液面，平均泵效仅有26.4%，远低于油田平均泵效60.5%，同时部分油井存在储层伤害，产能难以释放，制约了区块采油速度，影响了开发效益。

1　低渗井低液影响因素分析

低渗油井低液影响因素主要有以下几个方面：

1.1　地层渗透率低、能量补充难度大，供液能力低

胜利油田低渗油藏岩性复杂多样，平均埋深3295m，储层为碎屑岩，分布广泛，储层沉积类型相对多样化，主要分为深层砂砾岩、滨浅湖滩坝砂和浊积岩三类。胜利油区低渗透油藏储层中的天然裂缝发育差，以微、细缝为主，裂缝开度一般都在200μm以下，储层压敏性较强。

1.2　地面抽油机能力受限，泵挂难以加深

目前低渗区块地面举升设备95%以上为抽油机，类型主要有12型游梁式、700型抽油机两类，其举升载荷极限12t，但低液井举升能力已接近设备极限，且大规模更换大载荷抽油机投资巨大、收益极小，导致泵挂深度难以加深。

1.3　抽油机举升效率低

（1）低渗井流体含气高，流体膨胀压缩，影响泵效。

低渗油藏产出介质轻质组分含量高，在上冲程时，高温环境，泵筒内压力降低，流体膨

胀，阻碍固定阀及时开启；下冲程，高压力下，泵筒内流体压缩，游动阀开启滞后；含气高的油井，抽油泵甚至气锁无法开启。

(2) 泵挂深，柱塞冲程损失大。

低渗油藏泵挂深，在上冲程时，柱塞阀组关闭，杆柱在液柱加载作用下，发生弹性伸长，占据进液空间；当下冲程时，柱塞阀组开启，液柱载荷作用于管柱上，管柱发生弹性伸长，柱塞上的液柱载荷卸载，杆柱弹性变形变短，因而柱塞冲程小于地面光杆冲程，使泵效降低。

(3) 柱塞上下压差大，漏失大，影响泵效。

柱塞泵筒采用间隙密封，上行程时，地面测试Ⅰ、Ⅱ间隙分析，当压差为16MPa(动液面1600m)时，常规举升工艺泵泵效损失可达到6%以上。

(4) 沉没度低，影响泵效。

低渗透油藏泵挂平均深度1953m，其中沉没度≤300m的油井占比达68%，平均泵效仅有19.3%，系统效率仅11.9%。

2 低液井分级助抽提效技术

针对低渗油藏举升效率低的问题，国内外开展了多种举升工艺技术，取得了一定的应用效果，但尚未完全解决低效举升的问题。石油工程技术研究院通过系统研究，应用气液混抽、降低柱塞上端压力的方法、降低悬点载荷的方法，形成了低液井分级助抽提效技术，提高了举升效率。

2.1 技术组成

该技术主要由滑阀式气液混抽泵、泵上分级承载技术、减载深抽技术等三部分组成(图1)。

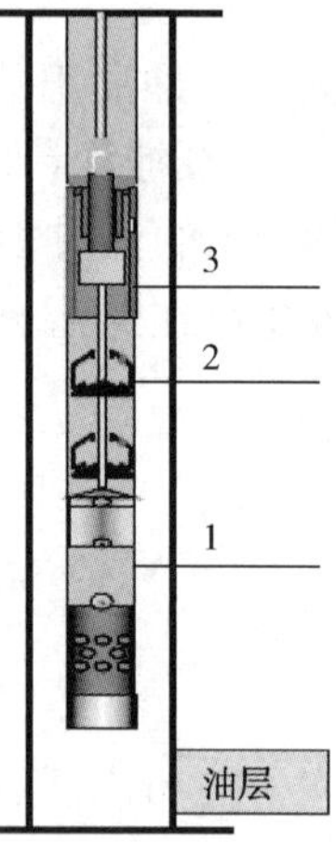

图1 分级助抽提效技术示意
1—滑阀式气液混抽泵；
2—泵上分级承载装置；
3—减载深抽装置

2.2 工艺原理

滑阀式气液混抽泵技术原理：抽油泵上端设置滑阀，当上冲程时，固定阀打开，气液混合物进泵，下冲程时，固定阀关闭，滑阀关闭，泵上端主要液柱载荷作用在滑阀上端，柱塞上端压力大大降低，泵下行压缩气液混合物，压力上升，游动阀及时打开，保证气液混合物及时排出。

泵上分级承载技术原理：下冲程时，泵上多组分级承载装置，分别承载油管内液柱压力，减少泵漏失，提高泵举升效率。

减载深抽技术原理：利用大小柱塞截面差，上端承受油套环空压力，下端承受油管液柱压力，在压力差的作用下产生向上推力，减小悬点载荷，实现不动地面设备加深泵挂。

2.3 技术特点

(1) 气液混抽，提高高气液比井排液效率；

(2) 泵上分级助抽，降低柱塞上端压力，提高泵充满程度，减少冲程损失及泵漏失量；

(3) 加深泵挂，地层压力波动大，利于排出堵塞物，释放产能。

2.4 适用范围

(1) 适用于低渗透低产低液、有供液能力但油层压力低的油井；

（2）适用于气液比≤300m^3/m^3的深泵挂含气油井。

3 现场应用

截至目前，低液井分级助抽技术已在胜利油田现河、河口、临盘等开发单位低渗、低产、低效区块实施320余井次，其中现河某典型区块试验34口井，总日产液由措施前的151.9m^3增加到260.1m^3，总日产油由措施前的53.7t增加到83.3t，平均泵效由22.3%提高至32.8%，百米吨液耗电降低2.82kW/100m·t，系统效率提高13.7%（表1）。该技术有效释放了低渗低液井的产能，提高了采油速率，在低渗油藏低产油井具有较为广阔的应用前景。

表1 区块技术应用效果表

应用分类	井数	实施前/实施后						对比				
		泵径/mm	泵挂/m	液/(m^3/d)	油/(t/d)	泵效/%	生产周期/d	泵挂/m	液/(m^3/d)	油/(t/d)	泵效/%	延长周期/d
直接加深	30	44/44	1889/2511	3.0/5.5	1.3/2.8	14.3/33.9	443/863	622	2.5	1.5	19.6	420
压裂深抽	4	44/44	1967/2433	3.4/11.9	2.4/7.1	28.2/74.1	482/726	535	8.5	4.7	45.9	244
合计	34	44/44	1898/2502	3.05/3.25	1.4/3.3	15.9/38.6	447.6/846.8	611.7	3.2	1.87	22.7	399.3

典型区块：现河某区块

该区块为浊积岩，埋深3500m，储层异常高压压力系数1.38~1.51，前期采用重泥浆钻井，污染严重，气液比4.2m^3/m^3，影响举升效率。区块投产后，长期低液开发，平均泵挂深度1872m，平均日产液6.18m^3/d、日产油2.17t/d、泵效27.3%。对该区块34口低产低效井开展不动地面设备深抽放大生产压差解堵，实施气液分级举升，措施后累增油1.033万吨。

典型井例：河口某井

该井高含气（气液比约100m^3/m^3），地层能量不足，生产过程中多次气锁停井。实施后日产液8.3t，日产油2.3t，泵效提升4倍至46.3%，实现气液混抽，解决气锁，高效生产836d，累增油2360t。如图2所示。

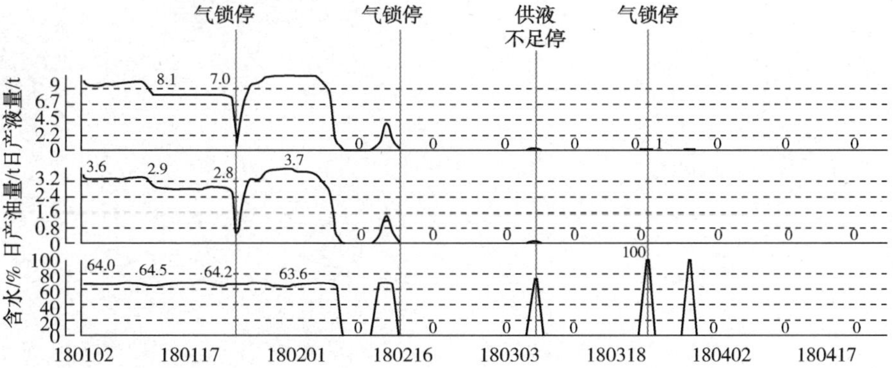

图2 措施前、后生产曲线

4 结论及认识

（1）滑阀式气液混排技术，有效解决了高气液比井常规泵游动阀开启难的问题。

（2）泵上分级助抽技术能够有效降低柱塞上端压力，提高泵充满程度，减少冲程损失及泵漏失量。

（3）现场320口井的应用证明了分级助抽技术能有效提高油井产能，提高举升效率，降低举升能耗的作用，具有较好的应用前景。

参 考 文 献

[1] 李顺平，李华斌，吕瑞典，等．防气抽油泵防气原理研究[J]．石油矿场机械，2008，37(5)：100~103.

[2] 高宇．二氧化碳驱防气抽油泵研制及结构优化设计[J]．石油矿场机械，2016，45(4)：56~59.

[3] 韩洪升，刘景宇，林浩然，等．多杯等流型气锚结构设计的优化研究[J]．长江大学学报，2009，6(3)：176~178.

[4] 张金良，吴晓东，吕明才，等．智能柱塞气举排液采气技术与应用[J]．石油天然气学报，2005，27(5)：652~655.

第一作者简介：王峰(1979.7—)，男，山东东营，胜利油田分公司石油工程技术研究院机械采油研究所，副研究员，主要从事人工举升技术研究，山东东营市东营区西三路306号，wangfeng265. slyt@ sinopec. com，0546-8701803。

超深碳酸盐岩油藏注气开发一体化管柱研究及应用

王 宏[1] 张 宝[1] 王方智[1] 纪晓飞[2] 曹 鹏[3]

(1. 中国石油塔里木油田分公司油气工程研究院；2. 中国石油塔里木油田分公司泽普采油气管理区；3. 中国石油塔里木油田分公司东河采油气管理区)

摘 要 碳酸盐岩油田多轮次注水后造成油水界面抬升，上部油层水淹，对于存在“阁楼油”的油井需要进行注气驱油提高原油采收率。单一注气自喷管柱由于气液界面在井底，轮次注气开井后井筒积液造成油井快速停喷，部分井自喷时间不到15d，需要进行关井压锥和转机采，轮次关井时间长达60d以上。轮次关井一方面降低了开井率；另一方面转机采后再次进行注气需要大量伴水降低油套压，造成后期开井排水时间长，注气开发效果降低。为此，结合现场注气开发需求及井身结构，研究出满足正向注气、自喷、机采、防止套压过高的注气开发一体化管柱，可以大大减少注气伴水量、降低作业次数、提升井口安全性。目前该管柱已在碳酸盐岩油田注气开发中应用15井次以上，节约作业费用3000余万元，产油1.5万吨以上，已成为碳酸盐岩注气开发的主要配套管柱。

关键词 超深 碳酸盐岩 注气 配套管柱

塔里木碳酸盐岩油田普遍埋深在7000~7500m，油藏类型为超深碳酸盐岩黑油油藏，目的层为奥陶系一间房组鹰山组[1]，根据主要储集空间类型，将缝洞型储层划分为裂缝孔洞型和洞穴型两种类型。裂缝孔洞型储层储集空间以溶孔及小型溶洞为主，裂缝发育；洞穴型储层储集空间以溶洞为主。在缝洞型碳酸盐岩油藏中，单井钻遇的缝洞体规模有限，油井后期生产大都表现出天然能量不足的特征，通常采用注水替油作业来有效补充能量，提高油气采收率。注水替油主要通过油水密度差进行油水置换，将底部原油置换上来进行产油，随着油田开发，注水替油井轮次逐年不断增加，水替率不断降低[2]。对于钻揭储层位置深，钻遇储集体边缘的油井，多轮次注水后，油水界面抬升至井底，造成油井注入水井底水淹，油井无法自喷，上部“阁楼油”无法用水进行置换，需要采用密度较轻的气体进行驱替“阁楼油”。通过试验对比，氮气、二氧化碳、干气在相同压力及温度下，氮气的黏度大，密度相对较小，较容易形成气顶，且难以出现气锥[3]，现场选择用注氮气进行驱替“阁楼油”[4]。

目前高含水注水替油井主要采用有杆泵进行举升，油套环空连通，注氮气时要油管和套管均要伴水注入，导致每轮次注气伴水量均需较大伴水量，气水比高达1：(0.5~1)，注100万~150万立方米氮气，单轮次注水量3448~5112m^3，焖井后开井排液周期长达60~90d，严重影响注气驱油效率。

1 碳酸盐岩注气管柱现状

碳酸盐岩注气管柱主要分自喷井注气管柱及机采井注气管柱。注水替油高含水井初期注

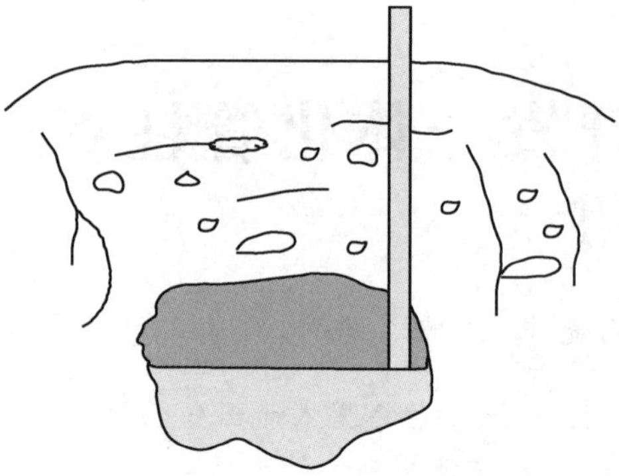

图 1　注水替油井筒高含水示意图

气常用自喷管柱进行注气，由于油井已经高含水，注气有效轮次一般 1~2 轮次很快停喷，无法实现自喷产油(图 1)；此时需要进行转机采作业，常用杆式泵，泵管深度 2500 ~ 3500m，泵型一般选择 38mm、44mm、57mm，注气时将杆式泵解封，在井口悬挂抽油杆，进行油管正注，套管注水控制套压。自喷管柱由于多轮次注气，可取式封隔器易失封；机采井油套连通，注气过程中气体可直井通过油管底部进入油套环空。由于生产套管 200.03mm 抗外挤强度一般为 50MPa，井口 BT 密封试压按套管抗外挤强度的 80%进行试压，试压值为 40MPa，随着时间延长，发现部分井在套压达到 30MPa 时就出现 B 环空带压情况，常规的自喷及机采管柱在注气工况下无法确保井筒屏障安全。

1.1　自喷井注气管柱

目前自喷注气管柱在封隔器有效的情况下，可以起到很好地油套封隔作用，但由于存在交变载荷，周期性注气及生产，目前在用的可取式封隔器在频繁交变载荷下，油套失封频次逐渐增加，超深碳酸盐岩油田 HA11-＊＊井在注气 2 轮次后就发生封隔器失封情况，有效作用时间不超过 1 年。目前在用的自喷注气管柱 98%以上均为可取式封隔器，注气交变载荷下失封频次高，有效作用时间短。

1.2　机采井注气管柱

目前机采管柱油套连通，生产时为正常的机采管柱，注气时，上提 2 根抽油杆将杆式泵解封后抽油杆在油管挂台肩处，油管进行正注气，注气时伴水注入降低油压，但由于泵挂在 2500~3500m，而井深在 7000m 左右，从油管正注的氮气很快通过置换又进入油套环空，造成套管压力升高，部分井套压达到或超过 40MPa，因此必须通过套管阀门从油套环空持续注水以降低套压，进而增加了注气期间的注水量，造成过量注水。关井焖井时，由于井底附近的气体置换，气体进入套管后会再次导致套压升高，油气未进一步进行置换导致焖井时间短，注气效果变差。

2　碳酸盐岩注气管柱改进

针对目前自喷管柱存在的封隔器易失封，机采管柱套压控制难，注水量大，焖井时间短的问题，从管柱尺寸、管柱结构、井下工具、泵型选用 4 方面进行优化，形成满足自喷、机采及注气一体化管柱。

2.1　管柱尺寸改进

自喷井管柱尺寸基本满足要求，但机采时需要下入柱塞尺寸为 57mm 杆式泵，外径可达到 72mm，3½in 壁厚 6.45mm 的油管内径 76mm，解封悬挂杆式泵后注气及产液通道只有 4mm，前期 3½in 管柱发现有固体颗粒及沥青质堵塞管柱情况(图 2)。为此在泵筒上部增加 4 根 4½in 6.35mm 壁厚的套管，内径 101.6mm，进而增加液量通道，避免出现堵塞情况。

2.2　管柱结构及井下工具改进

在目前常用的普通机采管柱上增加封隔器、重力机械式注水注气阀，满足有效封隔油套环空、多轮次注气悬挂抽油杆、便于反循环压井的需求。封隔器采用半永久式封隔器实现永

图 2　外径 88.9mm 壁厚 6.45mm 油管及柱塞环空出现堵塞

久式封隔器的作用，提高封隔器对交变载荷的耐受力，确保封隔器不失封；将目前常用的液压式单流阀改为重力机械式注水注气阀，一方面降低打开压力(打开压差由原来的 6MPa 以上降低至 1~2MPa)，同时满足多轮次注气期间悬挂抽油杆可以进行反循环压井，也可以进行正挤压井(图 3)；另一方面避免常用的液压单流阀活塞卡阻无法打开而造成的管柱失效情况[5]。

2.3　泵型改进

由于常规的杆式泵泵筒和柱塞在下完油管后，抽油杆携带杆式泵一起下入支撑座内。注气时需将杆式泵上提解封，注气焖井结束开井自喷时，自喷产液一部分液体通过泵筒与油管环空产出，一部分通过柱塞和泵筒流出，当沥青质或固体颗粒进入泵筒发生堵塞时，正洗、反洗均无法将泵筒内沥青质洗出，进而造成检泵作业。改为长柱塞液力反馈泵后，生产时柱塞可以直接拔出泵筒后悬挂，泵筒与柱塞直接分离，当有沥青质进入管柱时，反循环洗井由下至上可以分别将泵筒与柱塞进行清洗，同时由于柱塞为长柱塞，可以进一步提高防卡性能。

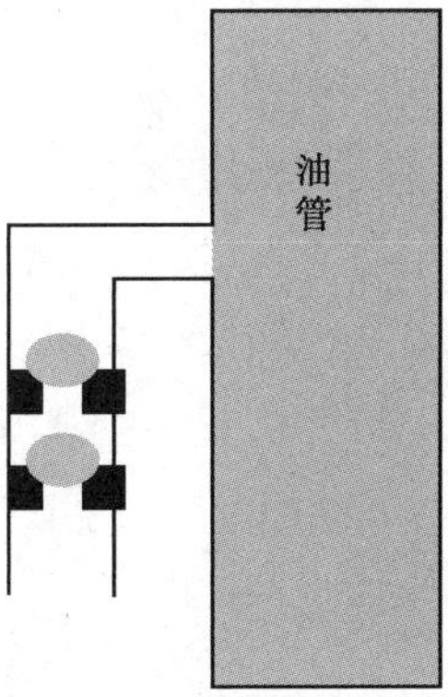

图 3　重力机械式注水注气阀示意图

3　注气一体化管柱

通过选用 4½in+3½in 管柱组合增加注水注气以及初期自喷时柱塞与油管流通截面积，降低液流通道堵塞概率；选用半永久式封隔器替代目前在用的可取式封隔器，实现永久式封隔器的功能，提高管柱油套环空密封可靠性；使用重力机械式注水注气阀替代目前常用的液压单流阀，降低悬挂抽油杆反循环打开压力，提高管柱反循环洗井的可靠性。将目前的杆式泵优化为长柱塞液力反馈泵，提高抽油泵防沥青质、防卡性能。通过总结碳酸盐岩注气过程中发生的高套压、出沥青质、伴水量大、多轮次注采交替情况，从管柱尺寸、管柱结构、井下工具、泵型优化四个方面进行不断探索，目前形成注气一体化管柱(图 4)，满足自喷、注气、排液三种需求的一体化管柱，已在现场推广应用 15 井次以上。

4　现场应用实例

HA11-＊＊井现场已进行 3 轮次注气，前两轮次由于使用原井管柱，注气期间套压最高达 43MPa，造成注气期间高套压问题，注气结束后进行多次放套压开井，造成注气效率降低；使用注气一体化管柱后套压注气期间套压控制稳定(图5)，无上升趋势，且满足机采排液需求，现场应用效果明显。

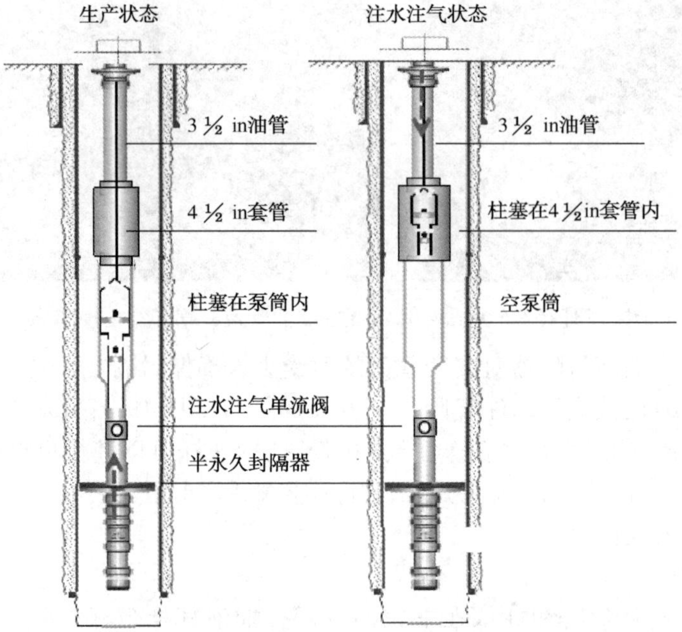

图4　注气一体化管柱生产及注入状态示意图

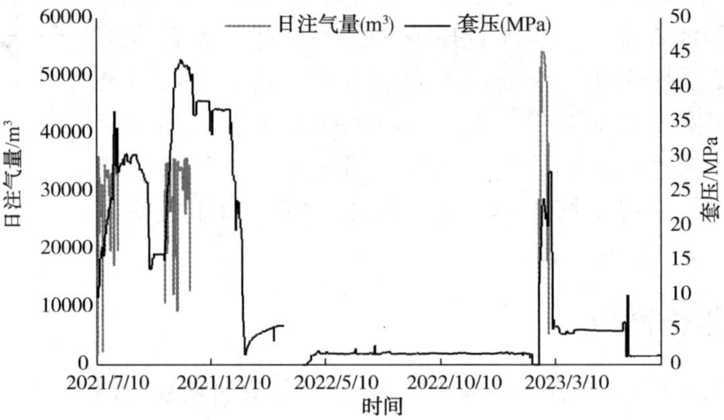

图5　HA11-＊＊井原管柱与一体化管柱套压对比

5　结论及建议

(1) 超深碳酸盐岩油藏注气开发过程中常规自喷管柱、机采管柱无法满足多轮次注气排液需求，需要对管柱尺寸、结构、井下工具进行优化实现自喷机械采油双重功能管柱。

(2) 注气一体化管柱可以实现注气、机采双重功能，可以满足多轮次注替需求。

(3) 常规机采管柱及自喷管柱压井时只能是反循环或正挤压井，注气一体化管柱可以在悬挂抽油杆时进行反循环和正挤压井，较常规管柱多一重通道。

(4) 注气一体化管柱可以有效控制注气期间套管压力升高问题，在后期的注气井中可以进一步推广使用。

参 考 文 献

[1] 张丽娟，范秋海，朱永峰，等．塔北哈6区块奥陶系油藏地质与成藏特征[J]．石油地质，2013，2(1)：8-12.

[2] 薛江龙，刘应飞，朱文平，等．哈拉哈塘油田单井钻遇储集体类型及注水替油效果分析[J]．石油钻探技术，2016，44(1)：85-89.

[3] 杨景斌，侯吉瑞．缝洞型碳酸盐岩油藏岩溶储集体注氮气提高采收率实验[J]．油气地质与采收率，2019，26(6)：107-113.

[4] 赵凤兰，席园园，侯吉瑞，等．缝洞型碳酸盐岩油藏注气吞吐生产及注入介质优选[J]．油田化学，2017，34(3)：469-474.

[5] 郭锐锋．注水注气单流阀的研制与应用[J]．江汉石油职工大学学报，2015，28(2)：54-56.

第一作者简介：王宏(1983年6月)，男，甘肃靖远，中国石油塔里木油田分公司油气工程研究院，高级工程师，主要方向：油气田开发，联系地址：新疆库尔勒塔里木油田油气工程研究院采油气所采油工艺室，E-mail：wangh4-tlm@petrochina.com.cn，电话：15199935576。

深层高凝稠油油藏降黏抑凝体系性能评价与应用

孟 霖 路 熙 宋 勇 曹丽丽 方吉超 胡 勇

（中国石化石油勘探开发研究院）

摘 要 针对深层高凝稠油油藏蒸汽注入压力高、热采效果差、现有降黏驱油体系不适配等问题，靶向研发降黏抑凝体系。以单体丙烯酸十八酯(POA)和乙酸乙烯酯(VA)为原料，合成抑凝剂(POA-VA)；以多巴胺盐酸盐(DBD)和甲基丙烯酰氯(DOPAMA)为原料合成小相对分子质量降黏剂(DBD-DOPAMA)；通过复配方式构建降黏抑凝体系(PD)。测试体系稳定性、耐矿化度、耐温性，评价体系稳定性、降黏性能和抑凝性能，并开展化学降黏冷采矿场试验。结果表明，降黏抑凝体系具有稳定性高、耐高矿化度和降黏温度范围宽的特点。在质量浓度2%~10%区间体系均具有降黏抑凝效果，作用效果随浓度增加而增加，浓度10%时降黏率达到95.2%，凝固点降低10.2℃，洗油率达到66%。其中，POA-VA、DBD-DOPAMA和聚甘油-10辛酸酯(P-10C)以质量比40：50：10复配所得的体系(PD-7)降黏抑蜡效果最好。室内驱替实验表明，PD-7对稠油样品的驱替采收率为32.8%，明显高于水驱、聚合物驱和表面活性剂驱等传统驱替方式。现场应用2井次，提液增油效果明显。

关键词 深层高凝稠油 降黏抑凝体系 化学冷采 性能评价

我国稠油资源丰富，探明地质储量43.5×10^8t，主要集中在辽河油田、胜利油田、新疆油田和河南油田。按照油藏埋深分类，我国已探明的稠油油藏中，埋藏深度大于800m的稠油储量约占80%以上，其中约一半埋深介于1300~1700m，属于中深层稠油油藏。以胜利油田为例，深层稠油主要分布在罗家-垦西、埕南和王家岗区块，埋深埋深普遍大于1500m，总资源量7680.2×10^4t，基本处于未动用状态，开采潜力巨大[1~4]。

目前，稠油开发主要的技术包括蒸汽吞吐、蒸汽驱、蒸汽辅助重力泄油(SAGD)等热采开发方式。蒸汽吞吐是国内稠油开发的主要方式，国内稠油油藏普遍处于高轮次吞吐阶段，随着吞吐轮次的增加，蒸汽超覆、蒸汽窜流现象加重，储层非均质性增强，加热范围减小，蒸汽吞吐的产量均逐渐降低。目前国内稠油油藏普遍面临着低产量、高含水、低采收率的状况，亟待寻求新的开发方式。此外，相比浅层稠油油藏，深层稠油油藏地层压力高，井筒热损失大，蒸汽带不易扩展，开采难度更大，限制了蒸汽驱的规模化应用[5~7]。

近些年稠油化学冷采技术逐渐在稠油油藏开发方面发挥作用，成为下一步稠油效益开发的重要研究方向。稠油化学冷采技术充分利用由降黏剂、堵调剂等各种功能性化学剂组成的多元复合体系，发挥不同药剂之间的协同增效作用，扩大波及系数的同时，增大稠油流动性，提高驱替效率，进而提高最终采收率。但是对于深层高凝稠油，原油中胶质、沥青质和蜡质含量普遍较高(>50%),导致原油凝固点、析蜡点较高,单纯应用清蜡剂和降黏剂都达不到理想效果,油井持续低效生产甚至关停。因此,在采用常规热采及化学冷采开发无法达到理想效果的情况下,需要研制出一种新型高效驱油体系,解决目前开发难题,高效、绿色开发深层稠油[8~11]。

本文针对深层高凝稠油的开发难点,以单体丙烯酸十八酯(POA)、乙酸乙烯酯(VA)、多巴胺盐酸盐(DBD)和甲基丙烯酰氯(DOPAMA)为原料,合成高效降蜡抑凝剂和小相对分子质量降黏剂,通过复配方式构建降黏抑凝体系。测试体系稳定性、耐矿化度、耐温性,评价体降黏性能和抑凝性能,并开展化学降黏冷采矿场试验,为深层高凝稠油规模化效益开发打下基础。

1 实验部分

1.1 仪器与材料

实验材料:丙烯酸十八酯(POA)和乙酸乙烯酯(VA)多巴胺盐酸盐(DBD)、甲基丙烯酰氯(DOPAMA)、偶氮异丁腈(AIBN)、硼酸钠($Na_2B_4O_7$)、三乙胺(NEt3)、矿物油、煤油,超纯水。

实验仪器:LP1 LP1002 型电子天平,常熟市衡器厂;HMS-901 型磁力搅拌器,深圳市博大精科生物科技有限公司;CH702 型恒温搅拌水浴槽,巩义市予华仪器有限责任公司;Brookfield-DV2T 型黏度计,广东东南科创科技有限公司;IKA-T18 型高速乳化器,德国 IKA 公司;DHG-9070A 型电热鼓风干燥箱,上海一恒科学仪器有限公司。

1.2 抑凝剂的合成

目前析蜡抑制剂主要以分散蜡晶为主,尤其对于高含蜡高黏稠油,抑蜡降凝效果并不明显。通过将单体丙烯酸十八酯(POA)与乙酸乙烯酯(VA)进行共聚,合成油溶性抑凝剂 POA-VA,有效抑制稠油蜡晶生长,降低凝固点。

将 32.4g 单体 POA 和 8.6g 单体 VA 溶于 160g 矿物油中,放入磁子搅拌,搅拌条件下加 0.3g 引发剂偶氮异丁腈(AIBN),搅拌至完全溶解并形成白色乳液。加热升温至 85℃,通入氮气除氧 30min,反应至溶液变黏、磁子停止转动时,关闭搅拌并停止通入氮气,反应 10h。

1.3 降黏剂结构设计与合成

抑凝剂 POA-VA 是油溶性大分子,与水溶性降黏剂复配,易产生沉淀或絮状物,难以实现配伍;基于降黏抑凝协同的原则,在高效油溶性抑凝剂的基础上,优化降黏剂结构,设计合成低相对分子质量并且具降黏活性的新型降黏剂,以满足体系复配条件。

通过多巴胺盐酸盐和甲基丙烯酰氯反应得到 DOPAMA,并通过共聚合成低相对分子质量 DBD-DOPAMA,将 DOPA · HCl 和丙烯酰氯以摩尔比 1 : 1,加入到 10mL 甲醇中,放入磁子搅拌,随后加入硼酸钠和三乙胺,室温下搅拌反应 24h;将 DBD 溶于煤油中,随后加入表面活性剂,搅拌均匀;将 DOPAMA 溶于超纯水中,在搅拌条件下加入到步骤 1 的溶液中;加入引发剂 AIBN,通入 N_2 除氧 30min;75℃条件下加热反应 16h,产物为黏稠白色或浅黄色透明乳液。

2 结果与讨论

2.1 抑凝降黏机理

稠油中沥青质间主要通过 π-π 键形成层状堆积结构,胶质则通过范德华力和静电作用吸附缠绕于沥青质聚集体周围，隔离大小各异的沥青质聚集体；当温度下降时，分子热运动下降，聚集体间距缩短，相互作用增强，原油黏度大幅度增加；由于沥青质聚集体的层与层之间可以平移滑动，且层隙之间存在一定的可压实空间，故沥青质对原油凝固点和倾点的影响很小。稠油中蜡质与沥青质胶缠后，前者长碳链的高张力致后者芳环的共轭面发生弯曲，进而削弱了 π-π 堆积作用，令部分沥青质从面-面堆积的层状结构转向了沥青质束缚蜡质分子于内部的团簇结构，支链外散的沥青质团簇体积明显增加。稠油的黏度主受沥青质影响，析蜡点和倾点主受蜡质影响，凝固点受两者共同影响；黏度越高越呈现稠油特征，黏度降低越呈现高凝油特征，因此单一功能药剂无法解决问题，降黏必须协同抑凝[12~17]。

高相对分子质量的 POA-VA 可以与蜡质分子产生更强的范德华作用力，并与 POA 单体胶连缠绕于一体，将极性单体 VA 带入晶核内部，令其无法定向排列，从而抑制蜡晶生长甚至解离蜡晶聚集体。POA-VA 可从携带相中进入未固化的蜡晶中，通过强范德华力形成热力学稳定性更好的络合物，以此维持蜡晶的无规则状态，避免定向蜡晶生长。DOPAMA 的邻位双羟基可与高价金属离子形成螯合配位络合物，以此提高黏土在水中的溶解度和对钙、镁离子的承受力。极性单体可介入沥青质中，增大沥青质片层结构之间的距离，减小了分子间作用力，从而破坏稠油结构中 π-π 键受力，降低稠油黏度。提高芳环含量，保证降黏效果的前提下尽可能地降低相对分子质量，提高与 POA-VA 的配伍性[18~21]。

2.2　复配体系筛选

根据抑凝剂和降黏剂的不同比例，共设计 11 套体系，其中，体系 1 和体系 11 是纯抑凝剂 POA-VA 和纯降黏剂 DBD-DOPAMA 溶液，其余 9 套为不同比例的复配体系，并加入表活剂聚甘油-10 辛酸酯（P-10C）提高混相效果（表 1）。将针对各体系在降黏性能和抑凝降蜡性能方面展开评价，筛选出最优体系，并测试该体系耐温耐矿化度特性以及洗油驱油效果。

表 1　抑凝降黏体系复配比例设置

复配组分＼质量比	体系 1	体系 2	体系 3	体系 4	体系 5	体系 6	体系 7	体系 8	体系 9	体系 10	体系 11
POA-VA	100	80	70	60	50	45	40	30	20	10	0
DBD-DOPAMA	0	10	20	30	40	45	50	60	70	80	100
P-10C	0	10	10	10	10	10	10	10	10	10	0

根据 Q_1020 1519-2016 稠油降黏剂通用技术条件规定的方法，选取罗 321-2 稠油作为样品，配置质量浓度 2%，5%和 10%，在 50℃条件下测试降黏抑凝复配剂的降黏率。

结果显示，随着浓度上升，所有体系降黏效果逐渐升高（图 1）。体系 7 和体系 8 降黏率较高，由于降黏后从沥青质中释放的蜡晶被抑凝剂所抑制，从而进一步降低了沥青质-蜡质-胶质的作用，导致降黏率增加。

选取罗 321-2 稠油样品，测试不同体系在质量浓度 2%，5%和 10%条件下对样品凝固点、析蜡点和倾点的影响。随着复配浓度增加，所有体系凝固点降低作用逐渐增强（图 2）。复配体系 7 降低凝固点效果较好，这是由于降黏协同抑凝令大部分的沥青质由团簇形态转为了层状排列，提升了移动空间，有效降低了凝固点，其中，在 10%浓度下体系 7 降低凝固点效果最好，达到了 10.2℃，故选择复配体系 7 作为高效驱油复合体系。

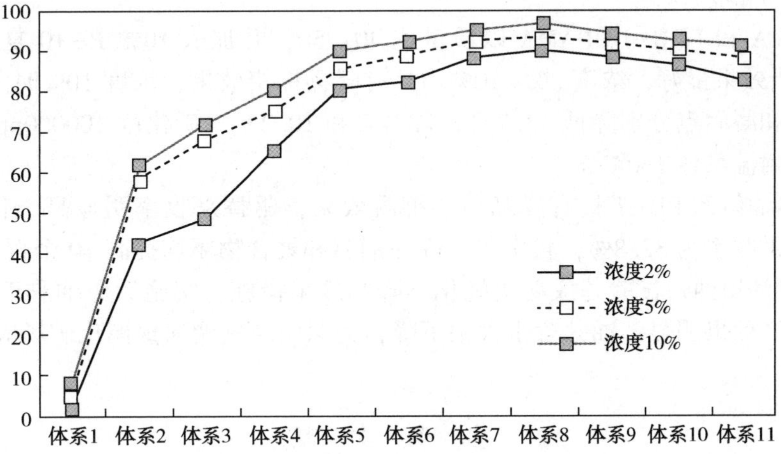

图1 复配体系不同浓度下降黏率

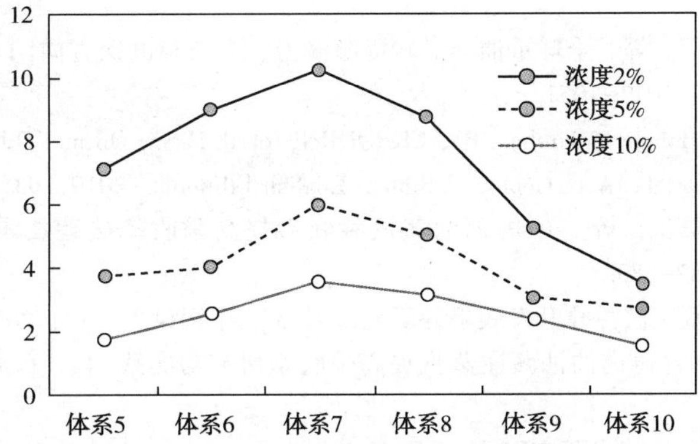

图2 复配体系不同浓度下凝固点降低

2.3 矿场应用

罗家油田罗321块油藏埋深1800m，原油黏度18571mPa·s，属于超深层特稠油油藏，目前采油速度0.17%，采出程度4.3%，存在着采油速度低、压裂效果差和注气效果差等问题。选取罗321-2井和罗32-1井实施冷采化学吞吐，解决开发难题。

罗321-2井层位油层厚度12m，50℃脱气黏度15853mPa·s，凝固点40℃。设计三段塞注入，实施后，油井产液量增加2倍，由5d/t上升到10.7d/t，产油量增加12倍，由0.3d/t上升到2.6d/t，综合含水由92.2%下降到75.4%。

罗32-1井层位油层厚度10m，50℃脱气黏度14829mPa·s，凝固点40℃。设计三段塞注入实施后，油井产液量增加2倍，由6.7d/t上升到13.6d/t，产油量增加3.7倍，由1.3d/t上升到5d/t，综合含水由79%下降到63%，达到了疏通渗流通道和利于井筒举升的试验目的。

3 结论

1）针对深层高凝稠油黏度高、易析蜡等开发难点，靶向研发的高相对分子质量抑凝剂POA-VA和与抑凝剂协同作用的高效降黏剂DBD-DOPAMA配伍性良好，可有效抑制蜡晶生长，解离蜡晶聚集体，避免定向蜡晶生长，降低凝固点，同时增大沥青质间距，破坏ππ 键，降低稠油黏度；

2）POA-VA 和 DBD-DOPAMA 以质量比 40：50，并加入 10% P-10 复配所得的体系 PD-7 降黏抑蜡效果最好，浓度 2%~10%均具有降黏抑蜡效果，浓度 10%时降黏率 95.2%，析蜡点、倾点和凝固点分别降低 13.7℃、17.4℃和 10.2℃，矿化度 100000ppm 降黏抑蜡效果略有提升，耐温可达 130℃；

3）高效驱油体系 PD-7 具有降黏协同抑凝效果，驱替采收率明显高于传统驱替方式，室内驱油实验采收率为 32.8%，较水驱、降黏剂驱和聚合物驱均提高 10 个百分点以上；

4）在罗家油田两口试验井成功实施化学降黏冷采措施，实施后原油黏度降低，流动性增加，提液增产效果明显，油井含水大幅下降，为深层高凝稠油规模化矿场应用打下了良好基础。

参 考 文 献

[1] 孙焕泉，刘慧卿，王海涛，等．中国稠油热采开发技术与发展方向[J]．石油学报，2022，43(11)：1664-1674.

[2] 马锋，张光亚，王红军，等．全球重油与油砂资源潜力、分布与勘探方向[J]．吉林大学学报(地球科学版)，2015，45(4)：1042-1051.

[3] LIU Zuodong，WANG Hongjun，Graham BLACKBOURN，et al. Heavy Oil and Oil Sands：Global Distribution and Resource Assessment[J]. Acta Geologica Sinica(English Edition)，2019，93(1)：199-212.

[4] 方吉超，李晓琦，计秉玉，等．中国稠油蒸汽吞吐后提高采收率接替技术前景[J]．断块油气田，2022，29(3)：378-382+389.

[5] 陈证旭．改善稠油油藏蒸汽吞吐开发效果的研究进展[J]．中国设备工程，2021(24)：243-244.

[6]周英杰．胜利油区水驱普通稠油油藏注蒸汽提高采收率研究与实践[J]．石油勘探与开发，2006(4)：479-483.

[7]李锦超．稠油热/化学驱油技术研究[D]．中国石油大学，2011.

[8] Wilson，A. Pelican Lake：First Successful Application of Polymer Flooding in a Heavy-Oil Reservoir. Journal of Petroleum Technology，2015，67(1)，78-80.

[9] 李广超．国内油田三次采油提高采收率主体技术进展(上)[J]．油田化学，2023，40(1)：168-174.

[10] 李广超．国内油田三次采油提高采收率主体技术进展(下)[J]．油田化学，2023，40(1)：175-181.

[11] 王成旗，李一慧，张金山，等．大庆油田化学驱提高采收率研究进展[J]．化学工程师，2021，35(6)：61-64.

[12] 李杰瑞，刘卫东，周义博，等．化学驱及乳化研究现状综述[J]．应用化工，2018，47(9)：1957-1961.

[13] 周亚洲，杨文斌，殷代印．化学驱原油原位乳化及提高采收率机理研究进展[J]．油田化学，2022，39(4)：745-752.

[14] 冯聪聪．化学驱乳化过程研究[D]．东北石油大学，2014.

[15] 山金城，李保振，张延旭，等．海上油田化学驱技术研究与应用进展[J]．科技导报，2020，38(17)：127-133.

[16] 杜春晓，耿志刚，廖辉，等．渤海稠油油田开发技术国际对标研究[J]．当代化工．2022，51(8)：1984-1990. DOI：10.13840/j.cnki.cn21-1457/tq.2022.08.048.

[17] HEN X，ZHANG Y，HAN J，et al. Direct Nickel Petroporphyrin Analysis through Electrochemical Oxidation in Electrospray Ionization Ultrahigh-Resolution Mass Spectrometry[J]. Energy & Fuels，2021，35(7)：5748-5757.

[18] T F Yen，J G Erdman & S S Pollack. Investigation of the structure of petroleum asphaltenes by x-ray diffraction[J]. Analytical Chemistry，1961，33(11)：1587-1594.

[19] Oliver C. Mullins. The modified yen model[J]. Energy & Fuels, 2010, 24(4): 2179-2207.
[20] 曹嫣镔. 胜利稠油族组分结构分析及水热裂解行为研究[D]. 中国石油大学(华东), 2017.
[21] 郑昕, 姚秀田, 夏海容, 等. 稠油化学堵调降黏复合驱油体系构建及驱油机理分析[J]. 油气地质与采收率, 2021, 28(06): 122-128.

作者简介：孟霖，男，助理研究员，中国石化石油勘探开发研究院，主要从事油气田开发方面工作。通信地址：北京市昌平区沙河镇中国石化科技中心。邮箱：menglin.syky@sinopec.com。联系电话：010-56608185。

新场须二难动用井产出剖面示踪剂测试技术及应用

唐祖兵　蒋才军　李　晖　牛会娟　黄　霞　谢思羽　李坤宇

（中石化西南石油工程有限公司井下作业分公司）

摘　要　针对川西新场须二难动用气藏气水关系复杂、压裂后各小层产气产液情况认识不清、主力贡献层位难以判断等难题，引入了非放射性化学示踪剂测试技术进行气水产出剖面测试。通过对含水气井压裂阶段注入非放射性化学示踪剂，对不同测试层段的产出气体、液体进行标定，精确定量不同测试层段的气、水动态产量，准确识别测试期间的天然气主力贡献层段，结合氯离子浓度和总矿化度分析含水气井压后出水情况，给后期采气工艺方案调整及新井测试选层提供了依据。

关键词　气水关系　压裂　产出剖面　示踪剂　测试

1　引言

川西新场须二气藏埋藏深、致密、断缝体分布复杂、气水关系复杂，CO_2含量高，是典型的难动用气藏。该气藏主要采用储层改造+多层合采模式进行开发，但是由于气水关系复杂、各小层产气产液情况认识不清，主力贡献层位难以判断，给后期采气工艺方案调整带来极大的难度，也无法给区域新井的测试选层提供依据。选择适合的技术措施，对产液产气剖面进行监测，判断气液主力贡献层位是新场须二难动用储量开发迫切需要解决的难题。示踪剂作为一种可以随携带流体进入油藏的物质，可以在压裂过程中随工作液泵入不同的改造层段，在生产期间通过采样流体分析各组分示踪剂浓度，从而定量各段的流体产出情况[1~5]。示踪剂包括化学示踪剂、放射性同位素示踪剂、稳定性同位素示踪剂、微量物质示踪剂等[6~14]。其中放射性示踪剂有环境污染；同位素示踪剂种类太少且测试条件苛刻；微量物质示踪剂属于稀土重金属的螯合物，性能不稳定，无法满足高温井测试，且无法做气井的测试；目前做气井产气剖面测试的，只能采用惰性有机物合成的痕量化学示踪剂[15,16]。本文分析研究了痕量化学示踪剂技术在新场须二难动用井应用情况，分析了各小层产气产液情况，给后期采气工艺方案调整及新井测试选层提供了依据。

2　示踪剂产剖测试技术原理

针对新场须二难动用储量储层气水关系复杂、各小层产气产液情况认识不清的情况，优选了非放射性化学有机材料作为气水产出剖面测试的示踪剂。在气井压裂施工期间，每个测试层段采用具有唯一标识的非放射性示踪剂随压裂液注入整个水力裂缝系统，并向裂缝波及的储集体扩散，从而对不同测试层段气水进行分段标定；在气井的测试及生产阶段，通过对产出流体进行采样并检定分析其包含的示踪信息，可以精确定量各段气水动态产量；结合基本井况、地质特征以及各段压裂施工曲线和参数，综合分析评价各段储层压裂改造效果，从而给后期采气工艺方案调整和区域新井测试选层提供依据。

$$R_i = C_i / (C_1 + C_2 + \cdots + C_n) \tag{1}$$

$$S_i = C_i / [(C_1/R_1 + C_2/R_2 + \cdots + C_n/R_n) \times R_i] \tag{2}$$

式中，R_i为第 i 段中示踪剂的修正系数，无量纲；C_i为产出混合流体中第 i 段示踪剂实测含量，ppb；S_i为第 i 段中示踪剂的占比，%。

3 现场应用效果分析

X205 井是部署在新场地区一口难动用储量气井，目的层须二段，全井最大井斜处井深 5198. 9m，最大井斜角 47. 56°。该井须二段分 3 段进行压裂，采用非放射性化学示踪剂测试技术评价各段产气、产液贡献。示踪剂注入方案为每段注入 1 种特定的气相示踪剂和水相示踪剂，示踪剂伴随压裂液注入对应层段，共使用 3 种气相示踪剂和 3 种水相示踪剂；取样方案为前 20d 每 2d 取气水样 1 次、后 10d 每天取气水样 1 次。应用非放射性化学示踪剂标定了 3 个层段压裂改造后产出的天然气和液体。

3.1 示踪剂测试结果

由图 1 表明：第一测试段产气贡献呈逐渐降低趋势，第二测试段前期产气贡献快速上升，之后保持相对稳定状态；第三测试段产气贡献呈小幅平稳上升趋势。由图 2 表明，第一测试段为低产气贡献段，平均产气占比 15. 43%；第二段为主力产气贡献井段，平均产气占比 54. 72%；第三段为中等产气贡献段，平均产气占比 29. 85%。

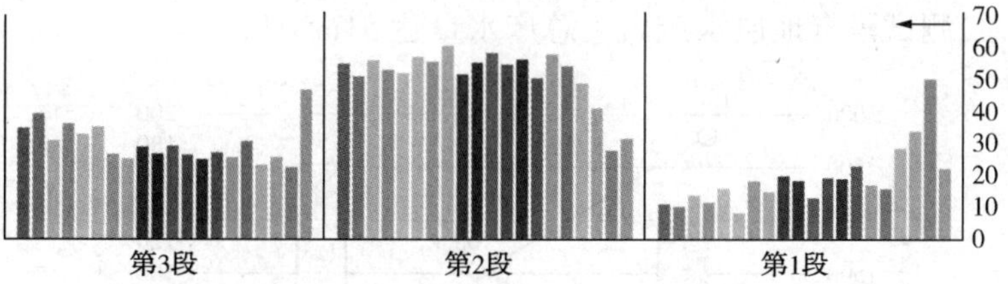

图 1 X205 井分段产气占比剖面

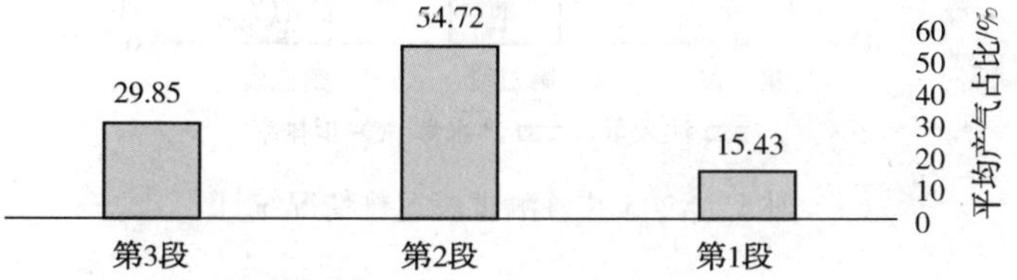

图 2 X205 井分段平均产气占比剖面

示踪剂监测过程中，第一测试段整个监测期间产水占比呈逐渐上升趋势，第二段相对平稳，第三段呈逐渐下降趋势(图 3)。利用平稳生产期间生产数据对各测试段产水能力的评价表明，总产水量达 51m³/d，其中第一测试段为主力产水贡献井段，平均产水占比 70%；第二测试段为中等产水贡献段，平均产水占比 27. 4%；第三测试段为低产水贡献段，平均产水占比 2. 6%(图 4)。

3.2 测试结果应用分析

压裂改造后产气剖面真实反映了各测试段的天然气占比，但是由于示踪剂测试的液体含

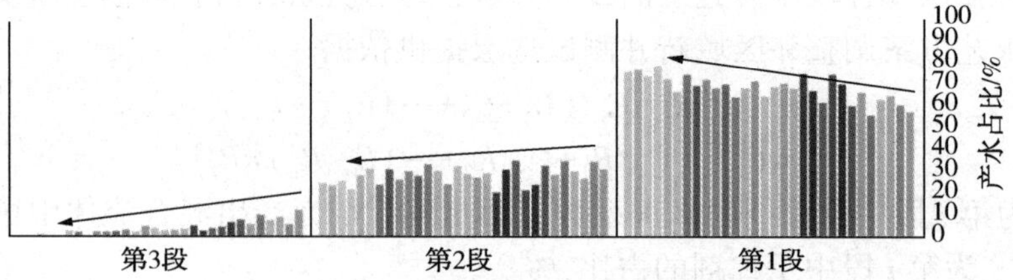

图 3　X205 井分段产液占比剖面

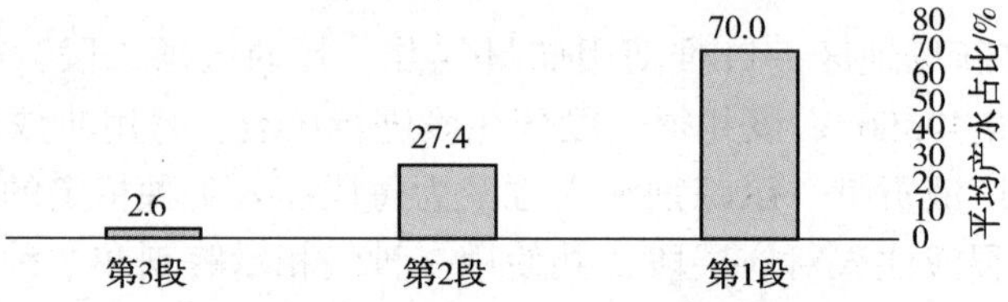

图 4　X205 井分段平均产液占比剖面

有返排液和地层水，因此需要对其产液剖面进一步分析。分段产液占比剖面表明，第一测试段是主力产水贡献层，其产水明显大于第二、三测试段。各测试段返排情况统计表明，第一测试段返排率达 186%，第二测试段返排率达 108.4%，均超过 100%，第一、二测试段可能有地层水产出(图 5)。水质监测结果显示，氯离子浓度由初期的 19249mg/L 升高至 40413mg/L，总矿化度由初期的 31889mg/L 升高至 55166mg/L(图 6)，由于压裂液采用清水配制，而产出水中氯离子浓度与总矿化度大幅升高，表明受到了压裂液以外水体的影响。综上所述，第一、二测试段有地层水产出，总产水量达 $51m^3/d$。

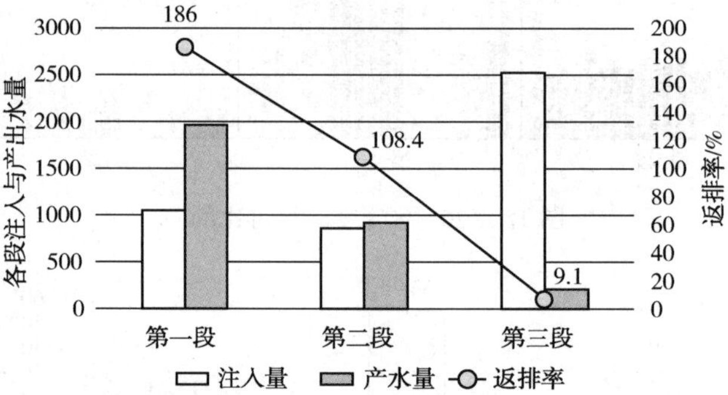

图 5　X205 井各测试段返排情况统计

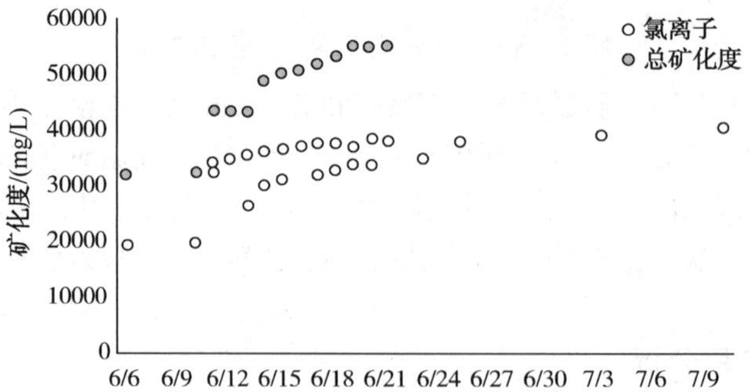

图 6　X205 井水质监测结果

综上所述，该井第一测试段以产水为主，微量产气；第二、三测试段以产气为主，少量产水，是主力贡献层段。为了保证效益开发，对该井第一测试段进行了封堵措施，提高了天然气产量，降低了地层水处理费用，起到了良好的降本增效作用，同时给该井区新井的测试选层提供了依据。

4 结论与建议

（1）非放射性化学示踪剂测试技术可对气井不同测试层段的产出气体、液体分别进行标定，通过产出流体采样检定分析能够精确定量不同测试层段的气、水动态产量。

（2）含水气井压裂中应用非放射性化学示踪剂测试技术，可准确识别测试期间的天然气主力贡献层段。

（3）非放射性化学示踪剂测试与氯离子浓度和总矿化度分析相结合，可分析含水气井压后出水情况，给后期采气工艺方案调整及新井测试选层提供了依据。

参 考 文 献

[1] 张培信．油田井间示踪测试技术进展[J]．国外测井技术，2005，20(6)：47-48.

[2] 白华，陈杉沁，王小明，等．SECTT 产出剖面动态监测技术在碳酸岩气井暂堵酸化评价中的应用[J]．新疆石油天然气，2020，16(3)：49-50.

[3] 刘远志，谢日彬，闫正和，等．南海东部深水油田水平井产出剖面示踪剂监测技术及应用[J]．石油地质与工程，2019，33(6)：111-113.

[4] 李宁，杨志兴，陈自立，等．拟示踪剂在凝析油注采研究中的应用[J]．长江大学学报(自然科学版)，2017，14(7)：75-81.

[5] Du Y，Guan L. Interwell tracer Test：lessons learnted from past field studies[R]. SPE 93140，2005.

[6] 武波．示踪剂技术在油田开发中的应用研究[J]．化学工程师，2018，32(11)：62-64.

[7] 温守国，谢诗章，黄成，等．缓释型长效固体示踪剂研究[J]．天津科技，2018，45(6)：82-85.

[8] 黄波，易飞，陈维余，等．海上油田微量物质示踪剂技术[M]．北京，石油工业出版社，2016.

[9] 隋艳颖，李金英，张培信．油田水中新型水驱示踪剂氟苯甲酸的气相色谱-质谱分析[J]．质谱学报，2004，25(3)：155-159.

[10] 马兵，宋汉华，李转红，等．零污染压裂示踪诊断技术在长庆低渗透油田的应用[J]．石油地质与工程，2011，25(3)：128-130.

[11] Kosynkin，Alaskar. Oil industry first interwell trial of reservoir nano-agent tracers[R]. SPE 181551，2016.

[12] 孟选刚，魏繁荣，周少伟，等．颗粒井间示踪测试技术及其应用[J]．石油地质与工程，2010，24(2)：130-132，136.

[13] 徐玉霞，沈明．井间示踪剂监测技术在海上注水油田中的应用[J]．能源化工，2020，41(4)：51-54.

[14] Senum，Dietz，D'ottavio 等．一种新型氟碳示踪剂在北海 Ekofisk 油田上的运移和扩散试验[J]．国外油田工程，1998，(6)：4-7.

[15] 马鹏程．产气剖面测井技术在大庆油田的应用[J]．石油仪器，2012，26(1)：58-60，63，100.

[16] 梁顺，彭茜，李旖旎等．水平井分段压裂示踪剂监测技术应用研究[J]．能源化工，2017，38(4)：32-36.

第一作者简介：唐祖兵，男(1980—)，高级工程师，2005 年毕业于西南石油学院油气田开发工程专业，硕士研究生，现从事井下特种作业技术研究和管理工作。地址：(618000)四川省德阳市金沙江西路 699 号。E-mail：tangzb.osxn@sinopec.com，电话：0838-2407202。

超低渗透油藏固体酸增注技术研究与应用

隋 蕾[1,2] 赵伟轩[3] 姬振宁[1,2] 张 玲[4] 唐泽玮[1,2]

（1. 长庆油田分公司油气工艺研究院；2. 低渗透油气田勘探开发国家工程实验室；
3. 中国石油长庆油田公司第十一采油厂；4. 中国石油长庆油田公司第六采油厂）

摘 要 本文研发一种主要由无机酸、聚合酸、有机膦酸、氨基羧酸类分散剂和有机阻垢酸等构成的固体酸酸液体系，具有高溶蚀率、高抑垢率、高缓速率和低腐蚀率特点。室内实验表明，酸溶蚀率较常规土酸高5%～10%，反应速率慢，仅为土酸的28.8%，酸液具有很好的溶垢、分散性，阻垢率90%以上。酸液产物对硫酸钡锶垢有很好的溶解能力，可以实现深部酸化和持续清防垢目的。

关键词 固体酸 溶蚀率 硫酸钡 清垢率

酸化增产增注技术是油气田油水井一种简单经济实用的地层及井筒解堵措施。酸化技术从盐酸、土酸逐步发展为多元酸、缓速酸、潜在酸、稠化酸和自转向酸等酸液体系，其主要目的为降低酸岩反应速率，增加酸的作用半径，为实现更好的增产增注效果[1~3]。随着油气藏的储层越来越致密和地层水中成垢离子浓度高，造成酸化半径有限、二次沉淀堵塞严重和措施有效期变短，亟须创新研发新的酸液体系。本文以高矿化度地层水和注水不配伍易结硫酸钡、硫酸钙垢的超低渗砂岩油藏为研究对象，研发了一种新型的酸液体系，实现深部酸化和高效抑制垢形成的新酸液体系。

1 油藏地质特征

鄂尔多斯盆地三叠系超低渗油藏属于典型的低孔、低渗岩性圈闭油藏，孔隙度为8.0%～12.0%，渗透率为$(0.30 \sim 0.78) \times 10^{-3}\mu m^2$。主要是岩屑长石砂岩和长石岩屑砂岩，偶见长石砂岩和岩屑砂岩（图1、图2）。填隙物主要是黏土物质如高岭石、水云母、绿泥石，在个别地区有时含有碳酸盐灰泥，总量平均值为16%，属于差油层[4]（表1）。孔隙类型以粒间孔为主，平均面孔率为3.8%。岩石排驱压力平均为0.84MPa，中值压力平均为6.37MPa，中值半径平均为0.22μm。

表1 鄂尔多斯盆地储层填隙物组分统计表

区块	填隙物含量/%									合计
	高岭石	水云母	绿泥石	方解石	铁方解石	硅质	白云石	铁白云石	其他	
L1	6.1	1	/	/	7.3	1.9	/	/	/	16.3
H3	2.1	1.5	5.3	/	1.4	1.4	/	/	6.1	17.7
Z252	1.7	2.8	2	1.1	4.7	0.1	0.1	2.3	1.5	16.3

图 1　粒间主要填充高岭石

图 2　粒间被玫瑰花状绿泥石充填

目前，超低渗透油藏采用菱形反九点井网超前注水开发，欠注井占全油田欠注井数的35%以上，欠注趋势呈连片化、区域化，严重影响油田长期稳产。常规土酸酸化、多氢酸酸压、加砂压裂、局部增压等增注工艺，普遍存在措施有效期偏短、有效率50%左右、措施有效期3个月左右，无法满足油藏正常开发的要求。

2　酸液体系性能研究

固体酸由聚合酸、有机膦酸、氨基羧酸类分散剂、小分子季铵盐及其他添加剂组成，具有持续电离 H^+、能溶解和分散难溶性钡盐和钙沉淀。初始溶蚀率低、溶蚀时间长，溶蚀地层时能稳定黏土，促进石英和长石的溶蚀速率，并能溶解注水开发在地层中形成的硫酸钡、硫酸锶和硫酸钙垢，解决常规酸液无法消除硫酸盐垢堵塞问题[5~8]。酸液产物具有良好的阻垢性能，能够延缓后期注水与地层水结垢二次堵塞。

2.1　溶蚀率及缓速性

用四氯化碳和三氯甲烷溶液对超低渗透油藏岩心进行洗油，直到清洗溶液变为清澈透明为止，然后将岩心取出，放入烘干箱烘干；从岩心上切取足够质量的岩块捣碎，用研砵进行研磨成粉末，用100目筛网进行筛选，将其放入烘干箱105℃烘干待用[9,10]。

按照中石油《砂岩缓速酸性能评价方法》(SY/T 5886—1996)，评价固体酸的缓蚀性能。分析了常规土酸、多氢酸和固体酸的溶蚀速率缓速性能。实验表明，固体酸在4h内溶蚀速率低于常规土酸和多氢酸，15min的溶蚀率仅为常规土酸的28.8%，多氢酸的41.1%(图3)。实验表明固体酸比现有的酸液体系具有更好的缓速性能；而随着反应时间的延长，固体酸溶蚀率持续增加，2h的溶蚀率基本与常规酸液持平，继续增加溶蚀时间，最终溶蚀率超过常规酸溶蚀率，表明固体酸具有更高的溶蚀能力，完全满足地层深部酸化解堵目的。

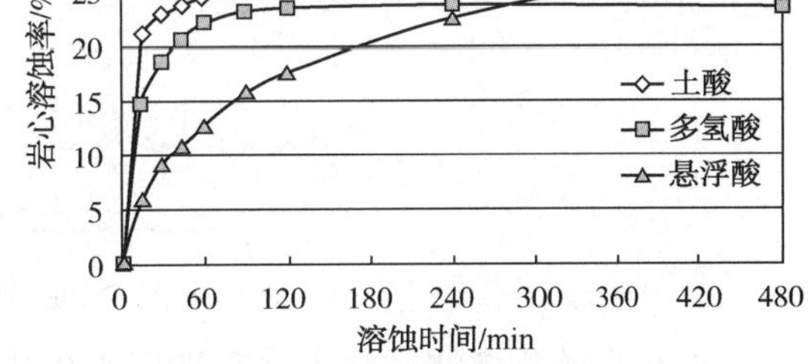

图 3　三种酸液溶蚀速率曲线

图 4　注入水和地层水混合

2.2　酸液阻垢性能

超低渗油藏储层致密、含水率高，油田投产就处于中含水开发阶段，采出水矿化度高、二价成垢离子钙、钡、锶含量高。地层水钙、钡、锶成垢阳离子总量和注入水硫酸根、碳酸氢根成垢阴离子总量均在 2000mg/L 以上。油气生产集输过程站点和管线发生结垢，总机关、收球筒、加热炉进出口、泵阀、叶轮和管线的弯头处发生严重结垢，主要为硫酸钡锶、少量碳酸盐垢及黏土类物质，表明注入水与地层水不配伍结垢严重问题。实验室内按照注入水与地层水不同比例(1∶9、2∶8、3∶7、4∶6、5∶5、6∶4、7∶3、8∶2、9∶1)进行常压和 60℃ 条件下水质配伍性结垢趋势模拟实验。结果表明，注入水与地层水 5∶5 时结垢量最大为 2507.7mg/L，其中硫酸钡锶结垢量为 2393.5mg/L，等体积的地层水和注入水混合后迅速产生白色沉淀(图 4)，利用能谱和衍射仪分析表明产物为硫酸钡垢(图 5、图 6)。注入水和地层水混合后生成微米级的硫酸钡细小颗粒，超低渗透油藏孔喉平均中值半径为 0.22um，结垢颗粒堵塞地层，导致注水压力升高问题，而常规酸化无法解除此类垢。

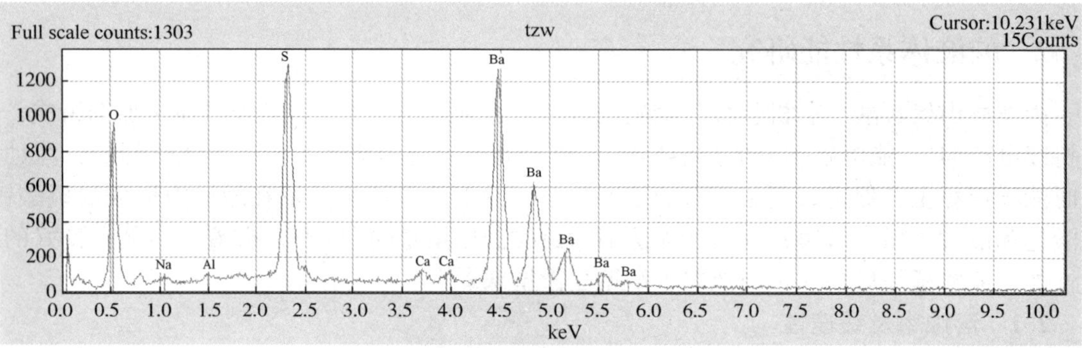

图 5　能谱分析结果

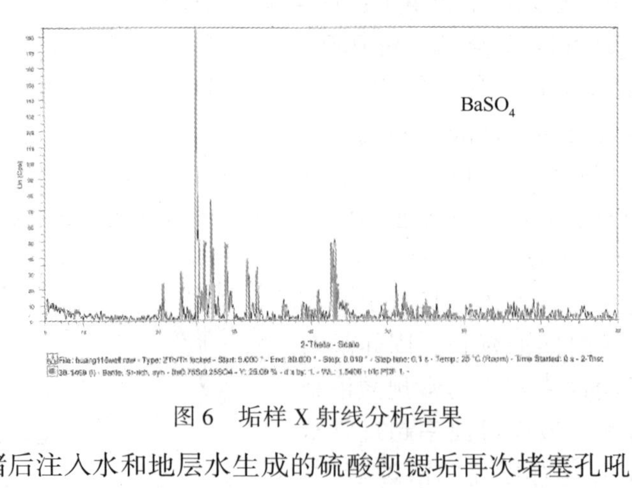

图 6　垢样 X 射线分析结果

为解决酸化解堵后注入水和地层水生成的硫酸钡锶垢再次堵塞孔吼，固体酸液优选添加了具有阻垢作用的成分，并与常规酸液进行阻垢性能对比。根据中石油天然气集团公司企业标准《油田水处理用缓蚀阻垢技术规范》(Q/SY 126—2014)对现场大规模应用的常规酸液体系进行酸岩反应后的残余酸液硫酸钡阻垢性能进行评价。结果表明，固体酸阻垢率99.31%为所有酸液体系中阻垢率最高，常规土酸33.91%，多氢酸28.88%为所有酸液体系中阻垢率最低；氟硼酸和胶束酸阻垢率分别为55.16%和56.79%，为常规酸液体系中阻垢率相对较好的酸液体系(图7)。总之，常规几种酸液体系的防钡锶垢的阻垢率相对较低，无法达到现场对酸液阻垢性能的需求。

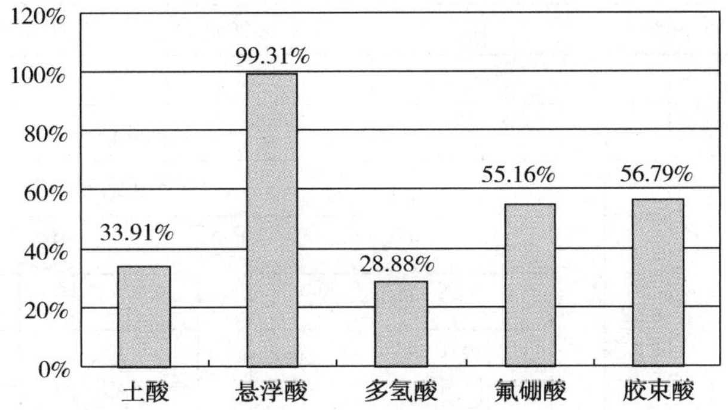

图7　不同酸液对硫酸钡阻垢率

2.3　酸液溶垢性能(表2)

表2　固体酸岩反应后之酸液的溶垢率

编号	类型	反应时间	反应前垢样质量/g	反应后垢样质量/g	溶解垢量/g	溶垢效率/%	平均溶垢率/%
1	固体酸	24	1.0002	0.4619	0.5401	54	56
2	固体酸	48	1.0001	0.43	0.5701	57	
3	土酸	24	1.0000	0.9654	0.0346	3.5	3.9
4	土酸	48	1.0002	0.9568	0.0432	4.3	

固体酸较常用酸液体系还具有硫酸钡锶垢的清垢性能，常压60℃条件下，将测试酸液与一定量的岩粉反应2h后，取上层酸液清液100mL作为溶垢溶液，加入1.0g分析纯硫酸钡试剂作为现场垢样，搅拌均匀放入恒温烘箱进行模拟地层溶垢过程，每种酸液分别进行不同时间(24h和48h)溶解实验。实验表明，固体酸酸岩反应后的液体仍具有较好的溶解钡锶垢的能力，24h溶垢率为54%，48h为57%，平均溶垢率为56%；常规土酸酸岩反应后，对钡锶垢的溶解能很低仅为3.9%，几乎没有清垢能力。

2.4　岩石抗压强度影响

酸液对储层矿物的溶蚀会降低岩石的抗压强度[11,12]，过度溶蚀岩石则会破坏地层的骨架，甚至造成后期出砂，导致孔隙坍塌。针对超低渗透储层，开展了酸液与块状岩心溶蚀速率和岩心抗压强度的对比分析(表3、图8)。结果表明，2h酸岩反应后固体酸的溶蚀速率最少为0.0163g/cm^2·h，其次为多氢酸0.0208g/cm^2·h，土酸溶蚀速率最高0.0287g/cm^2·h，固体酸的溶蚀速率仅为土酸溶蚀速率的56.8%，而表明酸液进入地层后酸与地层岩石固体反应时，固体酸能起到较好的缓速作用，降低对岩石骨架的损坏。采用单轴压力试验机，对酸液溶蚀过的岩心柱进行抗压强度测定。结果表明，土酸对岩心抗压强度下降最大为27.4%，多氢酸为26.7%，固体酸抗压强度下降最小为21.3%，对岩石骨架强度损伤最少，因此在酸化过程中更好地保护孔隙骨架。

表 3　不同酸液与岩心柱溶蚀速率测定

序号	酸液体系	实验前岩心块质量/g	岩块表面积/cm^2	实验后岩心块质量/g	岩心块溶蚀质量/g	溶蚀速率/($g/cm^2 \cdot h$)
1	固体酸	6.5756	10.13	6.4104	0.1652	0.0163
2	多氢酸	4.8336	10.13	4.6233	0.2103	0.0208
3	土酸	5.5886	10.13	5.2981	0.2905	0.0287

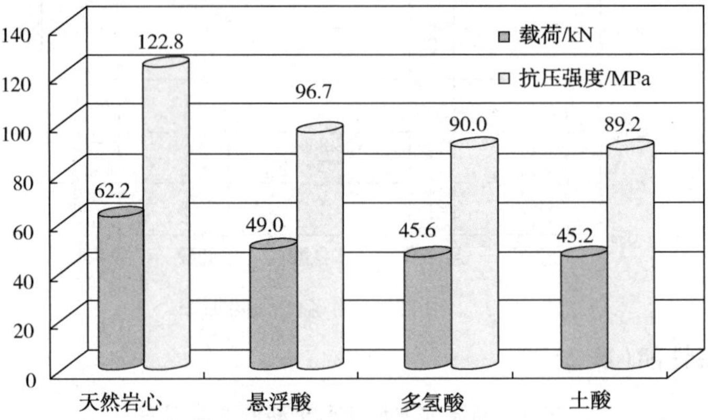

图 8　不同酸液对岩石抗压强度的影响

3　现场试验效果

2019 年 10 月，在镇北油田开展了 2 口井固体酸酸化增注试验，前期经过多次常规酸化增注，有效期为 3 个月左右，增注效果不理想。Z99-291 油层段厚度 5.4m，设计入地层酸液量为 22.0m^3，酸液处理半径 3.0m；Z97-291 油层段厚度 7.5m，设计入地层酸液量为 25.0m^3，酸液处理半径 2.8m。酸化后吸水指数分别为 33.6$m^3/d \cdot MPa$ 和 38.8$m^3/d \cdot MPa$；措施后注水压力分别下降 1.5MPa 和 3.0MPa，日增注为 13m^3 和 10m^3，达到配注要求(表 4)。

表 4　固体酸现场试验效果

井号	措施前注水动态				措施后注水动态				有效期/d	累积增注/m^3
	油压/MPa	套压/MPa	配注/m^3	日注/m^3	油压/MPa	套压/MPa	配注/m^3	日注/m^3		
Z99-291	21.5	21.5	17	0	20	20	13	14	432	3895
Z97-291	21.5	21.5	10	0	18.5	18.5	10	10	368	3450

4　结论

(1) 高黏土含量的超低渗油藏，常规酸化对注水欠注井措施增注难度大，主要是孔喉细小、酸化后二次沉淀容易再次堵塞影响增注效果和有效期。

(2) 固体酸初期溶蚀率低仅为常规土酸的 28.8%，有利于酸液进入地层深部酸化；相同的酸岩作用时间固体酸对岩石抗压强度最低，有利于保护孔隙结构防止地层破碎堵塞孔道。

(3) 固体酸液自身具有很好的阻垢和清垢性能，能溶解地层中的硫酸钡锶垢或防止酸化后硫酸钡锶垢生成，改善酸化增注效果和有效期。

（4）现场试验效果表明，固体酸对高矿化度高结垢区的超低渗透致密油藏注水井欠注问题具有很好的适应性，能同时解决硅质固相颗粒和难溶钡锶造成地层堵塞的问题。酸液处理半径 3m 以上增注效果更佳。

参 考 文 献

[1] 唐泽玮，周志平，同松，等．姬塬油田注水井清垢解堵设计优化研究[J]．钻采工艺，2018(9)：52-55.

[2] 唐泽玮，等．硫酸钡清垢剂的制备与性能评价[J]．油田化学，2015(12)，607-609，627.

[3] M A Mahmoud，H A Nasr－El－Din. Sandstone Acidizing Using A New Class of Chelating Agents[C]. SPE139815，2011.

[4] 汪建军，罗向东，邛明毅．塔里木吉拉克砂岩储层黏土矿物对油层的损害及其防护[J]．油田化学，1992，9，(2)：99-103.

[5] C Uchendu，L Nowke，O Akinlade. A new approach to matrix sandstone acidizing using a single-step HF system：a Niger Delta case study[C]. SPE103041，2006.

[6] Sergey Stolyarov，Anwar Alam. Overcoming Challenges while Acidizing Sandstone Formation Successfully[C]. SPE164631，2013.

[7] PhilRae，Atikahbte Ahmad，Lance Pertman. Use of Single－step 9% HF in geothermal well stimulation [C]. SPE108025，2007.

[8] Phil Rae，Gino DiLullo. Single step matrix acidizing with HF-eliminatingpreflushes simplifies the process，improving the results[C]. SPE107296，2007.

[9] H. A. Nasr-El-Din. Investigation of a Single-Stage Sandstone Acidizing Fluid for High-Temperature. SPE107636. 2007.

[10] B S Ba Geri，M A Mahmoud. A New Diversion Technique to Remove the Formation Damage form Maximum Reservoir Contact and Extended Reach Wells in Sandstone Reservoirs. SPE165163，2013.

[11] 康燕，李爱辉，单永卓，等．通过岩石抗压强度测定评价酸液性能[J]．钻井液与完井液，2005，22(2)：66-68.

[12] 汪绪刚，邹洪岚，程兴生，等．砂岩酸化前后储层岩石力学性质研究[C]．第六次全国岩石力学与工程学术大会论文，2000，10：165-167.

第一作者简介：隋蕾（1984—），女，山东胶州，现在长庆油田分公司油气工艺研究院油田注水工艺研究所工作，高级工程师，主要研究方向油田注水新工艺、注水井降压增注技术研究、新设备及新工具研究，联系地址：陕西省西安市明光路和凤城三路十字路口西北角长庆油田；E-mail：suilei_cq@petrochina.com.cn，电话：029-86590813。

超低渗油藏纳米乳液驱油技术研究及应用

曹 涛[1] 曹茉茉[2] 吕雨轩[3] 刘一慧[4]

(1. 中国石油长庆油田分公司油田开发事业部；2. 中国石油长庆油田分公司油气工艺研究院；
3. 中国石油长庆油田分公司第十一采油厂；4. 中国石油长庆油田分公司第七采油厂)

摘 要 国内目前对于纳米驱油剂提高超低渗透油藏采收率的机理还没有系统的研究与认识，长庆油田因油藏超级致密，对于纳米驱油剂在超低渗油藏的应用还处于起步阶段。为探索超渗透油藏提高洗油效率的技术方向，研发了适用于长庆油田的纳米乳液驱油技术，在Z218区块开展了2口井的先导试验。在实验室分析了纳米乳液的分子结构、作用机理、表界面张力、浓度与粒径的关系，评价了耐温抗盐性能、吸附损失、驱油性能，总结了初期现场应用情况，目前压力、含水稳定、油量上升，开发效果良好。说明纳米乳液驱油技术在超低渗透油藏有良好的应用前景。对弱亲水油藏而言，注入性良好，解除了水锁通道，提高了洗油效率，且对地层伤害小，可以形成长效的油气采收机制，提高油藏最终采收率。对于长庆油田而言，目前提高超低渗—致密油藏最终采收率的唯一成熟的技术手段是重复压裂，新型纳米驱油技术手段的意义在于成本低于重复压裂，有利于环保且简便可行。

关键词 低渗透油藏 纳米乳液驱油 最终采收率

国内目前对于纳米驱油剂提高油藏采收率的机理还没有系统的研究与认识，长庆油田对于纳米驱油剂在超低渗油藏的应用还处于起步阶段[1]。调研了国内外纳米驱油剂应用现状，其中70%油井进行了注液吞吐增产措施[2]；30%在页岩油井进行了前置驱油压裂：试验结果显示老井通过注液吞吐后，在原油产量增加的同时含水量减少，从而证明了渗吸置换驱油作用[3]；在含水量为20%~90%的油井中措施成功率为100%；平均含水率下降20%，平均原油产量增加了60%，平均有效周期大于12个月；目前该技术在至少25个油气田得到了应用。中国石油大学(北京)开发了一种具有片状结构且能同时亲油-亲水的“纳米黑卡”驱油剂[4]。由于其几何尺寸小(60.0nm×80.0nm×1.2nm)，可顺利穿过特低渗储层的多孔介质，吸附损失是普通活性剂的1/100，同时具有耐高温、耐高盐的特性，在低孔低渗的油藏中具有极大的应用潜力，能实现油藏深部调驱，智能控水。

1 定义与分子结构

纳米乳液是由油、水、表面活性剂和醇等物质自发形成的具有热力学稳定性的油/水混合体系[5]。一个水分子直径是0.4nm，当水处于液态时，水分子之间距离较小，能够形成氢键，从而在水分子之间出现缔合现象，如图1所示。缔合后的水分子的尺寸达到几百到几千纳米。纳米驱油剂分子能减弱水分子间的氢键缔合作用，产生“小分子”活性水，这一思路可以让小分子水全部波及特低渗透、超低渗透油藏，把剩余油置换驱替出来，从而能大幅提高采收率[6]。纳米乳液形成过程是自发的，不需要外界提供能量；热力学稳定体系高速离心不分层[7]；界面张力超低；增溶能力极强，O/W 型胶束对油增溶量为 5%左右，而 O/W 型纳米乳液对油的增溶量高达 60%；尺寸极小，纳米乳液液滴的直径一般为 10~100nm[8]，如图 2 所示。

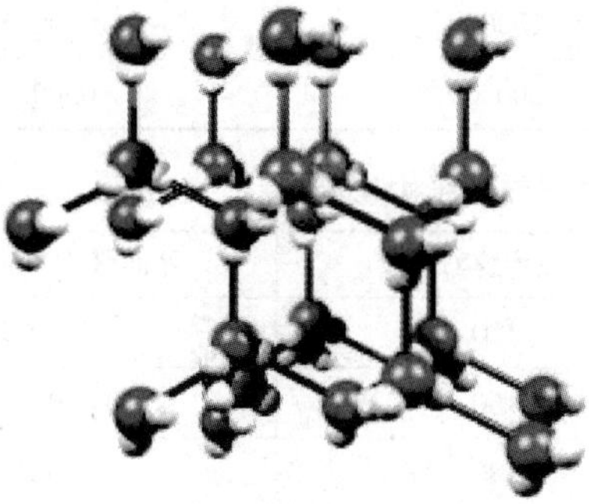

图 1　纳米乳液分子结构图

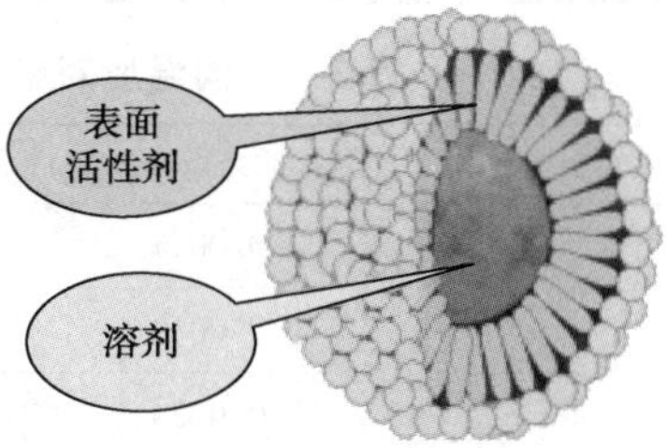

图 2　纳米乳液分子油增溶示意图

2　性能评价

2.1　纳米驱油剂浓度同粒径的关系

纳米乳液驱油剂随着浓度降低，分子粒径不断增大，当浓度低于 0.1%时改变水分子的缔合作用就不明显[9]，如图 3 所示。

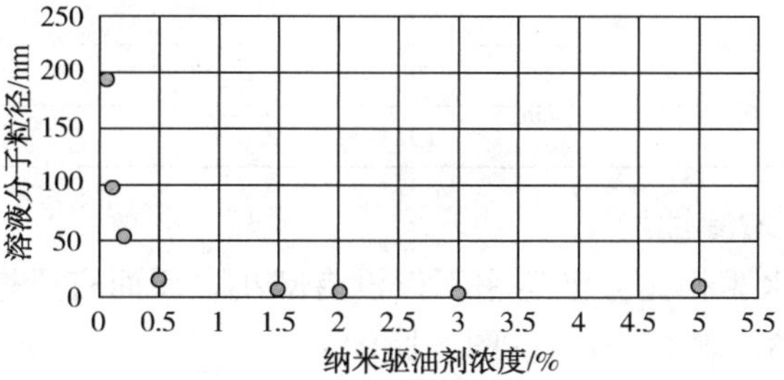

图 3　不同浓度纳米乳液分子粒径图

2.2　纳米驱油剂表面张力及界面张力

纳米乳液驱油剂降低油水界面张力明显，保持在 10^{-3}mN/m 以下，而且浓度范围更宽，在 0.05%~0.3%的质量浓度范围内均能达到超低，从而大幅降低驱动压差，显著提高驱油效率，见表 1。

表 1　不同浓度下的表面张力及油水界面张力

序号	纳米乳液浓度/%	表面张力/(mN/m)	界面张力/(mN/m)
1	0.05	26.7	0.00821
2	0.1	24.6	0.00165
3	0.2	24.2	0.00242
4	0.3	23.9	0.00387

2.3　纳米驱油剂抗盐及耐温性能

由实验可知，纳米乳液驱油剂具有较好的抗盐抗温性能，矿化度对界面张力影响较小。温度在 25~180℃范围内，对界面张力影响较小，见表 2、表 3。

表 2　不同矿化度对纳米乳液驱油剂界面张力影响

矿化度/(mg/L)	界面张力/(mN/m)	矿化度/(mg/L)	界面张力/(mN/m)
2000	0.0018	50000	0.0024
5000	0.0019	100000	0.0025
10000	0.0022	200000	0.0027

表 3　不同温度对纳米乳液驱油剂界面张力影响

温度/℃	界面张力/(mN/m)	温度/℃	界面张力/(mN/m)
25	0.0018	120	0.0029
50	0.0019	150	0.0034
90	0.0024	180	0.0039

2.4　纳米驱油剂的吸附损失

由实验可知，纳米乳液驱油剂在 2500ppm 以下质量浓度时吸附损失率较低，因此选择初始浓度为 0.15%~0.25%的纳米乳液进行现场使用为宜，见表 4。

表 4　不同浓度对纳米乳液驱油剂的吸附量

浓度/(mg/L)	静态吸附量/(pg/g)	动态吸附量/(pg/g)
1500	51	21
2000	68	36
2500	75	40
3000	102	48

2.5　纳米驱油剂的增渗性能

纳米乳液驱替后同水驱相比，渗透率不仅没有减小，反而有所增加，说明纳米乳液具有一定的增渗作用，如表 5、表 6、图 4、图 5 所示。

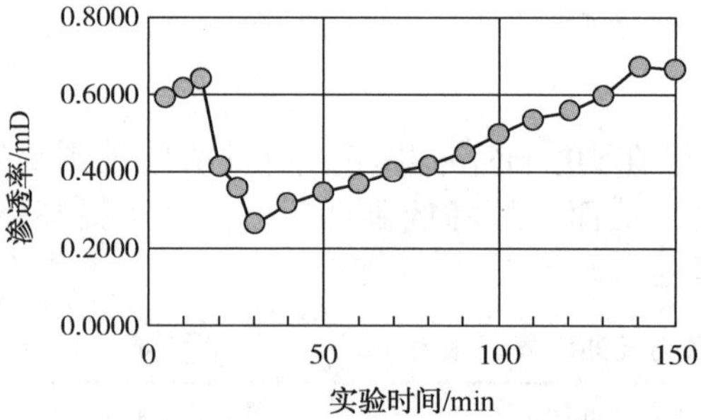

图 4　1 号岩心渗透率变化曲线图

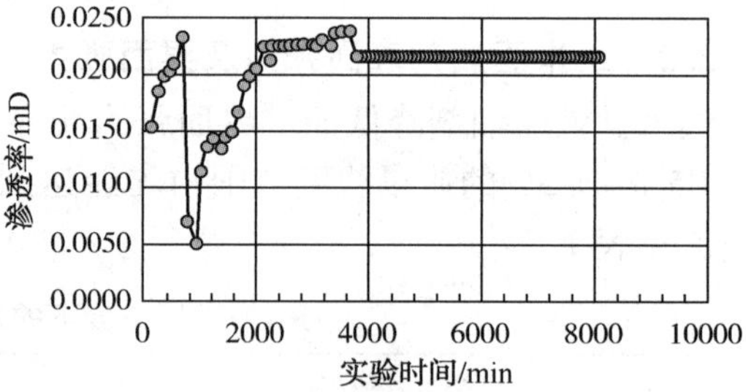

图 5　2 号岩心渗透率变化曲线图

表 5　岩心孔渗测试数据

岩心编号	质量/g	颗粒体积/cm^3	孔隙体积/mL	孔隙度/%	长度/cm	直径/cm	外观体积/cm^3	密度/(g/cm^3)	渗透率/mD
1	54.73	25.7	3.11	13.25	5.1	2.48	24.55	2.23	1.7
2	57.49	25.95	2.83	10.84	5.12	2.48	24.68	2.33	0.49

表 6　岩心渗透率变化数据

岩心编号	气测渗透率/mD	初始渗透率/mD	恢复后渗透率/mD	渗透率恢复率/%
1	1.6121	0.6432	0.6712	104.35
2	0.2436	0.0228	0.0236	103.51

2.6　纳米驱油剂的静态渗吸驱油性能

纳米驱油剂、常规表面活性剂、同油砂洗油效率对比，通过油砂洗油实验研究了纳米乳液驱油剂剥离油膜的能力[10]，从实验结果看，纳米驱油剂的洗油效果明显，当浓度为 0.2% 时，洗油率达到了 46.76%，而 0.2%常规表面活性剂的洗油率仅为 11.68%，见表 7。

表 7　洗油实验结果对比

渗吸用溶液	洗油体积/mL	洗油效率/%
纳米乳液	0.3	11.68
常规表面活性剂	1.2	46.76

注：油砂为原油与油砂 1：7 制备

2.7　纳米驱油剂动态驱油性能

动态驱替实验表明，水驱 4PV 时原油采收率仅为 54.32%，水驱 2PV 后改成纳米乳液驱 2PV，原油采收率为 63.46%，比水驱提高了 8.96%；若全部采用纳米乳液驱 4PV，原油采收率为 72.38%，比水驱提高了 18.1%，见表 8、表 9。

表 8　三种岩心物性参数

序号	长度/cm	直径/cm	孔隙度/%	平均渗透率/mD	原油饱和度/%
1	30	2.54	11.07	29.6	81.3
2	30	2.54	12.31	33.4	82.1
3	30	2.52	10.67	31.3	81.5

表 9　三种方式下驱油实验结果

序号	驱替方式	注入 2PV 时的采收率/%	注入 4PV 时的采收率/%	提高采收率/%
1	纳米乳液驱 4PV	53.63	72.38	8.96
2	水驱 2PV+纳米乳液驱 2PV	43.23	63.46	9.14
3	水驱 4PV	35.57	54.32	

3　现场应用效果

2022 年 4 月在 Z218 先导试验 2 口，油层有效厚度 10.5m，孔隙度 10.6%，渗透率 1.4mD 平均单井日注水 17.4m^3，注入干料 12t，浓度 0.1%，等配注注入。

注入后注水量上升 2.2m^3 左右，含水上升后下降 6.0%左右，平均日产液上升 0.3m^3，平均日产油上升 0.4t，如图 6、图 7 所示，累增油 1424t，水井干线压力和水井油压下降了 2MPa，动液面略有上升，说明纳米乳液起到了洗油作用，解除了水锁通道，后期注入略上调注入量效果可能更好些。

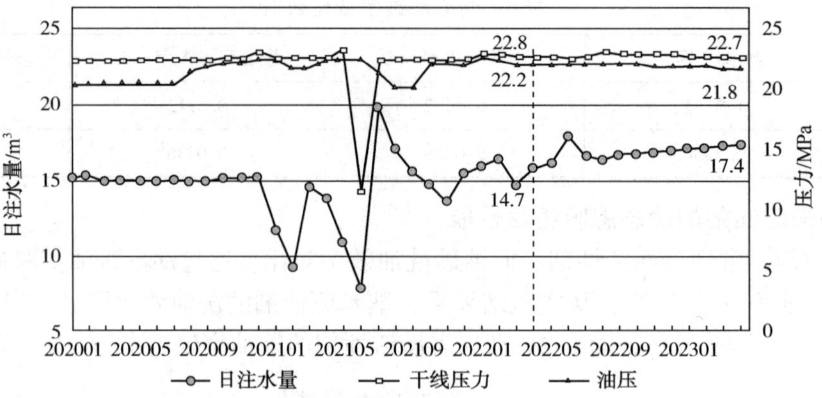

图 6　实施水井注水量-压力曲线图

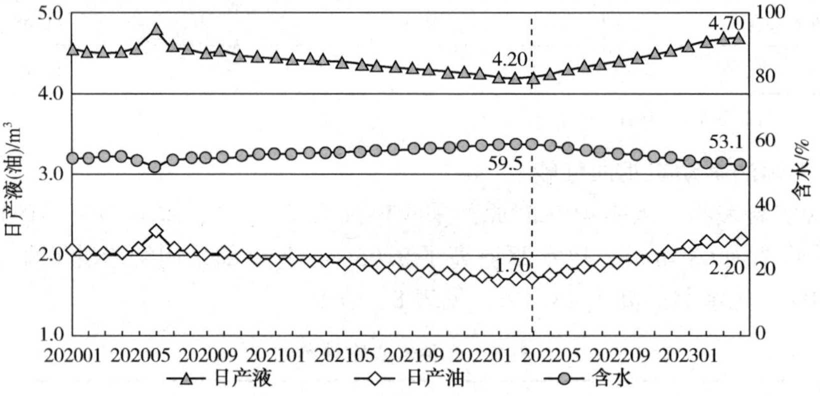

图 7　实施对应油井产量曲线图

4　结论

纳米乳液驱油剂显著降低了油水界面张力，使其保持在 10^{-3}mN/m 以下，且浓度范围更广，在 0.05%~0.3%的质量浓度范围内可达到超低，从而大大降低了驱替压差，显著提高了驱油效率[11]。纳米乳液驱油剂在质量浓度低于 2500ppm 时吸附损失率较低，因此宜选择初始浓度为 0.15%~0.25%的纳米乳液进行现场使用，并有一定的增渗作用。纳米乳液驱油剂具有良好的耐盐性和耐温性，且矿化度对界面张力影响不大。温度在 25~180℃对界面张力影响不大。

纳米乳液驱替剂能在复杂的储层润湿条件下有效发挥毛细吸胀作用，提高微纳孔喉基质的洗油效率。在驱替过程中，油相相对渗透率逐渐降低，水相相对渗透率逐渐增大。纳米乳液改变了岩心孔喉壁的润湿性，增加了水的流动性能，产生吸胀，增加了水的相对渗透率，更多的水相进入小孔隙，小孔隙的油被取代到大孔隙中，从而提高了采油效率。

通过现场试验，进一步验证了纳米乳化液驱油剂具有增产、提高采收率的作用，但需要结合注采政策对含水率进行调控。

参　考　文　献

[1] 宫军，徐文波，陶洪辉．纳米液驱油技术研究现状[J]．天然气工业，2006，26(5)：105-107.

[2] 杨超兰，庞少聪，赵洛，等．纳米驱油剂近 10 年研究进展[J]．应用化学工业，2023，52(4)：1150-1156.
[3] 袁俊秀，王康．纳米乳液驱油体系性能评价及驱油机理分析[J]．能源化工，2016，37(3)：47-49.
[4] 孙乾，李兆敏，李松岩，等．SiO_2 纳米颗粒稳定的泡沫体系驱油性能研究[J]．中国石油大学学报(自然科学版)，2014，38(4)：124-131.
[5] 施芳，吴景春，赵波．智能高分子纳米胶囊的制备与研究[J]．材料工程，2019，12(7)：1093.
[6] 屈鸣，闻宇晨，梁拓，等．3D 智能纳米黑卡在低渗透油藏中的驱油性能评价[J]．油田化学，2020，37(2)：305-310.
[7] 侯军伟，廖先燕，郭文建．纳米材料应用于化学驱提高石油采收率研究[J]．化工新型材料，2014，42(12)：233-235.
[8] 何立鹏，罗建辉，丁斌，等．超低渗透储层纳米驱替剂制备及性能研究[J]．油田化学，2018，35(1)：81-84.
[9] 丁晓辉，周丹，吴凯，等．纳米乳化液渗吸驱替剂的评价与应用[J]．油田化学，2022，39(4)：651-657.
[10] 刘鹏，王业飞，张国平，等．表面活性剂乳化对提高采收率的影响[J]．油气地质与采收率，2014，21(1)：99-102.
[11] 雷群，罗健辉，彭宝亮，等．纳米驱油剂扩大水驱波及体积机理[J]．石油勘探与开发，2019，46(5)：937-942.

第一作者简介：曹涛(1986—)，男，中国石油长庆油田分公司油田开发事业部，油气田开发工程师，主要研究方向：油田开发管理，地址：陕西省西安市未央区未央路凤城四路长庆油田，E-mail：caorongrong_cq@petrochina.com.cn，电话：18706895093。

井下非接触无线通信智能分层注水技术研究与应用

李正添[1,2] 姬振宁[1,2] 巨亚锋[1,2] 杨玲智[1,2] 胡改星[1,2] 刘延青[1,2]

（1. 长庆油田公司油气工艺研究院；2. 低渗透油气田勘探开发国家工程实验室）

摘　要　随着油田开发难度的不断增加，鄂尔多斯超低渗油藏的注水开发存在常规分层注水测试调配过程复杂、机械对接方式风险大、配套成本高、分注合格率下降快等问题，国内油田逐步向数字式分注、智能分注技术方向发展，通过室内研究及现场试验评价，创新形成了井下非接触无线通信智能分层注水技术。该技术将孔板流量计集成在数字式配水器中，满足分层注水量单层直测，通过井下数据通信仪读取井下配水器存储的历史数据，过程无须人员全程参与，有效降低了人力成本。低渗典型区块开展120口井现场试验，分注合格率98%，达到了精细配水，有效控制单层突进，并掌握油藏开发动态过程，为实现油藏高效注水开发奠定了工艺基础，为超低渗油藏“注够水、注好水、精细注水”提供了有效的技术手段。

关键词　非接触性通信　智能分注　自动测调　孔板流量计　智能配水器

1　引言

鄂尔多斯盆地是我国第二大沉积盆地，地跨陕、甘、宁、蒙、晋五省区，开发目标层位主要为三叠系长1到长10油层，是典型的低渗、低压、低产“三低”油藏，提高采收率潜力巨大，提高原油采收率，降低采油成本是提高石油生产能力的关键举措[1]。在各种采油的工艺措施中，最为关键的就是注水工艺。开发初期油田注水采取笼统注入方式，保持了地层压力，油井自喷能力旺盛。但由于多油层非均质性产生的层间、层内、平面三大矛盾，出现了主力油层“单层突进”过早见水的现象，因此，提出了分层注水的技术要求[4,5]。近年来，随着油田开发难度的不断增加，常规分层注水工艺面临着测调和获取井下数据工作量大（需打捞配水器至地面）、费时、费力、流量计计量准确度低等问题[2,3]。针对这种情况，研制了井下长置配注系统和孔板流量计[6~8]，该系统可以通过数据通信仪无线对接通信，完成井下仪器的自动测调和读取井下配水器存储的历史数据。过程无需人员全程参与，有效降低了人力成本，并且将孔板流量计集成在数字式配水器环空中，满足分层注水量单层直测。流量测试范围5~50m^3/d，精度2%。2021年，低渗典型区块开展20口井该技术现场试验，分注合格率98%，达到了精细配水，有效控制单层突进，减少无效水循环，并掌握油藏开发动态过程，为实现油藏高效注水开发奠定了工艺基础。

2　对分层注水自动测调的功能要求

针对目前常规偏心测调和同心测调工艺的不足，开发智能化的注水工艺技术，该套技术的功能和优势具有：

（1）井下各层的流量、压力、温度信息实时检测并存储，并可以通过电缆或钢丝携带井下通信仪进行读取，由地面软件分析处理。系统集成流量计、压力传感器、温度传感器等测量器件，这些传感器每隔一段时间记录一次井下流量、压力、温度等信息，这些信息通过模数转换输入到存储器中，可以供读取。

（2）不需要将配水器打捞到地面，井下自动调节注入流量。通过井下智能控制器对井下注水量信息的处理，通过反馈控制算法，自动完成各层注水量的调节。

（3）与目前的偏心或同心测调系统相比，其成本不会有明显的上升，应远低于国外智能井所采用的管外电缆传输系统。

（4）自动测调系统的两项主要功能可以解决偏心配水器存在的无法实现实时检测与控制；测试调配工艺复杂；测调周期长；工作强度大；调配有效期短、调配效率低等缺点。

3 井下非接触性无线通信智能分层调配系统组成

3.1 系统组成

非接触性无线通信分层调配系统由井下智能配水器、井下通信议和地面控制器组成。应用非接触通信及井下流量智能调节理论，实现了非接触通信，井下自动测调、动态数据实时检测可供存储与读取等功能。

3.1.1 井下智能配水器

井下智能配水器完成井下测调功能，是整个系统的核心。其主体主要包括流量调节模块、流量测试模块、压力测试模块、无线通信模块、控制电路、供电系统等部分(图1)。其中流量调节模块中主要由电机、限位机构、密封机构、传动系统、可调水嘴(堵塞器)构成；供电系统由电路电池组和电机电池组构成。井下智能配水器主要完成流量、压力、温度等数据的采集和处理，控制电机、水嘴调节，与井下通信仪进行无线通信等工作。

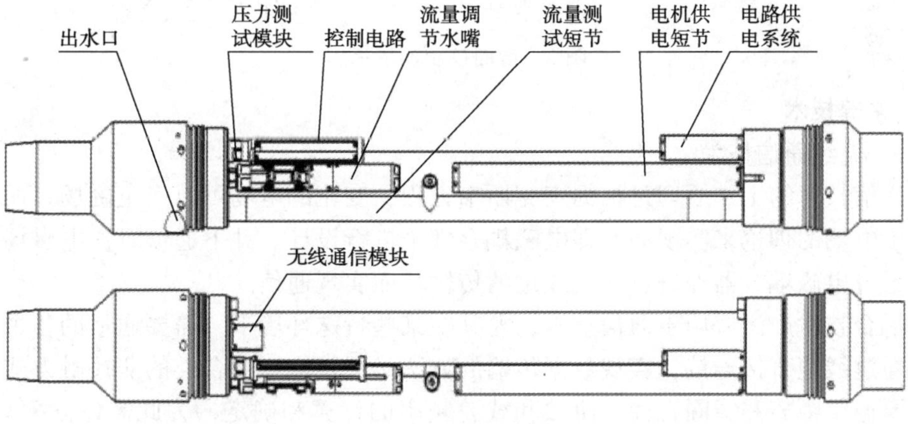

图1 井下智能配水器结构图

3.1.2 井下数据通信仪

井下无线通信仪(图2)通过电缆定位到指定配注层位，与井下仪器完成对接后长置于井下数字配水器对应的层位，发射接收无线电磁信号与井下仪器进行通信，进行数据采集和调节工作以及远程数据传输任务，工作时由测井电缆连接，长置于油管内并定位在相应层位。

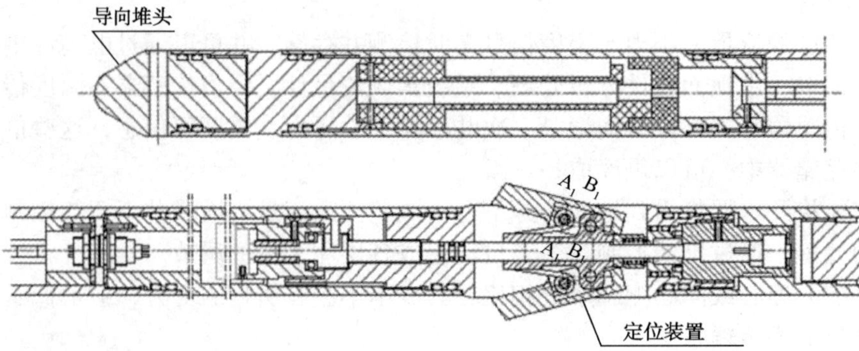

图 2　井下数据通信仪结构图

3.1.3　地面控制器

地面控制器(图 3)通过电缆连接井下数据通信仪，将井下仪下放至井下智能配水器的合理通信区域。与井下智能配水器进行指令数据交互，完成历史数据的获取及调节当前注入流量的大小等。

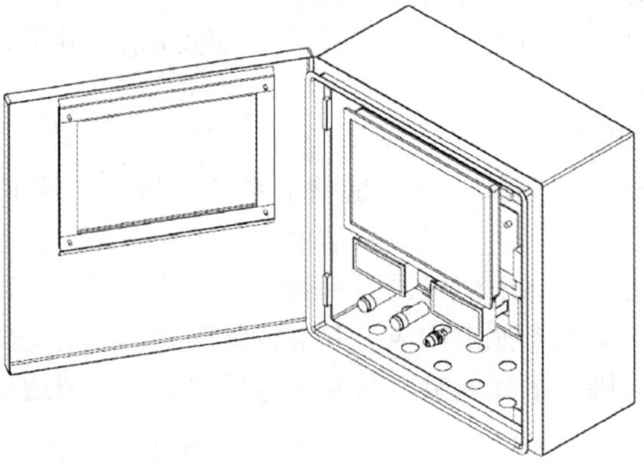

图 3　地面控制器示意图

3.2　关键技术

3.2.1　无线通信技术

无线通信技术的工作原理是根据麦克斯韦方程，变化的电场可以产生磁场，而变化的磁场可以产生电场的理论来实现的，即电磁耦合理论进行设计。井下通信时，电磁场是在水中传输的，通过电磁耦合器件进行无线能量的传输从而实现通信。

电磁耦合技术广泛应用于通信技术，尤其在某些特殊环境下，需要通信的各个仪器部分之间不能通过线缆直接连接，实现数据传输的方法必须是电磁耦合类的非接触方式。电磁耦合技术需要通信距离和线圈直径、匝数和载波频率的计算和确定，为此需建立模型和公式，从而进行选择确定。作为介绍性的原理说明，以下模型建立和说明并未对具体仪器进行分析，仅建立简单模型说明原理方便理解，具体的单向耦合结构见图 4。

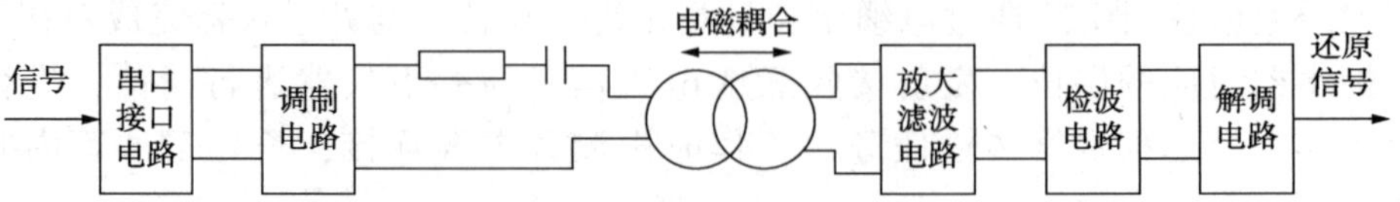

图 4　单向电磁耦合通信结构组成

单匝共轴圆线圈的互感可以用式(1)来表示：

$$P=\frac{2\sqrt{ab}}{\sqrt{(a+b)^2+d^2}}M=\mu\sqrt{ab}\frac{(2-p^2)K(p)-2E(p)}{p} \tag{1}$$

其中，$K(p)$，$E(p)$分别为第一类全椭圆积分和第二类全椭圆积分；μ 为传输介质的磁导率。

线圈是有一定的截面尺寸的。计算发现，相同距离的线圈根据外径尺寸计算的互感和根据内径尺寸计算的互感两者的平均值与根据中径尺寸计算的互感极其相似，因此可以通过线圈中径对多匝线圈的互感值进行描述。多匝圆线圈可以用式(2)表示：

$$M=N_1N_2\mu_0\sqrt{ab}\frac{(2-p)K(p)-2E(p)}{p} \tag{2}$$

式中，N_1，N_2 分别为两线圈的匝数。

3.2.2　数据通信仪与智能配水器的唤醒、通信

井下数据通信仪通过电缆连接地面控制器，用于控制调节井下智能配水器的注水量并读取其测量的相关数据，使用时，首先在地面对定位支撑机械臂的开闭动作进行测试，确定其正常工作后收起机械臂方可下井。下井时，先将井下数据通信仪放到需要测试区域，然后上提 5~10m，打开机械臂，缓慢下放，井下数据通信仪与井下智能仪器完成对接后方可进行数据采集和调节工作；工作完成后，将井下数据通信仪缓慢上提 5~10m，收起机械臂，然后将通信仪投放到其他需要测试区域，重复以上操作。

井下数据通信仪主要完成与井下智能配水器之间的无线通信。其系统模块框图如图 5 所示。

井下数据通信仪与井下智能配水器采用无线模块进行通信。井下数据通信仪通过电缆下放至被测配水器的通信区域，采用定位装置确认通信位置，唤醒井下配水器进行相互通信，控制调节井下配水器注水方量，获取流量、压力、温度等数据。井下数据通信仪将获取的井下数据进行实时编码耦合上传至地面控制器，然后在上位机软件上进行显示并存储。

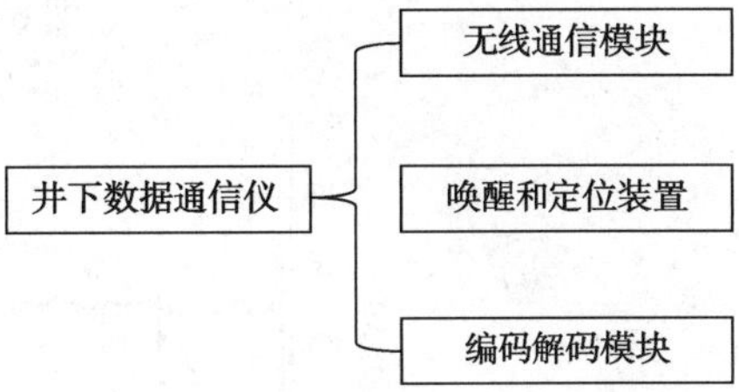

图 5　井下数据通信仪模块框图

4　现场应用

截至目前，井下非接触无线通信智能分层注水技术在靖安油田塞 392 试验区应用 65 口井，最大下入深度 2575m，最大井斜角 56.25°，最大分注级数五级。目前，95%井正常工作，最长运行时间 42 个月。试验区分注合格率长期保持在 95%以上，吸水厚度增加 1.1m，水驱动用程度由 67.8%升至 80.7%，压力保持水平由 85.6%升至 86.4%。实施井组综合开采曲线如图 6 所示，月度递减率由 0.71%降至 0.41%，含水上升幅度由 1.50%降至-0.66%，阶段少递减原油 1.07 万吨，开发效果持续提升。

试验井关 xxx-xxx 于 2019 年 10 月 12 日完井，井深 2221m，井斜 35°，注入介质为清水，全井配注 $33m^3/d$(单层配注 $15/18m^3/d$)，测调周期 7d，采样间隔 8h。图 7 为试验井分层流量及压力的实时监测曲线，分层流量数据表明各层注水量能够长期满足地质配注要求，实现了全天候达标分注。

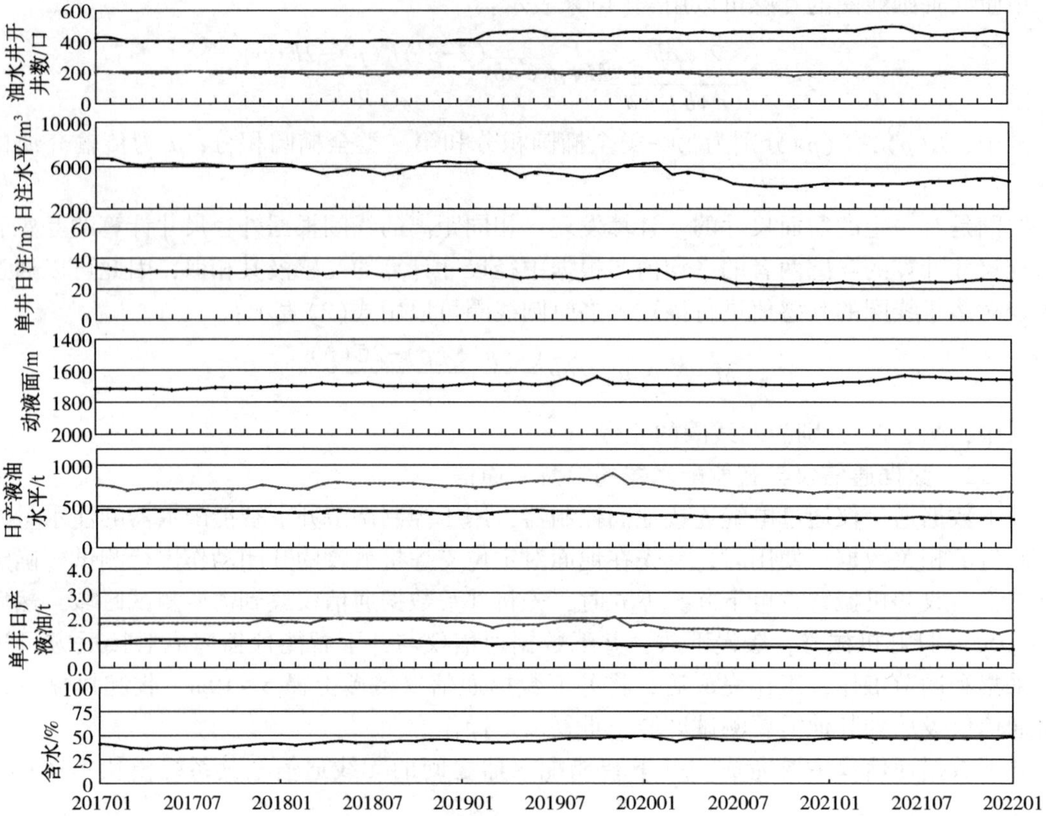

图 6　塞 392 长 6 油藏历年生产曲线

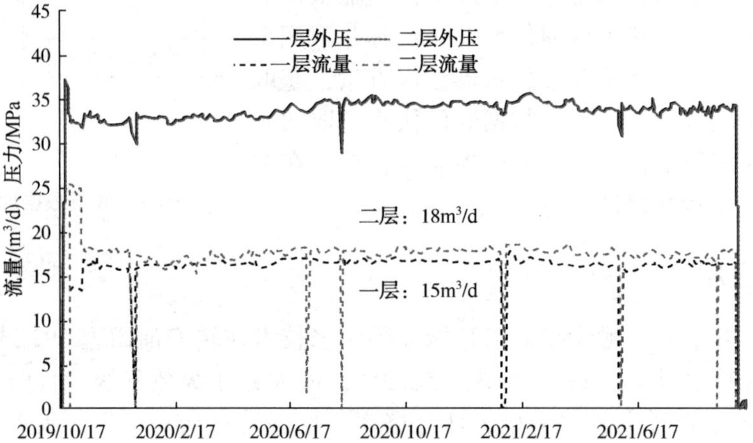

图 7　塞 xx-xx 分层动态数据

5　结论

（1）非接触通信技术采用电磁耦合技术，通信的各个仪器部分之间无需通过线缆直接连接，大大保证了特殊环境下井下数据的传输。

（2）研制的井下长置配注系统，通过数据通信仪无线对接通信，完成井下仪器的自动测调和读取井下配水器存储的历史数据，解决了常规分层注水工艺存在的工作量大、费时、费力的不足。实现了井下仪器的自动测调，过程无需人员全程参与，有效降低人力成本。

(3) 孔板流量计集成在数字式配水器环中，满足分层注水量单层直测。流量测试范围 5~50m^3/d，精度 2%，增大了流量计计量的准确性。

(4) 非接触性通信智能分层注水技术在双向通信方式、自动测调、验封等功能方面，经过室内和现场验证，满足规定的技术指标要求。降低人员劳动强度，实现了降本增效，具有推广应用前景。

参 考 文 献

[1] Shaikhan Mohammed AI-Khodhori, Petroluem development Oman. smart well technologies implementation in PDO for production & reservoir management & control[R]. SPE 00081486. 2003.

[2] 阮臣良，朱和明，冯丽莹．国外智能完井技术介绍[J]．石油机械，2011，39(3)：56-59.

[3] PEI Xiaohan, YANG Zhipeng, BAN Li. History and actuality of separate layer oil production technologies in Daqing Oilfield. SPE 100859.

[4] M Opczynsk W Moore. Implementation of intelligent well completions within a sand control environment [R]. SPE 00077202.

[5] 沈泽俊，张卫平，钱杰，等．智能完井技术与装备的研究和现场试验[J]．石油机械，2012，(10).

[6] 阮臣良，朱和明，冯丽莹．国外智能完井技术介绍[J]．石油机械，2011，(3).

[7] 申晓莉，于九政，王子健．新型小流量水嘴的设计与数值模拟[J]．石油钻采工艺，2013，35(1)：83-86.

[8] 杨玲智，巨亚锋，申晓莉，等．数字式分层注水流动特性研究与分析[J]．石油机械，2014，42(10)，52-55.

作者简介：李正添(1993—)，男，甘肃天水，就职于长庆油田油气工艺研究院，工程师，主要从事低渗透油田注水开发技术的研究。地址：陕西省西安市未央区长庆油田新技术开发中心，E-mail：lztian_cq@petrochina.com.cn，电话：029-86590807。

长庆油田注水井波码通信分层调控技术研究及应用

巨亚锋[1]　胡改星[1]　安明胜[2]　罗必林[2]　王尔珍[1]

(1. 长庆油田公司油气工艺研究院；2. 长庆油田公司油田开发事业部)

摘　要　常规分注井无法连续监测数据，需人工定期测调确保分注合格率。随着技术进步，国内油田逐步向数字式分注、智能分注方向发展。长庆油田以超低渗透储层为主，层间非均质强，小层注水量小，通过持续攻关，创新提出了波码通信分层注水技术，攻克了小水量测试调配及远程无线通信与控制难题，形成了适合长庆油田的带压作业模式。该技术通过压力流量波码实现地面与井下数据无线远程传输，配水器实现井下分层流量自动测调与数据录取，实现了办公室远程管理，现场应用3000余口井，地面与井下数据无线传输距离达到2800m，分层注水合格率长期保持90%以上，最长有效期达4年，单井年节约测试费用5万元，解决了常规分注技术面临的技术瓶颈，人员劳动强度大幅降低，提升了油田注水精细化水平。

关键词　数字控制　波码通信　分层注水　自动测调　分注合格率

长庆油田是典型的“三低”油藏，开采需补充油藏能量，90%以上的油藏采用注水开发。2010年以来，长庆油田大力发展精细分层注水技术，分注井达11000余口，年测试工作量超20000井次，配套测试费用达2亿元以上，有力支撑油田产量上升至6000×10^4t，但也存在着分注合格率下降快、分层数据录取处理缺乏连续性等问题。面对降本增效、创新驱动、数字化转型的需求，长庆油田借助数字控制、自动化等先进技术，着力开展数字式分注技术攻关研究，力争实现分层流量自动测试与调节、远程实时监控等目的[1~3]。“十三五”期间，依托中国石油天然气股份有限公司第四代分层注水专项，长庆油田根据储层特点，重点开展了可带压作业的无线数据传输智能分层注水技术攻关[4~7]，攻克了低功耗小水量测调技术，利用压力流量波码实现地面与井下数据无线远程传输，开发了注水井远程监控平台，实现了小层全天候达标分注及注水动态网络化管理，分注工艺实现跨越式升级，为智能化油藏提供了必要基础。

1　波码通信分层注水技术

1.1　系统组成

基于压力波通信的注水井分层调配系统主要包括井下智能配水器与地面智能阀组两部分(图1)，井下智能配水器是智能注水的执行机构，通过配水器水嘴开度的调节能够实现地层注水量与管道压力值的主动调控；同时，指定的水嘴开关动作能够在管道内产生有规律的压力变化，实现压力波通信，进而实现井下向地面的数据传输，将管外压力、管内压力和注水流量传回地面。地面智能阀组主要负责控制全井注水量以及向各智能配水器下发目标配注量、水嘴开度等指令，通过调节地面阀的开关状态，在管道内产生有规律的压力脉冲，形成特定的压力波通信、实现指令下发。基于压力波通信的注水井分层调配系统致力于实现地面与井下"一站式"远程无线通信、井下分层流量自动调节、自动验封、井下注水动态参数实时监测与远程传输[9~12]。

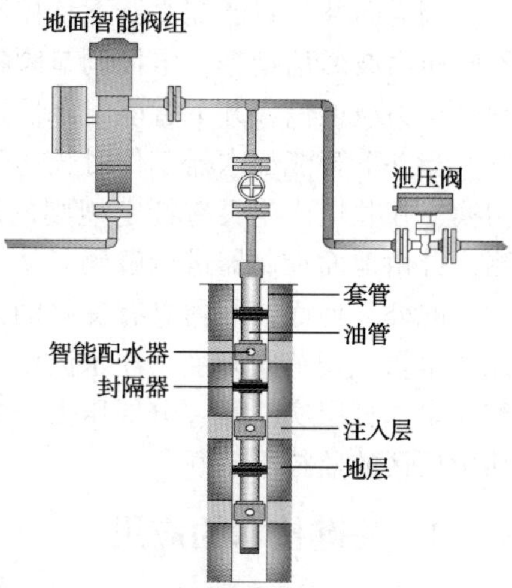

图 1　基于压力波通信的注水井分层调配系统示意图

1.2　井下智能配水器

配水器主要包括上接头、中心过流通道、主控电路、压力传感器、电池组、机电一体化水嘴、流量计和下接头(图 2)。主要技术思路为将流量—压力传感器集成于井下配水器中，实现井下压力和流量的实时监测，采用进口耐高温(85℃)大容量干电池组为控制电路及电动机供电，减速电动机与水嘴一体化集成，电动机作为执行机构，实现了水嘴开度变化自动调节水量的目的。

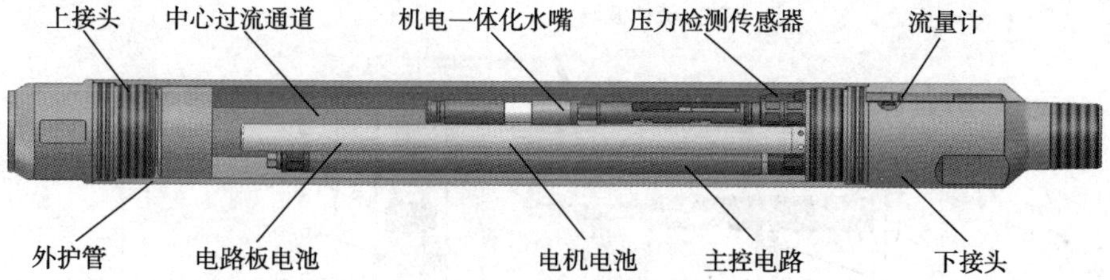

图 2　井下智能配水器结构示意图

1.3　地面智能阀组

图 3 为地面智能阀组的结构示意图，主要由电控调节阀、地面控制器、阀前压力传感器、电磁流量计、阀后压力传感器五部分组成，各部分以模块化形式串接在油田注水管线上。来水依次流经阀前压力传感器、电磁流量计与阀后压力传感器，传感器检测到的来水参数以标准 modbus 通信协议传输给地面控制器。当日常恒流注水时，地面控制器根据电磁流量计实时测得的流量数据与全井的目标配注量进行比对，当偏差超过 1%时，自动调节电控调节阀的开度，使流量满足目标配注要求。

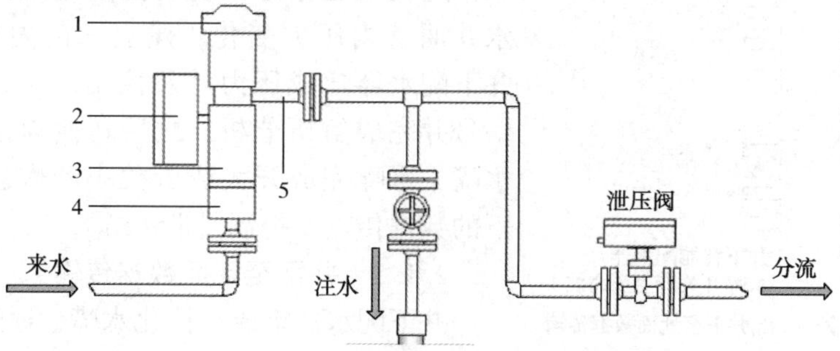

图 3　地面智能阀组结构示意图

1—电控调节阀；2—地面控制器；3—阀前压力传感器；4—电磁流量计；5—阀后压力传感器

当需向井下智能配水器下传控制指令时，通过地面控制器软件进行一键打码操作，根据不同压力波通信指令，电控调节阀将进行有规律的开关切换，在井下油管内产生具有特定规则的压力波通信，井下智能配水器进行检测并解码，执行目标动作。

当井下智能配水器工作时长达到预设上传数据周期，智能配水器水嘴进行有规律的开关切换，在井口产生具有特定规则的压力波通信，地面智能阀组通过阀后压力传感器进行检测，并由地面控制器进行解码，从而获得井下智能配水器上传的流量与压力数据。

此外，地面控制器具有良好的人机交互功能，能够显示全井实时数据：瞬时注水量、累计注水量、调节阀开度、注水温度、来水压力与注水压力，还能够显示分层实时数据：分层配注量、分层实注量、分层压力、分层累计流量等，并将实时压力、流量等数据发送至位于油田厂区的监控平台。

2　关键技术的应用

2.1　波码通信技术

借鉴随钻测试技术[8~10]，波码通信技术以井筒内的水为载体，采用压力波的形式传输控制指令及数据，实现远距离数据传输与控制(图4)[11~13]。

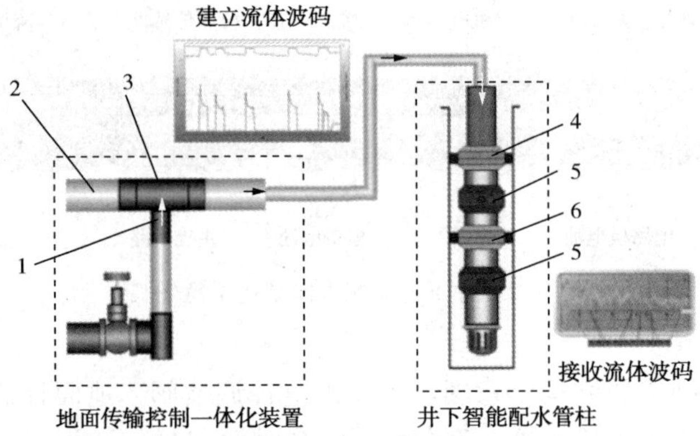

图4　波码通信数字式分注示意图

1—流量计；2—地面控制器；3—电控调节阀；4—套保封隔器；5—智能配水器；6—层间封隔器

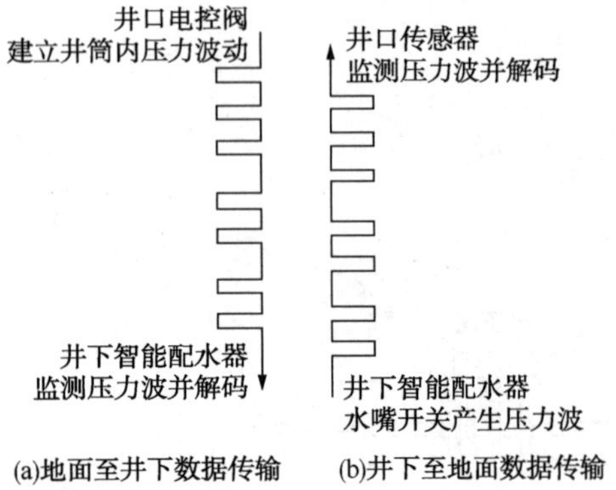

图5　地面与井下远程双向无线数据传输示意图

2.1.1　地面至井下数据传输

注水阀组中安装有电控调节阀，可通过上位机软件远程发送指令，自动控制电控阀开关，改变注水井油管内压力变化，建立井筒内压力波动信号。井下配水器集成压力计及控制系统，接收压力波动信号并完成解析分析，之后转换为控制信号传递给水嘴，水嘴完成开大或者关小动作，实现地面至井下的数据传输及控制[图5(a)]。

2.1.2　井下至地面数据传输

井下配水器集成一体化水嘴，通过水嘴的开关建立起井筒压力波动，由井下传递给地面，地面控制器接收信号，并完成监测数据的解析，实现了井下分层流量、分层压力等数据向地面的有效传输[图5(b)]。

2.2　小水量测控技术

数字式配水器集成设计了控制模块、压力计、一体化水嘴等关键结构。控制模块设计了水量调节控制模型，采用经典水嘴节流理论，测试水嘴前后压差，结合水嘴开度，求得注水量。同时根据实测值与目标值对比，如流量误差小于20%，则不调节水嘴，只监测及存储动态数据；若流量误差大于20%，则水嘴自动调节直至合格。水量调节控制模型具备自修正功能，通过前期大量的测试数据，不断修正模型参数，提高测试精度。

配水器自学习模型计算公式为：

$$Q=C_d w x_v \sqrt{\frac{2}{\rho}(p_1-p_2)} \tag{1}$$

式中，Q 为流量，m^3/s；C_d为速度系数；w 为当量宽度，m；x_v为可调水嘴位移量，m；ρ 为水密度，kg/m^3；p_1为嘴前压力，MPa；p_2为嘴后压力，MPa。

2.3　技术创新点

（1）综合考虑易于小型化、井下长期可靠等因素，研发了差压式流量计，采用多级孔板结构，研制高精度多分度可调水嘴，实现单层注水量最小到$5m^3/d$的精准测量，在保证精度的同时降低了流量计的堵塞风险。

（2）改变水嘴形状，将水流通道设置为由下至上绕流，避免水嘴处杂质堆积降低堵塞风险；优选地面控制阀、流量计及水嘴等关键部件材料为硬质合金，满足腐蚀结垢严重区域采出水井的使用要求。

（3）开发新型控制算法模型，实现了分层流量自动测调、封隔器自动验封、分层注水量远程自动调整，测调效率提升40%；开发标准化远程监控系统，完成数据协议统一、功能模块和界面整合。

2.4　技术特点

① 机电控制与注水结合，实现了井筒内远距离无线双向可靠通信，现场应用中通信误码率低于2%；②通过设置算法，井下流量自动测调，实现小层长期达标分注；③工艺技术可实现带压作业，避免了放水泄压，在当前更严格的安全环保要求下具有较强的推广性。

3　室内实验测试

3.1　配水器密封性测试

将配水器安装于密封性测试装置内，由配水器内打压验证配水器密封性，具体步骤为：

（1）数字式配水器设置水嘴全关状态，配水器下接头和上接头都用堵头堵死。

（2）将数字式配水器放入Φ139.7mm套管内，套管两端安装试压堵头。

（3）高压管线一端连接套管试压接头，另一端连接打压泵，中间串接高精度压力计。

（4）开始打压至3MPa左右，然后排气，往复3次以上，确保空气排干净。

（5）开始打压至30~60MPa，每10MPa一个台阶，每个压力段稳压15min，然后再打压至65MPa，稳压15min。泄压至零，将数字式配水器取出，观察钢体是否变形，配水器内腔是否进水。整体测试配水器在60MPa环境下密封性合格。

3.2　流量自动调节测试

设置配水器配注量及自动测调时间间隔后，将其安装于流量测试装置内，启动流量测试装置入口开关。预设流量$10m^3/d$，开始自动测调，第一次测调给定流量$20m^3/d$，经过自动测调后，注水量达到$10m^3/d$；第二次测调给定流量$7m^3/d$，经过自动测调后，注水量达到

$10m^3/d$，流量满足5%误差，实现了水量自动测调(图6)。

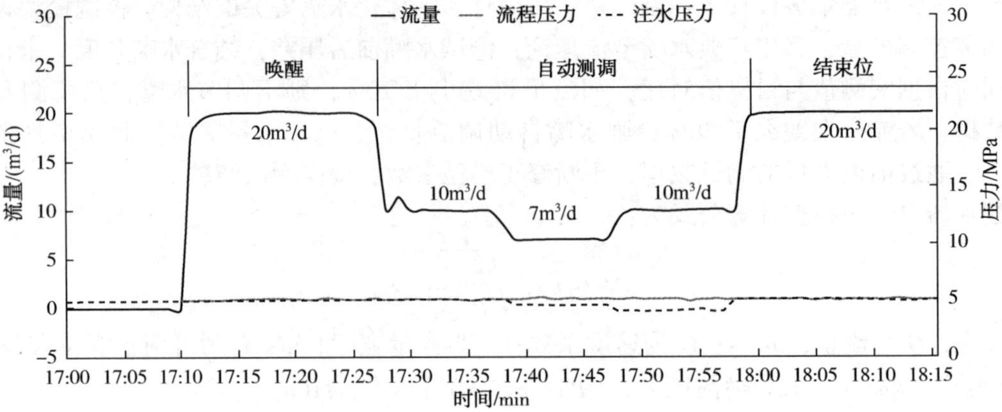

图6 水量自动测调测试过程

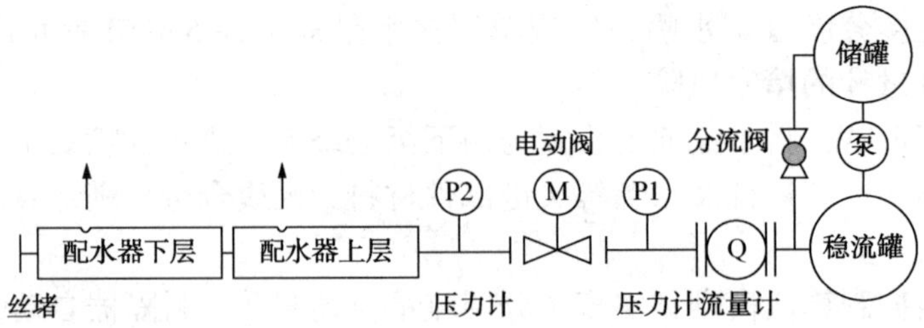

图7 室内实验系统结构示意图

3.3 远程无线通信测试

将井下配水器安装于模拟井中，将井筒内注满水，模拟现场注水工况，由地面控制器向模拟井中配水器发送流体波码，连续执行全开、50%开度、全关操作，指令发送后，接收配水器反馈动态信息，并与指令对比，符合率达100%。

室内实验系统主要由储液系统、监测系统、地面智能阀组与智能配水器组成(图7)。储液系统包括储罐、泵、稳流罐及分流阀，主要实现液体存储并为液体循环流动提供动力；监测系统主要包括流量计与压力计，对液体流动状态与管路内压力状态进行监测；地面智能阀组实现压力波通信下传与回传信号的解析；智能配水器是主要试验对象，测试其指令接收、流量调节、数据上传等功能，采用两套智能配水器串联的布局方式模拟现实工况中井下的两个注水层段。

进行指令下传操作时，通过地面智能阀组的开关切换，在测试管线内产生目标指令的压力波通信，管线上的智能配水器通过内置压力传感器检测并解析来水的压力波动，执行目标动作；进行数据上传操作时，配水器内置的电控水嘴开关切换，在测试管线内产生上传数据对应的压力波通信，通过地面智能阀组监测并解析，从而获得来自智能配水器的上传数据。

3.3.1 通信数据下传试验

初始阶段管道内的流动状态为恒流 $30m^3/d$(图8中蓝色曲线为流量曲线、红色曲线为压力曲线)，通过压力波通信试验，将层一智能配水器目标配注量变更至 $12.0m^3/d$。首先发送唤醒码，智能配水器被唤醒后，依次发送层位码、配注量指令码、数据码及校验码。其中数据码分为三位，分别为数据码1对应目标流量的十位，数据码2对应目标流量的个位，数据码3对应目标流量的十分位。发送成功后层一智能配水器接收并解析压力波通信指令，开始进行自动调整，流量由初始的30m³/d自动调整为12.0m³/d，由此证明控制指令下传成功。

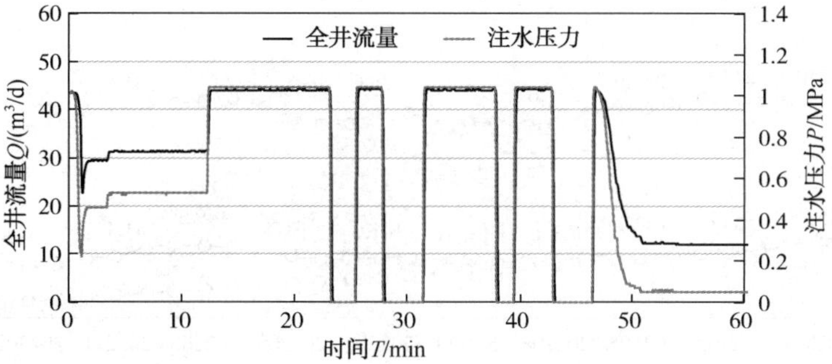

图8 下传配注量变更压力波通信曲线图

3.3.2 通信数据上传试验

初始状态下层一配水器的平均流量为13.3m³/d、压差0.55MPa，进行层一数据压力波通信上传测试。首先发送唤醒码(图9中蓝色曲线为流量曲线、红色曲线为压力曲线)，智能配水器被唤醒后，地面智能阀组依次发送层位码、读流量与压差指令码、数据码及校验码。层一智能配水器接收到上述压力波通信指令后，开始通过有规律地开启和关闭水嘴，上传流量与压差数据，首先上传层位码，再依次上传层一流量的十位值、个位值、十分位值，然后依次上传层一压差的个位值、十分位值、百分位值，最后依次上传校验码与结束码。经地面系统接收到的流量与压力曲线如图9所示，解析后获得的层一上传数据为流量13.3m³/d、压差0.55MPa，与实际数值一致，由此说明通过压力波通信方式可以成功上传智能配水器中的流量与压力数据。

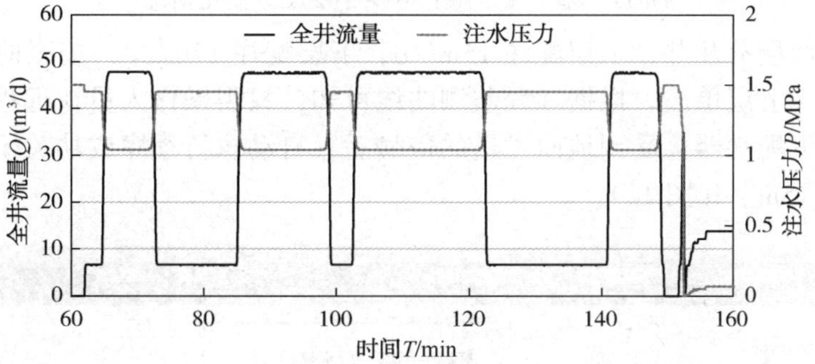

图9 上传流量与压差数据压力波通信曲线图

4 现场应用效果

波码通信分注技术在长庆油田已成功应用3500余口井，其中塞＊＊区块规模应用波码分注75口井，实施后分注合格率由62.7%升至92.8%，水驱动用程度由67.8%升至80.7%，压力保持水平由85.6%升至86.8%，月度递减率由0.9%降至0.5%，含水上升幅度由1.2%降至-0.3%，阶段少递减原油1.5×10^4t，小层的层间压差由0.6降至0.3MPa(图10、图11)。

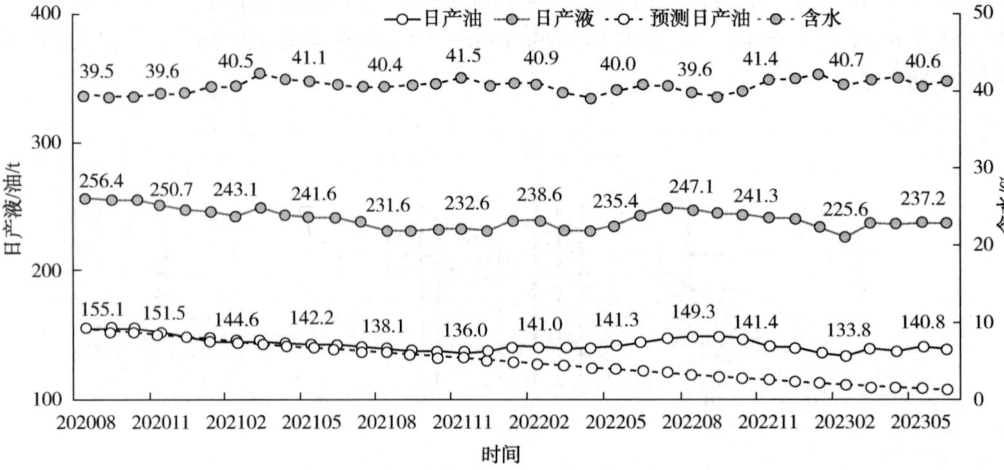

图 10　塞＊＊区块波码分注井实施效果曲线

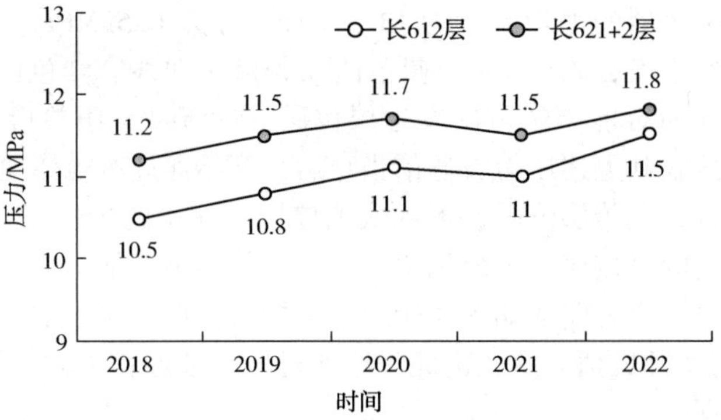

图 11　塞＊＊区块长 6 层小层压力变化情况

X257-98 为两层分注井，上层配注 $15m^3/d$，下层配注 $17m^3/d$，按照地质方案要求，需关闭下层水嘴实现上层单注。根据远程监测曲线可知，只需操作人员在远程系统发送关闭二层水嘴指令，井下配水器接受到地面发送的信号后，自动执行程序成功关闭目标水嘴，之后该井注水稳定在 $15m^3/d$(图 12)。

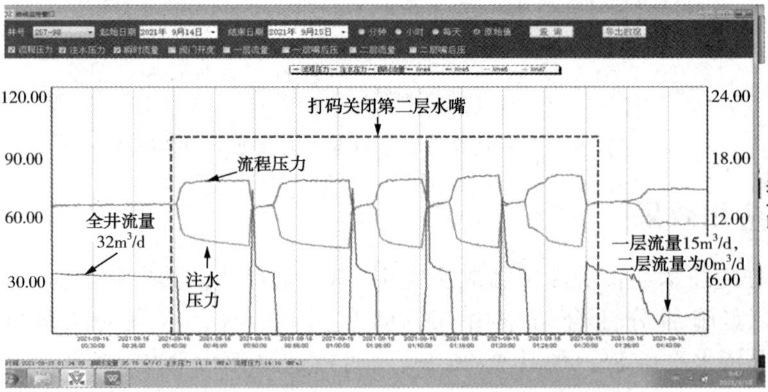

图 12　X257-98 井注水方案调整监测曲线

5 结论

（1）波码通信分注技术实现了跨越式发展，免人工测调，井下流量自动测调。

（2）波码通信实现了近 3km 井筒内远距离双向信号的可靠传输，可带压作业。

（3）可连续监测每层注水量、地层压力等数据，数据挖掘与应用空间和潜力巨大，结合压降试井解释和动态分析，确定小层合理配注量和注水压力，可为注水方案优化提供决策依据。

（4）单井年节约测调费用 5 万元，在油田降本增效的环境下，具有广阔的应用前景。

参 考 文 献

[1] 孙金声，刘伟．我国石油工程技术与装备走向高端的发展战略思考与建议[J]．石油科技论坛，2021，40(3)：43-55.

[2] 霍爱民．油藏动态分析与分层注水技术在利 8 区块的综合应用研究[J]．长江大学学报(自然版)，2015，12(14)：71-73.

[3] 杨玲智，巨亚锋，申晓莉，等．数字式分层注水流动特性研究与分析[J]．石油机械，2014，42(10)：52-55.

[4] 杨玲智，于九政，王子建，等．鄂尔多斯超低渗储层智能注水监控技术[J]．石油钻采工艺，2017，39(6)：756-759.

[5] 姚斌，杨玲智，于九政，等．波码通信数字式分层注水技术研究与应用[J]．石油机械，2020，48(5)：71-77.

[6] 雷创，马永忠，安淑凯，等．无线智能分注技术在牙刷状油藏上的应用[J]．石油机械，2016，44(8)：54-57.

[7] 朱苏青，刘松林，李兴，等．陈堡油田分注井无缆智能测调工艺应用[J]．复杂油气藏，2017，10(3)：74-77.

[8] Al-Khodhori S M. Smart well technologies implementation in PDO for production & reservoir management & control[C]. SPE 81486，2003.

[9] 苏义脑，窦修荣．随钻测量、随钻测井与录井工具[J]．石油钻采工艺，2005，27(1)：74-78.

[10] 沈跃，崔诗利，张令坦，等．钻井液连续压力波信号的延迟差动检测及信号重构[J]．石油学报，2013，34(2)：353-358.

[11] 东雷．预置电缆智能分层注聚合物技术的研究与应用[J]．石油机械，2016，44(10)：93-96.

[12] 刘修善，苏义脑．钻井液脉冲信号的传输特性分析[J]．石油钻采工艺，2000，22(4)：8-10.

[13] Amirante R，Del Vescovo G，Lippolis A. Flow forces analysis of an open center hydraulic directional control valve sliding spool[J]. Energy Conversion and Management，2006，47(1)：114-131.

第一作者简介：巨亚锋(1979—)，男，高级工程师，现在长庆油田分公司油气工艺研究院油田注水工艺研究所工作，主要研究方向油田注水新工艺、新设备及新工具研究，地址：陕西省西安市明光路和凤城三路十字路口西北角长庆油田；E-mail：jyf_cq@petrochina.com.cn，电话：029-86590746(13571956299)。

大斜度抽油井杆柱一体化设计理念与实践

罗改芬[1] 高莱华[2] 黄贵花[1]

(1. 延长油田股份有限公司勘探开发技术研究中心工艺技术研究所；
2. 延长油田股份有限公司七里村采油厂)

摘 要 近几年来，由于受地面条件和开发阶段的限制，大斜度井数量不断增多。大斜度井的井眼轨迹是一条弯曲的空间曲线，抽油杆柱在油管内的受力状况较为复杂，偏磨问题较为突出。目前多数油田采用大量配置抽油杆扶正器的方法，使得抽油杆柱的下行阻力增大甚至无法工作。为此，本文结合油田实际情况，按照等强度原则，结合井身轨迹合理匹配抽油杆柱组合，改善偏磨状况、延长设备使用寿命，对提高机采系统效率、系统整体稳定性有着重要的现实意义。

关键词 大斜度井 扶正器 抽油杆柱 一体化

1 研究现状及区域概况

随着油田油井开采数目的增加，由于受到开采阶段和地面条件的限制，大斜度井数目越来越多。大斜度井的井眼轨迹与直井不同，是一条弯曲的空间曲线，一般由垂直段、造斜段和稳斜段组成。由于大斜度井存在较大的井斜角和方位角[1]，使得抽油杆柱在抽油过程中的力学行为比直井更为复杂。抽油杆柱与油管在重力和井斜角的作用下发生磨损。同时伴随着下泵深度的增加和油田含水率的上升，使得抽油杆柱的下行阻力增大，抽油杆柱在上下往复运动中存在着纵向、横向和弯曲多种变形，使得杆管磨损加剧，从而缩短检泵周期，降低了抽油系统的效率，很大程度上影响了油田的正常生产。

目前延长油田解决大斜度油井的杆管偏磨、断脱问题，主要采用加重抽油杆、抽油杆扶正器技术、双向保护接箍技术[2]、连续抽油杆技术、旋转防偏磨器等技术实现的。扶正器技术被油田广泛应用，目前大部分油田是以避免杆管接触为目标的前提下，安放扶正器，此方法可能会导致抽油杆柱重力增大，下行阻力增加，一般寿命较低，运行周期短。目前尽管大斜度井有杆泵举升过程中所采用的防偏磨、防断脱、防失稳措施不同，但是应用技术较单一，未能从井身结构内在原因入手，从抽油杆组合搭配进行优化治理[3]，致使防偏磨效果不理想。本文遵循抽油井杆柱钻采一体化设计理念，以吴起采油厂 8 口大斜度井为例，从大斜度井在钻井过程中的井眼轨迹入手，分析狗腿度和井斜角，利用等强度理论进行各级抽油杆柱组合搭配设计，以机采系统效率最高为目标函数，考虑多种因素共同作用，建立抽汲参数优化仿真模型[4]，并求得最优解，从井身结构和杆柱组合设计等根本问题上解决大斜度油井的偏磨问题，为油田大斜度井高效采油提供重要依据。

2　杆柱钻采一体化设计理念与方法

2.1　杆柱一体化优化理念及原则

大斜度井的井斜会形成“拐点”，使油管产生弯曲，抽油系统在抽油时，油管与油杆在狗腿度大的地方接触，产生摩擦[5]。“拐点”离井口越近，偏磨现象越严重，油管扭曲程度越严重，受力越复杂，不仅油管内壁与抽油杆接箍摩擦严重，油管内壁与抽油杆本体也磨损严重。故合理的抽油杆一体化设计理念主要从两个方面考虑，一方面应在钻井阶段就充分考虑后期采油问题[6]，钻井设计过程中将造斜点下移如图 1 所示，常规钻井设计的井身轨迹及优化方案一和方案二是轨迹设计，考虑到后期杆柱磨损问题，会首选方案二优化后的井身轨迹，如图 2 所示，造斜点下移后，整体抽油杆使用的扶正器数量减少，杆柱载荷降低，抽油杆力学性能变好，后期维护工作量降低，防偏磨效果好；另一方面是在最优的井身轨迹基础上保证各级抽油杆的应力范围为 60%~85%，而且应使各级抽油杆的应力范围比较接近。

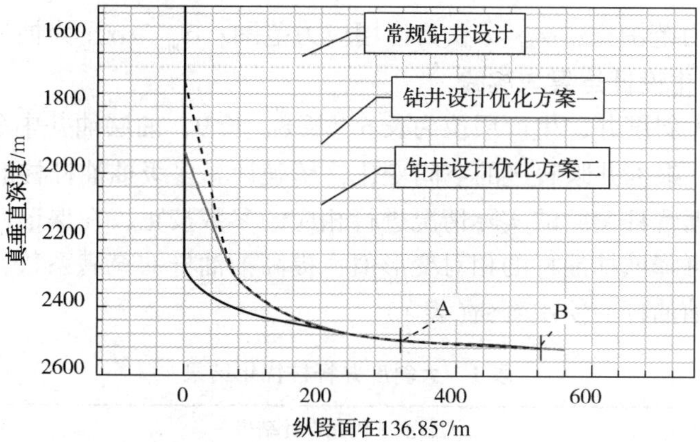

图 1　不同钻井优化设计的井身轨迹示意图

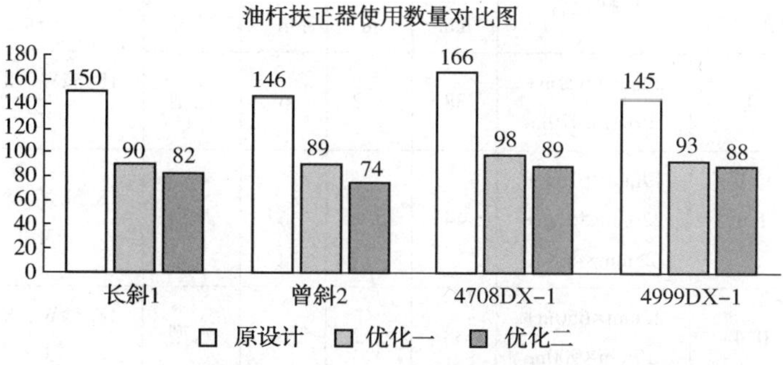

图 2　不同钻井井身轨迹优化方案使用的扶正器数量柱状图

2.2　杆柱优化设计方法

抽油杆组合设计在三维井眼轨迹设计基础上，考虑拉、扭、摩擦等多种受力，结合吴起油田实际井况，利用 API 设计方法计算各级抽油杆上端的最大最小应力，分段进行 API 最大许用应力强度来进行强度校核，优化抽油杆组合配比及扶正器位置。

目前较多的采用美国石油学会推荐的方法，即用修正古德曼图(图 3)来进行抽油杆柱强度校核和杆柱设计。抽油杆柱的许用最大应力的计算公式为：

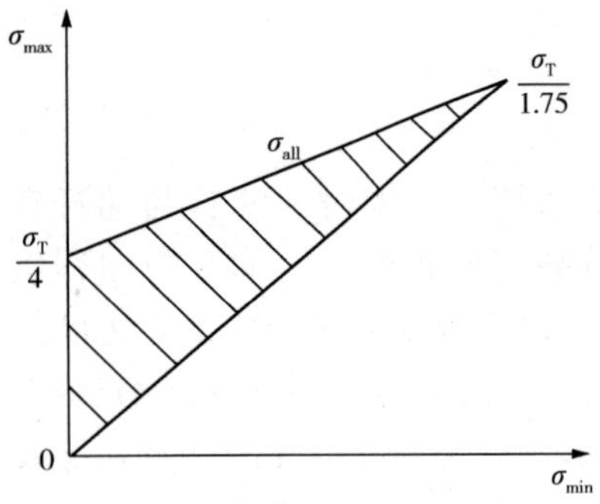

图 3　修正古德曼图

$$\sigma_{all}=\left(\frac{T}{4}+0.5625\sigma_{min}\right)\overline{SF} \tag{1}$$

式中，T 为抽油杆最小抗张强度，MPa；$\overline{SF}$为使用系数，即考虑到流体腐蚀性等因素而附加的系数(小于或等于1.0)；σ_{all}为抽油杆柱的许用最大应力；σ_{min}为抽油杆柱的最小应力。

抽油杆的许用应力不仅与杆和流体性质有关，而且与所受的最小应力有关，也就是说，修正古德曼图给出的是许用应力范围，所以，在抽油杆柱设计及应力分析中常采用应力范围比$\overline{PL}$，即：

$$\overline{PL}=\frac{\sigma_{max}-\sigma_{min}}{\sigma_{all}-\sigma_{min}}\times 100\% \tag{2}$$

式中，$\overline{PL}$为应力范围比；$\sigma_{all}\sim\sigma_{min}$为许用应力范围；$\sigma_{max}\sim\sigma_{min}$为抽油杆的应力范围。

2.3　杆柱一体化设计结果与实践

吴起油田8口大斜度井，生产层位为长6、长8、长9，油层油井中深平均约1940m，平均泵挂深度1517m，根据井眼轨迹的空间变化，精确计算多级抽油杆柱的最佳组合及扶正器的间距，同时应根据管杆偏磨的实际情况进行相应的参数校正，在保证产量的条件下，选用长冲程、低冲次，可降低抽油杆的相对变形值，提高抽油杆的充满系数，同时可改善抽油杆的工作条件，延长抽油杆的使用寿命(表1)。

表1　大斜度井杆柱优化结果

大斜度井优化设计结果											
序号	井号	机采参数设计									
		泵挂/m	泵挂处井斜角/(°)	杆柱组合	泵径/mm	冲程/m	冲次/min^{-1}	抽油机型号	电机功率、级数、转速	目标泵效/%	有无气锚
1	***	1500	3	22mm×621m+ 19mm×879m	38	3.2	6	八型	18.5kW、8级 730r	59.6	否
2	***	1650	1.1	19mm×616m+ 22mm×566m+ 25mm×468m	44	3.2	6	八型	18.5kW、8级 730r	62.7	否
3	***	1550	0.4	22mm×650m+ 19mm×900m	38	3.2	6	八型	18.5kW、8级 730r	60	否
4	***	1800	0.493	22mm×802m+ 19mm×998m	38	3.2	6	八型	18.5kW、8级 730r	68	否
5	***	1800	0.703	22mm×605m+ 19mm×1195m	38	3.2	6	八型	18.5kW、8级 730r	48	否
6	***	1500	29.45	25mm×320m+ 22mm×500m+ 19mm×680m	38	3.2	7	八型	18.5kW、8级 730r	60	否

续表

大斜度井优化设计结果											
序号	井号	机采参数设计									
		泵挂/m	泵挂处井斜角/(°)	杆柱组合	泵径/mm	冲程/m	冲次/min^{-1}	抽油机型号	电机功率、级数、转速	目标泵效/%	有无气锚
7	***	1600	1.33	22mm×700m+ 19mm×900m	38	3.2	6	八型	18.5kW、8级 730r	60	否
8	***	1700	3.8	25mm×618m+ 22mm×722m+ 19mm×360m	44	4.2	6	十型	22kW、8级 730r	52	否

截至目前，这8口大斜度井投产以来，未出现偏磨、断脱造成的检泵作业，与同区块的油井相比，检泵周期在220d以上，取得了较好的效果。

3 结论

（1）大斜度井井身轨迹优化，造斜点下移后，可有效解决大斜度井抽油生产中的偏磨、断杆及杆柱缓下问题，延长抽油杆柱使用寿命；

（2）抽油杆一体化优化设计后平均杆应力利用率为70.25%，在合理的抽油杆应力范围比之内，可改善抽油杆柱的受力工况；

（3）根据技术团队测算，待大斜度井开发成功后，预计单井油层段长度可达180m以上，稳产期产量达到常规井的2倍，稳产期较常规井延长半年以上，油井开井率达到95%，免修期延长90d以上，可实现对油藏的多井型、立体式开发，为节约修井成本、增加经济效益提供新的突破点并将在陕北低渗透油田大斜度井抽油杆杆柱组合应用领域起到引领示范作用。

参考文献

[1] 王香增．特低渗油藏采油工艺技术[M]．北京：石油工业出版社，2013：265-272.
[2] 张琪．采油工程原理与设计[M]．东营：中国石油大学出版社，2006：349-352.
[3] 连经社，王树山．采油工艺[M]．北京：中国石化出版社，2011：1-33.
[4] 万仁溥．采油工程手册[M]．北京：石油工业出版社，2000.
[5] 刘立涛，王优强．抽油机井杆管偏磨成因分析及防治措施．钻采工艺，2005，28(6)：79-81.
[6] 刘希圣．钻井工艺原理(下册)．北京：石油工业出版社，1981.

作者简介：罗政芬(1988—)，女，工程师，2010年毕业于西安石油大学，现从事油田开发，机械采油方面的工作。邮箱：449038213@qq.com。

海上油田套磨铣提速提效技术研究与应用

李 勇 史健搏 肖 寒 卢 艳

（中海油服一体化和新能源事业部工程技术作业中心）

摘 要 针对海上油田套磨铣施工效率低的问题，综合考虑海上油田的客观条件，分析影响套磨铣施工效率因素，通过优选高强高效耐磨材料，改进铺焊工艺，完善工具设计，提高工具的切削性能；优化管柱结构，减少摩擦阻力；引进提速设备，增加管柱旋转速度；改进套磨铣修井液体系，提高携屑能力，同时具有润滑管柱和保护储藏的作用，最终形成一套高效率、强携屑、低伤害的套磨铣技术。现场应用8口井，有效保护原井套管及储层，施工效率提高了40%以上，产量恢复至原有水平，取得了很好的应用效果。该技术的成功应用，不但提高了海上油田套磨铣施工效率，而且对降低储层伤害、提高油井产量具有重要意义。

关键词 套磨铣 高效耐磨 减阻扶正 储藏保护 高效携屑

中国海洋油气资源丰富，海洋石油剩余可采储量占国内总剩余可采储量的34%，海洋天然气剩余可采储量占国内总剩余可采储量的52%，因此海洋油气开发肩负着保障国家能源安全，降低油气资源对国外依赖的重任。但海上油田开发存在环境特殊、井内流体矿化度高和管柱结垢、腐蚀等问题，随生产时间延长，易发生卡钻等复杂情况。套磨铣是解除井下落物卡钻、处理井筒复杂情况的重要手段，现场应用广泛。因平台设备能力和工具性能等因素影响，海上油田套磨铣施工效率低，套磨一个封隔器一般需要更换3~4个套铣鞋，严重影响施工效率，增加施工成本，影响开发速度。

1 海上油田套磨效率的影响因素

套磨铣施工效率的影响因素很多，主要有钻压、转速、排量、修井液携屑性能以及井下落物的状态等。分析海上油田不同区块、不同平台套磨铣施工参数差异，总结出影响海上油田套磨铣效率的主要因素，有以下三方面：

（1）工具本身的因素，耐磨性能差。一是工具所采用的材料耐磨性能差；二是铺焊工艺简单，布齿方式单一，造成套磨铣工具耐磨性能差。在现场施工过程中，往往需要使用若干个套磨铣工具才能完成一次套磨铣作业，甚至出现套铣工具入井20min，起出后耐磨材料全部掉井的情况。这不但降低了套磨铣效率，也严重影响了后续施工。

（2）转速低，难以发挥套磨铣工具的最优性能。一是海上平台井身结构复杂，以大斜度井和水平井为主，摩擦阻力大，造成地面扭矩大、工具端扭矩低；二是设备腐蚀老化，性能下降，造成海上套磨铣转速低，转速普遍在20~30r/min，部分平台转速甚至只能达到15~20r/min。

（3）返屑携屑能力不足，碎屑在鱼顶堆积，造成重复研磨。一是井眼尺寸大，平台泵排量低，返屑能力不足，海上油田套管尺寸以9⅝in套管为主，泥浆泵排量在30~40m^3/h，环空返速0.43m/s，低于套磨铣施工最低返速要求；二是修井液携屑能力不足，套磨铣过程中以盐溶液作为修井液，黏度低，无法满足携屑要求。

2 工具性能及结构优化

2.1 材质优选

耐磨材料的抗磨性是评价套磨铣工具性能的重要指标，其性能直接影响套磨效率以及后续作业进程。常见的耐磨材料主要有硬质合金、切削齿和合金齿。硬质合金是通过机械破碎的方式制备而成，具有形状不规则、粒度不均匀、耐磨性能不稳定和价格便宜的特点；切削齿和合金齿是采用现代工艺加工而成的形状统一、粒度均匀的新型耐磨材料，具有硬度大、耐磨性能好、使用寿命长的优点，后者还具有很好的抗冲击韧性，稳定性更好。因此，选用合金齿作为套磨铣工具的耐磨材料。同时工具的主体材料选用易于高温焊接的 35CrMo，增强耐磨材料与工具本体的结合度，提高工具的抗冲击性[4]。

2.2 铺焊工艺优选

铺焊工艺是影响套磨铣工具性能的重要因素，当同一耐磨材料采用不同的铺焊工艺时，其最终耐磨性能也有较大差异。钎焊是加工套磨铣工具的常用技术，根据钎料的不同分为铜钎焊和银钎焊两种。铜料钎焊价格便宜，但是需要较高的铺焊温度[5]，这将造成两方面的影响，一是在铺焊过程中产生大量气体，易产生气孔缺陷；二是在冷却过程中有残余应力，易产生裂纹缺陷。而银料钎焊的价格较高，增加了施工成本。针对上述问题，从以下三个方面优化铺焊工艺。

一是在套磨铣工具的焊接端面加工出一定数量的 U 形槽，增加焊接面积和胶结强度，从而提高铺焊的可靠性和铣齿强度。

二是优选了高性能铺焊辅助材料。该辅料能降低铺焊过程中的氧含量，吸收铺焊过程中产生的杂质和气体，保证铺焊胶结面的纯净度，避免产生气孔缺陷，提高铺焊质量；还能降低铺焊温度，使钎料更容易熔化和流动，使耐磨材料和工具本体更容易结合，提高铺焊工艺的精度和稳定性。

三是在铺焊前对套磨铣工具本体进行预热并严格控制铺焊温度，铺焊完成后将工具放入恒温箱中，逐渐降低温度，避免因温度突降产生裂纹缺陷。

2.3 工具结构优化

套磨铣工具结构主要从两个方面改进。一是保护套管。套磨铣工具在旋转磨铣过程中不可避免地会对套管造成一定程度的损伤，通过细化工具布齿，内敛高强耐磨材料，圆滑工具前端设计，使工具前端不出齿，减少磨套铣过程中对套管的磨损(图 1)；二是减阻扶正。在套磨铣工具本体上增加减阻扶正机构，对于长度短的套磨铣工具，在工具前端增加一组扶正滚珠，减少旋转时的摩擦阻力；对于长度较大的套磨铣工具，工具前端设计成滚珠扶正减阻，后端设计成滚动扶正结构，既能实现旋转减阻，又能更好地保护套管(图 2)。

图 1　内敛型套磨铣工具

图 2　扶正型套磨铣工具

3 降摩阻、提转速技术措施

3.1 辅助减阻工具优选

目前常用的套磨铣辅助减阻工具主要有两种，滚珠减阻器(图3)和旋转减阻器(图4)。

滚珠减阻器就是在工具本体四周镶嵌滚珠，在旋转作业时滚珠与套管壁接触，滚珠在套管内壁滚动，减少旋转阻力，但当井筒内不洁净或有铁锈、沉沙时，滚珠容易被铁锈和泥沙等杂物包裹，失去转动能力，影响旋转减阻效果。

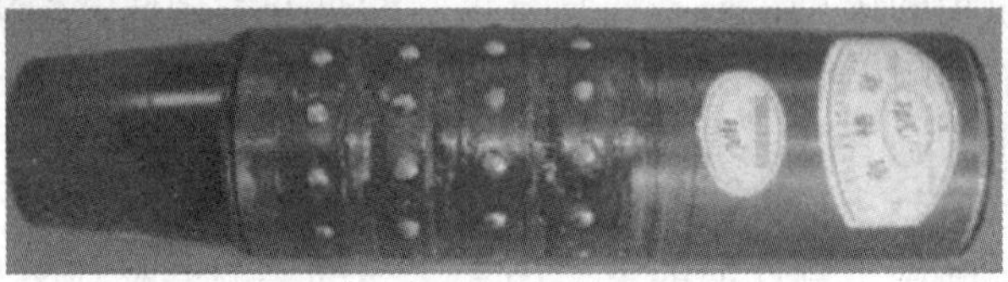

图3 滚珠减阻器实物图

图4 旋转减阻器实物图

旋转减阻器主要由上接头、下接头、扶正套和耐磨涂层等部分组成[1]。整套工具采用高强度合金结构钢加工而成，整体强度高；扶正套与工具本体采用类轴承的凹槽设计，与本体之间喷涂耐磨材料，摩擦因数小，既能灵活转动，又能起到很好的密封作用。当管柱旋转时，扶正套与套管内壁接触，由于扶正套可以环绕中心轴灵活转动，所以扶正套与套管之间的摩擦阻力不会影响整趟管柱的转动，从而起到旋转减阻的作用。同时，该工具还有自顺弯功能，在起下管柱过程中也能起到很好的减阻作用。

3.2 优化管柱

根据井下复杂情况，从管柱安全角度考虑，增加安全接头，在极端情况下能保证井下管柱完整起出井口；增加沉沙筒，收集套磨铣过程中产生的大块碎屑，防止发生卡钻事故。从降摩阻角度考虑，可根据现场经验及水平段、斜井段的长度，细化旋转减阻器的安装位置和数量，最终确定如下管柱结构(图5)。

管柱结构自下而上：套磨工具+安全接头+液压扶正器+沉沙筒+斜坡钻杆+旋转减阻器(根据水平段、斜井段长度确定减阻器数量)+斜坡钻杆+钻杆+方钻杆。

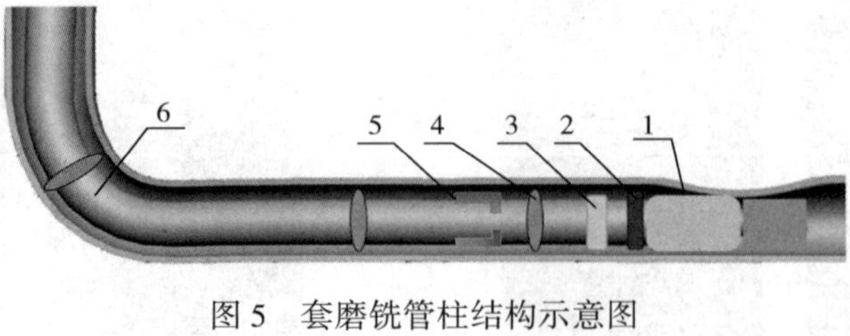

图5 套磨铣管柱结构示意图

1—套磨工具；2—安全接头；3—液压扶正器；4—旋转减阻器；5—沉沙筒；6—斜坡钻杆

3.3 引进提速设备

管柱旋转速度对套磨铣速度的影响很大，高强高效套磨铣工具，只有在管柱达到一定旋转速度时，才能发挥其最优的效能。通过引进修井顶驱设备(图6)，为非模块钻机平台或老平台套磨铣作业提高转速。自动无级变速修井顶驱是一种不需要转盘和方钻杆即可实现旋转作业的设备，它是通过电机带动液压油泵，利用液压传动原理，驱动液压马达，带动顶驱内部齿轮系统实现旋转；采用齿轮啮合传动自动无级变速技术，可根据负载扭矩的变化自动改变转速，能有效保护顶驱设备，减少套磨卡钻事故。主要由顶驱设备、动力系统(图7)和控制系统(图8)三大部分组成，最大输出扭矩达到20000N·m，最大转速达到180r/min，额定提升力110t。

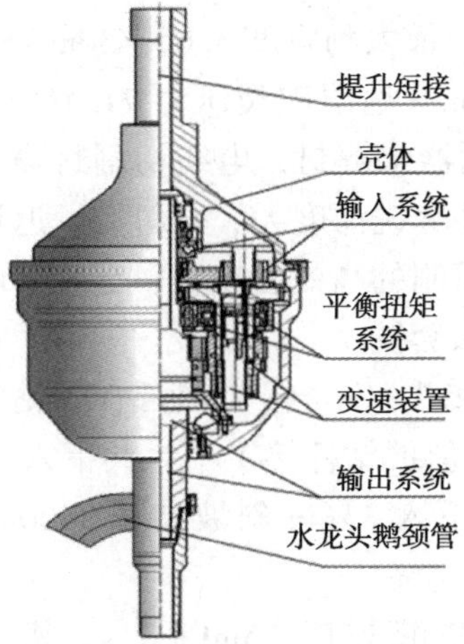

图6 修井顶驱结构示意图

图7 动力系统

图8 控制系统

4 修井液体系优化

合适的修井液体系是提高套磨铣施工效率的重要因素。海上油田套磨铣常用清洁盐水修井液体系作为循环液，这种修井液体系黏度低，携屑能力差，长时间套铣，容易污染储层，造成油井产量下降。为此，考虑海上油田的特殊环境，研制出盐水聚合物修井液体系，该体系具有很好的固相颗粒悬浮性能，能有效提高携屑能力；具有润滑性，能起到很好的降摩阻能力；能在储层部位形成保护膜[2]，防止固相颗粒进入储层，具有保护储层，减少地层伤害和提高油井采收率的作用；具有自然可降解性，满足海上油田对环境保护的要求。

为验证体系的携屑性能，配制6种不同固相颗粒含量的盐水聚合物修井液体系(固相含量5%~30%)和1种清洁盐水修井液体(固相颗粒含量5%)。体系测试温度为50℃，每10min测量一次固相颗粒厚度，计算平均沉降速度，见表1。从表中可以看出，与清洁盐水相比，盐水聚合物体系的携屑性能较好。当固相颗粒含量为5%时，采用清洁盐水体系时的沉降速度为0.318mm/min，而采用盐水聚合物体系的沉降速度仅为0.074mm/min。

表1 静态固相颗粒沉降速度统计表

序号	修井液体系	固相颗粒含量/%	测试温度/℃	沉降速度/(mm/min)
1	盐水聚合物	5	50	0.074
2	盐水聚合物	10	50	0.082

续表

序号	修井液体系	固相颗粒含量/%	测试温度/℃	沉降速度/(mm/min)
3	盐水聚合物	15	50	0.089
4	盐水聚合物	20	50	0.096
5	盐水聚合物	25	50	0.101
6	盐水聚合物	30	50	0.108
7	清洁盐水	5	50	0.318

5 现场应用效果

W9-4-H2 井为定向井，最大井斜 83.2°，人工井底 6100m，最大狗腿度 3.62°/30m，平均水深 98m，地层中部压力 37.63MPa，地层中部垂深 3901.38m，地层破裂压力 71.4MPa，日产水 4.6m^3/d，日产气 5.4×10^4m^3。该井试提起原井时，封隔器未解封，电缆切割封隔器上部管柱后，准备套铣解卡，封隔器坐封深度 5344m。由于该井套铣深度大、井斜大、返屑困难，且该井为天然气井，长时间套铣易污染储层，决定采用研制的高效套铣鞋，合理组配降摩阻管柱结构，运用强携屑、低伤害的盐水聚合物修井液体系套铣。

管柱结构自下而上依次为：新型套铣鞋+套铣管短节+顶部接头+安全接头+短钻杆+钻铤 3 根+液压扶正器+捞杯 4 个+斜坡钻杆 3 根+旋转减阻器(每 3 根斜坡钻杆接 1 个，共下入 20 个)+斜坡钻杆+顶驱。因该井井深大，考虑管柱强度，下部共下入 3½in 斜坡钻杆 3400m，上部采用 5in 钻杆。

现场配制聚合物修井液体系，聚合物浓度 0.5%，修井液黏度 55mPa · s，密度 1.05g/cm^3。

施工过程：管柱下至井深 5344m 遇阻，上提 4m 开泵循环，循环排量 60m^3/h，泵压 1000~1080psi，测上提悬重 130t，下放悬重 90t，测空转扭矩 50r/min@14kN · m，缓慢下放管柱套铣封隔器，钻压 15~50kN，套铣过程中泵压上涨至 1200~1400psi，套铣扭矩 15~18kN · m，与同平台之前套铣施工相比扭矩降低 2~5kN · m，共计套铣 3h，进尺 1.5m，落物下行，封隔器套活，上提管柱 30m，反循环洗井 1.5 周后停泵观察，井筒稳定，期间测井筒无漏失，起钻。

效果分析：该井应用研究的套磨铣提速提效技术，采用旋转减阻器和具有润滑性的聚合物修井液体系，有效地减小了套铣过程中的摩擦阻力，降低了旋转扭矩；应用研究的新型锯齿形套铣鞋，对封隔器的套铣效率高，使用寿命长，仅用 1 个套铣鞋完成整个封隔器的套铣，套铣效率提高了 50%。该井重新投产后，产气量未降，说明聚合物修井液体系不但具有很好的携屑性能，还对储层具有一定的保护作用。

6 结论

(1) 旋转减阻器结构合理、性能可靠，能有效降低大斜度井和水平井套磨铣施工过程中的摩擦阻力和旋转扭矩，减少套管磨损并避免因扭矩过大导致管柱疲劳断裂，具有很好降阻降扭、保护管柱和套管的作用。

(2) 采用改进铺焊工艺加工的新型套铣鞋结构合理，对封隔器的切削效率明显提高，耐磨材料铺焊牢靠，提高了工具使用寿命。该工具推广后能大幅提高套磨铣效率，降低作业成本。

（3）盐水聚合物修井液体系现场配制方便，黏度合理，携屑性能好，流动性好，能满足海上油田套磨铣施工携屑返屑要求，且对储层保护作用明显，具有低伤害、强携屑的功能，建议推广应用到深井、大位移井、大斜度井和水平井套磨铣施工中，以实现降本、增效和提产。

参 考 文 献

[1] 苏义脑，窦修荣. 减磨工具及其应用[J]. 石油钻采工艺，2005，27(2)：102-123.

[2] 王武生. 聚氨酯分散体稳定理论[J]. 涂料技术与文摘，2010，31(6)：10-14，19.

[3] 张文华，胡国清，等. 钻进扭矩与摩阻分析及减扭措施[J]. 石油钻探技术，2001，29(4).

[4] 行舒乐，陈传东，王木乐，等. 磨铣工具制造材料及加工工艺分析[J]. 热加工工艺，2015，24(44)：71-74.

[5] 薛维华，齐晓旭，李智超. 热处理工艺对 BCu58ZnMn 钎料钎焊接头组织与性能的影响[J]. 机械工程材料，2015，39(6)：20-24.

第一作者简介：李勇（1985—），男，陕西省西安市，中海油服一体化和新能源事业部工程技术作业中心，工程师，从事修井技术工作。地址：中海油服天津产业园区海川路 1581 号，邮箱：liyong22@ cnooc. com. cn，电话；15122890530。

同心智能测调分层注水技术在濮城油田高压低渗油藏的应用

李峰华　李萌星　陈荐博　陈　勇　蒋国栋

（中国石化中原油田技术监测中心）

摘　要　现有偏心投捞调配技术受井深、压力等因素影响，测试投捞不便，调配成功率低，无法大规模应用于濮城油田高压低渗油藏水井，严重阻碍了精细注水的发展。本文介绍了同心测调技术，有效解决了高压低渗油藏分层注水中普通偏心配水器调配成功率低及无法分层测试的难题。同比偏心分注工艺缩短测调时间3/4以上，减少了工作量，提高了测调效率和精度，降低了成本，通过现场改进与应用取得了较好的效果，有效缓解了濮城高压低渗油藏无法多级多段分层调配的难题，促进了油田精细注采开发。

关键词　偏心配水器　同心配水器　调配成功率

1　引言

濮城油田经过30多年的开发，已进入高含水精细注水开发阶段，但很多高压低渗油藏由现有的偏心投捞调配技术受井深、压力等因素影响，测试投捞不便，调配成功率低，无法大规模应用，其中沙三段油藏更是首当其冲，严重阻碍了油田精细注水的发展。

为了达到沙三段高压低渗油藏分层调配的目的，根据沙三中6-10油藏具有油藏埋层深、高温、高压、低渗的特点，平均注水压力达30MPa，油层埋深3180～3630m。平均孔隙度12.9%，平均渗透率$1.9\times10^{-3}\mu m^2$，属于深层特低渗透油藏。经过研究、设计、试验，成功进行了7-119井同心配水分层测调测试。

2　偏心投捞调配在高压低渗油藏常见问题分析

偏心配水器投捞工艺作为较为成熟的分注调配工艺，基本满足了油田分层配水需要，但在现场应用过程中仍然发现了不少问题，井深、压力、沾污等因素对投捞影响较大，不能适用于濮城油田高压低渗油藏的分层注水。投捞调配主要存在以下问题：

① 堵塞器在偏配内放置时间过长结垢使之难以分离，造成陶瓷水嘴堵塞通径变小影响注水。

② 水质不达标造成井筒脏，污油、碎屑类堵塞在工作筒中，起下操作时，钢丝下放速度不稳定，造成不好捞也不好投还容易造成遇卡，工作量繁重。

③ 在高压井钢丝测试中由于井筒压力高，受防喷管压力级别限制，钨钢加重少了会造成仪器无法下井无法进行测试或投捞水嘴。

④ 在注水压力大于30MPa以后，井下封隔器长时间受压后会失效，造成偏心分注失

败，达不到精细注水的目的。

3 同心测调技术

3.1 组成及结构

同心测调技术主要由同心配水工作筒、井下专用测调器、地面控制器组成。

3.2 工作原理

对目标层注水调节时，首先将测调仪下放至目标层上方10m处，通过计算机上软件的开臂按钮打开调节臂，开臂到位后井下仪自动停止，上位机软件显示开臂到位，下放仪器，完成调节臂与井下的同心配水器的对接。软件状态显示对接成功，控制箱上的正负调按钮和上位机软件的正负调按键可以进行配水器的开度调节。进行流量调节时，软件实时测量温度、压力和流量，并且显示可调水嘴的开度变化。调节流量至要求值时可利用停止按钮停止本层的流量调节。此时可上提仪器，使仪器脱离对接状态。然后利用控制箱上的收臂按钮或者上位机软件上的收臂按键收回调节臂，上位机软件显示收臂到位，此层的注水调节完成后。在整个控制过程中，地面控制器通过供电电流及时发现砂卡和正反向到位堵转等异常情况，并采取相应措施进行控制。测调仪在井下可反复上下工作，一次下井就可以完成全部的测量及注水调配工作，从而可缩短调配、测试的工作时间。

3.3 技术特点

① 配水工作筒和可调水嘴一体化设计，不再需要进行水嘴投捞工作；调节器与配水工作筒的定位对接采用同心对接，大斜度井和沾污严重的井对对接成功率影响不大。

② 流量测量和调节注入量大小同步进行，并且可在地面控制器的显示屏上进行可视化同步操作，流量测量在工作筒的上部水流稳定区，测量精度高。

③ 井下调节器增加磁定位测量功能、张收臂状态指示功能、对接状态指示功能、调节开度指示功能，配套设计有重力坐封式和电动坐封式验封测试仪。

同心测调分注技术投入高压低渗油藏现场实施试验中，因为部分原因造成测试未成功。为此作出一系列改进：

① 下井管柱全部采用新油管，有效地减少了油管腐蚀、结垢给测试带来的遇阻遇卡现象，提高了水井测调成功率。

② 完成了低成本配水器定型设计，在原有设计上，改进盘式调节设计，增加防返吐功能，避免因停注或注水波动而造成的地层返吐砂埋管柱风险。

③ 选用新型液压密封装置，升级防喷管压力等级，耐压由35MPa升至70MPa。选用新型承荷密封性电缆，提高了测试效率和精度。

④ 更换常规封隔器为耐高温高压的新型封隔器，改进作业完井步骤，最后的试压工作由测试队伍进行，先正洗后投球坐封后直接进行水嘴打开注水。

通过多项有针对性的改进，有效降低了测调仪下井遇阻卡风险，提高了对接成功率，技术的适应性显著增强。

4 现场应用

截至目前濮城油田高压低渗油藏共应用同心测调技术4口井，其中沙三中6-10油藏完成7-119井测试1口，该井注水深度3700m，注水压力32MPa，测试难度十分大，但经过技术人员优化施工方案，经过不懈努力终于实现了该井的测试成功，创造了同心测调业务深度最深，压力最高的记录。沙三中6-10油藏恢复控制地质储量6.0×10^4t，恢复剩余可采储量1.0×10^4t，濮7-119井组见效初期日增产油1.8t，恢复产能0.054×10^4t。有效解决了濮城油田分层注水中普通偏心配水器无法分层测试的难题，且大幅减少测试工作量，提高调配成功率及测量精确度，具有较好的社会效益。施工成功率100%，调配成功率100%，完善了注采井网，达到了较好的效果。

5 结论及认识

① 同心分注测调一体化工艺只需电缆下井一次，即可完成所有注水层的流量测试及水量调配，免去烦琐的堵塞器投捞，同比偏心分注工艺缩短测调时间3/4以上，减少了工作量，提高了测调效率和精度，降低了成本。

② 同心智能测调一体化分注技术实现了井下注水数据地面直读，井底注水压力、流量、温度实时监测，测调同步，大大提高了测调精度。

③ 通过现场改进与应用取得了较好的效果，有效缓解了濮城高压低渗油藏无法多级段分层调配的难题，促进了油田精细注采开发。

同心测调分注技术在濮城高压低渗油藏的实施与应用，有效地提高了注水井分注合格率，降低了施工难度和测调风险，是测试工艺取得的巨大进步，有着广阔的发展与应用空间。

参 考 文 献

[1] 赵振旺，王春耘. 分层注水定量配水工艺技术研究与应用[J]. 石油钻采工艺，2000，22(4)：63-65.

[2] 王琪华. 苏北油田同心分注工艺的应用实践与评价[J]. 油气藏评价与开发，2016，6(1)：67-70.

[3] 继辉，贾岩，李强. 智能分采分测技术在林樊家油田中的应用[J]. 石油天然气学报：江汉石油学院学报，2013，35(3)：372-373.

[4] 于九政，郭方元，巨亚锋. 桥式同心配水器的研制与试验[J]. 石油机械，2013，41(9).

第一作者简介：李峰华(1973—)，男，山东东营人，高级工程师，主要从事测井试井工作。